U0173056

国家科学技术学术著作出版基金资助出版

室内空气化学污染控制基础和应用

张寅平　莫金汉　熊建银　刘　聪　著

科 学 出 版 社
北　京

内 容 简 介

本书以工程热物理方法(传质分析、热力学分析和物性分析)为主线，注重和环境科学、材料科学及公共卫生交叉，围绕室内空气化学污染“源—传递—暴露—健康风险—控制”的全过程机理和关键技术问题，系统介绍室内空气化学污染控制理论与方法。内容主要包括室内空气质量问题产生的原因及健康危害、我国室内空气化学污染问题的特点、室内挥发性和半挥发性有机化合物的源散发机理和特性、$PM_{2.5}$及其成分的室内外关联及通风的影响、室内空气污染物的分布和相互影响、室内空气污染物暴露分析、室内空气污染健康风险分析和空气净化。

本书可供建筑环境、工程热物理、环境科学和工程、材料科学、公共卫生等领域的科技工作者、工程技术人员和研究生参考使用。

图书在版编目(CIP)数据

室内空气化学污染控制基础和应用/张寅平等著. —北京：科学出版社，2022.3

ISBN 978-7-03-067989-5

Ⅰ.①室… Ⅱ.①张… Ⅲ.①室内空气-化学污染-空气污染控制-研究 Ⅳ.①TU834

中国版本图书馆 CIP 数据核字(2021)第 019487 号

责任编辑：刘宝莉 陈 婕 / 责任校对：张小霞
责任印制：吴兆东 / 封面设计：陈 敬

科学出版社 出版
北京东黄城根北街 16 号
邮政编码：100717
http://www.sciencep.com
北京虎彩文化传播有限公司 印刷
科学出版社发行 各地新华书店经销
*
2022 年 3 月第 一 版 开本：720×1000 1/16
2023 年 7 月第二次印刷 印张：30 1/4 插页：2
字数：607 000

定价：228.00 元

(如有印装质量问题，我社负责调换)

序

近20多年来，我国人居环境空气质量常呈现“内忧外患”的特点：很多城市和地区$PM_{2.5}$年均浓度远超世界卫生组织的标准阈值水平(10μg/m^3)；室内材料和物品引发的室内空气挥发性和半挥发性有机化学污染问题也频频出现。世界银行2013年度报告认为“中国室内空气污染明显高于发达国家水平”，国际著名期刊《柳叶刀》论文(*The Lancet*，2016，388：1939)指出，中国室内空气污染已成为引发早死的首要因素。值得指出的是：发达国家的上述问题是先后出现的，且污染物的浓度水平、影响时间长度和人数均明显低于我国。此外，目前我国建筑用能总量已逼近刚性约束10亿吨标准煤(tce)，因此，要解决室内空气质量问题，必须采用节能高效的技术途径。由此可见，解决我国严峻、复杂的室内空气质量问题，不仅是关系我国亿万民众健康的国计民生重大需求，也是国际室内空气质量领域前所未有的挑战。

解决室内空气质量问题的复杂性和挑战性还在于，它不仅涉及多学科，而且涉及多行业。从基础层面看，问题的解决涉及建筑环境与能源应用工程、工程热物理、材料科学、环境科学、化学、公共卫生等学科，要实现认知突破，往往需要跨学科交叉合作；从应用层面看，问题的解决涉及建材、家具、家电、暖通空调和建筑等行业，要实现技术和标准体系的提升，并在应用中取得实效，只有克服上述行业间的条块分割，才能克服不同行业间控制参数、技术和标准不匹配的问题，实现全过程信息共享、贯通控制。

《室内空气化学污染控制基础和应用》第一作者张寅平1997年从中国科学技术大学调入清华大学工作，被安排讲授专业骨干课程“热质交换原理和应用”，并参与了我负责的美国联合技术研究中心(United Technologies Research Center，UTRC)项目“透湿膜性能和应用研究”，就此开始建筑环境传质理论和应用研究。针对我国日益严重的室内空气污染问题，2005年4月我主持了第251届香山科学会议“室内空气污染控制与改善”，50余位国内外室内空气质量领域的专家参会，共同研讨我国室内空气污染控制与改善的重要科学问题和解决方略，张寅平作为秘书长协助我承担了会议的筹备和组织工作；2005年9月，赵荣义教授、陈清焰教授(美国普渡大学)和我在北京主持召开了第十届国际室内空气会议(首届会议由丹麦工程院院士Fanger教授发起)，这是该会议首次在发展中国家召开，张寅平参与了会议的筹办和组织工作。在上述过程中，他认识到我国室内空气质量问题的严峻性和复杂性，并结合其学术兴趣和专业特长，围绕我国20世纪90年代以来先后出现的室内挥发性有机化合物、颗粒物（特别是$PM_{2.5}$）污染和室内半挥发性有机化合物污染问题开展了研究，得到国家自然科学基金国家杰出青年科学基金项目、重点项目、国际（地区）合作与交流项目、面上项目，国家科技支撑计划项目和国家重点研发计划项目的持续资助，研究内容涉及：室内挥发性和半挥发性有机化合物的源散发机理和特性，$PM_{2.5}$和其成分的室内外关联及通风的影响，室内空气污染物的分布和相互影响，室内空气污染物暴露分析，室内空气污染健康风险分析，空气净化和室内空气质量综合控制，在这些研究方向上他培养了10余位博士。研究中，4位作者力求以重要问题为切入点，以传质及相关物性学为主线，注重与环境科学、化学、公共卫生等领域的研究者合作，解决室内化学污染"源—传递—暴露—健康风险—控制"全过程机理和关键技术问题。在基础研究层面，他们已在国际学术期刊上发表论文180余篇，不仅包括建筑环境领域的国际一流期刊 *Indoor Air*，*Building and Environment*，还包括医学领域、化学领域和环境领域的国际顶级期刊（如 *The Lancet*，*Journal of American Medical Association-Internal Medicine*，*Applied Catalysis B: Environmental*，*Angewandte Chemie-International Edition*，*Environmental Health Perspectives*，*Environment International*，*Environmental Science & Technology*）；在技术创新层面，他们获得了国家发明专利20余项、软件著作权2项。此外，作者主编或参编了20余项室内空气质量相关的国际、国家、行业或团体标准。研究成果在建材、家具、家电、暖通空调和建筑行业获得应用，还用于载人空间站、核潜艇内空气质量的测、评、控，并正在"绿色建筑"和"健康建筑"室内空气质量设计和运行评价中获得规模化应用。

相关研究得到国内外同行关注的同时，张寅平成为建筑环境领域首位国家杰出青年科学基金获得者，当选国际室内空气科学院秘书长和副主席、中国环境科学学会室内环境与健康分会主任委员、中国环境科学学会常务理事，获得教育部自然科学奖一等奖和北京市科学技术进步奖一等奖，4次在国际室内空气领域最权威学术大会 International Conference of Indoor Air 作大会主旨或特邀报告（Plenary/Keynote），并担任了室内空气质量相关国际重要学术期刊 *Energy and Buildings* 副主编、*Environment International* 与 *Indoor Air* 编委、*Building and Environment* 顾问编委；第二作者莫金汉也获得了国际室内空气学会 Yaglou 奖和国家自然科学基金优秀青年科学基金。

此书系张寅平和其10余位博士生及国内外合作者近20年来研究工作的系统总结，可谓"二十年磨一剑"，我特别为此作序，一方面作为我倡导和推动的室内空气质量研究的一个阶段性成果，另一方面作为我对他们长期专注研究的关注。希望作者们再接再厉、继续努力，同时也希望更多的研究者为可持续室内环境领域和相关行业的发展做出更多更好的贡献。

江亿

中国工程院院士

2021 年 7 月 28 日于清华园

前　言

人的一生中，90%以上的时间在室内（包括建筑和交通工具等内部空间）度过，人体室内空气摄入质量占摄入物质（水、食物和空气）总质量的近 80%，室内空气质量对人的健康、生活和工作质量非常重要。当今世界，许多疾病并非“病从口入”，如肺癌、白血病、哮喘、慢阻肺、不孕症就被发现和室内环境中大量使用的新型复合化学材料释放的化学污染物有关。正如国际室内空气科学院前主席、国际室内空气领域著名期刊 *Indoor Air* 前主编 Sundell 教授指出的，“现代疾病”与“现代暴露”密切相关：一些新的化学物质问世时间不长，人类还没来得及很好适应，由此导致的疾病其致病机理尚不清晰。与发达国家相比，我国 20 世纪 90 年代以来经历了举世罕见的快速城镇化进程和经济发展，同时也付出了很大的环境代价：新建建筑大量出现，人工复合材料和制品（包括家具）大量使用，其中不少会释放挥发性和半挥发性有机化合物，污染室内空气，危害人的健康；2012 年起我国大面积出现雾霾问题，$PM_{2.5}$污染严重影响了人们的健康和正常生活与工作，成为全社会关注的焦点问题。上述问题在发达国家是先后出现的，在我国则几乎同时出现，且强度更烈，导致我国室内空气污染问题更严峻、更复杂，其防控对认知理论和防控技术提出了更大的挑战，应对上述挑战成为室内环境及相关领域研究者义不容辞的责任和义务。

本书介绍了作者及合作者近 20 年来针对上述问题的研究成果，内容包括国内外室内化学污染产生的原因及危害、室内挥发性和半挥发性有机化合物的源散发机理和特性、$PM_{2.5}$和其成分的室内外关联及通风的影响、室内空气污染物的分布和相互影响、室内空气污染物暴露分析、室内空气污染健康风险分析和空气净化，旨在为我国室内空气质量控制提供可供借鉴的系统理论、方法和数据。

在研究战略上，采用“以全局统局部、以应用带基础、以交叉促创新、以合作求发展”的思路；在研究切入点选择上，按照我国室内空气污染重大民生问题出现的时间顺序，先后聚焦 20 世纪 90 年代末建筑装饰装修引发的挥发性有机化合物污染问题，2012 年出现的室内 $PM_{2.5}$污染问题，半挥发性有机化合物污染问题，健康建筑和社区室内空气质量保障问题，《室内空气质量标准》修订中目标污染物及其阈值确定问题；在学术思路上，以工程热物理方法（传质分析、热力学分析和物性学分析）为主线，并注重和环境科学、化学、公共卫生等领域的交叉与合作，解决源—传递—暴露—健康风险—控制的全过程机理和关键技术问题；在研究成果应用上，注意将成果用于建材、家具、空气净化器、新风系统和健康建筑等多个行业的国际、国家、行业和团体标准中，破解因认识局限和行业分割导致的标准不匹配问题，为室内空气质量的测、评、控提供科技支撑和社会服务。上述的科研实践一方面可以帮助我们更多地了解社会需求问题，另一方面深化了我们对相关科学问题的认知，促进了跨学科基础研究的深入和交叉融合以及跨行业的标准和技术贯通。

在过去 20 多年的研究历程中，衷心感谢国家自然科学基金委、科技部和北京市科委的研究资助：国家自然科学基金创新研究群体科学基金项目(51521005)、国家杰出青年科学基金项目(50725620)、优秀青年科学基金项目(51722807)、重点项目(50436040,51136002)、国际(地区)合作与交流项目(51420105010)、面上项目(50276033,51076079,51478235)和青年科学基金项目(51006057)；国家科技支撑计划项目（2006BAJ02A08，2012BAJ02B03）和国家重点研发计划项目(2017YFC0702700,2016YFC0207103)；北京市科技计划项目(D09050603750802,Z161100000716008,20151090309)。

本书所介绍的很多工作主要是作者课题组近 20 年来博士、硕士研究生和博士后做出的，由于人数较多，且他们的贡献和姓名可以从各章介绍的工作及对应的参考文献中看出，就不一一列出了；此外，还包括我们和国际专家美国弗吉尼亚理工大学的 Little 教授、罗格斯大学的 Weschler 教授、清华大学的 Jan Sundell 教授、杜克大学的 Jim Zhang 教授等的合作研究成果。在此一并向他们表示由衷的感谢。

最后，作者衷心感谢多位学术前辈和同行对我们的指导和帮助，特别感谢江亿院士为本书作序，以及国家科学技术学术著作出版基金的资助。

由于作者水平有限，书中难免存在不足之处，敬请读者批评指正。

中英文对照表

B

半挥发性有机化合物	semi-volatile organic compounds(SVOCs)
苯并[g,h,i]苝	benzo[ghi]perylene(B[ghi]P)
苯并芘	benzon(a)pyrene(B[a]P)
苯甲酸苄酯	benzyl benzoate(BB)
比较风险评估	comparative risk assessment(CRA)
表皮角质层	stratum corneum(SC)
丙二醛	malondialdehyde(MDA)

C

材料、污染和空气质量实验室研究环境舱	chamber for laboratory investigation of materials, pollution and air quality(CLIMPAQ)
参考剂量	reference dose(RfD)

D

德国建筑产品健康评价委员会	Ausschusses zur Gesundheitlichen Bewertung von Bauprodukten(AgBB)
定量限	limit of quantity(LOQ)
多环芳烃	polycyclic aromatic hydrocarbons(PAHs)
多氯联苯	polychlorinated biphenyl(PCB)
多溴联苯醚	polybrominated diphenyl ethers(PBDE)

F

肺癌	lung cancer(LC)
肺活量	forced vital capacity(FVC)
酚试剂(3-甲基-2-苯并噻唑酮腙)	3-methyl-2-benzothiazolinonehydrazone (MBTH)

G

高效过滤器	high efficiency particulate air filter(HEPA)
固相微萃取	solid-phase micro-extraction(SPME)
国际儿童哮喘和过敏研究	international study of asthma and allergies in childhood(ISAAC)
国际疾病分类(第 10 版)	International Classification of Diseases, 10th Revision(ICD-10)

H

环境疾病负担	environmental burden of disease(EBD)
环境健康危害评估办公室	Office of Environmental Health Hazard Assessment(OEHHA)
挥发性有机化合物	volatile organic compounds(VOCs)
活性表皮层	viable epidermis(VE)
活性氧自由基	reactive oxidative species(ROS)

J

极易挥发性有机化合物	very volatile organic compouds(VVOCs)
疾病负担	burden of disease(BD)
剂量-效应	dose-response(D-R)
计算流体力学	computational fluid dynamics(CFD)
角质层	stratum corneum(SC)
洁净空气量	clean air delivery rate(CADR)
金属氧化物	mixed metal oxide(MMO)
静电除尘器	electrostatic precipitator(ESP)
聚二甲基硅氧烷	polydimethylsiloxane(PDMS)
聚甲基戊烯	poly(4-methyl-pentene-1)(PMP)
聚氯乙烯	polyvinyl chloride(PVC)

K

空气质量研究环境舱	chamber for laboratory investigation of materials, pollution and air quality(CLIMPAQ)

扩散采样器	passive flux sampler(PFS)
L	
邻苯二甲酸单(2-乙基-5-羟基己基)酯	mono-(2-ethyl-5-hydroxyhexyl) phthalate(ME-HHP)
邻苯二甲酸单(2-乙基-5-羧基戊基)酯	mono-(2-ethyl-5-carboxypenty)phthalate(MECPP)
邻苯二甲酸单(2-乙基-5-氧己基)酯	mono-(2-ethyl-5-oxohexyl) phthalate(MEO-HP)
邻苯二甲酸单(2-乙基己基)酯	mono-2-ethylhexyl phthalate(MEHP)
邻苯二甲酸单苄酯	monobenzyl phthalate(MBzP)
邻苯二甲酸单甲酯	monomethyl phthalate(MMP)
邻苯二甲酸单乙酯	monoethyl phthalate(MEP)
邻苯二甲酸单异丁酯	mono-*iso*-butyl phthalate(MiBP)
邻苯二甲酸单正丁酯	mono-*n*-butyl phthalate(MnBP)
邻苯二甲酸丁基苄基酯	butylbenzyl phthalate(BBzP)
邻苯二甲酸二(2-乙基)己酯	di-(2-ethylhexyl) phthalate(DEHP)
邻苯二甲酸二丁酯	dibutyl phthalate (DBP)
邻苯二甲酸二环己酯	dicyclohexyl ortho phthalate (DCHP)
邻苯二甲酸二己酯	di-*n*-hexyl phthalate (DNHP)
邻苯二甲酸二甲酯	dimethyl phthalate(DMP)
邻苯二甲酸二乙酯	diethyl phthalate(DEP)
邻苯二甲酸二异丁酯	di-*iso*-butyl phthalate(DiBP)
邻苯二甲酸二异壬酯	di-isononyl phthalate (DiNP)
邻苯二甲酸二正丁酯	di-*n*-butyl phthalate(DnBP)
邻苯二甲酸二正辛酯	di-*n*-octyl phthalate (DNOP)
邻苯二甲酸酯	phthalate acid esters(PAE)
磷酸三(1,3-二氯-2-丙基)酯	tris (1,3-dichloro-2-propyl) phosphate(TD-CIPP)
磷酸三(1-氯-2-丙基)酯	tris (1-cholo-2-propyl) phosphate(TCIPP)

磷酸三(2-氯丙基)酯	tris(chlorisopropyl) phosphate(TCPP)
磷酸三(2-氯乙基)酯	tris (2-carboxyethyl) phosphine(TCEP)
M	
慢性阻塞性肺疾病	chronic obstructive pulmonary disease(COPD)
美国采暖、制冷和空调工程师学会	American Society of Heating, Refigerating and Air Conditioning Engineers(ASHRAE)
美国测试材料协会	American Society for Testing Materials(ASTM)
美国环境保护署	U. S. Environmental Protection Agency(USEPA)
N	
浓度-反应	concentration-response(C-R)
O	
欧洲环境疾病负担项目	the environmental burdenof disease in European countries(EBoDE)
欧洲六国环境疾病负担项目	environmental burden of disease in European countries(EBoDE)
欧洲食品安全局	European Food Safety Agency(EFSA)
P	
皮肤油脂	skin surface lipids(SSL)
Q	
气相色谱仪	gas chromatograph(GC)
气相色谱-质谱联用仪	gas chromatography-mass spectrometry (GC-MS)
䓛	chrysene(Chr)
全球疾病负担	global burden of disease(GBD)
缺血性心脏病	ischemic heart disease(IHD)
R	
人口归因分数	population attributable fraction(PAF)
S	
伤残损失年	years lived with disability(YLD)

伤残调整生命年	disable adjusted life years(DALY)
摄入量-发病率-伤残调整生命年	intake-incidence-DALY(IND)
摄入量-伤残调整生命年	intake-DALY(ID)
生物标志物	biological maker, biomaker
世界卫生组织	World Health Organization(WHO)
寿命损失年	years of life lost(YLL)
W	
危害商数	hazard quotient(HQ)
危害指数	hazard index(HI)
X	
细颗粒物	particulate matter with an aerodynamic diameter less than 2.5μm($PM_{2.5}$)
现场和实验室用散发小舱	field and laboratory emission cell(FLEC)
相对风险	relative risk(RR)
Y	
液体内扩散管-膜散发	liquid-inner tubed diffusion-film-emission (LIFE)
一秒钟用力呼气容积	forced expiratory volume in one second (FEV_1)
引起注意最小浓度	lowest concentration of interest(LCI)
有机碳	organic carbon(OC)
元素碳	elemental carbon(EC)
Z	
真皮层	dermis(DE)
质子传递反应质谱仪	proton transfer reaction-mass spectrometry (PTR-MS)
中风	stroke(STR)
中国儿童住宅健康	China,Children, Homes, Health(CCHH)
中密度板	medium density fibreboard(MDF)
终生癌症风险	lifetime cancer risk(LCR)

总挥发性有机化合物	total volatile organic compounds(TVOC)
其他	
2,2',4,4',5-五溴联苯醚	brominated diphenyl ethers 99(BDE99)
2,2',4,4'-四溴联苯醚	brominated diphenyl ethers 47(BDE47)
8-羟基脱氧鸟苷	8-hydroxy-2 deoxyguanosine(8-OHdG)

主要符号对照表

英文字母

ACH	换气次数,h^{-1}
Bi_m	传质毕奥数,无量纲
C	浓度,mol/m^3或 $\mu g/m^3$
C^*	无量纲浓度
C_0	传质模型中的初始浓度,$\mu g/m^3$
CADR	洁净空气量,m^3/s
CDI	个体长期呼吸暴露日均剂量,$\mu g/(kg \cdot d)$
D	扩散系数,m^2/s
E	源散发强度,$\mu g/s$
f_{om}	颗粒物上有机物的质量分数,无量纲
f_v	可传质部分的体积比
F_t	传输系数,无量纲
Fo_m	传质傅里叶数,无量纲
h_m	对流传质系数,m/s
HI	危害指数,无量纲
HQ	危害商数,无量纲
I	紫外光强,mW/cm^2
J	扩散通量,$mol/(m^2 \cdot s)$或 $mg/(m^2 \cdot s)$
k	颗粒物沉降速率,s^{-1}
k_{p_g}	SVOCs 从室内空气通过表皮层到血液的总传质系数,m/s
K	分配系数,无量纲
K_{OA}	辛醇-空气分配系数,无量纲
Kn	克努森数,无量纲
Lt	传质毕奥数与分配系数之比,无量纲
N_A	阿伏伽德罗常量,$6.022 \times 10^{23} mol^{-1}$
NTU_m	传质单元数

p	压力,Pa
p_s	饱和压力,Pa
Q	通风量,m^3/s
R	气体常数,8.314J/(mol·K)
R_{IO}	室内外浓度比,无量纲
Re	雷诺数,无量纲
REL	VOCs 慢性呼吸暴露参考限值,$\mu g/m^3$
Sc	施密特数,无量纲
SF	形状因子,m
Sh	舍伍德数或无量纲对流传质系数,无量纲
t	时间,s
u	固体表面的流体速度,m/s
v_t	气相-颗粒相间的 SVOCs 传质系数,m/s
X_{dust}	SVOCs 在降尘中的质量分数,无量纲
y_0	源材料表面空气侧 SVOCs 气相浓度,$\mu g/m^3$
Y_i	半挥发性成分的二次分配速率,$\mu g/s$

希腊字母

α	热扩散率,m^2/s
δ_{om}	玻璃窗上有机膜的厚度,相对误差,m
ε	可渗透材料的孔隙率,无量纲
η	过滤单元的净化效率,无量纲
λ	分子平均自由程,m
ν	空气运动黏度,m^2/s
ρ_{dust}	降尘密度,$\mu g/m^3$
ρ_p	颗粒物密度,$\mu g/m^3$
τ_p	室内颗粒物龄,s

主要下标

0	初始状态
ave	平均
c	试验条件下的参数

closed	关窗情况
e	散发
equ	平衡状态
exposure	暴露状态
in	室内环境
m	材料,传质
open	开窗情况
out	室外环境
p	实际空间的参数

目　　录

第1章　绪　　论

人的一生中，超过90%的时间在室内（包括建筑和交通工具等内部空间）度过[1]；一个成年人每天摄入约2.3kg食品、2kg水、15kg空气，人体空气摄入质量占摄入总质量（水、食物和空气）近80%[2]；一般说来，人呼吸系统的免疫力比起消化系统要脆弱很多。因此，室内空气质量对人的健康、舒适、工作及学习效率有很重要的影响。

1.1　发达国家室内空气质量问题及其产生原因

良好的室内空气质量能够使人感到神清气爽、精力充沛、心情愉悦。然而近70年来，世界上不少国家室内空气质量出现了问题，很多人抱怨室内空气质量低劣。美国罗格斯大学Weschler教授[3]在*Atmospheric Environment*上发表了题为“20世纪50年代以来室内污染物变迁”的综述文章，介绍了室内空气化学污染问题出现的历程。

室内空气污染会引发以下三种病症：病态建筑综合征、与建筑有关的疾病、多种化学污染物过敏症[4-9]。此外，室内空气污染还会引发哮喘甚至癌症，有些污染物还会对人的生殖能力产生严重的负面影响[10,11]。

美国环境保护署（U.S. Environmental Protection Agency，USEPA）历时5年的调研结果显示：许多民用和商用建筑内的空气污染程度是室外空气污染的数倍至数十倍，有的甚至超过100倍[9]。世界卫生组织（World Health Organization，WHO）公布的“2002年世界卫生报告”显示，人们受到的空气污染主要来自室内[12]。为此，室内空气质量领域专家Fanger教授指出，室内空气质量对人体健康的影响比室外空气更重要[13]。

为什么近70年来发达国家首先出现了室内空气质量问题呢？主要原因如下。

1）新型合成材料和日用化学品在建筑中大量应用

一些人工合成材料由于价格低、性能优越（如复合木材、聚合地板、塑料）在室内环境中（包含建筑、汽车、飞机等的内环境）广泛应用，但其中一些会散发对人体有害的气体，包括极易挥发性有机化合物（very volatile organic compounds，VVOCs）（如甲醛）[14]、挥发性有机化合物（volatile organic compounds，VOCs）[3]（如苯、甲苯和二甲苯）、半挥发性有机化合物（semi-volatile organic compounds，SVOCs）（如邻苯二甲酸酯类增塑剂、溴化阻燃剂）[10,11]。

2）强调建筑节能后导致建筑密闭性增强和新风量减少

20 世纪 70 年代的能源危机后，建筑节能在发达国家普遍受到重视，作为建筑节能的有效手段，很多建筑密闭性增强，新风供给量减少，以降低采暖空调负荷，大量新建的大型建筑及其配套通风、采暖空调系统普遍采用此策略。美国采暖、制冷和空调工程师学会（American Society of Heating，Refrigerating and Air-Conditioning Engineers，ASHRAE）在 1981 年修订的新风量标准中明显降低了新风量，就是这一背景下的产物。

3）散发有害气体的电器产品的大量使用

随着电子技术的发展，一些电器产品在办公室和家庭日益普及。其中，复印机、打印机、计算机等会散发有害气体，如臭氧、颗粒物和 VOCs 等，造成室内空气质量下降。

4）传统集中空调系统的固有缺点以及系统设计和运行管理的不合理

传统集中空调的冷凝除湿方式使空调箱和风机盘管系统成为霉菌的滋生地。传统集中空调系统设计和运行管理不合理，如过滤网不及时清洗或更换、新风口设计不合理等也常造成室内空气质量低劣。

5）厨房和卫生间气流组织不合理

厨房和卫生间是特殊的生活空间，对这一空间的特殊性缺乏足够的认识，在气流组织上缺乏很好的应对措施，不仅造成这一特殊空间室内空气质量低劣，而且影响普通生活或工作空间的室内空气质量。

6）室外空气污染

工业发展有时伴随着污染排放增加，汽车数量增多造成道路上汽车尾气排放污染增加，这都将导致室外空气质量下降。污浊的室外空气进入室内，使得室内空气质量降低。

1.2　我国城市建筑室内空气质量问题

1.2.1　问题的特点及其产生原因

我国在过去的 30 多年经历了举世罕见的快速城镇化进程和经济发展，发达国家大半个世纪先后出现的大气污染问题和室内空气化学污染问题在我国重叠出现，导致我国的空气质量“内忧外患”，问题比发达国家更为复杂和严峻。其产生原因为：①煤是我国主要的能源，它在产生电能和热能的同时也产生大量的颗粒物和化学污染物；②我国每年的新建建筑面积逾 10 亿 m^2，大量使用人工复合材料制成的建筑装饰装修材料和家具；③我国许多城市规模不断增长、人口不断增加（大量农村人口进入城市），人口密度（每平方千米人口数）和汽车密度（每平方千米汽车数）也不断增加。图 1.1[15] 简要说明了 1990～2010 年一些代表性数据的逐年变化：城市人口超过翻番，城市住宅面积从 40 亿 m^2 增加到210 亿 m^2，汽车保有量从 500 万辆增加到7800 万辆。更多高层建筑取代了低层建筑，人造板产量的增加反映了建筑材料的变化（从 1999 年的1500 万 m^3 到 2010 年的 1.54 亿 m^3），城市空调保有量的增加反映了环境控制方式的变化（1990 年空调少于 100 万台，2010 年超过 1 亿台）。

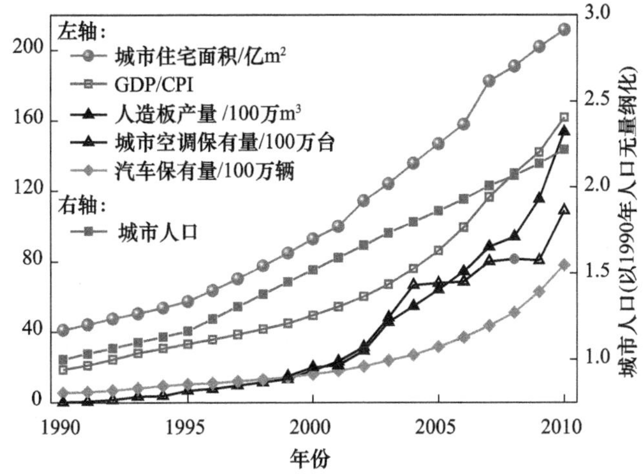

图 1.1　1990～2010 年中国快速现代化和城镇化进程的部分指标[15]

国内生产总值(gross domestic product，GDP)单位：10 亿元 RMB；取 1990 年消费价格指数(consumer price index，CPI)为 100；1990 年城市人口为 3.02 亿

我国城市室内空气污染物来源见表 1.1。一般来说，我国城市的室外空气污染比农村和郊区更严重。我国城市 PM_{10}、$PM_{2.5}$、臭氧、氮氧化物和硫氧化物污染水平居世界前列[16,17]。2013 年北京平均 $PM_{2.5}$浓度超过 80$\mu g/m^3$；2020 年北京平均 $PM_{2.5}$浓度为 38$\mu g/m^3$，但这一水平仍比波士顿、芝加哥或华盛顿高出很多。污染物通过建筑通风和渗透进入室内。即使对于那些源自室外的污染物，其暴露也多出现在室内[18-24]。

表 1.1　主要室内和室外空气污染源

室内来源	室外来源
户外空气	发电厂、工业、供暖用燃煤
做饭、取暖、吸烟、熏香和蚊香	机动车
建筑材料	燃油
家具	地壳/土壤颗粒
油漆、地板和墙壁覆盖物	扬尘

续表

室内来源	室外来源
清洁产品	金属行业
杀虫剂	生物质燃烧
家电/电子产品	花粉
居住者	

1.2.2　健康危害

我国城市死亡率最高的 10 种疾病 2003 年和 2009 年的死亡率对比如图 1.2 所示，其中 7 个深色实心柱表示该疾病和空气污染相关[15]。图 1.3 给出了我国 1973～2005 年间城市和农村地区肺癌死亡率的增长趋势[15]。可以看出，城市中的问题更为严重，且城市与农村疾病的死亡率差距还在拉大。吸烟是诱发肺癌的重要原因，Gu 等[25]估计了 2004～2005 年城市吸烟归因癌症死亡率为 24.5 人/10 万人，而农村的相应数据为 17.5 人/10 万人。去除这些吸烟因素导致的死亡率，可得到城市非吸烟归因癌症死亡率为 16.5 人/10 万人，农村为 8.2 人/10 万人。Cao 等[26]调研了我国 31 个城市中的 71000 个受试者，发现室外空气污染与肺癌和心肺死亡率相关。实际上，室外空气污染物大多也是进入室内后被人们吸入体内的，从而危害人们健康。

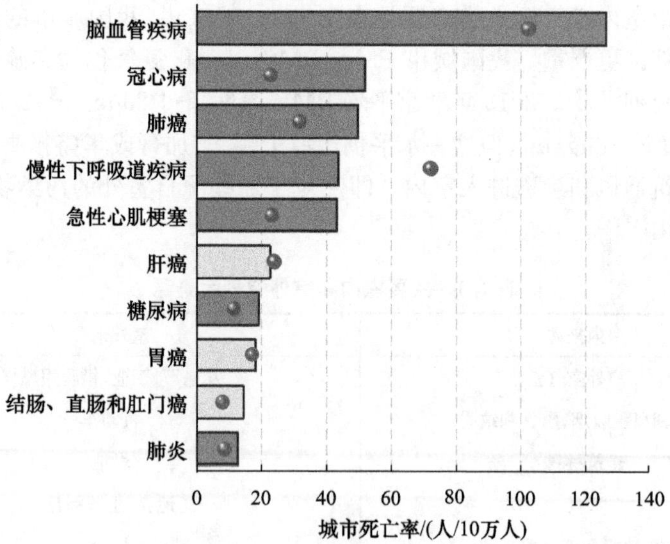

图 1.2　我国城市死亡率最高的 10 种疾病 2003 年和 2009 年的死亡率对比[15]
2003 年数据为柱状，2009 年数据为点状

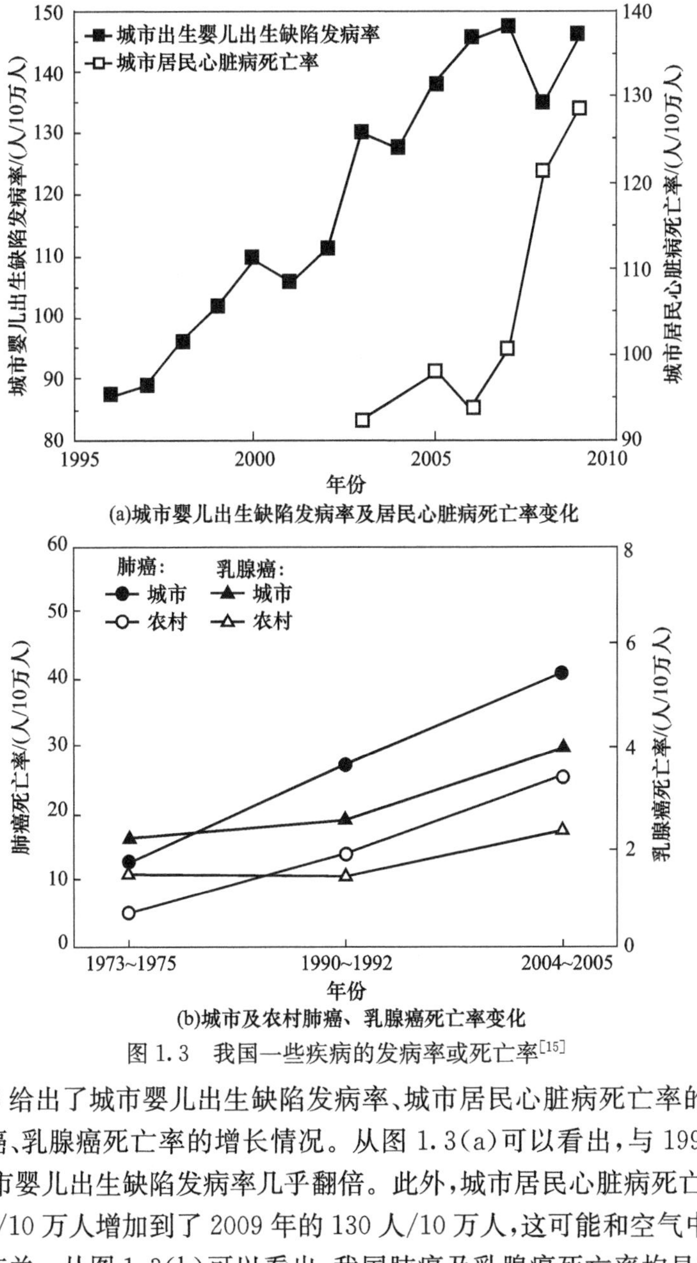

图 1.3　我国一些疾病的发病率或死亡率[15]

图 1.3 给出了城市婴儿出生缺陷发病率、城市居民心脏病死亡率的变化情况和我国肺癌、乳腺癌死亡率的增长情况。从图 1.3(a)可以看出,与 1996 年相比,2009 年城市婴儿出生缺陷发病率几乎翻倍。此外,城市居民心脏病死亡率从 2004 年的 90 人/10 万人增加到了 2009 年的 130 人/10 万人,这可能和空气中的颗粒物浓度增高有关。从图 1.3(b)可以看出,我国肺癌及乳腺癌死亡率均显著升高,且城市死亡率均高于农村。其中,肺癌死亡率包含吸烟因素,去除吸烟因素 2004～2005 年肺癌死亡率为 16.5 人(城市)/10 万人和 8.2 人(农村)/10 万人。

据调查,1990～2000 年,我国城市 14 岁以下儿童的哮喘患病率增加逾 50%,达到 2.0%[27]。2008 年同年龄组的横向调查显示,北京、重庆和广州的哮喘患病率分别为3.2%、7.5%和2.1%，这些值显著高于10年前使用相同方法的测量结果[28]，其中一些增加归因于大气污染[29]。室内环境中经常使用的增塑剂、阻燃剂和杀虫剂的暴露也被认为和哮喘患病率有关[11,30,31]。

Chen等[32]开展的关于我国16个城市过早死亡率的调研发现，其死亡风险和室外PM_{10}浓度水平相关。女性、老人和文化程度低的人似乎更容易受到伤害。位于珠江三角洲的四个城市的短期死亡率变化与大气中的O_3和NO_2浓度水平相关[33]。Kan等[16]总结了十几组流行病学研究后发现，短期患病率及死亡率与城市的PM_{10}、$PM_{2.5}$、O_3、NO_2和SO_2浓度水平相关。

我国城市室内甲醛、苯和$PM_{2.5}$及其他室内空气污染物的浓度往往大于美国等发达国家城市（见图1.4[34]、图1.5[35]和表1.2[36]），因此预计会对健康产生更严重的负面影响。

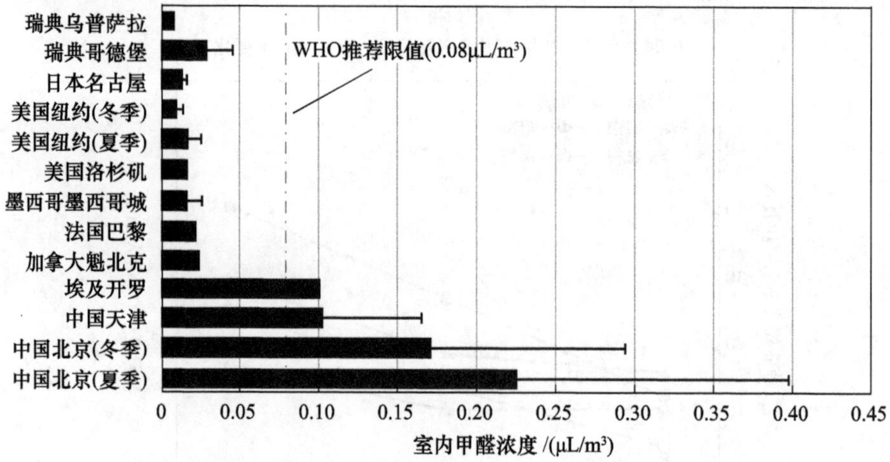

图1.4　不同国家代表城市室内空气中甲醛浓度检测结果比较[34]

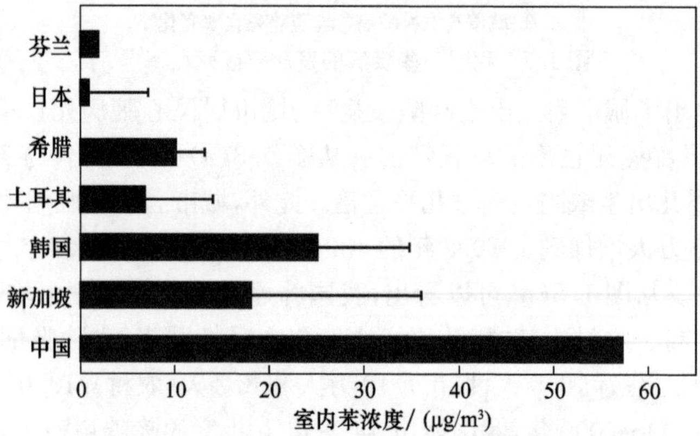

图1.5　不同国家室内空气中苯浓度检测结果[35]

表 1.2 2015 年我国主要城市室外 $PM_{2.5}$ 年均浓度[36]

城市	$PM_{2.5}$浓度/(μg/m³)	城市	$PM_{2.5}$浓度/(μg/m³)
北京	83.5	武汉	71.8
天津	72.0	长沙	61.7
石家庄	89.5	广州	37.9
太原	60.2	汕头	33.2
呼和浩特	45.0	深圳	29.9
沈阳	75.8	南宁	42.0
长春	68.0	重庆	55.3
哈尔滨	70.1	成都	64.1
上海	55.2	贵阳	36.5
南京	59.7	昆明	28.7
杭州	55.6	拉萨	24.7
合肥	67.3	西安	57.8
福州	28.6	兰州	50.0
南昌	42.1	西宁	49.8
济南	84.9	银川	49.2
郑州	98.2	乌鲁木齐	68.4

世界银行和中国国家环境保护总局共同估算了 2003 年我国室外空气污染的健康成本[37]。考虑到城市人口是室外空气污染暴露的主要群体，因而只计算了城市人口的健康成本。如果过早死亡可以通过人一生的剩余时间所创造的人均 GDP 的"现值"来货币化，那么过早死亡和发病造成的经济负担分别为 1110 亿元和 464 亿元，合计占我国该年 GDP 的 1.2%。如果过早死亡可以通过用人们愿意为避免死亡风险而付出的金钱来货币化，那么过早死亡和发病造成的经济负担分别为 3940 亿元和 1260 亿元，合计占我国该年 GDP 的 3.8%。而这些都仅仅是基于 PM_{10} 对健康影响的保守估计，还没有包含其他室内污染物。值得指出的是，室外污染通过建筑渗风或通风进入室内，而人在室内的时间约占 90%，因此上述室外空气污染暴露实际上主要还是发生在室内[36]。

1.3 室内空气质量领域的特点

室内空气质量领域涉及多个学科，如图 1.6 所示。它和暖通空调领域或建筑环境领域密切相关，但和传统暖通空调领域又有所不同，关注的变量不仅为室内空气的温度、湿度和能耗，还需要同时关注空气中的污染物"变量"。目前，较常见的室内空气污染物的种类很多，因此从某种意义上说，室内空气环境领域的"变量空间"一下从"三元"变成了"n 元"($n>3$)，控制或研究的难度也随之大增。

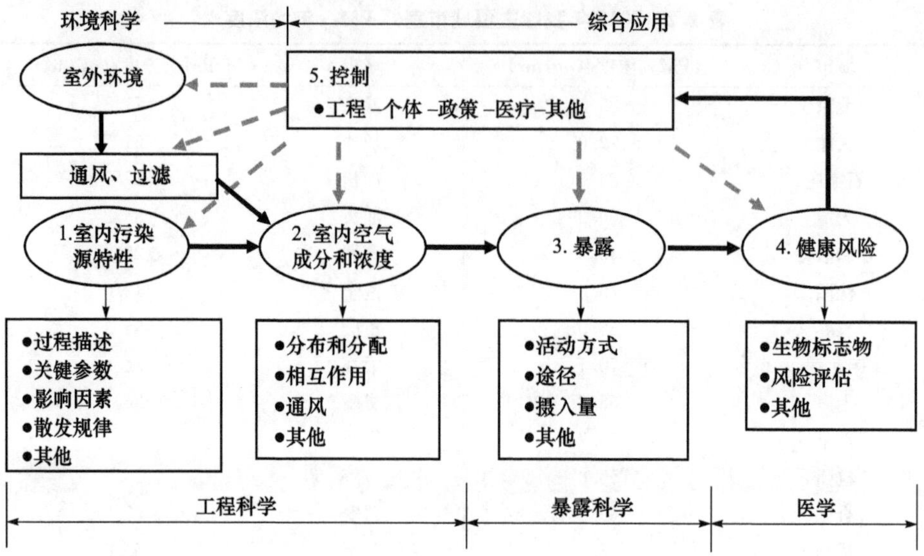

图 1.6　室内空气化学污染控制内容和相关学科示意图

不仅如此，暖通空调或建筑热环境基本在热科学范畴，学术语言基本属“物理语系”，而室内空气质量领域跨越了多个学科，如工程科学(包括热科学和能源工程、建筑环境科学与工程、环境科学与工程、材料科学与工程、建筑学等)和医学(包括毒理学、公共卫生、临床医学等)，学术语言分属“物理语系”“化学语系”“生命科学语系”等。不同学科背景的人说着不同的“学术方言”，意难会、言难传。单一学科背景的人在问题讨论和解决时经常力不从心，因此需要交叉合作，协同攻关。此外，在上述过程中要特别注意方法论的创新。过去，研究者得到的信息有限，且往往局限于各自领域，因此其中的因果关系大多可以确定。而现在，社会已进入信息时代，由于各种技术手段的更新和发展，我们可以获得大量过去很难获得的数据，这些数据汇集成“大数据”，难以被理解和深度消化。传统研究中的主流分析方法(如确定关系、因果关系、分学科规律的分析方法)面对大数据往往力不从心，需要发展新的分析方法，如概率关系、关联关系、跨学科规律的分析方法。量子力学中基于概率的分析方法、热力学中的品位分析方法、分析力学中基于最小作用量的变分分析方法[38]、公共卫生流行病学中的关联性分析方法会在大数据分析中得到广泛应用并不断发展，一些伴随大数据出现的新的分析方法也会应运而生并长足发展，使相伴的方法论产生从量的变化到质的变革[39]。

国际室内空气科学院的 Corsi 教授[40]和 Li 教授[41]分别对室内空气质量领域给出了描述：

“人的行为是室内空气科学不可忽视的重要方面，然而社会科学在室内空气研究领域还未得到体现。从高通量脱氧核糖核酸测序到质子传递反应质谱，再到大数据，这些其他学科的强大工具已经逐步应用于室内空气科学领域”[40]。

“只有植根于各种基础科学并与各种相关应用学科交叉，室内空气研究和应用才能结出硕果”(见图1.7)[41]。

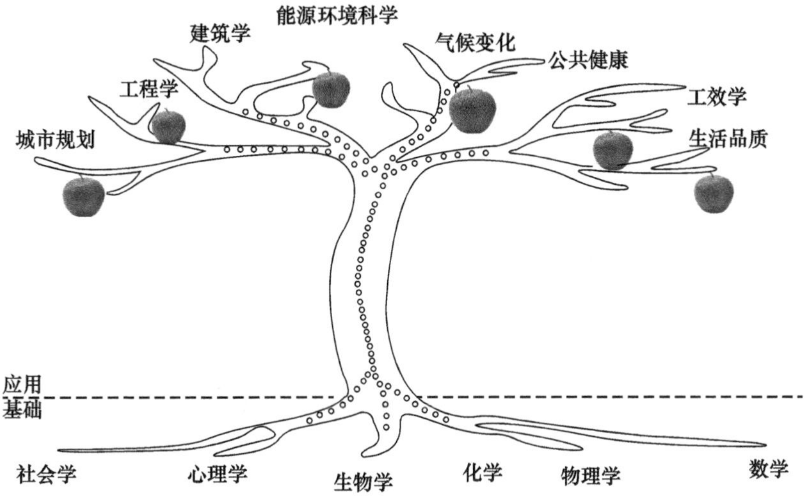

图1.7 室内空气科学是由知识树的多个相关树根和枝叶提供的营养长成的“苹果”[41]

参考文献

[1] Klepeis N E, Nelson W C, Ott W R, et al. The National Human Activity Pattern Survey (NHAPS): A resource for accessing exposure to environmental pollutions. Journal of Exposure Analysis and Environmental Epidemiology, 2001, 11(3): 231-252.

[2] USEPA. Exposure Factor Handbook. Washington D. C.: U. S. Environmental Protection Agency, 2011.

[3] Weschler C J. Changes in indoor pollutants since the 1950s. Atmospheric Environment, 2009, 43(1): 153-169.

[4] Young M K, Stuart H, Roy M H. Concentrations and sources of VOCs in urban domestic and public microenvironments. Environmental Science & Technology, 2001, 35(6): 997-1004.

[5] World Health Organization. Indoor air quality: Organic pollutants. Environmental Technology Letters, 1989, 10(9): 855-858.

[6] USEPA. Reducing Risk: Setting Priorities and Strategies for Environmental Protection. Washington D. C.: U. S. Environmental Protection Agency, 1990.

[7] Wolkoff P, Clausen P A, Jensen B, et al. Are we measuring the relevant indoor pollutants? Indoor Air, 1997, 7(2): 92-106.

[8] Molhave L. Sick buildings and other buildings with indoor climate problems. Environment International, 1989, 15(1): 65-74.

[9] USEPA. Sick Building Syndrome (SBS). Indoor Air Facts, No. 4 (Revised). Washington D. C.: U. S. Environmental Protection Agency, 1991.
[10] Weschler C J, Nazaroff W W. Semi-volatile organic compounds in indoor environments. SVOC Review Paper. Atmospheric Environment, 2008, 42(40): 9018-9040.
[11] 王立鑫,赵彬,刘聪,等. 中国室内SVOC污染问题评述. 科学通报,2010,55(11):967-977.
[12] World Health Organization. The world health report, 2002. Midwifery, 2003, 19(1): 72.
[13] Fanger P O, Olesen B W. Bridging from Technology to Society: Indoor Air More Important for Human Health than Outdoor Air. Denmark: Technical University of Denmark, 2004.
[14] Salthammer T, Mentese S, Marutzky R. Formaldehyde in the indoor environment. Chemical Reviews, 2010, 110(4): 2536-2572.
[15] Zhang Y P, Mo J H, Weschler C J. Reducing health risks from indoor exposures in today's rapidly developing urban China. Environmental Health Perspectives, 2013, 121(7): 751-755.
[16] Kan H D, Chen R J, Tong S L. Ambient air pollution, climate change, and population health in China. Environment International, 2012, 42: 10-19.
[17] Zhang Q, He K, Huo H. Cleaning China's air. Nature, 2012, 484(7393): 161-162.
[18] Chen C, Zhao B, Weschler C J. Assessing the influence of indoor exposure to "outdoor ozone" on the relationship between ozone and short-term mortality in us communities. Environmental Health Perspectives, 2012, 120(2): 235-240.
[19] Chen C, Zhao B, Weschler C J. Indoor exposure to "outdoor PM_{10}": Assessing its influence on the relationship between PM_{10} and short-term mortality in U. S. cities. Epidemiology, 2012, 23(6): 870-878.
[20] Wang S X, Zhao Y, Chen G C, et al. Assessment of population exposure to particulate matter pollution in Chongqing, China. Environmental Pollution, 2008, 153(1): 247-256.
[21] Meng Q Y, Spector D, Colome S, et al. Determinants of indoor and personal exposure to $PM_{2.5}$ of indoor and outdoor origin during the RIOPA study. Atmospheric Environment, 2009, 43(36): 5750-5758.
[22] Chen C, Zhao B. Review of relationship between indoor and outdoor particles: I/O ratio, infiltration factor and penetration factor. Atmospheric Environment, 2011, 45(2): 275-288.
[23] Hodas N, Meng Q, Lunden M M, et al. Variability in the fraction of ambient fine particulate matter found indoors and observed heterogeneity in health effect estimates. Journal of Exposure Science Environmental Epidemiology, 2012, 22(5): 448-454.
[24] Mullen N A, Liu C, Zhang Y P, et al. Ultrafine particle concentrations and exposures in four high-rise Beijing apartments. Atmospheric Environment, 2011, 45(40): 7574-7582.
[25] Gu D, Kelly T N, Wu X, et al. Mortality attributable to smoking in China. New England Journal of Medicine, 2009, 360(2): 150-159.
[26] Cao J, Yang C, Li J, et al. Association between long-term exposure to outdoor air pollution and mortality in China: A cohort study. Journal of Hazardous Materials, 2011, 186(2-3): 1594-1600.

[27] Chen Y. Comparative analysis of the state of asthma prevalence in children from two nationwide surveys in 1990 and 2000 year. Chinese Journal of Tuberculosis & Respiratory Diseases,2004,27(2):112-116.

[28] Zhao J,Bai J A,Shen K L,et al. Self-reported prevalence of childhood allergic diseases in three cities of China:A multicenter study. BMC Public Health,2010,10(1):551-558.

[29] Watts J. Doctors blame air pollution for China's asthma increases. The Lancet,2006,368(9537):719-720.

[30] Hsu N Y,Lee C C,Wang J Y,et al. Predicted risk of childhood allergy,asthma,and reported symptoms using measured phthalate exposure in dust and urine. Indoor Air,2012,22(3):186-199.

[31] Bornehag C G,Nanberg E. Phthalate exposure and asthma in children. International Journal of Andrology,2010,33(2):333-345.

[32] Chen R J,Kan H D,Chen B H,et al. Association of particulate air pollution with daily mortality:The China air pollution and health effects study. American Journal of Epidemiology,2012,175(11):1173-1181.

[33] Tao Y,Huang W,Huang X L,et al. Estimated acute effects of ambient ozone and nitrogen dioxide on mortality in the Pearl River Delta of southern China. Environmental Health Perspectives,2012,120(3):393-398.

[34] Zhang L P,Steinmaus C,Eastmond D A,et al. Formaldehyde exposure and leukemia:A new meta-analysis and potential mechanisms. Mutation Research,2009,681:150-168.

[35] World Health Organization. WHO guidelines for indoor air quality,2010. WHO Guidelines for Indoor Air Quality Dampness & Mould,2011.

[36] Xiang J,Weschler C J,Wang Q,et al. Reducing indoor levels of "outdoor $PM_{2.5}$" in urban China:Impact on mortalities. Environmental Science & Technology,2019,53(6):3119-3127.

[37] World Bank,State Environmental Protection Administration. Cost of pollution in China:Economic estimates of physical damages. Washington D. C.:World Bank,and Beijing:State Environmental Protection Administration,2007.

[38] 张寅平,莫金汉,程瑞. 营造可持续室内空气环境:问题、思考和建议. 科学通报,2015,60(18):1651-1660.

[39] 张寅平. 室内空气质量控制:暖通空调人新世纪的挑战和责任. 暖通空调,2013,12(43):1-7.

[40] Corsi R L. Connect or stagnate:The future of indoor air sciences. Indoor Air,2015,25(3):231-234.

[41] Li Y G. The "impurity" of indoor air. Indoor Air,2016,26(1):3-5.

第 2 章　室内挥发性有机化合物源散发机理和特性

在室内挥发性有机化学污染的控制方法中，最重要的就是源头控制。室内常见的挥发性有机化学物质包括极易挥发性有机化合物(VVOCs)、挥发性有机化合物(VOCs)和半挥发性有机化合物(SVOCs)。WHO 对它们的分类见表 2.1[1]。

表 2.1　WHO 对挥发性有机化学物质的分类[1]

分类	沸点范围/℃	典型采样方法
VVOCs	<0 至 50～100	分批采样；木炭吸附
VOCs	50～100 至 240～260	Tenax 吸附，黑炭吸附，木炭吸附
SVOCs	240～260 至 380～400	聚氨酯泡沫吸附，XAD-2 吸附

要对室内挥发性有机化学物质进行源头控制，首先要知道在不同的室内环境条件下(如温度、湿度、空气流速和背景浓度)室内材料和物品(如家具)中该类污染物的散发速率及其影响因素，它们是估测给定条件下室内空气中该类污染物浓度和确定相应控制负荷及手段的基础。基于这些数据和室内空气质量标准中目标污染物的浓度阈值，人们可以确定：①室内材料和物品中目标污染物的阈值；②室内材料和物品的"绿色度"；③室内空气净化的负荷；④室内空气质量控制方案是否满足《室内空气质量标准》(GB/T 18883—2002)或《健康建筑评价标准》(T/ASC 02—2021)要求①。

2.1　传质分析的基本知识

传质是某种介质内部或者不同种介质之间组分或者质量的传递。材料中 VOCs 的散发或吸附过程本质上是一种传质过程。对于给定的组分，当存在浓度梯度(或者化学势差)时传质过程就会发生。传质一般分为扩散传质和对流传质。

2.1.1　扩散传质

扩散是所有分子(液体或气体)的热运动。它描述了分子从浓度较高的区域运动到浓度较低的区域(或从高化学势区到低化学势区)的净通量，一般可由式(2.1)描述。

$$J = -D\nabla C \tag{2.1}$$

①部分国家标准和行业标准目前已修订更新，本书部分相关研究的开展基于当时所执行的国家标准或行业标准版本。

式中，J 为目标组分的扩散通量，$mol/(m^2 \cdot s)$ 或 $mg/(m^2 \cdot s)$；D 为扩散系数，m^2/s；C 为目标组分的浓度，mol/m^3 或 mg/m^3。

式(2.1)是三维传质定律的通用形式。对于室内环境中常见的一维传质问题，在直角坐标系下式(2.1)可写为

$$J = -D \frac{\partial C}{\partial x} \tag{2.2}$$

式(2.1)仅适用于系统中所有组分浓度之和(总浓度)不变的情形。室内空气污染物的浓度通常远小于空气本身的浓度，因此式(2.1)适用于室内空气环境中与VOCs散发或控制相关的几乎所有过程。

扩散过程一般可分为菲克扩散、克努森扩散和过渡扩散。其各自特点简介如下。

1. 菲克扩散

菲克扩散，又名分子扩散，是指系统中分子运动的尺度远大于分子平均自由程的扩散过程。它意味着质量流仅发生在孔内，而与分子和孔壁的碰撞无关。因此，菲克扩散系数不是系统尺度的函数。

菲克定律定量描述了给定组分扩散通量和浓度梯度之间的关系，由式(2.1)表示。其中，扩散系数 D 和系统尺度无关，可记为菲克扩散系数 D_F。对于常见的二元气体混合物，菲克扩散系数 D_F 可由式(2.3)计算(Chapman-Enskog 方程)[2]。

$$D_F = \frac{0.00158 T^{3/2} (1/M_1 + 1/M_2)^{1/2}}{p \sigma_{12}^2 \Omega} \tag{2.3}$$

式中，T 为热力学温度，K；M_1、M_2 为两种组分的摩尔质量，g/mol；p 为总压，Pa；σ_{12} 为 Lennard-Jones 势能函数的碰撞直径，m；Ω 为碰撞积分函数。

如果考虑分子有限体积和分子间相互作用力的影响，D_F 也可由式(2.4)计算[3]。

$$D_F = \frac{1 \times 10^{-7} T^{1.75} (1/M_1 + 1/M_2)^{1/2}}{p \left[\left(\sum_{i=1}^{m} V_{1,i} \right)^{1/3} + \left(\sum_{j=1}^{n} V_{2,j} \right)^{1/3} \right]^2} \tag{2.4}$$

式中，$\sum_{i=1}^{m} V_{1,i}$、$\sum_{j=1}^{n} V_{2,j}$ 分别表示组分 1 和组分 2 的扩散容积之和，可用组分的摩尔体积(m^3/mol)来近似。

2. 克努森扩散

克努森扩散是在系统尺度(L)远小于分子平均自由程(λ)下发生的情形。在克努森扩散中，分子与孔壁间的碰撞比分子与分子间的碰撞更频繁，这种碰撞构成了主要的扩散阻力。常用克努森数 $Kn(=\lambda/L)$ 来表示克努森扩散的相对大小。当 $Kn \gg 1$ 时，克努森扩散在整个扩散效应中占主导地位。在实际应用过程中，克努森

扩散主要适用于气体间的扩散，因为对液体分子而言，其平均自由程与分子直径接近，所以克努森扩散效应可忽略。基于气体动力学理论，在直圆柱孔中的克努森扩散系数的计算公式为[2]

$$D_K = 97r\sqrt{\frac{T}{M}} \tag{2.5}$$

式中，D_K 为克努森扩散系数，m^2/s；r 为平均孔径，m；M 为分子摩尔质量，g/mol。

3. 过渡扩散

当分子间的碰撞相比于分子与孔壁的碰撞占主导地位时，扩散为菲克扩散；当分子与孔壁的碰撞相比于分子间的碰撞占主导地位时，扩散为克努森扩散。因此存在一个中间区域，菲克扩散和克努森扩散会同时起作用。这一区域称为过渡区（克努森数范围为 $0.1 < Kn < 10$），分子间的碰撞以及分子与孔壁的碰撞都对扩散有贡献，该扩散则称为过渡扩散。对多孔介质而言，随着孔径的减小，扩散的类型也会发生改变，即从菲克扩散（宏观孔）转变到过渡扩散（介观孔），再转变到克努森扩散（微观孔）。对于二元气体混合物，过渡扩散系数 D_T 计算公式为[4]

$$\frac{1}{D_T} = \frac{1}{D_F} + \frac{1}{D_K} \tag{2.6}$$

2.1.2 对流传质

当流体（气体或液体）流过固体表面时，如果某种组分的主流区浓度和固体表面浓度不同，将会形成垂直于固体表面方向的浓度梯度，该现象称为对流传质。对流传质包括分子的扩散过程及流体的流动过程，后者通常占据主导地位。对流传质速率的计算公式为

$$\dot{m} = h_m A(C_s - C_a) \tag{2.7}$$

式中，$\dot{m}$ 为对流传质速率，kg/s；h_m 为对流传质系数，m/s；A 为对流传质面积，m^2；C_s 为流体/固体界面处流体侧的组分浓度，mg/m^3；C_a 为主流区的组分浓度，mg/m^3。

对流传质系数是反映对流传质过程强度的一个关键参数。无量纲分析表明，h_m 符合式(2.8)的经验关联式，可通过代入求解。

$$Sh = \frac{h_m l}{D} = f(Re, Sc) \tag{2.8}$$

式中，Sh 为舍伍德数，又称为无量纲对流传质系数；$Re = ul/v$，为雷诺数，其中，u 为固体表面的流体速度，m/s；v 为空气的运动黏度，m^2/s；l 为材料的特征长度，m；$Sc = v/D$为施密特数。

对于外掠平板的层流过程，常用式(2.9)计算无量纲对流传质系数。

$$Sh = 0.664 Re^{1/2} Sc^{1/3} \tag{2.9}$$

2.1.3　多孔介质传质

多孔介质是指含有很多孔结构的材料，孔中可被气体或液体填充。多孔介质特征通常用介质的孔隙率和表面积来表征。一般来说，多孔吸附剂的表面积越大，能吸附的物质（称为吸附质）质量也越大。许多室内材料，如木质材料、聚氯乙烯地板、地毯等都可以认为是多孔介质。

对于多孔介质中的传质过程，孔结构对扩散系数产生重要影响：①固体骨架会产生扩散阻力；②孔径的变化会导致瓶颈效应，进而产生变化的扩散阻力；③孔方向的变化会使扩散路径变长。综合考虑上述三种效应，多孔介质的有效扩散系数可表示为

$$D_e = D_r \frac{\varepsilon}{\tau} \tag{2.10}$$

式中，D_r 为多孔介质孔内的参考扩散系数，m^2/s；ε 为多孔介质的孔隙率；τ 为曲折度。

孔隙率和曲折度都可通过压汞试验来获得[5]。

2.1.4　气体在液体中的吸收和在固体中的吸附

1. 吸收

一种物质的气态分子依附于另一种呈液态的物质的现象称为吸收。被吸收的气态物质称为溶质，吸收气态物质的液态物质称为溶剂。如果物质 A 被某一液体弱吸收（即形成浓度很低的溶液），物质 A 在液体中的摩尔分数（x_A）和其在液体外的分压力（p_A）之间的关系可用亨利定律来描述[6]：

$$x_A = \frac{p_A}{H} \tag{2.11}$$

式中，H 为亨利常数。

2. 吸附

一种物质的气态分子物理地或化学地富集在另一种固体物质表面的现象称为吸附。气相和固相物质分别称为吸附质和吸附剂。吸附一般分为两类：物理吸附和化学吸附。物理吸附由分子间作用力（即范德瓦耳斯力）产生，而化学吸附则涉及吸附质和吸附剂之间化学键的形成，显然后者的作用相对较强。对于室内环境中常见的污染物散发或吸附过程，大多属于物理吸附，因此本节重点讨论物理吸附。

典型的物理等温吸附包括 Langmuir 吸附、Freundlich 吸附和 Brunauer-Emmett-Teller(BET) 吸附。这些等温吸附中，Freundlich 吸附为经验吸附，

其余的则为理论吸附。此外，Langmuir 吸附仅描述单层分子吸附，而 BET 吸附则描述多层分子吸附。

1) Langmuir 吸附

描述单分子层吸附过程的方程称为 Langmuir 吸附方程，它是 Langmuir 通过合理假设（如单分子层吸附，吸附平衡时吸附速率和脱附速率相等）和理论推导得到的，它描述了给定温度下固体表面的某种成分的覆盖程度与表面上气体中该组分压力之间的关系。Langmuir 吸附最原始的表达式为[7]

$$m=m_{\max}\frac{kC_{\mathrm{a}}}{1+kC_{\mathrm{a}}} \tag{2.12}$$

式中，m 为单位质量吸附剂所吸附的吸附质质量，无量纲；$m_{\max}$ 为吸附剂能吸附的吸附质的最大质量，无量纲；k 为 Langmuir 平衡常数，$\mathrm{m^3/mg}$；C_{a} 为吸附质浓度，$\mathrm{mg/m^3}$。

当 $kC_{\mathrm{a}}\ll 1$ 时，式(2.12)可写为 $m=m_{\max}kC_{\mathrm{a}}=KC_{\mathrm{a}}$。因此，在较低的吸附质浓度下，Langmuir 吸附可简化为亨利吸附，即可用亨利定律来描述的吸附过程。

2) Freundlich 吸附

Freundlich 吸附是一种用来描述吸附过程的经验模型，可表示为[8]

$$m=K_{\mathrm{F}}C_{\mathrm{a}}^{1/n} \tag{2.13}$$

式中，K_{F} 为 Freundlich 常数；n 为指数。K_{F} 和 n 都可以用吸附模型拟合试验测试数据来获得。

3) BET 吸附

BET 吸附是以对此类吸附做出贡献的三位科学家姓氏命名的，即 Brunauer-Emmett-Teller 吸附。在 BET 吸附中，第一层吸附的每个分子为后续的每层提供了一个吸附位，后续每层的分子被认为具有饱和液体的特性。基于此理解，BET 吸附可表示为[4]

$$\theta=\frac{m}{m_{\max}}=\frac{b\dfrac{p}{p_{\mathrm{s}}}}{\left(1-\dfrac{p}{p_{\mathrm{s}}}\right)\left(1-\dfrac{p}{p_{\mathrm{s}}}+b\dfrac{p}{p_{\mathrm{s}}}\right)} \tag{2.14}$$

式中，θ 为覆盖率，无量纲；b 为吸附平衡常数；p 为分压力，Pa；p_{s} 为饱和压力，Pa。

如果 BET 吸附模型中 p/p_{s} 很小，BET 吸附也可以简化为亨利吸附：$m=m_{\max}bp/p_{\mathrm{s}}=K'p=KC_{\mathrm{a}}$。

就物理吸附过程而言，当吸附剂吸附多种吸附质时，不同的吸附质之间会竞争吸附剂表面有限的吸附位，此现象称为竞争吸附。一些物质在固体表面的竞争吸附可由 Polanyi 吸附模型或者 L-H 速率模型来描述[9]。

2.2 室内材料和物品中 VVOCs/VOCs 散发机理和特性

为理解室内材料和物品中 VVOCs/VOCs 的散发机理和特性，需要完成以下操作：①描述或预测散发过程特性；②获得通用散发关联式；③快速准确地测定上述问题中包含的散发特性参数；④评估测试结果的准确性；⑤建立散发特性参数和影响因素间的关系。

2.2.1　描述或预测散发过程特性

1. Little 模型及 Xu-Zhang 改进模型

Little 等[10]建立了可用来研究平板建材中 VOCs 散发速率及环境中 VOCs 浓度的模型，后称为 Little 模型，成为后续发展或改进 VOCs 及 SVOCs 散发模型的基础。

为了简化问题(见图 2.1)，Little 等[10]假设：①建材中目标污染物的初始浓度 C_0 均匀；②建材表面的对流传质系数 h_m 无限大，即建材外部对流传质阻力相比于内部扩散阻力可忽略；③环境舱或室内环境中初始及进口 VOCs 浓度为零；④一维传质；⑤扩散系数 D 和分配系数 K 为常数；⑥环境舱或室内空气混合均匀；⑦建材/空气界面处材料相 VOCs 浓度和气相 VOCs 浓度始终处于平衡状态。

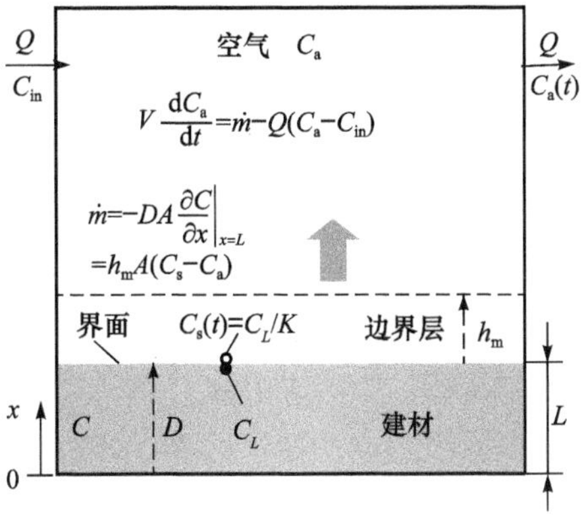

图 2.1　环境舱或室内环境中平板建材 VOCs 散发机理示意图

基于这些假设，Little 等[10]给出了建材 VOCs 瞬态传质控制方程：

$$D\frac{\partial^2 C}{\partial x^2}=\frac{\partial C}{\partial t} \tag{2.15}$$

初始条件为

$$C=C_0,\quad t=0,\quad 0\leqslant x\leqslant L \tag{2.16}$$

边界条件为

$$\frac{\partial C}{\partial x}=0,\quad t>0,\quad x=0 \tag{2.17}$$

$$C_L=KC_a \tag{2.18}$$

此外，根据质量守恒定律，环境舱空气中污染物浓度 $C_a(t)$ 可由式(2.19)表述。

$$V\frac{\mathrm{d}C_{\mathrm{a}}}{\mathrm{d}t}=-DA\frac{\partial C}{\partial x}\Big|_{x=L}-QC_{\mathrm{a}},\quad t>0 \tag{2.19}$$

初始条件为

$$C_{\mathrm{a}}=C_{\mathrm{a},0},\quad t=0 \tag{2.20}$$

式中，L 为平板厚度，m；V 为环境舱体积，m^3；A 为建材散发表面积，m^2。

采用分离变量法，C_{a} 和 VOCs 散发速率 $\dot{m}$ 可表示为简化形式：

$$C_{\mathrm{a}}=f_1(D,K,C_0,V,A,L,Q,t) \tag{2.21}$$

$$\dot{m}=f_2(D,K,C_0,V,A,L,Q,t) \tag{2.22}$$

分析表明，建材中目标 VOCs 的初始浓度 C_0、扩散系数 D 和分配系数 K 为决定散发特性的三个关键参数，称为散发特性参数[11]。

Little 模型的假设①～③在实际条件下并不总是成立。这些假设导致的误差有多大？这些误差在什么情况下可以忽略？如果初始浓度 $C(t=0)$ 不是常数，而是沿厚度方向变化的函数时散发规律又如何？此外，多层建材散发速率如何预测？如何考虑建材的吸附特性？如何预测多源及多汇材料的散发和吸附？这些都是室内化学污染控制中的重要问题，后续研究主要针对这些问题展开。

Yang 等[12]运用三维数值传质分析来计算环境舱中的外部对流传质过程，而采用 Little 模型中运用的一维模型来分析材料内部的扩散过程及材料/空气界面处的分配过程。虽然 Yang 等的模型可用于求解比 Little 模型复杂的问题，但三维传质模型的数值求解还是相当复杂的[11]。

Huang 等[13]改进了 Little 模型[10]中对流传质系数 h_{m} 的计算，不取 h_{m} 为无穷大而用传质关联式计算。基于有限差分法，获得了 C、$\dot{m}$ 和 C_{a} 的数值解。在特殊条件下（$C_{\mathrm{a}}\ll C_L/K$），获得了 C、$\dot{m}$、C_{a} 的解析解。

Xu 等[14]没有运用 Little 模型中的假设②和③，而是采用已知对流传质系数 h_{m} 关联式，然后基于分离变量法获得了解析解：

$$C=KC_{\mathrm{a}}+\sum_{m=1}^{\infty}\frac{\sin(\beta_m L)}{\beta_m}\frac{2(\beta_m^2+H^2)}{L(\beta_m^2+H^2)+H}\cos(\beta_m x)\cdot\left\{(C_0-KC_{\mathrm{a},0})\exp(-D\beta_m^2 t)+\int_0^t\exp[-D\beta_m^2(t-\tau)]K\mathrm{d}C_{\mathrm{a}}(\tau)\right\} \tag{2.23}$$

式中，$H=h_{\mathrm{m}}/(KD)$；$\beta_m(m=1,2,\cdots)$为式(2.24)的正根；τ 为与时间相关的积分变量，s。

$$\beta_m\tan(\beta_m L)=H \tag{2.24}$$

式(2.23)给出了建材中污染物浓度和距离以及时间的函数关系。

因此，某时刻单位面积的污染物散发速率 $\dot{m}$ 和 t 时刻之前的建材 VOCs 单位面积总散发量 m 的计算公式为

$$\dot{m}=-D\frac{\partial C}{\partial x}\bigg|_{x=L}$$
$$=D\sum_{m=1}^{\infty}\sin^2(\beta_m L)\frac{2(\beta_m^2+H^2)}{L(\beta_m^2+H^2)+H}$$
$$\cdot\left\{(C_0-KC_{a,0})\exp(-D\beta_m^2 t)+\int_0^t\exp[-D\beta_m^2(t-\tau)]K\mathrm{d}C_a(\tau)\right\} \tag{2.25}$$

$$m=-\int_0^t D\frac{\partial C}{\partial x}\bigg|_{x=L}\mathrm{d}t=D\int_0^t\sum_{m=1}^{\infty}\sin^2(\beta_m L)\frac{2(\beta_m^2+H^2)}{L(\beta_m^2+H^2)+H}$$
$$\cdot\{(C_0-KC_{a,0})\exp(-D\beta_m^2 t)+\int_0^t\exp[-D\beta_m^2(t-\tau)]K\mathrm{d}C_a(\tau)\}\mathrm{d}t \tag{2.26}$$

该模型称为 Xu-Zhang 改进模型。为了对比模型预测结果、Little 模型结果及试验结果，Xu 等[14]基于表 2.2[15]、表 2.3[15]的参数计算并比较了给定工况下房间中目标污染物的浓度，如图 2.2 所示。

表 2.2　环境舱试验工况参数[15]

参数	数值
温度/℃	23±0.5
相对湿度/%	50±0.5
换气次数/h^{-1}	1±0.05
环境舱尺寸(mm×mm×mm)	500×400×250
建材尺寸(mm×mm×mm)	212×212×15.9

表 2.3　建材名称、目标污染物和散发特性参数[15]

测试刨花板名称	目标污染物	扩散系数 $D/(10^{-11}m^2/s)$	初始浓度 $C_0/(10^7\mu g/m^3)$	分配系数 K
PB 1	TVOC	7.65	5.28	3289
PB 2	TVOC	7.65	9.86	3289
	己醛	7.65	2.96	3289

注：TVOC(total volatile organic compounds)为总挥发性有机物。

图 2.2(a)表明对于预测环境中散发初期的污染物浓度，Little 模型误差较大。Xu 等[14]还建立了误差和影响因素(如 h_m)间的关系式，可以用来判断 Little 模型中的假设②在什么条件下可忽略(见 2.2.2 节)。

2. 考虑建材中 VOCs 初始浓度非均匀分布的 Xu-Zhang 模型

作为进一步的工作，Xu 等[16]研究了建材中 VOCs 初始浓度非均匀分布的情形。此时式(2.16)修改为

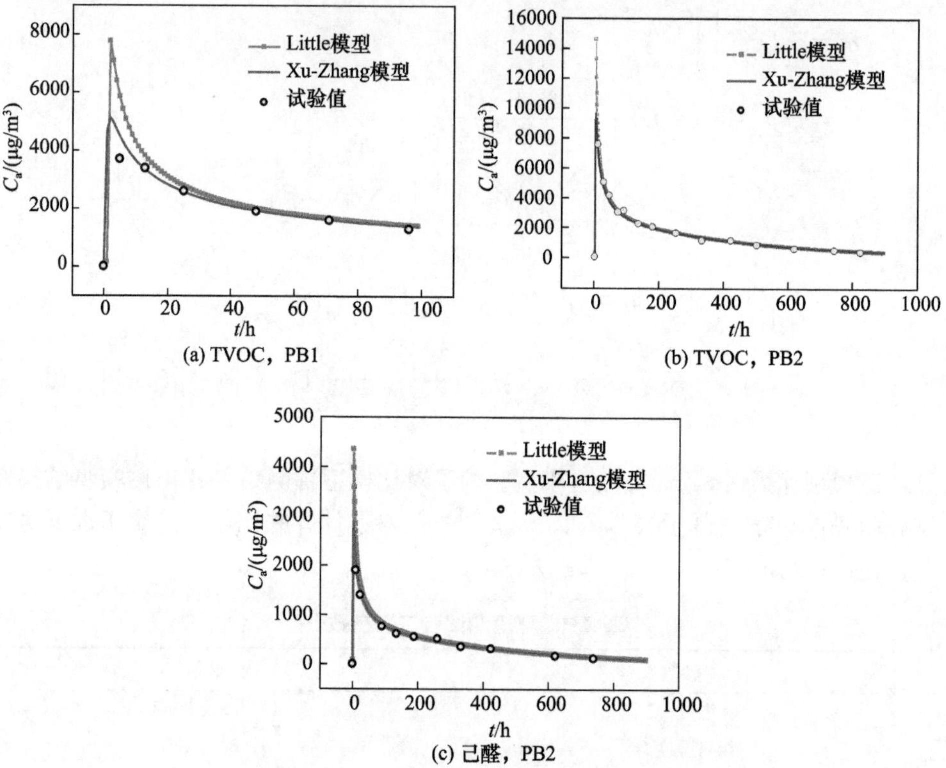

(a) TVOC，PB1　　(b) TVOC，PB2　　(c) 己醛，PB2

图 2.2　模型预测结果与试验结果的对比[14]

$$C = C_{0,x}, \quad t = 0, \quad 0 \leqslant x \leqslant L \tag{2.27}$$

该方程的解析解为

$$C = KC_a + \sum_{m=1}^{\infty} \frac{\sin(\beta_m L)}{\beta_m} \frac{2(\beta_m^2 + H^2)}{L(\beta_m^2 + H^2) + H} \cos(\beta_m x) \cdot \left\{ (R_m - KC_{a,0}) \exp(-D\beta_m^2 t) + \int_0^t \exp[-D\beta_m^2 (t-\tau)] K \mathrm{d}C_a(\tau) \right\} \tag{2.28}$$

式中，$R_m = \dfrac{\beta_m}{\sin(\beta_m L)} \int_0^L \cos(\beta_m x) C_{0,x} \mathrm{d}x$；$\beta_m (m = 1, 2, \cdots)$ 为式(2.24) 的正根。

$$\dot{m} = -D\frac{\partial C}{\partial x}\bigg|_{x=L} = D\sum_{m=1}^{\infty} \sin^2(\beta_m L) \frac{2(\beta_m^2 + H^2)}{L(\beta_m^2 + H^2) + H} \cdot \left\{ (R_m - KC_{a,0}) \exp(-D\beta_m^2 t) + \int_0^t \exp[-D\beta_m^2 (t-\tau)] K \mathrm{d}C_a(\tau) \right\} \tag{2.29}$$

$$m = -\int_0^t D\frac{\partial C}{\partial x}\bigg|_{x=L} \mathrm{d}t = D\int_0^t \sum_{m=1}^{\infty} \sin^2(\beta_m L) \frac{2(\beta_m^2 + H^2)}{L(\beta_m^2 + H^2) + H}$$

$$\cdot \left\{ (R_m - KC_{a,0}) \exp(-D\beta_m^2 t) + \int_0^t \exp[-D\beta_m^2 (t-\tau)] K \mathrm{d}C_a(\tau) \right\} \mathrm{d}t \tag{2.30}$$

该问题计算所需参数见表 2.2 和表 2.3。污染物初始浓度的分布如图 2.3 所示[16]。对于不同的初始浓度分布，建材 PB1 中 TVOC 散发速率如图 2.4 所示[16]。对于某一给定工况，存在一个临界时间 t_c，当散发时间大于 t_c 时，散发速率受初始浓度分布的影响效应可忽略。

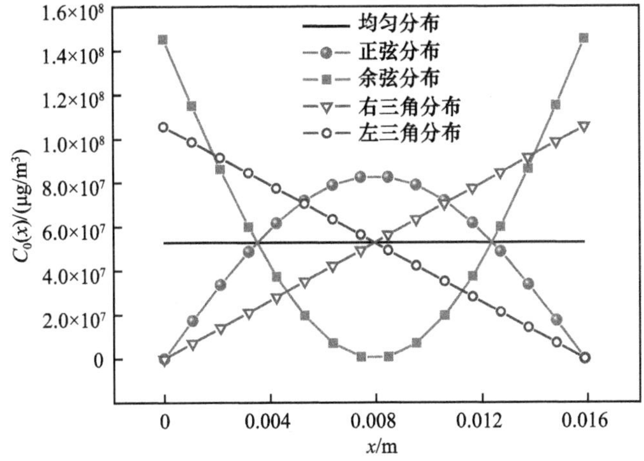

图 2.3　污染物初始浓度分布图(PB1)[16]

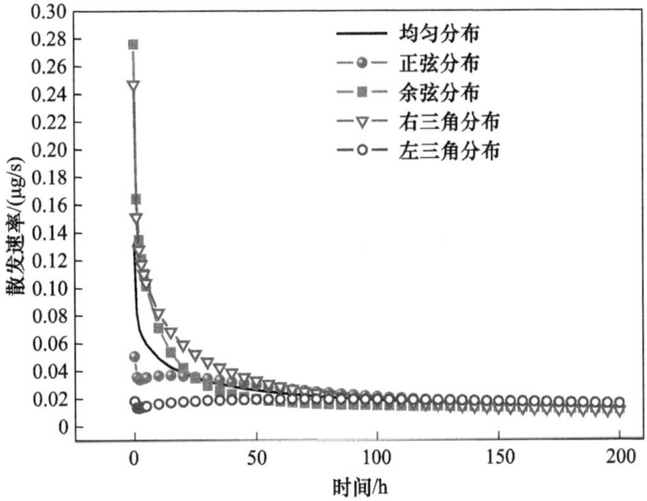

图 2.4　不同初始浓度分布下 TVOC 散发速率的对比(PB1)[16]

建材厚度(L)、对流传质系数(h_m)、分配系数(K)和扩散系数(D)对临界时间 t_c 的影响如图 2.5 所示[16]。

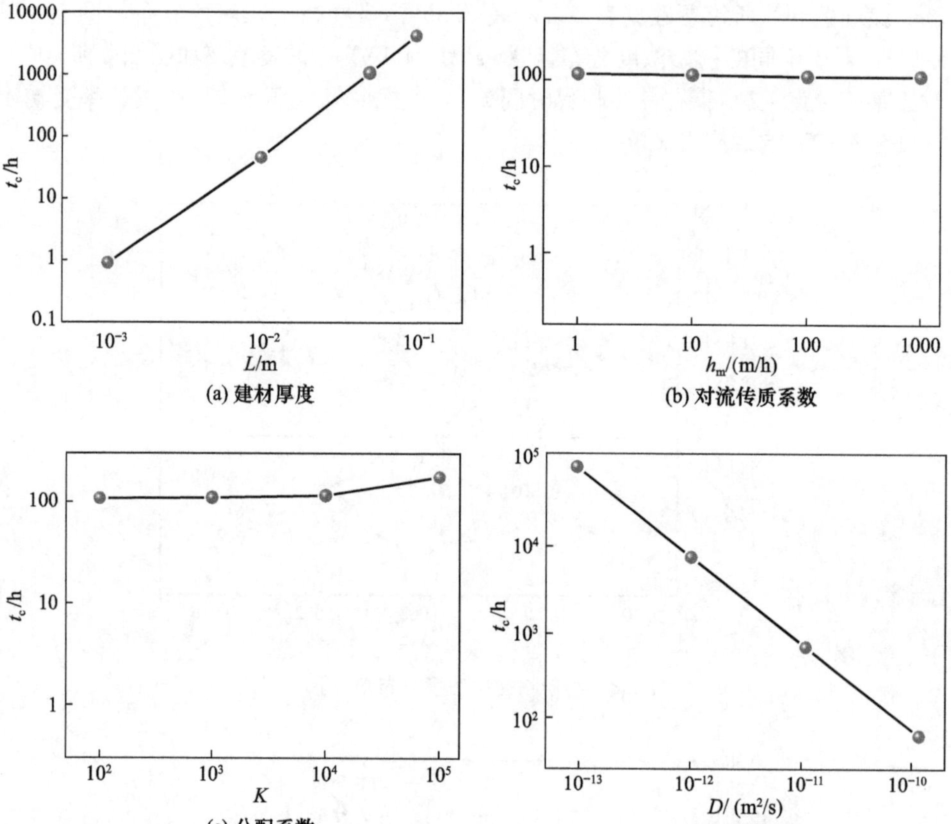

(a) 建材厚度

(b) 对流传质系数

(c) 分配系数

(d) 扩散系数

图 2.5 散发特性参数对临界时间 t_c 的影响[16]

上述分析的应用价值在于:当建材置于条件可控的环境(如环境舱)中时,如果散发时间大于 t_c,那么可以认为其初始浓度是均匀分布的。该结论对于建材和家具 VOCs 散发速率检测预处理有指导意义,被用于《木家具挥发性有机化合物释放速率检测 逐时浓度法》(GB/T 38723—2020)中。

3. 任意层建材散发模型

1) 模型的建立及解析解

Hu 等[17]建立了一个通用解析模型来预测任意层均质建材的散发规律。该模型中,建材表面层外侧的对流传质阻力无须忽略。此外,建材每一层的初始材料相 VOCs 浓度也无须均匀分布。

模型中引入以下假设：①每一层的扩散系数和分配系数为常数；②材料中的传质是一维的；③对流传质系数为常数；④建材最外层两表面的气相 VOCs 浓度各自均匀一致，但两表面浓度可以不同；⑤材料中不存在反应源或汇。该问题的示意图如图 2.6 所示[17]。描述材料中瞬态传质过程的控制方程为

$$D_i \frac{\partial^2 C_i}{\partial x^2} = \frac{\partial C_i}{\partial t}, \quad t>0, \quad l_{i-1}<x<l_i, \quad i=1,2,\cdots,N \tag{2.31}$$

式中，D_i 为第 i 层的扩散系数，$i=1,2,\cdots,N$，m^2/s；C_i 为第 i 层材料中的 VOCs 浓度，$\mu g/m^3$。

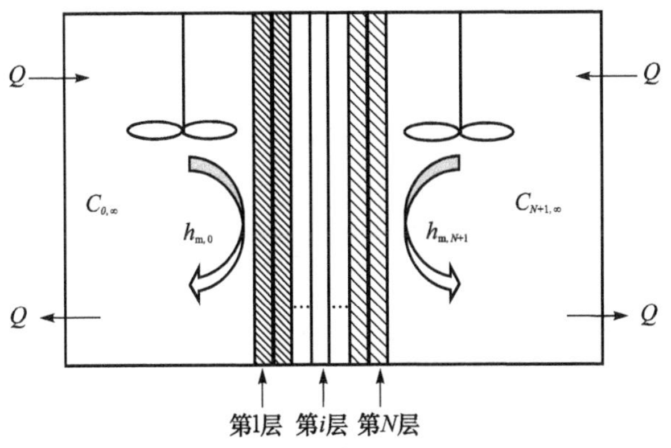

图 2.6　任意层建材散发模型示意图[17]

边界条件为

$$D_1 \frac{\partial C_1}{\partial x} = h_{m,0}(C_{0,s} - C_{0,\infty}), \quad t>0, \quad x=l_0=0 \tag{2.32}$$

$$C_1 = K_1 C_{0,s}, \quad t>0, \quad x=l_0=0 \tag{2.33}$$

$$D_i \frac{\partial C_i}{\partial x} = D_{i+1} \frac{\partial C_{i+1}}{\partial x}, \quad t>0, \quad x=l_i, \quad i=1,2,\cdots,N-1 \tag{2.34}$$

$$\frac{C_i}{K_i} = \frac{C_{i+1}}{K_{i+1}}, \quad t>0, \quad x=l_i, \quad i=1,2,\cdots,N-1 \tag{2.35}$$

$$-D_N \frac{\partial C_N}{\partial x} = h_{m,N+1}(C_{N+1,s} - C_{N+1,\infty}), \quad t>0, \quad x=l_N \tag{2.36}$$

$$C_N = K_N C_{N+1,s}, \quad t>0, \quad x=l_N \tag{2.37}$$

初始条件为

$$C_{0,i} = f_i(x), \quad t=0, \quad l_{i-1} \leqslant x \leqslant l_i, \quad i=1,2,\cdots,N \tag{2.38}$$

式(2.31)～式(2.38)的解为

$$C_i = K_i[R_i C_{0,\infty} + (1-R_i)C_{N+1,\infty}] + \sum_{n=1}^{\infty} \frac{K_i}{\beta_n^2 M(\beta_n)} \Psi_i(\beta_n, x)$$

$$\cdot\left\{\left[\beta_n^2F(\beta_n)-(h_{m,0}\Psi_1(\beta_n,l_0)C_{0,\infty}(0)+h_{m,N+1}\Psi_N(\beta_n,l_N)C_{N+1,\infty}(0))\right]\right.$$

$$\exp(-\beta_n^2t)-\left\{\int_0^t\exp[-\beta_n^2(t-\tau)]h_{m,0}\Psi_1(\beta_n,l_0)\,\mathrm{d}C_{0,\infty}(\tau)\right.$$

$$\left.\left.+\int_0^t\exp[-\beta_n^2(t-\tau)]h_{m,N+1}\Psi_N(\beta_n,l_N)\,\mathrm{d}C_{N+1,\infty}(\tau)\right\}\right\},$$

$$l_{i-1}<x<l_i,\quad i=1,2,\cdots,N \tag{2.39}$$

式中,

$$R_i=\frac{h_{m,0}}{h_{m,0}+h_{m,0}h_{m,N+1}\sum_{j=1}^{N}\frac{l_j-l_{j-1}}{K_jD_j}+h_{m,N+1}}\left[1+h_{m,N+1}\left(\frac{l_i-x}{K_iD_i}\right.\right.$$

$$\left.\left.+\sum_{j=i+1}^{N}\frac{l_j-l_{j-1}}{K_jD_j}\right)\right],\quad l_{i-1}<x<l_i,\quad i=1,2,\cdots,N \tag{2.40}$$

对于 $i=1$ 或 $i=N$,有

$$\sum_{j=i+1}^{N}\frac{l_j-l_{j-1}}{K_jD_j}\equiv 0 \tag{2.41}$$

$$M(\beta_n)=\sum_{i=1}^{N}K_i\int_{l_{i-1}}^{l_i}[\Psi_i(\beta_n,x)]^2\mathrm{d}x \tag{2.42}$$

$$F(\beta_n)=\sum_{i=1}^{N}\int_{l_{i-1}}^{l_i}\Psi_i(\beta_n,x)f_i(x)\mathrm{d}x \tag{2.43}$$

$$\Psi_i(\beta_n,x)=A_{i,n}\sin\left(\frac{\beta_n}{\sqrt{D_i}}x\right)+B_{i,n}\cos\left(\frac{\beta_n}{\sqrt{D_i}}x\right),\quad l_{i-1}<x<l_i,\quad i=1,2,\cdots,N \tag{2.44}$$

$$\begin{bmatrix}A_{i,n}\\B_{i,n}\end{bmatrix}=\left(\prod_{j=1}^{i-1}U_{j+1}^{-1}(l_j)U_j(l_j)\right)\begin{bmatrix}\dfrac{h_{m,0}}{\beta_nK_1\sqrt{D_1}}\\1\end{bmatrix},\quad i=1,2,\cdots,N \tag{2.45}$$

式中,

$$U_j(x)=\begin{bmatrix}\sin\left(\dfrac{\beta_n}{\sqrt{D_j}}x\right) & \cos\left(\dfrac{\beta_n}{\sqrt{D_j}}x\right)\\K_j\sqrt{D_j}\cos\left(\dfrac{\beta_n}{\sqrt{D_j}}x\right) & -K_j\sqrt{D_j}\sin\left(\dfrac{\beta_n}{\sqrt{D_j}}x\right)\end{bmatrix},\quad j=1,2,\cdots,N \tag{2.46}$$

对于 $i=1$,有

$$\prod_{j=1}^{i-1}U_{j+1}^{-1}(l_j)U_j(l_j)\equiv I_2=\begin{bmatrix}1&0\\0&1\end{bmatrix} \tag{2.47}$$

$\beta_n(n=1,2,\cdots)$为式(2.48)的正根。

$$\begin{bmatrix} v_{1,1} & v_{1,2} & 0 & & \cdots & & \cdots & & & & & 0 \\ v_{2,1} & v_{2,2} & v_{2,3} & 0 & & \cdots & & \cdots & & & & 0 \\ & \ddots & & & & & & & & & & \\ \vdots & & & & & \ddots & & & & & & \vdots \\ 0 & \cdots & \cdots & 0 & v_{2i,2i-1} & v_{2i,2i} & v_{2i,2i+1} & v_{2i,2i+2} & 0 & \cdots & \cdots & 0 \\ 0 & \cdots & \cdots & 0 & v_{2i+1,2i-1} & v_{2i+1,2i} & v_{2i+1,2i+1} & v_{2i+1,2i+2} & 0 & \cdots & \cdots & 0 \\ \vdots & & & & & & \ddots & & & & & \vdots \\ & & & & & & & & & & \ddots & \\ 0 & & & \cdots & & & \cdots & & 0 & v_{2N-1,2N-2} & v_{2N-1,2N-1} & v_{2N-1,2N} \\ 0 & & & \cdots & & & \cdots & & & 0 & v_{2N,2N-1} & v_{2N,2N} \end{bmatrix} = 0 \tag{2.48}$$

$$v_{1,1} = -\beta_n K_1 \sqrt{D_1}, \quad v_{1,2} = h_{\mathrm{m},0}$$

$$v_{2i,2i-1} = \sin\left(\frac{\beta_n}{\sqrt{D_i}} l_i\right), \quad v_{2i,2i} = \cos\left(\frac{\beta_n}{\sqrt{D_i}} l_i\right)$$

$$v_{2i,2i+1} = -\sin\left(\frac{\beta_n}{\sqrt{D_{i+1}}} l_i\right), \quad v_{2i,2i+2} = -\cos\left(\frac{\beta_n}{\sqrt{D_{i+1}}} l_i\right)$$

$$v_{2i+1,2i-1} = K_i \sqrt{D_i} \cos\left(\frac{\beta_n}{\sqrt{D_i}} l_i\right), \quad v_{2i+1,2i} = -K_i \sqrt{D_i} \sin\left(\frac{\beta_n}{\sqrt{D_i}} l_i\right)$$

$$v_{2i+1,2i+1} = -K_{i+1} \sqrt{D_{i+1}} \cos\left(\frac{\beta_n}{\sqrt{D_{i+1}}} l_i\right)$$

$$v_{2i+1,2i+2} = K_{i+1} \sqrt{D_{i+1}} \sin\left(\frac{\beta_n}{\sqrt{D_{i+1}}} l_i\right), \quad i = 1, 2, \cdots, N-1$$

$$v_{2N,2N-1} = \beta_n K_N \sqrt{D_N} \cos\left(\frac{\beta_n}{\sqrt{D_N}} l_N\right) + h_{m,N+1} \sin\left(\frac{\beta_n}{\sqrt{D_N}} l_N\right)$$

$$v_{2N,2N} = -\beta_n K_N \sqrt{D_N} \sin\left(\frac{\beta_n}{\sqrt{D_N}} l_N\right) + h_{m,N+1} \cos\left(\frac{\beta_n}{\sqrt{D_N}} l_N\right)$$

$$\begin{aligned} \dot{m}_0 = & -R(C_{0,\infty} - C_{N+1,\infty}) \\ & + \sum_{n=1}^{\infty} \frac{h_{\mathrm{m},0}}{\beta_n^2 M(\beta_n)} \Big\{ [\beta_n^2 F(\beta_n) - [h_{\mathrm{m},0} C_{0,\infty}(0) + h_{\mathrm{m},N+1} \Psi_N(\beta_n, l_N) C_{N+1,\infty}(0)] \\ & \cdot \exp(-\beta_n^2 t) - \Big\{ \int_0^t \exp[-\beta_n^2 (t-\tau)] h_{\mathrm{m},0} \, \mathrm{d}C_{0,\infty}(\tau) + \int_0^t \exp[-\beta_n^2 (t-\tau)] \\ & \cdot h_{\mathrm{m},N+1} \Psi_N(\beta_n, l_N) \, \mathrm{d}C_{N+1,\infty}(\tau) \Big\} \Big\} \end{aligned} \tag{2.49}$$

式中，

$$R=\frac{h_{\mathrm{m},0}h_{\mathrm{m},N+1}}{h_{\mathrm{m},0}+h_{\mathrm{m},0}h_{\mathrm{m},N+1}\sum_{j=1}^{N}\frac{l_j-l_{j-1}}{K_jD_j}+h_{\mathrm{m},N+1}} \tag{2.50}$$

$$\begin{aligned}\dot{m}_{N+1}=&R(C_{0,\infty}-C_{N+1,\infty})+\sum_{n=1}^{\infty}\frac{h_{\mathrm{m},N+1}}{\beta_n^2M(\beta_n)}\Psi_N(\beta_n,l_N)\\&\cdot\Big\{[\beta_n^2F(\beta_n)-(h_{\mathrm{m},0}C_{0,\infty}(0)+h_{\mathrm{m},N+1}\Psi_N(\beta_n,l_N)C_{N+1,\infty}(0))]\exp(-\beta_m^2t)\\&-\Big\{\int_0^t\exp[-\beta_n^2(t-\tau)]h_{\mathrm{m},0}\mathrm{d}C_{0,\infty}(\tau)+\int_0^t\exp[-\beta_n^2(t-\tau)]h_{\mathrm{m},N+1}\\&\cdot\Psi_N(\beta_n,l_N)\mathrm{d}C_{N+1,\infty}(\tau)\Big\}\Big\}\end{aligned} \tag{2.51}$$

为了获得室内 VOCs 浓度，需要联立式(2.49)、式(2.51)和式(2.52)进行求解。

$$V_i\frac{\mathrm{d}C_{i,\infty}(t)}{\mathrm{d}t}=A_i\dot{m}_i-Q_iC_{i,\infty}(t) \tag{2.52}$$

2) 试验验证

Zhang 等[18]的试验可用来部分验证上述任意层建材散发模型。试验系统如图 2.7 所示[18]。湿度恒定的干净空气流过“现场和实验室用散发小舱”(field and laboratory emission cell，FLEC)，一块散发 VOCs 的双层建材被置于环境舱中，FLEC 出口处的实时 TVOC 浓度由气相色谱-质谱(gas chromatography-mass spectrometry，GC-MS)测定。环境舱和空气流动参数以及建材每一层的散发参数见表 2.4[18]。图 2.8 对比了模型计算的环境舱 TVOC 浓度和试验值[18]。可以看出，在散发的前 2h，模型预测值和试验值符合很好，后续散发阶段模型的预测结果偏高，试验值和预测值的相关系数为 0.972。

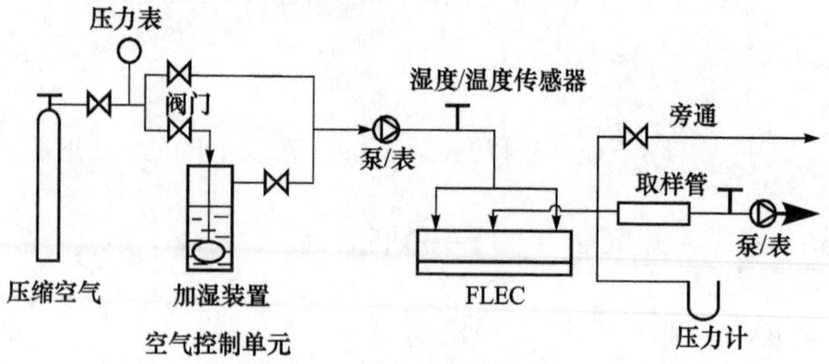

图 2.7 FLEC 测试系统图[18]

表 2.4　FLEC 系统试验参数[18]

参数	数值
环境舱体积/m^3	3.5×10^{-5}
换气次数/h^{-1}	837
建材表面积/m^2	0.0177
顶层建材厚度/m	0.0008
底层建材厚度/m	0.002
顶层建材 TVOC 扩散系数/(m^2/s)	1.04×10^{-12}
底层建材 TVOC 扩散系数/(m^2/s)	1.00×10^{-14}
顶层建材 TVOC 分配系数(无量纲)	40560
底层建材 TVOC 分配系数(无量纲)	0.01
顶层建材材料相 TVOC 初始浓度/(mg/m^3)	248
底层建材材料相 TVOC 初始浓度/(mg/m^3)	0
对流传质系数/(m/s)	0.002

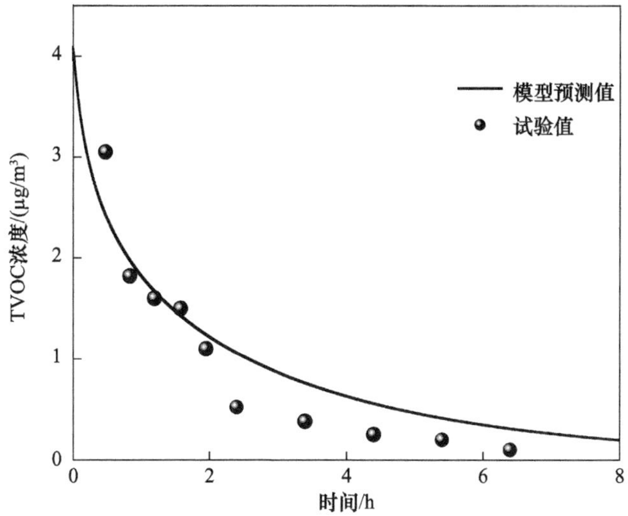

图 2.8　双层模型预测值和试验值的对比[18]

4. 密闭环境舱中建材 VOCs 散发模型

密闭环境舱(或称密闭舱)方法有时比通风环境舱(或称直流舱)方法更简单方便，并且测试时间可更短、设备更简单，因此在很多情况下密闭舱方法更经济。Xiong 等[19]用密闭舱中建材 VOCs 散发测试结果估测了实际情况下的散发特性，具体为：①建立密闭舱中建材 VOCs 散发过程的数学模型，并得到解析解；②通过无量纲分析获得预测建材 VOCs 散发特性的通用关联式；③应用举例。

1) 问题描述及分析解

所研究问题的示意图如图 2.9 所示[19]。建材置于密闭舱中，建材的四周及底部用铝箔密封，以保证 VOCs 只从主表面散发。假设建材是均质建材、初始目标 VOCs 浓度均匀分布，建材内部 VOCs 扩散过程是一维的，环境舱中目标 VOCs 混合均匀，环境舱内壁材料对目标 VOCs 的吸附作用可忽略。

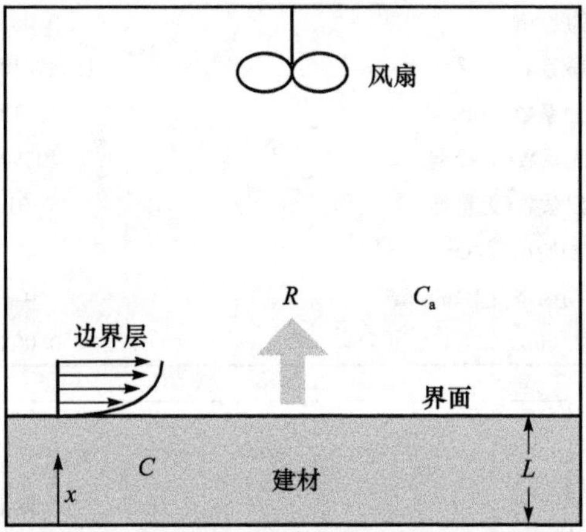

图 2.9　密闭舱中建材 VOCs 散发过程示意图[19]

该问题的控制方程和初始条件与 Little 模型中的式(2.15)和式(2.16)相同，建材底部的绝质边界条件同式(2.17)，上表面的对流传质边界条件由式(2.53)表示。

$$-D\frac{\partial C}{\partial x}=h_{\mathrm{m}}\left(\frac{C}{K}-C_{\mathrm{a}}\right),\quad x=L \tag{2.53}$$

对于密闭舱，换气次数为零。因此，环境舱内 VOCs 质量守恒方程为

$$V\frac{\mathrm{d}C_{\mathrm{a}}}{\mathrm{d}x}=-AD\frac{\partial C}{\partial x}\Big|_{x=L} \tag{2.54}$$

该方程的初始条件为

$$C_{\mathrm{a}}=0,\quad t=0 \tag{2.55}$$

式中，V 为环境舱体积，m^3；A 为建材表面积，m^2。

基于 Laplace 变换，Xiong 等[19]给出了该问题的解析解：

$$C_{\mathrm{a}}=\frac{C_0\beta}{K\beta+1}+2C_0\beta\sum_{n=1}^{\infty}\frac{\sin q_n}{q_nA_n}\exp(-DL^{-2}q_n^2t) \tag{2.56}$$

$$C=\frac{C_0K\beta}{K\beta+1}+2C_0\sum_{n=1}^{\infty}\frac{-1}{A_n}\cos\left(\frac{x}{L}q_n\right)\exp(-DL^{-2}q_n^2t) \tag{2.57}$$

式中，$A_n=(K\beta-q_n^2KBi_{\mathrm{m}}^{-1}+1)\cos q_n-(1+2KBi_{\mathrm{m}}^{-1})q_n\sin q_n$，$n=1,2,\cdots$；$Bi_{\mathrm{m}}$ 为传质毕奥数，$Bi_{\mathrm{m}}=h_{\mathrm{m}}L/D$；$\beta=AL/V$；$q_n$ 为式(2.58)的正根。

$$\frac{\tan q_n}{q_n}=\frac{1}{q_n^2 KBi_m^{-1}-K\beta},\quad n=1,2,\cdots \tag{2.58}$$

根据式(2.56),可导出密闭舱中 VOCs 平衡浓度,即

$$C_a=\frac{C_0\beta}{K\beta+1},\quad t\to\infty \tag{2.59}$$

密闭舱中建材 VOCs 散发速率可由式(2.60)计算。

$$\dot{m}=-D\left.\frac{\partial C}{\partial x}\right|_{x=L}=\frac{2DC_0}{L}\sum_{n=1}^{\infty}\frac{-q_n\sin q_n}{A_n}\exp(-DL^{-2}q_n^2t) \tag{2.60}$$

2) 解析解的验证

Wang 等[20]和钱科[21]开展了一系列密闭舱试验,测试了四种中密度纤维板(medium density fibreboard,MDF)(以下简称中密度板)中甲醛的散发特性。甲醛的性质和大部分 VOCs 有较大区别,如挥发性、水解反应及和木材氢键的结合等,因此上述建立的模型只适用于描述建材中可散发部分甲醛(过量脲醛树脂胶中残留的甲醛)的散发特性。表 2.5 给出了密闭舱试验中建材尺寸及试验条件[20]。测试的四种中密度板分别记为 MDF1、MDF2、MDF3、MDF4。

表 2.5　测试建材尺寸及试验条件[20]

建材	长×宽×高/(mm×mm×mm)	数量/块	温度/℃	相对湿度/%
MDF1	200.0×200.0×8.4	3	19.8±0.5	60±2
MDF2	145.1×146.0×2.8	3	18.7±0.3	60±3
MDF3	100.0×100.0×2.8	4	26.0±0.2	30±2
MDF4	100.0×100.0×2.8	4	26.5±0.3	30±2

表 2.6 给出了测试建材中甲醛的初始浓度、分配系数和扩散系数[20]。由于流动处于层流(空气平均流速 0.138m/s,其雷诺数为 1.78×10^3,小于临界值 5×10^5),甲醛的对流传质系数可由 Axley[22]发展的经验关联式计算。环境舱中甲醛的气相浓度可由上述散发特性参数计算,模型预测值和试验值的对比如图 2.10 所示[19]。

表 2.6　建材中甲醛的散发特性参数[20]

建材	C_0/(mg/m³)	K	D/(m²/s)
MDF1	3.60×10^3	9.20×10^2	1.04×10^{-10}
MDF2	2.78×10^4	3.90×10^3	1.01×10^{-11}
MDF3	1.18×10^4	5.40×10^3	4.14×10^{-12}
MDF4	1.34×10^4	5.00×10^3	4.25×10^{-12}

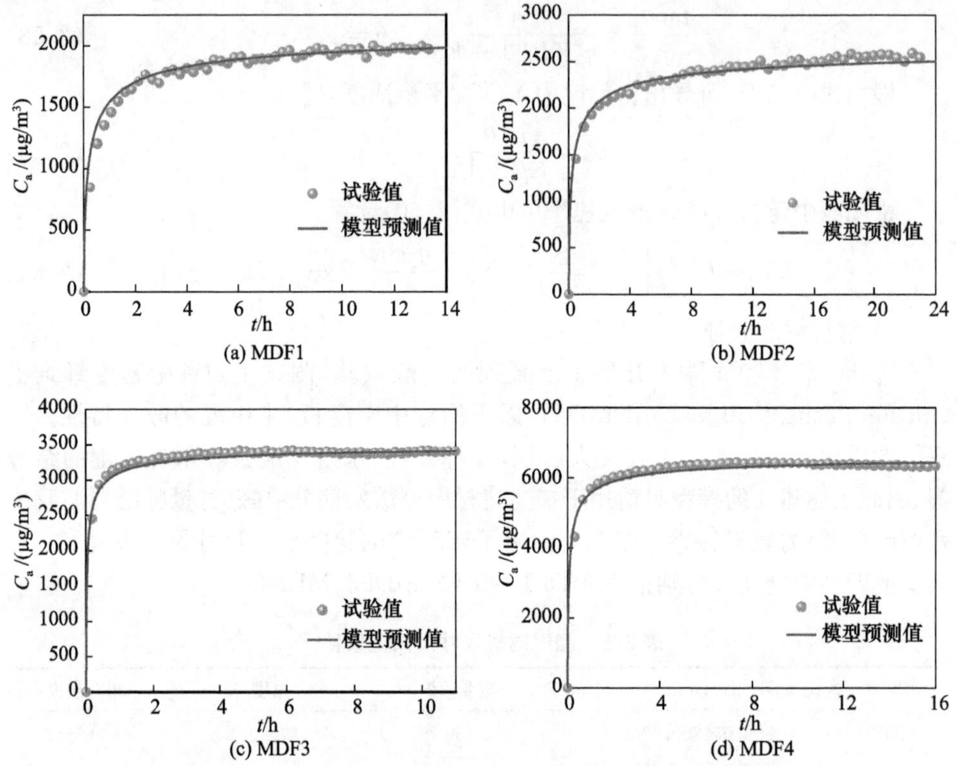

图 2.10 密闭舱中四种 MDF 散发的甲醛浓度的模型预测值和试验值的对比[19]

根据美国测试材料协会(American Society for Testing Materials,ASTM)标准《室内空气质量模型的统计评价标准指南》(ASTM D5157-1997)[23],相关系数作为一个重要指标来衡量模型预测结果与实测结果的吻合程度。相关系数 $R\geqslant0.9$ 时即可认为模型预测结果足够精确。对于所涉及的四种散发情形,模型预测值和试验值的相关系数分别为 0.99、0.98、0.97 和 0.97,说明上述模型能够很好地预测密闭舱中甲醛的散发特性。

2.2.2 获得通用散发关联式:无量纲分析

1. 通风空间或环境舱

如果不考虑初始散发阶段,Little 模型的精度可满足工程应用需求。然而,很多时候需要发展快速检测方法,因此需要了解在初始散发阶段假设 h_m 为无限大所导致的误差情况,或者说在什么条件下该假设成立。此外,如何利用环境舱测试数据估测实际使用工况下材料的散发情况也是工程应用迫切关注的问题。为了解决这些问题,Xu 等[14]和 Zhang 等[24,25]开展了以下工作。

1) Xu-Zhang 模型的无量纲化及其解析解

为了获得建材 VOCs 的通用散发规律，Xu 等[14]首次采用无量纲分析来研究此问题，定义的无量纲参数为

$$Fo_{\mathrm{m}}=\frac{Dt}{L^2},\quad X=\frac{x}{L} \tag{2.61}$$

式中，Fo_{m} 为传质傅里叶数(无量纲时间)；X 为无量纲距离。

无量纲浓度(C^*)为

$$C^*=\frac{C-KC_\infty}{C_0-KC_\infty} \tag{2.62}$$

因此，Xu-Zhang 模型中的无量纲方程可表示为

$$\frac{\partial C^*}{\partial Fo_{\mathrm{m}}}=\frac{\partial^2 C^*}{\partial X^2},\quad 0<X<1,\quad Fo_{\mathrm{m}}>0 \tag{2.63}$$

$$C^*=1,\quad 0\leqslant X\leqslant 1,\quad Fo_{\mathrm{m}}=0 \tag{2.64}$$

$$\frac{\partial C^*}{\partial X}=0,\quad X=0,\quad Fo_{\mathrm{m}}>0 \tag{2.65}$$

$$\frac{\partial C^*}{\partial X}=-\frac{Bi_{\mathrm{m}}}{K}C^*,\quad X=1,\quad Fo_{\mathrm{m}}>0 \tag{2.66}$$

上述无量纲方程的解为

$$C^*=2\sum_{n=1}^{\infty}\mathrm{e}^{-u_n^2 Fo_{\mathrm{m}}}\frac{\sin u_n\cos(u_n X)}{u_n+\sin u_n\cos u_n} \tag{2.67}$$

$$m^*=\frac{m(t)}{M}=\sum_{n=1}^{\infty}\frac{2\sin^2 u_n}{u_n^2+u_n\sin u_n\cos u_n}[1-\exp(-u_n^2 Fo_{\mathrm{m}})] \tag{2.68}$$

$$\dot{m}^*=\frac{\mathrm{d}m^*}{\mathrm{d}Fo_{\mathrm{m}}}=\sum_{n=1}^{\infty}\frac{2u_n^2\sin^2 u_n}{u_n^2+u_n\sin u_n\cos u_n}\exp(-u_n^2 Fo_{\mathrm{m}}) \tag{2.69}$$

式中，u_n 为式(2.70)的正根。

$$u_n\tan u_n=\frac{Bi_{\mathrm{m}}}{K},\quad n=1,2,\cdots \tag{2.70}$$

2) 建材 VOCs 的通用散发规律

式(2.67)～式(2.69)表明无量纲浓度 C^*、无量纲散发量 m^* 和无量纲散发速率 $\dot{m}^*$ 具有如下函数关系：

$$C^*=f_1\left(\frac{Bi_{\mathrm{m}}}{K},Fo_{\mathrm{m}},X\right) \tag{2.71}$$

$$m^*=f_2\left(\frac{Bi_{\mathrm{m}}}{K},Fo_{\mathrm{m}}\right) \tag{2.72}$$

$$\dot{m}^*=f_3\left(\frac{Bi_{\mathrm{m}}}{K},Fo_{\mathrm{m}}\right) \tag{2.73}$$

式(2.71)～式(2.73)表明：①C_0 不影响无量纲散发浓度 C^*、无量纲散发量

m^* 和无量纲散发速率 $\dot{m}^*$；②虽然无量纲散发量 m^* 和无量纲散发速率 $\dot{m}^*$ 取决于建材散发参数 D、K、h_m，以及板厚 L 和时间 t，但可仅用两个无量纲参数（Bi_m/K 和 Fo_m）表示。这为通过试验值获得试验关联式提供了理论基础。同时，只要不超过适用的无量纲数范围，试验关联式可适用于不同的污染物、建材、空气流速和板厚。式(2.71)～式(2.73)表征了一定条件下普适的建材 VOCs 散发规律。

运用式(2.72)和式(2.73)，可以分析 Bi_m/K 和 Fo_m 对 VOCs 散发特性的影响，如图 2.11 所示[14]。可以看出：①随着 Fo_m 的增大，无量纲散发量 m^* 增加并趋向于 1，而无量纲散发速率 $\dot{m}^*$ 减小并趋近于零；②m^* 和 $\dot{m}^*$ 均随 Bi_m/K 的增大而递增；③对于给定的 Bi_m/K，存在一个临界的 Fo_m，记为 $Fo_{m,c}$，当 $Fo_m \geqslant Fo_{m,c}$ 时，Bi_m/K 对 m^* 和 $\dot{m}^*$ 的影响可忽略；④对于给定的 Fo_m，存在一个临界的 Bi_m/K，记为 $(Bi_m/K)_c$，当 $Bi_m/K \geqslant (Bi_m/K)_c$ 时，Bi_m/K 对 m^* 和 $\dot{m}^*$ 的影响可忽略。

3) Little 模型的适用条件

从图 2.11 可以看出，对于给定的相对误差 ε(＝｜ Little 模型的结果－Xu-

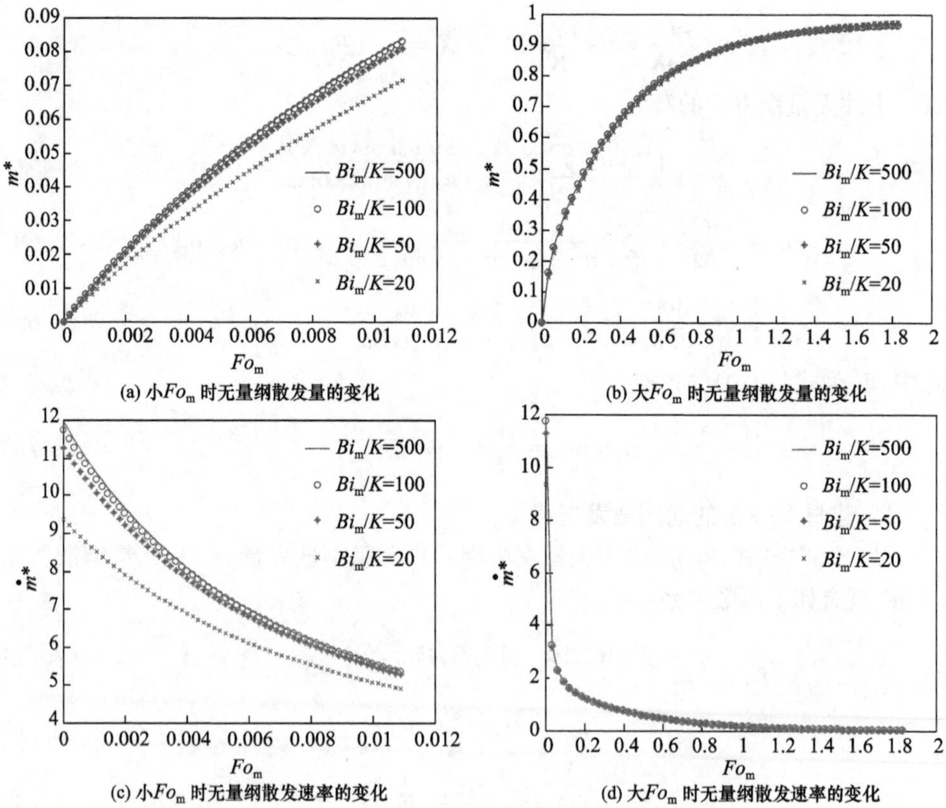

(a) 小 Fo_m 时无量纲散发量的变化
(b) 大 Fo_m 时无量纲散发量的变化
(c) 小 Fo_m 时无量纲散发速率的变化
(d) 大 Fo_m 时无量纲散发速率的变化

图 2.11 Bi_m/K 和 Fo_m 对 VOCs 散发特性的影响[14]

Zhang 模型的结果｜/Xu-Zhang 模型的结果)，存在临界的 Bi_m/K 和 Fo_m(分别记为$(Bi_m/K)_c$，$Fo_{m,c}$)，如果 $Fo_m \geqslant Fo_{m,c}$且 $Bi_m/K \geqslant (Bi_m/K)_c$，由 Xu-Zhang 模型及 Little 模型计算得到的 m^* 和 $\dot{m}^*$（即假设 Bi_m/K 为无限大）可小于给定的相对误差 ε。通过拟合数据，Xu 等[14]获得了 $\varepsilon=5\%$时$(Bi_m/K)_c$ 和 $Fo_{m,c}$的结果：

$$Fo_{m,c}=10^{-4}, \quad (Bi_m/K)_c \approx 35 \tag{2.74}$$

式(2.74)可以看作 Little 模型的适用条件。在该条件下，Little 模型计算得到的 VOCs 散发的误差小于 5%。

表 2.7 给出了典型室内材料 VOCs 散发的 Bi_m/K 值。表 2.8 给出了对应于临界 $Fo_{m,c}=10^{-4}$的散发时间。可以看出，对于 Little 等[10]研究的建材，Little 模型对于散发初期至少 8h 内是不适用的。

表 2.7　典型室内材料 VOCs 散发的 Bi_m/K 值

VOCs	$D/(\times 10^{12}\,m^2/s)$	K	L/mm	h_m/(m/h)	Bi_m/K
苯乙烯	4.1	4200	1.25	1.57	31.7
				4.2	84.7
二甲苯	4.3	2400	1.25	1.57	52.8
				4.20	141.3
甲醛	3.2	11000	2.0	1.57	24.8
				4.20	66.3
2,2,4-三甲基戊烷	0.06	59000	2.0	1.57	246.4
				4.20	659.1
1,2-丙二醇	0.07	180000	2.0	1.57	122.2
				4.20	326.8
乙烯基环己烯	2.1	1700	1.0	1.57	122.2
				4.20	326.8

表 2.8　不同 D 和 L 下对应于 $Fo_{m,c}=10^{-4}$的临界散发时间 t_c

L/mm	t_c/s			
	$D=3.6\times10^{-11}\,m^2/s$	$D=5.2\times10^{-11}\,m^2/s$	$D=4.3\times10^{-11}\,m^2/s$	$D=5.0\times10^{-12}\,m^2/s$
1	28	19	23	200
5	694	481	581	5000
10	2778	1923	2326	20000

为了简化表述过程并彰显 Little 对该研究方向的原始贡献，Zhang 等[25]将无量纲数 Bi_m/K 命名为利特尔数(Little 数，Lt)。Lt 的物理意义为材料内部的扩散阻力与表面的对流阻力之比。对于建材中 VOCs 的散发过程，建材/空气界面处的分配系数通常处于 $10^2 \sim 10^5$，此时 $Lt>10$。这意味着散发特性主要受内部扩散控制，而外部对流仅仅影响散发过程的初始阶段[14]。

4) 建材 VOCs 散发的无量纲关联式

(1) 无量纲关联式的导出。Deng 等[26]获得了式(2.15)～式(2.17)、式

(2.19)、式(2.20)、式(2.53)所描述问题的完全解析解并对解进行了无量纲分析。Deng 等[26]与 Xu 等[14]研究问题的不同之处在于式(2.20):前者需要 $C_{a,0}=0$,但后者无这一限制条件。在此条件下,无量纲散发速率和无量纲总散发量可以表示成四个无量纲数的函数:传质毕奥数和分配系数之比 Little 数(Lt)、传质傅里叶数(Fo_m)、无量纲换气次数($\alpha=\text{ACH}L^2/D$)、建材体积和环境舱体积之比($\beta=AL/V$),即

$$m^*=f_2(\alpha,\beta K,Lt,Fo_m) \tag{2.75}$$

$$\dot{m}^*=f_1(\alpha,\beta K,Lt,Fo_m) \tag{2.76}$$

式中,m^* ($m/(AC_0L)$)为无量纲散发量,其值小于 1;$\dot{m}^*$ ($\dot{m}/(DC_0L)$)为无量纲散发速率。

式(2.75)和式(2.76)分别建立了无量纲散发量、散发速率和影响因素间的函数关系。这些方程表明:虽然 m^* 或 $\dot{m}^*$ 取决于建材参数 D 和 K、对流传质系数 h_m、换气次数 ACH、承载率 LF($=A/V$)、板厚 L 和时间 t,这种依存关系可归纳为四个无量纲数 α、βK、Lt、Fo_m。因此,VOCs 散发速率可由 4 个无量纲参数来表述,而不再是原来的 7 个参数。

在此基础上,Qian 等[27]进行了 VOCs 散发更详细的无量纲分析,可以方便地分析空气流速、承载率、换气次数对材料 VOCs 散发速率的影响,也可将环境舱条件的测试结果外推到实际使用条件。

对于室内环境中的大多数建材,Lt 的范围为 20~700[28],α 的范围为 60~36200,βK 的范围为 0.4~150。对每个无量纲变量在常见的取值范围内改变大小,用数值试验的结果进行参数回归拟合,得到无量纲关联式的经验函数形式:

$$\dot{m}^*=1.34\alpha^{8.4\times10^{-3}}(\beta K)^{-1.3\times10^{-4}}Lt^{0.26}\exp\left(-\frac{0.0059}{Fo_m+0.0038}\right),\quad Fo_m\leqslant0.01 \tag{2.77}$$

式(2.77)拟合的相关系数为 0.972,标准偏差为 0.40。

$$\dot{m}^*=0.469\alpha^{0.022}(\beta K)^{-0.021}Lt^{0.021}Fo_m^{-0.48},\quad 0.01<Fo_m\leqslant0.2 \tag{2.78}$$

式(2.78)拟合的相关系数为 0.986,标准偏差为 0.12。

$$\dot{m}^*=2.104\alpha^{-7.2\times10^{-3}}(\beta K)^{8.5\times10^{-3}}Lt^{-7.0\times10^{-3}}\exp(-2.36Fo_m),\quad Fo_m>0.2 \tag{2.79}$$

式(2.79)拟合的相关系数为 0.992,标准偏差为 0.01。

(2) 关联式的验证。将用准则关联式(式(2.77)~式(2.79))计算得到的环境舱内 VOCs 浓度与文献中试验结果进行对比,结果如图 2.12 所示[27]。可以看出,关联式预测值与试验值符合较好,从而验证了关联式的有效性。

5) 应用举例

(1) 预测给定条件下建材 VOCs 的散发特性。在已知建材散发的各项参数时,可直接利用无量纲散发速率的准则关联式(式(2.77)~式(2.79))求出在不

同条件和散发时间下的散发速率，如图 2.13 所示[27]。关联式预测值与预测建材 VOCs 散发传质的 Deng 模型预测结果近似，可作为 Deng 模型的简化替代。

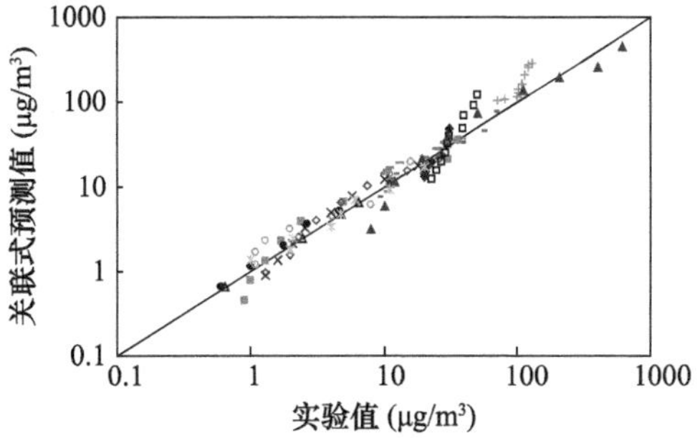

图 2.12　直流环境舱内 VOCs 浓度的关联式预测值与试验值的对比[27]

■地毯 1a_苯乙烯；△地毯 1a_乙苯；◆地毯 1b_4-苯基环乙烯；◇地毯 1b_苯乙烯；●地毯 1b_乙苯；+地毯 3_1,2 丙二醇；-地毯 3_甲醛；—地毯 3_2,2,4-三甲基戊烷；○地毯 3_乙醛；□地毯 4_4-苯基环乙烯；▲地毯 4_苯乙烯；×地毯 4_4-乙烯基环乙烯；✳地毯 4_乙苯

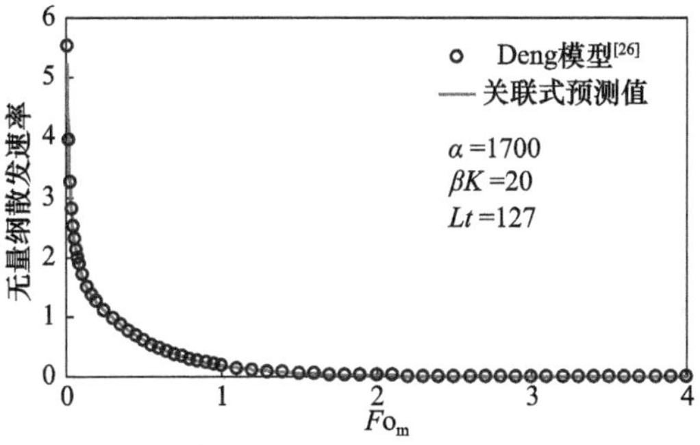

图 2.13　关联式和 Deng 模型的预测结果对比[27]

(2) 从环境舱测试结果预测实际工况 VOCs 散发速率。由于关联式中的参数均为无量纲准则数，关联式的导出为两个不同条件下的散发提供了可类比的途径。因此，在已知两种工况下的建材尺寸、环境舱和实际空间体积、换气次数、对流传质系数的情况下，由环境舱试验的测量结果可估测建材在实际使用条件下的散发速率。由于两种工况具有相同的 D、K、C_0 和 L，实际工况和环境舱测试工况的散发速率之比可表示成关系式：

$$\frac{\dot{m}_1}{\dot{m}_0}=\left(\frac{\mathrm{ACH}_1}{\mathrm{ACH}_0}\right)^{8.4\times10^{-3}}\left(\frac{\mathrm{LF}_1}{\mathrm{LF}_0}\right)^{-1.3\times10^{-4}}\left(\frac{h_1}{h_0}\right)^{0.26},\quad t\leqslant t_{c1} \tag{2.80}$$

$$\frac{\dot{m}_1}{\dot{m}_0}=\left(\frac{\mathrm{ACH}_1}{\mathrm{ACH}_0}\right)^{0.022}\left(\frac{\mathrm{LF}_1}{\mathrm{LF}_0}\right)^{-0.021}\left(\frac{h_1}{h_0}\right)^{0.021},\quad t_{c1}\leqslant t\leqslant t_{c2} \tag{2.81}$$

$$\frac{\dot{m}_1}{\dot{m}_0}=\left(\frac{\mathrm{ACH}_1}{\mathrm{ACH}_0}\right)^{-7.2\times10^{-3}}\left(\frac{\mathrm{LF}_1}{\mathrm{LF}_0}\right)^{8.5\times10^{-3}}\left(\frac{h_1}{h_0}\right)^{-7.0\times10^{-3}},\quad t>t_{c2} \tag{2.82}$$

式中，ACH 为换气次数，h^{-1}；LF 为承载率，m^{-1}；t_{c1}、t_{c2} 分别为 $Fo_m=0.01$ 和 $Fo_m=0.2$ 时的散发时间，s；$\dot{m}_0$ 为试验条件下测得的散发速率，$\mu g/(m^2 \cdot s)$；$\dot{m}_1$ 为实际使用条件下的散发速率，$\mu g/(m^2 \cdot s)$。

为了验证上述方法和公式，进行了数值试验。对于环境舱测试工况，散发速率直接由 Deng 模型计算得到，其值作为试验测试数据。对于实际工况，有两种方法来获得散发速率：一是基于已有的模型；二是利用式(2.80)～式(2.82)中实际工况散发速率和环境舱测试工况散发速率的关系。第二种方法称为关联式法，显然这种方法更方便工程应用。

在式(2.80)～式(2.82)中，散发准则关联式将建材的散发分为 3 个不同的阶段，它们的分隔点为 $Fo_m=0.01$ 和 $Fo_m=0.2$。不同扩散系数的材料在 $Fo_m=0.01$ 和 $Fo_m=0.2$ 时的时间见表 2.9。当 $Fo_m \leqslant 0.01$ 时，为散发初始阶段，即散发速率衰减最为剧烈的阶段，这一阶段以建材表面的 VOCs 蒸发作用为主要传质过程，对大多数建材来说这一阶段的时间较短，在几天之内；当 $0.01<Fo_m \leqslant 0.2$ 时，是散发的中间阶段，是建材中扩散和表面蒸发共同作用的阶段；当 $Fo_m>0.2$ 时，是扩散传质控制阶段，环境浓度对散发的影响可以忽略。

表 2.9　不同建材在 $Fo_m=0.01$ 和 $Fo_m=0.2$ 时的散发时间

Fo_m	L/mm	t/h		
		$D=1\times10^{-11}m^2/s$	$D=1\times10^{-12}m^2/s$	$D=1\times10^{-13}m^2/s$
0.01	1	0.3	2.8	27.8
	5	6.9	69.4	694.4
	10	27.8	277.8	2777.8
0.2	1	5.56	55.6	556
	5	139	1390	13900
	10	556	5560	55600

2. 密闭空间或密闭舱

Qian 等[27]的关联式只适用于通风舱条件，对密闭空间，需要发展相应的散发速率关联式。为此，Xiong 等[19]导出了一组适用于密闭条件的无量纲散发速率和三个无量纲参数间的关联式，可以方便地将测试结果外推至实际适用条件。

1) 无量纲关联式的导出

对密闭空间或者环境舱，其通风或换气次数近似为 0。基于无量纲分析，式(2.60)可以化简为

$$\frac{\dot{m}}{DC_0L^{-1}}=2\sum_{n=1}^{\infty}\frac{-q_n\sin q_n}{A_n}\exp(-Fo_m q_n^2) \tag{2.83}$$

结合式(2.83)和 A_n 的表达式可知，密闭舱中材料 VOCs 无量纲散发速率可表示成 3 个准则数 βK、Lt、Fo_m 的函数，即

$$\dot{m}^* = f(\beta K, Lt, Fo_{\rm m}) \tag{2.84}$$

式中，βK 为平衡时建材中的 VOCs 质量与舱内空气中的 VOCs 质量之比；Lt 即 $Bi_{\rm m}/K$，为建材的有效扩散质阻与建材表面的对流质阻之比。

对于室内环境中的大多数建材，Lt 的范围为 20～700，βK 的范围为 0.4～150。按该参数取值范围计算出相应的无量纲准则数和逐时的建材 VOCs 无量纲散发速率，最终拟合结果见式(2.85)～式(2.87)。考虑到建材初期散发速率变化比较剧烈，因此在 $Fo_{\rm m}=0.01$ 处进行了分段处理，关联式的形式也稍有调整，以提高拟合精度。

$$\dot{m}^* = 0.0240(\beta K)^{-0.400} Lt^{0.0344} \exp\left(\frac{0.138}{Fo_{\rm m}+0.0193}\right), \quad Fo_{\rm m} \leqslant 0.0100 \tag{2.85}$$

式(2.85)拟合的相关系数为 0.972，标准偏差为 0.646。

$$\dot{m}^* = 0.180(\beta K)^{-1.64} Lt^{-0.0600} Fo_{\rm m}^{-1.41}, \quad 0.0100 < Fo_{\rm m} \leqslant 0.200 \tag{2.86}$$

式(2.86)拟合的相关系数为 0.997，标准偏差为 0.013。

$$\dot{m}^* = 32.4(\beta K)^{-2.31} Lt^{-0.0370} \exp(-8.60 Fo_{\rm m}), \quad Fo_{\rm m} > 0.200 \tag{2.87}$$

式(2.87)拟合的相关系数为 0.999，标准偏差为 4.50×10^{-5}。

2) 无量纲关联式的应用

(1) 确定给定条件下的 VOCs 散发特性。对于某一特定散发过程，在已知建材散发的各项参数时，可直接利用无量纲散发速率的准则关联式求出在不同条件和散发时间下的散发速率，以评价建材的散发强度；也可进一步将散发速率的结果代入房间质量平衡方程，检验建材散发对室内空气中 VOCs 浓度的影响。此方法省去了对理论模型进行求解的烦琐程序，具有较高的准确度，也具有较好的普适性。图 2.14 为中密度板 MDF3 中舱内甲醛浓度的关联式预测值与试验值对比[19]。可以看出两者符合较好。图 2.15 为所有四种中密度板的关联式预测值与试验值对比[19]。可以看出，大部分数据都位于直线 $y=x$ 上，说明两者吻合较好。

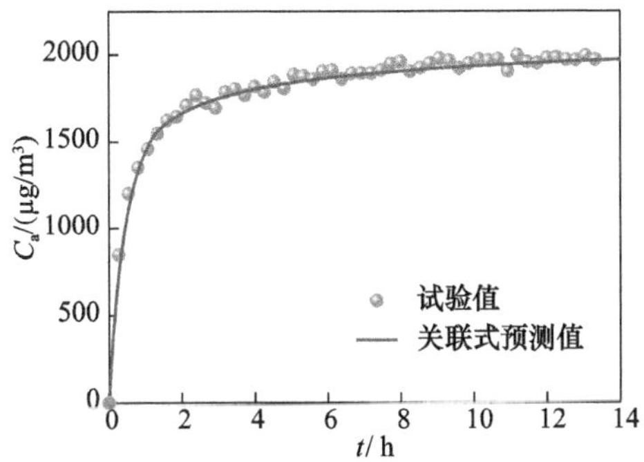

图 2.14　中密度板 MDF3 中舱内甲醛浓度的关联式预测值与试验值对比[19]

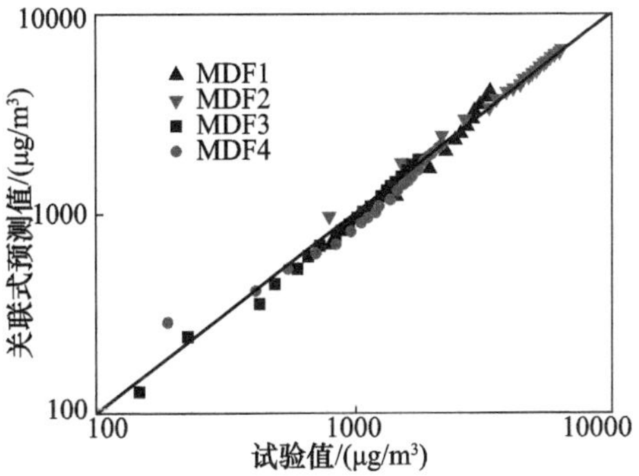

图 2.15　四种 MDF 舱内甲醛浓度的关联式预测值与试验值对比[19]

(2) 由环境舱测试结果预测实际空间 VOCs 散发特性。由于关联式中的参数为无量纲准则数，关联式的导出使得由环境舱小空间的测量结果预测建材在实际环境空间下的散发速率成为可能。有两点需要指出：①人们习惯于离家时关严门窗，在此情形下，室内家具和建材在换气次数接近 0 的条件下散发 VOCs 导致室内 VOCs 浓度持续升高，在人们回家时将对其身体健康产生重要影响，因此此类密闭空间需要重点研究；②在标准散发测试和暴露量评估中，有必要测试最不利的密闭情形下散发过程产生的影响。

由式(2.85)～式(2.87)可以得到同类建材(D、K、C_0、L 等参数保持不变)在不同空间下逐时散发速率的关系为

$$\frac{\dot{m}_p}{\dot{m}_c}=\left(\frac{A_p/V_p}{A_c/V_c}\right)^{-0.400}\left(\frac{h_{m,p}}{h_{m,c}}\right)^{0.0344},\quad t\leqslant t_{c1} \tag{2.88}$$

$$\frac{\dot{m}_p}{\dot{m}_c}=\left(\frac{A_p/V_p}{A_c/V_c}\right)^{-1.64}\left(\frac{h_{m,p}}{h_{m,c}}\right)^{-0.0600},\quad t_1<t\leqslant t_{c2} \tag{2.89}$$

$$\frac{\dot{m}_p}{\dot{m}_c}=\left(\frac{A_p/V_p}{A_c/V_c}\right)^{-2.31}\left(\frac{h_{m,p}}{h_{m,c}}\right)^{-0.0370},\quad t>t_{c2} \tag{2.90}$$

式中，下标 p 表示实际空间，c 表示试验条件；t_{c1}、t_{c2} 分别为 $Fo_m=0.01$ 和 $Fo_m=0.2$ 时的散发时间，s。

由式(2.88)～式(2.90)，建材在实际空间下的散发速率可由环境舱试验的结果得到，这一方法可采用数值试验来验证。表 2.10 为数值试验中环境舱、实际空间及建材的相关参数。在数值试验中，环境舱的散发速率由解析解生成。对于实际空间，其散发速率可通过两种方式获得：①直接由解析解生成，其结果作为试验数据看待；②由试验环境舱中的散发速率结合式(2.88)～式(2.90)预测。后一种方式称为关联式法(与前述通风空间类似)。

表 2.10 数值试验中相关参数

参数		数值
甲醛	扩散系数 D/(m^2/s)	5.00×10^{-12}
	初始浓度 C_0/(μg/m^3)	1.00×10^{7}
	分配系数 K	5.00×10^{3}
环境舱参数	体积/m^3	3.00×10^{-2}
	建材尺寸/(mm×mm×mm)	200×200×4
	对流传质系数 h_m/(m/s)	1.77×10^{-3}(u=0.138m/s)
实际空间参数	建材面积/m^2	4.00
	空间体积/m^3	10
	对流传质系数/(m/s)	4.79×10^{-4}(u=0.1m/s)

图 2.16 为散发速率的关联式法预测值与解析解生成的数值试验结果的对比，可见两者符合较好[19]。然而，关联式法预测的散发速率在 $Fo_m=0.01$ 处存在间断现象，这是因为，在导出关联式时是把傅里叶数分为 3 个区间：$Fo_m\leqslant 0.01$、$0.01<Fo_m\leqslant 0.2$ 和 $Fo_m>0.2$，在区间的分界处，由于数值拟合的原因，难免会出现偏差。然而，由于关联式的拟合相关系数大于 0.97，这种偏差在工程应用中可以接受。

如果实际环境空间中建材的散发过程处于相同的阶段，如均位于 $Fo_m\leqslant 0.01$（或者 $0.01<Fo_m\leqslant 0.2$ 或者 $Fo_m>0.2$）的区间段，那么在扩散系数已知的条件下，借助式(2.85)～式(2.87)即可由时间 t_1 的散发速率预测时间 t_2 的散发速率，示意图如图 2.17 所示。

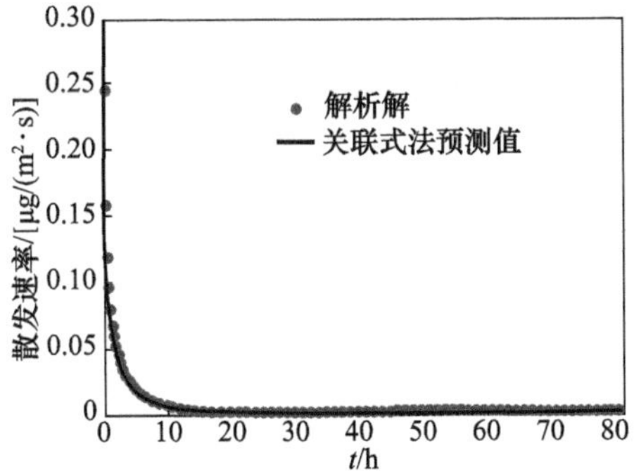

图 2.16　关联式法预测值与数值试验结果对比[19]

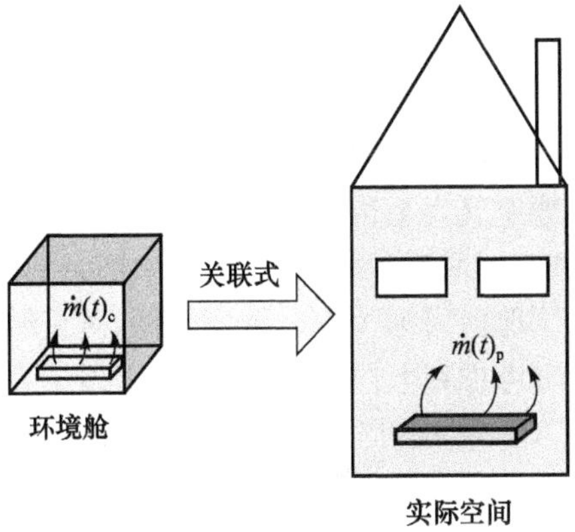

图 2.17　实际空间与环境舱不同时间散发速率联系示意图

2.2.3　散发特性参数相对快速和准确的测定方法

Little 等[10]和 Yang 等[12]采用传质模型拟合试验值的方法获得了一些材料的 VOCs 散发特性参数，但拟合过程中需要已知部分参数。此外，由于 Little 模型假设材料散发过程中材料外侧对流传质阻力可忽略，在散发初始阶段会导致较大误差，因此不适用于散发特性参数的快速测定。

对于建材中 VOCs 扩散系数的测定，Kirchner 等[29]提出了扩散仪法，Bodalal 等[30]、Meininghaus 等[31]、Haghighat 等[32]提出了双舱法，Blondeau 等[33]提出了压汞法。这些方法各有其优点，但普遍存在误差较大或者测试时间过长的不足。Cox 等[34]采用微天平称重法来独立测量 K 和 D，但存在不足：拟合 D 采用了 Little 模型，忽略了表面处对流传质阻力的影响，会增大测试误差，且材料在粉末化过程中其可散发浓度可能会发生改变。Li 等[35]采用了反问题方法来测定 K 和 D，

但该方法中 C_0 必须已知。

对于建材中甲醛和 VOCs 初始浓度的测定,《人造板及饰面人造板理化性能试验方法》(GB/T 17657—1999)[36]、《室内装饰装修材料　人造板及其制品中甲醛释放限量》(GB/T 18580—2001)[37]、欧洲标准《穿孔萃取法人造板甲醛释放量测定》[38]均采用溶液萃取或热脱附法。然而,这些方法测量的是建材中甲醛的总含量而非可散发浓度。Cox 等[39]运用自由体积理论的分析表明:VOCs 总含量分为可自由散发的部分(前述传质模型中可散发浓度 C_0)及被束缚的部分。他们提出了一种流化床脱附法来测量聚氯乙烯(polyvinyl chloride PVC)地板中的 C_0。该方法的优点在于低温研磨技术和流化床脱附技术的使用能大大加快 VOCs 散发过程从而减小散发时间,但也存在以下不足:试验时建材被研磨成粉末,破坏了建材的固有结构和物理化学性质,测量的结果不一定能反映建材的真实状况。Smith 等[40]应用低温研磨技术发展了一种常温萃取法来测定 C_0。该方法将材料低温研磨成粉末,再将粉末置于机械振荡器中使目标 VOCs 加速散发到一个密闭环境舱中。当散发过程达到平衡后,采样其浓度。然后向环境舱中持续通入一定流量的干净空气直至达到检测下限,再对建材进行散发、平衡、吹风过程,形成多个散发周期(一般周期为一周)。该方法通常需要 28d 左右时间,比较耗时;在试验的后期,由于舱内目标 VOCs 浓度较低,测量结果的不确定度增大。

考虑到上述情况,本书作者及合作者发展了一系列测定散发特性参数 C_0、D 和 K 的方法,作为对上述方法的补充,试图提高测试精度并缩短测试时间。本节将对一些代表性工作进行介绍。

1. 同时测定 C_0、K 和 D 的简便方法

1) 原理

如图 2.18 所示,试样被置于密闭环境舱中,水浴用来控制环境舱的温度。在测试开始时,假设建材内的目标 VOCs 初始浓度为 C_0,小室内的 VOCs 初始浓度为 $C_{a,1}$,在建材散发或者吸附一段时间 VOCs 后与舱内 VOCs 浓度达到平衡态,这时建材内目标污染物浓度为 C_2,小室内的浓度为 $C_{a,2}$,这二者间存在关系

$$C_2 = KC_{a,2} \tag{2.91}$$

根据质量守恒定律,可得

$$C_2V_m + C_{a,2}(V - V_m) = C_0V_m + C_{a,1}(V - V_m) \tag{2.92}$$

式中,V_m 为建材所占体积,m^3;V 为小室体积,m^3。

由于 $V_m \ll V$,式(2.92)可变改写为

$$C_2V_m + C_{a,2}V = C_0V_m + C_{a,1}V \tag{2.93}$$

将式(2.91)代入式(2.93),可得

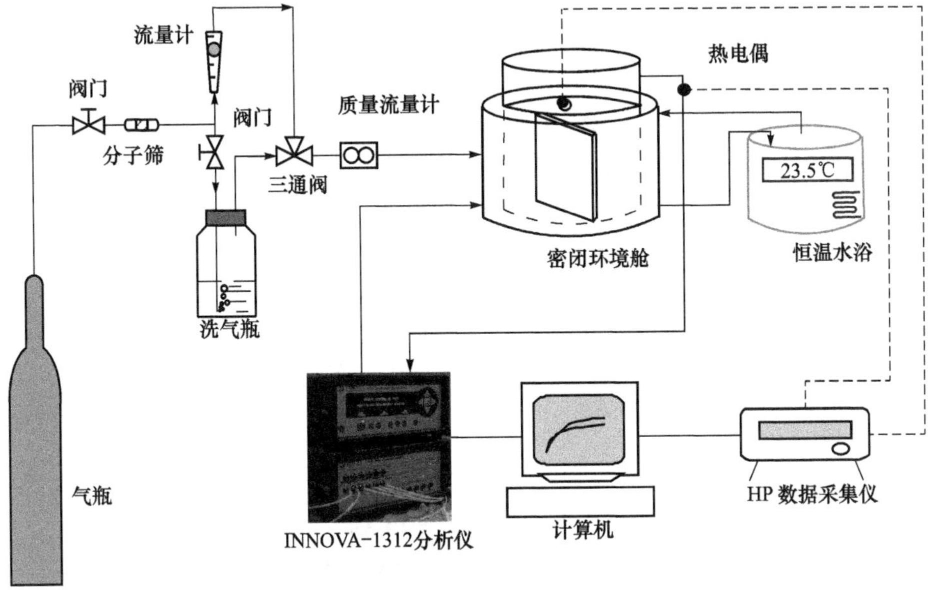

图 2.18　测试系统示意图

$$(C_{a,1}-C_{a,2})\frac{V}{V_m}=KC_{a,2}-C_0 \tag{2.94}$$

测定了一系列 $C_{a,1}$ 和 $C_{a,2}$，就可通过线性拟合获得 K 和 C_0[20]。D 可以通过浓度测试数据用解析解式(2.56)进行曲线拟合获得。

在测定出试样表面的平均流速后，对流传质系数 h_m 可由式(2.9)估算。利用上述方程，即可通过一次试验来同时获得三个散发特性参数 C_0、K 和 D。因为只有参数 D 是通过非线性拟合获得的，所以与一些传统方法相比，其拟合误差大大降低[20]。

为将测得的甲醛可散发浓度 C_0 与《人造板及饰面人造板理化性能试验方法》(GB/T 17657—1999)[36]中的穿孔萃取法测得的甲醛含量进行对比，Wang 等[20]开展了试验研究。采用穿孔萃取法测量密度板中的甲醛含量，测量装置如图 2.19 所示。其测试原理和过程为：将甲苯与干建材试件共热，通过液-固萃取使甲醛从干建材中溶解出来；然后让溶有甲醛的甲苯通过穿孔器与蒸馏水进行液-液萃取，把甲醛转溶于水中；最后用分光光度仪或特定试剂滴定法测量水中甲醛的含量，据此计算干建材中甲醛的含量。

2) 测试材料

选择四种建材市场购买的室内装饰装修材料——中密度板(分别记为 MDF1、MDF2、MDF3、MDF4)，它们由木片和脲醛树脂胶制成，因此从脲醛树脂中散发的甲醛是主要污染物。试验前，要对试样做处理：将其封在密封袋中 7d 以上以确保

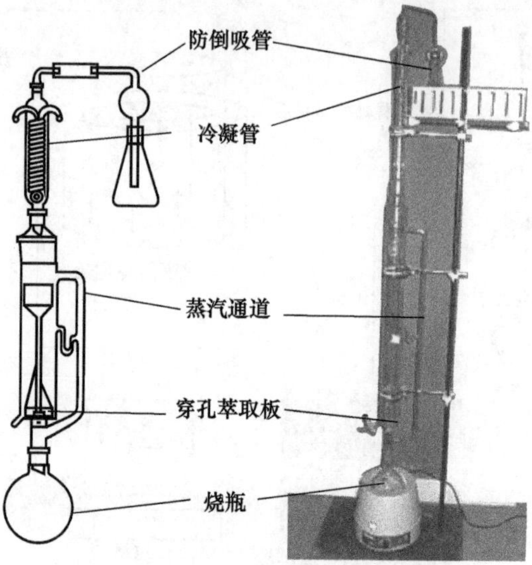

图 2.19　穿孔萃取法示意图和实物图

建材内 VOCs 初始浓度分布均匀;建材的四边用聚四氟乙烯密封带密封以确保扩散是一维的。试样尺寸和试验条件等参数见表 2.5。

3) 环境舱和测试误差

密闭环境舱用不锈钢制成,内容积为 30L。为保证环境舱的气密性,在环境舱开口处用不散发、不吸附 VOCs 的聚四氟乙烯垫做密封,并用螺栓压紧。气体浓度用声光多组分气体分析仪(INNOVA-1312 分析仪)进行分析,气体浓度测量的相对误差为

$$\frac{\Delta C_a}{C_a}=\sqrt{\left(\frac{3\delta}{C_a}\right)^2+(2\%)^2} \tag{2.95}$$

式中,δ 为仪器的检测下限,mg/m^3(对甲醛而言,当分析时间为 20s 时,其值为 0.027mg/m^3);C_a 为测量的气相 VOCs 浓度,mg/m^3;$\Delta C_a/C_a$ 为测量的 VOCs 浓度的相对误差,%。

试验中用 INNOVA-1312 分析仪连接计算机来记录环境舱中甲醛浓度,采样间隔为 2min。测试流程为:①每次试验前,环境舱内壁面用蒸馏水洗干净晾干;②环境舱的气密性和内壁吸附性通过气体衰减试验来评估,对于图 2.18 所示的试验系统,由于气密性和壁面吸附所导致的气体衰减速率不超过 0.35%/h;③将预处理过的建材放在小室中;④封好环境舱;⑤打开搅拌风扇,记录下环境舱内 VOCs 的逐时浓度直至达到平衡;⑥注入甲醛蒸气,记录下甲醛浓度的衰减曲线直至达到新的平衡;⑦重复步骤⑥至少五次。这样,就可以得到一组试样的散发、吸附试验浓度曲线。

4) 结果和讨论

(1) C_0 和 K 的测定。图 2.20 为中密度板 MDF1 的甲醛的散发、吸附试验浓

度曲线[20]。在散发阶段，环境舱内甲醛浓度 $C_{a,1}$ 可直接测定，然后，对于第 i 个吸附阶段，$C_{a,1,i}$ 系列由 $C_{a,1,i}=C_{a,h,i}-C_{a,2,i-1}+C_{a,1,i-1}$ 确定，其中 i 为吸附曲线的编号，$C_{a,h,i}$ 为第 i 次吸附曲线的最大值。

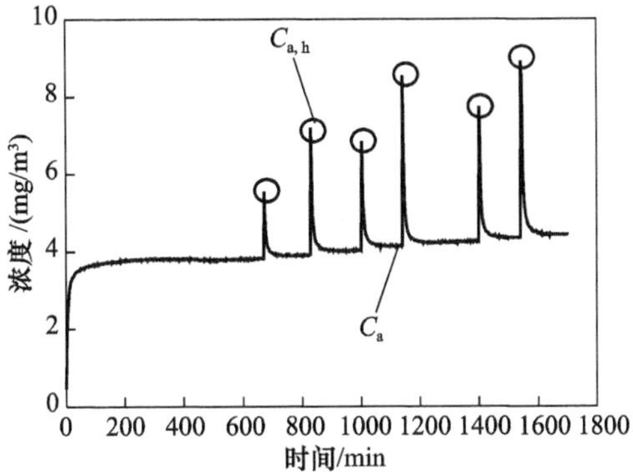

图 2.20　中密度板 MDF1 的甲醛的散发、吸附试验浓度曲线[20]

图 2.21 为中密度板 MDF1 确定 K 和 C_0 的线性拟合结果[20]。可以看出，$(C_{a,1}-C_{a,2})V/V_m$ 和 $C_{a,2}$ 间的线性度较好。这也说明在试验测试浓度下，建材的表面对甲醛的吸附符合亨利定律。四种中密度板中 K 和 C_0 的测定值见表 2.11。可见 K 值和 C_0 值的相对标准偏差为 7%～12%。此外，测定的建材中甲醛总浓度 C_{total} 也列于表 2.11 中。可以看出，建材中可散发的甲醛含量不超过总含量的 7%。

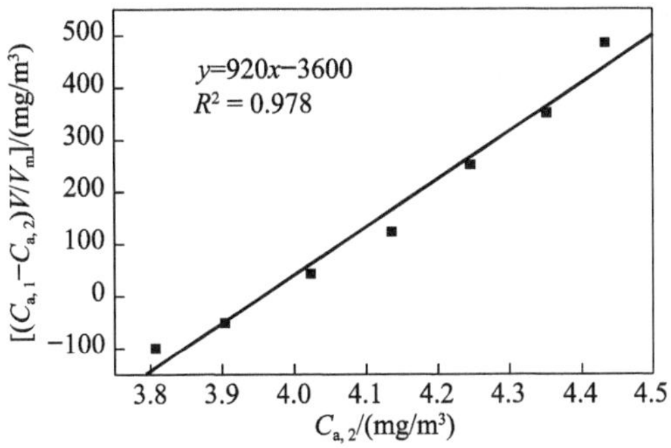

图 2.21　中密度板 MDF1 的线性拟合结果[20]

表 2.11　不同建材中测定的 K、C_0 和 D 值

建材种类	K	C_0/(mg/m³)	线性拟合 R^2	C_{total}/(mg/m³)	D/(m²/s)	非线性拟合 R^2	t_c/h
MDF1	$(9.20\pm0.61)\times10^2$	$(3.60\pm0.25)\times10^3$	0.98	$(5.02\pm0.13)\times10^5$	1.04×10^{-10}	0.99	94
MDF2	$(3.90\pm0.45)\times10^3$	$(2.78\pm0.34)\times10^4$	0.94	$(5.22\pm0.11)\times10^5$	1.01×10^{-11}	0.98	108

续表

建材种类	K	C_0/(mg/m^3)	线性拟合 R^2	C_{total}/(mg/m^3)	D/(m^2/s)	非线性拟合 R^2	t_c/h
MDF3	(5.40±0.36)×10^3	(1.18±0.10)×10^4	0.98	(2.16±0.03)×10^5	4.14×10^{-12}	0.99	263
MDF4	(5.00±0.34)×10^3	(1.34±0.10)×10^4	0.98	(2.08±0.01)×10^5	4.25×10^{-12}	0.97	256

(2) D 的测定及验证。试验中测定的建材表面流速为 0.11m/s，由此估算出 h_m 为 0.0025m/s。图 2.22 显示拟合曲线和试验曲线符合较好[20]，基于此所获得的扩散系数 D 见表 2.11。表 2.11 中，t_c 代表建材中 VOCs 全部散发出来所需的时间(因为理论上全部散发时间为无限长，因此定义 99%的目标 VOCs 散发出来的时间即为全部散发出来所需的时间)，由公式 $Fo_{m,c}=Dt_c/L^2=2$[24]计算得到。

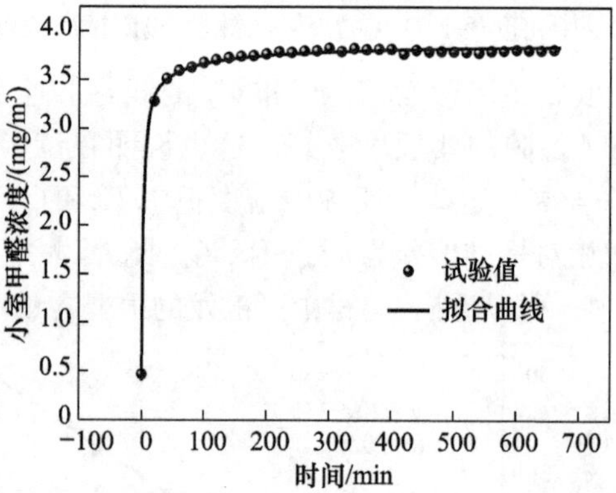

图 2.22 中密度板 MDF1 散发阶段试验值与拟合环境舱甲醛浓度对比[20]

利用得到的三个散发特性参数可预测吸附阶段环境舱浓度变化并与试验值进行对比，如图 2.23 所示[20]。可以看出，预测值和试验值基本相符，验证了所提方法的可行性。图中部分结果存在偏差的原因在于：①散发阶段和吸附阶段的扩散系数可能有差别[34]；②分配系数的测定可能存在一定误差。

(3) 测试精度影响因素讨论。影响测试精度的因素之一是 h_m 的估算。因为建材表面的空气流动并不完全是外掠平板，基于式(2.9)计算的 h_m 值可能会偏离真实值。但计算分析表明，D 值对 h_m 的变化并不敏感：当 h_m 从 0.0005m/s 增加到 0.005m/s 时，拟合的 D 值变化不超过 15%，因此认为 h_m 的估算误差造成的 D 值的偏差可忽略。

影响测试精度的因素之二是 $C_{a,2}$ 是否为平衡浓度。根据测定原理，确定 K 和 C_0 时需要平衡浓度，也就是说，此时建材内部不存在浓度梯度。然而，在实际过程

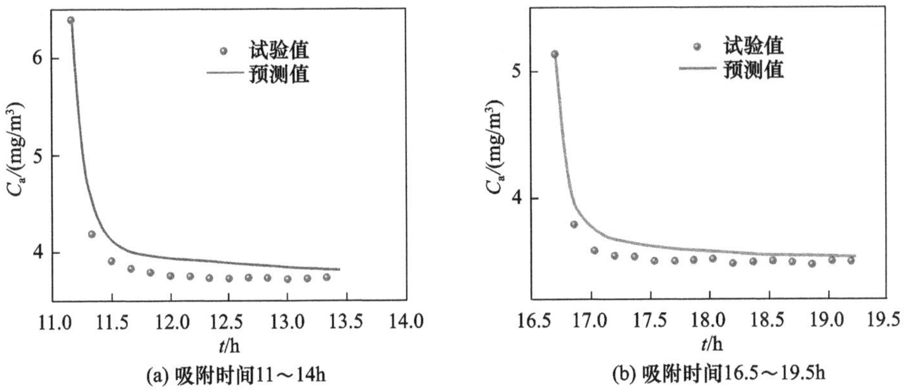

图 2.23 中密度板 MDF1 吸附阶段预测值和试验值对比[20]

中,建材内部 VOCs 的扩散过程是比较缓慢的,当环境舱气相浓度达到平衡时,材料相仍然存在浓度梯度。因此,有必要验证气相浓度平衡时材料相浓度的分布。基于获得的 K、C_0 和 D,材料相 VOCs 浓度可由 Xu-Zhang 模型[14]计算得到。结果显示,四种建材最低浓度(和空气接触的一侧的建材浓度)和最高浓度(建材中心)间的最大偏差为 9%,因此可推断目前的平衡浓度测量值和理论平衡浓度值相差为 5%,其对测试精度的影响也可忽略。

测试材料厚度会影响散发或吸附达到平衡的时间,从而影响本方法的实用性。利用式(2.56),散发平衡时间可以模拟得到(理论上平衡浓度不可能达到,因此定义达到平衡浓度 99%所需时间为平衡时间)。假设建材内的初始甲醛浓度为本方法所测,图 2.24 给出了 MDF1 不同厚度时散发达到平衡时所需时间[20]。可以看出,平衡时间基本和试样厚度呈线性关系。

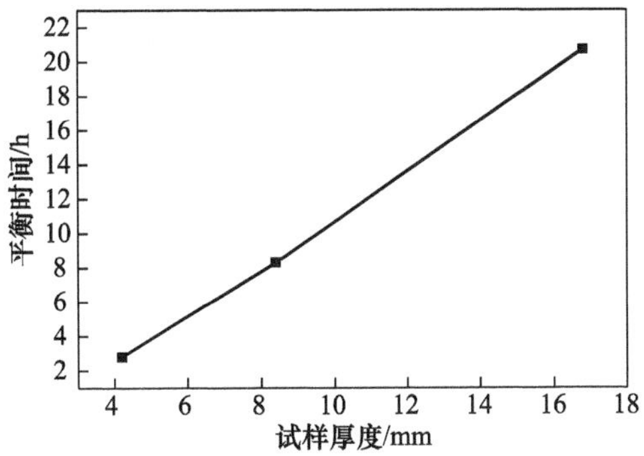

图 2.24 试样厚度对散发平衡时间的影响(MDF1)[20]

尽管环境舱的漏气率较小(≤0.35%次换气/h),但其对测量结果的影响仍需讨论。此处以所测的漏气率和所测建材散发特性参数为基础数据,模拟在最大漏气率下散发阶段环境舱内甲醛浓度的变化，并和试验测量值进行比较。如图 2.25 所示，可以看出模拟值和试验值仍然吻合较好，说明 0.35%次换气/h 的漏气率在试验中可以忽略[20]。

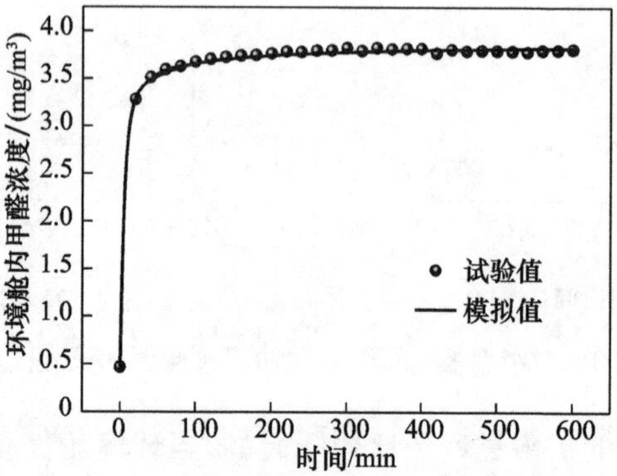

图 2.25　考虑环境舱漏气时模拟值与试验值比较(MDF1)[20]

2. 逐时浓度法(*C*-history 方法)

上述方法存在一些不足：①目标 VOCs 峰值浓度出现的时间很难准确确定；②环境舱中目标 VOCs 峰值浓度的检测偏差约为 20%；③试验时间过长，为 7d 左右。

为了克服这些缺陷，Xiong 等[41]提出了 *C*-history 方法，用来快速测定建材中甲醛和 VOCs 初始浓度、扩散系数和分配系数。

1) 测定原理

密闭舱中建材 VOCs 散发过程的示意图如图 2.9 所示。在应用 *C*-history 方法测试时，建材的上下两个表面都暴露在空气中，四周用铝箔密封。考虑到对称性，可以把散发过程处理成从两个半厚度建材的单面散发问题。假设建材是均匀一致的，建材内部 VOCs 为一维扩散，且环境舱内 VOCs 混合均匀，可得到建材中 VOCs 散发过程的解析解，即式(2.56)。当散发过程达到平衡时，其舱内 VOCs 平衡浓度 C_{equ} 可由式(2.59)计算。

联立式(2.56)和式(2.59)，可得

$$\frac{C_{\mathrm{equ}}-C_{\mathrm{a}}}{C_{\mathrm{equ}}}=-2(K\beta+1)\sum_{n=1}^{\infty}\frac{\sin q_n}{q_n A_n}\exp(-DL^{-2}q_n^2 t) \tag{2.96}$$

对于式(2.96)右边的指数求和项，由于衰减很快，当时间 t 较大时，只有 $n=1$ 的项是主要的，其他项可忽略不计，该假设可由下面的线性方程(式(2.97))间接验证，后文将详细讨论此假设成立的条件。

$$\ln\frac{C_{equ}-C_a}{C_{equ}}=-DL^{-2}q_1^2t+\ln\left[-\frac{2(K\beta+1)\sin q_1}{q_1A_1}\right] \tag{2.97}$$

式中，q_1 为式(2.58)的第一个根；A_1 为 A_n 的第一项。

定义 $C_{equ}-C_a$ 为过余浓度，$(C_{equ}-C_a)/C_{equ}$ 为无量纲过余浓度，则式(2.97)表示无量纲过余浓度的对数和时间呈线性关系。记斜率和截距分别为 SL 和 INT，即

$$\mathrm{SL}=-DL^{-2}q_1^2 \tag{2.98}$$

$$\mathrm{INT}=\ln\left[-\frac{2(K\beta+1)\sin q_1}{q_1A_1}\right] \tag{2.99}$$

此时式(2.97)可写成

$$\ln\frac{C_{equ}-C_a}{C_{equ}}=\mathrm{SL}\cdot t+\mathrm{INT} \tag{2.100}$$

因此，只要将试验中舱内浓度数据处理成式(2.100)左边无量纲过余浓度对数的形式，然后进行线性拟合，即可获得斜率 SL 和截距 INT。而斜率和截距为关于扩散系数 D 和分配系数 K 的函数，两个方程两个未知数，从数学上很容易解出 D 和 K；然后将解得的 K 和已知的舱内 VOCs 平衡浓度 C_{equ} 代入式(2.59)即可求得初始浓度 C_0。此方法的主要特点是应用密闭舱中的 VOCs 逐时浓度求得散发特性参数，因此为逐时浓度法，即 C-history 方法，它具有快速、准确的特点。

确定 D、K 和 C_0 的流程如下。

(1) 对给定建材在密闭舱中进行散发试验，测定逐时 VOCs 浓度直至达到散发平衡。

(2) 基于测定的 C_a 和 C_{equ} 的值，按方程(2.100)拟合获得 SL 和 INT。

(3) 确定 q_1 根的存在区间$[a,b]$，用二分法求解。

(4) 设 $q_1=(a+b)/2$。

(5) 依据式(2.98)计算 D。

(6) 依据式(2.58)计算 K。

(7) 基于式(2.99)，定义 $f(q_1)$ 为 $\ln\left[-\frac{2(K\beta+1)\sin q_1}{q_1A_1}\right]-\mathrm{INT}$：若 $f(q_1)>10^{-12}$，则进入步骤(3)迭代求解；否则输出 D 和 K。图 2.26 显示的是不同 INT 值时 $f(q_1)$ 随 q_1 的变化关系，图中 SL＝－0.2[41]。可以看出，$f(q_1)$ 随着 q_1 的增大而减小，而 $f(q_1)=0$ 的根则随着 INT 的增加而减小。也就是说，变化趋势是单调的，方程 $f(q_1)=0$ 只有唯一解，不存在多解的可能。

(8) 将计算得到的 K 值代入式(2.59)获得 C_0。

2) 试验测试系统

为了研究 C-history 方法对环境舱的适应性，采用了两种环境舱测试系统，一

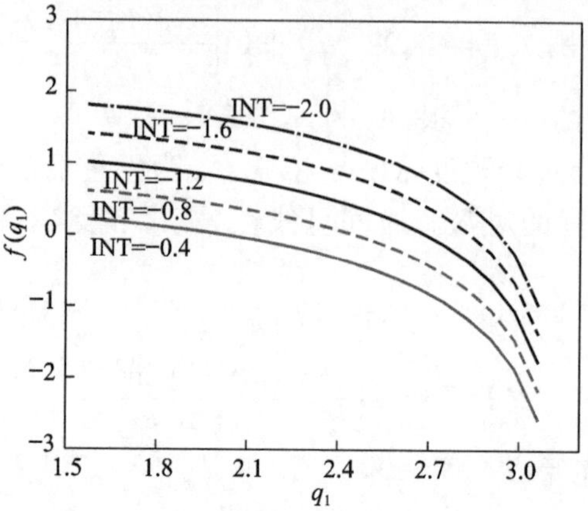

图 2.26　对于不同的截距 $f(q_1)$ 随 q_1 的变化关系[41]

种为小型环境舱(体积为 30L),另一种为大型环境舱(体积为 $30m^3$)。甲醛作为人造板的主要污染物,被选为待测的目标污染物。图 2.27 为大型环境舱的测试系统图[41]。小型环境舱的测试系统与图 2.18 类似。INNOVA-1312 分析仪被用来测量环境舱中的甲醛逐时浓度和平衡浓度。INNOVA-1312 分析仪事先已经过标定,并且其测量甲醛的结果也同高效液相色谱(high performance liquid chromatography, HPLC)进行了校准。水浴用来控制环境舱的温度。大型环境舱建在 $120m^3$ 的房间内,房间和环境舱由独立的空调系统控制,如图 2.27 所示。甲醛的采样和分析按照

(a) 不锈钢环境舱实物图($30m^3$)

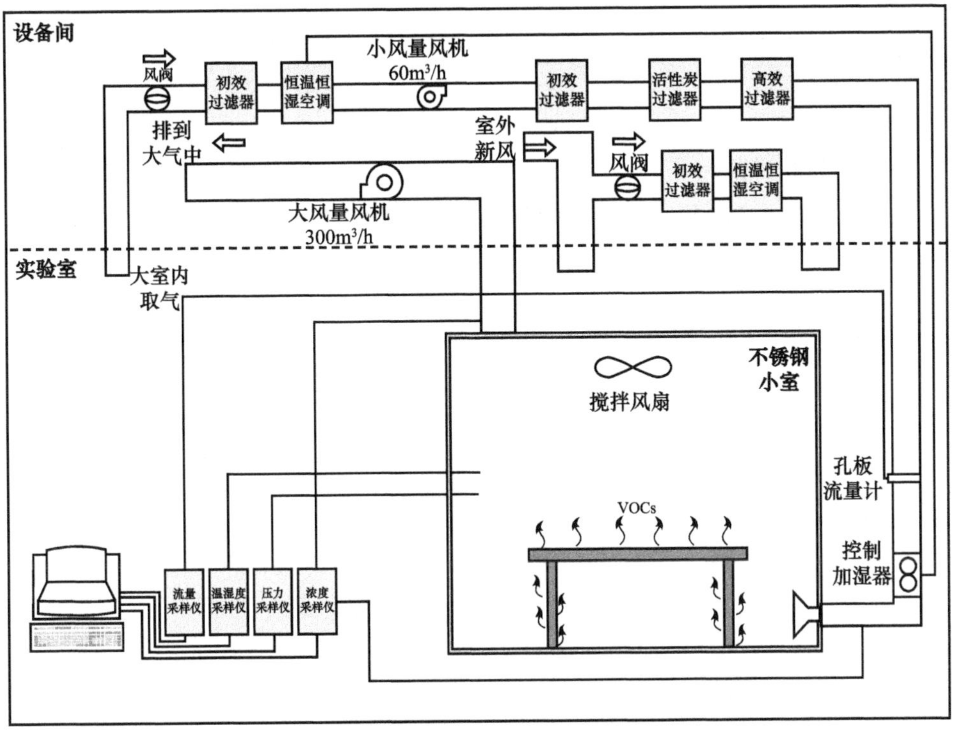

(b) 环境舱系统示意图

图 2.27　大型环境舱的测试系统图[41]

国家标准《公共场所空气中甲醛测定方法》(GB/T 18204.26—2000)[42]酚试剂法进行，这一点区别于小环境舱。对于密闭舱测试系统，平衡态的定义为相邻两小时内目标 VOCs 浓度的平均值相差不超过 1%。

三种中密度板（记为 MDF5、MDF6、MDF7）、两种刨花板（记为 PB1、PB2）和一种大芯板（记为 BB）被选为试验的测试材料。表 2.12 给出了建材尺寸及试验测试条件。试验中环境舱相对湿度控制在(50±5)%。温度选择 4 个温度点，以考察 *C*-history 方法对于温度的适应性。MDF5、MDF6、PB1、BB 用于小环境舱密闭条件测试，MDF7、PB2 用于大环境舱密闭和直流条件下测试，以便利用独立的直流舱试验来验证密闭舱所测定的散发特性参数。直流舱验证试验的控制参数为温度(23±0.5)℃、相对湿度(50±5)%、换气次数 $1h^{-1}$。

表 2.12　建材尺寸及试验测试条件

建材	温度/℃	环境舱体积/m³	建材尺寸/(mm×mm×mm)	建材用量/块
MDF5	33.0±0.5	0.03	100×100×2.8	2
MDF6	25.0±0.5	0.03	100×100×3.8	1
MDF7	23.0±0.5	30	1225×1025×4	4
PB1	27.0±0.5	0.03	100×100×15.8	1

续表

建材	温度/℃	环境舱体积/m³	建材尺寸/(mm×mm×mm)	建材用量/块
PB2	23.0±0.5	30	1220×1220×16	4
BB	27.0±0.5	0.03	100×100×15.9	1

3）结果和讨论

(1) 参数测定结果。试验中，六种建材在密闭舱中达到平衡的时间均不超过 3d。利用式(2.100)对密闭舱中甲醛浓度数据进行线性拟合，结果如图 2.28 所示[41]。

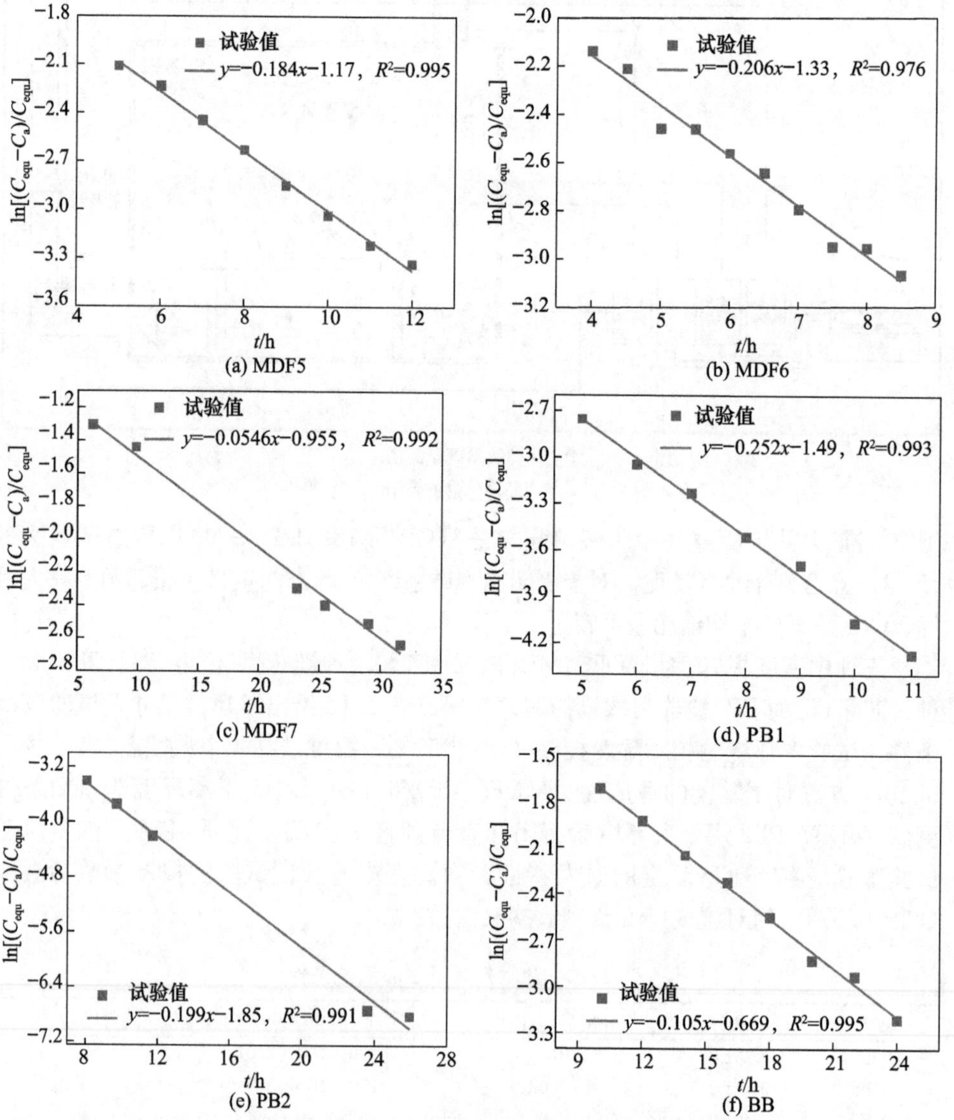

图 2.28　应用式(2.100)对不同建材试验数据的线性拟合结果[41]

表 2.13 列出了测定的散发特性参数值(C_0、D 和 K)及拟合过程的相关系数平方(R^2)。对于所测试的工况，$R^2>0.97$，其拟合精度较高。

表 2.13　*C*-history 方法测定的散发特性参数值

建材	$C_0/(\mu g/m^3)$	$D/(m^2/s)$	K	R^2
MDF5	$(1.91\pm0.10)\times10^{7}$	$(5.58\pm0.25)\times10^{-11}$	$(1.46\pm0.09)\times10^{3}$	0.995
MDF6	$(4.01\pm0.34)\times10^{6}$	$(2.72\pm0.21)\times10^{-11}$	$(5.52\pm0.53)\times10^{3}$	0.976
MDF7	$(1.53\pm0.12)\times10^{7}$	$(9.25\pm0.71)\times10^{-12}$	$(5.94\pm0.58)\times10^{3}$	0.992
PB1	$(2.68\pm0.22)\times10^{7}$	$(5.52\pm0.27)\times10^{-10}$	$(1.64\pm0.15)\times10^{3}$	0.993
PB2	$(2.80\pm0.21)\times10^{7}$	$(4.16\pm0.17)\times10^{-10}$	$(4.23\pm0.34)\times10^{3}$	0.991
BB	$(4.19\pm0.27)\times10^{6}$	$(3.38\pm0.22)\times10^{-10}$	$(4.31\pm0.40)\times10^{2}$	0.995

测定的扩散系数和分配系数的标准偏差可通过数值方法来获得，步骤为：①将拟合直线的斜率的标准偏差(记为 SD_{SL})和截距的标准偏差(记为 SD_{INT})分别加到原来的斜率和截距中；②利用 $SL\pm SD_{SL}$ 和 $INT\pm SD_{INT}$ 并执行相同的程序来获得更新的扩散系数及分配系数，其值包含了偏差；③将扩散系数和分配系数的更新值和原值进行对比，获得标准偏差。然后，根据误差传递理论，初始浓度的标准偏差 SD_C 可表示为

$$\frac{SD_C}{C_0}=\frac{K\beta}{K\beta+1}\frac{SD_K}{K} \tag{2.101}$$

式中，SD_K 为分配系数的标准偏差。

六种建材中三个散发特性参数的标准偏差值也列于表 2.13 中。基于这些数据，三个散发特性参数的相对标准偏差(记为 SD_C/C_0、SD_D/D、SD_K/K)都能获得。计算结果表明，初始浓度、扩散系数和分配系数的最大标准偏差分别为 8.5%(MDF6)、7.7%(MDF6)、9.8%(MDF7)。表 2.13 显示 MDF6 的相关系数最小，其结果与上述相对标准偏差分析相对应。考虑到所有工况的最大相对标准偏差小于 10%，因此测量精度较高，适合于工程应用。

(2) 测试结果的验证。对于 *C*-history 方法，散发特性参数的测定不是由模型(式(2.56))和试验值直接进行非线性拟合获得，因此可以将测定的 C_0、D 和 K 代入分析解中来计算环境舱内甲醛浓度，然后将预测值与试验值进行比较，以此作为 *C*-history 方法的初步验证。

密闭舱中不同建材甲醛浓度的预测值和试验值的对比如图 2.29 所示[41]。图中曲线的竖条表示由于散发特性参数的误差所导致的浓度波动。可以看出，绝大部分试验数据都在模拟曲线上，只有 MDF6 在初始的 3h 有一些偏差。然而，如果将参数的误差考虑进来，则试验点完全落在计算浓度数据的波动范围内，这说明所

测得的散发特性参数是准确可靠的。

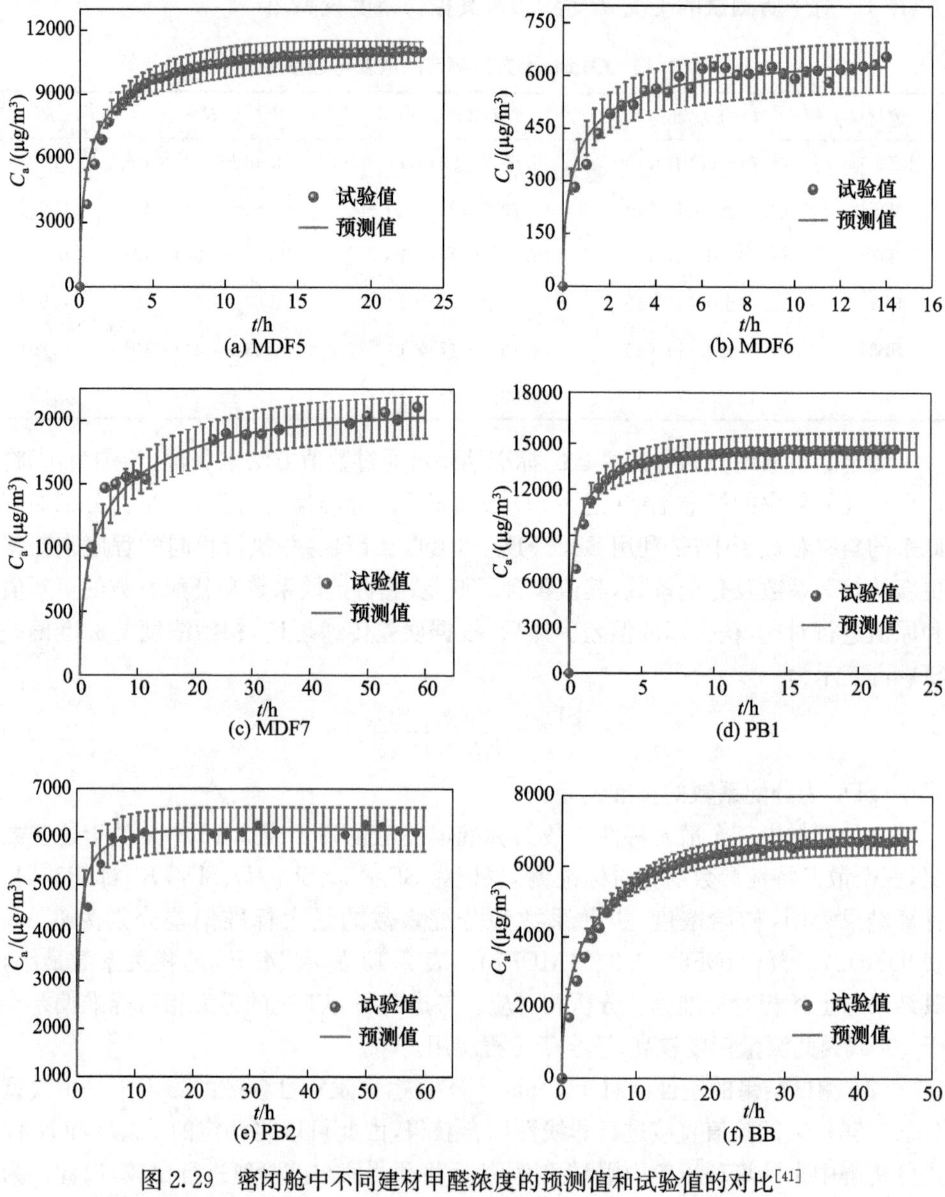

图 2.29　密闭舱中不同建材甲醛浓度的预测值和试验值的对比[41]

4）独立性验证试验

基于密闭舱中测定的散发特性参数和直流舱的解析解[26,43]，计算了直流舱中甲醛浓度的变化并与相应试验值进行了对比，预测值和试验值吻合较好，如图 2.30 所示[41]。对于 MDF7，此处还进行了重复性试验，所测定的 C_0、D 和 K 的结果分别为$(1.31\pm0.10)\times10^{7}\mu g/m^{3}$、$(10.10\pm0.78)\times10^{-12}m^{2}/s$和$(5.17\pm0.50)\times10^{3}$，其相对误差小于14.4%。

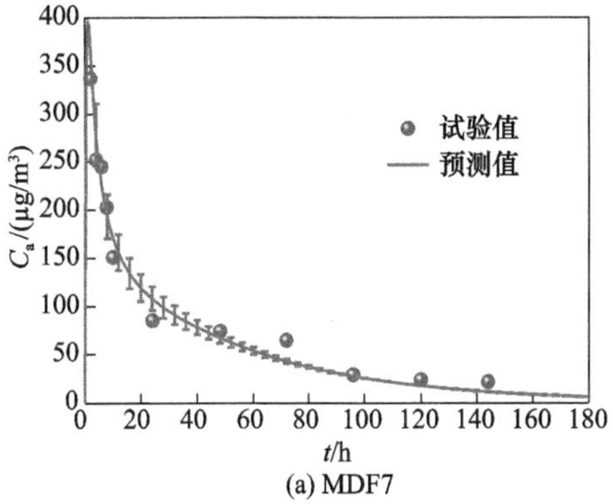

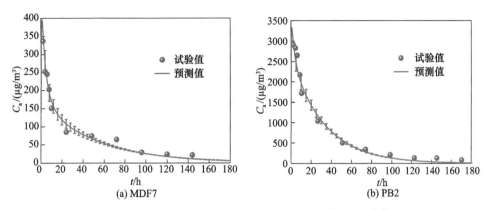

图 2.30　直流舱中甲醛浓度的预测值和试验值的对比[41]

对于C-history方法，建材放在密闭舱中达到散发平衡是获得准确数据的重要先决条件。图2.31为MDF5中甲醛长时间散发浓度预测[41]。可以看出，对于MDF5，大约1d后散发过程就接近平衡了。对于其他建材，试验结果表明平衡状态在3d内均可达到。因此，在运用C-history方法时，试验时间取为3d是合理的。与传统方法相比(一般为7～30d)，C-history方法节省了大量的时间，可作为建材和家具标识方法。

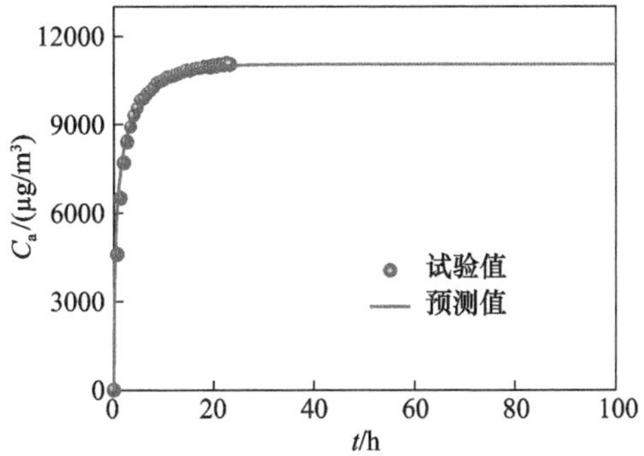

图 2.31　MDF5 中甲醛长时间散发浓度预测[41]

在应用C-history方法时，利用式(2.100)线性拟合试验值的时间区间选择非常重要，时间区间确定时应注意以下两个原则：

(1) 用第一项代替式(2.96)所有项允许带来的相对误差不超过5%。

(2) 当散发时间很长时，环境舱浓度(C_a)将接近平衡浓度。此时，无量纲过余浓度将很小且不稳定，会导致较大的拟合误差，应该避免。也就是说，应用式(2.100)进行线性拟合时，散发时间不能过长。这里采用 C_a 不超过 99%C_{equ} 的原则。

对于室内环境中的大多数建材-VOCs 对，参数 Lt 的范围为 20～700，βK 的范围为 0.4～150。应用上述两个原则，时间区间可以通过下述方法获得：①将式(2.56)或式(2.96)转化为无量纲形式；②在参数取值范围内选择很多组的 Lt 和 $K\beta$ 值；③通过数值模拟，能够获得满足上述两个原则的傅里叶数范围。对于原则①，结果为 $Fo_m \geqslant 0.125$；对于原则②，结果为 $Fo_m \leqslant 1.50$。因此，需满足关系式

$$0.125\frac{L^2}{D} \leqslant t \leqslant 1.50\frac{L^2}{D} \tag{2.102}$$

该时间区间的示意图如图 2.32 所示[41]。试验之前 D 未知，可以在利用 C-history 方法测得 D 后，再代入式(2.102)，看选择的时间区间是否合适。

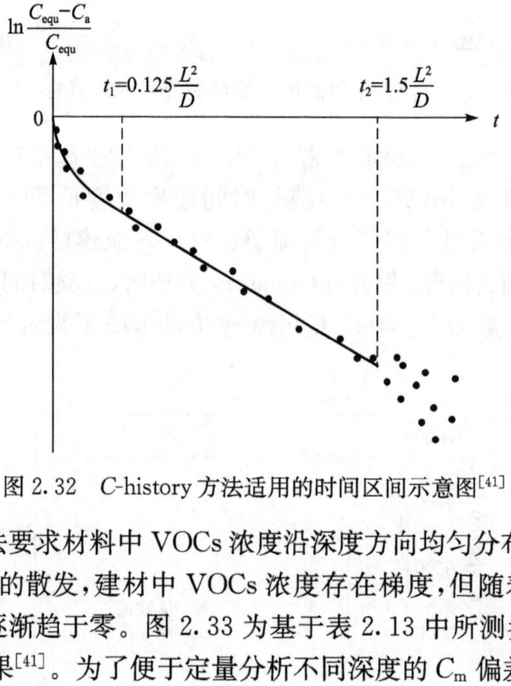

图 2.32　C-history 方法适用的时间区间示意图[41]

理论上，该方法要求材料中 VOCs 浓度沿深度方向均匀分布。实际上，随着建材中甲醛和 VOCs 的散发，建材中 VOCs 浓度存在梯度，但随着散发过程趋于平衡，该浓度梯度会逐渐趋于零。图 2.33 为基于表 2.13 中所测参数的建材中甲醛浓度 C_m 的模拟结果[41]。为了便于定量分析不同深度的 C_m 偏差，引入了参数 η 来描述 C_m 的一致性。

$$\eta = \frac{C_{m,\max} - C_{m,\min}}{C_{m,\max}} \tag{2.103}$$

式中，$C_{m,\max}$、$C_{m,\min}$ 分别为建材中甲醛浓度的最大值、最小值。

显然，η 随散发时间发生变化。

在散发过程的初始阶段，材料相浓度分布均匀。当散发时间为 1h 时，材料相浓度随深度变化很大；当散发时间达到 20h 时，η 为 0.26%，其值较小。因此，当散发过程达到平衡时，可以认为材料相浓度随深度均匀分布。

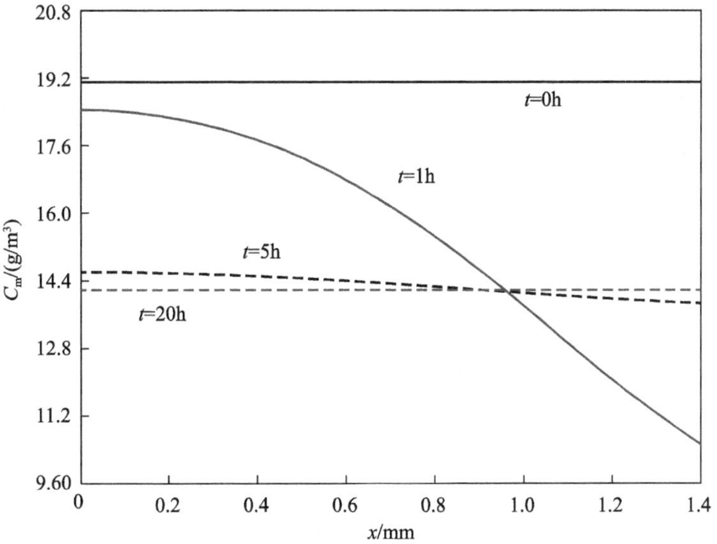

图 2.33　MDF5 中不同深度的甲醛浓度随时间的变化趋势[41]

上述研究结果表明，*C*-history 方法能同时测定三个散发特性参数。通过在不同的温度下开展小环境舱和大环境舱试验，表明 *C*-history 方法对于测试温度和体积有优异的适应性。

3. 多气固比法

Xiong 等[44]提出了另一种可同时、快速、方便测定建材中甲醛及其他醛类的 C_0、K、D 和对流传质系数的密闭舱方法。

1）测试原理

为了该方法后续介绍的方便，此处将建材体积记为 V_m，环境舱空气体积记为 V_a。建材置于密闭舱中自由散发直至达到散发平衡。对于试验中的吸附等温线，由于气相甲醛和 VOCs 浓度较低，认为其满足线性吸附，即亨利吸附。

如果平衡时气相甲醛和 VOCs 浓度为 $C_{equ,1}$，材料相甲醛和 VOCs 浓度为 C_m，根据亨利定律，它们的关系可表示为

$$C_m = KC_{equ,1} \tag{2.104}$$

根据环境舱内甲醛和 VOCs 质量守恒，有

$$C_m V_m + C_{equ,1} V_a = C_0 V_m \tag{2.105}$$

记空气相体积和建材相体积之比（称为气固比）为 R，即

$$R = \frac{V_a}{V_m} \tag{2.106}$$

可得

$$C_0=(R+K)C_{\mathrm{equ},1} \tag{2.107}$$

如果采用不同的建材体积来重复上述过程，则可通过式(2.108)和式(2.109)来获得 C_0 和 K。

$$K=\frac{C_{\mathrm{equ},1}R_1-C_{\mathrm{equ},2}R_2}{C_{\mathrm{equ},2}-C_{\mathrm{equ},1}} \tag{2.108}$$

$$C_0=\frac{C_{\mathrm{equ},1}C_{\mathrm{equ},2}}{C_{\mathrm{equ},2}-C_{\mathrm{equ},1}}(R_1-R_2) \tag{2.109}$$

式中，下标 1、2 分别表示第一次试验和第二次试验。

为了提高测试精度，可以开展多组具有不同 R 值(记为 R_i，$i=1,2,\cdots$)的试验来进行线性拟合，拟合公式可推导为

$$\frac{1}{C_{\mathrm{equ},i}}=\frac{1}{C_0}R_i+\frac{K}{C_0},\quad i=1,2,\cdots \tag{2.110}$$

因此，C_0 和 K 可通过拟合直线的斜率和截距来获得。这个方法的一个显著特点在于其需要在密闭舱中测试一系列变化体积的建材，每一个试验，气固比都不相同，因此该方法称为多气固比法。

2) D 和 h_{m} 的测定

在获得 C_0 和 K 的数据后，可进一步确定 D 和 h_{m}。如果测定了密闭舱中目标 VOCs 的浓度变化，那么式(2.100)的未知参数为 D 和 h_{m}，因此可以通过线性拟合获得 SL 和 INT，然后进一步解方程来获得 D 和 h_{m}。在上述介绍的 C-history 方法中，SL 和 INT 用来确定 D 和 K，而在本方法中用来确定 D 和 h_{m}。

3) 试验测试系统

试验中采用 30L 不锈钢环境舱进行测试。为了模拟建材在正常环境条件下的散发情形，环境舱的温度由水浴控制为(25.0±0.5)℃，相对湿度在测试前控制为(50±5)%。INNOVA-1312 分析仪用于检测环境舱中的甲醛和 TVOC 浓度。此外，关于甲醛的测定，其结果已和 HPLC 进行标定。当散发过程达到平衡时，用 HPLC 来测定甲醛及其他醛类的浓度，试验系统如图 2.18 所示。

甲醛、丙醛和己醛被选为目标污染物，其原因在于它们为室内常见的醛类。试验中建材选用了一种常见的中密度板，将其切成试验用的尺寸并密封。由于密封袋中的泄漏很少，可以认为建材中的甲醛及其他醛类的 C_0 一直保持不变。试验中建材两个表面均暴露在空气中，故实际的散发为双面散发过程。考虑到环境舱平衡浓度与建材的体积密切相关，试验中精心选择了不同尺寸的建材进行测试，其详细信息见表 2.14。为了减小测试误差，进行了重复性试验。

表 2.14　建材测试参数

测试组	建材尺寸/(mm×mm×mm)	建材用量/块	R_n
1	50×50×2.8	1	4286(R_1)
2	50×70×2.8	1	3061(R_2)
3	50×100×2.8	1	2143(R_3)
4	100×100×2.8	1	1071(R_4)
5	100×100×2.8	2	536(R_5)

4) 结果和讨论

(1) C_0 和 K 的测定。对于所有的测试工况，散发平衡均在短时间内达到。测试结果表明，最大的 R 对应最长的试验时间，其仍然小于 24h。如果所有的测试在多个环境舱中同时进行，则总的试验时间将不超过 1d。基于不同 R_n 下的平衡浓度（甲醛、丙醛、己醛），利用式(2.110)进行线性拟合的结果如图 2.34 所示[44]。可以看出，$1/C_{equ}$和 R 之间的线性度很好，测定的 C_0 和 K 的值见表 2.15。

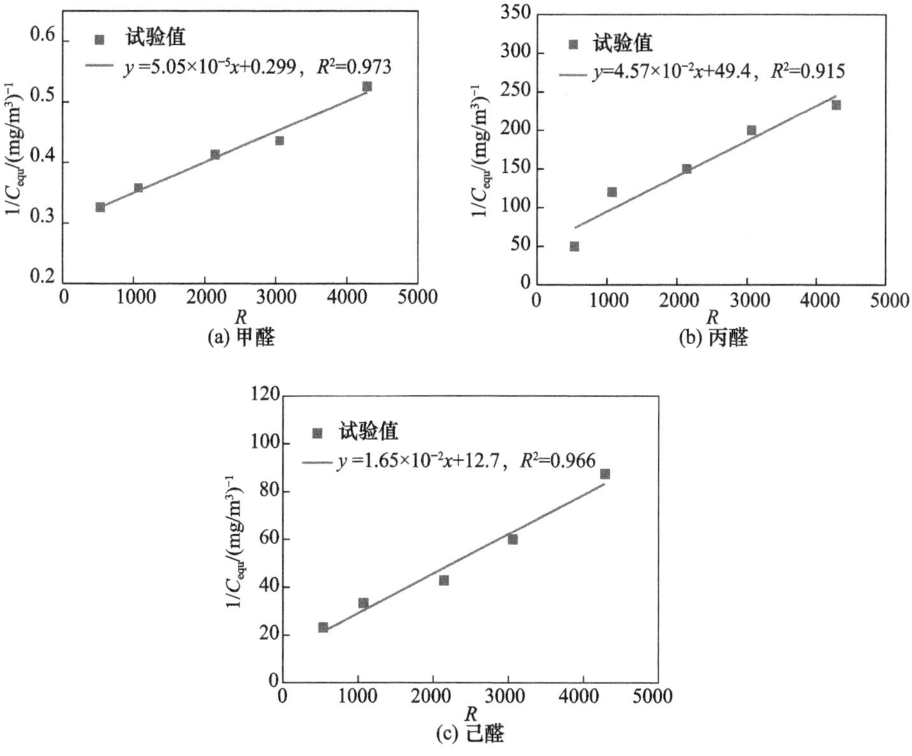

图 2.34　测定 C_0 和 K 的线性拟合结果[44]

表 2.15 测定的 C_0 和 K 值及其拟和相关系数平方

污染物	C_0/(mg/m³)	K	R^2
甲醛	1.98×10^4	5.92×10^3	0.973
己醛	2.19×10^1	1.08×10^3	0.915
丙醛	6.06×10^1	7.70×10^2	0.966

对于五组不同的 R_i 均测定了气相甲醛浓度的变化，这里以 R_3 为例说明如何获得 D 和 h_m。利用式(2.100)对 R_3 内的环境舱甲醛浓度进行线性拟合，结果如图 2.35 所示[44]。表 2.16 列出了不同的 $R_i(i=1,2,\cdots,5)$ 值时所测定的 D 和 h_m 以及拟合的相关系数平方(R^2)。对于所有工况，$R^2>0.92$，说明精度较高。

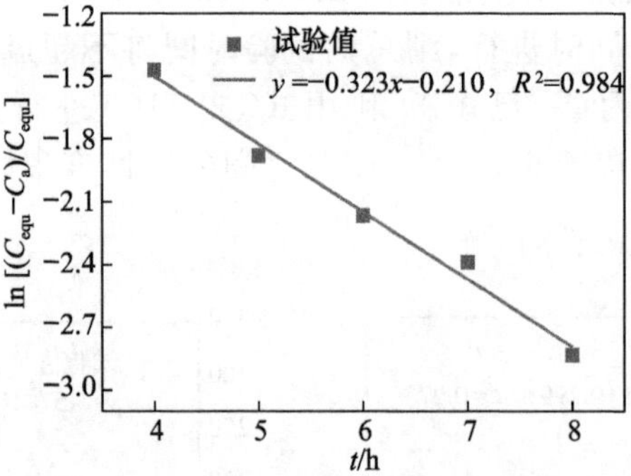

图 2.35 应用式(2.100)对 R_3 的线性拟合结果[44]

表 2.16 基于扩展的 C-history 方法测定的 D 和 h_m 及其相关系数平方

$R_i(i=1,2,\cdots,5)$	D/(m²/s)	h_m/(m/s)	R^2
R_1	5.49×10^{-11}	4.15×10^{-4}	0.990
R_2	5.17×10^{-11}	3.73×10^{-4}	0.999
R_3	4.52×10^{-11}	3.87×10^{-4}	0.984
R_4	5.92×10^{-11}	9.05×10^{-4}	0.976
R_5	5.77×10^{-11}	2.60×10^{-4}	0.924
$R_1\sim R_5$①	$(5.49\pm0.56)\times10^{-11}$	$(4.26\pm2.52)\times10^{-4}$	—

① 几何平均±标准偏差。

表 2.16 显示对于不同的 R_i，所测定 D 非常接近，相对标准偏差不超过 10.2%。这样的精度对工程应用来说是可以接受的，其验证了新方法的有效性。就 h_m 的测定而言，标准偏差相对较大。然而，对密闭舱测试而言，h_m 对测量结果的影响不大。对于所研究的工况，当 h_m 从 3×10^{-4}m/s 变化到 9×10^{-4}m/s 时，6h 后环境舱内甲醛浓度的变化不超过 10%。因此，尽管所测定的 h_m 有一定误差，其值仍然可以用于预测建材中甲醛和 VOCs 的散发特性。

(2) C_0 和 K 的验证。如果散发特性参数(C_0、K、D)和 h_m 均给出，那么建材在密闭舱中的散发过程均可以利用传质模型来预测[19]。因此，可以利用多气固比法测得的参数 C_0、K、D、h_m 并代入模型来计算环境舱内甲醛浓度，然后和试验数据进行比较。这可以认为是一种有效的验证多气固比法的方式。图 2.36 为对于不同的气固比 R_1、R_3、R_5，甲醛浓度的模拟值和实测值的对比(为了保持该图的清晰性，R_2、R_4 的结果未列出)[44]。图中，试验结果为重复性试验的平均值，竖条代表重复性试验的波动。可以看出，对于 R_1、R_3、R_5，模拟值和试验值符合得很好。

(3) 敏感性分析。为了进一步验证所测参数的正确性，进行了敏感性分析。图 2.37 给出了 C_0 的敏感性分析结果[44]。可以看出，环境舱中甲醛浓度对 C_0 非常敏感，从而说明所测量的参数是可靠的。当 R_i 相对于分配系数而言较小时，环境舱平衡浓度较高，这对于 INNOVA-1312 分析仪的测量是有利的；但是，不同的 R_i 所对应的平衡浓度差别减小，其将会增大拟合误差。当 R_i 相对于分配系数而言较大时，达到平衡的时间将会较长。对于所研究工况，R_i 从 536 变化到 4286。考虑到 R_i 的两种不同效应，对于大多数建材选择 R_i 的准则推荐如下：①在 100～1000 选择 1～2 个 R_i；②在 1000～4286 范围内选择 3～4 个 R_i。如果 1000～4286 范围内 R_i 的数量为 4，在 100～1000 范围内选择 1 个 R_i 是可以接受的，否则应选择 2 个 R_i。一般 R_i 的选择应有明显的差别，同时应保证不同的 R_i 所导致的平衡浓度均匀分布，以保证较高的参数测定精度。

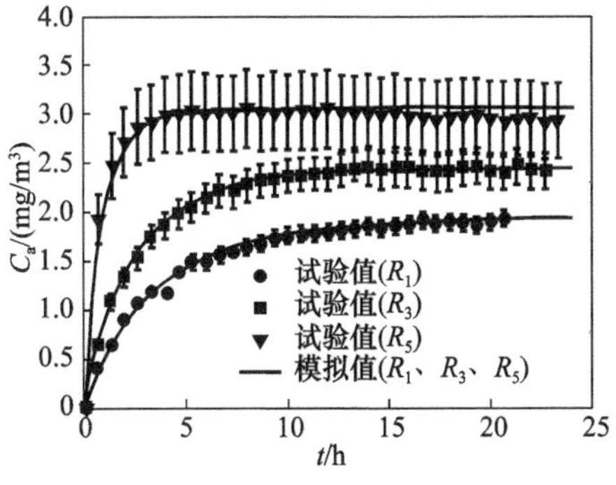

图 2.36　甲醛浓度的模拟值和试验值的对比(R_1、R_3 和 R_5)[44]

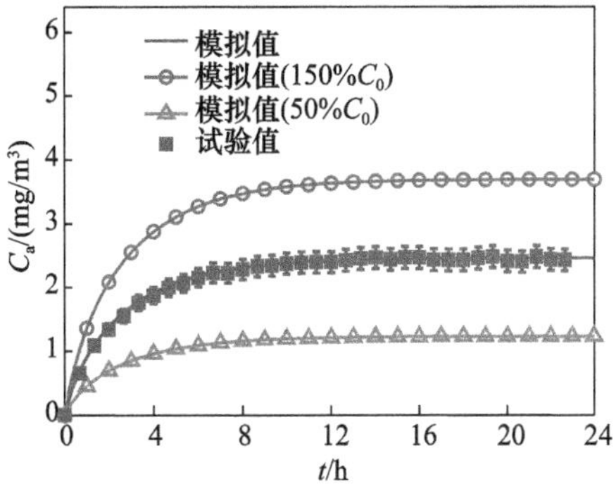

图 2.37　C_0 的敏感性分析(R_3)[44]

4. 直流舱 C-history 方法

对于测定 C_0、D、K 的 C-history 方法[41]，需要在密闭环境舱多次采样甲醛或 VOCs 浓度以获得特性参数。如果环境舱体积过小或者累计采样量过大，多次采样将破坏环境舱中的甲醛或 VOCs 质量平衡，会导致较大的参数测定误差。为了克服上述缺陷，Huang 等[45]提出了直流舱 C-history 方法，来快速有效地测定散发特性参数。

1) 测定原理

直流舱 C-history 方法包括两个物理过程：第一个物理过程是密闭舱散发过程，将建材在密闭舱中自由散发（换气次数为 0），达到散发平衡，只需采样舱内 VOCs 平衡时的舱内浓度 C_{equ}；第二个物理过程是直流舱散发过程，向环境舱中通入换气次数恒定的干净空气（即直流舱），隔一段时间采集并测量环境舱出口处 VOCs 浓度 $C_a(t)$。整个过程中舱内浓度随时间的变化如图 2.38 所示[45]。

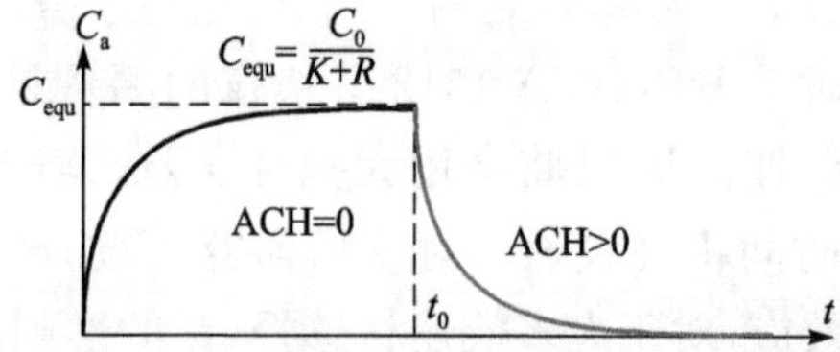

图 2.38 直流舱 C-history 方法舱内 VOCs 浓度变化曲线[45]

对于第一个物理过程，初始浓度 C_0 和环境舱平衡浓度 C_{equ} 的关系可由式(2.107)描述。直流舱中建材甲醛或 VOCs 的散发过程示意图如图 2.39 所示[45]。建材的两面均暴露在空气中，以缩短散发达到平衡的时间。考虑到对称性，可将双面散发过程处理成两个一半建材的单面散发过程。此外，对建材 VOCs 的散发做如下合理假设：①环境舱不吸附任何 VOCs；②被测建材是均匀的；

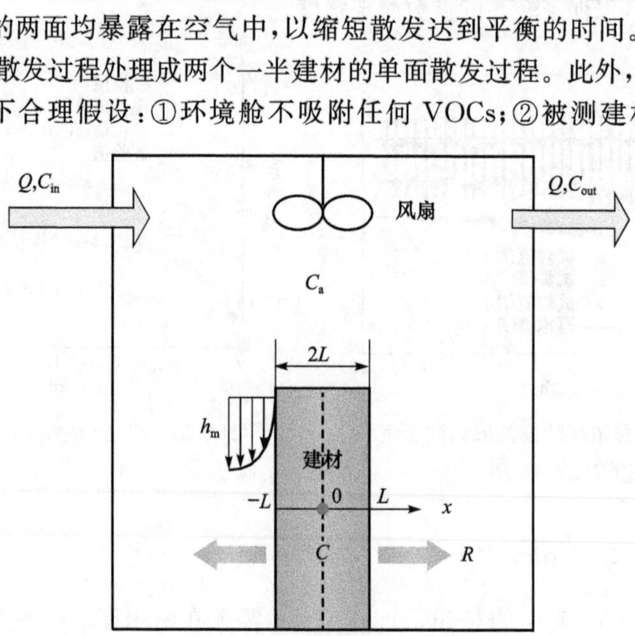

图 2.39 直流舱中建材 VOCs 散发过程示意图[45]

③VOCs 在建材内的分布是均匀的；④试验舱中的 VOCs 均匀混合；⑤VOCs 传质为一维传质，方向垂直于建材表面。

基于上述假设，直流舱中建材 VOCs 散发过程的浓度解析解可表示为(时间 t_0 时直流舱初始浓度为 C_{equ})[46]

$$C_{\mathrm{a}}=2\alpha C_{\mathrm{equ}}\sum_{n=1}^{\infty}\frac{\cos q_n-KBi_{\mathrm{m}}^{-1}q_n\sin q_n}{G_n}\exp[-DL^{-2}q_n^2(t-t_0)] \tag{2.111}$$

式中，$G_n=[K\beta+(\alpha-q_n^2)KBi_{\mathrm{m}}^{-1}+2]q_n^2\cos q_n+[K\beta+(\alpha-3q_n^2)KBi_{\mathrm{m}}^{-1}+\alpha-q_n^2]q_n\sin q_n$；$\alpha=QL^2/(DV_{\mathrm{c}})$；$\beta=V_{\mathrm{c}}/(AL)$；$Bi_{\mathrm{m}}=h_{\mathrm{m}}L/D$；$L$ 为建材的半厚，m；t_0 为密闭舱散发达到平衡的时间或直流舱散发开始的时间，s；q_n 为式(2.112)的正根。

$$q_n\tan q_n=\frac{\alpha-q_n^2}{K\beta+(\alpha-q_n^2)KBi_{\mathrm{m}}^{-1}},\quad n=1,2,\cdots \tag{2.112}$$

式(2.111)可变形为

$$\frac{C_{\mathrm{a}}}{C_{\mathrm{equ}}}=2\alpha\sum_{n=1}^{\infty}\frac{\cos q_n-KBi_{\mathrm{m}}^{-1}q_n\sin q_n}{G_n}\exp(-DL^{-2}q_n^2t^*) \tag{2.113}$$

式中，$t^*=t-t_0$，为纯粹在直流舱中的散发时间，s。

随着散发时间 t^* 的延长，式(2.113)右端的指数求和项衰减很快，当传质傅里叶数($Fo_{\mathrm{m}}=Dt^*/L^2$)大于等于 0.125 时，只有第一项是主要的[41]，此时可以得到

$$\ln\frac{C_{\mathrm{a}}}{C_{\mathrm{equ}}}=-DL^{-2}q_1^2t^*+\ln\left(2\alpha\frac{\cos q_1-KBi_{\mathrm{m}}^{-1}q_1\sin q_1}{G_1}\right) \tag{2.114}$$

式中，q_1 为方程(2.112)的第一个正根；G_1 为 G_n 的第一项。

从式(2.114)可以看出，$\ln(C_{\mathrm{a}}/C_{\mathrm{equ}})$ 和散发时间 t 满足线性关系。如果将斜率和截距记为 SL 和 INT，式(2.114)可写为

$$\ln\frac{C_{\mathrm{a}}}{C_{\mathrm{equ}}}=\mathrm{SL}\cdot t^*+\mathrm{INT} \tag{2.115}$$

式中，

$$\mathrm{SL}=-DL^{-2}q_1^2 \tag{2.116}$$

$$\mathrm{INT}=\ln\left(2\alpha\frac{\cos q_1-KBi_{\mathrm{m}}^{-1}q_1\sin q_1}{G_1}\right) \tag{2.117}$$

对于式(2.115)～式(2.117)，式中的 h_{m} 可以通过经验公式得到，因此斜率 SL 和截距 INT 为关于扩散系数 D 和分配系数 K 的函数。因此，根据试验测得不同时刻直流舱内 VOCs 浓度数据对无量纲浓度对数和时间进行线性拟合，即可得到斜率 SL 和截距 INT。将求得的 SL 和 INT 的值代入式(2.116)和式(2.117)，就可以确定 D 和 K 的值。然后将计算出的 K 值代入式(2.107)即可求得初始浓度 C_0。由于该方法需多次利用直流舱中的逐时浓度，故称为直流舱 C-history 方法。

2) 试验系统

图 2.40 为直流舱 *C*-history 方法测试系统示意图[45],采用与前述图 2.18 相同的环境舱。试验中水浴控制环境舱温度为(25±0.5)℃,相对湿度控制为(50±5)%,换气次数设为 $1h^{-1}$。试验中选取了一种厚度为 3mm 的中密度板进行分析。检测的目标 VOCs 为甲醛及其他两种醛类(己醛、丙醛)。为了比较不同测量方法的差异,试验时同时用酚试剂 3-甲基-2-苯并噻唑酮腙(3-methyl-2-benzothiazolinone-hydrazone,MBTH)法和 HPLC 法对采样的甲醛进行检测,己醛和丙醛则仅使用 HPLC 法进行检测。

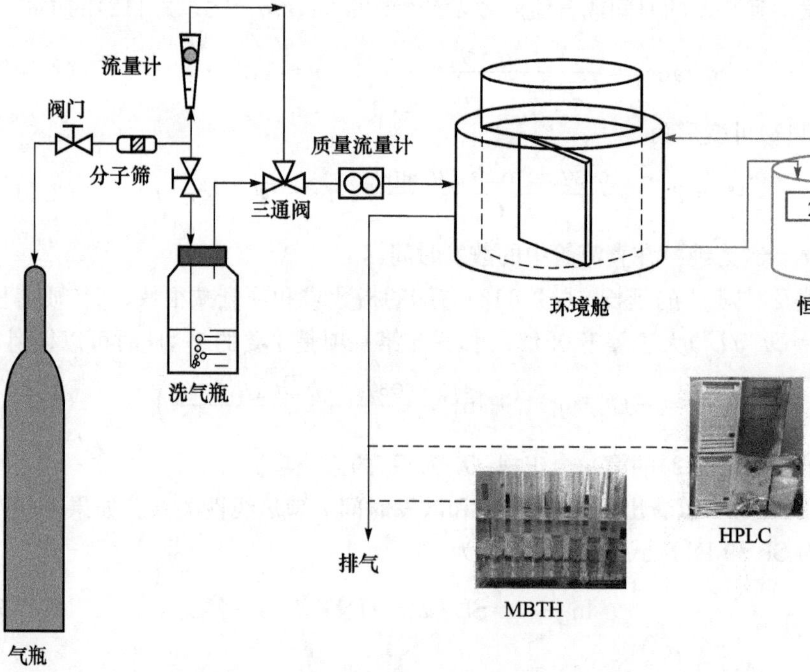

图 2.40 直流舱 *C*-history 方法测试系统示意图[45]

对于试验的第一个过程——密闭舱试验过程,当目标 VOCs 的浓度达到平衡浓度的 99%时可认为平衡。试验每次先密闭 36h 再进行直流舱过程,即假设 36h 后建材 VOCs 在密闭舱中的散发达到平衡。对试验的第二个过程——直流舱试验过程,每隔一段时间对舱内气体进行采样检测,采样体积为 1L,整个采样试验不超过 12h。为了进一步对试验进行验证,亦进行了独立性试验,所用建材尺寸及测试工况见表 2.17。

表 2.17 试验所用建材尺寸及测试工况

建材	温度/℃	相对湿度/%	建材尺寸/(mm×mm×mm)	建材用量/块
中密度板	25±0.5	50±5	99.9×99.8×3.0	4

3）结果和讨论

（1）特性参数测定结果及验证。试验过程中，从密闭舱浓度平衡开始，每隔一段时间对舱内气体进行采样，并用 MBTH 法或 HPLC 法对采集气体进行分析，可得到不同时刻舱内 VOCs 浓度的试验测定结果。图 2.41 是将试验测得的舱内 VOCs 浓度 C_a 处理成无量纲浓度对数 $\ln(C_a/C_{equ})$ 的形式后按式（2.115）进行线性拟合所得的结果[45]。从图 2.41(a)可以看出，MBTH 法测定的第一次试验的线性拟合结果和重复性线性拟合结果很接近。图 2.41(b)～(d)是根据平行采样后 HPLC 测定的平均值进行线性拟合的结果。

中密度板内甲醛、己醛和丙醛的 C_0、D、K 值见表 2.18，试验值线性拟合的 R^2 范围在 0.97～0.99，远远大于 ASTM D5157-1997[23]提出的 0.81，说明拟合精度较高。从表 2.18 可以看出，建材中甲醛的初始浓度量级为 $10^6\ \mu g/m^3$，远高于己醛和丙醛的浓度量级 $10^5\ \mu g/m^3$ 和 $10^4\ \mu g/m^3$。由此可见，甲醛是中密度板内的主要污染物。

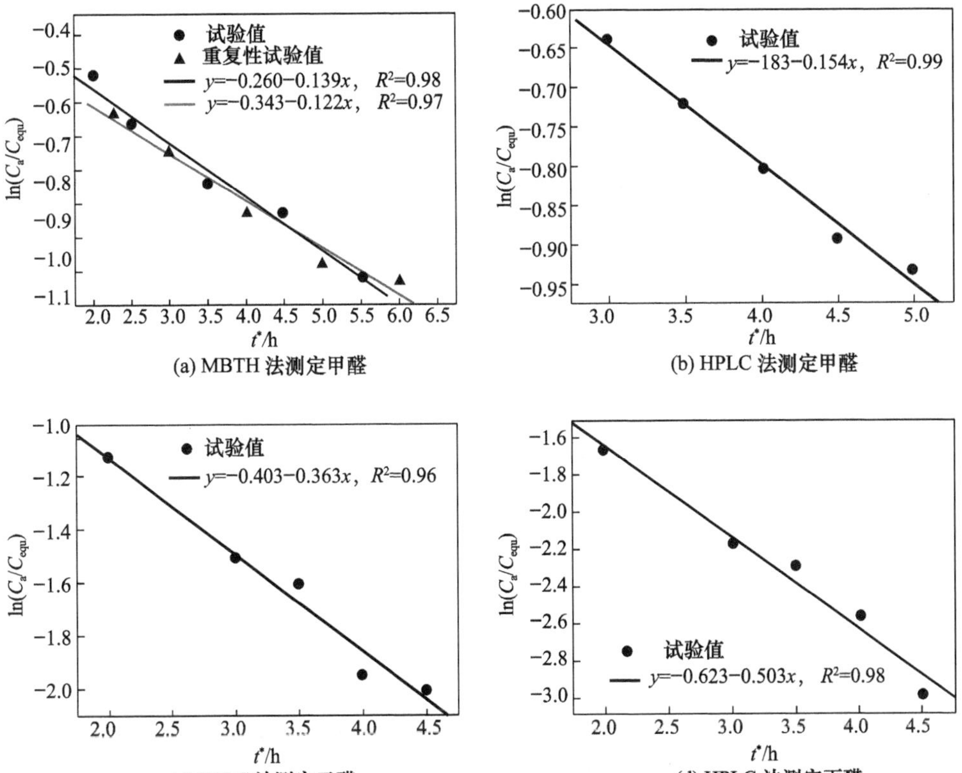

(a) MBTH 法测定甲醛　(b) HPLC 法测定甲醛

(c) HPLC 法测定己醛　(d) HPLC 法测定丙醛

图 2.41　基于式（2.115）的线性拟合结果[45]

表 2.18　测定的建材的甲醛、己醛和丙醛散发特性参数

采样气体测量方法	目标 VOCs	$C_0/(\mu g/m^3)$	$D/(m^2/s)$	K	R^2
MBTH	甲醛	2.58×10^6	1.16×10^{-10}	1.21×10^3	0.97
	甲醛	2.45×10^6	2.08×10^{-10}	1.12×10^3	0.99
HPLC	己醛	5.37×10^5	2.03×10^{-10}	2.55×10^2	0.96
	丙醛	8.21×10^4	1.97×10^{-10}	9.72×10^1	0.98

从表 2.18 还可以看出，MBTH 法和 HPLC 法测试出的甲醛初始浓度 C_0、分配系数 K 和扩散系数 D 的相对偏差分别为 2.58%、3.86%和 28.4%。敏感性分析结果表明，当 D 变化 100%时(由 $1.16\times10^{-10}m^2/s$ 变为 $2.32\times10^{-10}m^2/s$)时，只在开始的几个小时之内对舱内浓度有一定影响。因此 D 测定值为 28.4%的误差对实际散发的影响很小，在工程应用中，这种误差完全可以接受。

直流舱 C-history 方法中，不考虑预处理过程的有效试验时间为 12h，相对于传统方法的 1～28d 是非常省时的。实际上，仅将 2～6h 内的数据用于拟合，结果也可令人满意，因此试验时间还可进一步缩短至 6h。

将表 2.18 中的三个散发特性参数测定值代入式(2.111)中，可以得到不同条件下试验舱的逐时浓度 C_a，将之与试验测得的浓度进行比较，可作为对所得的散发特性参数准确性的初步验证。图 2.42(a)给出了 MBTH 法两次试验值和模拟结果的对比，图 2.42(b)～(d)给出了 HPLC 法两次采样的平均值和模拟结果的对比[45]。从图 2.42 可以看出，试验值和模拟结果均吻合得很好。这也初步证明了直流舱 C-history 方法所测参数的准确性。

(2) 预处理阶段平衡时间分析。在直流舱 C-history 试验中，认为建材在密闭舱中预处理 36h 可达到平衡，这仅是根据多次试验经验做的假设，需对其进行验证。实际上，这种假设是否成立，可根据所测散发特性参数核实。在本节试验中，根据测得的参数(取 MBTH 法和 HPLC 法的平均值)对甲醛在密闭舱中的散发情况进行模拟，结果如图 2.43 所示[45]。模拟结果显示，散发达到平衡时舱内的甲醛浓度为 $1.774mg/m^3$，5h 后舱内甲醛的浓度达到 $1.771mg/m^3$，远远高于平衡浓度的 99%，这种情况下，可认为 5h 甲醛的散发达到了平衡状态。然而，在试验工况不同的情况下，对于不同的建材 VOCs，平衡时间将会不同。研究表明[41,44,47,48]，一般的建材中 VOCs 在密闭舱情况下需要 24h 才能达到平衡。因此，为保障方法对建材的普遍适用性，直流舱 C-history 方法的预处理时间建议为 36h。

(3) 独立性试验验证。为了进一步验证直流舱 C-history 方法所测参数的准确性，进行独立性试验验证。试验过程如下：①将一块 99.9mm×99.8mm×3.0mm 的中密度板置于干净的试验舱内；②将试验舱处于直流状态，换气次数为 $1h^{-1}$；③每隔一段时间对舱内气体进行采样，持续 24h。在独立性验证试验中，选取甲醛作为目标 VOCs，用 MBTH 法对其进行测定，每次采平行样本以减少试验误差。同时，用直流舱 *C*-history 方法测得的甲醛三个散发特性参数，结合模型计算舱内的逐时浓度，并与试验结果进行比较，图 2.44 给出了比较结果[45]。该试验过程与计算三个散发特性参数的试验过程完全不同，所以称为独立性试验验证。图 2.44 所示试验结果与用直流舱 *C*-history 方法测得的参数模拟结果高度吻合。这进一步验证了直流舱 *C*-history 方法所测参数的准确性。

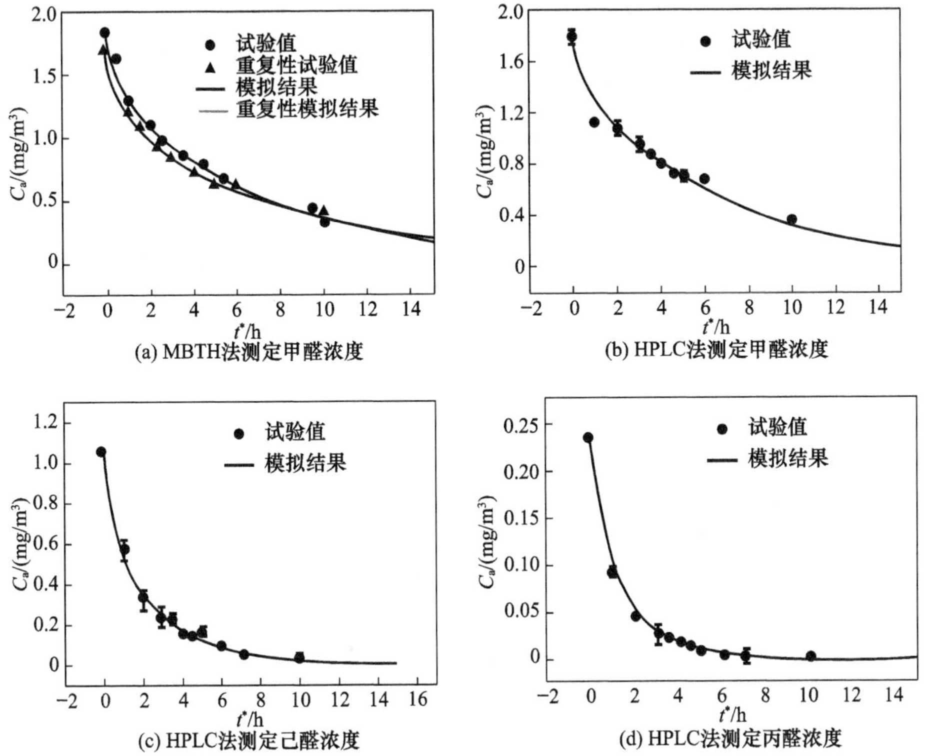

图 2.42　试验值与模拟结果比较[45]

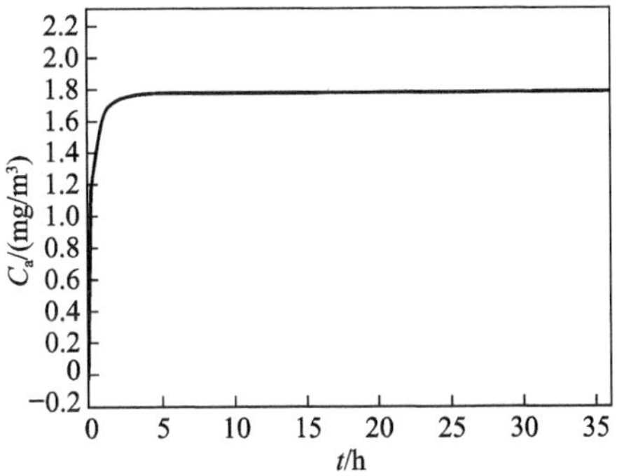

图 2.43　平衡时间验证模拟结果[45]

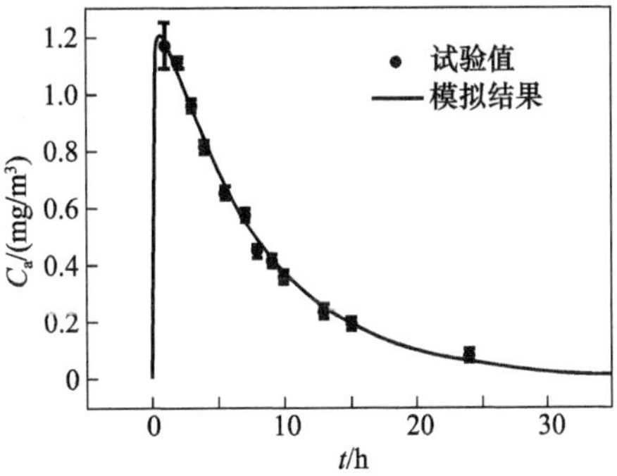

图 2.44　独立性试验验证模拟结果[45]

(4) 敏感性分析。敏感性分析一方面可以了解三个散发特性参数对散发特性的影响程度，另一方面可以进一步验证直流舱 C-history 方法的精确性。敏感性分析试验中，测试样品仍选取与上述试验中尺寸相同的中密度板，选取甲醛作为目标 VOCs。试验过程为建材的直流舱散发过程，换气次数为 $1h^{-1}$。三个散发特性参数 C_0、D 和 K 的基准值分别设为 $2.58\times10^6\mu g/m^3$、$1.16\times10^{-10}m^2/s$ 和 1.21×10^3。图 2.45 分别给出了变化 C_0、D 和 K 的数值得到的敏感性分析结果[45]。从图 2.45(a)可以看出，当甲醛的初始浓度 C_0 变化而 D 和 K 的值不变时，直流舱内的浓度与 C_0 呈同比例变化，例如，当 C_0 由 $2.58\times10^6\mu g/m^3$ 增大一倍为 $5.16\times10^6\mu g/m^3$ 时，舱内的浓度也比原来增大一倍，而当 C_0 变为原来的一半 $1.29\times10^6\mu g/m^3$ 时，舱内的浓度也为原来的一半。从图 2.45(b)可以看出，扩散系数 D 可对舱内浓度的峰值造成一定影响，D 越大，浓度峰值越大，且随着 D 的增大，浓度曲线的衰减速率增大。但 D 对舱内浓度的影响远远低于 C_0 的影响，当 D 由 $1.16\times10^{-10}m^2/s$ 增大一倍变为 $2.32\times10^{-10}m^2/s$ 时，舱内的甲醛峰值浓度由 $1.35mg/m^3$ 变为 $1.65mg/m^3$，仅增加 22.2%，且仅在最初的几小时内对舱内浓度有一定影响，而这种影响在 8h 之后就可以忽略不计。从图 2.45(c)可以看出，当分

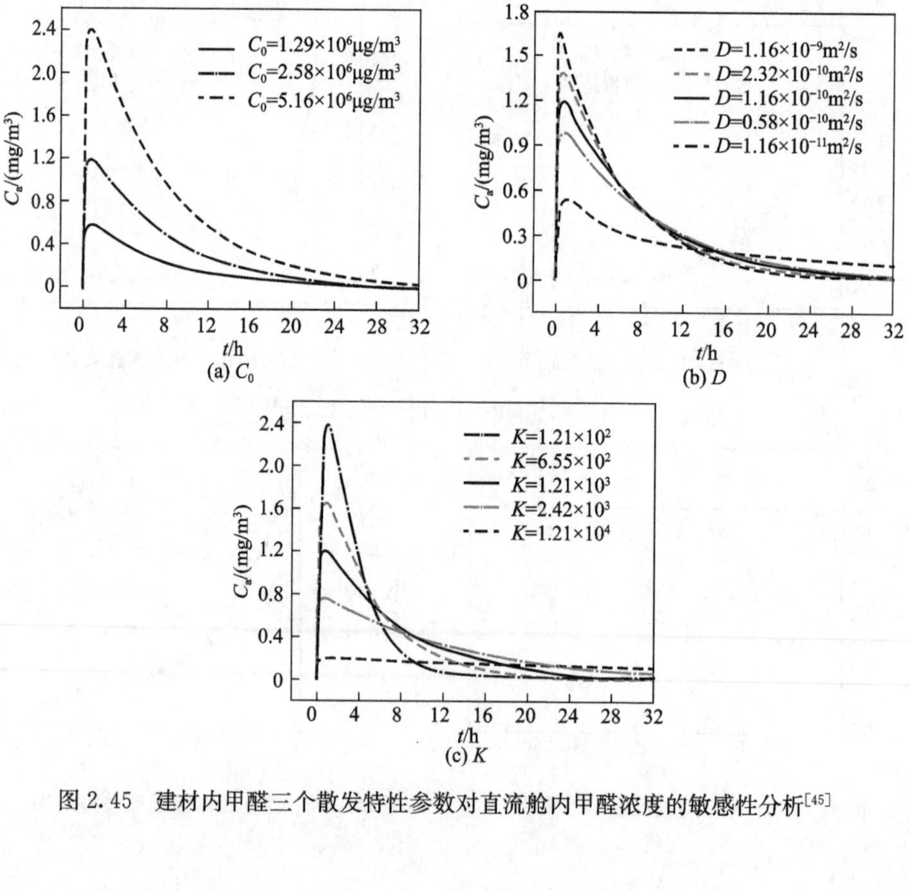

图 2.45 建材内甲醛三个散发特性参数对直流舱内甲醛浓度的敏感性分析[45]

配系数 K 增大时，初始阶段的散发速率减小，且建材散发衰减过程减慢，当 K 由 1.21×10^3 增加一倍为 2.42×10^3 时，舱内的峰值浓度由 1.17mg/m^3 变为 0.75mg/m^3，峰值浓度减少 35.9%，且这种影响随着时间的推移也将逐渐减小。由此可见，三个散发特性参数对散发速率、舱内的逐时浓度以及散发的衰减快慢等有明显影响。结合独立性试验结果与模拟结果的一致性，可进一步验证 C-history 方法的准确性。直流舱 C-history 方法已应用于我国快速测定建材 VOCs 的散发特性参数的行业标准中。

2.2.4 评估测试结果的准确性

环境舱通常用作 VOCs 和 SVOCs 散发特性的测试。在测试之前，环境舱本身的性能在很大程度上决定了测试结果的准确度，因此需要进行评估。为此，一种具有已知散发速率的标准散发样品被用于评价环境舱测试系统的综合性能（如可靠性、可重复性、一致性）以及测试者本身的操作技能。目前，基于不同的原理发展了两种标准散发样品：聚甲基戊烯（poly(4-methylpentene-1)，PMP）膜标准散发样品[49]和液体内扩散管-膜散发（liquid-inner tube diffusion-film-emission，LIFE）标准散发样品[50-52]。

Cox 等[49]设计的 PMP 标准散发样品具有变化的 VOCs 散发速率，与实际的建材类似。PMP 标准散发样品的设计原理是，使用不含有 VOCs 的聚甲基戊烯高分子膜，在不锈钢罐中吸附浓度恒定的 VOCs 气体，如图 2.46 所示[49]。当达到吸附平衡后，PMP 中的 VOCs 初始浓度达到稳定，即可作为标准散发样品，用于环境舱试验。PMP 标准散发样品具有物理意义上的散发特性参数（C_0、D、K），其均可以通过试验来测定。PMP 标准散发样品在环境舱中的散发速率，可通过 Little 模型精确预测。PMP 标准散发样品的优点在于：①散发速率可控并可预测；②散发特性与建材/家具的实际散发特性类似。该标准散发样品的主要缺点为生产完成后需要在 0℃以下保存，增加了运输和保存过程的难度，易导致测量误差。

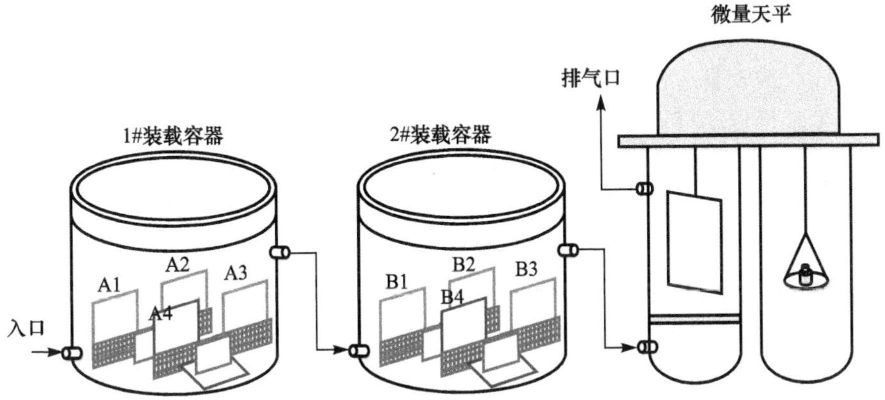

图 2.46　PMP 标准散发样品示意图[49]

LIFE 标准散发样品的示意图如图 2.47 所示[50]。该标准散发样品由盛有分析纯 VOCs 液体的管和控制 VOCs 散发速率的管口阻隔膜组成。样品的散发速率可通过电子天平测量样品的质量损失速率获得。传质分析表明 LIFE 标准散发样品具有等效的 C_0、D、K。因此，如果选择合适的 VOCs 及阻隔膜，该标准散发样品可用于校核上述三个散发特性参数测定方法的准确性。LIFE 标准散发样品具有如下优点：①给定条件下散发速率恒定；②散发过程持续时间长；③无须气体供给系统可直接用于环境舱评估[50,51]。此外，Wei 等[52]提出了一款改进的甲醛/VOCs 标准散发样品用于环境舱测试。

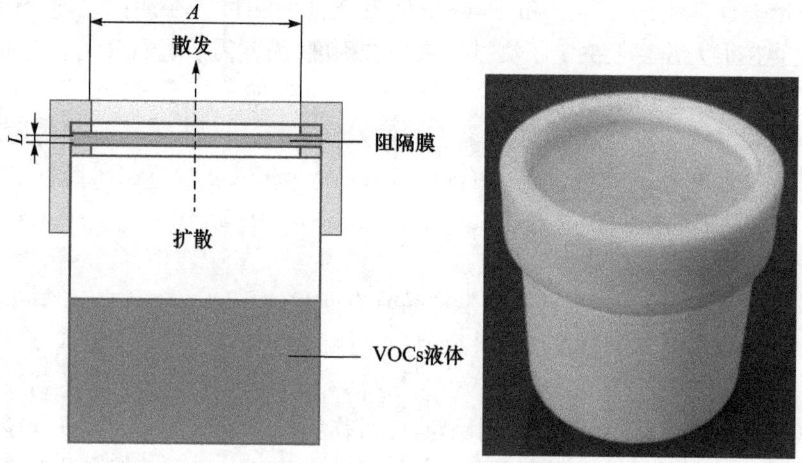

图 2.47 LIFE 标准散发样品示意图[50]

1. LIFE 标准散发样品的设计原理

1) 性能和结构

用于评价环境舱测试系统建材/家具 VOCs 散发准确性的散发样品，应具有以下几项重要性质：①给定温度和相对湿度条件下的散发速率需保持恒定；②散发速率应与建材或家具 VOCs 散发速率相似；③无须任何加热或供气系统以保证其真实的散发特性仅受环境舱测试系统影响；④空气流速不影响散发速率。

LIFE 标准散发样品具有以上性质。如图 2.47 所示，圆柱状的 LIFE 管的内径和高度均为 40mm，内置的分析纯 VOCs 液体为散发源，管顶部覆有一层薄的扩散膜来控制散发速率。管及盖子的材料均为聚四氟乙烯。因此在 23℃时 VOCs 通过较厚 LIFE 管的扩散可以忽略。

2) 模型的建立和无量纲分析

LIFE 的散发过程包括三步：

(1) VOCs 液体在 LIFE 管内蒸发和管内空气层中 VOCs 分子扩散，扩散阻力为

$$R_{ab}=\frac{\delta}{D_{ab}A} \tag{2.118a}$$

式中，D_{ab}为 VOCs 分子在 LIFE 管内空气层中的扩散系数，m^2/s；A 为 LIFE 管的横截面积，m^2；δ 为 LIFE 管内空气层厚度，m。

(2)VOCs 分子在阻隔层中的扩散，其扩散阻力为

$$R_m=\frac{L}{DKA} \tag{2.118b}$$

式中，L 为阻隔膜厚度，m；D 为 VOCs 分子在阻隔膜中的扩散系数，m^2/s。

(3)VOCs 分子在环境舱空气中的对流传质，对流阻力为

$$R_{conv}=\frac{1}{h_m A} \tag{2.118c}$$

式中，h_m 为 VOCs 分子在环境舱空气中的对流传质系数，m/s。

LIFE 标准散发样品的设计选取甲苯作为目标 VOCs。甲苯在 23℃时的饱和蒸气浓度为 $1.28\times10^5 mg/m^3$，在空气中的扩散系数为 $7.66\times10^{-6} m^2/s$，其值远大于阻隔膜中的扩散系数($8.5\times10^{-12} m^2/s$)，因此 LIFE 管内的扩散阻力可忽略不计。此时，阻隔膜下表面的 VOCs 浓度可以认为是甲苯的饱和浓度。对于其他类型的 VOCs，如果管内扩散系数远大于阻隔膜的扩散系数，如苯、二甲苯等，基于甲苯的分析结果仍然适用。可以看出，阻隔膜是 LIFE 标准散发样品的关键部分。阻隔膜要求化学性质稳定，并具有合适的扩散系数和分配系数，以便散发过程不受外界空气流速的影响、散发速率在特定范围内保持恒定。为了获得阻隔膜要求的参数需要进行无量纲分析，LIFE 标准散发样品的散发机理示意图如图 2.48 所示[50]。

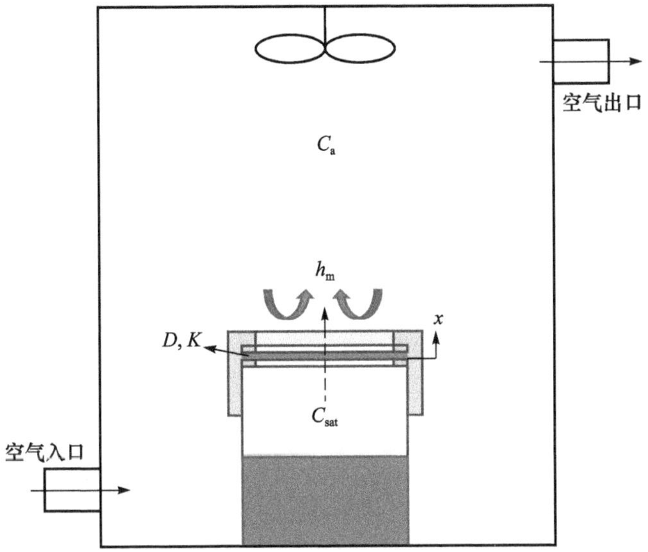

图 2.48　环境舱中 LIFE 标准散发样品的散发机理示意图[50]

阻隔膜中 VOCs 扩散方程为

$$\frac{\partial C}{\partial t}=D\frac{\partial^2 C}{\partial x^2} \tag{2.119}$$

假设环境舱中的空气混合均匀，则环境舱空气 VOCs 质量守恒方程为

$$V\frac{\mathrm{d}C_{\mathrm{a}}}{\mathrm{d}t}=-AD\frac{\partial C}{\partial x}\Big|_{x=L}-QC_{\mathrm{a}} \tag{2.120}$$

式(2.119)和式(2.120)的边界条件和初始条件为

$$C|_{x=0}=KC_{\mathrm{sat}} \tag{2.121}$$

$$-D\frac{\partial C}{\partial x}\Big|_{x=L}=h_{\mathrm{m}}\left(\frac{C|_{x=L}}{K}-C_{\mathrm{a}}\right) \tag{2.122}$$

$$C|_{t=0}=0 \tag{2.123}$$

$$C_{\mathrm{a}}|_{t=0}=0 \tag{2.124}$$

式中，C 为阻隔膜中的 VOCs 浓度，μg/m^3；C_{a} 为环境舱空气中的 VOCs 浓度，μg/m^3；C_{sat}为饱和 VOCs 浓度，μg/m^3；Q 为通风量，m^3/s；V 为环境舱体积，m^3。

为了使模型求解和分析具有通用的物理意义，对式(2.119)～式(2.122)进行无量纲化：

$$\frac{\partial C^*}{\partial Fo_{\mathrm{m}}}=\frac{\partial^2 C^*}{\partial x^{*2}} \tag{2.125}$$

$$\frac{\mathrm{d}C_{\mathrm{a}}^*}{\mathrm{d}Fo_{\mathrm{m}}}=-\beta K\frac{\partial C^*}{\partial x^*}\Big|_{x^*=1}-\alpha C_{\mathrm{a}}^* \tag{2.126}$$

$$C^*|_{x^*=0}=1 \tag{2.127}$$

$$-\frac{\partial C^*}{\partial x^*}\Big|_{x^*=1}=\frac{Bi_{\mathrm{m}}}{K}(C^*|_{x^*=1}-C_{\mathrm{a}}^*) \tag{2.128}$$

式中，各无量纲参数为 $C^*=\dfrac{C}{KC_{\mathrm{sat}}}$，$x^*=\dfrac{x}{L}$，$C_{\mathrm{a}}^*=\dfrac{C_{\mathrm{a}}}{C_{\mathrm{sat}}}$，$Bi_{\mathrm{m}}=\dfrac{h_{\mathrm{m}}L}{D}$，$Fo_{\mathrm{m}}=\dfrac{Dt}{L^2}$，$\beta=\dfrac{AL}{V}$，$\alpha=\dfrac{QL^2}{VD}$；$Bi_{\mathrm{m}}$ 为传质毕奥数，表示阻隔膜中 VOCs 扩散阻力$\left(\dfrac{L}{AD}\right)$与阻隔膜表面 VOCs 对流传质阻力$\left(\dfrac{1}{Ah_{\mathrm{m}}}\right)$之比；$Fo_{\mathrm{m}}$ 为传质傅里叶数，表示无量纲的传质时间。

应用拉普拉斯变换，可以得出 LIFE 标准散发样品的 VOCs 无量纲散发速率的解析解为

$$\dot{m}^*=\frac{\dfrac{\mathrm{d}C_{\mathrm{a}}^*}{\mathrm{d}Fo_{\mathrm{m}}}+\alpha C_{\mathrm{a}}^*}{\beta K}=\frac{\dfrac{1}{\dfrac{1}{\beta Bi_{\mathrm{m}}}+\dfrac{1}{\beta K}+\dfrac{1}{\alpha}}+2\sum\limits_{n=1}^{\infty}(\alpha-q_n^2)\dfrac{\beta Bi_{\mathrm{m}}}{A_n}\exp(-q_n^2 Fo_{\mathrm{m}})}{\beta K} \tag{2.129}$$

式中，

$$A_n=\left[\alpha-3q_n^2+\beta Bi_{\mathrm{m}}+\frac{Bi_{\mathrm{m}}}{K}(\alpha-q_n^2)\right]\cos q_n-\left(\alpha-q_n^2+\beta Bi_{\mathrm{m}}+2\frac{Bi_{\mathrm{m}}}{K}\right)q_n\sin q_n$$

式中，q_n 为方程式(2.130)的正根。

$$\tan q_n=\frac{q_n(-q_n^2+\alpha+\beta Bi_{\mathrm{m}})}{\frac{Bi_{\mathrm{m}}}{K}(q_n^2-\alpha)},\quad n=1,2,\cdots \tag{2.130}$$

从式(2.129)可以看出，VOCs 散发速率的大小除了受阻隔膜的散发特性参数影响外，还受环境舱中空气对流的影响。且当$\frac{1}{Ah_{\mathrm{m}}}\ll\frac{L}{AD}$时，环境舱中空气对流的影响可以忽略不计，即$\frac{1}{Bi_{\mathrm{m}}}$趋于零。因此，需要选择合适的阻隔膜，使得式(2.129)满足$\frac{1}{\beta Bi_{\mathrm{m}}}\ll\left(\frac{1}{\beta K}+\frac{1}{\alpha}\right)$。

需要指出的是，无量纲散发速率的解析解表明其与大多数建材的散发特性类似，即也含有初始浓度(C_0)、扩散系数(D)和分配系数(K)。所以，LIFE 标准散发样品也可以等效视为“建材”，具有等效的 C_0、D、K。

2. 阻隔膜的选择原则

为了使得 LIFE 标准散发样品的 VOCs 散发速率与建材/家具的 VOCs 散发速率在同一数量级，需要由环境舱空气相 VOCs 浓度，设计计算满足需要的阻隔膜散发特性参数。

扩散系数和分配系数为建材散发过程的关键参数。与建材类似，可采用 He 等[53]提出的动-静舱法来测定阻隔膜的散发特性参数。对于目标 VOCs 甲苯，测定所选用的阻隔膜(三氧化二铝浸渍纸)的扩散系数和分配系数分别为 $8.5\times10^{-12}\mathrm{m^2/s}$ 和 704。

当标准散发样品向环境舱中散发恒定速率的 VOCs 时，环境舱准稳态 VOCs 浓度可表示为 $C_{\mathrm{a}}=\frac{DKAC_{\mathrm{sat}}}{QL}$。考虑到标准散发样品设计用来校核环境舱中家具的散发特性测试，散发速率必须处于家具的散发速率范围[52]。对大型环境舱(如 $30\mathrm{m^3}$ 舱)中家具的散发特性测试而言，环境舱空气中的甲苯浓度范围一般为 $0.1\sim1\mathrm{mg/m^3}$[54]。对于给定的环境舱浓度，$C_{\mathrm{a}}=\frac{DKAC_{\mathrm{sat}}}{QL}$表明所选择的标准散发样品的尺寸仅仅为阻隔膜散发特性参数的函数 $A/L=f(D,K)$。当选择三氧化二铝浸渍纸作为目标阻隔膜、甲苯为目标 VOCs 时(膜编号：TH2011-1)，阻隔膜的尺寸与阻隔膜中散发特性参数的关系如图 2.49 所示。阻隔膜有效扩散系数(DK)的范围应不超过图 2.49 中菱形和长方形表示的区域。有效系数处于这个尺度的建材往往作为阻隔层使用，以保证扩散阻力远远大于外部的对流传质阻力，即样品具有恒定的散发速率。此外，当有效扩散系数处于这个范围时，样品的尺寸也不需要和家具那么大。这样可以节省材料，降低测试成本并便于使用。

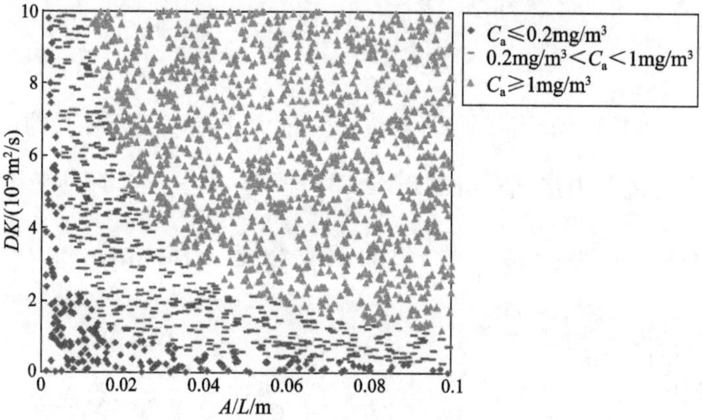

图 2.49 LIFE 标准散发样品阻隔膜尺寸和散发特性参数间的关系(见书后彩图)

基于上述设计原则，在环境舱中使用 LIFE 时其散发速率可保持恒定。因此，当将散发样品置于环境舱中时，环境舱中的甲苯浓度将逐渐达到稳态。根据质量守恒定律，有

$$C_{\text{steady}} = \frac{\dot{m}}{Q} \tag{2.131}$$

式中，$\dot{m}$ 为样品的散发速率，μg/s；C_{steady} 为环境舱中准稳态甲苯浓度，μg/m³。

环境舱准稳态甲苯浓度和基于标准散发样品散发速率模型预测的甲苯浓度之间的差别可用于评价环境舱的综合性能，如图 2.50 所示[50]。环境舱准稳态浓度计算所用到的散发速率由电子天平精确测量获得，该散发浓度作为基准值，而不同的环境舱会给出不同的测试结果。测试浓度和计算浓度的差别反映了环境舱的不确定度、设备的不确定度及操作误差等。

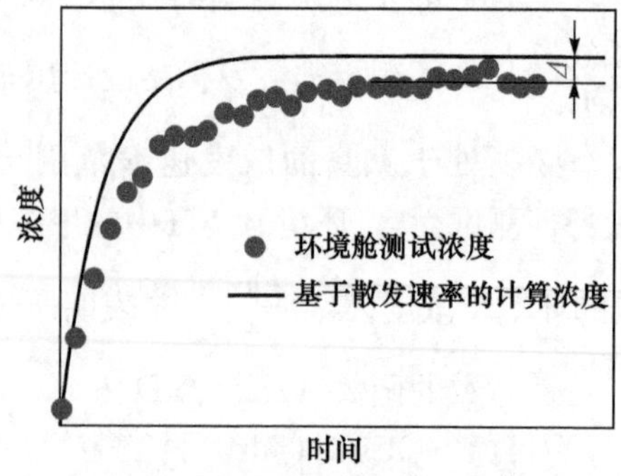

图 2.50 环境舱综合性能的判定[50]

3. 试验方法

由于散发速率恒定，电子天平称量 LIFE 标准散发样品的质量表达式为

$$m=m_0-\dot{m}t \tag{2.132}$$

式中，m_0 为标准散发样品的初始质量，g；$\dot{m}$ 为标准散发样品的散发速率，g/s。

测定标准散发样品散发速率的试验系统如图 2.51 所示[50]。标准散发样品置于直流环境舱中，甲苯为目标 VOCs。环境舱温度控制为(23±0.5)℃，相对湿度控制为(50±5)%。两个精度为 0.0001g 的电子天平用来独立地测量甲苯样品的质量变化，一天测量两次。INNOVA-1312 分析仪用来检测环境舱中的甲苯浓度变化。依据式(2.132)对质量变化进行线性拟合，所获得的斜率绝对值即为散发速率。

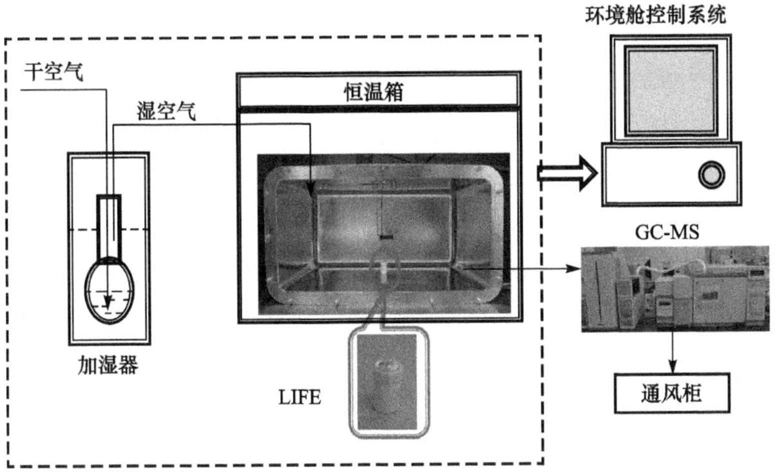

图 2.51　测定散发速率的试验系统图[50]

4. 结果和讨论

1) 电子天平称量获得的散发速率

LIFE 标准散发样品的质量衰减如图 2.52 所示[50]。在 100h 的测试过程中，甲苯的质量减少约 2g，占总质量的 1/10。分析表明 LIFE 样品能保持散发速率恒定至少 1000h，这是 LIFE 样品的优点之一。散发速率的标准偏差可由式(2.133)计算。

$$\delta=\frac{\sum_{i=1}^{n}(\dot{m}_i-\overline{\dot{m}})^2}{n} \tag{2.133}$$

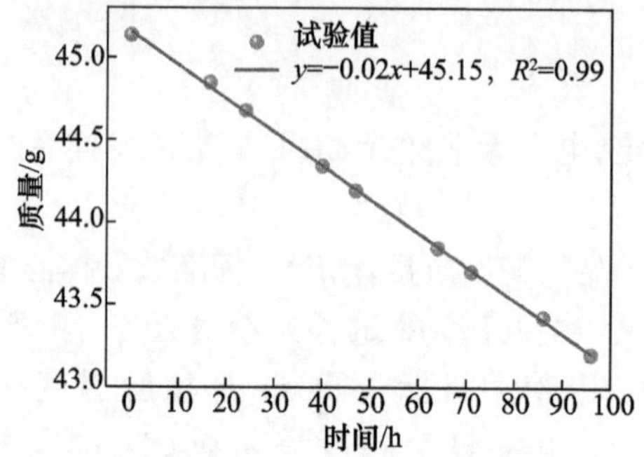

图 2.52　LIFE 甲苯散发样品的质量衰减[50]

制作三个 LIFE 样品，测试结果见表 2.19。可以看出，三个样品散发速率基本恒定，且偏差很小，这是 LIFE 散发样品的另一个优点。

表 2.19　LIFE 甲苯标准散发样品的散发速率

样品	散发速率/(μg/s)	标准偏差/(10^{-1}μg/s)
1	5.56	1.19
2	5.55	1.37
3	5.56	1.56

2) 对流传质系数和穿透时间对标准散发样品性能的影响

影响样品散发速率的因素有两个，一个为对流传质系数 h_m，另一个为穿透阻隔膜所需的穿透时间。环境舱空气对流传质系数对 LIFE 甲苯标准散发样品散发速率的影响如图 2.53 所示[50]。当环境舱空气对流传质系数 h_m 减小时，环境舱空气对流传质阻力增大，因而 LIFE 甲苯标准散发样品的散发速率达到稳态的时间延长，且稳态散发速率减小。当 $h_m>0.001$m/s 时，忽略环境舱空气侧对流传质阻力，LIFE 甲苯标准散发样品的稳态散发速率误差<10%；当 $h_m>0.01$m/s 时，忽略环境舱空气侧对流传质阻力，LIFE 甲苯标准散发样品的稳态散发速率误差<1%，如图 2.54 所示[50]。

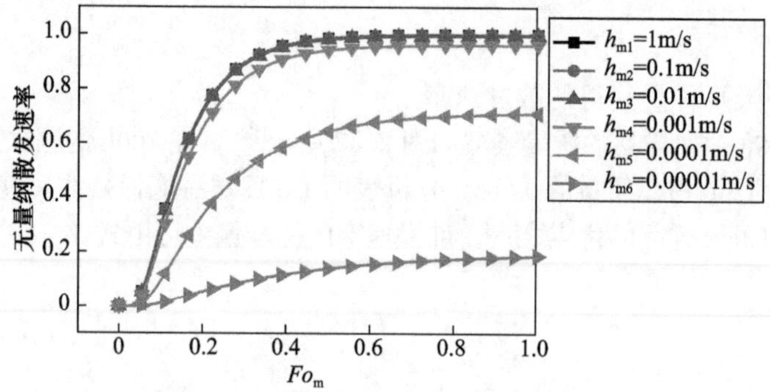

图 2.53　环境舱空气对流传质系数对 LIFE 甲苯标准散发样品散发速率的影响[50]

为增大环境舱空气对流传质系数，同时提高环境舱空气中甲苯的混合均匀性，在环境舱中测试 LIFE 甲苯标准散发样品的散发速率时，需启动环境舱搅拌风扇。从图 2.53 可以看出，应使 $h_m>0.001\text{m/s}$，根据经验关联式[55]，此时空气流速为 0.014m/s。

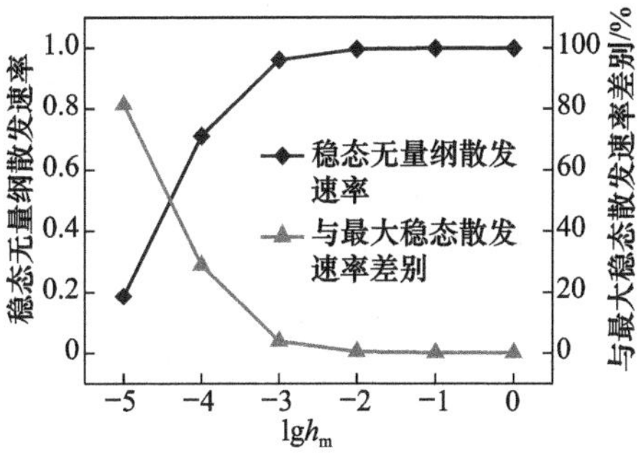

图 2.54 散发速率和 h_m 的关系[50]

在不同的环境舱空气对流传质系数时，LIFE 甲苯标准散发样品的散发速率达到稳态的傅里叶数（即穿透时间），如图 2.55 所示[50]。当 $h_m=0.001\text{m/s}$ 时，LIFE 甲苯标准散发样品散发速率达到稳态的傅里叶数为 $Fo_m=0.54$，其所对应的穿透时间为 0.4h。

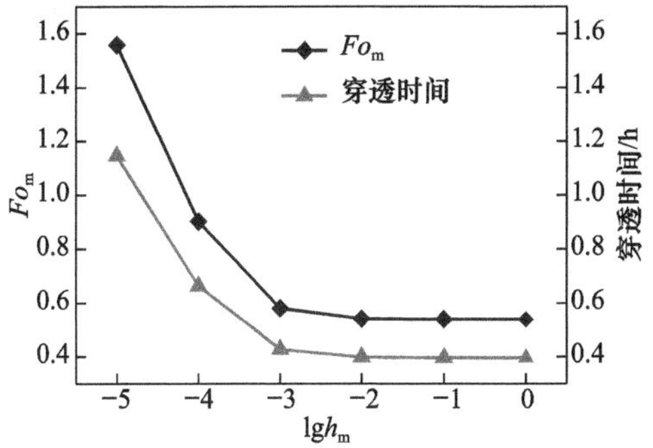

图 2.55 LIFE 甲苯标准散发样品穿透时间与对流传质系数间的关系[50]

3）等效 C_0、D、K 分析

对大多数建材 VOCs 的散发过程而言，存在三个散发特性参数 C_0、D、K，其可以通过模型来预测建材 VOCs 的散发规律。LIFE 标准散发样品虽然是散发速率恒定的散发源，但仍然有等效的散发特性参数 C_0、D、K，因此可以认为是一种等效建材。该标准散发样品的等效散发特性参数分析如下。

当标准散发样品的散发速率由电子天平测得后，环境舱内的 VOCs 浓度 $C_{a,\text{theory}}$ 可根据质量守恒方程计算：

$$V\frac{\mathrm{d}C_{a,\text{theory}}}{\mathrm{d}t}=\dot{m}-QC_{a,\text{theory}} \tag{2.134}$$

根据 Xu-Zhang 模型[14]，环境舱内的等效 VOCs 浓度 $C_{a,\text{simulate}}$ 为等效散发特性

参数 C_0、D、K 的函数：

$$C_{a,simulate}=f(C_0,D,K) \tag{2.135}$$

这里把标准散发样品处理成直径为 40mm 的建材，厚度为 8mm（室内建材的典型厚度）。样品的散发速率为 5.56μg/s，由电子天平测得。序列二次规划法是一种广泛使用的多参数优化方法[56]，用于进行三参数拟合。拟合的目标函数定义为 $\min\sum_{i=1}^{N}(C_{a,theory(i)}-C_{a,simulate(i)})^2$。

拟合程序在 2～100h 的不同散发时间反复运行。对于每一个散发时间，均可获得一组等效散发特性参数 C_0、D、K，结果见表 2.20。该表显示，随着拟合时间的增加，环境舱浓度 C_a 的标准偏差增大。对于所模拟的工况，环境舱浓度的最大偏差不超过 6.25%，满足工程应用需求。

表 2.20　标准散发样品的等效 C_0、D、K

拟合时间/h	$C_0/(10^{13}\mu g/m^3)$	$D/(10^{-13}m^2/s)$	$K/10^7$	C_a 的标准偏差 δ_{max}/%
2	3.00	1.85	1.00	0.13
5	3.00	1.85	1.00	0.44
10	3.00	1.87	1.00	0.33
20	3.00	1.88	1.00	0.89
30	3.00	1.88	1.00	1.60
40	3.00	1.88	1.00	2.28
50	3.00	1.88	1.00	2.97
60	3.00	1.88	1.00	3.65
70	3.00	1.88	1.00	4.32
80	3.00	1.88	1.00	4.98
90	3.00	1.88	1.00	5.64
100	3.00	1.88	1.00	6.27

从表 2.20 可以看出，计算获得的等效 C_0 和 K 值较大且保持不变，而 D 在建材 VOCs 散发的正常范围，并且随着拟合时间的增加而增大，以保证最优化目标 $\min\sum_{i=1}^{N}(C_{a,theory(i)}-C_{a,simulate(i)})^2$ 的实现。获得的等效散发特性参数 C_0、D、K 可用于评价某一散发特性参数测定方法的准确性及可靠性。

2.2.5　散发特性参数和影响因素间的关系

1. *初始浓度 C_0*

在《人造板及饰面人造板理化性能试验方法》(GB/T 17657—1999)[36]、《室内装饰装修材料　人造板及其制品中甲醛释放限量》(GB/T 18580—2001)[37]及欧洲标准《穿孔萃取法人造板甲醛释放量测定》(EN 120:1992)[38]中，其建议在高温下(110.8℃)通过穿孔萃取法测得的人造板甲醛总含量作为评价建材绿色度的指标。

这种做法从原理上不够科学，因为决定材料甲醛和 VOCs 释放速率和总量的不是其含量，而是其初始可散发量。式(2.16)中的初始浓度(C_0)是初始可散发浓度。Wang 等[20]研究发现室温下建材中甲醛的初始可散发浓度(C_0)远小于穿孔萃取法测定的总含量(C_{total})，后被其他研究证实[44,48]。因此，人造板、室内装饰装修材料中甲醛或其他 VOCs 用总含量作为判定材料“污染度”的评价欠科学，建议改为用初始浓度作判据。考虑到标准中穿孔萃取法已广泛使用，因此有必要比较不同温度下的 C_0 和 C_{total}，并建立两者之间的理论关系式，说明这样改动的必要性和可行性。此外，研究也发现 C_0/C_{total} 随着温度的升高而增大[45,48]。下面对上述作者的研究工作进行简单介绍。

1) C_0/C_{total} 和温度关系的试验

Xiong 等[47]提出了多次散发回归法用于测定建材中 VOCs 初始浓度。多次散发回归法主要基于质量守恒定律和亨利定律。首先，将建材置于密闭环境舱中让其自由散发直至达到平衡(一般小于 24h)。然后，将平衡后环境舱中的建材快速取出并密封，用恒定温湿度的洁净空气吹洗环境舱，直至目标 VOCs 浓度为零。此过程称为第 1 个周期。然后将建材再次放入密闭环境舱中执行前述散发过程。第 i 个周期的平衡态浓度 C_i 与散发次数 i 之间的关系可推导得

$$\ln C_i = i\ln\frac{K}{R_n + K} + \ln\frac{C_0}{K},\quad i=1,2,\cdots,n \tag{2.136}$$

式(2.136)显示 C_i 的对数和散发次数 i 之间呈线性关系，而斜率和截距与 C_0、K 相关。因此，通过密闭环境舱试验得到一系列平衡态浓度，利用式(2.136)对试验值 $\ln C_i$-i ($i=1,2,\cdots,n$)进行线性回归，依据回归直线的斜率和截距可方便得到建材中 VOCs 初始浓度 C_0 和分配系数 K。

多次散发回归法的试验测试系统与图 2.18 类似。测试的中密度板置于密闭舱中自由散发，INNOVA-1312 分析仪用于测定环境舱中的甲醛浓度。环境舱的温度由水浴控制。在达到每一次散发平衡后，用相对湿度为(50.0±1.0)%和流量为(5.0±0.1)L/min 的空气冲洗环境舱。试验中选择四个温度点，分别是 25.2℃、33.3℃、41.4℃、50.6℃。试样的尺寸选取基于一个原则：相邻两个散发周期的平衡浓度应有较大差别。Yan 等[57]通过模拟讨论了这个问题，指出气固比 R (试验舱中气体体积和固体试样体积之比)在 $K>1000$ 的时候应大于 250。

试验中 INNOVA-1312 分析仪测量甲醛浓度的误差小于 3.6%。试验中监测到的环境舱内甲醛浓度变化曲线如图 2.56 所示[48]，共 4 个温度点，每个温度点 5 个散发周期。可以看出，大多数散发过程达到平衡的时间很短，一般不超过 20h。图 2.57 为根据散发曲线的平衡浓度由式(2.136)得到的线性拟合结果。对于所有测试工况，R^2 均大于 0.97，说明拟合精度较高。

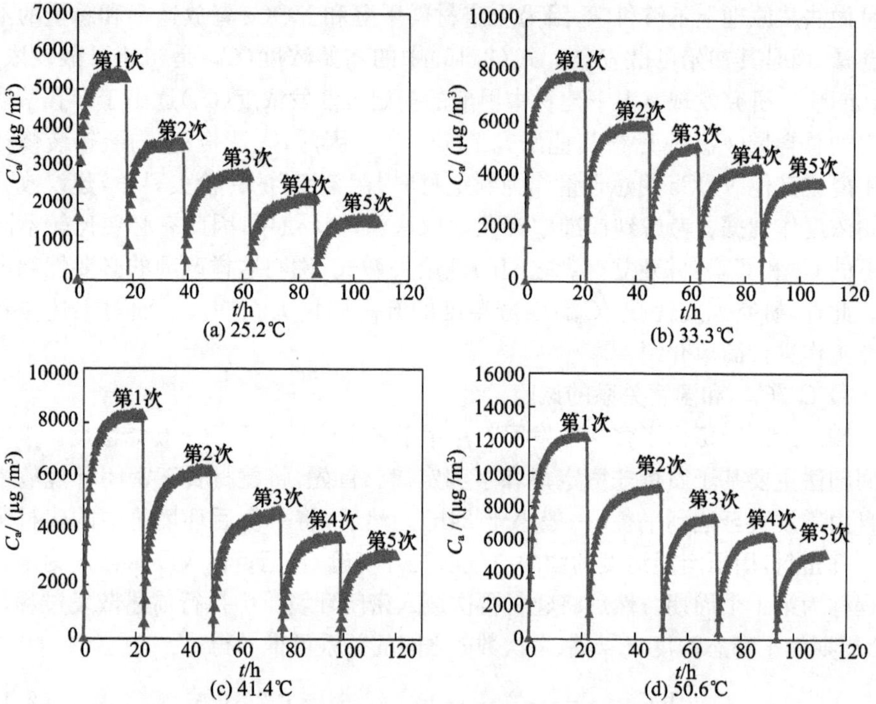

图 2.56 密闭环境舱中甲醛浓度变化曲线[48]

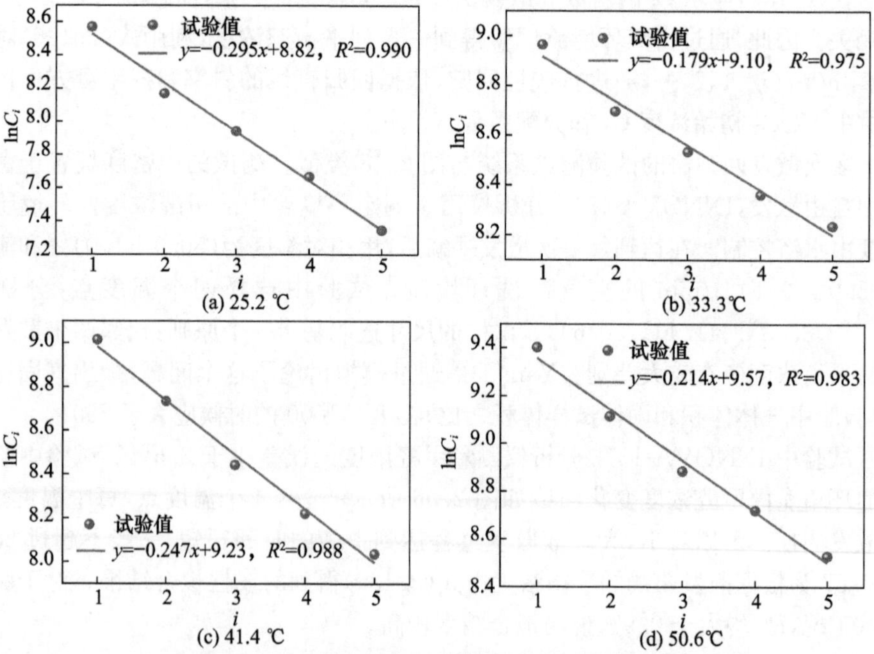

图 2.57 多次散发回归法中 $\ln C_i$ 与 i 的线性拟合

表 2.21 列出了由多次散发回归法测定的不同温度下甲醛初始浓度 C_0 和由穿孔萃取法测定的甲醛总含量 C_{total} 的计算结果，以及两者的比值。为了验证 C_0，之前提到的多气固比法[44]也用来测定中密度板在 25.2℃的 C_0，其值为 9.72g/m³。其和多次散发回归法的相对误差仅为 8.3%，两者符合较好。从表 2.21 可以看出，初始浓度随着温度的升高而增大。当温度升高 25.4℃时(从 25.2℃升至 50.6℃)，初始浓度增大了 5.07 倍，温升效应显著。

表 2.21　不同温度下的初始浓度及与由穿孔萃取法测定的甲醛总含量的比较

温度/℃	C_0/($10^7\mu g/m^3$)	C_{total}/($10^7\mu g/m^3$)	C_0/C_{total}/% *
25.2	1.06	28.3	3.73
33.3	2.45	28.3	8.65
41.4	3.90	28.3	13.8
50.6	6.43	28.3	22.7

* 表中数值均取三位有效数字，比值为原始值计算，故存在差别。

从表 2.21 可以看出，穿孔萃取法[36]测定的游离态甲醛总含量 C_{total} 要明显高于多次散发回归法在各个温度下测定的初始甲醛浓度 C_0。在室温 25.2℃条件下，后者仅为前者的 3.73%，这说明建材中的甲醛在室温下大部分无法散发出来。

2) C_0/C_{total} 和温度关系的理论分析

(1) 理论推导。Huang 等[58]从机理层面诠释了上述现象：处于建材表面的甲醛分子会受到建材分子的吸附/束缚作用，只有当甲醛分子具有较高的动能进而克服建材分子的束缚作用后才能够散发出来，而这部分甲醛分子的总和构成了初始浓度，很明显其小于建材中甲醛总含量。对于一定温度下的甲醛分子，既存在动能 ε，也存在建材分子之间的能量壁垒或吸附能 ε_0，当 $\varepsilon \geqslant \varepsilon_0$ 时，认为 VOCs 分子可散发。

为了方便分析，定义一个新变量，初始浓度(或可散发含量)占总量的比例，即可散发率 P：

$$P = \frac{C_0}{C_{total}} \tag{2.137}$$

为进一步分析，Huang 等[58]做了两个假设：①上面提到的能量壁垒或吸附能可以理解为一个势阱，可阻止低动能分子逸出；②吸附热通常认为在一定范围内是和温度无关的常数，例如，Nakayama 等[59]的观测发现，N_2O 的势阱在温度 243～353K 为常数，Clausen 等[60]和 Ekelund 等[61]对一些典型污染物的研究测定发现，其吸附热在 17～100℃为常数。基于此，可认为建材的甲醛散发能量壁垒(ε_0)在普通室温范围内为常数。在不考虑建材中的化学反应而只考虑建材和甲醛分子的物理相互作用时，Huang 等[58]认为气体分子动能的麦克斯韦分布 $g(\varepsilon_k)$ 对描述建材多孔结构空气中的甲醛分子动能也适用，如图 2.58 所示。

$$g(\varepsilon_k) = \frac{2}{\sqrt{\pi}}(K_B T)^{-3/2}\exp\left(-\frac{\varepsilon_k}{K_B T}\right)\sqrt{\varepsilon_k} \tag{2.138}$$

式中，K_B 为玻尔兹曼常量，无量纲；T 为热力学温度，K；ε_k 为分子束动能，J。

$$P = 1 - \int_0^{\varepsilon_0} g(\varepsilon_k)\mathrm{d}\varepsilon_k \tag{2.139}$$

需要指出的是，对于某一个甲醛分子，当其由建材内部运动到建材表面时，其能量状态会发生变化，但是所有甲醛分子的能量分布在某一温度下仍然不变，遵循统计理论给出的平均动能分布[62]。

可散发率可用图 2.58 中阴影面积表示。可以看出，可散发率 P 随着 ε_0 的增大而减小，可表示为

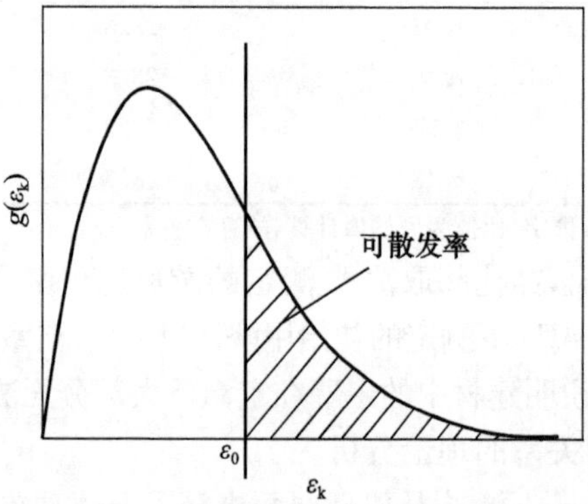

图 2.58　分子动能分布曲线及可散发率示意图[58]

联立式(2.138)和式(2.139)，并对方程右边进行积分，可得

$$P = \frac{C_0}{C_{\text{total}}} = 1 - \int_0^{\varepsilon_0} \frac{2}{\sqrt{\pi}}(K_B T)^{-3/2}\exp\left(-\frac{\varepsilon_k}{K_B T}\right)\sqrt{\varepsilon_k}\,\mathrm{d}\varepsilon_k$$

$$= 2 + \frac{2}{\sqrt{\pi}}\sqrt{\frac{\varepsilon_0}{K_B T}}\exp\left(-\frac{\varepsilon_0}{K_B T}\right) - 2\phi\left(\sqrt{\frac{2\varepsilon_0}{K_B T}}\right) \tag{2.140}$$

式中，ϕ 为标准正态分布函数的积分；ε_0 在所研究的温度范围内为常数（仅取决于建材-甲醛对的物理性质）。

当$\sqrt{2\varepsilon_0/(K_B T)}>3$ 时，$\phi(\sqrt{2\varepsilon_0/(K_B T)})$的值接近 1。此时式(2.140)可简化为

$$P = \frac{2}{\sqrt{\pi}}\sqrt{\frac{\varepsilon_0}{K_B T}}\exp\left(-\frac{\varepsilon_0}{K_B T}\right) \tag{2.141}$$

该式两边同乘以$\sqrt{T}$并取对数，可得

$$\ln(P\sqrt{T}) = -\frac{A}{T} + B \tag{2.142}$$

式中，$A=\varepsilon_0/K_B$；B 为常数。

需要指出的是，参数 A 和 B 均与温度无关，只取决于建材-甲醛对的物理性质。B 和 A 相关，且 $B=\ln(2\sqrt{A/\pi})$。然而，考虑到甲醛分子束缚于建材表面，其分子动能分

布有可能偏离理想气体的分子动能分布，用 B 代替 $\ln(2\sqrt{A/\pi})$ 可在一定程度上降低此偏离所导致的误差。通过将式(2.142)与试验结果进行对比可说明此替代的合理性。

联立式(2.137)和式(2.142)，可获得 C_0 和温度间的关系，即

$$C_0=\frac{C}{\sqrt{T}}\exp\left(-\frac{A}{T}\right) \tag{2.143}$$

式中，$C=C_{total}\exp(B)$。

式(2.142)和式(2.143)建立了建材甲醛散发的 P、C_0 和 T 间的定量关系。当方程中的参数 A、B(或 C)通过已有数据获得后，该关系式就可用于预测其他温度下的 P 和 C_0。该理论关系式和通过经验数据拟合得到的关联式非常类似[63]。

(2) 试验测试。为了进一步验证上述理论关系式的正确性，Huang 等[58]将关系式与文献[48]的试验数据及基于直流舱 C-history 方法测试的试验数据进行了对比。试验系统如图 2.40 所示，所用不锈钢环境舱(体积为 30L)，测试建材为一种中密度板，其尺寸为 100mm×100mm×3mm。

在每一个预设温度下，直流舱出口处由采样泵采样，采样流量为 0.2L/min，采样时间 5min。采样的甲醛浓度由 MBTH 法进行分析。建材先在密闭舱中达到散发平衡，然后通以恒流流量的空气。一般来说，对于不同建材，密闭舱中达到散发平衡的时间会有区别，但大多数平衡时间不超过 24h[41,44]。为保险起见，试验中密闭舱散发时间为 36h。

试验中测试的温度为 25℃、29℃、35℃、42℃、50℃、60℃、70℃、80℃。在直流工况下，试验时间不超过 12h，在设定的时间间隔采样了 10 个点。建材尺寸和试验工况列于表 2.22 中。

表 2.22　建材尺寸及试验工况

温度/℃	相对湿度/%	建材尺寸/(mm×mm×mm)	建材用量/块
25	50±5	100×100×3	4
29			4
35			4
42			4
50			2
60			1
70			1
80			1

(3) 不同温度下的散发特性参数。利用式(2.115)对各温度下的第一次和第二次重复性试验的数据进行线性拟合，结果如图 2.59 所示[58]。基于拟合直线的斜率和截距，利用直流舱 C-history 法可测定甲醛在不同温度下的散发特性参数。

在温度 25～80℃下测定的散发特性参数值见表 2.23，较高的 R^2 表明拟合具有较高的测试精度。两次试验相对偏差 RD 的计算公式为：$\mathrm{RD}_C=|C_{0,1}-C_{0,2}|/$

C_0，$RD_D = |D_1 - D_2|/D$，$RD_K = |K_1 - K_2|/K$。除个别点（温度为25℃时 D 相对偏差

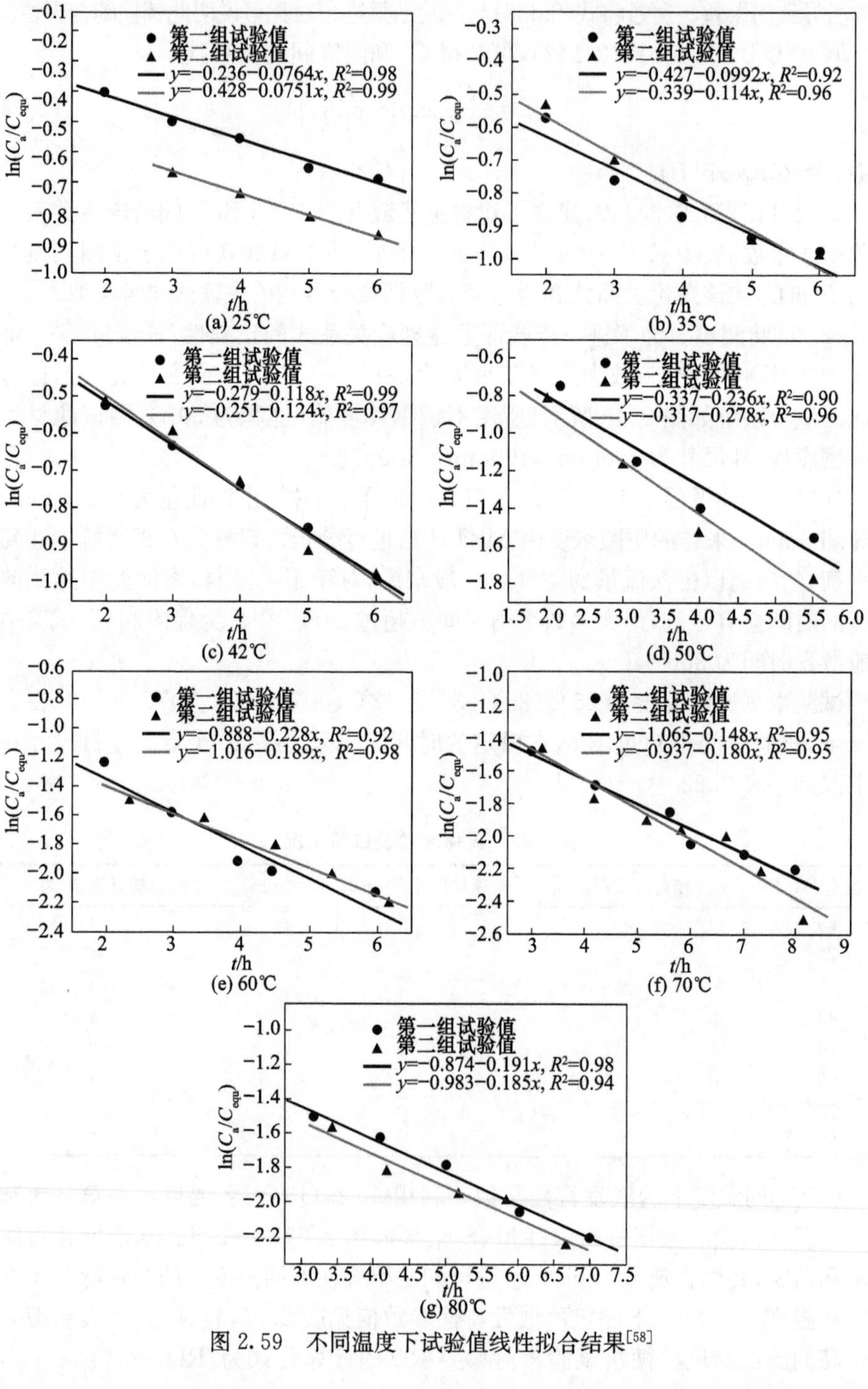

图 2.59　不同温度下试验值线性拟合结果[58]

表 2.23　不同温度下三个散发特性参数的测定结果及线性拟合相关系数

温度/℃	次数	C_0/(μg/m³)	$\overline{C}_0$/(μg/m³)	RD_C/%	D/(m²/s)	$\overline{D}$/(m²/s)	RD_D/%	K	$\overline{K}$	RD_K/%	R^2
25	1	5.40×10^{6}	5.52×10^{6}	2.1	8.81×10^{-11}	6.96×10^{-11}	26.6	2.36×10^{3}	2.18×10^{3}	8.5	0.98
	2	5.64×10^{6}			5.11×10^{-11}			2.00×10^{3}			0.99
29	1	5.67×10^{6}	5.80×10^{6}	2.3	7.34×10^{-11}	6.65×10^{-11}	10.4	1.97×10^{3}	1.88×10^{3}	5.1	0.97
	2	5.93×10^{6}			5.96×10^{-11}			1.78×10^{3}			0.99
35	1	6.48×10^{6}	6.21×10^{6}	4.3	6.64×10^{-11}	7.87×10^{-11}	15.5	1.46×10^{3}	1.41×10^{3}	3.8	0.92
	2	5.94×10^{6}			9.09×10^{-11}			1.35×10^{3}			0.97
42	1	10.00×10^{6}	9.76×10^{6}	2.5	1.11×10^{-10}	1.20×10^{-10}	7.5	1.39×10^{3}	1.36×10^{3}	1.8	0.99
	2	9.52×10^{6}			1.28×10^{-10}			1.34×10^{3}			0.98
50	1	1.71×10^{7}	1.52×10^{7}	12.5	1.80×10^{-10}	1.96×10^{-10}	8.2	1.08×10^{3}	0.98×10^{3}	11.0	0.91
	2	1.33×10^{7}			2.12×10^{-10}			0.87×10^{3}			0.97
60	1	3.05×10^{7}	3.40×10^{7}	10.3	9.25×10^{-11}	8.24×10^{-11}	12.3	1.27×10^{3}	1.37×10^{3}	7.2	0.96
	2	3.75×10^{7}			7.24×10^{-11}			1.47×10^{3}			0.97
70	1	5.67×10^{7}	5.74×10^{7}	1.1	5.64×10^{-11}	6.45×10^{-11}	12.6	1.94×10^{3}	1.81×10^{3}	6.8	0.98
	2	5.80×10^{7}			7.27×10^{-11}			1.69×10^{3}			0.97
80	1	8.88×10^{7}	8.03×10^{7}	10.6	7.76×10^{-11}	6.95×10^{-11}	11.7	2.47×10^{3}	2.04×10^{3}	20.7	0.98
	2	7.17×10^{7}			6.13×10^{-11}			1.62×10^{3}			0.94

较大，为 26.6%）外，大部分相对偏差都不超过 25.0%，说明测试结果重复性较好。从表 2.23 可以看出，甲醛的 C_0 随温度的升高而显著增大：温度为 25℃时 C_0 为 $5.52\times10^6\mu g/m^3$，温度为 80℃时 C_0 为 $8.03\times10^7\mu g/m^3$，增大了约 14 倍。

一般来说，室内环境的温度很难达到 50℃。这里测量 50℃以上中密度板甲醛的 C_0 是基于两个考虑：首先，为理论关系式提供比对的试验数据；其次，因为室内和车内环境中污染物的散发机理类似，而车内温度在夏季太阳暴晒时可高达 70℃，因此，室内 VOCs 控制研究的结论可供车内 VOCs 控制参考。

图 2.60(a)～(g)为不同温度下基于直流舱 C-history 方法测定参数的舱内 VOCs 浓度预测值与试验值的对比[58]。可以看出，绝大部分试验点都落在模型预测的散发曲线上，表明两者吻合较好，从而验证了所测特性参数的准确性。

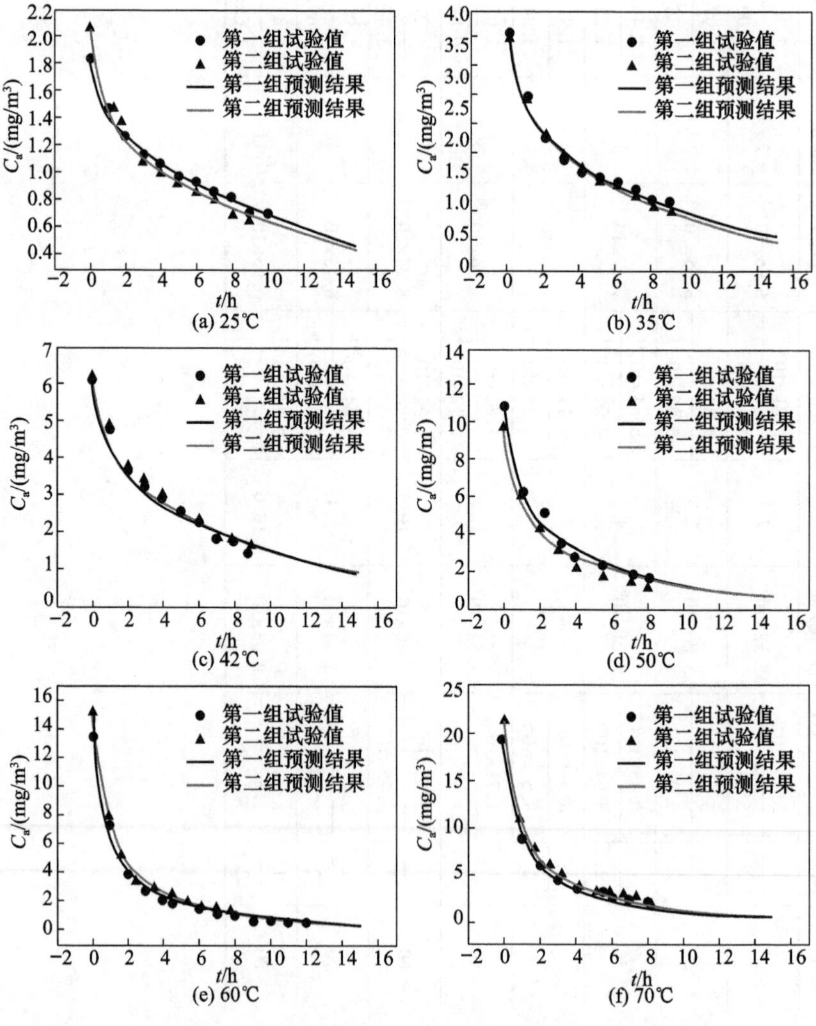

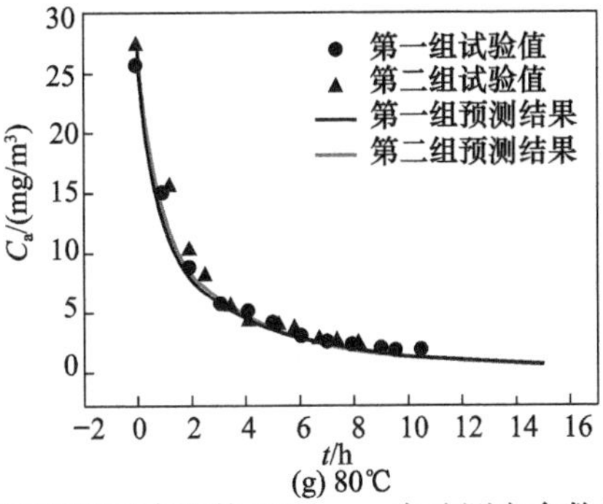

图 2.60　不同温度下基于直流舱 C-history 方法测定参数的舱内 VOCs 浓度预测值与试验值对比[58]

(4) 理论关系式的验证。中密度板中的甲醛总含量 C_{total} 由我国国家标准 GB/T 17657—1999[36]、GB/T 18580—2001[37] 及欧洲标准 EN 120:1992[38] 推荐的穿孔萃取法测定，其值为 $1.38\times10^8\mu g/m^3$，远大于初始浓度 C_0。根据 25～80℃温度下测定的 C_0 值，可以计算出不同温度下的可散发率 P 值。结果表明，在 25℃时其可散发率仅为 4.0%，说明室温条件下只有很少部分甲醛分子能从建材散发出来。然而，当温度升至 80℃时，58.2%的甲醛可从建材中散发出来，如图 2.61 所示[58]。

不同温度下获得的 P 值可用来验证所推导的理论关系式。考虑到式(2.143)由式(2.142)推导而来，因此仅需验证式(2.142)的准确性即可。利用式(2.142)对不同温度下的甲醛散发试验值及文献[48]中试验值的拟合结果如图 2.62 所示[58]，R^2 为 0.97，说明拟合精度较高。从拟合直线的斜率和截距中可以计算出参数 A 和 B：对于测试建材其值分别为 5.78×10^3 和 18.8；对于文献[48]中的建材，其值分别为 6.88×10^3 和 0.871。基于测定的 A 和 B 值，根据式(2.140)计算出可散发率 P 值。计算结果如图 2.62 中的虚线所示[58]。可以看出，计算结果和基于式(2.142)

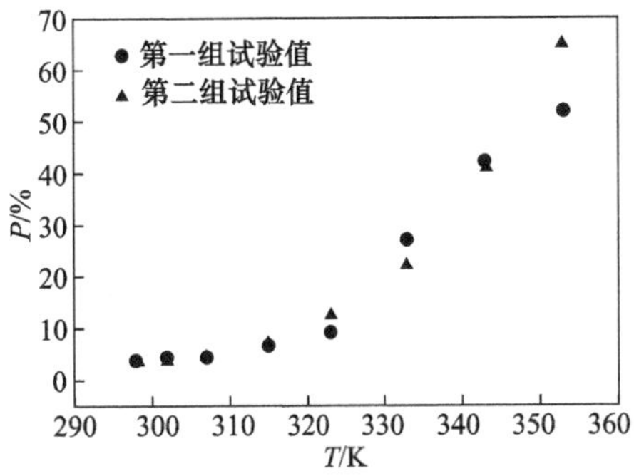

图 2.61　可散发率 P 与温度的关系[58]

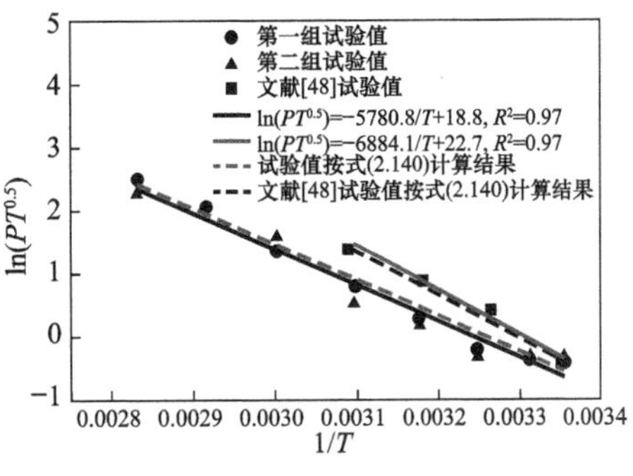

图 2.62　利用式(2.142)的不同温度下甲醛散发试验数据拟合结果及与式(2.140)计算结果的对比[58]

的线性拟合结果非常相近，一定程度上验证了理论关系式及简化处理的正确性。因为 $A=\varepsilon_0/K_B$，可算出对于本测试建材能量壁垒 $\varepsilon_0=48.0$kJ/mol，对于文献[48]中建材能量壁垒 $\varepsilon_0=57.2$kJ/mol。进而可算得 $\sqrt{2\varepsilon_0/(K_B T)}$ 的值为5.7～6.8，验证了之前假设的合理性（$\sqrt{2\varepsilon_0/(K_B T)}>3$）。甲醛散发能量壁垒与吸附热类似。Srisuda 等[64]研究了甲醛在胺功能化二氧化硅介观孔材料中的吸附特性，测得其吸附热为36～160kJ/mol。此处测定的建材中甲醛的能量壁垒刚好处于该范围内。

根据理论关系式，C_0 和 C_{total} 之比 P 对于给定的建材-甲醛对在某一温度下为常数。如果建材在使用之前进行加热的预处理，其散发速率随温度的升高而急剧增大。那么在预处理之后，建材中甲醛的 C_{total} 将会降低，这会导致 C_0 相应减小。因此，加热预处理建材可以作为室内空气质量控制的有效手段之一。

甲醛从建材尤其是人造板中散发的过程是比较复杂的。大部分甲醛来自板材中残留的甲醛，这部分甲醛的散发为物理过程。此外，板材中脲醛树脂胶的水解及老化过程也会产生甲醛，这部分甲醛的散发为化学过程，其反应程度取决于温度、建材的含湿量、相对湿度、pH 和时间等。当处于短期散发阶段时（几个月），温度和其他因素对化学反应产生的甲醛影响不太大，此时总的散发过程可以认为由物理传质规律描述。然而，当处于长期散发阶段（几年）时，化学反应产生的甲醛将占据较大比例而必须考虑。考虑到化学过程所产生的甲醛很难定量描述，而试验的测试时间又很短，因此目前的研究主要关注其中的物理过程。这对于甲醛的短期散发描述是合适的，这种处理方式在研究中广泛采用[10,12,14,18,26,41,43]，这些研究中所采用的模型均基于物理传质机理（内部扩散、界面分配和外部对流）。这些基于机理过程的传质模型在预测建材中甲醛和 VOCs 散发时取得了满意的效果。在建材甲醛散发过程中，虽然环境舱测试时在高温下 C_0 可能部分来自水解反应，但是理论关系式和试验结果的高度吻合说明这种贡献不大。这也进一步证明将短期散发处理成物理过程是合理的。

2. 扩散系数 D

家庭装饰装修用的建材从介观角度看均为多孔介质。在多孔建材内部，菲克扩散、克努森扩散和表面扩散一般同时存在。菲克扩散和克努森扩散对于建材内部传质过程的贡献可以综合为一个单一的扩散系数，称为有效扩散系数，其可由式(2.10)计算。

上述计算有效扩散系数的方法称为压汞法。通过压汞试验和 Carniglia[65] 发展的数学模型，可以比较简便地获得孔隙率和曲折度等参数，因此压汞法的关键问题就变为如何选择合适的模型来计算参考扩散系数。

传统模型研究中，比较有代表性的是 Blondeau 模型[33]和 Seo 模型[66]。Blondeau 等[33]利用压汞试验值，先计算每一个侵入孔体积内 VOCs 的扩散系数，然后将所有的扩散系数加和并除以总侵入孔体积来获得参考扩散系数。这相当于在表征体元中将建材内部的孔结构处理成一系列平行孔然后进行算术平均。Seo 等[66]则将建材内所有类型的孔简化为一个具有等效直径的平均孔，在此孔内应用过渡区扩散系数的公式来计算参考扩散系数。应用上述传统模型代入式(2.10)的计算结果比其他方法如湿杯法和两舱法的计算结果通常要大，有时相差 1～2 个数量级[67,68]，因此有必要对多孔建材内 VOCs 的扩散传质特性从介观层面进行深入分析，以期对有效扩散系数进行合理预测。

此外，虽然 Lee 等[43]建立了多孔介质传质过程的理论分析解，但模型中的一些参数如孔隙率和有效扩散系数仍然是基于单相传质模型而获得的。因此有必要进行进一步验证，即直接利用多孔介质的测试数据来验证多孔介质传质模型。

出于这种考虑，Xiong 等[5]提出一种新的宏观-介观双尺度模型来预测多孔建材的扩散系数，并基于此对多孔介质传质模型进行验证。

1) 宏观-介观双尺度模型的提出

在大多数情况下，上述平行孔或者平均孔所假设的扩散路径并不能真实反映 VOCs 在建材内部的扩散过程。为了更清晰地显示建材内部孔的分布情况，即 VOCs 的扩散通道，特选取市面上一种典型的建材(中密度板)进行扫描电子显微镜试验分析，其侧面的照片如图 2.63(a)所示[5]。可以看出，建材的侧面由一些柱状的纤维材料堆积而成，它们把 VOCs 的扩散路径分成许多不同尺度的宏观孔和介观孔，而 VOCs 在不同类型的孔中扩散机制亦不相同。孔的排布可以抽象并简化成图 2.63(b)所示的模型[5]。图中孔的排布是任意的，介观孔以细长的圆柱表示。

(a) 扫描电子显微镜照片

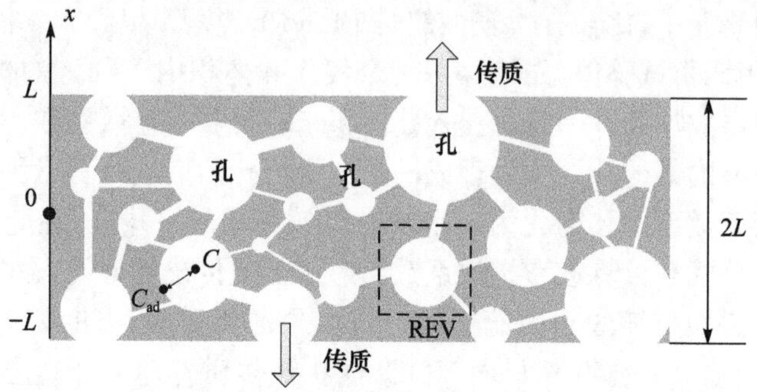

(b) 简化模型表征体元

图 2.63　一种典型中密度板侧面的扫描电子显微镜照片和简化模型表征体元[5]

虽然图 2.63(b)中孔的排布比较复杂，但有一个共性特征：宏观孔和介观孔之间为串联连接方式。从物理上看，宏观孔通常不直接相连(否则形成一个更大的宏观孔)，而需要介观孔作为桥梁。也就是说，宏观孔之间无法形成一个直接穿透建材的路径，VOCs 必须经过介观孔才能散发出去。上述宏观孔和介观孔之间的串联连接是 VOCs 在多孔建材中扩散传质路径的主要方式，称为宏观-介观扩散机制。考虑到瓶颈效应，介观孔的存在将对扩散过程产生重要影响。而在 Blondeau 模型中，由于各种类型的孔为并联连接，而对大多数建材来说宏观孔的体积占据较大比例，因而此时宏观孔里面的扩散将起主导作用，这是和宏观-介观扩散机制相悖的。

基于上述分析，建材介观传质结构的表征体元可表示成图 2.63(b)虚线框中所示。进一步地，如果假设建材中 VOCs 为一维扩散，表征体元中与宏观孔相连的几个介观孔由于扩散机制一致可以合并，因此表征体元可进一步简化。

压汞试验可获得建材的孔径分布数据，显示孔体积和孔径间的关系，还可以获得孔隙率和表面积等介观结构参数。当孔径 d_p 大于等于 10 倍的分子平均自由程 λ 时，为菲克扩散；当孔径 d_p 小于 10 倍的分子平均自由程时，为过渡扩散或者克努森扩散，因此，可以用 $d_c=10\lambda$ 作为阈值对压汞试验的孔径分布进行划分。孔径大于等于 d_c 的称为宏观孔，其具有孔隙率 ε_1 和平均孔径 d_1；孔径小于 d_c 的称为介观孔，其具有孔隙率 ε_2 和 d_2。平均孔径的计算公式为

$$d_j=\frac{4V_j}{A_j},\quad j=1,2 \tag{2.144}$$

式中，V_j 为宏观孔($j=1$)、介观孔($j=2$)的孔体积，m^3；A_j 为宏观孔($j=1$)、介观孔($j=2$)的孔表面积，m^2。

建材的孔表面积有两种计算方法，或者根据压汞试验的累计孔表面积直接得到，或者由 Rootare-Prenzlow[69] 公式[式(2.145)]计算，两者结果非常接近。

$$A_j = -\frac{\sum_{i=1}^{m} p_i \Delta V_i}{\gamma \cos\theta}, \quad j=1,2 \tag{2.145}$$

将图 2.63(b)表征体元中与宏观孔相连的几个介观孔(具有相同的扩散机制)进行合并,可以等效成图 2.64 所示的结构[5]。该结构中,处于两个不同尺度的宏观孔和介观孔串联连接在一起,称为宏观-介观双尺度模型,VOCs 在其中的扩散机制称为双尺度扩散机制。Blondeau 模型和 Seo 模型的结果如图 2.65 所示[5]。

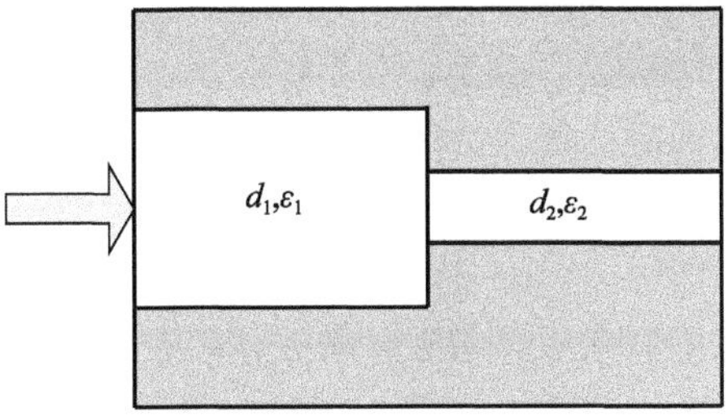

图 2.64　宏观-介观双尺度模型[5]

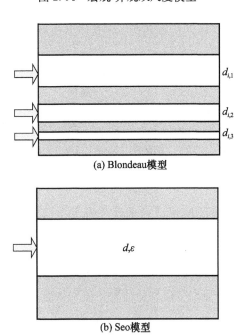

(a) Blondeau模型

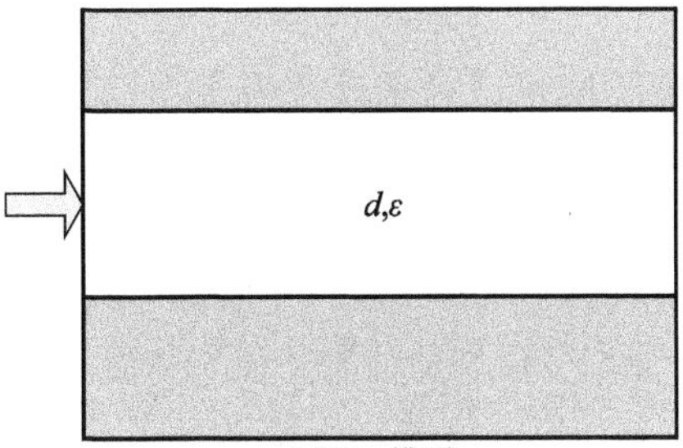

(b) Seo模型

图 2.65　Blondeau 模型和 Seo 模型示意图[5]

图 2.66 是中密度板中拍摄到的一张支撑双尺度扩散机制的照片[5]。

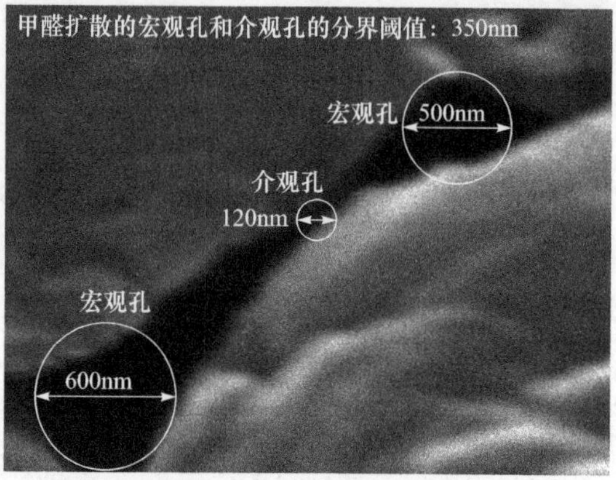

图 2.66 双尺度扩散机制电镜照片[5]

式(2.10)可以改写为

$$D_e = D_p \frac{1}{\tau} \tag{2.146}$$

式中，D_p 考虑了孔隙率的影响。

在图 2.64 中，通过宏观孔和介观孔的质流量相等。根据菲克扩散定律，并且假设宏观孔和介观孔具有相同的曲折度，可推导出预测建材中参考扩散系数的表达式

$$\frac{1}{D_p} = \frac{\alpha^2}{\varepsilon_1 D_F} + \frac{(1-\alpha)^2}{\varepsilon_2 D_T} \tag{2.147}$$

式中，α 定义为 $\alpha = \varepsilon_1 d_2^2/(\varepsilon_1 d_2^2 + \varepsilon_2 d_1^2)$；$D_F$ 为菲克扩散系数，其等于 VOCs 在空气中的扩散系数，可根据 Chapman-Enskog 公式(式(2.3))计算，对于甲醛，其值为 $D_F = 1.4 \times 10^{-5}\ m^2/s$，对于乙醛，其值为 $D_F = 1.13 \times 10^{-5}\ m^2/s$；$D_T$ 为过渡扩散系数，对于等摩尔逆向扩散，由式(2.6)计算。

2) 试验测试

开展了建材散发试验及压汞试验来验证所提出的宏观-介观双尺度模型。散发试验的系统图与图 2.18 类似。采用质子传递反应质谱仪(proton transfer reaction-mass spectrometry，PTR-MS)来检测环境舱内甲醛和 VOCs 浓度，其测试精度为 $30 \times 10^{-3}\ \mu L/m^3$，反应时间为 100ms。与此同时，甲醛的浓度也用 INNOVA-1312 分析仪检测，以便于和 PTR-MS 对比。PTR-MS 测试 VOCs 浓度的时间间隔为 4s 一次，INNOVA-1312 分析仪采样甲醛浓度的时间间隔为 2min 一次。为了方便，采用密闭舱进行测试。采用 Wang 等[20]的方法来测定建材 VOCs 的初始浓度和分配系数。

压汞试验的示意图如图 2.67 所示[5]。把建材置于一个承压容器中并注入汞，利用汞的不湿润性在不断加压的情况下使汞逐渐侵入建材内部的多孔结构中。压

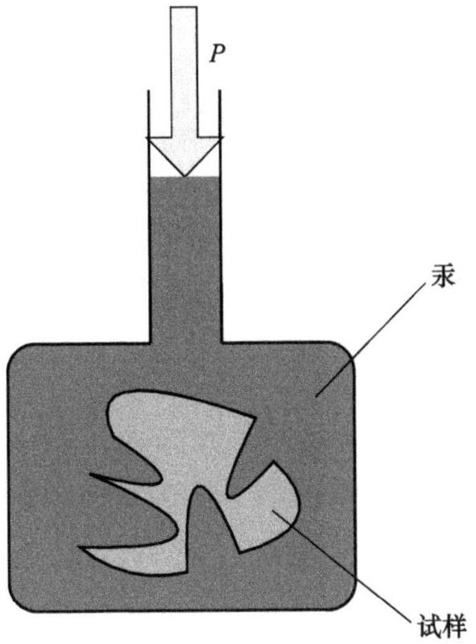

图 2.67　压汞试验示意图[5]

力和所侵入孔径的对应关系由拉普拉斯方程给出：

$$r_i = \frac{2\gamma\cos\theta}{p_i} \tag{2.148}$$

式中，p_i 为压力，Pa；γ 为汞的表面张力，其值为 4.58×10^{-5} N/m；θ 为接触角，取为 130°～140°；r_i 为所侵入孔的半径，m。

压力越大，汞所能侵入的孔径越小。考虑到系统的承压性能，通常情况下所能施加的最大压力不超过 60000psi（1psi＝6.895×10^{-3} MPa），此时所对应的侵入孔径范围为 300μm～3nm。

在实际应用中，为方便起见，式(2.148)可由式(2.149)近似计算。

$$r_i = \frac{6200}{p_i} \tag{2.149}$$

式中，p_i 为压力，atm①；r_i 为孔径，Å。

试验中，每一个孔径 r_i 都对应一个汞侵入的体积 ΔV_i，它表示所有半径为 r_i 的孔体积之和。一系列 r_i-ΔV_i 的数据构成了压汞试验的孔径分布。

在测量出建材的堆积密度 ρ 之后，建材的孔隙率 ε(孔体积占建材总体积的比例)可由式(2.150)给出。

$$\varepsilon = \rho \sum_{i=1}^{m} \Delta V_i \tag{2.150}$$

在获得上述建材介观结构参数后，根据 Carniglia 模型[65]，可以计算出建材宏

① 1atm＝1.01325×10^5 Pa。

观孔和介观孔所对应的曲折度 τ。

3) 结果和讨论

(1) 多孔介质传质模型。通过压汞试验的数据用宏观-介观双尺度模型可计算出有效扩散系数，由建材散发试验可获得初始浓度和分配系数。测定这些参数后，需进一步建立多孔介质传质模型来预测建材的实际散发规律。

同时考虑建材内部多孔介质气相扩散和表面(吸附相)扩散的控制方程为

$$\varepsilon \frac{\partial C}{\partial t}+(1-\varepsilon)\frac{\partial C_{ad}}{\partial t}=\varepsilon D_g \frac{\partial^2 C}{\partial y^2}+(1-\varepsilon)D_s \frac{\partial^2 C_{ad}}{\partial y^2} \tag{2.151}$$

式中，C 为建材内气相 VOCs 浓度，$\mu g/m^3$；C_{ad} 为建材内吸附相 VOCs 浓度，$\mu g/m^3$；D_g 为孔内 VOCs 扩散系数，m^2/s；D_s 为表面扩散系数，它由 VOCs 在固体骨架表面的物理吸附层传输时产生，m^2/s。

对于建材内部的气相和吸附相 VOCs 浓度，亨利定律仍然适用，其表示为

$$C_{ad}=K_p C \tag{2.152}$$

代入式(2.151)，可得

$$[\varepsilon+(1-\varepsilon)K_p]\frac{\partial C}{\partial t}=[\varepsilon D_g+(1-\varepsilon)D_s K_p]\frac{\partial^2 C}{\partial y^2} \tag{2.153}$$

表面扩散系数通常比传统的菲克扩散和克努森扩散系数要小几个数量级[2,33,70]。因此，式(2.153)右边括号里面的第二项可以忽略，此时括号内可写为 εD_g，其可看成压汞法中定义的有效扩散系数，即

$$D_e=\varepsilon D_g \tag{2.154}$$

引入等效分配系数 K_e，定义

$$K_e=\varepsilon+(1-\varepsilon)K_p \tag{2.155}$$

此时，方程(2.153)可进一步简化为

$$K_e \frac{\partial C}{\partial t}=D_e \frac{\partial^2 C}{\partial y^2} \tag{2.156}$$

多孔介质传质的边界条件为

$$-D_e \left.\frac{\partial C}{\partial y}\right|_{y=L}=h_m(C-C_\infty) \tag{2.157}$$

$$\left.\frac{\partial C}{\partial y}\right|_{y=0}=0 \tag{2.158}$$

式中，C_∞ 为环境舱中 VOCs 浓度，$\mu g/m^3$。

初始条件为

$$C=C_0,\quad t=0,\quad 0\leqslant y\leqslant L \tag{2.159}$$

式中，C_0 为多孔介质传质模型中的初始浓度，$\mu g/m^3$。

应用分离变量法，多孔介质传质模型的解析解(非完全显式解析解)为

$$C = C_\infty + \sum_{m=1}^{\infty} \frac{\sin(\beta_m L)}{\beta_m} \frac{2(\beta_m^2 + H^2)}{L(\beta_m^2 + H^2) + H} \cos(\beta_m y) \cdot \left\{ (C_0 - C_{\infty,0}) \exp(-D\beta_m^2 t) + \int_0^t \exp[-D\beta_m^2 (t-\tau)] \mathrm{d}C_\infty(\tau) \right\} \tag{2.160}$$

式中，$H=h_{\mathrm{m}}/D_{\mathrm{e}}$，$D=D_{\mathrm{e}}/K_{\mathrm{e}}$，$\beta_m$ 为方程 $\beta_m \tan(\beta_m L)=H$ 的正根。

密闭环境舱内 VOCs 质量平衡方程可表示为

$$V_{\mathrm{c}} \frac{\mathrm{d}C_\infty}{\mathrm{d}t} = A_{\mathrm{m}} h_{\mathrm{m}} (C - C_\infty) \tag{2.161}$$

式中，V_{c} 为环境舱体积，m^3；A_{m} 为建材表面积，m^2。

通过迭代求解式(2.160)和式(2.161)，可以获得环境舱内实时 VOCs 浓度的预测值，然后将其与试验值对比，如果两者吻合较好，即可验证双尺度模型的有效性。

(2) 压汞试验孔径分布测试结果。用压汞试验测试 3 种中密度板，分别标记为 MDF A、MDF B 和 MDF C。其孔径分布如图 2.68 所示[5]。

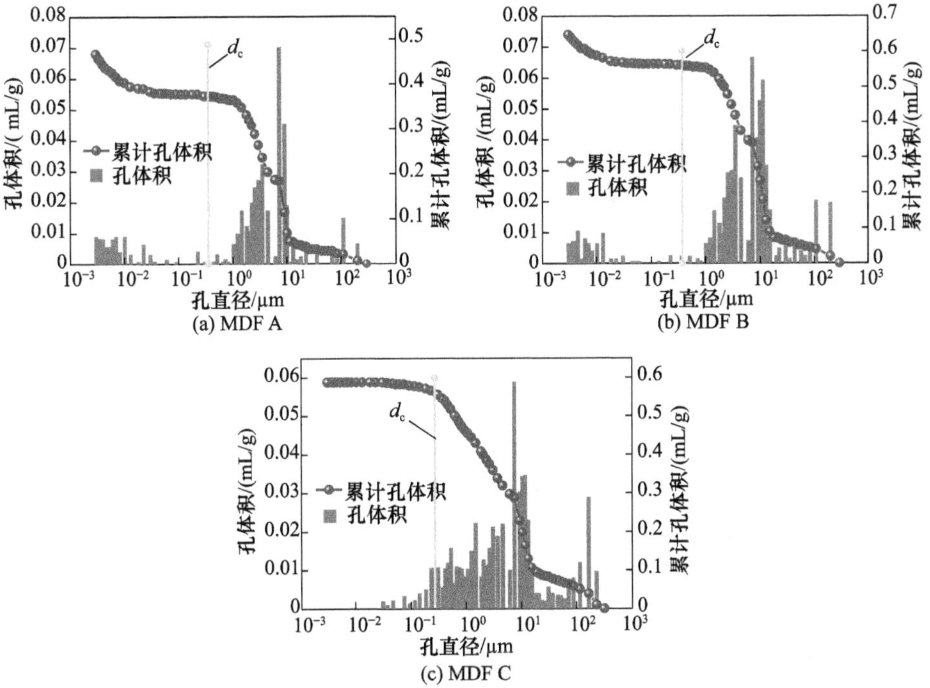

图 2.68　3 种建材的孔径分布图 $d_{\mathrm{c}}=10\lambda$[5]

表 2.24 列出了由压汞试验值统计或计算得到的其他参数，包括孔隙率 ε、宏观

孔孔隙率 ε_1、平均孔径 r_1、介观孔孔隙率 ε_2、平均孔径 r_2、堆积密度 ρ 和曲折度 τ (Carniglia 模型计算)。

表 2.24 基于压汞试验的建材特性参数

建材	ε/%	ε_1/%	ε_2/%	r_1/μm	r_2/nm	ρ/(kg/m³)	τ
MDF A	42.5	33.8	8.61	1.84	3.17	907.6	1.71
MDF B	51.4	44.5	6.83	2.34	3.08	793.0	1.63
MDF C	46.6	44.1	2.53	1.00	54.1	791.8	6.75

基于宏观-介观双尺度模型计算了甲醛在 MDF A 和 MDF B,以及乙醛在 MDF C 中的有效扩散系数,结果见表 2.25。

表 2.25 基于宏观-介观双尺度模型的有效扩散系数计算值

建材	甲醛/(10^{-8}m²/s)	乙醛/(10^{-8}m²/s)
MDF A	4.50	—
MDF B	3.95	—
MDF C	—	2.25

从图 2.68 可以看出,MDF A 和 MDF B 的孔径分布图比较相似,只有累计孔体积有一定差别,这说明两种建材的孔特性比较相似,该点也可以从表 2.24 的数据反映出来。而 MDF C 则与上述两种建材有显著差别,原因可能是建材来源于不同生产厂家,其工艺不同。

表 2.25 中有效扩散系数的计算值在 10^{-8} m²/s 的量级,这比基于压汞法的传统模型(Blondeau 模型和 Seo 模型)的计算结果要小得多,它们大多在 10^{-7}~10^{-6} m²/s 的量级,也略小于湿杯法和部分两舱法的测量结果。这可能是由于建材和 VOCs 对不同。然而,需要指出的是,这里得出的结果和 Little 等[10]及 Bodalal 等[30]的测定结果在一个量级上。而且,对于相同建材,计算对比表明双尺度模型的结果和钱科环境舱法的结果[21]误差在 20%以内。

多孔建材孔径分布表明其内部结构符合分形特征。所谓分形,是指形状符合自相似,即子结构是其总体结构的相似体,且可不断细分。描述该类几何结构共性特征的理论称为分形理论。符合几何自相似的分形判据为[71]: $\lg[N(d)]=\text{Const}-D_F\lg d$,式中,$N$ 为累计孔数目;d 为孔径;D_F 为分形维数;Const 为常数。用压汞法测得了几种纤维板和刨花板的孔径分布,发现它们的多孔结构符合分形判据,分形维数分别为 2.95 和 2.75,如图 2.69 所示[72]。这也是建材介观传质结构的表征体元可用图 2.63(b)虚线框中单元代表大块材料的原因。

(3) 散发试验验证。表 2.26 列出了被测试建材的尺寸及试验条件[5]。试验测定了 3 种建材中甲醛和乙醛的初始浓度 C_0 和分配系数 K,然后将其转换成多孔

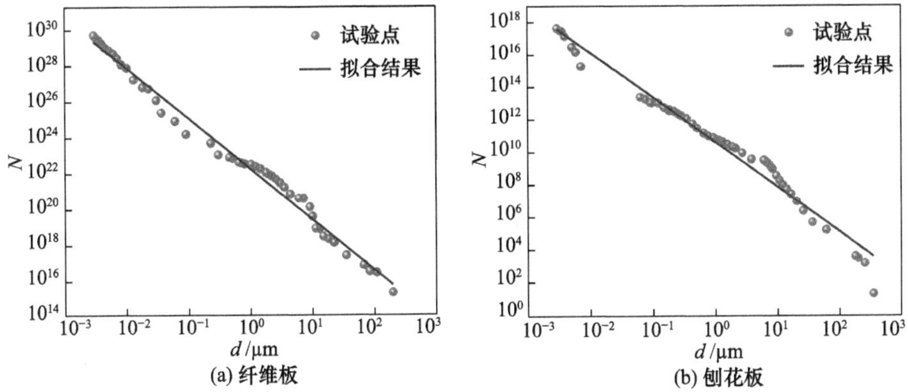

图 2.69　2 种建材的 N-d 关系图[72]

介质传质模型中的关键参数 C_0 和 K_e，其结果见表 2.27[5]。

将表 2.25 和表 2.27 中通过独立试验方法获得的散发关键参数代入多孔介质传质解析模型式(2.160)和式(2.161)中，可得舱内 VOCs 浓度的预测(计算)值，其与试验值的对比如图 2.70 所示[5]。图中竖条为拟合分配系数 K 时的误差所带来的浓度预测数据的波动。

表 2.26　建材尺寸及试验条件[5]

建材	建材尺寸/(mm×mm×mm)	建材用量	温度/℃
MDF A	99×99×2.8	4	27.0
MDF B	115×103×2.8	1	41.2
MDF C	101×98×2.86	6	27.1

表 2.27　3 种建材中 VOCs 的初始浓度和分配系数[5]

VOCs-建材对	C_0/(mg/m³)	$K(=K_e)$	K_e 标准偏差
甲醛-MDF A	2.16	5.43×10^3	$\pm3.61\times10^2$
甲醛-MDF B	9.03	4.84×10^3	$\pm5.23\times10^2$
乙醛-MDF C	61.3	43.2	±21.6

从图 2.70 可以看出，模型计算值和试验值吻合较好，验证了宏观-介观双尺度模型的有效性。依据压汞法的传统模型计算出有效扩散系数，然后代入多孔介质传质解析模型对舱内 VOCs 浓度的预测结果，如图 2.70 所示。传统模型计算的有效扩散系数过大(比双尺度模型大 1 个数量级)，导致散发速率(散发曲线的斜率)较大，因此散发前期浓度的计算值比试验值高很多，不过这种差别随着散发时间的延长而减小。

(4) 敏感性分析。为了研究有效扩散系数对环境舱内 VOCs 散发浓度曲线的影响程度，此处对有效扩散系数进行敏感性分析。以 MDF B 为例，有效扩散系数从 $3.95\times10^{-9}\,m^2/s$ 到 $3.95\times10^{-7}\,m^2/s$ 变化，模拟结果如图 2.71 所示[5]。可以看出，有效扩散系数对浓度曲线有重要影响。有效扩散系数越大，散发前期舱内 VOCs

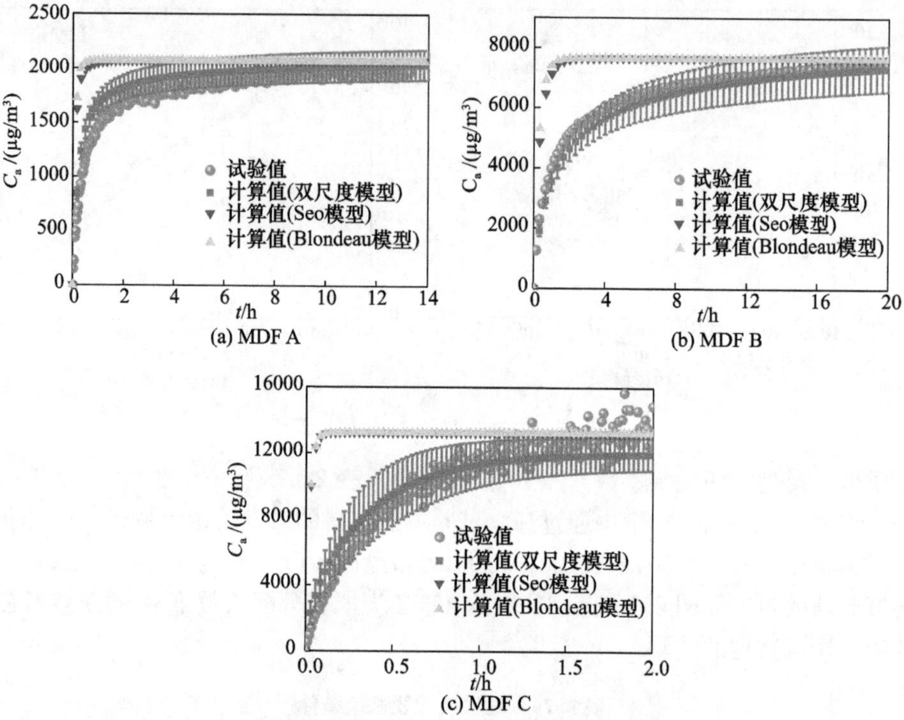

图 2.70　3 种建材中模型 VOCs 浓度计算值和试验值的对比[5]

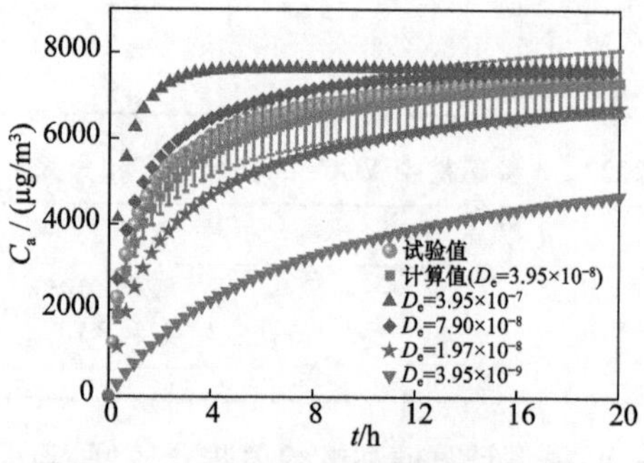

图 2.71　有效扩散系数敏感性分析[5]

浓度越高，但是变化趋势随着散发时间的延长而减缓。

总体来说，所提出的模型通过独立的试验（散发试验、压汞试验）验证了有效性。然而，将宏观-介观双尺度模型扩展到其他建材仍然需要更多的数据支撑。该模型可有效预测多孔建材的扩散系数，其可用来设计和研发低散发建材。

3. 分配系数 K

1）理论分析

多孔介质表面的 VOCs 散发或吸附过程符合 Langmuir 模型，其可由

式(2.12)表示。若将吸附剂表面吸附位中的吸附质覆盖率记为 θ,则有

$$\theta=\frac{m}{m_{\max}}=\frac{bp_{\mathrm{a}}}{1+bp_{\mathrm{a}}} \tag{2.162}$$

式中,b 为吸附平衡常数,Pa^{-1};p_{a} 为吸附质气体分压,Pa。

对于单层吸附,吸附剂表面饱和吸附量(又称单分子层吸附容量)$m_{\max}$满足

$$m_{\max}=\frac{\Omega}{N_{\mathrm{A}}a} \tag{2.163}$$

式中,Ω 为吸附质的比表面积,m^2/g;N_{A} 为阿伏伽德罗常量,$6.023\times10^{23}\,\mathrm{mol}^{-1}$;$a$ 为吸附单层中一个分子所占的面积,m^2。

吸附平衡常数 b 满足[70]

$$b=\frac{k_{\mathrm{a}}}{k_{\mathrm{d}}} \tag{2.164}$$

$$k_{\mathrm{a}}=\frac{N_{\mathrm{A}}a}{(2\pi MRT)^{\frac{1}{2}}} \tag{2.165}$$

$$k_{\mathrm{d}}=k_1\exp\left(-\frac{E}{RT}\right) \tag{2.166}$$

式中,k_{a} 为吸附速度常数,s^{-1};k_{d} 为脱附速度常数,s^{-1};π 为表面压,Pa,反映清洁表面与覆盖了吸附质的表面张力的变化,由于多孔介质表面的覆盖面积比起其表面积小很多,可以认为表面压为常数;M 为吸附质摩尔质量,g/mol;T 为热力学温度,K;R 为气体常数,8.314J/(mol·K);E 为脱附活化能,J/mol;k_1 为指前因子,被吸附分子在垂直于表面方向的振动时间的倒数,s^{-1}。

将式(2.165)和式(2.166)代入式(2.164),可得

$$b=\frac{N_{\mathrm{A}}a\exp\left(\frac{E}{RT}\right)}{k_1(2\pi MRT)^{1/2}} \tag{2.167}$$

当气体吸附质相的压力较低时,由于 $1+bp\approx1$,式(2.162)可以写为

$$\theta=Hp_{\mathrm{a}} \tag{2.168}$$

式中,H 为亨利常数。

从上述推导过程可以看出 $H=b$。

低压下的 VOCs 气体可以视为理想气体,吸附质气体浓度与其压力之间有

$$C_{\mathrm{a}}=\frac{p_{\mathrm{a}}}{RT} \tag{2.169}$$

$$m=v_{\mathrm{a}}C_{\mathrm{a}}=\frac{Kv_{\mathrm{a}}}{RT}p_{\mathrm{a}} \tag{2.170}$$

式中,v_{a} 为单位质量的吸附质体积,m^3/g。

从而有

$$\theta=\frac{m}{m_{\max}}=\frac{Kv_{\mathrm{a}}}{m_{\max}RT}p_{\mathrm{a}}=Hp_{\mathrm{a}} \tag{2.171}$$

由式(2.167)和式(2.171)可得

$$\frac{Kv_{\mathrm{a}}}{m_{\max}RT}=H=b=\frac{N_{\mathrm{A}}a\exp\left(\frac{E}{RT}\right)}{k_1(2\pi MRT)^{1/2}} \tag{2.172}$$

从而有

$$K=\frac{N_{\mathrm{A}}m_{\max}aRT^{1/2}\exp\left(\frac{E}{RT}\right)}{k_1v_{\mathrm{a}}(2\pi MR)^{1/2}} \tag{2.173}$$

对于给定吸附质-吸附剂对，式(2.173)中的所有参数除分配系数外都与温度无关，因此式(2.173)描述了分配系数和温度间的理论关系。

对于式(2.173)，K 和 T 之间的关系可进一步表示成

$$K=P_1T^{1/2}\exp\left(\frac{P_2}{T}\right) \tag{2.174}$$

式中，P_1 和 P_2 对于给定的吸附质和吸附剂为常数。

2) 试验及测试结果

表2.28～表2.30给出了四种建材的尺寸及试验测试数据(刨花板记为PB；PVC地板记为VF；中密度板记为MDF；高密度板记为HDF)。表2.31列出了四种建材的关系式。

表2.28　建材试样参数

建材	试样厚度 L/mm	散发面积 A/m^2	承载率$(A/V)/(\mathrm{m}^2/\mathrm{m}^3)$
PB	8	0.24	8
VF	0.4	0.27	9
MDF	4	0.24	8
HDF	1.4	0.24	8

表2.29　四种建材的密度、C_0 及其相对误差

建材	密度/$(\mathrm{kg/m^3})$	甲醛初始浓度 $C_0/(10^7\mu\mathrm{g/m^3})$	相对误差/%
PB	478.7	3.52	2.2
VF	895	1.51	3.2
MDF	1091.5	50.2	2.5
HDF	818.8	52.2	1.9

表 2.30　四种建材的分配系数

温度/℃	K			
	PB	VF	MDF	HDF
18	26091	9621	209854	31295
30	15956	4841	100475	25618
40	6693	3191	28164	13173
50	4650	2294	21686	7955

表 2.31　四种建材 K 和 T 之间的关系式

建材	关系式
PB	$K=0.00013T^{1/2}\exp\left(\frac{4722}{T}\right)$
VF	$K=0.00005T^{1/2}\exp\left(\frac{4704}{T}\right)$
MDF	$K=1.085\times10^{-6}T^{1/2}\exp\left(\frac{6741}{T}\right)$
HDF	$K=0.0071T^{1/2}\exp\left(\frac{3635}{T}\right)$

2.3　我国室内建材和家具标识

室内装修装饰建材及家具中散发的 VOCs 是产生室内空气质量问题的主要原因。我国颁布了一系列标准，如《民用建筑工程室内环境污染控制标准》(GB 50325—2020)[73]、《室内空气质量标准》(GB/T 18883—2002)[74]。控制室内 VOCs 污染主要有三种途径：源头控制、通风稀释和空气净化，其中源头控制是最经济和环保的做法[75]。为了从源头控制 VOCs，许多发达国家建立了 VOCs 标识体系并取得了显著成效。我国可借鉴和学习欧美发达国家建立标识体系的经验，但欧美标识体系也存在一些问题，如目标污染物种类过多，阈值制定方法科学性还可商酌，测试时间过长(7～28d)[76]等，我国不能照搬，应探索符合我国国情的标识体系。我国标识体系重点考虑三个因素：目标污染物、阈值和测试方法。

2.3.1　目标污染物

欧美一些标识体系选取了逾百种 VOCs 作为目标污染物，这些污染物并不完全符合我国国情。例如，《民用建筑工程室内环境污染控制标准》(GB 50325—2020)[73]仅对甲醛、苯、甲苯、二甲苯、乙苯和 TVOC 进行了限定，而《室内空气质量标准》(GB/T 18883—2002)[74]限定的污染物包括甲醛、苯、甲苯、二甲苯和 TVOC。家具生产用原材料和生产工艺差异可能导致家具 VOCs 释放状况不同，因此我国家具 VOCs 释放状况可能与欧美不同。应对市场上常见家具进行测试，以了解我国家具释放的主要污染物种类。

我国市场上常见的木制家具主要有成型板类家具和油漆类家具。成型板类家具基材通常为刨花板，面材为三聚氰胺浸渍纸。油漆类家具基材大多为密度板，面材为实木皮外加油漆涂饰。在市场上选取这两种家具(共 8 件)进行测试。将家具置于 30m^3 密闭环境舱中至 VOCs 浓度达到平衡，分析舱内各种污染物浓度[77]。甲醛采用酚试剂分光光度法分析，VOCs 采用 Tenax 管采样，GC-MS 分析。以其中某件家具为例，测得甲醛浓度 0.17mg/m^3，各种 VOCs 浓度占 TVOC 浓度的比例如图 2.72 所示[77]。

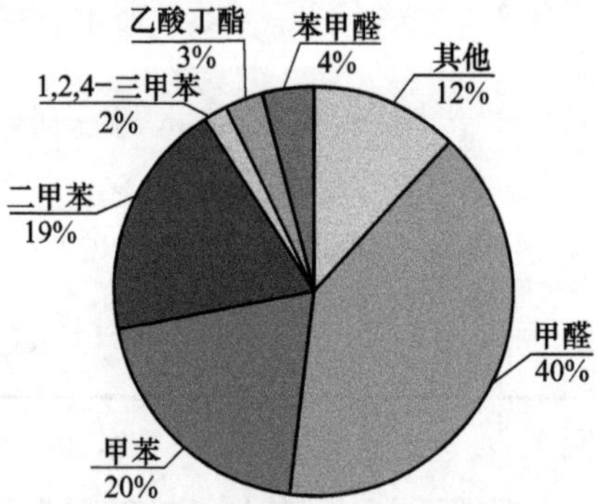

图 2.72　家具 A 释放 VOCs 种类[77]

分析 8 件家具散发的主要污染物，并对各污染物在测试中出现的次数进行统计，将出现次数较多的污染物列于表 2.32 中。由表 2.32 可知，GB/T 18883—2002[74] 中规定的甲醛、苯、甲苯和二甲苯均在被测样品中检出。除此之外，乙苯、环已酮、苯甲醛和 α-蒎烯的检出率也较高。乙苯在 GB 50325—2020[73] 中有规定。环已酮、苯甲醛和 α-蒎烯在德国建筑产品健康评价委员会(Ausschusses zur Gesundheitlichen Bewertung von Bauprodukten，AgBB)标准[78] 中有限制，其中给出的引起注意最小浓度(lowest concentration of interest，LCI)分别为 0.41mg/m^3、0.09mg/m^3、1.5mg/m^3，可见环已酮和苯甲醛毒性较 α-蒎烯大。

表 2.32　8 种家具释放 VOCs 种类统计

VOCs 种类	家具编号								次数统计
	A	B	C	D	E	F	G	H	
甲醛	√	√	√	√	√	√	√	√	8
甲苯	√	√	√	√	√	√	√	√	8
二甲苯	√	√	√	√	√	√	√	√	8
环已酮	√	—	√	√	√	√	√	—	6

续表

VOCs 种类	家具编号								次数统计
	A	B	C	D	E	F	G	H	
α-蒎烯	√	√	—	√	√	—	√	—	5
苯	√	—	—	—	√	√	—	√	4
苯甲醛	√	√	√	—	—	—	—	—	3
乙苯	—	—	√	√	√	—	—	—	3

“√”表示检出；“—”表示未检出。

2.3.2　阈值

有消费者反映，即使选择了符合《室内装饰装修材料木家具中有害物质限量》(GB 18584—2001)的家具进行室内装饰，但室内空气质量仍不达标。该现象的原因主要有两个：首先，该标准采用干燥器法对家具局部进行测试，测试值不能反映整体家具使用过程中的释放状况；其次，室内空气中污染物浓度除与家具散发强度有关，还与房间中家具的数量有关，例如，在同一房间中，家具数量越多室内 VOCs 浓度可能越高。因此，制定家具 VOCs 释放阈值须同时考虑室内空气质量标准和家具在室内的使用量，其中家具在室内的使用量可通过对实际用户房间进行调研获得。

1) 住宅家具使用情况调研

在北京地区随机选取 1500 户住宅作为调查样本。调查内容主要包括各房间面积及层高、房间内木制家具种类及数量等信息，并对木制家具可散发表面积进行测量。卧室和起居室是住宅中最基本也是人们停留时间最长的房间，Liu 等[79]分别对卧室和起居室中木制家具面积承载率进行了统计(见图 2.73)，其中面积承载率的定义为家具可散发面积与房间体积之比(单位：m^2/m^3)，家具可散发面积包括家具木制板件的外表面积，以及将家具门、抽屉等活动部件打开后，能够暴露在环境中的内部木制板件面积。从图 2.73 的拟合结果可以看出，房间面积及木质家具面积

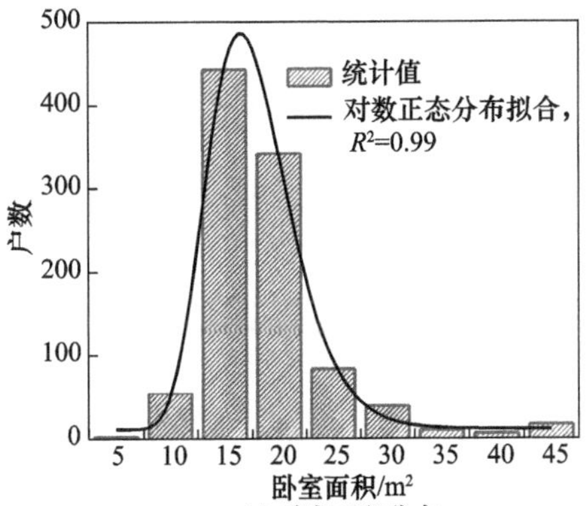

(a) 卧室面积分布

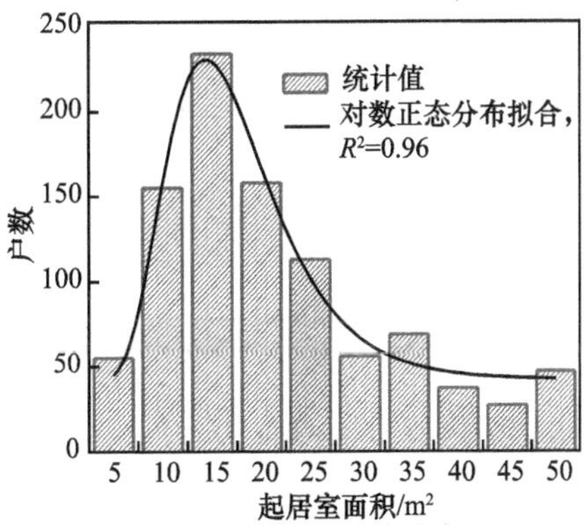

(b) 起居室面积分布

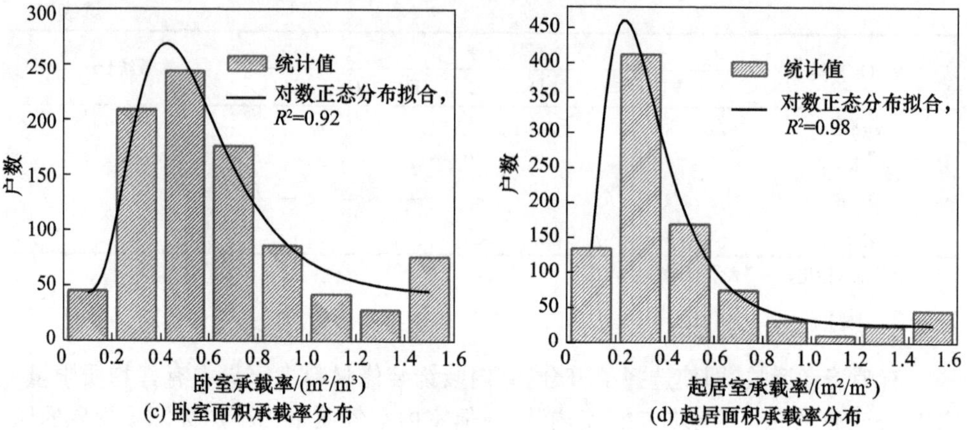

图 2.73　对数正态分布拟合结果[79]

承载率符合对数正态分布，所对应的几何平均值见表 2.33。用蒙特卡罗方法分析家具面积及承载率的误差，结果显示参数的误差不超过 10%，见表 2.33[79]。

表 2.33　标准正态分布的几何平均值[79]

卧室面积 /m^2	起居室面积 /m^2	卧室面积承载率 /(m^2/m^3)	起居室面积承载率 /(m^2/m^3)
16.5±0.8	22.0±1.1	0.42±0.04	0.23±0.02

2）标准房间建立

家具的面积和承载率是标准房间的两个主要参数。依据住宅家具使用情况调研结果建立了标准房间，用以代表所有房间最普遍的状况。根据房间面积和家具面积承载率调研结果，选择统计样本的几何平均值作为建立标准房间的参数。房间的层高和门窗选择标准尺寸。房间内使用的木制家具个数和种类同样可通过统计分析得到，各参数见表 2.34 和图 2.74[79]。

表 2.34　标准房间参数

参数	标准卧室	标准起居室
体积/m^3	16.5×2.6=42.9	22×2.6=57.2
地板面积/m^2	16.5	22
门/m^2	0.8×2=1.6	0.8×2=1.6
窗/m^2	1.8×1.5=2.7	1.8×1.5=2.7
承载率(不含地板)/(m^2/m^3)	0.42	0.23
承载率(含地板)/(m^2/m^3)	0.70	0.42

续表

参数	标准卧室	标准起居室
所含家具	1 双人床	1 沙发
	2 床头柜	1 茶几
	1 大衣柜	1 电视柜
	1 梳妆台	1 餐桌
	1 椅子	4 椅子
	1 其他饰品柜	1 储物柜

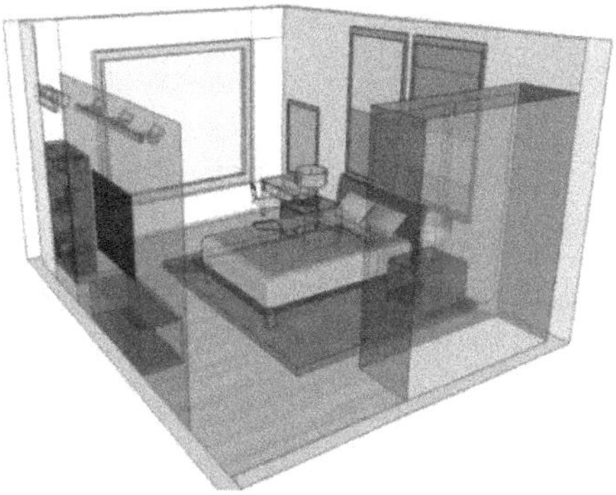

(a) 标准卧室

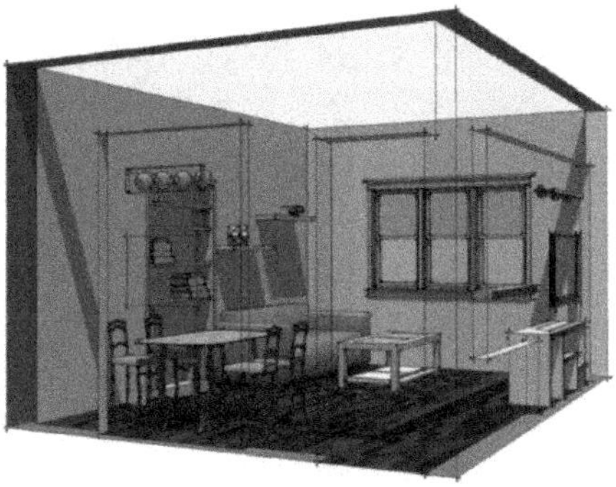

(b) 标准起居室

图 2.74　标准房间模型[79]

3）阈值制定

制定家具散发速率阈值的原则为，应能满足将家具置于标准房间后房间内 VOCs 浓度达到《室内空气质量标准》(GB/T 18883—2002)[74]限值要求。当家具置于环境舱中测试时，假设：①舱内空气混合均匀；②舱壁面没有吸附；③舱内无化学反应；④没有泄漏；⑤进口空气纯净。环境舱中家具散发的 VOCs 的质量守恒方程为

$$V\frac{\mathrm{d}C}{\mathrm{d}t}=EA-QC \tag{2.175}$$

当散发过程达到准稳态时，式(2.175)可简化为

$$E=\frac{\mathrm{ACH}}{\mathrm{LF}}C \tag{2.176}$$

式中，ACH 为换气次数，h^{-1}；LF 为承载率，$\mathrm{m}^2/\mathrm{m}^3$。

如果室内空气标准值为 C，调研的家具承载率为 LF，根据《夏热冬暖地区居住建筑节能设计标准》(JGJ 75—2012)[80]把换气次数 ACH 设为 $1\mathrm{h}^{-1}$，则计算出的 E 为家具单位面积的散发速率阈值。表 2.35 为计算出的《室内空气质量标准》(GB/T 18883—2002)[74]中规定几种目标 VOCs 的散发速率阈值。

表 2.35　家具释放污染物阈值

阈值	甲醛	TVOC	苯	甲苯	二甲苯
GB/T 18883—2002 规定的浓度阈值/(mg/m^3)	0.10	0.60	0.11	0.20	0.20
E_B/[$mg/(m^2 \cdot h)$]①	0.14	0.86	0.16	0.29	0.29
E_L/[$mg/(m^2 \cdot h)$]②	0.24	1.43	0.26	0.48	0.48

① 卧室中家具散发速率阈值。
② 起居室中家具散发速率阈值。

2.3.3 测试方法

国外标识采用通风舱进行测试，测试时间太长(7～28d)，为了能够缩短测试时间，Xiong 等[19]建立了建材在无任何空气交换的密闭舱中的 VOCs 散发模型，并据此提出了能够同时测定初始浓度、扩散系数和分配系数的 *C*-history 方法[41]。Yao 等[77]进一步对家具 VOCs 散发关键参数进行了研究，认为对于常见人造板家具，存在能够表征其 VOCs 散发特性的特征参数，并将其称作表观初始浓度、表观扩散系数、表观分配系数。Yao 等[77]利用 *C*-history 方法测得了家具表观特征参数(见图 2.75)，并借助理论模型模拟计算家具在通风舱内的散发浓度，从而将测试时间缩短到 3d 以内。图 2.76 为实际测试值与模拟计算值的对

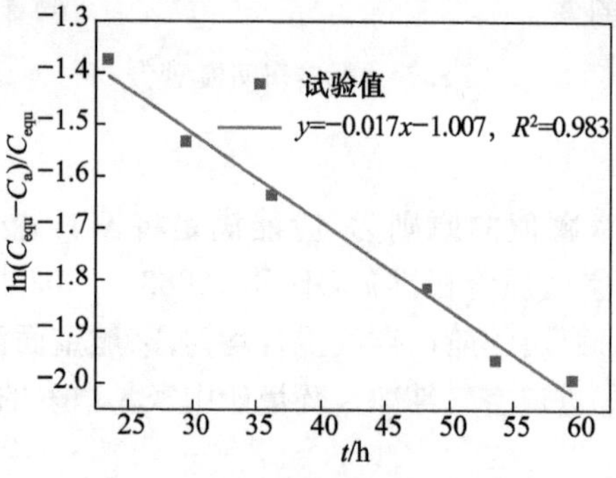

图 2.75　甲醛线性拟合结果[77]

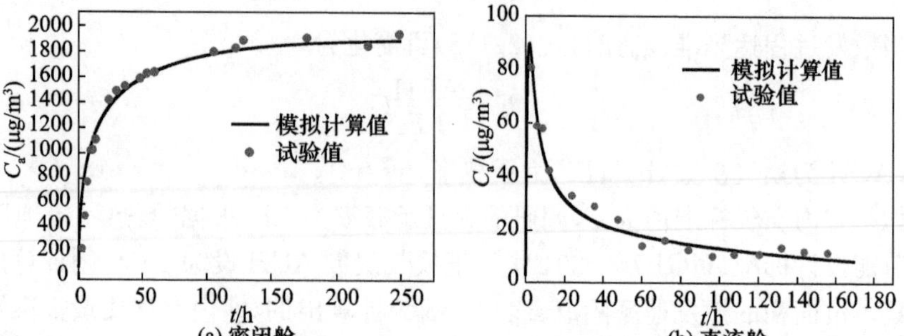

图 2.76　某家具甲醛测试值与模拟计算值对比[77]

比，可以看出模拟计算值与实际测试值吻合较好[77]。因此，*C*-history 方法测得的关键参数可以用于计算家具在通风工况下的 VOCs 散发浓度。这说明，人造板家具可以采用 *C*-history 方法进行测试以缩短试验时间。

2.4　GB 18580—2017 在控制室内建材 VOCs 散发方面的先进性

源头治理是控制室内空气污染最一劳永逸的治本之法，既可以避免机械通风和空气净化时的能量消耗，又可以避免空气净化时可能产生的副产物问题。为此，各国政府和国际组织纷纷建立了适合本国国情的源头控制标准，规定了室内环境中 VOCs(尤其是甲醛)的测试方法和散发限量。这些标准推荐的测试方法包括：$1m^3$ 气候箱法[37,81,82]，气体分析法[83,84]、干燥器法[85,86]、穿孔萃取法[36,87]。

$1m^3$ 气候箱法是用来测定甲醛在正常环境条件下释放量的方法，如图 2.77 所示。测试过程中，试样置于 $1m^3$ 体积的气候箱(又称环境舱)中。试样的承载率为 $(1\pm0.02)m^2/m^3$，换气次数为 $(1\pm0.05)h^{-1}$，温度设置为 (23 ± 0.5)℃、相对湿度设置为 $(50\pm3)\%$[37]。试验过程中试样表面的空气流速控制在 0.1～0.3m/s。测试时试样在气候箱中至少测试 10d，从第 7d 开始每天测定气候箱中甲醛浓度。测定时，将气候箱内试样散发的甲醛定期采样，并通过盛有蒸馏水的吸收瓶，然后用分光光度法测定吸收液中的甲醛含量。当测试次数超过 4 次、最后 2 次差异小于 5%就认为达到稳定状态，否则以第 28d 的测试值作为稳定状态的测定值，测试结果以 mg/m^3 表示。然而，气候箱法的测试时间过长，不便于工程推广应用，而且即使测了 28d 样品是否达到稳态也无从验证。此外，气候箱法不能测试甲醛可散发含量。

图 2.77　$1m^3$ 气候箱法示意图

气体分析法是一种快速测定试样中甲醛释放量的方法。测试时，给定面积的试样置于环境舱中，其温度、相对湿度、空气流速及气压控制在规定范围。测试需在较高的温度（60℃）和较低的相对湿度（≤3%）下进行。测定甲醛浓度时，从环境舱中抽出的空气经过吸收瓶，然后用分光光度法测定甲醛浓度。每小时测试一次甲醛浓度，试验总时间不超过 4h，测试结果以 mg/(m^2·h)表示。该方法的缺点是试样测试的温湿度工况严重偏离实际使用工况。

干燥器法是一种测定试样在给定温度下置于干燥器中时甲醛释放量的方法。测试时，将建材置于盛有水的干燥器中，让其在(20±0.5)℃下散发 24h，然后用分光光度法测定吸收液中吸收的甲醛含量，测试结果以 mg/L 表示。该方法最大的缺点是干燥器内相对湿度太高，严重偏离建材的实际使用条件。此外，干燥器法测定的只是 24h 内建材中甲醛的散发量，而不是总可散发含量。

穿孔萃取法是利用萃取仪测定试样中甲醛总含量的方法（见图 2.19）。该方法先通过液-固萃取将甲醛从板材提取到沸腾的液苯（沸点 110.8℃）中，然后通过液-液萃取使甲醛从液苯转移到水中，再通过分光光度法测定甲醛的含量，测试结果以 mg/100g 表示。可以看出，穿孔萃取法的目的是通过高温和萃取的方式将建材中所含的甲醛快速测定出来，整个试验过程不超过 3h。然而，该方法未考虑建材中的部分游离甲醛在常温下由于建材骨架的吸附作用无法散发出来的问题，而且高温环境破坏了建材的结构改变了其物理化学性质。穿孔萃取法测定的是建材中游离甲醛的总含量，而不是常温使用状态下的可散发甲醛含量，而实际上只有这部分甲醛才对室内空气质量产生影响。

根据 ISO 标准[88,89]的建议，上述方法中的任一种都可以用来测定人造板中的甲醛释放量、对人造板质量进行分级评定。因此，上述方法对人造板进行分级是等价的。根据 ISO 标准中对甲醛释放量的分级阈值，四种方法的等价关系可以总结为：0.124mg/m^3（1m^3 气候箱法）＝3.5mg/(m^2·h)（气体分析法）＝0.7mg/L（干燥器法）＝8.0mg/100g（穿孔萃取法）。需要指出的是，上述标准方法的测试条件差异很大，不同方法的这种关联并不总是存在。Risholm-Sundman 等[90]用上述标准方法测定多种人造板中的甲醛释放量，发现对于同一建材，穿孔萃取法、干燥器法和 1m^3 气候箱法测试结果的相关系数平方(R^2)只有 0.7，即相关性不强。

在《室内装饰装修材料　人造板及其制品中甲醛释放限量》(GB 18580—2001)[37]中，上述四种方法均用于对人造板建材进行分级评定。在《室内装修装饰材料　人造板及其制品中甲醛释放限量》(GB 18580—2017)[91]中，只推荐了 1m^3 气候箱法，而其他方法（气体分析法、干燥器法、穿孔萃取法）不再作为标准测试方法。标准中将四种测试方法修改为一种测试方法主要是基于下述考虑：①1m^3 气候箱法的测试条件（23℃、50%RH）和实际环境条件最为接近，因而能反映甲醛的实际散发特性；②气体分析法（60℃）和穿孔萃取法（110.8℃）的测试温度远高于环境温度,其会大大加快建材中甲醛的散发,但同时会改变建材的物理化学性质;③干燥器法中的相对湿度过高,可能会引起建材中脲醛树脂胶的水解,因而会影响测试结果。Huang 等[58]研究了由穿孔萃取法测定的建材中甲醛总含量,并将其与建材中甲醛初始(可散发)浓度进行了对比,同时开展了相关理论分析。初始(可散发)浓度是评价建材在常温下散发特性很好的指标。虽然穿孔萃取法的测试时间很短,但其测定的不是可散发量而是甲醛总含量,其包括可散发部分及不可散发部分。实际上,环境舱测试结果表明室温下中密度板的可散发量低于总含量的10%[44],说明大部分甲醛在室温下是无法散发出来的。此外,对建材来说,在很多情况下,甲醛总含量高并不意味着可散发含量就高,两者不存在一一对应关系。例如,对于建材 A 和 B,穿孔萃取法的结果为 A 中甲醛的含量高于 B,而环境舱法的结果很可能为 A 中甲醛的含量低于 B。测定的初始(可散发)浓度 C_0 和甲醛总含量 C_{total}的对比如图 2.78 所示[44]。可以看出,C_0 和 C_{total}之间不存在固定的关联关系,这再次说明穿孔萃取法不能反映建材中甲醛的真实散发特性。因此,基于穿孔萃取法的结果来对建材质量好坏进行评判极有可能造成严重误判,因为总散发量高并不意味着散发速率就大。因此,气候箱法更适合建材甲醛散发量的测定。

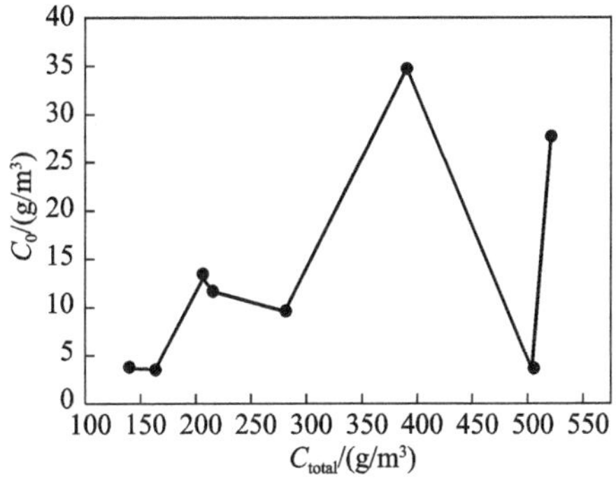

图 2.78　不同人造板建材甲醛初始浓度和总含量的对比

2.5 小　　结

本章介绍了 VVOCs/VOCs/SVOCs 的分类、传质和吸附的基本知识和相关研究成果,在宏观、介观和微观层次上深化了对室内 VVOCs/VOCs 源的散发机理及特性的认知。

在宏观层次上,建立了室内材料和物品甲醛及 VOCs 散发过程特性的改进传质模型;将无量纲分析引入室内材料和物品甲醛及 VOCs 散发过程特性分析,提出了新的无量纲参数 Little 数,导出了适用范围宽泛的无量纲散发速率和散发量与影响因素间的关联式;建立了以 *C*-history 方法为代表的多种快速、准确确定甲醛或 VOCs 散发特性参数的方法;研发了可评估测试系统和测试结果准确性的标准散发样品,获国家标准物质证书;通过 1500 户家庭调研,获得了用于我国室内家具标识的标准房间及其家具负载率,为建立我国家具 VOCs 标识体系提供了技术路线和系列技术及设备支撑。通过研究发现《人造板及饰面人造板理化性能试验方法》(GB/T 17657—1999)、《室内装饰装修材料 人造板及其制品中甲醛释放限量》(GB/T 18580—2001)及欧洲标准《穿孔萃取法人造板甲醛释放量测定》(EN 120:1992)以穿孔萃取法测得的人造板甲醛总含量作为评价其绿色度指标欠科学性,建议改用初始浓度 C_0 作为判据。

在介观层次上,基于分形理论和压汞法,导出了预测扩散系数的双尺度模型,显著提高了扩散系数的估测精度,并和试验结果很好符合。

在微观层次上,揭示了 C_0/C_{total}、分配系数 K 与温度及其他影响因素的关系,并和试验结果很好符合。

参考文献

[1] WHO. Indoor Air Quality:Organic Pollutants. EURO Reports and Studies 111. Copenhagen: World Health Organization,1989,10(9):855-858.

[2] Satterfield C N. Mass Transfer in Heterogeneous Catalysis. Huntington:Krieger Publishing,1981.

[3] Fuller E N,Schettler P D,Giddings J C. New method for prediction of binary gas-phase diffusion coefficients. Industrial & Engineering Chemistry,1996, 58(5):18-27.

[4] Ruthven D M. Principles of Adsorption and Adsorption Processes. New York:John Wiley & Sons,1984.

[5] Xiong J Y,Zhang Y P,Wang X K,et al. Macro-meso two-scale model for predicting the VOC diffusion coefficients and emission characteristics of porous building materials. Atmospheric Environment,2008,42(21):5278-5290.

[6] Bergman T L,Lavine A S,Incropera F P,et al. Fundamentals of Heat and Mass Transfer. 7th ed. New York:John Wiley & Sons,2011.

[7] Langmuir I. The adsorption of gases on plane surfaces of glass,mica and platinum. Journal of the American Society,1918,40(9):1361-1403.

[8] Freundlich H,Hatfield H S. Colloid and Capillary Chemistry. London:Methuen,1926,65:40-41.

[9] Rosene M R,Manes M. Application of the Polanyi adsorption potential theory to adsorption from solutions on activated carbon. 7. Competitive adsorption of solids from water solutions. The Journal of Physical Chemistry,1976,80(9):953-959.

[10] Little J C,Hodgson A T,Gadgil A J. Modeling emissions of volatile organic compounds from new carpets. Atmospheric Environment,1994,28(2):227-234.

[11] Liu Z,Ye W,Little J C. Predicting emissions of volatile and semivolatile organic compounds from building materials:A review. Building and Environment,2013,64:7-25.

[12] Yang X,Chen Q,Zhang J S,et al. Numerical simulation of VOC emissions from dry materi-

als. Building and Environment, 2001, 36(10): 1099-1107.

[13] Huang H Y, Haghighat F. Modelling of volatile organic compounds emission from dry building materials. Building and Environment, 2002, 37(12): 1127-1138.

[14] Xu Y, Zhang Y P. An improved mass transfer based model for analyzing VOC emissions from building materials. Atmospheric Environment, 2003, 37(18): 2497-2505.

[15] Yang X. Study of building materials emissions and indoor air quality[Ph. D. Thesis]. Boston: Massachusetts Institute of Technology, 1999.

[16] Xu Y, Zhang Y P. A general model for analyzing single surface VOC emission characteristics from building materials and its application. Atmospheric Environment, 2004, 38(1): 113-119.

[17] Hu H P, Zhang Y P, Wang X K, et al. An analytical mass transfer model for predicting VOC emissions from multi-layered building materials with convective surfaces on both sides. International Journal of Heat and Mass Transfer, 2007, 50(11-12): 2069-2077.

[18] Zhang L Z, Niu J L. Modeling VOCs emissions in a room with a single-zone multi-component multi-layer technique. Building and Environment, 2004, 39(5): 523-531.

[19] Xiong J Y, Zhang Y P, Yan W. Characterisation of VOC and formaldehyde emission from building materials in a static chamber: Model development and application. Indoor and Built Environment, 2011, 20(2): 217-225.

[20] Wang X K, Zhang Y P. A new method for determining the initial mobile formaldehyde concentrations, partition coefficients and diffusion coefficients of dry building materials. Journal of the Air & Waste Management Association, 2009, 59(7): 819-825.

[21] 钱科. 干建材 VOC 散发准则关联式及关键参数研究 [硕士学位论文]. 北京: 清华大学, 2007.

[22] Axley J W. Adsorption modelling for building contaminant dispersal analysis. Indoor Air, 1991, 1(2): 147-171.

[23] ASTM D5157-1997. Standard Guide for Statistical Evaluation of Indoor Air Quality Models. Philadelphia: American Society for Testing and Materials, 2003.

[24] Zhang Y P, Xu Y. Characteristics and correlations of VOC emissions from building materials. International Journal of Heat and Mass Transfer, 2003, 46(25): 4877-4883.

[25] Zhang Y, Xiong J Y, Mo J H, et al. Understanding and controlling airborne organic compounds in the indoor environment: Mass transfer analysis and applications. Indoor Air, 2016, 26(1): 39-60.

[26] Deng B, Kim N C. An analytical model for VOC emission from dry building materials. Atmospheric Environment, 2004, 38(8): 1173-1180.

[27] Qian K, Zhang Y P, Little J C, et al. Dimensionless correlations to predict VOC emissions from dry building materials. Atmospheric Environment, 2007, 41(2): 352-359.

[28] Zhang L Z, Niu J L. Laminar fluid flow and mass transfer in a standard field and laboratory emission cell (FLEC). International Journal of Heat and Mass Transfer, 2003, 46(1): 91-100.

[29] Kirchner S, Badey J R, Knudsen H N, et al. Sorption capacities and diffusion coefficients of indoor surface materials exposed to VOCs: Proposal of new test procedure//Proceedings of the Eighth International Conference on Indoor Air Quality and Climate, Edinburgh, 1999: 430-435.

[30] Bodalal A, Zhang J S, Plett E G. A method for measuring internal diffusion and equilibrium partition coefficients of volatile organic compounds for building materials. Building and Environment, 2000, 35(2): 101-110.

[31] Meininghaus R, Gunnarsen L, Knudsen H N. Diffusion and sorption of volatile organic compounds in building materials—Impact on indoor air quality. Environmental Science & Technology, 2000, 34(15): 3101-3108.

[32] Haghighat F, Lee C S, Ghaly W S. Measurement of diffusion coefficients of VOCs for building materials: Review and development of a calculation procedure. Indoor Air, 2002, 12(2): 81-91.

[33] Blondeau P, Tiffonnet A L, Damian A, et al. Assessment of contaminant diffusivities in building materials from porosimetry tests. Indoor Air, 2003, 13(3): 302-310.

[34] Cox S S, Zhao D Y, Little J C. Measuring partition and diffusion coefficients for volatile organic compounds in vinyl flooring. Atmospheric Environment, 2001, 35(22): 3823-3830.

[35] Li F, Niu J L. Simultaneous estimation of VOCs diffusion and partition coefficients in building materials via inverse analysis. Building and Environment, 2005, 40(10): 1366-1374.

[36] 中华人民共和国国家标准. 人造板及饰面人造板理化性能试验方法(GB/T 17657—1999). 北京:中国标准出版社, 1999.

[37] 中华人民共和国国家标准. 室内装饰装修材料　人造板及其制品中甲醛释放限量(GB/T 18580—2001). 北京:中国标准出版社, 2001.

[38] EN 120: 1992. Wood-based Panels-determination of Formaldehyde Content: Extraction Method Called The Perforator Method. European Standard, 1993.

[39] Cox S S, Little J C, Hodgson A T. Measuring concentrations of volatile organic compounds in vinyl flooring. Journal of the Air & Waste Management Association, 2001, 51(8): 1195-1201.

[40] Smith J F, Gao Z, Zhang J S, et al. A new experimental method for the determination of emittable initial VOC concentrations in building materials and sorption isotherms for IVOCs. Clean-Soil Air Water, 2009, 37(6): 454-458.

[41] Xiong J Y, Yao Y, Zhang Y P. *C*-history method: Rapid measurement of the initial emittable concentration, diffusion and partition coefficients for formaldehyde and VOCs in building materials. Environmental Science & Technology, 2011, 45(8): 3584-3590.

[42] 中华人民共和国国家标准. 公共场所空气中甲醛测定方法(GB/T 18204.26—2000). 北京:中国标准出版社, 2000.

[43] Lee C S, Haghighat F, Ghaly W S. A study on VOC source and sink behavior in porous building materials—Analytical model development and assessment. Indoor Air, 2005,

15(3):183-196.

[44] Xiong J Y, Yan W, Zhang Y P. Variable volume loading method: A convenient and rapid method for measuring the initial emittable concentration and partition coefficient of formaldehyde and other aldehydes in building materials. Environmental Science & Technology, 2011,45(23):10111-10116.

[45] Huang S D, Xiong J Y, Zhang Y P. A rapid and accurate method, ventilated chamber C-history method, of measuring the emission characteristic parameters of formaldehyde/VOCs in building materials. Journal of Hazardous Materials, 2013, 261: 542-549.

[46] Xiong J Y, Liu C, Zhang Y P. A general analytical model for formaldehyde and VOC emission/sorption in single-layer building materials and its application in determining the characteristic parameters. Atmospheric Environment, 2012, 47: 288-294.

[47] Xiong J Y, Chen W H, Smith J F, et al. An improved extraction method to determine the initial emittable concentration and the partition coefficient of VOCs in dry building materials. Atmospheric Environment, 2009, 43(26): 4102-4107.

[48] Xiong J Y, Zhang Y P. Impact of temperature on the initial emittable concentration of formaldehyde in building materials: Experimental observation. Indoor Air, 2010, 20(6): 523-529.

[49] Cox S S, Liu Z, Little J C, et al. Diffusion-controlled reference material for VOC emissions testing: proof of concept. Indoor Air, 2010, 20(5): 424-433.

[50] Wei W, Zhang Y, Xiong J, et al. A standard reference for chamber testing of material VOC emissions: Design principle and performance. Atmospheric Environment, 2012, 47: 381-388.

[51] Wei W, Reed H, Persily A, et al. Standard formaldehyde source for chamber testing of material emissions: model development, experimental evaluation and impacts of environmental factors. Environmental Science & Technology, 2013, 47(14): 7848-7854.

[52] Wei W, Xiong J, Zhao W, et al. A framework and experimental study of an improved VOC/formaldehyde emission reference for environmental chamber tests. Atmospheric Environment, 2014, 82: 327-334.

[53] He Z K, Wei W J, Zhang Y P. Dynamic-static chamber method for simultaneous measurement of the diffusion and partition coefficients of VOCs in barrier layers of building materials. Indoor and Built Environment, 2010, 19(4): 465-475.

[54] Liu W W, Zhang Y P, Yao Y. Labeling of volatile organic compounds emissions from Chinese furniture: Consideration and practice. Chinese Science Bulletin, 2013, 58(28-29): 3499-3506.

[55] White F M. Heat and Mass Transfer. Reading, MA: Addison-Wesley, 1988.

[56] Zeng R L, Wang X, Di H F, et al. New concepts and approach for developing energy efficient buildings: Ideal specific heat for building internal thermal mass. Energy and Buildings, 2011, 43(5): 1081-1090.

[57] Yan W, Zhang Y P, Xiong J Y, et al. A regression method for measuring initial mobile forma ldehyde concentrations and partition coefficients of dry building materials//Proceedings of

EERB-BEPH, Guilin, 2009.

[58] Huang S D, Xiong J Y, Zhang Y P. Influence of temperature on the initial emittable concentration of formaldehyde in building materials: Interpretation from statistical physics theory and validation. Environmental Science & Technology, 2015, 49: 1537-1544.

[59] Nakayama T, Fukuda H, Sugita A, et al. Buffer-gas pressure broadening for the $(00^0 3) \leftarrow (00^0 0)$ band of N_2O measured with continuous-wave cavity ring-down spectroscopy. Chemical Physics, 2007, 334(1-3): 196-203.

[60] Clausen P A, Liu Z, Kofoed-Sørensen V, et al. Influence of temperature on the emission of di-(2-ethylhexyl) phthalate (DEHP) from PVC flooring in the emission cell FLEC. Environmental Science & Technology, 2012, 46(2): 909-915.

[61] Ekelund M, Azhdar B, Hedenqvist M S, et al. Long-term performance of poly (vinyl chloride) cables, Part 2: Migration of plasticizer. Polymer Degradation and Stability, 2008, 93(9): 1704-1710.

[62] McQuarrie D A, Simon J D. Molecular Thermodynamics. Sausalito: University Science Books, 1999.

[63] Xiong J Y, Wei W J, Huang S D, et al. Association between the emission rate and temperature for chemical pollutants in building materials: General correlation and understanding. Environmental Science & Technology, 2013, 47(15): 8540-8547.

[64] Srisuda S, Virote B. Adsorption of formaldehyde vapor by amine-functionalized mesoporous silica materials. Journal of Environmental Science, 2008, 20(3): 379-384.

[65] Carniglia S C. Construction of the tortuosity factor from porosimetry. Journal of Catalysis, 1986, 102(2): 401-418.

[66] Seo J, Kato S, Ataka Y, et al. Evaluation of effective diffusion coefficient in various building materials and absorbents by mercury intrusion porosimetry//Proceedings of Indoor Air, Beijing, 2005.

[67] Hansson P, Stymne H. VOC diffusion and absorption properties of indoor materials-consequences for indoor air quality//Proceedings of Healthy Building, Espoo, 2000.

[68] Mizuno Y, Ito K, Kato S, et al. Measurement of effective diffusion coefficient by CUP method-measurement of effective diffusion coefficient targeted toluene, decane, ethylbenzene. Part1-Annual Meeting. Journal of Architect, 2003, D-2: 947-948.

[69] Rootare H M, Prenzlow C F. Surface areas from mercury porosimeter measurements. Journal of Physical Chemistry, 1967, 71(8): 2733-2736.

[70] Zhang Y P, Luo X X, Wang X K, et al. Influence of temperature on formaldehyde emission parameters of dry building materials. Atmospheric Environment, 2007, 41(15): 3203-3216.

[71] Mandelbrot B. How long is the coast of Britain? Statistical self-similarity and fractional dimension. Science, 1967, 156: 636-638.

[72] 熊建银. 建材 VOC 散发特性研究：测定、微介观诠释及模拟[博士学位论文]. 北京：清华大学, 2010.

[73] 中华人民共和国国家标准. 民用建筑工程室内环境污染控制标准(GB 50325—2020). 北京：中国计划出版社，2020.

[74] 中华人民共和国国家标准. 室内空气质量标准(GB/T 18883—2002). 北京：中国标准出版社，2002.

[75] Spengler J D, Samet J M, McCarthy J F. Indoor Air Quality Handbook. New York: McGraw-Hill, 2001.

[76] Liu W W, Zhang Y P, Yao Y, et al. Indoor decorating and refurbishing materials and furniture volatile organic compounds emission labeling systems: A literature review. Chinese Science Bulletin, 2012, 57(20): 2533-2543.

[77] Yao Y, Xiong J Y, Liu W W, et al. Determination of the equivalent emission parameters of wood-based furniture by applying *C*-history method. Atmospheric Environment, 2011, 45(31): 5602-5611.

[78] AgBB. A contribution to the construction products directive: Health-related evaluation procedure for volatile organic compounds emissions (VOC and SVOC) from building products. German Committee for Health-related Evaluation of Building Products, 2010.

[79] Liu W W, Yao Y, Zhang Y P. Determination of the thresholds of typical indoor pollutants from furniture emission in full-scale chamber//The 12th International Conference on Indoor Air Quality and Climate, Austin, 2011.

[80] 中华人民共和国行业标准. 夏热冬暖地区居住建筑节能设计标准(JGJ 75—2012). 北京：中国建筑工业出版社，2012.

[81] International Organization for Standardization ISO 12460-1. Wood-based panels-Determination of formaldehyde release—Part 1: Formaldehyde emission by the 1-cubic-metre chamber method. Geneva: International Organization for Standardization, 2007.

[82] European Committee for Standardization. EN 717-1. Wood-based panels—Determination of formaldehyde release—Part 1: Formaldehyde emission by the chamber method. London: European Standard, 2004.

[83] International Organization for Standardization. ISO 12460-3. Wood-based panels—Determination of formaldehyde release-part 3: Gas analysis method. Geneva: International Organization for Standardization, 2008.

[84] European Committee for Standardization. EN 717-2. Wood-based panels—Determination of formaldehyde release—Part 2: formaldehyde release by the gas analysis method. London: European Standard, 1994.

[85] International Organization for Standardization. ISO 12460-4. Wood-based panels-Determination of formaldehyde release—Part 4: Desiccator method. Geneva: International Organization for Standardization, 2016.

[86] Japanese Standard Association. JISA 1460. Building boards. Determination of formaldehyde emission-desiccator method. Japanese Industrial Standard. Tokyo: Japanese Standard Association, 2001.

[87] International Organization for Standardization. ISO 12460-5. Wood-based panels-Determination of formaldehyde release—Part 4：Extraction method (called the perforator method). Geneva：International Organization for Standardization，2011.
[88] International Organization for Standardization. ISO 16893. Wood-based panels-Particleboard. Geneva：International Organization for Standardization，2016.
[89] International Organization for Standardization. ISO 16895. Wood-based panels-Dry-process fibreboard. Geneva：International Organization for Standardization，2016.
[90] Risholm-Sundman M，Larsen A，Vestin E，et al. Formaldehyde emission-comparison of different standard methods. Atmospheric Environment，2007，41(15)：3193-3202.
[91] 中华人民共和国国家标准. 室内装饰装修材料　人造板及其制品中甲醛释放限量(GB 18580—2017). 北京：中国标准出版社，2017.

第 3 章　室内半挥发性有机化合物源散发机理和特性

在室内环境中，SVOCs 也是常见的污染物。与 VOCs 不同，其沸点较高，分配系数较大，非常容易被材料(包括人的皮肤和颗粒物)表面吸收。

要对室内 SVOCs 进行源头控制，首先要知道 SVOCs 的种类和特性，以及它们在不同的室内环境条件下(如温度、湿度、空气流速和背景浓度)源、汇中的传递速率及其影响因素，它们是估测给定条件下室内空气中该类污染物浓度的基础，也是进一步暴露评价和健康风险评价的基础，而最终综合控制的策略和方法往往依据源汇特性、暴露评价和健康风险评价而做出，如图 3.1 所示。

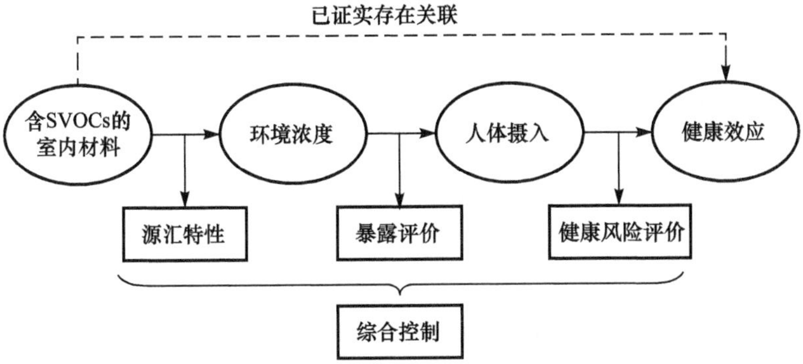

图 3.1　室内 SVOCs 污染研究中关键问题的相互关系

3.1　室内 SVOCs 的来源和种类

欲知其害，须知其源。室内 SVOCs 的来源广泛，包括：为了改善材料的某些性能添加到材料中的各种助剂(如增塑剂和阻燃剂)；室内某些日常生活用品，如卫生杀虫剂；吸烟、熏香燃烧、烹饪等[1]。

1. 助剂

增塑剂主要用于增强高分子聚合物材料的柔韧性和拉伸性；阻燃剂用于提高材料的抗燃性，阻止材料被引燃及抑制火焰传播。这两类助剂的产量和消费量很大,并且在材料使用过程中,这些助剂可发生迁移和再分配,因此材料助剂是室内SVOCs的重要来源。

1) 增塑剂

增塑剂广泛用于玩具、建筑材料、汽车配件、电子与医疗部件等大量塑料制品,是迄今为止产量和消费量最大的助剂,它在塑料制品中的质量分数可达百分之几十。2011年我国已成为全球增塑剂市场中的主要生产国和消费国,2014年全球增塑剂消费量的43%就来自我国[2]。我国增塑剂的生产和消费种类相对单一,主要的增塑剂产品为邻苯二甲酸酯类:90%以上为邻苯二甲酸二(2-乙基)己酯(di-2-ethylhexyl phthalate,DEHP)以及邻苯二甲酸二丁酯(dibutyl phthalate,DBP)等通用种类。Shi等[3]在我国随机购买了桌垫、地毯、墙纸等10种聚氯乙烯材料并检测了其中的DEHP含量,发现有6种产品中DEHP含量远超过我国《健康建筑评价标准》(T/ASC 02—2016)[4]中规定的0.01%。

2) 阻燃剂

阻燃剂广泛用于化学建材、电子电器、交通运输、航空航天、日用家具、室内装饰、衣食住行等各个领域。在我国塑料助剂中,阻燃剂生产是仅次于增塑剂的第二大行业,产量逐年增加。

2. 卫生杀虫剂

卫生杀虫剂主要应用于人类居住的生活环境。我国卫生杀虫剂的产量非常大,是卫生杀虫剂的生产和消费大国[5]。

3. 燃烧产物

室内的燃烧过程和高温加热过程可以产生大量SVOCs。燃烧产生SVOCs的方式有两种,一是存于源中的SVOCs受热散发到空气中,二是不完全燃烧过程产生新的SVOCs。燃烧过程的SVOCs产物中最常见且危害最大的是多环芳烃(polycyclic aromatic hydrocarbons,PAHs)。高温加热过程,如中式烹饪法常用的爆炒煎炸等加热食物的方式同样可产生大量PAHs[6]。PAHs是一类芳香族化合物的总称,其中大多种类对人体有害,且有18种已被认定为可疑致癌物[7],对其的长期暴露会诱发肺癌。此外,燃煤和香烟均会产生大量的PAHs。由此可见,我国室内的PAHs污染十分严重。

3.2 室内SVOCs源散发特性

3.2.1 室内SVOCs源散发特性参数及传质简化模型

材料中添加的SVOCs与基材分子之间靠物理作用相结合[8]。如图3.2所

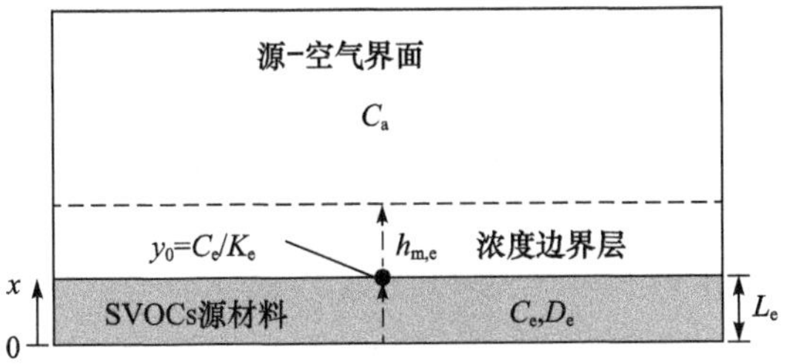

图 3.2　SVOCs 源散发过程示意图[9]

示，SVOCs 的源散发过程包含两个过程：①在材料表面，当 SVOCs 的分子动能大于 SVOCs 与材料基质分子间作用力时，SVOCs 将可能挣脱这种分子作用力的束缚而散发到环境空气中，这其实就是 SVOCs 在材料相与气相间重新分配的过程；②由于散发会带走一定量的 SVOCs，材料表面与材料内部将形成 SVOCs 浓度差，从而驱动材料内部的 SVOCs 扩散至材料表面[9]。SVOCs 的散发过程其实与干建材中 VOCs 的散发过程非常类似[10-12]。因此，早期在研究 SVOCs 源散发特性时沿用了对干建材 VOCs 散发特性的研究方法，即用三个关键参数表征 SVOCs 的源散发传质特性：材料中 SVOCs 的初始浓度 C_0（$\mu g/m^3$）、SVOCs 在源材料中的传质扩散系数 D_e（m^2/s）及 SVOCs 在材料与空气界面处的分配系数 K_e（即材料与空气交界面处材料相浓度与气相浓度之比）[9]。相应的 SVOCs 源散发过程的简化传质模型见式(3.1)。

$$\begin{cases}\dfrac{\partial C_e}{\partial t}=D_e\dfrac{\partial^2 C_e}{\partial x^2} \\ -D_e\dfrac{\partial C_e}{\partial x}=h_{m,e}\left(\dfrac{C_e}{K_e}-C_a\right), & x=L_e \\ \dfrac{\partial C_e}{\partial x}=0, & x=0 \\ C_e=C_0, & t=0\end{cases} \tag{3.1}$$

式中，C_e 为源材料中 SVOCs 的浓度，$\mu g/m^3$；t 为时间，s；x 为与源材料底部的距离，m；$h_{m,e}$为源材料表面的对流传质系数，m/s；L_e 为源材料的厚度，m。

此模型假设源材料各向均匀且 SVOCs 在材料中的传质为一维扩散过程。

由式(3.1)，Xu 等[9]沿用测定干建材中 VOCs 散发特性参数的方法，在环境舱中测得了 PVC 地板中 DEHP 的散发特性参数 C_0、D_e 和 K_e，结果表明：①SVOCs 的内部扩散阻力可忽略不计；②相当长时间内源材料中 SVOCs 的含量几乎不变（即 $C_e\approx C_0$），这是由于 SVOCs 的散发速率很小，散发量远小于源材料中的初始含量。以 PVC 地板中的 DEHP 为例，Xu 等[9]测得 C_e/K_e 约为 $1\mu g/m^3$，$h_{m,e}$ 约为

0.4mm/s，若假设空气中DEHP气相浓度远小于源材料表面空气侧SVOCs气相浓度y_0，可算得散发的最大速率（即假设空气中DEHP气相浓度为零）为0.4ng/(m^2·s)，则一年后单位面积PVC地板损失的DEHP质量为12.6mg，不到DEHP初始质量的0.001%（单位面积质量为1300g）。

由于D_e、C_e在整个散发过程中保持恒定（$C_e=C_0$），式(3.1)可简化为

$$E=h_{m,e}\left(\frac{C_0}{K_e}-C_a\right)=h_{m,e}(y_0-C_a) \tag{3.2}$$

式中，E为单位面积源材料的散发速率，μg/(m^2·s)；y_0为C_e（或C_0）与K_e的比值，根据K_e的定义可知y_0为源材料表面空气侧SVOCs的气相浓度，μg/m^3。

由于C_0和K_e在散发过程中均保持不变，y_0在整个散发过程中也可看成一个常数。因此，表征SVOCs源散发过程的特性参数可由原来的三个（C_0、D_e和K_e）简化为一个（y_0），即y_0是SVOCs源散发过程的唯一特性参数[9]。因此，准确测定y_0是研究SVOCs源散发特性的关键。

3.2.2 源散发特性参数的测定方法

1. 文献中测定y_0的典型方法

已有测定y_0的方法主要包括两大类：通风舱法和密闭舱法。通风舱法一般将SVOCs源材料放置于环境舱中，以恒定流量向舱中通入洁净空气（不含SVOCs和颗粒物），测量环境舱中SVOCs气相浓度直至其达到平衡，最后将测得的浓度代入SVOCs在环境舱内的传质模型以求得y_0[13]。尽管原理基本一样，但由于所选用的通风舱结构各不相同，不同通风舱法的试验周期、y_0的测量精度可能会存在较大差异。例如，材料、污染和空气质量实验室研究环境舱（chamber for laboratory investigation of materials, pollution, and air quality, CLIMPAQ）体积为51L[9,14,15]、FLEC体积为35cm^3[14,16-18]以及其他一些长方体环境舱[19,20]，它们测定y_0所需的试验时间很长，对挥发性很弱的SVOCs更是如此。例如，Clausen等[14]用CLIMPAQ和FLEC测试PVC地板散发DEHP的y_0时所耗费的时间长达472d，因此这类方法几乎无法用于y_0的实际测定。为此，Xu等[8]设计了一种类似三明治结构的通风环境舱，尽量减小环境舱内壁吸附SVOCs的面积，而增大源材料的散发面积（散发面积为0.25m^2，而吸附面积仅为0.02m^2），成功地将试验时间缩短至80d（测定PVC散发DEHP的y_0）。通过不断优化三明治型环境舱的结构及其内部的气流组织，Liang等[21]将试验时间进一步缩短至几天以内。

为了更直观地解释环境舱设计对测试时间和结果的影响，Liu 等[13]建立了描述 SVOCs 在通风舱内散发过程的传质模型，如图 3.3 所示。若假设环境舱内空气混合均匀且不含任何颗粒物，则可得舱内空气中 SVOCs 的质量守恒方程为

$$V\frac{\mathrm{d}C_{\mathrm{a}}}{\mathrm{d}t}=EA_{\mathrm{e}}-S_{\mathrm{w}}A_{\mathrm{w}}-QC_{\mathrm{a}} \tag{3.3}$$

式中，V 为环境舱内空气体积，$\mathrm{m^3}$；A_{e} 为源材料散发面积，$\mathrm{m^2}$；S_{w} 为环境舱单位面积内壁吸附 SVOCs 的速率，$\mu\mathrm{g/(m^2\cdot s)}$；$A_{\mathrm{w}}$ 为内壁吸附面积，$\mathrm{m^2}$；Q 为环境舱的通风量，$\mathrm{m^3/s}$。

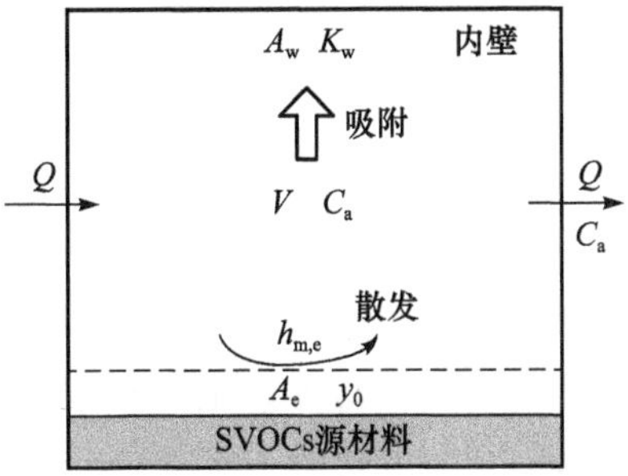

图 3.3　测定源特性参数的通风环境舱内 SVOCs 散发过程示意图[13]

散发速率 E 可由式(3.2)求得，内壁吸附速率 S_{w} 可由式(3.4)求得。

$$S_{\mathrm{w}}=\frac{\mathrm{d}q_{\mathrm{w}}}{\mathrm{d}t}=K_{\mathrm{w}}\frac{\mathrm{d}C_{\mathrm{a}}}{\mathrm{d}t} \tag{3.4}$$

式中，q_{w} 为单位面积内壁表面上 SVOCs 的质量，$\mu\mathrm{g/m^2}$；K_{w} 为 SVOCs 在内壁表面与空气间的分配系数，m。

需要指出的是，式(3.4)中忽略了 SVOCs 与内壁表面的对流传质过程。根据 Liu 等[13]和 Xiong 等[22]的分析，此对流传质过程仅对 SVOCs 散发过程的初始阶段有影响，其对此阶段后的影响可忽略不计。

试验开始前环境舱内不含 SVOCs，模型的初始条件为

$$C_{\mathrm{a}}=0,\quad q_{\mathrm{w}}=0,\quad t=0 \tag{3.5}$$

联立式(3.2)～式(3.5)，可求得舱内 SVOCs 气相浓度 C_{a} 的解析解：

$$C_{\mathrm{a}}=\frac{y_0}{1+Q/(h_{\mathrm{m,e}}A_{\mathrm{e}})}\left[1-\exp\left(-\frac{Q+h_{\mathrm{m,e}}A_{\mathrm{e}}}{V+K_{\mathrm{w}}A_{\mathrm{w}}}t\right)\right]=C_{\mathrm{a,equ}}\left[1-\exp\left(-\frac{t}{N_{\mathrm{e}}}\right)\right] \tag{3.6}$$

式中，$C_{\mathrm{a,equ}}$为气相 SVOCs 平衡浓度，$\mu\mathrm{g/m^3}$；N_{e} 为时间常数，$N_{\mathrm{e}}=(V+K_{\mathrm{w}}A_{\mathrm{w}})/(Q+h_{\mathrm{m,e}}A_{\mathrm{e}})$。

从式(3.6)可以看出，C_{a} 达到平衡的时间由时间常数 N_{e} 决定：N_{e} 越大，达到平衡所需的时间越长。Liu 等[13]指出增大源材料散发面积 A_{e}、减小内壁吸附面积 A_{w} 和选用吸附性弱的材料(即减小 K_{w})加工环境舱可有效缩短测定 y_0 所需的时

间。上述通风舱法均需测量舱内 SVOCs 的平衡气相浓度(即 $C_{a,equ}$),使用 CLIMPAQ 和 FLEC 环境舱测定 y_0 时间长的原因就是环境舱内壁的吸附面积 A_w 太大(这两种舱中 $A_w \geqslant A_e$);而三明治型环境舱中 A_w(0.02m^2)远小于 A_e(0.25m^2),显著减小了时间常数 N_e 的值。

由式(3.7)可知,测得 $C_{a,equ}$后可用式(3.7)算得 y_0的值:

$$y_0 = \left(1 + \frac{Q}{h_{m,e}A_e}\right) C_{a,equ} \tag{3.7}$$

式中,Q 和 A_e 可直接测得,对流传质系数 $h_{m,e}$一般用经验公式进行估算[23]。但是,估算 $h_{m,e}$的过程不仅烦琐(如还需测定源材料表面的气流速度)而且误差可能大于 20%[24]。因此,即便准确测得 $C_{a,equ}$、Q 和 A_e 的值,y_0 的测量准确度还是无法保障,这很可能是已有通风舱法研究均未给出 y_0 测量误差的原因。表 3.1 总结了一些典型通风舱法的特性和不足[8,9,25-28]。

由式(3.7)还可以看出,若环境舱的通风量为 0($Q=0$,即密闭舱),舱内 SVOCs 的平衡浓度即为 y_0。这样,可以有效消除估算 $h_{m,e}$所引入的误差。然而,一旦环境舱被密闭,传统测量 C_a 的方法将不再适用,因为它们是用气体采样泵以一定流量从环境舱内抽取空气,同时用 Tenax TA 管或聚氨酯吸附所抽取空气中的 SVOCs,然后分析富集在 Tenax TA 管或聚氨酯中 SVOCs 的质量[29-32]。因此,若要用密闭舱法测定 y_0,需对环境舱的结构和 SVOCs 采样方式,如扩散采样器(passive flux sampler,PFS)法[25,26]、固相微萃取(solid-phase micro-extraction,SPME)平衡吸附法[27]和热脱附管法[28]进行评价、选用和改进,见表 3.1。

表 3.1 典型测定 y_0 方法

类型	名称	实物图(示意图)	流程、特征概述	主要不足
通风舱法	CLIMPAQ 或 FLEC 方法[9]	 	(1) 将源材料放入到环境舱,通入纯净空气,在出口测量气相浓度直至平衡 (2) 用测得的平衡浓度求得 y_0	(1) 耗时,测 DEHP 的 y_0 需 400d 以上 (2) 估算 $h_{m,e}$ 会引入误差,导致测量误差无法评估
	三明治型环境舱法[8]	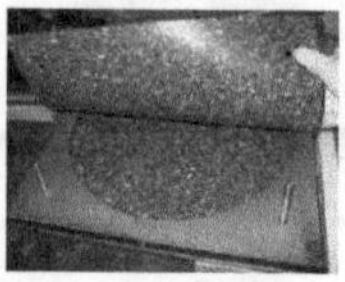 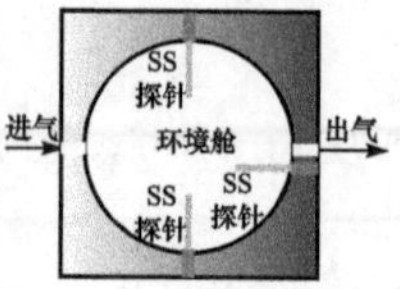	(1) 测定过程同上 (2) 减小环境舱内壁吸附面积,使试验时间缩短至几天以内	估算 $h_{m,e}$会引入误差,导致测量误差无法评估

续表

类型	名称	实物图(示意图)	流程、特征概述	主要不足
密闭舱法	PFS 方法[25,26]	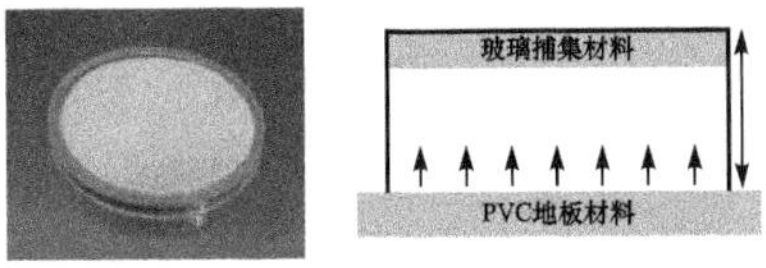	(1) 在培养皿底部放置吸附材料(如活性炭),将培养皿扣于源材料表面 (2) 测定吸附材料中 SVOCs 的逐时含量,结合相应传质模型求得 y_0	(1) y_0 的测试精度依赖于环境舱尺寸 (2) 用萃取法从吸附材料中提取出 SVOCs,操作复杂、耗时
	SPME 平衡吸附法[27]	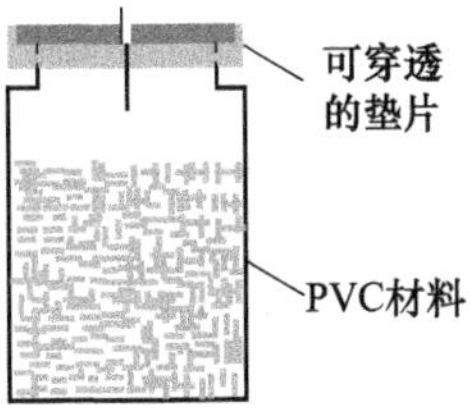	(1) 将源材料切碎放入小瓶,盖紧瓶盖 (2) 将 SPME 插入瓶中(不与源材料接触),直至吸附平衡,分析 SPME 中 SVOCs 吸附量	(1) 耗时,DEHP 吸附平衡需 600h 以上 (2) 只能测得 y_0 与 SVOCs 饱和蒸气浓度的相对值
	热脱附管法[28]		(1) 将 Tenax TA 管一端紧贴源材料表面 (2) 测量 Tenax TA 管中 SVOCs 的逐时吸附量;结合相应传质模型求得 y_0 (3) 系统简单,操作简便	(1) 时间相对较长,测 DEHP 的 y_0 需 300h 以上 (2) 使用非线性拟合求解 y_0,误差无法评估

2. 基于密闭舱和 SPME 的源特性瞬态测定法:逐时吸附量法(*M*-history 方法)

采用密闭舱测定 SVOCs 源特性参数有一定优越性:测试时间短、误差小,但首先要解决无抽气被动采样问题,且采样时间不宜过长。SPME 技术可解决此难题。

1) SPME 工作原理

2000 年,Pawliszyn[33]开发出 SPME,后广泛应用于固、液、气相有机物浓度的测量。图 3.4 为柱状 SPME 的实物图和结构图[27],它类似于一个注射器,主要由萃取头、不锈钢内芯、不锈钢针管、旋转头及密封垫组成。萃取头为一根熔融石英纤维,其表面涂有一层固定相有机物(一般称为固定相涂层)。萃取头的一端与不锈钢内芯相连接。不锈钢内芯从不锈钢针管的另一头伸出,并连接到旋转头,用于与自动采样器连接。通过推拉旋转头可以使萃取头进出针管:采样时,将萃取头推出针管,并让其暴露在待测样品中;其他时候萃取头都置于针管中,以保护其不被

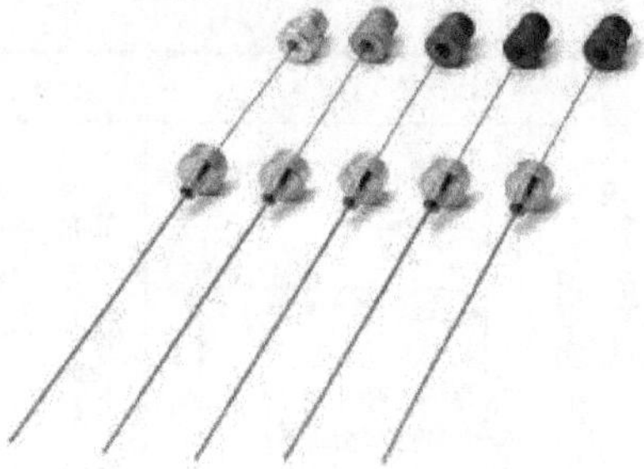

(a) 实物图

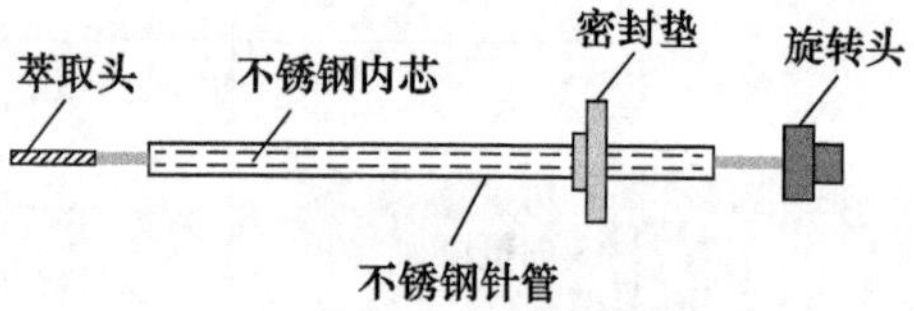

(b) 结构简图

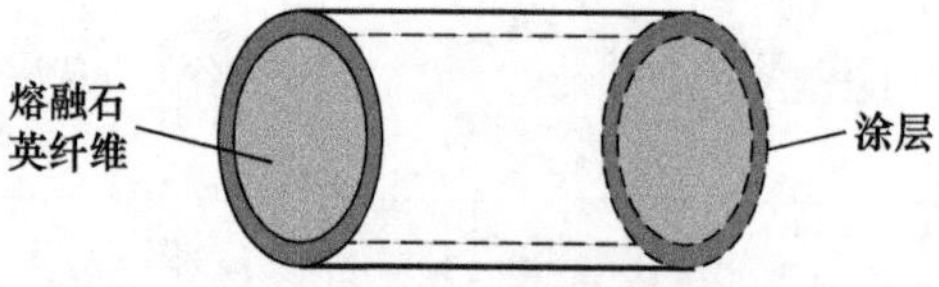

(c) 萃取头结构图

图 3.4　柱状 SPME 的实物图和结构图[27]

折断。SPME 采样的原理是：当萃取头暴露在待测样品中时，样品中的目标有机物将被萃取头的涂层吸附，用相应的仪器测量涂层中有机物的吸附量并结合合适的传质模型即可求得目标有机物的浓度[33]。萃取头中石英纤维的长度为 1cm，直径为 110μm；萃取头涂层的厚度为 7～100μm，长度等于石英纤维的长度；不锈钢内芯的直径略大于萃取头直径；不锈钢针管的内径略大于内芯的直径，外径约为 1mm，长度约为 8cm。

使用 SPME 测量目标有机物浓度时，通常有两种方法：平衡法和非平衡法[34]。图 3.5 为 SPME 涂层中有机物吸附量随采样时间变化的曲线，包括三个阶段：线性阶段、过渡阶段及平衡阶段[35]。使用平衡法时，需要 SPME 萃取头涂层对目标有机物的吸附达到平衡。此时，涂层中目标有机物的平衡吸附量与样品中目标有机物的浓度呈线性关系[33]。

$$M_{equ}=K_{fc}V_{fc}C \tag{3.8}$$

式中，M_{egu} 为涂层中目标有机物的平衡吸附量，μg；K_{fc} 为目标有机物在涂层与样品间的分配系数，无量纲；V_{fc} 为涂层的体积，m^3；下标 fc 为萃取头纤维涂层的英文 fiber coating 首字母；C 为样品中目标有机物的浓度，$μg/m^3$。

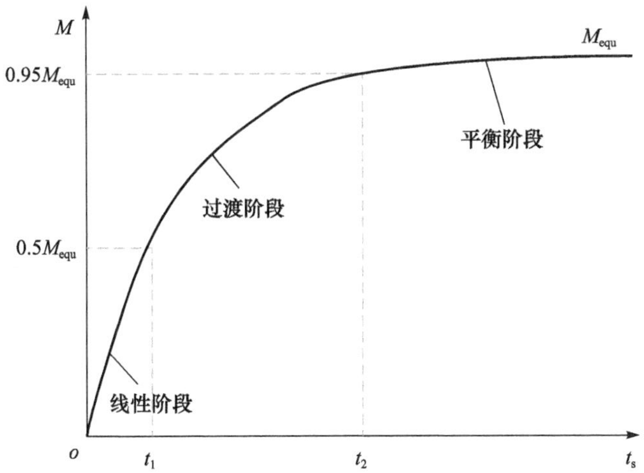

图 3.5　SPME 涂层中有机物吸附量随采样时间变化的曲线[35]

若 K_{fc} 已通过独立试验测得，则只需测定 M_{equ} 并利用式(3.8)即可推测目标有机物的浓度。然而，当待测有机物为 SVOCs 时，K_{fc} 通常很大(如 DEHP，K_{fc} 为 10^8～10^9[36])，这使得 SVOCs 与涂层达到吸附平衡所需的时间非常长(对于 DEHP，即使经过一周吸附也尚未达到平衡)[37]。因此平衡法并不适用于 K_{fc} 很大的气相 SVOCs 浓度的检测。

使用非平衡法时，通常需要涂层对有机物的吸附处于线性阶段，即初始阶段[38]。在此阶段，涂层表面样品侧目标有机物的浓度几乎为 0，涂层对目标有机物的吸附速率基本不变，此时目标有机物的吸附量与 SPME 的采样时间(即吸附时间)呈线性关系[38]。

$$M = kCt_s \tag{3.9}$$

式中，M 为涂层中目标有机物的吸附量，μg；k 为常数，m^3/s；t_s 为采样时间，s。

非平衡法所需的采样时间比平衡法短很多，且常数 k 可由相关公式计算而得，省去了平衡法中测量 K_{fc} 所需的额外试验[34]。当涂层中有机物的吸附量小于涂层在同样条件下平衡吸附量的 50%时，涂层吸附过程处于初始阶段，即可用式(3.9)计算目标有机物的浓度(M 和 t_s 均需测得)[34]。

已有研究对 SPME 涂层的吸附过程建立了完整的传质模型，并发现涂层中 SVOCs 的吸附量 M 与采样时间 t_s 满足关系[36]

$$M = M_{equ}[1 - \theta\exp(-\varphi t_s)] \tag{3.10}$$

式中，θ 和 φ 为两个常数，由涂层对 SVOCs 的吸附特性参数(即 D_m 和 K_m)确定。

当 $M > 0.5M_{equ}$ 时，吸附过程到达过渡阶段。图 3.5 中的 t_1 可用式(3.11)求得。

$$\begin{cases}M_{\text{equ}}\left[1-\theta\exp(-\varphi t_1)\right]=0.5M_{\text{equ}}\\ t_1=\dfrac{\ln(0.5/\theta)}{\varphi}\end{cases}\tag{3.11}$$

式中，t_1 为线性吸附段的时间上限，s。

t_1 的大小与 SPME 涂层对 DEHP 的吸附能力正相关，吸附能力越强，t_1 越大。

采样过程中，若以一个恒定速率搅动 SPME，常数 k 就等于涂层表面对流传质系数与涂层表面积的乘积。若 SPME 在待测样品中保持静止，则目标有机物由样品传递到涂层表面时并没有发生对流传质过程，而是扩散传质过程。此时，常数 k 可用式(3.12)计算[39]。

$$k=D_{\text{sample}}\text{SF}\tag{3.12}$$

式中，D_{sample} 为目标有机物在样品中的扩散系数，m^2/s；SF 为二维稳态导热(传质)领域中用于计算边界温度(浓度)恒定情况下导热(传质)速率时的形状因子(shape factor，SF)，m。

SF 考虑了物体形状和尺寸，不同情况下的计算公式可通过查表得到[39,40]。D_{sample} 可用经验公式计算[41,42]或直接参考文献中的实测结果[43]。

若样品中待测有机物的浓度均匀且在采样过程中保持不变，则 SF 可用式(3.13)计算。

$$\text{SF}=\frac{4\pi H\sqrt{1-\gamma^2}}{\ln\dfrac{1+\sqrt{1-\gamma^2}}{1-\sqrt{1-\gamma^2}}},\quad \gamma=\frac{d}{H}\tag{3.13}$$

式中，H 为 SPME 萃取头涂层的长度，m；d 为 SPME 萃取头涂层的外径，m。

式(3.13)的适用条件有三个：①长圆柱体，圆柱体的长度与直径之比需大于 8；②圆柱体内 SVOCs 的浓度保持恒定；③圆柱体处于浓度均匀且恒定的无限介质中。对于 SPME 萃取头，$L=1\text{cm}$，d 通常小于 0.5mm，条件①成立；若涂层的吸附处于线性(初始)阶段，则根据上面的分析，吸附相 SVOCs 浓度几乎保持为零，条件②也成立。因此，若要将 SPME 用于测定环境舱中 SVOCs 的气相浓度，需舱内浓度均匀且保持恒定才能满足条件③。此外，SPME 的采样时间应小于由式(3.11)求得的 t_1。

2) 密闭舱结构及测试原理

图 3.6 为一种密闭舱的结构[36]：由两块圆形不锈钢平板上各放一块相同的平板状 SVOCs 源材料，并夹紧一个不锈钢圆环。不锈钢圆环的周壁上等距开有 8 个小孔，孔壁为内螺纹，不锈钢两通接头的一端旋入其中，另一端旋有螺母，并将两通接头的卡套换成一片气相色谱仪(gas chromatograph，GC)专用的进样口隔垫(图 3.6(b)中螺母内露出的部件，隔垫不含任何 SVOCs)。不锈钢两通接头及隔垫构成了一个类似气相色谱仪的进样口，可保证环境舱的气密性。为了便于圆环侧壁

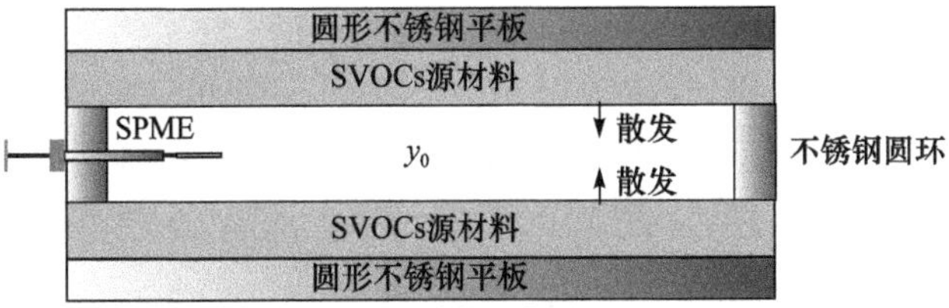

(a) 结构示意图

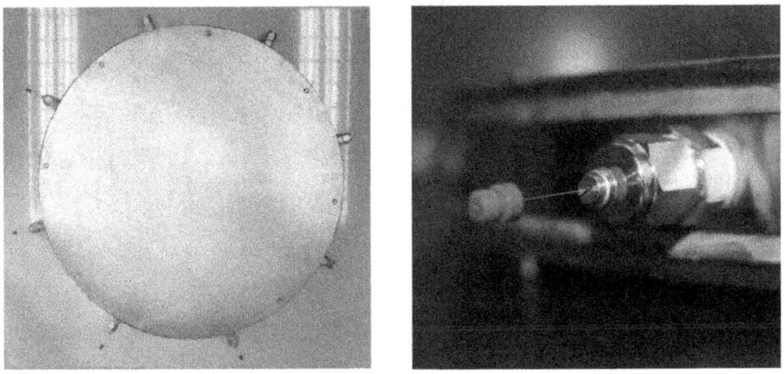
俯视图　　SPME采样口

(b) 实物图

图 3.6　密闭舱[36]

两通接头的装配，不锈钢圆环的厚度定为 2cm；而为了使 SVOCs 源材料的散发面积 A_e 远大于内壁的吸附面积 A_s，圆环的内径设定为 40cm（此时 $A_e=0.25m^2$，$A_s=0.025m^2$）。同时，为了便于装配螺栓等密封环境舱的零件，不锈钢圆环的外径定为 44cm；两块不锈钢平板和 SVOCs 源材料的直径也为 44cm。

当环境舱密闭后，舱内 SVOCs 的气相浓度将很快达到平衡（除靠近圆环的小部分区域），而且平衡浓度等于 SVOCs 源材料的散发特性参数 y_0。此时，将 SPME 经红色隔垫扎入环境舱内，可测得舱内 SVOCs 气相浓度，即待测参数 y_0。需要指出的是，这里先假设 SPME 的萃取头涂层在试验过程中处于 SVOCs 气相浓度均匀的区域，保证式(3.13)的使用条件均能满足。

3）试验质量控制

将纯 DEHP 液体溶于 CH_2Cl_2 中，并配成 0.05μg/mL、0.1μg/mL、0.2μg/mL、0.5μg/mL、1μg/mL、2μg/mL、5μg/mL、10μg/mL 和 20μg/mL 九种不同浓度的溶液。用 GC-MS 专用进样针取 1μL 的溶液（即 DEHP 的进样量为 0.05～20ng）注入 GC-MS 的进样口中测定。对于不同进样量，GC-MS 可得到不同的响应值（一般称为峰面积），因此可以建立 DEHP 进样量与 GC-MS 峰面积的函数关系式，即 GC-MS 的标线。由此可确定分析 SPME 时得到的峰面积对应的 SPME 涂层中 DEHP 的吸附量。

试验开始前，需对 SPME 进行老化，即去除 SPME 涂层中可能残存的 DEHP。方法为：将 SPME 扎入 GC-MS 进样口，并运行一次完整的分析过程，以分析 SPME 中 DEHP 的残留量。若残留量高于仪器的定量限（即上述标线的最低点，0.05ng），则再一次老化，直至残留量低于 0.05ng。通常，老化一次后，DEHP 的残留量就远小于 0.05ng。

4）试验流程

（1）在整块 PVC 地板的随机位置裁剪两块直径 44cm 的圆板作为源材料，使用经 CH_2Cl_2 溶液浸泡过的棉球擦拭不锈钢圆环的所有表面，以去除圆环上可能吸附的 DEHP，待 CH_2Cl_2 完全挥发后，装配并密闭好环境舱。

（2）将密闭环境舱放入恒温箱中，使环境舱内 DEHP 浓度达到平衡；恒温箱的温度波动控制在±1℃以内；由于已有试验初步证明湿度对 SVOC 散发的影响可忽略[16]，本试验没有对环境湿度进行控制。

（3）环境舱静置 2h 后，将老化好的 7 根 SPME 同时扎入环境舱内，再将萃取头完全从针管中推出（注意连接萃取头的不锈钢内芯不能伸出针管），使 SPME 涂层暴露于环境舱内的空气中采样；每根 SPME 的采样时间各不相同，分别为 4h、6h、8h、12h、16h、20h 和 24h。

（4）SPME 从环境舱中取出后，首先用经 CH_2Cl_2 溶液浸泡过的棉球擦拭 SPME 的不锈钢管外壁，以避免外壁上吸附的 DEHP 对试验结果造成影响；CH_2Cl_2 完全挥发后（约 1min），立即将 SPME 扎入 GC-MS 进样口进行分析。

（5）每个采样均重复 3 或 4 次，以验证结果的可重复性并提高结果的准确度。

（6）对试验结果进行过原点的线性拟合（横坐标为采样时间 t_s，纵坐标为 SPME 涂层中 DEHP 吸附量 M），得到斜率 β；根据式(3.9)～式(3.13)，用式(3.14)求得 DEHP 的 y_0。

$$y_0=\frac{\beta}{D_a \mathrm{SF}} \tag{3.14}$$

式中，D_a 为 DEHP 在空气中的扩散系数，m^2/s；由式(3.13)可求得 SF=0.0124m。

（7）调整恒温箱温度，重复步骤(2)～(5)，分别测量 15℃、20℃、25℃和 30℃温度下的 y_0。

（8）测量结束后，将 PVC 地板从环境舱中取出并用锡箔纸密封好，以备下次试验使用。

此方法的关键是测定不同采样时间内 SPME 涂层中 SVOCs 的吸附量，因此称为逐时吸附量法，即 M-history 方法，它具有快速、准确、便捷的优点。

5）测试结果与误差分析

图 3.7 为对材料 1 和材料 2 的测试结果[44]。可以看出，试验结果与拟合直线

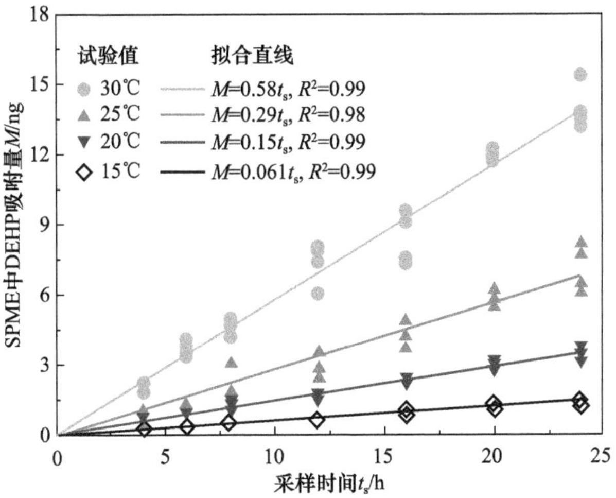

(a) 材料1：DEHP质量分数18.2%

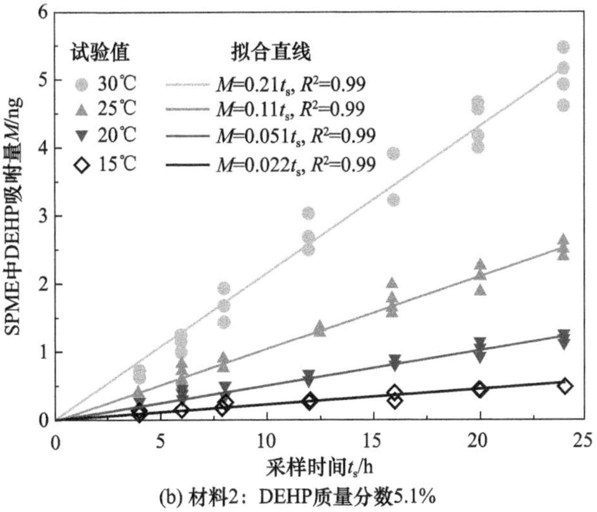

(b) 材料2：DEHP质量分数5.1%

图 3.7　两种材料的吸附量测试结果[44]

吻合良好，线性拟合的精度很高，$R^2>0.98$。图中拟合直线表达式 t_s 前面的系数即为斜率 β 的值，将其代入式(3.14)可算得 y_0。计算时，DEHP 在空气中的扩散系数 D_a 可用经验公式计算[41]，也可参阅文献[43]中的测量结果。此处，25℃时的 D_a 选用 Lugg[43]的实测结果：$3.37\times10^{-6}\,m^2/s$，其与经验公式预测结果的相对偏差小于 3%。其他温度下的 D_a 用式(3.15)确定[41]。

$$\frac{D_a}{D_{a0}}=\left(\frac{T}{T_0}\right)^{1.75} \tag{3.15}$$

式中，D_{a0} 为 25℃时的 D_a，即 $3.37\times10^{-6}\,m^2/s$；T 为热力学温度，K；T_0 为 298K(即

25℃)。

对于大多数二元气体扩散系数,选用 1.75 作为指数系数可以准确预测温度对 D_a 的影响[42]。

进行线性拟合时,可求得斜率 β 的标准偏差 $\Delta\beta$,进而推出测量误差对 y_0 造成的相对标准偏差 RSD_{y_0}:

$$RSD_{y_0}=\frac{\Delta y_0}{y_0}\times 100\%=\frac{\Delta\beta}{\beta}\times 100\% \tag{3.16}$$

式中,Δy_0 为 y_0 的标准偏差。

从表 3.2 可以看出:①$RSD_{y_0}<3\%$,表明测量结果具有很高的精度;②对于同一种材料,y_0 随着温度上升而明显增长,30℃的 y_0 约比 15℃的 y_0 大 8 倍;③而对于同一散发温度,y_0 随着 PVC 地板中 DEHP 的质量分数增大而增大。

表 3.2 材料 1 和材料 2 散发特性参数 y_0 以及 DEHP 饱和气相浓度 y_{ss} 的测量结果

温度/℃	材料 1(m=18%)		材料 2(m=5.1%)		纯 DEHP(m=100%)	
	y_0/(μg/m³)	RSD_{y_0}/%	y_0/(μg/m³)	RSD_{y_0}/%	y_{ss}/(μg/m³)	$RSD_{y_{ss}}$/%
15	0.43	1.6	0.16	2.3	0.60	2.0
20	1.0	1.4	0.35	1.9	1.3	2.3
25	1.9	2.7	0.70	1.6	2.6	2.2
30	3.8	1.7	1.4	1.8	5.2	1.3

注:m 为 DEHP 在材料中的质量分数。

表 3.2 的结果只能说明本方法的精度高,并不能评价其准确性(即与 y_0 真实值的偏差)。为此,Cao 等[44]用 PFS 方法[25]测定了材料 1 和材料 2 中 DEHP 的 y_0(其测量误差可精确分析)。表 3.3 列出了 25℃时 PFS 方法测得的 y_0 及其与本方法测得 y_0 的相对偏差 RD_{PFS}。可以看出,两种方法的相对偏差在 2%以内。由于 PFS 方法和本方法的原理、采样仪器完全不同,上述比较可以证明本方法具有很高的准确性。

表 3.3 M-history 方法[44]与 PFS 方法[25]对相同材料的测量结果对比(温度 25℃)

材料	M-history 方法所测 y_0 /(μg/m³)	PFS 方法所测 y_0 /(μg/m³)	相对偏差 RD_{PFS} /%
材料 1	1.9	1.9	0.50
材料 2	0.70	0.71	1.1

6)缩短试验时间的讨论

图 3.7 在测定 y_0 时测量了 SPME 在不同采样时间内对 DEHP 的吸附量,主要目的是验证 SPME 对 DEHP 的吸附在 24h 内都处于线性阶段。实际测量中,只

需选择一个合适的采样时间，重复几次测量，并将所测吸附量的平均值代入式(3.14)即可算得 y_0。以图 3.7 为例，用前三个采样时间的数据分别算得 y_0 的值，对比后发现(见表 3.4)，即便采样时间缩短至几个小时(且每次只重复测量 3 或 4 次)，所得结果的相对偏差基本小于 10%。因此，采样时间为 8h 并重复 3 或 4 次测量就可满足准确度要求。对比已有方法的测量时间，最短的也需要 7d[28]，*M*-history 方法的耗时大为缩短。

表 3.4　单个采样时间与多个采样时间测得的 y_0 的相对偏差 RD_{y_0}

温度/℃	RD_{y_0} (材料 1)/%			RD_{y_0} (材料 2)/%		
	4h	6h	8h	4h	6h	8h
15	3.6	9.3	1.4	29	8.9	2.8
20	1.9	9.4	8.4	4.7	3.1	0.68
25	7.0	19	5.3	3.7	7.1	1.8
30	9.6	6.8	2.1	18	6.8	1.6

7) 环境舱内气相浓度分布

试验中测定 y_0 时假设 SPME 处在环境舱中 DEHP 气相浓度均匀区域。为了验证此假设的合理性，下面进行传质分析。

从图 3.6(a)的结构示意图可以看出，环境舱内部空间为一个圆柱形空腔，DEHP 在其中的传质为二维问题，相应的传质方程为

$$\frac{\partial C_a}{\partial t}=D_a\frac{\partial^2 C_a}{\partial z^2}+\frac{D_a}{r}\frac{\partial}{\partial r}\left(r\frac{\partial C_a}{\partial r}\right) \tag{3.17}$$

式中，t 为时间，s；z 为空腔高度方向坐标，坐标起点为空腔的底面，m；r 为空腔径向坐标，坐标起点为空腔中轴线，m。

空腔的底部和顶部是两块完全一样的 PVC 地板，根据 y_0 的定义可知，空腔高度方向的边界条件为

$$C_a=y_0,\quad z=0 \tag{3.18}$$

$$C_a=y_0,\quad z=H_c \tag{3.19}$$

式中，H_c 为空腔的高度(即环境舱中不锈钢圆环的厚度)，$H_c=2\text{cm}$。

此外，不锈钢圆环的内壁会吸附 DEHP。此处的边界条件为

$$C_a=\frac{q_w}{K_w},\quad r=R_w \tag{3.20}$$

式中，q_w 为内壁上 DEHP 的表面浓度，$\mu g/m^2$；K_w 为 DEHP 在不锈钢与空气间的分配系数，m；R_w 为空腔的半径(即不锈钢圆环的内半径)，$R_w=20\text{cm}$。K_w 的值选用文献[12]中的测量结果，即 $K_w=1800\text{m}$。

内壁表面吸附 DEHP 的速率取决于 DEHP 在临近表面空气侧的扩散过程，有

$$\frac{\mathrm{d}q_{\mathrm{w}}}{\mathrm{d}t}=-D_{\mathrm{a}}\frac{\partial C_{\mathrm{a}}}{\partial r}\bigg|_{r=R_{\mathrm{w}}} \tag{3.21}$$

由于一开始舱内空气和圆环内壁均不含 DEHP，式(3.21)的初始条件为

$$C_{\mathrm{a}}=0,\quad q_{\mathrm{w}}=0,\quad t=0 \tag{3.22}$$

联立式(3.17)～式(3.22)即可求得环境舱内 DEHP 的逐时气相浓度分布。图 3.8 所示为密闭 2h 后环境舱内 DEHP 的浓度分布[44]。由于环境舱左右两边完全对称，图中只给出了右半边的结果。可以看出，除了靠近圆环内壁的小部分区域，其他区域的 C_{a} 与 y_0 的比值都在 0.95～1，因而可以认为在环境舱内的大部分区域 C_{a} 都是均匀分布的，且等于 y_0。而临近圆环内壁处 $C_{\mathrm{a}}<y_0$ 的原因是内壁在不断地吸附 DEHP，只有内壁对 DEHP 的吸附达到平衡后($q_{\mathrm{w}}=K_{\mathrm{w}}y_0$)，该区域的 $C_{\mathrm{a}}=y_0$。扣除两通接头和圆环的尺寸，SPME 不锈钢针管伸入环境舱空腔的距离为 2cm，从图 3.8 可以看出其已经超出了浓度不均匀的区域。因此，可以认为假设 SPME 萃取头在采样过程中处于 DEHP 气相浓度的区域是合理的。此结果也表明，前面提到的 2h 后开始采样的测试流程是合理的。

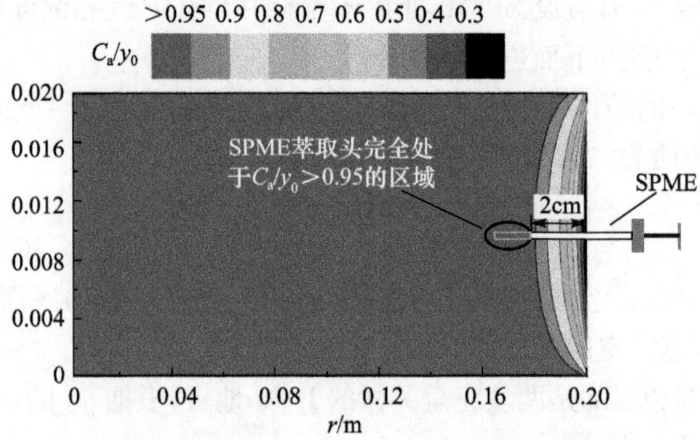

图 3.8 密闭 2h 后环境舱内 DEHP 的浓度分布(见书后彩图)[44]

8) 对其他 SVOCs 的适用性

理论上，*M*-history 方法对不同的 SVOCs 都适用，但具体使用时需注意合理选择 SPME 的采样时间：采样时间太长，SPME 对 SVOCs 的吸附会超出线性阶段，此时式(3.9)不再适用；而采样时间太短，SPME 中 SVOCs 的吸附量会低于 GC-MS 的定量限(即 0.05ng)，无法用 GC-MS 准确测定吸附量。采样时间上限 $t_{\max}$ 即为 SPME 涂层线性吸附段的试验时间上限 t_1；采样时间下限只要使得 SVOCs 的吸附量大于 GC-MS 的定量限即可。因此有

$$t_{\min}=\frac{\mathrm{LOQ}}{D_{\mathrm{a}}y_0\mathrm{SF}} \tag{3.23}$$

式中，$t_{\min}$为采样时间下限，s；LOQ为定量限，μg。

实际测量时，采样时间应落在$t_{\min}$～$t_{\max}$范围内，同时还要综合考虑测试方案的可操作性、测试周期的长短等问题，再做出合适的选择。需要指出的是，当y_0的值太小时，$t_{\min}$可能会大于$t_{\max}$，此时M-history方法不再适用。因此，M-history方法对y_0也有一个“定量限”：

$$y_0 > \frac{\mathrm{LOQ}}{D_a t_{\max}\mathrm{SF}} = y_{0,\min} \tag{3.24}$$

式中，$y_{0,\min}$为M-history方法可测定的y_0的最小值。

式(3.24)由$t_{\min}<t_{\max}$推导而得。对于DEHP，文献[36]中已测得$t_{\max}$(或t_1)为40h(与所用SPME完全一样)，据此可算得M-history方法对DEHP的y_0的测定下限为8.31ng/m^3(25℃)。

为了进一步验证M-history方法的普适性，这里还测量了其他几种SVOCs的y_0。选择的目标SVOCs为：另外两种常用的增塑剂邻苯二甲酸二异丁酯(di-*iso*-butyl phthalate，DiBP)和邻苯二甲酸二正丁酯(di-*n*-butyl phthalate，DnBP)，以及一种常用的磷系阻燃剂磷酸三(2-氯丙基)酯(tris(clorisopropyl) phosphate，TCPP)。DiBP和DnBP为同分异构体，上面所用的材料2中就含有这两种增塑剂，其质量分数分别为4.3%和4.5%。TCPP常添加至聚氨酯泡沫中作为阻燃剂。Cao等[44]选用了一种聚氨酯泡沫，其TCPP的质量分数为0.63%。

图3.9(a)、(b)分别为25℃时DiBP、DnBP和TCPP的测试结果[44]。可以看出，在所选定的采样时间内，SPME中这几种SVOCs的吸附量与采样时间均呈线性关系(R^2>0.99)。利用这些结果算得材料2散发DiBP和DnBP时的y_0分别为172μg/m^{3}和66.4μg/m^3，聚氨酯泡沫散发TCPP时的y_0为20.3μg/m^3。计算时，D_a取经验公式的预测值[41]。对比DEHP的y_0可以发现，这三种SVOCs的y_0大很多，因此SPME的采样时间可以大幅度缩短，例如，仅5min，DiBP的吸附量就已达到3ng，远大于定量限0.05ng。同时，通过测量SPME对这三种SVOCs的吸附特性曲线可得：对于DiBP和DnBP，SPME的采样时间上限为4.3h；对于TCPP，SPME的采样时间上限为2.5h。因此，根据式(3.24)可算得M-history方法对DiBP、DnBP和TCPP的y_0的测定下限分别为61.9ng/m^3、61.9ng/m^{3}和98.9ng/m^3。

因此，M-history方法对不同SVOCs具有适用性。实际测量时，只要$t_{\min}<t_{\max}$，即可用M-history方法测定SVOCs的散发特性参数y_0。

9)方法局限性

与现有方法相比，M-history方法具有准确、便捷的优点，但也存在以下局限：

(1) 由于环境舱结构的限制，该方法只能测量平板状源材料中SVOCs的y_0，而对形状不规则的源材料(如儿童玩具)并不适用。Wu等[28]设计的热脱附管法对材料的形状基本没有限制，但其采样时间长的不足限制了其在实际测量

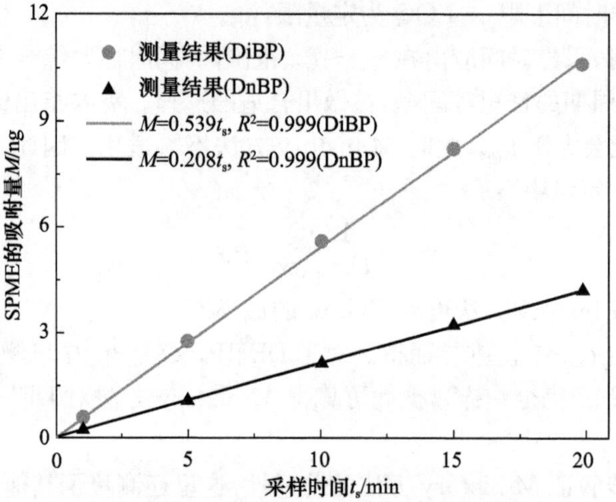

(a) DiBP质量分数4.3%，DnBP质量分数4.5%

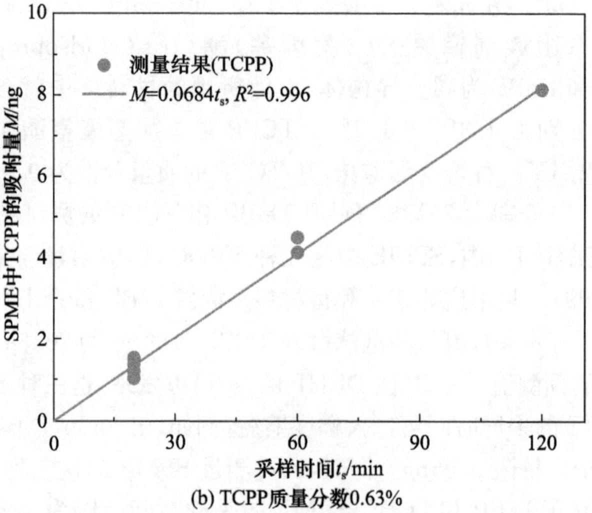

(b) TCPP质量分数0.63%

图 3.9　材料散发 SVOCs 测试结果[44]

中的应用。

(2) 环境舱密闭后，难以实现对舱内空气相对湿度的控制。虽然已有研究证明，常温下相对湿度在 10%～70%范围内波动对 DEHP 从 PVC 地板中散发的影响可忽略[16]，但此结论对其他 SVOCs 及材料未必成立。

(3) 由式(3.9)～式(3.14)可知，y_0 误差的来源包括 M 和 t_s 的测定误差、形状因子 SF 的计算误差、扩散系数 D_a 与其真实值的偏差。通常而言，采样时间的误差在几秒之内，相对于几十分钟或几个小时的总时长，该误差可忽略；SVOCs 基本使用 GC-MS 分析，随着时间的推移，仪器状态可能有细微偏移，这是导致吸附量 M 存在一定偏差的主要原因，但只要定期对 GC-MS 进行标定，这种误差也可控制；形状因子 SF 计算公式的成立条件已得到满足，其误差也可忽略；D_a 通常选用文献[41]中的试验测定值或经验公式值，对于本节所测的四种 SVOCs，两者偏差非常小（<3%）。但是对于某些文献中缺乏 D_a 试验测定值的 SVOCs，经验公式的预测值很可能不准确，这将增大 y_0 测定值的误差。

3.2.3　室内 SVOCs 源特性参数的影响因素及影响机理

1. 温度对源特性参数 y_0 的影响

y_0 等于材料表面处 SVOCs 的材料相浓度 C_0 与 SVOCs 的材料相-气相分配系数 K_e 之比。在一定温度范围内（如 10～30℃），温度对分配系数的影响通常用范托夫（van't Hoff）方程来描述[41]，即

$$\ln K_e = \ln \frac{C_0}{y_0} = \frac{\Delta H_e}{RT} + \lambda \tag{3.25}$$

式中，ΔH_e 为 SVOCs 从材料中散发至空气时所需的蒸发焓，kJ/mol；R 为气体常数，8.314J/(mol·K)；T 为温度，K；λ 为常数。

由于 SVOCs 的散发速率很小，材料中 SVOCs 的含量在很长一段时间内基本保持不变。因此，

$$\ln y_0 = -\frac{\Delta H_e}{RT} + \chi \tag{3.26}$$

式中，χ 为常数，$\chi = -\lambda + \ln C_0$。

式(3.26)为环境有机化学领域常用来预测有机物饱和气相浓度 y_{ss} 的克劳修斯-克拉贝龙（Clausius-Clapeyron）方程。上述推导表明，即便 y_0 并不是饱和蒸气浓度，它与温度的关系仍可用克劳修斯-克拉贝龙方程来描述。

为了验证以上推导，Cao 等[44]用式(3.26)对 3.2.2 节测得的不同温度下 DEHP 的 y_0 进行了线性拟合，所有结果的相关系数的平方 $R^2>0.94$，其中 M-history 方法所测结果的 $R^2>0.99$，如图 3.10 所示[44]，说明用克劳修斯-克拉贝龙方程来描述 y_0 与温度的关系是合理的。同时，求得了式(3.26)中的两个未知参数：ΔH_e 和 χ，见表 3.5。可以发现，虽然材料中 DEHP 的含量差别很大（5.1%～100%），DEHP 的蒸发焓（表示 1mol DEHP 从材料中挥发出来所需要的能量）却无明显变化（104～114kJ/mol，不到 10%的偏差可能源于测试误差）。蒸发焓的物理机制为：①SVOCs散发时由于体积膨胀，反抗大气压力而做的功；②SVOCs 分子要脱离周围分子的束缚，克服分子间作用力而做的功。前者仅由 DEHP 的性质决定，不受载体材料的变化影响；后者则不然，单个 DEHP 分子受到的分子间作用力来自

其周围的 DEHP 分子和 PVC 分子：当 DEHP 的含量减小时，DEHP 分子周围的 PVC 分子就越多，其与 PVC 分子间作用力所占的比例将相应地增大，如图 3.11 所示。若 DEHP 分子所受的这两种作用力不相等，蒸发焓 ΔH_e 将随着 DEHP 含量的变化而变化。因此，只有当材料中 DEHP 与 PVC 分子间作用力等于 DEHP 与 DEHP 分子间作用力时，DEHP 含量的变化才不会引起蒸发焓的变化。

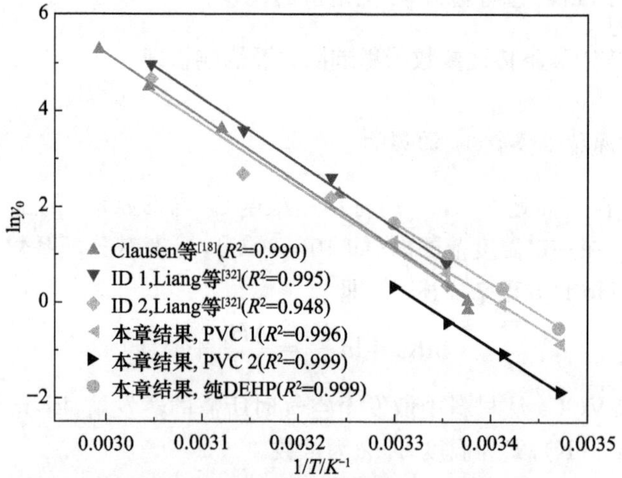

图 3.10　克劳修斯-克拉贝龙方程对 y_0 的拟合结果[44]

PVC 1 和 PVC 2 表示本章所用的材料 1 和材料 2

表 3.5　不同材料对应的克劳修斯-克拉贝龙方程参数 ΔH_e 和 χ

数据来源	蒸发焓 ΔH_e/(kJ/mol)	常数 χ/ln(μg/m³)
纯 DEHP[44] (m=100%)	104	42.8
材料 1[44] (m=18%)	104	42.6
材料 2[44] (m=5.1%)	106	42.2
Clausen 等[18] (m=13%)	114	46.4
Liang 等[32]，ID 1(m=23%)	112	45.9
Liang 等[32]，ID 2(m=7%)	110	44.9

注：m 为 DEHP 在材料中的质量分数。所购 DEHP 液体的纯度大于 99.5%，因此其对应的 m 取 100%。

2. 质量分数对 y_0 的影响

将表 3.5 中纯 DEHP 的 ΔH_e 和 χ 代入式(3.26)，可得 DEHP 饱和气相浓度 y_{ss} 的克劳修斯-克拉贝龙方程

$$\ln y_{ss} = -\frac{104}{RT} + 42.8 \tag{3.27}$$

由于 PVC 地板中 DEHP 含量的变化对蒸发焓 ΔH_e 没有影响，若取纯 DEHP

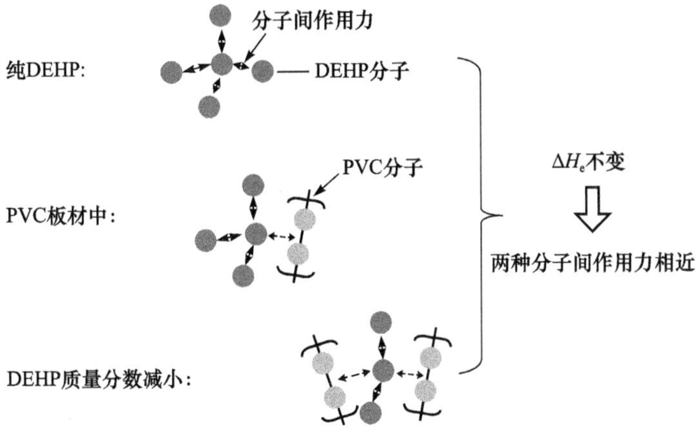

图 3.11　材料中某个 DEHP 分子所受分子间作用力示意图

的 ΔH_e 为标准值，则将式(3.26)与式(3.27)相减可得

$$\ln \frac{y_0}{y_{ss}} = \chi - 42.8 = \theta \tag{3.28}$$

式中，θ 为常数，且与温度 T 无关，仅由材料中 DEHP 的含量决定。

图 3.12 给出了不同 PVC 地板散发 DEHP 时 y_0 与 y_{ss} 的比值[44]，图中每个点对应每种材料 y_0 与 y_{ss} 比值的平均值。对于散发温度不等于 15℃、20℃、25℃或 30℃的工况，其对应的 y_{ss} 可用式(3.27)预测。可以看出，y_0/y_{ss} 随着材料中 DEHP 质量分数 m 的增大而增大，而且它们之间符合式(3.29)的指数函数关系：

$$\frac{y_0}{y_{ss}} = 1 - \exp(-0.0859m) \tag{3.29}$$

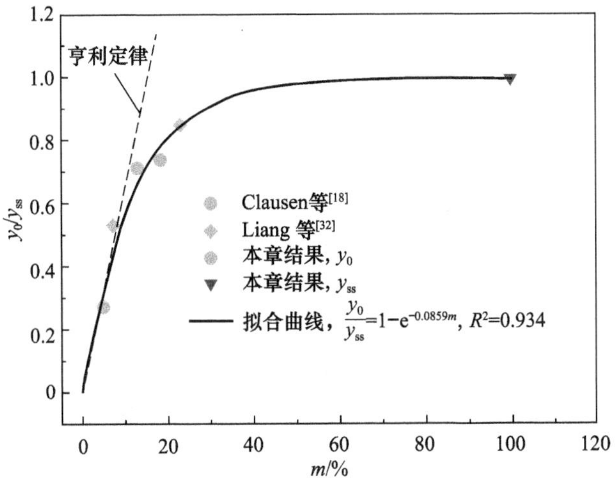

图 3.12　不同 PVC 地板散发 DEHP 时 y_0 与 y_{ss} 的比值[44]

式中，指数函数的系数通过非线性拟合求得，相关系数 $R^2=0.934$，常数项(即 1.00)的相对标准差为 6%，指数项系数(即 0.0859)的相对标准差为 15%。因此，式(3.29)可以较为准确地预测 y_0/y_{ss}与 m 的关系。

从图 3.12 还可以看出，当 DEHP 的质量分数很小($m<10\%$)时，y_0/y_{ss}与 m 呈线性关系，即此时散发过程符合亨利定律。亨利定律的表述为：稀溶液表面溶质的蒸气压与溶质在溶液中的质量分数成正比，此时可将 PVC 板材当作由 PVC 基质和 DEHP 混合而成的稀溶液，DEHP 为溶质。另外，当 DEHP 的质量分数很高($m>50\%$)时，y_0/y_{ss}与 m 也呈线性关系，这时可以用拉乌尔定律来解释。拉乌尔定律的表述为：稀溶液表面溶剂的蒸气压与溶剂在溶液中的摩尔分数成正比，此时 DEHP 在材料中又成为溶剂。然而，在实际的 PVC 地板中 DEHP 的质量分数不可能达到 50%，因此后一种情况并不存在，但此结论可用于预测纯度不高时 DEHP 液体表面的饱和气相浓度。

将式(3.29)和式(3.27)代入式(3.28)，可求得同时表征温度和材料中 DEHP 质量分数对 y_0 的影响的函数：

$$\ln y_0=-\frac{104}{RT}+\ln[1-\exp(-0.0859m)]+42.8 \tag{3.30}$$

当 PVC 地板中 DEHP 的质量分数已知时，式(3.30)可预测常温下 DEHP 的散发特性参数 y_0；而若确定了室内 DEHP 的气相浓度限值，结合 DEHP 在室内的传输分配模型可推算其对应的 y_0 限值，利用式(3.30)即可给出源材料中 DEHP 的质量分数限值。然而，上述结论仅适用于 PVC 地板中 DEHP 的散发过程，对其他类型材料中的 DEHP 以及其他 SVOCs 的散发是否成立，还需进一步研究。

3.3　室内 SVOCs 汇特性参数

3.3.1　室内 SVOCs 汇特性参数及传质简化模型

汇材料对 SVOCs 的吸收/吸附(以下简称吸附)过程其实是源材料散发 SVOCs 的逆过程，但由于材料的材质不同，存在两种情形，如图 3.13 所示[44]。①对于多孔介质材料，如混凝土、衣服、地毯，SVOCs 可渗入材料内部，吸附存在两个

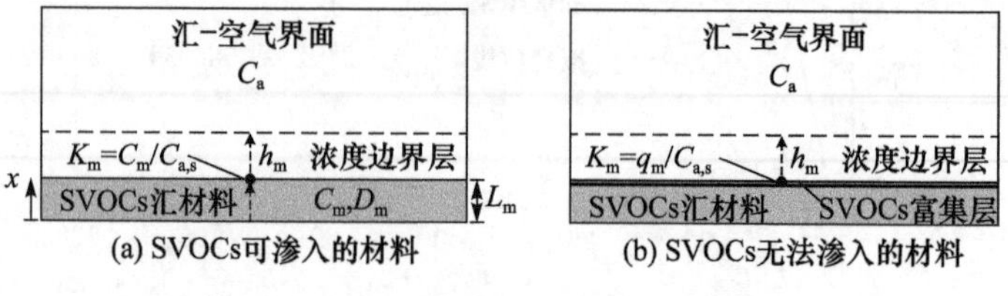

图 3.13　SVOCs 汇散发过程示意图[44]

步骤:首先空气中的 SVOCs 分子被吸附到汇材料表面,然后 SVOCs 由材料表面扩散至材料内部;②对于某些非常致密的材料,如不锈钢、玻璃,SVOCs 难以渗入其内部,吸附的 SVOCs 几乎都富集在汇材料表面。

对于 SVOCs 可渗入内部的汇材料,其传质模型可沿用 VOCs 多孔介质传质模型[45]。该模型有以下假设:材料各向均匀;一维扩散传质;SVOCs 在吸附相中的扩散速率远小于其在孔隙内气相中的扩散速率,即认为吸附相的扩散过程可被忽略。根据这些假设,SVOCs 在多孔材料中的传质方程为[45]

$$\varepsilon \frac{\partial C_p}{\partial t} + (1-\varepsilon) \frac{\partial C_m}{\partial t} = \varepsilon D_{ge} \frac{\partial^2 C_p}{\partial x^2} \tag{3.31}$$

式中,ε 为孔隙率;C_p 为多孔介质中 SVOCs 的气相浓度,$\mu g/m^3$;C_m 为多孔介质中 SVOCs 的吸附相浓度,$\mu g/m^3$;D_{ge}为气相 SVOCs 在多孔介质孔中的扩散系数,m^2/s。

随着孔隙尺寸由大到小,D_{ge} 可分别用菲克扩散、过渡扩散和克努森扩散模型进行预测[45]。式(3.31)左边的第一、二项分别表示气相浓度和吸附相浓度随时间的变化,等号右边项则反映 SVOCs 在多孔介质中的扩散。

若吸附相浓度与孔隙中气相浓度符合亨利定律,则式(3.31)可简化为

$$\frac{\partial C_m}{\partial t} = D_m \frac{\partial^2 C_m}{\partial x^2} \tag{3.32}$$

式中,D_m 为 SVOCs 在汇材料中的表观扩散系数;K_m 为 SVOCs 在固体骨架与空气间的分配系数(即 C_m/C_p)。

$$D_m = \frac{D_{ge}}{1+\frac{1-\varepsilon}{\varepsilon}K_m} \approx \frac{\varepsilon D_{ge}}{(1-\varepsilon)K_m} \tag{3.33a}$$

假设 SVOCs 在多孔介质孔隙中的传质过程为菲克扩散,式(3.33a)中 $D_{ge} = D_a\varepsilon^{3/2}$,则可得

$$D_m = \frac{\varepsilon D_{ge}}{(1-\varepsilon)K_m} = \frac{\varepsilon D_a \varepsilon^{3/2}}{(1-\varepsilon)K_m} = \frac{D_a \varepsilon^{5/2}}{(1-\varepsilon)K_m} \tag{3.33b}$$

有些情况下,ε 的指数 3/2 也可用 4/3 代替[46]。需要指出的是,D_m 并不是纯粹的扩散系数,它其实是耦合参数,反映了多孔介质中气相 SVOCs 在孔隙中的扩散和固体骨架吸附的双重效应。通过试验测得的多孔介质中的质量扩散系数即为 D_m[45]。

若汇材料的上表面暴露于含 SVOCs 的空气中,下表面与绝质的表面接触,则式(3.32)的边界条件和初始条件为

$$\frac{\partial C_m}{\partial x} = 0, \quad x = 0 \tag{3.34}$$

$$-D_m \frac{\partial C_m}{\partial x} = h_m\left(\frac{C_m}{K_m} - C_a\right), \quad x = L_m \tag{3.35}$$

$$C_m = C_{m,0}, \quad t = 0 \tag{3.36}$$

式中，L_m 为汇材料的厚度，m；h_m 为汇材料表面的对流传质系数，m/s；$C_{m,0}$ 为汇材料中 SVOCs 的初始吸附相浓度，$\mu g/m^3$。

由式(3.32)～式(3.36)可以看出，若要表征汇材料对 SVOCs 的吸附过程，需准确知道表观扩散系数 D_m 和分配系数 K_m 的值，而这两个参数均由汇材料的特性决定。因此 D_m 和 K_m 称为汇材料吸附特性参数。

对于 SVOCs 不可渗入的汇材料，一般用式(3.37)描述汇材料对 SVOCs 的吸附过程[8]

$$\begin{cases}\dfrac{dq_m}{dt}=h_m\left(C_a-\dfrac{q_m}{K_m}\right)\\ q_m=q_{m,0}, \quad t=0\end{cases} \tag{3.37}$$

式中，q_m 为 SVOCs 在汇材料表面的表面浓度，$\mu g/m^2$；K_m 为 SVOCs 在汇材料表面与空气间的分配系数，m；$q_{m,0}$ 为汇材料表面 SVOCs 的初始吸附相浓度，$\mu g/m^2$。此时，K_m 为唯一的汇吸附特性参数。

3.3.2 汇材料吸附特性参数的测定方法

1. 一般环境舱法

目前测定汇材料 SVOCs 吸附特性参数的方法很少，已有研究均借鉴了材料 VOCs 吸附特性参数的测定方法[25,47,48]，可概述如下：首先制造一股含有恒定 SVOCs 浓度的气流，将其持续通入环境舱，并在整个试验过程中保持流速恒定，待环境舱内 SVOCs 气相浓度恒定后(所需时间很长，需环境舱内壁吸附 SVOCs 接近平衡后，舱内 SVOCs 气相浓度才能恒定，一般称为环境舱老化过程)，将待测的汇材料放入环境舱中；测量汇材料中 SVOCs 的逐时浓度或平衡浓度，再结合相应的传质模型求得吸附特性参数。测量 SVOCs 逐时浓度的方法称为瞬态法[35]，而测量平衡浓度的方法称为平衡态法。与已有的 y_0 测定方法一样，这些方法常存在时间长、误差大的不足。

1) 平衡态法

由于汇材料对 SVOCs 的吸附能力极强，吸附过程达到平衡所需的时间一般很长。例如，Morrison 等[49]用平衡态法测量衣服材料吸附 DnBP 和邻苯二甲酸二乙酯(diethyl phthalate，DEP)这两种吸附性较弱的物质时的分配系数 K_m 所需的时间为 10d。而对于吸附性极强的 DEHP，吸附平衡时间将超过 85d。而如果考虑环境舱老化所需的时间，整个试验时间将变得更长。此外，对于 SVOCs 可渗入内部的汇材料(如混凝土、衣服、地毯等)，平衡态法只能测量分配系数 K_m，而无法测量扩散系数 D_m。

2) 瞬态法

瞬态法可有效地缩短试验时间，但是汇吸附特性参数一般为 D_m 和 K_m，利用一个传质模型和一组试验数据同时求解两个参数可能存在多解情况，因此瞬态法所求参数的准确性难以保证。此外，瞬态法要求环境舱内 SVOCs 的气相浓度保持恒定，但由于测试过程中需定时打开环境舱，并从中取出部分汇材料以测量 SVOCs 的逐时浓度，环境舱内的 SVOCs 气相浓度会波动，所测参数只能是粗略估计值。由于环境舱内气流速度较小，式(3.35)中的对流传质系数 h_m 太小，即使不要求吸附过程达到平衡，Liu 等[50]用此方法测量混凝土、玻璃等材料吸附多氯联苯(polychlorinated biphenyl, PCB)时所花费的时间也需 25d，测量磷系阻燃剂时更是长达 40 多天[30]。

Liu 等[51]提出的 C-depth 方法，通过测量汇材料中 SVOCs 在扩散方向的浓度分布，利用传质模型可求得 D_m(同时还可求得 SVOCs 在汇材料与源材料间的分配系数)。他们以建筑装修材料中吸附的 PCB 为例，发现该方法测定 D_m 时的相对标准差为 42%～66%。由于测定浓度分布时要将汇材料切成若干层(Liu 等[51]切了 3～5 层)，每层的厚度不能太薄，否则难以保证厚度和浓度测定的精度和准确度，因此 C-depth 方法适用于较厚的汇材料。对于一些很薄的材料(如衣服材料和纸张)，此方法的测量误差将很大，甚至无法使用。此外，由于固体中的扩散系数通常很小，只有当 SVOCs 在汇材料中有足够的扩散深度时才能获得满足 C-depth 方法使用条件的试验数据，因此 C-depth 方法所需的测试时间通常也很长。

2. 汇特性参数测定环境舱设计原则

Cao 等[52]对现有方法测试时间长、误差大的原因进行了分析，并建立了 SVOCs 在现有汇特性测定环境舱中的传质模型，用以指导新环境舱的设计。

若常用环境舱内只放有一块汇材料，可以得到环境舱内 SVOCs 的传质模型示意图，如图 3.14 所示[52]。由于环境舱内通常有小风扇不停搅拌舱内空气，因此可假设舱内空气混合均匀。此外，若假设汇材料为均匀介质，则舱内空气中 SVOCs 的质量守恒方程为

$$V\frac{dC_a}{dt}=QC_{a,0}-QC_a-S_wA_w-S_mA_m \tag{3.38}$$

式中，$C_{a,0}$ 为环境舱入口处 SVOCs 气相浓度，$\mu g/m^3$。

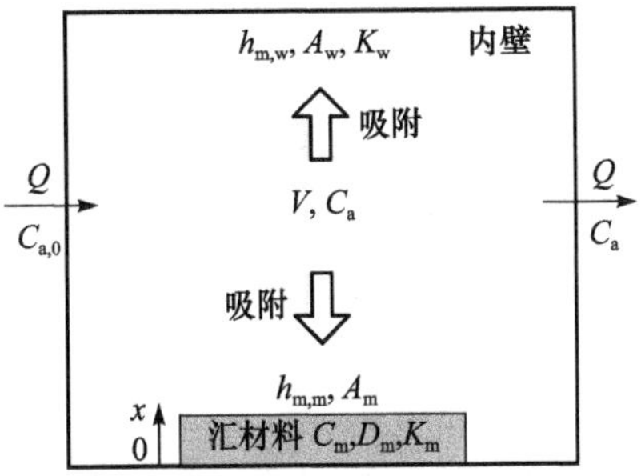

图 3.14　汇特性测定环境舱内 SVOCs 传质模型示意图[52]

由于加工环境舱所用材料一般为不锈钢，其吸附的 SVOCs 都富集在内壁表面处，S_w 可由式(3.39)计算。

$$S_w = h_{m,w}\left(C_a - \frac{q_w}{K_w}\right) = \frac{dq_w}{dt} \tag{3.39}$$

若待测汇材料对于 SVOCs 为可渗透的(如混凝土、衣服材料等)，则描述 SVOCs 在汇材料中扩散传质的控制方程及初边值条件可用式(3.32)～式(3.36)表示。

试验结束时，需要测定汇材料中 SVOCs 的总含量 M_m，其可由式(3.40)计算。

$$M_m = \int_0^{L_m} C_m A_m dx \tag{3.40}$$

以往方法在将汇材料放进环境舱前需向环境舱内通入 SVOCs 浓度为 $C_{a,0}$ 的气流直至内壁对 SVOCs 的吸附达到平衡。此时，环境舱内 SVOCs 的浓度即为 $C_{a,0}$，因此式(3.38)和式(3.39)的初始条件分别为

$$C_a = C_{a,0}, \quad t = 0 \tag{3.41}$$

$$q_w = K_w C_{a,0}, \quad t = 0 \tag{3.42}$$

式(3.38)～式(3.42)构成了完整的 SVOCs 在汇测定环境舱内的传质模型。利用此模型，可知 C_a 和 M_m 具有函数形式

$$C_a = F_1(h_{m,w}, h_m, K_w, K_m, D_m, t) \tag{3.43}$$

$$M_m = F_2(h_{m,w}, h_m, K_w, K_m, D_m, t) \tag{3.44}$$

严格来讲，式(3.43)和式(3.44)括号中的自变量还应包括 A_w、A_m、V、Q、$C_{m,0}$ 和 $C_{a,0}$。但由于这些参数已具备成熟简单的准确测定方法，并未列于其中。

当 SVOCs 的吸附达到平衡时，汇材料中 SVOCs 的平衡吸附量 $M_{m,equ}$ 为

$$M_{m,equ} = K_m C_{a,equ} \tag{3.45}$$

式中，$C_{a,equ}$ 为汇材料中 SVOCs 吸附达到平衡时环境舱内的 SVOCs 浓度，$\mu g/m^3$。

由式(3.45)可知，若采用平衡态法测定汇材料的分配系数 K_m，只需同时测量 $M_{m,equ}$ 和 $C_{a,equ}$ 即可，且 K_m 的测定误差仅来源于对 $M_{m,equ}$ 和 $C_{a,equ}$ 的试验测量误差。然而，平衡态法所需的试验周期太长，尤其是对于 K_m 很大的汇材料，因此平衡法并不理想。

采用瞬态法可以有效缩短试验周期，试验过程中需测量 M_m 和 C_a 的逐时变化，结合式(3.43)和式(3.44)并选择合适的数据处理方法(一般是非线性拟合)，可求得 D_m 和 K_m 的值。但由式(3.43)和式(3.44)可知，$h_{m,w}$、h_m 和 K_w 需作为已知量代入数据处理过程中。因此，D_m 和 K_m 的误差来源不仅包括 M_m 和 C_a 的试验测量误差，还包括预测(或测量)$h_{m,w}$、h_m 和 K_w 所引入的误差。K_w 可通过独立试验测得，可认为其误差较小，但额外的试验会增加整个试验的时间、人力和成本。而对流传质系数的估算存在较大偏差，可达到 20%，$h_{m,w}$ 和 h_m 的误差相互叠加，可能会导致 D_m 和 K_m 的测量值与真实值存在很大偏差。

因此，若要降低瞬态法测定汇吸附特性参数的误差，消除 $h_{m,w}$ 和 h_m 对环境舱内

SVOCs 传质过程的影响非常必要。若将通风环境舱替换成密闭舱，同时保持环境舱内空气静止，SVOCs 在环境舱内的传质形式将是纯扩散，此时将不需要预测对流传质系数。但若使用密闭环境舱，将无法通过向环境舱内通入恒定浓度 SVOCs 气流为汇材料的吸附提供一个稳定的 SVOCs 源。为此，可将一片 SVOCs 源材料放入环境舱内，由于源材料的 y_0 基本为常数，此材料可视为一个稳定的 SVOCs 源。此外，环境舱内壁对 SVOCs 的吸附面积也需最小化，这样可以使 K_w 对最终结果的影响很小从而被忽略，可省去测量 K_w 所需的额外试验，并大大缩短测试时间。

若待测汇材料对于 SVOCs 为不可渗透的（如不锈钢、玻璃等），只需将式(3.33)～式(3.36)改成类似于式(3.37)的形式，也可得到与上述一样的结论。

综上所述，若要实现对 SVOCs 汇吸附特性参数的快速、准确测定，需要：①使用密闭舱；②采用性能稳定的 SVOCs 源材料；③尽量减小环境舱的内壁吸附面积。

3. 基于密闭舱和 SPME 的测定汇材料分配系数的逐时吸附相浓度法（C_m-history 方法）

1）方法原理

从上述汇特性参数测定环境舱设计原则可以看出，图 3.6 所示的三明治型密闭环境舱基本满足其要求。但为了测定汇材料的吸附特性参数，需要对其做一些调整：将其中的一块源材料替换成待测的汇材料，如图 3.15 所示[52]。根据环境舱设计要求，圆环的内径应远大于其厚度。

图 3.15　三明治型汇特性测定环境舱结构示意图[52]

SVOCs 在汇材料中扩散传质的控制方程与式(3.32)完全一样，初始条件和 $x=0$ 处的边界条件也保持不变。但由于汇材料表面没有对流传质，$x=L_m$ 处的边界条件需重新处理。

由于汇材料通常为固体（或多孔介质），SVOCs 在空气中的扩散系数 D_a 比其在固体中的扩散系数大几个量级。因此，SVOCs 从源材料表面到汇材料表面的扩散速率远大于其在汇材料内部的扩散速率。此时，可以假设 SVOCs 在环境舱空腔内的扩散过程为准稳态，即空腔内 SVOCs 的浓度是线性分布的，则 $x=L_m$ 处的边界条件为

$$D_m \frac{\partial C_m}{\partial x} = D_a \frac{y_0 - C_m/K_m}{\delta}, \quad x = L_m \tag{3.46}$$

式中，δ 为圆环的厚度，m。

式(3.32)、式(3.34)、式(3.36)及式(3.46)构成了 SVOCs 在图 3.15 所示环境舱中的传质模型。若汇材料中 SVOCs 初始含量为 0，即 $C_{\mathrm{m},0}=0$，利用拉普拉斯变换法，可求得此模型的解析解：

$$C_{\mathrm{m}}=K_{\mathrm{m}}y_0-2K_{\mathrm{m}}y_0\sum_{n=1}^{\infty}\frac{\cos(q_n x/L_{\mathrm{m}})}{\cos q_n+q_n/\sin q_n}\exp\left(-\frac{D_{\mathrm{m}}q_n^2}{L_{\mathrm{m}}^2}t\right) \tag{3.47}$$

式中，q_n 为方程式(3.48)的正根。

$$q_n\tan q_n=\frac{D_{\mathrm{a}}L_{\mathrm{m}}}{D_{\mathrm{m}}K_{\mathrm{m}}\delta},\quad n=1,2,\cdots \tag{3.48}$$

由式(3.47)可以看出，汇材料对 SVOCs 的吸附达到平衡所需的时间为 L_{m} 的增函数。因此，若要缩短测试时间，应使汇材料尽量薄，此时 SVOCs 在汇材料中的扩散传质阻力远小于其在环境舱空腔中的扩散传质阻力，即

$$\frac{L_{\mathrm{m}}/(D_{\mathrm{m}}K_{\mathrm{m}})}{\delta/D_{\mathrm{a}}}=\frac{D_{\mathrm{a}}L_{\mathrm{m}}}{D_{\mathrm{m}}K_{\mathrm{m}}\delta}<0.1 \tag{3.49}$$

式(3.49)在计算汇材料中的扩散阻力时，首先将材料相的 SVOCs 换算成气相，因此式中出现了 K_{m}。若将 D_{a}/δ 替换成 h_{m}，式(3.49)即为集总参数法的使用条件，此时可认为 SVOCs 在汇材料中的浓度分布是均匀的[18]。则式(3.32)、式(3.34)及式(3.46)可化简成

$$V_{\mathrm{m}}\frac{\mathrm{d}C_{\mathrm{m}}}{\mathrm{d}t}=A_{\mathrm{m}}D_{\mathrm{a}}\frac{y_0-C_{\mathrm{m}}/K_{\mathrm{m}}}{\delta}\quad 或\quad \frac{\mathrm{d}C_{\mathrm{m}}}{\mathrm{d}t}=\frac{D_{\mathrm{a}}}{L_{\mathrm{m}}}\frac{y_0-C_{\mathrm{m}}/K_{\mathrm{m}}}{\delta} \tag{3.50}$$

式中，V_{m}为汇材料体积，m^3；A_{m}为汇材料吸附表面积，$A_{\mathrm{m}}=V_{\mathrm{m}}/L_{\mathrm{m}}$，$\mathrm{m}^2$。

若汇材料表面 SVOCs 的初始浓度为 0，即 $q_{\mathrm{m},0}=0$，式(3.50)的解析解为

$$C_{\mathrm{m}}=K_{\mathrm{m}}y_0\left[1-\exp\left(-\frac{D_{\mathrm{a}}}{\delta L_{\mathrm{m}}K_{\mathrm{m}}}t\right)\right]=C_{\mathrm{m,equ}}\left[1-\exp\left(-\frac{t}{N_{\mathrm{m}}}\right)\right] \tag{3.51}$$

式中，$C_{\mathrm{m,equ}}$为汇材料的平衡浓度，$\mu\mathrm{g/m^3}$；N_{m} 为吸附过程的时间常数。

若测量了 SVOCs 在汇材料中的逐时浓度 C_{m}，用式(3.51)对浓度数据进行非线性拟合，即可获得 $C_{\mathrm{m,equ}}$和 N_{m} 的值。汇材料的吸附特性参数 K_{m} 可用式(3.52)计算。

$$K_{\mathrm{m}}=\frac{N_{\mathrm{m}}D_{\mathrm{a}}}{\delta L_{\mathrm{m}}} \tag{3.52}$$

此外，也可求得源材料的 y_0：

$$y_0=\frac{C_{\mathrm{m,equ}}}{K_{\mathrm{m}}} \tag{3.53}$$

对于同一种 SVOCs 源材料，将式(3.53)求得的 y_0 与前述方法测得的 y_0 进行对比，可对式(3.52)所求 K_{m} 的准确性进行检验。

此方法的关键是通过测定汇材料中 SVOCs 的逐时浓度求得其分配系数，因此称为逐时吸附相浓度法，即 C_m-history 方法，它具有快速、准确的优点。

2) 试验装置

环境舱结构如图 3.16(a)所示，图 3.16(b)为环境舱的实物图[52]。这里汇材料的两面都暴露于 SVOCs，故此时式(3.32)～式(3.36)中的 L_m 需用 $L_m/2$ 代替。

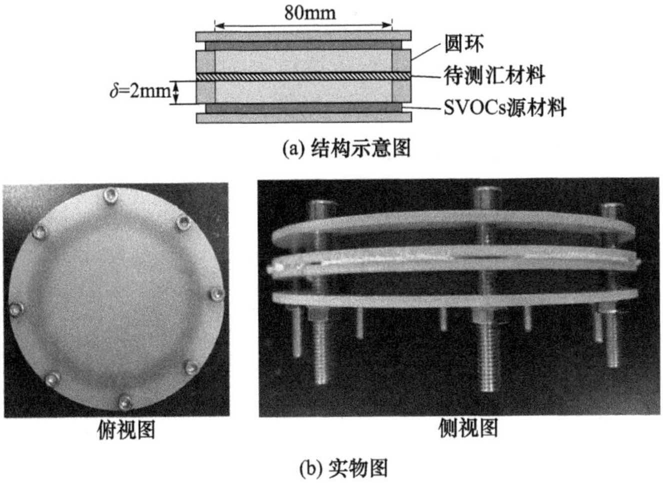

图 3.16　C_m-history 方法所用环境舱[52]

3) SVOCs 源、汇材料

SVOCs 源材料为本章前面提到的两种 PVC 地板，一种含质量分数为 18.2%的 DEHP(以下称为材料 1)，另一种(以下称为材料 2)中含有三种增塑剂 DiBP、DnBP 和 DEHP，质量分数分别为 4.3%、4.5%和 5.1%。

待测汇材料为一种纯棉 T 恤(>95%棉)。选择其的主要目的是该类材料在评价 SVOCs 皮肤暴露时，其汇特性参数是重要的皮肤暴露评价模型输入参数，而目前该类参数十分缺乏。根据我国国家标准《纺织品和纺织制品厚度的测定》(GB/T 3820—1997)[53]，测得所用 T 恤的厚度为 0.578mm(即 L_m = 0.578mm)。在研究衣服材料的传热和传质过程时，可把衣服材料当作均匀多孔介质来处理[45,54,55]。

4) 化学试剂

试验中采用的化学试剂为：①二氯甲烷溶液(色谱级，纯度≥99.9%)，用作溶剂；②所测增塑剂的标准溶液包括 DiBP、DnBP 和 DEHP，浓度均为 2000μg/mL，用于配制各种浓度的标准溶液以校正分析仪器；③纯苯甲酸苄酯(色谱纯)，用作

GC-MS 的定量内标物;④重氢同位素标记内标物 DiBP-d4 和 DEHP-d4(同位素纯度:98%D(原子分数)),DiBP-d4 用于测试样品中 DiBP 和 DnBP 的回收率,DEHP-d4 用于测试样品中 DEHP 的回收率。

测试流程、样品分析、质量控制和质量保证见文献[44]。

5)测试结果

图 3.17 为三种增塑剂的逐时浓度测试结果[52]。由于衣服对 DiBP 和 DnBP 的吸附在 20~120h 内就已达到平衡,为了更清晰地观察式(3.51)与测试结果的拟合情况,图 3.17(c)和(d)所示主要为吸附达到平衡前的结果。图中每个点表示采样时间相同的三个样品的平均值,误差线表示它们的最大和最小值。

从图 3.17 可以看出,根据式(3.51)得到的拟合曲线与测量结果吻合良好,$R^2>0.90$。表 3.6 列出了测得的 K_m 和 y_0 值[52]。

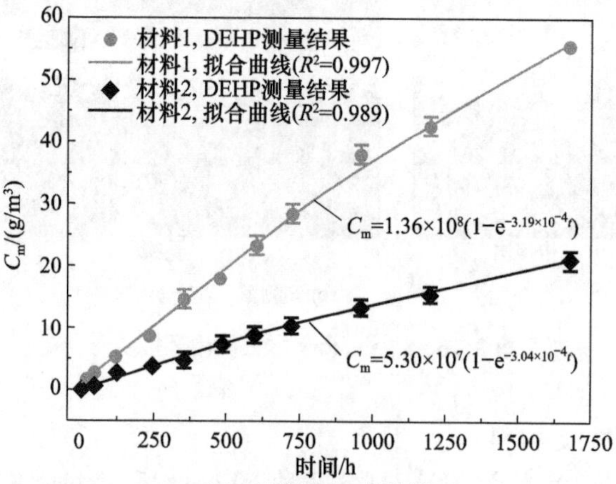

(a) 25℃时DEHP的结果

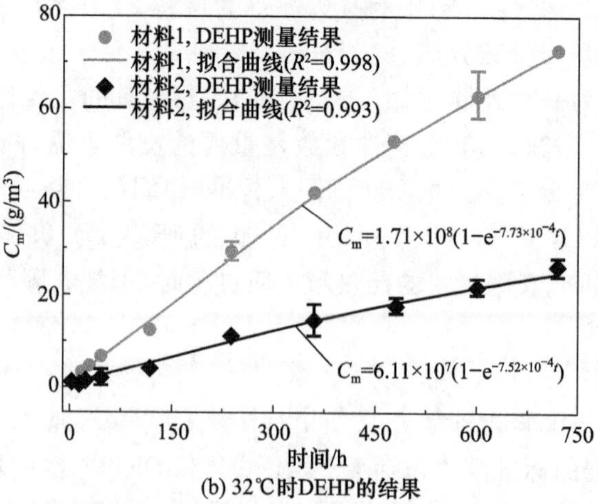

(b) 32℃时DEHP的结果

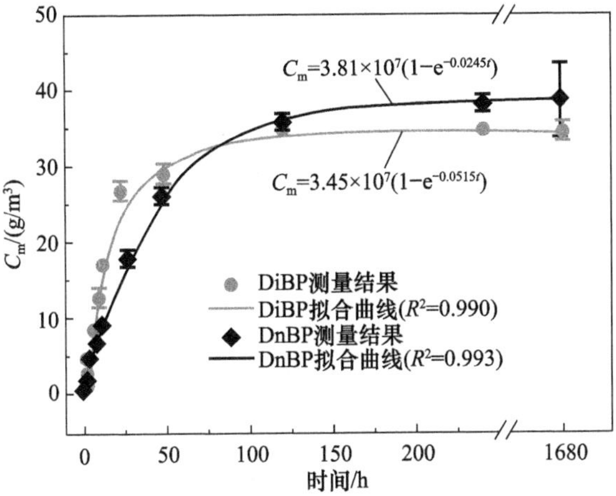

(c) 25℃时DiBP和DnBP的结果

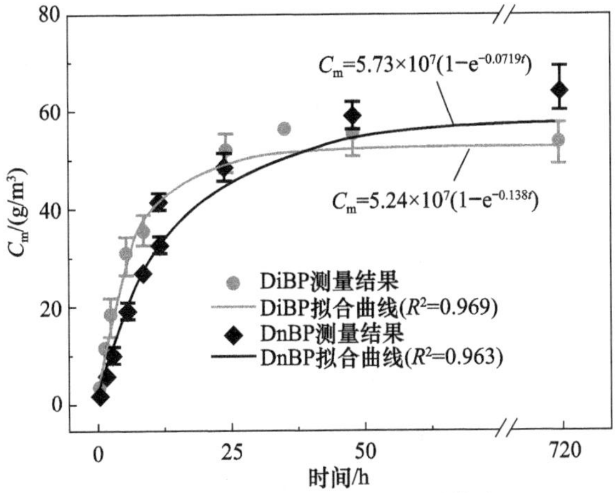

(d) 32℃时DiBP和DnBP的结果

图 3.17　三种增塑剂 C_m-history 方法测量结果及拟合曲线[52]

表 3.6　K_m 和 y_0 的测定结果及其相对标准偏差[52]

源材料	SVOCs	25℃时结果				32℃时结果			
		K_m	RSD_{K_m} /%	y_0 /(μg/m³)	RSD_{y_0} /%	K_m	RSD_{K_m} /%	y_0 /(μg/m³)	RSD_{y_0} /%
材料 1	DEHP	66×10⁻⁶	16	2.1	21	28×10⁻⁶	15	6.0	19
材料 2	DEHP	69×10⁻⁶	15	0.77	19	29×10⁻⁶	20	2.1	25
	DiBP	0.51×10⁻⁶	6.8	68	7.0	0.20×10⁻⁶	9.6	265	9.8
	DnBP	1.1×10⁻⁶	6.8	36	6.9	0.38×10⁻⁶	12	151	13

由于汇特性参数和源特性参数测定中所用的 PVC 地板完全一样，故两种方法

测得的 y_0 应该差别不大。两种方法测试结果的比较见表 3.7。

表 3.7　C_m-history 方法与 M-history 方法所测 y_0 的比较

温度	源材料	SVOCs	y_0/(μg/m³)		相对偏差/%①
			C_m-history 方法	M-history 方法	
25℃	材料 1	DEHP	2.1	1.9	11
	材料 2	DEHP	0.77	0.70	10
		DiBP	67	172	61
		DnBP	35	66	47
32℃②	材料 1	DEHP	6.0	5.7	5.3
	材料 2	DEHP	2.1	2.0	5.0

① 相对偏差 $=|y_{0,C_m\text{-history}}-y_{0,M\text{-history}}|/y_{0,M\text{-history}}\times100\%$。

② M-history 方法未测量 32℃时的 y_0，系根据克劳修斯-克拉贝龙方程和表 3.6 中 M-history 方法测试结果求得对应的 y_0。

6）方法假设的验证

在介绍 C_m-history 方法的原理时提到了两个假设：①密闭舱空腔内 SVOCs 浓度为线性分布且其圆环内壁对 SVOCs 的吸附可忽略不计；②SVOCs 在衣服材料中的扩散过程可忽略。该两假设被验证是成立的，具体过程见文献[44]。

4. 基于密闭舱和 SPME 的测定汇材料扩散系数的逐时气相浓度法（C_a-history 方法）

1）方法原理

扩散系数 D_m 反映了 SVOCs 在汇材料中的扩散能力。根据前面的设计原则，本节设计了以下试验系统，如图 3.18 所示[56]。可以看出，其与 M-history 方法所用的密闭舱非常相似，唯一的区别在于此处在 SVOCs 源材料的表面覆盖了一层待测汇材料。试验开始后，SVOCs 将扩散至汇材料与源材料接触的表面，然后在汇材料中逐渐扩散至汇材料的另一表面，最后传递到环境舱内的空气中。传质过程的示意图如图 3.19 所示[56]，由于环境舱上下对称，图中只画出了环境舱的下半部分。

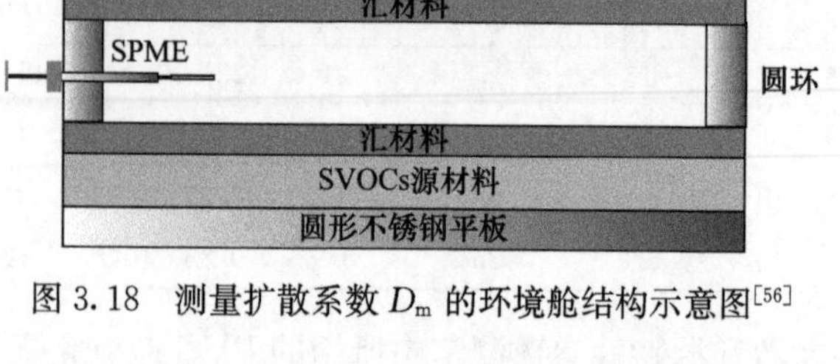

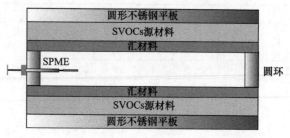

图 3.18　测量扩散系数 D_m 的环境舱结构示意图[56]

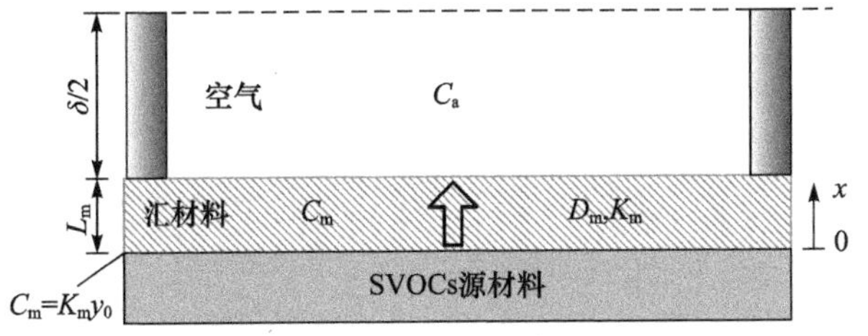

图 3.19　SVOCs 在扩散系数 D_m 测定环境舱内的传质过程示意图[56]

SVOCs 在汇材料中扩散传质方程与式(3.32)完全一样，但边界条件需结合实际进行调整。在 $x=0$ 处，汇材料与源材料直接接触，假设接触面上 SVOCs 的浓度瞬间达到平衡，则有

$$\frac{C_m}{K_m}=\frac{C_0}{K_e}=y_0, \quad x=0 \tag{3.54}$$

式(3.54)的假设已通过测试得到验证。在汇材料的上表面($x=L_m$)有

$$\frac{C_m}{K_m}=C_a, \quad x=L_m \tag{3.55}$$

式中，C_a 为环境舱内 SVOCs 气相浓度，$\mu g/m^3$。

由环境舱内空气中 SVOCs 的质量守恒可得

$$-2D_m\frac{\partial C_m}{\partial x}=\delta\frac{dC_a}{dt}, \quad x=L_m \tag{3.56}$$

式中，δ 为环境舱空腔的高度，m。由于空腔的顶部和底部均有汇材料，式(3.56)的左边乘以了系数 2。

此外，式(3.56)还假设环境舱内空气中 SVOCs 浓度均匀分布，文献[56]证明了此假设的合理性。

试验开始时汇材料和空气中一般不含 SVOCs，因此初始条件为

$$C_m=0, \quad C_a=0, \quad t=0 \tag{3.57}$$

式(3.32)和式(3.54)～式(3.57)组成了 SVOCs 在此环境舱内的传质模型。利用拉普拉斯变换法，可求得 C_a 的解析解为

$$C_a=y_0-2y_0\sum_{n=1}^{\infty}\frac{\exp\left(-\frac{D_m q_n^2}{L_m^2}t\right)}{\frac{q_n}{\sin q_n}+\cos q_n} \tag{3.58}$$

式中，q_n 为方程式(3.59)的正根。

$$q_n\tan q_n=\frac{2K_mL_m}{\delta}, \quad n=1,2,\cdots \tag{3.59}$$

对于式(3.58)右边的指数求和项，随着时间 t 的增大，$n\geq 2$ 的项衰减很快(由于 q_n 基本以 π 为方差递增)。因此，当 t 足够大时，只有第一项是主要的，其他项可忽略不计，即

$$C_{\mathrm{a}}=y_0\left[1-\frac{2}{\dfrac{q_1}{\sin q_1}+\cos q_1}\exp\left(-\frac{D_{\mathrm{m}}q_1^2}{L_{\mathrm{m}}^2}t\right)\right],\quad t\geqslant t^* \tag{3.60}$$

式中，q_1 为方程(3.59)的第一个正根；t^* 为式(3.60)成立的条件。

式(3.58)和式(3.60)的无量纲形式可用于确定 t^*。

$$C_{\mathrm{a}}^*=1-2\sum_{n=1}^{\infty}\frac{\exp(-q_n^2 Fo_{\mathrm{m}})}{\dfrac{q_n}{\sin q_n}+\cos q_n} \tag{3.61}$$

$$C_{\mathrm{a}}^*=1-2\frac{\exp(-q_1^2 Fo_{\mathrm{m}})}{\dfrac{q_1}{\sin q_1}+\cos q_1} \tag{3.62}$$

式中，C_{a}^* 为无量纲浓度，$C_{\mathrm{a}}^*=C_{\mathrm{a}}/y_0$；$Fo_{\mathrm{m}}$ 为传质傅里叶数，$Fo_{\mathrm{m}}=D_{\mathrm{m}}t/L_{\mathrm{m}}^2$。

若上述两方程算得的 C_{a}^*(C_{a})的相对偏差不超过5%，则认为用第一项代替所有项是合理的。当 $Fo_{\mathrm{m}}\geqslant 0.17$ 时，两者的相对偏差在5%以内。因此，

$$t^*=0.17\frac{L_{\mathrm{m}}^2}{D_{\mathrm{m}}} \tag{3.63}$$

进一步分析和化简可得

$$\ln\left(\frac{\pi}{4}\,\frac{y_0-C_{\mathrm{a}}}{y_0}\right)=-\frac{\pi^2}{4}\,\frac{D_{\mathrm{m}}}{L_{\mathrm{m}}^2}t=\mathrm{SL}t \tag{3.64}$$

式中，$(y_0-C_{\mathrm{a}})/y_0$ 称为无量纲过余浓度。

如果式(3.64)中的斜率SL已知，则

$$D_{\mathrm{m}}=-\frac{4}{\pi^2}L_{\mathrm{m}}^2\mathrm{SL} \tag{3.65}$$

实际测量时，只需利用SPME测量舱内气相SVOCs的逐时浓度，并将测试数据按式(3.64)进行过原点的线性拟合，即可求得斜率SL，代入式(3.65)可求得扩散系数 D_{m}。此方法的关键是测定环境舱中气相SVOCs的逐时浓度 C_{a}，因此称为逐时气相浓度法，即 C_{a}-history 方法，它具有快速、准确的优点。

随着时间的推移，空腔内SVOCs浓度 C_{a} 将接近平衡浓度 y_0，此时无量纲过余浓度的值将十分接近0；C_{a} 测试时的微小误差将导致无量纲过余浓度对数值的巨大偏差，若用这些数据进行线性拟合，将导致巨大的偏差。考虑到SPME测量 C_{a} 时的偏差一般在10%以内，为保证线性拟合结果的准确性，当 C_{a} 达到平衡浓度 y_0 的90%时需停止测试，即测试时间应满足

$$\begin{cases}\dfrac{y_0-C_{\mathrm{a}}}{y_0}=\dfrac{4}{\pi}\exp\left(-\dfrac{\pi^2}{4}\,\dfrac{D_{\mathrm{m}}}{L_{\mathrm{m}}^2}t\right)\leqslant\dfrac{y_0-0.9y_0}{y_0}\\[2ex] t\leqslant\dfrac{L_{\mathrm{m}}^2}{D_{\mathrm{m}}}\end{cases} \tag{3.66}$$

由式(3.66)和式(3.63)可得 C_{a}-history 方法的推荐测量时间范围为

$$0.17\frac{L_m^2}{D_m}\leqslant t\leqslant 1.0\frac{L_m^2}{D_m} \tag{3.67}$$

2）测试材料

SVOCs 源材料为一种 PVC 地板（即 3.2.2 节中的材料 2，待测 SVOCs 为 DiBP 和 DnBP）和一种聚氨酯泡沫（即 3.2.2 节提到的聚氨酯泡沫，待测 SVOCs 为 TCPP）；汇材料为前面提到的纯棉 T 恤。

3）测试结果及误差分析

图 3.20～图 3.22[56]为基于 C_a-history 方法的典型 SVOCs 浓度试验结果，其中图 3.20(a)、图 3.21(a)和图 3.22(a)分别为 DiBP、DnBP 和 TCPP 的试验值按

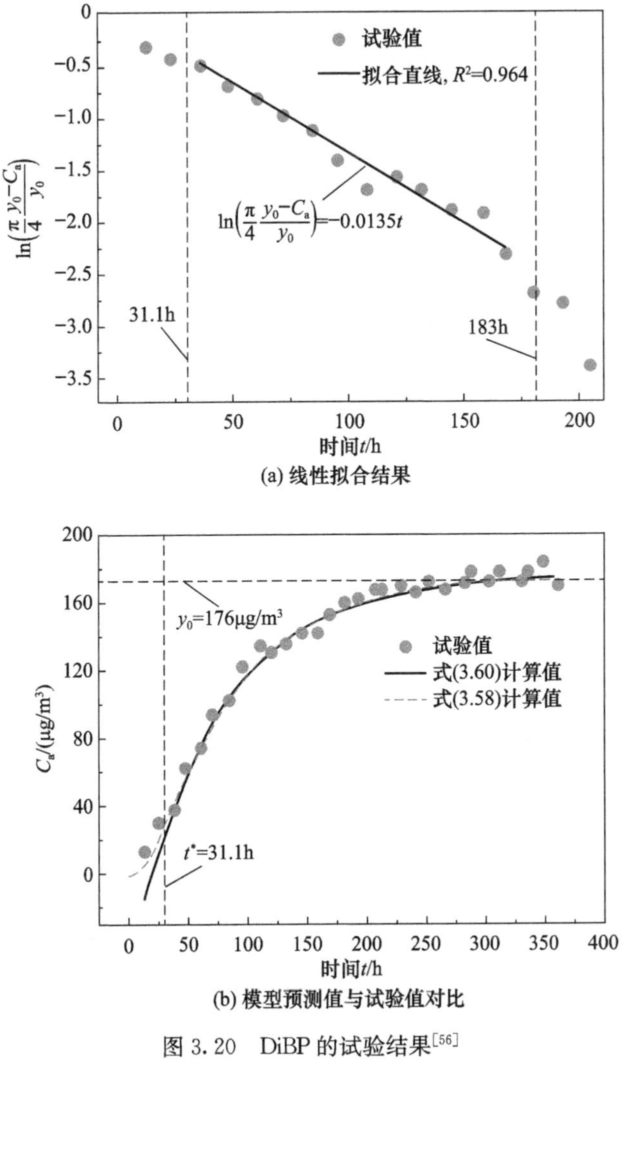

图 3.20　DiBP 的试验结果[56]

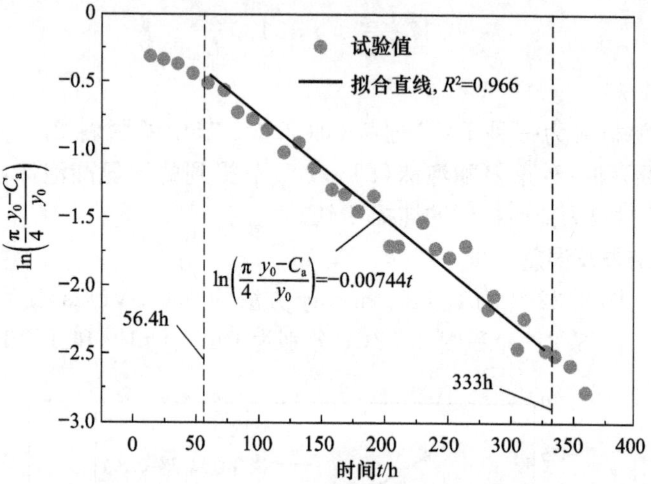

(a) 线性拟合结果

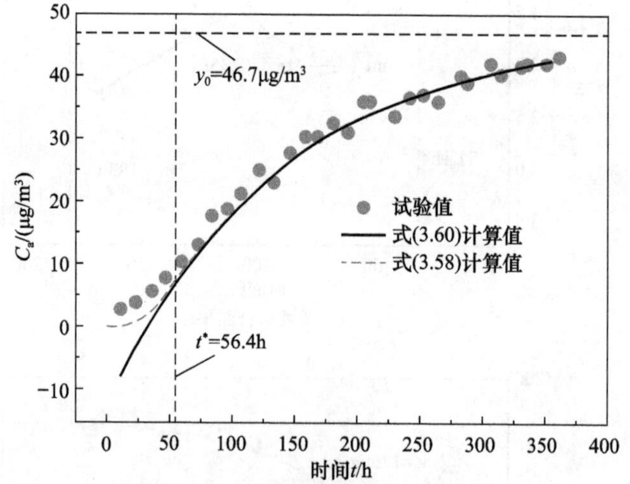

(b) 模型预测值与试验值对比

图 3.21　DnBP 的试验结果[56]

式(3.64)处理并进行线性拟合的结果。可以看出，在式(3.67)要求的时间范围内，拟合直线与试验值吻合良好。线性拟合得到的斜率 SL 及其标准偏差 ΔSL，以及求得的 D_m 列于表 3.8[56] 中。图 3.20(b)、图 3.21(b)和图 3.22(b)分别为将所求 DiBP、DnBP 和 TCPP 的 D_m 代入传质模型解析解得到的预测值与 C_a 的试验测量值的对比。可以看出，对于化简前的解析解即式(3.58)，模型预测值与试验值吻合良好；而对于化简后的解析解，即式(3.60)，当 $t>t^*$ 时预测值也与试验值吻合良好，而且两个模型的预测值重合，说明解析解的化简是合理的，所测 D_m 是准确的。

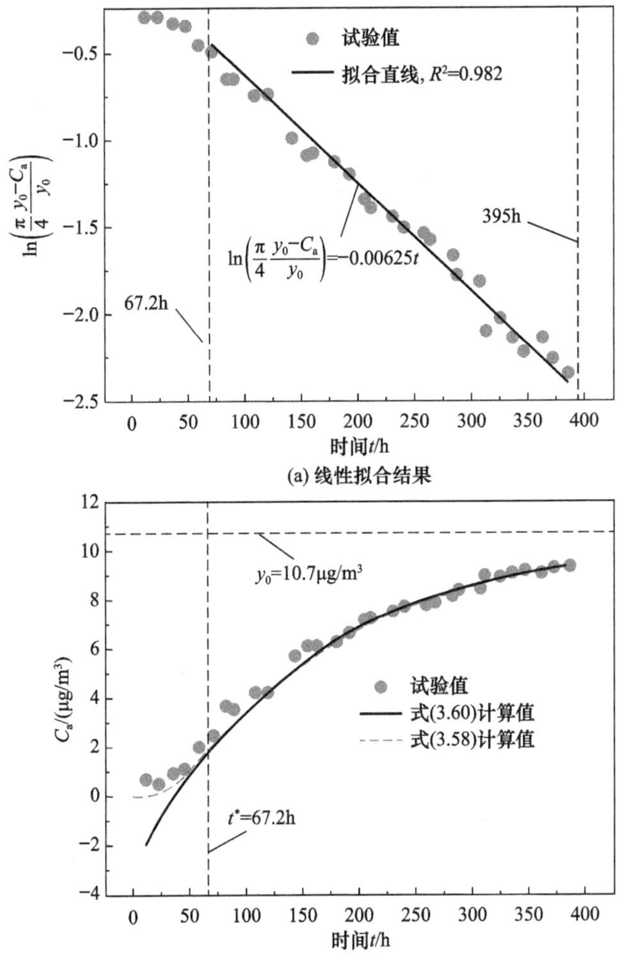

(a) 线性拟合结果

(b) 模型预测值与试验值对比

图 3.22　TCPP 的试验结果[56]

表 3.8　C_a-history 方法测定 D_m 的结果[56]

SVOCs	SL/h^{-1}	ΔSL/h^{-1}	D_m/(10^{-13}m²/s)	RSD_{D_m}/%	$D_{m,pre}$/(10^{-13}m²/s)
DiBP	−0.0135	2.83×10^{-4}	5.08	2.1	38.4
DnBP	−0.00744	1.16×10^{-4}	2.80	1.6	17.8
TCPP	−0.00625	5.92×10^{-5}	2.35	1.0	—

D_m 相对标准偏差 RSD_{D_m} 为

$$RSD_{D_m}=\frac{\Delta D_m}{D_m}\times100\%=\frac{\Delta SL}{SL}\times100\% \tag{3.68}$$

式中，ΔD_m 为 D_m的标准偏差。

从表 3.8 中可以看出，D_m的 $RSD_{D_m}<3\%$，而且会随着有效数据点的增加而减

小(线性拟合时,DiBP、DnBP 和 TCPP 的数据点分别为 12 个、23 个和 27 个)。这说明 C_a-history 方法在测定 D_m时具有很高的精确度。

此外,由于所选用的 PVC 地板中同时含有 DiBP 和 DnBP 两种 SVOCs,它们的 C_a可同时测得。虽然 183h 后 DiBP 的 C_a已无法用于线性拟合,但由于对 DnBP 的测试一直持续到 360h 才结束,因此图 3.20(b)也包含 183~360h 范围内 DiBP 的试验值。可以看出,试验开始约 250h 后,环境舱内 DiBP 的 C_a已十分接近 y_0,而且随着时间的推移 C_a不再上升,一直在 y_0上下浮动(误差不超过 10%)。此现象说明环境舱内 SVOCs 的平衡浓度即为 y_0,这证明前面的假设"源、汇接触面上 SVOCs 的浓度瞬间达到平衡"是合理的。

将衣服当作多孔介质,用式(3.33)可预测 D_m的值,结果也列于表 3.8 中。计算时纯棉衣服的孔隙率 ε 取 0.6[57],而 K_m 取表 3.6 中的数值,研究中尚未测定 TCPP 的 K_m,故 TCPP 的 D_m暂时无法计算。式(3.33)的预测值比试验测定值大了约一个量级(6~8 倍),同样的问题在计算建材中 VOCs 的扩散系数时也存在[52,58-60]。Xiong 等[60]对此类问题进行了研究,指出问题的关键是宏观、介观孔系串联连接,而式(3.33)是将宏观孔与介观孔视为并联连接的,当宏观孔的体积占较大比例时,介观孔对扩散速率的限制作用就被忽略了,导致式(3.33)的预测值比试验测值大 1~2 个量级(详见本书第 2 章)。

4) 舱内气相 SVOCs 浓度均匀分布假设的验证

C_a-history 方法是建立在假设环境舱内 C_a均匀分布的基础上的。该假设已被 Cao 等[56]的研究证实是成立的,如图 3.23 所示。

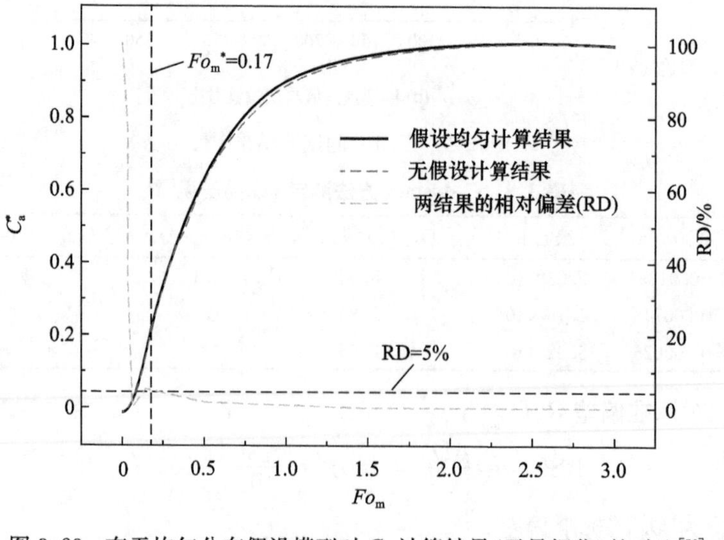

图 3.23　有无均匀分布假设模型对 C_a 计算结果(无量纲化)的对比[56]

5)方法局限性

尽管 C_a-history 方法在测定 D_m 时具有测试精度高、操作简便等优点，但也存在一些局限。

(1) C_a-history 方法所需的时间与待测汇材料厚度的平方成正比。因此若要缩短测量时间，待测汇材料应尽量薄；而对于某些难以切成平板状薄片的材料，本方法将不适用。此时，可以采用 Liu 等[51]所提出的 C-depth 方法，但其也需将待测材料切成几层同时每层应足够厚以保证结果的精度和准度，故其方法的测试时间一般较长。

(2) C_a-history 方法所需的时间与 D_m 成反比。由式(3.33)可知，K_m 越大，D_m 将越小。虽然式(3.33)不能准确估算 D_m，但其对 D_m 与 K_m 关系的描述与表 3.8 中的结果和文献[10]的结论一致：与 DiBP 相比，DnBP 的 D_m 小 66%，而 K_m 大 1.9～2.1 倍(见表 3.6)。因此，对于 K_m 极大的 SVOCs，使用本方法测定 D_m 所需的时间将很长。例如，若待测材料还是本章所用的衣服材料，DEHP 的 $K_m=6.6\times10^7$，由式(3.33)可估算出其 D_m 约为 $4\times10^{-15}\ m^2/s$，则适于本方法的测量时间范围可达 164～967d，这显然不便于实际应用。因此，还需进一步研究适用于 K_m 很大时 D_m 的测定方法。

(3) 表 3.9[49-52,56,61-63]比较了新方法和已有方法的测试时间及测试误差，从中可以看出不同方法的优缺点和局限性。

表 3.9　不同 SVOCs 汇特性参数测定方法的比较

方法	SVOCs ($\lg K_{OA}$)①	汇材料(厚度)	参数范围(以 10 为底的对数值)②	测试时间	误差分析③	备注
通风平衡法[49]	DEP(8.2)[61] DnBP(9.8)[61]	衣服(0.8～1.6mm)	K_m：5.4～6.6	10d＋内壁吸附平衡需 10d	无	只能测定 K_m
通风瞬态法[50]	5 种 PCB(8.1～10.0)[50]	混凝土、聚乙烯等(0.8mm)	K_m：7.0～8.1 D_m：−13.7～−12.3	24d＋内壁吸附平衡需 12d	无	无法区分某些 PCB 的 D_m④
C-depth 方法[51]	6 种 PCB(8.1～10.5)[51]	混凝土、纤维板等(3～5cm)	D_m：−14.1～−12.9	40a	RSD：42%～66%	可测定汇/源分配系数；厚材料
C_m-history 方法[52]	DiBP(9.6)[51] DnBP(9.8) DEHP (12.9)[61]	衣服材料(0.578mm)	K_m：5.3～7.0	1～70d，与 K_m 的值相关	RSD：6.8%～20%	只能测定 K_m；薄材料

续表

方法	SVOCs (lgK_{OA})①	汇材料（厚度）	参数范围（以 10 为底的对数值）②	测试时间	误差分析③	备注
C_a-history 方法[56]	DiBP(9.6) DnBP(9.8) TCPP(8.2)[62]	衣服材料（0.578mm）	D_m： $-12.6\sim-12.3$	15 ～ 16d，与 D_m 的值相关	RSD：$<3\%$	只能测定 D_m；薄材料

① K_{OA}为辛醇-空气（octanol-air）分配系数，K_{OA}越大的 SVOCs 越易被吸附[63]，吸附达到平衡所需时间也越长。

② 所列值均为测得参数以 10 为底的对数值的范围，K_m无量纲，D_m的单位为 m^2/s。

③ RSD 表示所测参数的相对标准偏差，RSD 越小，结果的精度越高。

④ 此方法还可测量不可渗透材料的表面分配系数 K_m。

3.4 小 结

本章介绍了室内 SVOCs 的来源和种类、室内 SVOCs 源散发特性及其传质分析方法和相关模型；提出了几种较为快速、准确测定源散发、汇吸附或吸收特性参数的方法：SPME 平衡吸附法、M-history 方法、C_m-history 方法，并与文献中的方法进行了比较；探索了室内 SVOCs 源特性参数的影响因素及影响机理。

通过试验发现：

（1）DEHP 在材料中的质量分数(m)对 DEHP 散发时的蒸发焓几乎没有影响。

（2）y_0 与 DEHP 饱和气相浓度的比值与温度无关，但与 m 正相关：当 $m<10\%$时，散发过程符合亨利定律；当 $m>50\%$时，符合拉乌尔定律。其可能的物理机制为：材料中 DEHP 与 PVC 分子间作用力约等于 DEHP 与 DEHP 分子间作用力。

上述结论深化了对 SVOCs 材料散发特性的认知，但还需进一步深入研究，如能测出 DEHP 与 PVC 分子间作用力以及 DEHP 与 DEHP 分子间的作用力将给出最有力的证据；此外，这一结论对其他基材-SVOCs 对的适用性也需进一步研究。

参考文献

[1] Wang L X, Zhao B, Liu C, et al. Indoor SVOC pollution in China: A review. Chinese Science Bulletin, 2010, 55(15): 1469-1478.

[2] 中国石油和化学工业联合会．中国化学工业年鉴．北京：中国化工信息中心，2016.

[3] Shi S S, Cao J P, Zhang Y P, et al. Emissions of phthalates from indoor flat materials in Chinese residences. Environmental Science & Technology, 2018, 52(22): 13166-13173.

[4] 中国建筑学会标准．健康建筑评价标准(T/ACS 02—2016)．北京：中国建筑工业出版社，2016.

[5] 丰喜，范伟赠，陈贻松．卫生用杀虫剂的变迁和发展．世界农药，2016，38(1)：32-34，41.

[6] Zhao Y J, Chen C, Zhao B. Emission characteristics of $PM_{2.5}$-bound chemicals from residential Chinese cooking. Building and Environment, 2019, 149: 623-629.

[7] World Health Organization. WHO guidelines for indoor air quality: selected pollutants. Copenhagen: World Health Organization, 2010.

[8] Xu Y, Liu Z, Park J, et al. Measuring and predicting the emission rate of phthalate plasticizer from vinyl flooring in a specially-designed chamber. Environmental Science & Technology, 2012, 46(22): 12534-12541.

[9] Xu Y, Little J C. Predicting emissions of SVOCs from polymeric materials and their interaction with airborne particles. Environmental Science & Technology, 2006, 40(2): 456-461.

[10] 熊建银. 建材 VOC 散发特性研究：测定、微介观诠释及模拟[博士学位论文]. 北京：清华大学, 2010.

[11] Little J C, Hodgson A T, Gadgil A J. Modeling emissions of volatile organic compounds from new carpets. Atmospheric Environment, 1994, 28(2): 227-234.

[12] Liu Z, Ye W, Little J C. Predicting emissions of volatile and semivolatile organic compounds from building materials: A review. Building and Environment, 2013, 64: 7-25.

[13] Liu C, Liu Z, Little J C, et al. Convenient, rapid and accurate measurement of SVOC emission characteristics in experimental chambers. PloS ONE, 2013, 8(8): e72445.

[14] Clausen P A, Hansen V, Gunnarsen L, et al. Emission of di-2-ethylhexyl phthalate from PVC flooring into air and uptake in dust: Emission and sorption experiments in FLEC and CLIMPAQ. Environmental Science & Technology, 2004, 38(9): 2531-2537.

[15] Afshari A, Gunnarsen L, Clausen P A, et al. Emission of phthalates from PVC and other materials. Indoor Air, 2004, 14(2): 120-128.

[16] Clausen P A, Xu Y, Kofoed-Sørensen V, et al. The influence of humidity on the emission of di-(2-ethylhexyl) phthalate (DEHP) from vinyl flooring in the emission cell "FLEC". Atmospheric Environment, 2007, 41(15): 3217-3224.

[17] Clausen P A, Liu Z, Xu Y, et al. Influence of air flow rate on emission of DEHP from vinyl flooring in the emission cell FLEC: Measurements and CFD simulation. Atmospheric Environment, 2010, 44(23): 2760-2766.

[18] Clausen P A, Liu Z, Kofoed-Sorensen V, et al. Influence of temperature on the emission of di-(2-ethylhexyl)phthalate (DEHP) from PVC flooring in the emission cell FLEC. Environmental Science & Technology, 2012, 46(2): 909-915.

[19] Guo Z, Liu X, Krebs K, et al. Laboratory study of polychlorinated biphenyl (PCB) contamination and mitigation in buildings, part 1. Emissions from Selected Primary Sources. Cincinati: National Risk Managemental Research Laboratory. U. S. Environmental Protection Agency, 2011.

[20] Uhde E, Bednarek M, Fuhrmann F. Phthalic esters in the indoor environment-test chamber studies on PVC-coated wallcoverings. Indoor Air, 2001, 11(3): 150-155.

[21] Liang Y, Xu Y. Improved method for measuring and characterizing phthalate emissions from

building materials and its application to exposure assessment. Environmental Science & Technology, 2014, 48(8): 4475-4484.

[22] Xiong J, Cao J, Zhang Y. Early stage *C*-history method: Rapid and accurate determination of the key SVOC emission or sorption parameters of indoor materials. Building and Environment, 2016, 95: 314-321.

[23] Axley J W. Adsorption modelling for building contaminant dispersal analysis. Indoor Air, 1991, 1(2): 147-171.

[24] Holman J. Heat Transfer. New York: McGraw-Hill, 2002.

[25] Fujii M, Shinohara N, Lim A, et al. A study on emission of phthalate esters from plastic materials using a passive flux sampler. Atmospheric Environment, 2003, 37(39-40): 5495-5504.

[26] Ni Y, Kumagai K, Yanagisawa Y. Measuring emissions of organophosphate flame retardants using a passive flux sampler. Atmospheric Environment, 2007, 41(15): 3235-3240.

[27] Liu C, Zhang Y. Characterizing the equilibrium relationship between DEHP in PVC flooring and air using a closed-chamber SPME method. Building and Environment, 2016, 95: 283-290.

[28] Wu Y, Xie M, Cox S S, et al. A simple method to measure the gas-phase SVOC concentration adjacent to a material surface. Indoor Air, 2016, 26(6): 903-912.

[29] Wu Y, Cox S S, Xu Y, et al. A reference method for measuring emissions of SVOCs in small chambers. Building and Environment, 2016, 95: 126-132.

[30] Liu X, Allen M R, Roache N F. Characterization of organophosphorus flame retardants' sorption on building materials and consumer products. Atmospheric Environment, 2016, 140: 333-341.

[31] Bu Z, Zhang Y, Mmereki D, et al. Indoor phthalate concentration in residential apartments in Chongqing, China: Implications for preschool children's exposure and risk assessment. Atmospheric Environment, 2016, 127: 34-45.

[32] Liang Y, Xu Y. Emission of phthalates and phthalate alternatives from vinyl flooring and crib mattress covers: The influence of temperature. Environmental Science & Technology, 2014, 48(24): 14228-14237.

[33] Pawliszyn J. Theory of solid-phase microextraction. Journal of Chromatographic Science, 2000, 38(7): 270-278.

[34] Ouyang G, Pawliszyn J. A critical review in calibration methods for solid-phase microextraction. Analytica Chimica Acta, 2008, 627(2): 184-197.

[35] Ouyang G, Pawliszyn J. Configurations and calibration methods for passive sampling techniques. Journal of Chromatography A, 2007, 1168(1-2): 226-235.

[36] Cao J, Xiong J, Wang L, et al. Transient method for determining indoor chemical concentrations based on SPME: Model development and calibration. Environmental Science & Technology, 2016, 50(17): 9452-9459.

[37] Isetun S, Nilsson U, Colmsjo A, et al. Air sampling of organophosphate triesters using

SPME under non-equilibrium conditions. Analytical and Bioanalytical Chemistry, 2004, 378(7):1847-1853.

[38] Koziel J, Jia M, Pawliszyn J. Air sampling with porous solid-phase microextraction fibers. Analytical Chemistry, 2000, 72(21):5178-5186.

[39] Bergman T L, Incropera F P, de Witt D P, et al. Fundamentals of Heat and Mass Transfer. Hoboken: John Wiley & Sons, 2011.

[40] Rohsenow W M, Hartnett J P, Cho Y I. Handbook of Heat Transfer. New York: McGraw-Hill, 1998.

[41] Schwarzenbach R P, Gschwend P M, Imboden D M. Environmental Organic Chemistry. New York: John Wiley & Sons, 2005.

[42] Fuller E N, Schettler P D, Giddings J C. New method for prediction of binary gas-phase diffusion coefficients. Industrial & Engineering Chemistry, 1966, 58(5):18-27.

[43] Lugg G A. Diffusion coefficients of some organic and other vapors in air. Analytical Chemistry, 1968, 40(7):1072-1077.

[44] Cao J P, Zhang X, Little J C, et al. A SPME-based method for rapidly and accurately measuring the characteristic parameter for DEHP emitted from PVC floorings. Indoor Air, 2017, 27(2), 417-426.

[45] Ruthven D M. Principles of Adsorption and Adsorption Processes. New York: John Wiley & Sons, 1984.

[46] Guerrero P A. P-dichlorobenzene and naphthalene: Emissions and related primary and secondary exposures in residential buildings[Doctoral Dissertation]. Austin: University of Texas at Austin, 2013.

[47] Zhang Y P, Luo X X, Wang X K, Qian K, Zhao R Y. Influence of temperature on formaldehyde emission parameters of dry building materials. Atmospheric Environment, 2007, 41: 3203-3216.

[48] Morrison G, Li H, Mishra S, et al. Airborne phthalate partitioning to cotton clothing. Atmospheric Environment, 2015, 115:149-152.

[49] Morrison G, Shakila N V, Parker K. Accumulation of gas-phase methamphetamine on clothing, toy fabrics, and skin oil. Indoor Air, 2015, 25(4):405-414.

[50] Liu X, Guo Z, Roache N F. Experimental method development for estimating solid-phase diffusion coefficients and material/air partition coefficients of SVOCs. Atmospheric Environment, 2014, 89:76-84.

[51] Liu C, Kolarik B, Gunnarsen L, et al. *C*-depth method to determine diffusion coefficient and partition coefficient of PCB in building materials. Environmental Science & Technology, 2015, 49(20):12112-12119.

[52] Cao J P, Weschler C, Luo J J, et al. C_m-history method, a novel approach to simultaneously measure source and sink parameters important for estimating indoor exposures to phthalates. Environmental Science & Technology, 2016, 50:825-834.

[53] 中华人民共和国国家标准. 纺织品和纺织制品厚度的测定(GB/T 3820—1997). 北京:中国标准出版社,1997.
[54] Moholkar V S, Warmoeskerken M M C G. Investigations in mass transfer enhancement in textiles with ultrasound. Chemical Engineering Science, 2004, 59(2): 299-311.
[55] Wu H, Fan J. Study of heat and moisture transfer within multi-layer clothing assemblies consisting of different types of battings. International Journal Thermal Sciences, 2008, 47(5): 641-647.
[56] Cao J P, Liu N R, Zhang Y P. A SPME based C_a-history method for measuring SVOC diffusion coefficients in clothing material. Environmental Science & Technology, 2017, 51(16): 9137-9145.
[57] Min K, Son Y, Kim C, et al. Heat and moisture transfer from skin to environment through fabrics: A mathematical model. International Journal of Heat & Mass Transfer, 2007, 50(25-26): 5292-5304.
[58] Blondeau P, Tiffonnet A, Damian A, et al. Assessment of contaminant diffusivities in building materials from porosimetry tests. Indoor Air, 2003, 13(3): 310-318.
[59] Ataka Y, Kato S, Zhu Q. Evaluation of effective diffusion coefficient in various building materials and absorbents by mercury intrusion porosimetry. Journal of Environmental Engineering, 2005, 15(589): 15-21.
[60] Xiong J, Zhang Y, Wang X, et al. Macro-meso two-scale model for predicting the VOC diffusion coefficients and emission characteristics of porous building materials. Atmospheric Environment, 2008, 42(21): 5278-5290.
[61] Weschler C J, Nazaroff W W. SVOC partitioning between the gas phase and settled dust indoors. Atmospheric Environment, 2010, 44(30): 3609-3620.
[62] Faiz Y, Zhao W, Feng J, et al. Occurrence of triphenylphosphine oxide and other organophosphorus compounds in indoor air and settled dust of an institute building. Building and Environment, 2016, 106: 196-204.
[63] Weschler C J, Nazaroff W W. Semivolatile organic compounds in indoor environments. Atmospheric Environment, 2008, 42(40): 9018-9040.

第 4 章　$PM_{2.5}$及其成分的室内外关联及通风的影响

细颗粒物(particulate matter with an aerodynamic diameter less than 2.5μm, $PM_{2.5}$)暴露与多种健康危害存在密切关联[1-3]。全球疾病负担研究发现细颗粒物暴露是威胁人类生命健康最重要的因素之一[4]。$PM_{2.5}$并非单一物质,而是多种化学物质组成的混合物。尽管有研究表明 $PM_{2.5}$的成分特征对 $PM_{2.5}$产生的健康危害有重要影响[5,6],但对于不同成分的剂量-健康效应关系尚不清晰。

在流行病学研究中,准确的个体暴露对于更好地理解 $PM_{2.5}$及其成分浓度的健康效应十分重要。过去,常采用基于单一监测台/站监测数据的室外暴露来代替个体暴露[7,8]。也有研究将监测和模型结合,通过室外的空间分布浓度进行暴露分析,减少单一监测数据来源所带来的误差[9-11]。然而,人一生中 80%以上的时间在建筑室内度过[12],室内 $PM_{2.5}$及其成分浓度受室外 $PM_{2.5}$及其成分浓度影响很大,此外也和室内通风状况、室内空气污染物特征有关。因此,深入认知 $PM_{2.5}$和其成分的室内外关联及通风的影响对于室内 $PM_{2.5}$来源、暴露、健康分析有重要意义。

4.1　室内外 $PM_{2.5}$及其成分浓度关联

室内外 $PM_{2.5}$及其成分的浓度密切相关。通常用两个参数来描述其间的关联特性。一个是室内外浓度比(I/O ratio,记为 R_{IO}),它代表室内外浓度的综合对比。

$$R_{IO}=\frac{C_{in,i}}{C_{out,i}} \tag{4.1}$$

式中,$C_{in,i}$为物质 i 的室内浓度,μg/m³;$C_{out,i}$为物质 i 的室外浓度,μg/m³。

室内 $PM_{2.5}$及其成分既有室外源,也有室内源,因此这个参数不能区分这两个来源各自对室内浓度的贡献[13]。

另一个参数是渗透系数(F_{in}),它表示室外源空气污染物浓度对室内该空气污染物浓度的贡献。渗透系数的定义和计算式仅适用于建筑的渗风且没使用室内空气净化器的情形。

考虑到建筑还可能有机械或自然通风,也可能使用空气净化器,因此定义一个新的、更普适的参数:入室系数(F_t)。

$$F_t=\frac{C_{in\_out,i}}{C_{out,i}} \tag{4.2}$$

式中，$C_{in_out,i}$为由室外源产生的室内浓度，$\mu g/m^3$。

对室内外浓度进行线性拟合，得到形式为“$C_{in,i}$＝斜率×$C_{out,i}$＋截距”的关联式，其中的斜率实际上就是入室系数 F_t[14]。当室内源强度较弱且净化器没开或净化能力很弱时，R_{IO}与 F_t近似相等。

表 4.1 综述了文献[15]～[17]中室外 $PM_{2.5}$成分主要来源及影响其室内外关联的重要物理性质。本章关注的 $PM_{2.5}$成分包括 8 种物质，其中硫酸根(SO_4^{2-})、硝酸根(NO_3^-)、铵根(NH_4^+)、元素碳(elemental carbon，EC)和有机碳(organic carbon，OC)为质量占比最大的 5 种物质。铁(Fe)、铜(Cu)和锰(Mn)3 种过渡金属被发现与氧化应激效应存在密切关联[18-20]。

表 4.1　室外 $PM_{2.5}$成分主要来源及影响其室内外关联的重要物理性质

$PM_{2.5}$成分	主要来源	重要物理性质	文献
硫酸根(SO_4^{2-})	燃煤电厂	不挥发性	[15]
硝酸根(NO_3^-)	电厂、机动车、工业	半挥发性	[15]
铵根(NH_4^+)	农业	半挥发性	[15]
元素碳(EC)	机动车、工业、生物质燃烧	不挥发性	[16]
有机碳(OC)	机动车、工业、生物质燃烧、二次反应产物	半挥发性	[16]
铁(Fe)	扬尘、刹车和轮胎磨损	水溶性	[17]
铜(Cu)	刹车和轮胎磨损	水溶性	[17]
锰(Mn)	扬尘、刹车和轮胎磨损	水溶性	[17]

$PM_{2.5}$及其成分的室内外关联如图 4.1 所示。室外的 $PM_{2.5}$可以通过建筑的三种通风形式进入室内：机械通风、自然通风和渗风。一个建筑可能通过上述一种或几种方式与室外大气进行空气交换。室外 $PM_{2.5}$进入室内后，$PM_{2.5}$及其组分会向室内表面上沉降。对于半挥发性成分(如硝酸根和铵根)，它们的室内外关联更为复杂：因为半挥发性物质既存在于气相，又存在于颗粒相，所以当颗粒相物质随室外 $PM_{2.5}$进入室内后，它们会与室内的气相物质之间建立新的分配(不一定是平衡)关系，这个过程称为二次分配过程。另外，室内也可能有 $PM_{2.5}$及其成分的释放源或汇(如空气净化器)。在机械通风系统中，出于节能的考虑，部分室内空气可能与室外空气(空调领域称为新风)混合后再次送入室内。有的建筑则没有回风，而是采用 100%的全新风。

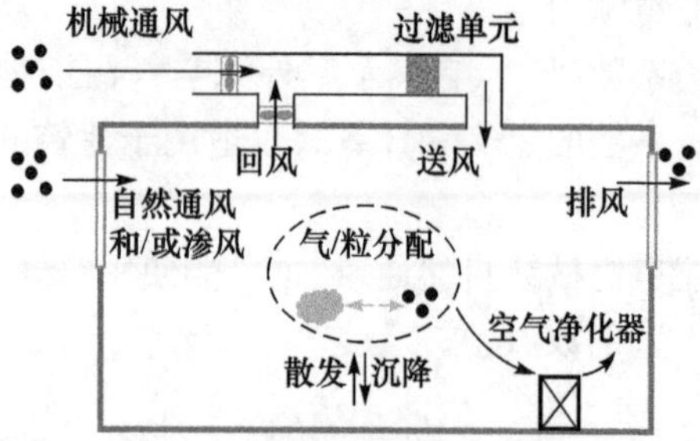

图 4.1　$PM_{2.5}$及其成分的室内外关联示意图

结合已有的研究[13,21]，在假设室内空气中颗粒物浓度均匀分布的前提下，针对实际建筑的多种通风和净化模式，$PM_{2.5}$浓度及其成分的室内外关联可用式(4.3)表示。

$$V\frac{\mathrm{d}C_{\mathrm{in},i}}{\mathrm{d}t}=PQ_{\mathrm{f}}C_{\mathrm{out},i}+Q_{\mathrm{n}}C_{\mathrm{out},i}+Q_{\mathrm{m}}C_{\mathrm{out},i}(1-\eta) - (Q_{\mathrm{f}}+Q_{\mathrm{n}}+Q_{\mathrm{m}}+Q_{\mathrm{r}}\eta)C_{\mathrm{in},i}-v_{\mathrm{d}}AC_{\mathrm{in},i}+E_i+Y_i-L_i \tag{4.3}$$

式中，V为房间体积，m^3；Q_{f}为渗风量，m^3/s；P为室外$PM_{2.5}$通过渗风进入室内的穿透系数(假设此参数对于$PM_{2.5}$及其成分都一样，表征室外$PM_{2.5}$通过围护结构缝隙的通过率)，为0～1的无量纲参数；Q_{n}为自然通风量，m^3/s；Q_{m}为机械通风量，m^3/s；η为机械通风系统中过滤单元的净化效率(假设对于$PM_{2.5}$及其成分都一样)，为0～1的无量纲参数；Q_{r}为回风量，m^3/s；v_{d}为沉降速度，m/s；A为沉降面积，m^2；E_i为源散发速率，μg/s；Y_i为二次分配项(仅对半挥发性成分)，μg/s；L_i为空气净化器的净化速率，μg/s，$L_i=\mathrm{CADR}\,C_{\mathrm{in},i}$；CADR为洁净空气量，$\mathrm{m}^3/\mathrm{s}$。

不挥发成分(如硫酸根、元素碳和过渡金属)不存在二次分配过程，稳态时其室内浓度可表示为

$$\overline{C_{\mathrm{in},i}}=\frac{PQ_{\mathrm{f}}+Q_{\mathrm{n}}+Q_{\mathrm{m}}(1-\eta)}{Q_{\mathrm{f}}+Q_{\mathrm{n}}+Q_{\mathrm{m}}+Q_{\mathrm{r}}\eta+v_{\mathrm{d}}A+\mathrm{CADR}}C_{\mathrm{out},i} + \frac{E_i}{Q_{\mathrm{f}}+Q_{\mathrm{n}}+Q_{\mathrm{m}}+Q_{\mathrm{r}}\eta+v_{\mathrm{d}}A+\mathrm{CADR}} \tag{4.4}$$

式(4.4)的等号右边第一项表示室外贡献，第二项表示室内贡献。等式两边同时除以$C_{\mathrm{out},i}$，可得室内外浓度比($R_{\mathrm{IO,non},i}$)的表达式为

$$R_{\mathrm{IO,non},i}=\frac{PQ_{\mathrm{f}}+Q_{\mathrm{n}}+Q_{\mathrm{m}}(1-\eta)}{Q_{\mathrm{f}}+Q_{\mathrm{n}}+Q_{\mathrm{m}}+Q_{\mathrm{r}}\eta+v_{\mathrm{d}}A+\mathrm{CADR}} + \frac{E_i/C_{\mathrm{out},i}}{Q_{\mathrm{f}}+Q_{\mathrm{n}}+Q_{\mathrm{m}}+Q_{\mathrm{r}}\eta+v_{\mathrm{d}}A+\mathrm{CADR}} \tag{4.5}$$

式中，下标non表示不挥发性成分。

由此也可得到入室系数($F_{\mathrm{t,non},i}$)的表达式为

$$F_{\mathrm{t,non},i}=\frac{PQ_{\mathrm{f}}+Q_{\mathrm{n}}+Q_{\mathrm{m}}(1-\eta)}{Q_{\mathrm{f}}+Q_{\mathrm{n}}+Q_{\mathrm{m}}+Q_{\mathrm{r}}\eta+v_{\mathrm{d}}A+\mathrm{CADR}} \tag{4.6}$$

如果建筑仅以渗风形式与室外进行空气交换($Q_{\mathrm{n}}=Q_{\mathrm{m}}=Q_{\mathrm{r}}=0$)，且没有空气净化器(CADR=0)，$F_{\mathrm{t}}$就等于渗透系数($F_{\mathrm{in,non},i}$)，表达式为

$$F_{\mathrm{in,non},i}=F_{\mathrm{t,non},i}=\frac{PQ_{\mathrm{f}}}{Q_{\mathrm{f}}+v_{\mathrm{d}}A} \tag{4.7}$$

上述对于$PM_{2.5}$不挥发成分关联式的推导通常认为也适用于$PM_{2.5}$本身。对

于半挥发性成分(硝酸根、铵根和部分有机物),还存在二次分配项(Y)。它们的入室系数可表示为

$$F_{t,\mathrm{semi}}=\frac{PQ_f+Q_n+Q_m(1-\eta)}{Q_f+Q_n+Q_m+Q_r\eta+v_dA+\mathrm{CADR}}+\frac{Y/C_{\mathrm{out}}}{Q_f+Q_n+Q_m+Q_r\eta+v_dA+\mathrm{CADR}} \tag{4.8}$$

式中,下标 semi 表示半挥发性成分;Y 为正表示传质为从气相到颗粒相,为负则刚好相反。

4.2　影响入室系数的重要因素

4.2.1　通风换气

建筑以三种方式和室外进行换气:机械通风、自然通风和渗风,它们对室内 $PM_{2.5}$ 及其成分影响很大。机械通风用机械的手段(如风机和管道)引入室外空气;自然通风则通过开窗、由室内外的温压差或风压差将室外空气引入室内;渗风通常指室外空气经建筑物的缝隙无组织渗入室内,它的驱动力和自然通风一样,也是室内外的温压差或风压差。

《民用建筑供暖通风与空气调节设计规范》(GB 50736—2012)[22]规定,机械通风系统中的新风和回风应经过滤处理。这有助于降低室外源和室内源造成的室内 $PM_{2.5}$ 浓度,降低程度取决于过滤单元的过滤效率。此外,该规范也规定了不同建筑类型的最小通风量,见表 4.2。

表 4.2　《民用建筑供暖通风与空气调节设计规范》(GB 50736—2012)[22]中的通风要求

建筑类型	参数	最小通风量①
公共建筑	每人换气量/[m^3/(人·h)]	10～30
居住建筑	换气次数②/h^{-1}	0.45～0.7
医院	换气次数②/h^{-1}	2～5
高密人群建筑	每人换气量/[m^3/(人·h)]	11～38

① 不同建筑亚类,最小通风量的要求不同。因此此处给了每一类型的限值范围。

② 换气次数定义为 $3600Q/V$。式中,Q 为通风量,m^3/s;V 为房间体积,m^3。

公共建筑常以机械通风或自然通风为主,居住建筑常以自然通风和渗风为主。室内外温差是影响居住建筑自然通风量的重要因素。Shi 等[23]发现室外 $PM_{2.5}$ 浓度已成为影响北京和南京居民开窗行为的因素之一。Wallace 等[24]在一个居住建筑中持续测量了一年的换气次数,得到均值为 $0.65h^{-1}$。他们也发现窗户的开关

状态是影响换气次数最重要的因素，开窗时的换气次数可达 $2h^{-1}$。Shi 等[25]在 2015 年 3～8 月，测量了北京 11 户居民家中的换气次数，发现均值（标准差）为 $4.38h^{-1}$（$2.45h^{-1}$）。Chen 等[26]在评估室内臭氧暴露的短期致死危害时假设开窗时的换气次数比关窗时高 $1.5h^{-1}$。

渗风既存在于居住建筑中，也存在于公共建筑中，而它的换气强度通常弱于机械和自然通风。但是，很多居住建筑的窗户在夏和冬两季通常紧闭，此时，渗风就是室内外空气交换的主要途径。Yamamoto 等[27]在美国三个都市圈测量了 509 户居民家中的换气次数，发现其中位值为 $0.71h^{-1}$。Persily 等[28]模拟了 19 个美国城市中 209 户居民家中渗风的频率分布，发现其中位值是 $0.4h^{-1}$。Shi 等[29]发现北京居住建筑年均渗风量是 $0.02～0.82h^{-1}$，中位值为 $0.16h^{-1}$。对于渗风，穿透系数是影响室外 $PM_{2.5}$进入室内的一个重要参数[13,30]。

实际上，公共建筑和居住建筑通常不止有一种换气方式。例如，居住建筑既有自然通风，也有渗风。Bekö 等[31]测量了四个居住建筑的换气次数，发现中位值为 $0.36～1.17h^{-1}$。因此，居住建筑典型的换气次数为$0.5～1h^{-1}$[32,33]。

4.2.2　穿透系数

建筑外窗在空调或供暖季节常处于关闭状态。此时，渗风是建筑与室外进行空气交换的主要途径，室外的 $PM_{2.5}$也会随着渗风进入室内。在此过程中，由于受布朗运动或重力的影响，$PM_{2.5}$的浓度会降低。

穿透系数的取值范围是[0.0，1.0]，具体受颗粒物粒径和渗风狭缝几何尺寸的影响。实际建筑中的试验结果表明，对于粒径为 0.05～2μm 的颗粒物，穿透系数为 0.6～1[13]。一方面，由于布朗运动的影响，颗粒物粒径越小，穿透系数越小；另一方面，由于受重力沉降的影响，颗粒物粒径越大，穿透系数越小。当渗风狭缝的尺度增大时，穿透系数会增大。有研究提出相关的模型来模拟穿透系数，如 Liu-Nazaroff 模型[34]、解析模型和欧拉模型[13]。Chen 等[13]对这些模型进行了对比，发现对于一个压差为 4Pa、开缝长度为 4.3mm 和开缝高度为 0.25mm 的典型情况，上述几种模型之间差别不大。在这种情况下，对于粒径为 0.1μm 到 1μm 的颗粒物，P 是 0.8～1。因为模型计算需要以开缝的几何尺寸作为输入，而这些尺寸通常难以获得，所以这些模型多用于理论分析，而并非对穿透系数进行实际预测。Shi 等[29]汇总了文献[25]中关于穿透系数的试验数据，给出了一个计算不同粒径下的穿透系数的经验公式，如图 4.2 所示。

虽然研究穿透系数的粒径分布有助于理解其相关机理，但在实际工程中粒径综合的穿透系数使用起来更为方便。Diapouli 等[30]总结了文献中对 $PM_{2.5}$穿透系数的研究结果，发现其取值范围为 0.54～1.0。不同研究结果间的差异可能是由于建筑围护结构和气象条件不同。为了简化，也经常假设 P 为 1.0[35]。Liu 等[33]

在研究通风对室内 SVOCs 暴露的影响时，发现穿透系数的取值对研究结果的影响小于 6%。

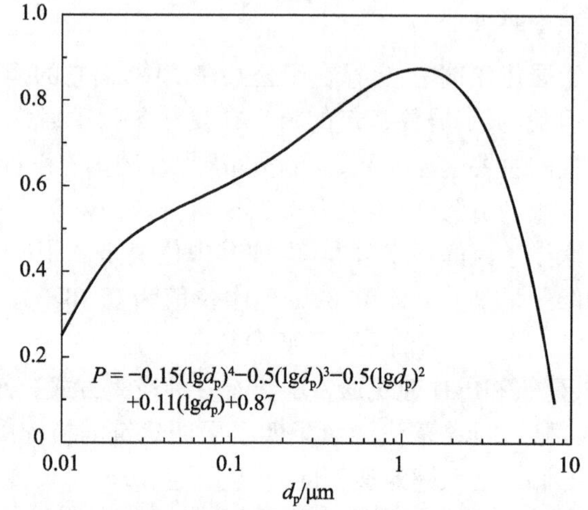

图 4.2　穿透系数的粒径分布(数据基于 Shi 等[25]给出的经验公式)

4.2.3　沉降

当室外 $PM_{2.5}$进入室内后，就会往室内表面沉降。沉降速度用来定量描述这一过程。Riley 等[36]研究了粒径对沉降速度的影响。他们用沉降速率来描述沉降。沉降速率等于沉降速度乘以室内的比表面积。Riley 等给出了沉降速率与粒径间的经验关联式。将此沉降速率乘以比表面积(Riley 等取室内环境典型值 $3m^{-1}$)，便可得到沉降速度的表达式[32]。

图 4.3 为室内颗粒物沉降速度与粒径的关系。可以看出，随着粒径的增大，沉降速度先减小后增大。这是因为对于小颗粒，布朗运动强烈，导致较强的沉降；对于大颗粒，重力影响大，也增大了沉降。中间粒径的颗粒物受两者的影响都不大，所以沉降较小。沉降对室内 $PM_{2.5}$浓度的影响是沉降速度和沉降面积(或比表面积)共同作用的结果。这个共同作用就是用前述的沉降速率来表征的。

室外 $PM_{2.5}$也会从大气沉降到地面。对于室外颗粒物的沉降速度，Zhang 等[37]提出了一个模型来确定不同粒径颗粒在不同表面上的沉降速度，并给出了四种风速下针叶树表面和农田表面的沉降速度。城市表面的粗糙度和摩擦速度更接近针叶树表面，因此选用针叶树表面的沉降速度来代替城市表面。选取风速为 5m/s 时对应的经验公式，结果如图 4.4 所示。与室内沉降速度类似的是，随着粒径的增大，室外颗粒物的沉降速度也是先减小再增大。但是，相同粒径下的室外沉降速度比室内要高约两个数量级。这是因为室外空气的运动要比室内强烈。

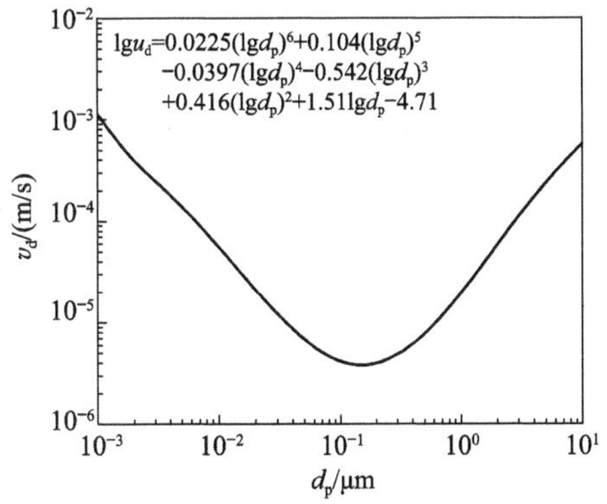

图 4.3　室内颗粒物沉降速度与粒径的关系

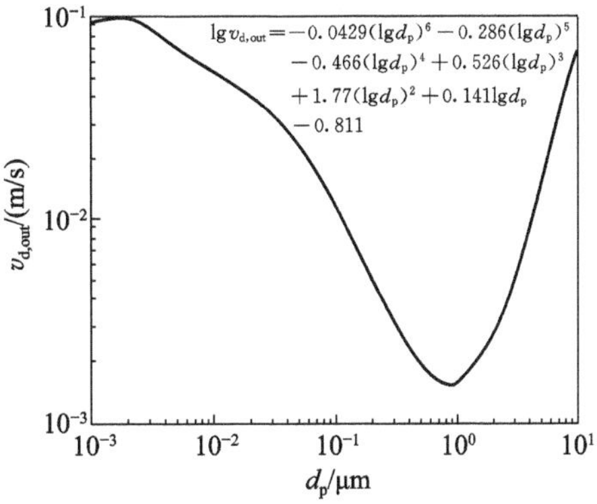

图 4.4　室外颗粒物沉降速度与粒径的关系

沉降的总效果是受沉降速度和比表面积(颗粒物沉降面积 A 与颗粒物体积 V)共同影响的。比表面积可近似为空气层高度的倒数。以大气边界层为对象,其高度约为 500m,则对应的比表面积就是 $0.002\mathrm{m}^{-1}$。这个比表面积比室内小约 3 个数量级,此时室内总的沉降效果要高于室外。对于其他情况,两者的对比关系可能不同。

4.3　$PM_{2.5}$及其不挥发成分的室内外关联和硫酸根的示踪效果

除了通过上述参数(换气次数、穿透系数和沉降速度)来模拟计算入室系数 F_t,研究者也试图通过试验来研究这一参数。确定 $PM_{2.5}$及其成分的入室系数 F_t 对于弄清其来源具有重要意义。过去的研究通常以室内外浓度比 R_{IO}和 1 进行比较,来确定室内源是否存在。若 $R_{IO}>1$,则说明室内源存在;反之,室内源不存在。但其实后者存在问题。因为若 $R_{IO}<1$,R_{IO}也可能大于 F_t,说明室内源也可能存在。所以,判断室内源是否存在,应该将 R_{IO}与 F_t进行比较,而不是与 1 进行比较。

若室内源较弱,则测得的 $R_{IO}=F_t$。由于 $PM_{2.5}$本身有较多的室内源,所以研究者就试图寻找某些 $PM_{2.5}$ 的成分,以作为室外 $PM_{2.5}$ 的示踪物。一个理想的 $PM_{2.5}$示踪物应该具备以下条件:①没有室内源或室内源较弱;②化学性质稳定;③浓度足够高,可保证测量准确度;④传输特性和 $PM_{2.5}$近似。Sarnat 等[38]通过在美国波士顿地区的研究提出 $PM_{2.5}$上的硫酸根成分可以作为 $PM_{2.5}$的示踪物,因为

硫酸根的 R_{IO} 等于 $PM_{2.5}$ 的 F_t。此后，硫酸根示踪法也被用于估算室外 $PM_{2.5}$ 的入室系数[39,40]。Johnson 等[41]将 PM_1 成分的 R_{IO} 与硫酸根的 R_{IO} 进行对比，以此判断室内源是否存在。这样的方法其实是假设硫酸根的传输特性和其他成分近似，但这需要证实。

Liu 等[42]汇总了文献[43]～[77]关于 $PM_{2.5}$ 及其成分 R_{IO} 的测量数据，包括硫酸根的 R_{IO} 和至少另外一种成分的 R_{IO}，如表 4.3 所示。其中有 20 个研究针对居住建筑(合计 48 栋建筑)，19 个研究针对公共建筑(合计 45 栋建筑)。$PM_{2.5}$ 及其成分的 $R_{IO}<1$ 说明室内源相对来说不强，这部分数据用来和对应的硫酸根的 R_{IO} 进行对比，得到标准化的比例($R_{IO,i}/R_{IO,SO_4^{2-}}$)。若标准化比例接近 1，表明两者之间的传输特性近似，硫酸根可以作为其示踪物。若标准化比例与 1 相差较大，则说明两者之间传输特性(如不同的穿透和沉降特性)差别较大，硫酸根就不适宜作为示踪物。

表 4.3　文献[43]～[77]关于 $PM_{2.5}$ 及其成分的 R_{IO} 的测量数据[42]

参考文献	建筑类型	地点	通风形式①	测量的 $PM_{2.5}$ 成分
[43]	公共建筑_办公	亚洲，卡塔尔	机械通风	SO_4^{2-}、NH_4^+、NO_3^-、OC、EC、Fe、Cu、Mn、$PM_{2.5}$
[44]	居住建筑	亚洲，中国	自然通风	SO_4^{2-}、NH_4^+、NO_3^-、OC、EC、$PM_{2.5}$
[45]	公共建筑_办公	亚洲，中国	机械通风	SO_4^{2-}、NH_4^+、NO_3^-、$PM_{2.5}$
	公共建筑_办公	亚洲，中国	自然通风	
[46]	公共建筑_医院	亚洲，菲律宾	自然通风	SO_4^{2-}、Fe、$PM_{2.5}$
	公共建筑_医院	亚洲，菲律宾	机械通风	
[47]	公共建筑_实验室	亚洲，中国	自然通风	SO_4^{2-}、NH_4^+、NO_3^-、OC、EC、Fe、Cu、Mn、$PM_{2.5}$
[48]	居住建筑	亚洲，伊朗	自然通风	SO_4^{2-}、NH_4^+、NO_3^-、$PM_{2.5}$
[49]	公共建筑_学校	亚洲，中国	自然通风	SO_4^{2-}、NH_4^+、NO_3^-、OC、EC、$PM_{2.5}$
[50]	公共建筑_学校	亚洲，印度	自然通风	SO_4^{2-}、NH_4^+、NO_3^-、Fe
[51]	公共建筑_实验室	亚洲，中国	自然通风	SO_4^{2-}、NH_4^+、NO_3^-、$PM_{2.5}$
	公共建筑_实验室	亚洲，中国	机械通风	
[52]	居住建筑	亚洲，中国	自然通风	SO_4^{2-}、NH_4^+、NO_3^-、OC、EC、Fe、Mn、$PM_{2.5}$
[53]	公共建筑_办公	亚洲，中国	自然通风	SO_4^{2-}、NH_4^+、NO_3^-、$PM_{2.5}$
	居住建筑	亚洲，中国	自然通风	
[54]	公共建筑_学校	亚洲，泰国	机械通风	SO_4^{2-}、NH_4^+、NO_3^-、EC、$PM_{2.5}$
	公共建筑_商场	亚洲，泰国	机械通风	
[55]	居住建筑	亚洲，印度	—②	SO_4^{2-}、NH_4^+、NO_3^-、$PM_{2.5}$

续表

参考文献	建筑类型	地点	通风形式①	测量的 $PM_{2.5}$ 成分
[56]	公共建筑_医院	欧洲,希腊	机械和自然通风	SO_4^{2-}、EC、Fe、Cu、Mn、$PM_{2.5}$
[57]	居住建筑	欧洲,意大利	自然通风	SO_4^{2-}、NH_4^+、NO_3^-、OC、EC、Fe、$PM_{2.5}$
[35]	公共建筑	欧洲,意大利	机械通风	SO_4^{2-}、NH_4^+、NO_3^-、OC、EC、Fe、$PM_{2.5}$
	居住建筑	欧洲,意大利	机械通风	
[58]	公共建筑_学校	欧洲,意大利	自然通风	SO_4^{2-}、NH_4^+、NO_3^-、OC、EC、$PM_{2.5}$
[14]	公共建筑_学校	欧洲,西班牙	自然通风	SO_4^{2-}、NH_4^+、NO_3^-、OC、EC、Fe、Cu、Mn、$PM_{2.5}$
[59]	居住建筑	欧洲,希腊	自然通风	SO_4^{2-}、NH_4^+、NO_3^-、OC、EC、$PM_{2.5}$
[60]	公共建筑_学校	欧洲,西班牙	自然通风	SO_4^{2-}、NH_4^+、NO_3^-、OC、EC、Fe、Cu、Mn、$PM_{2.5}$
[61]	居住建筑	欧洲,比利时	自然通风	SO_4^{2-}、NO_3^-
[62]	公共建筑_学校	欧洲,西班牙	自然通风	SO_4^{2-}、NH_4^+、NO_3^-、OC、EC、Fe、Cu、Mn、$PM_{2.5}$
[63]	居住建筑	欧洲,芬兰,荷兰,西班牙	—	Fe、Cu、$PM_{2.5}$
[64]	居住建筑	欧洲,芬兰,荷兰,西班牙	—	Fe、Cu、$PM_{2.5}$
[55]	公共建筑_学校	欧洲,葡萄牙	自然通风	SO_4^{2-}、NH_4^+、NO_3^-、OC、EC、$PM_{2.5}$
[66]	公共建筑_办公	欧洲,意大利	自然通风	SO_4^{2-}、NH_4^+、NO_3^-、$PM_{2.5}$
[67]	居住建筑	欧洲,希腊	自然通风	SO_4^{2-}、NH_4^+、NO_3^-、OC、EC、$PM_{2.5}$
[68]	居住建筑	欧洲,希腊	自然通风	SO_4^{2-}、NO_3^-、$PM_{2.5}$
[69]	公共建筑_学校	欧洲,德国	自然通风	SO_4^{2-}、NH_4^+、NO_3^-
[70]	居住建筑	欧洲,挪威	自然通风	SO_4^{2-}、NH_4^+、NO_3^-、OC、EC、$PM_{2.5}$
[71]	居住建筑	北美洲,美国	—	SO_4^{2-}、NO_3^-、OC、EC、Fe、Mn、$PM_{2.5}$
[72]	居住建筑	北美洲,美国	自然通风	SO_4^{2-}、OC、EC、Fe、Cu、Mn
[73]	居住建筑	北美洲,美国	—	SO_4^{2-}、EC、Fe、$PM_{2.5}$
[74]	居住建筑	北美洲,美国	机械通风	SO_4^{2-}、NO_3^-、EC
[75]	公共建筑_学校	北美洲,美国	自然通风	SO_4^{2-}、NH_4^+、NO_3^-、Fe、$PM_{2.5}$
[76]	居住建筑	南美洲,智利	自然通风	SO_4^{2-}、OC、EC、Fe、Cu、Mn
[77]	居住建筑	南美洲,智利	自然通风	SO_4^{2-}、OC、EC、Fe、Cu、Mn、$PM_{2.5}$

① 渗风发生在所有建筑,故此处未列出。
② "—"表示信息未知。

1. 硫酸根

$PM_{2.5}$上的硫酸根主要来源于燃煤电厂，较少来自室内源[78]。文献[43]～[77]对 48 栋居住建筑和 45 栋公共建筑硫酸根的 R_{IO}进行了测定，如图 4.5 所示[42]。可以看出，所得硫酸根的 R_{IO}绝大部分小于 1，只有两个数据明显高于 1。最高值 3.2 是在一个有煤油加热器的居民家中测得的[77]；另一个 2.1 是在印度一户农民家中测得的，可能与室内燃煤有关[55]。这些数据表明硫酸根的室内源并不多见。在没有室内源或室内源较弱时，测得的 R_{IO}可近似视为 F_t。

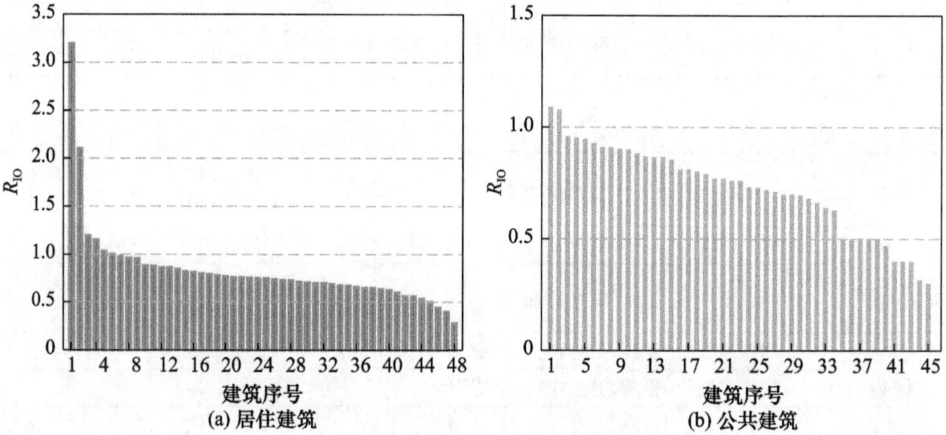

图 4.5　综述表 4.3 各研究中硫酸根的 R_{IO}[42]

2. $PM_{2.5}$

表 4.3 中的文献同时对 40 栋居住建筑和 43 栋公共建筑的 $PM_{2.5}$室内外浓度比进行了测量，如图 4.6 所示[42]。可以看出，最高值是 2.6，这是在葡萄牙的一个教室

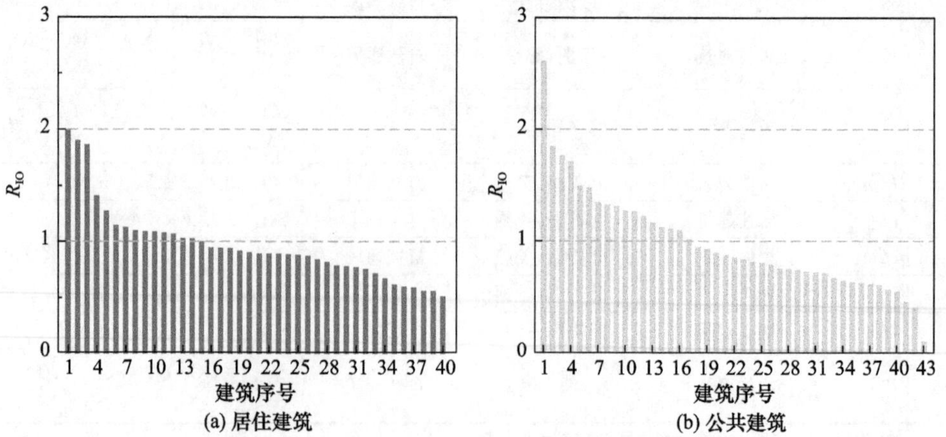

图 4.6　综述表 4.3 各研究中 $PM_{2.5}$的 R_{IO}[42]

中测得的，可能与学生活动引起的再悬浮有关[65]。超过 60%的数据的 $R_{IO}<1$。这些 R_{IO}除以硫酸根的 R_{IO}得到标准化比值，用以判断硫酸根的示踪效果，如图 4.7 所示[42]。

从图 4.7 可以看出，在居住建筑的标准化比值中，仅有 2 个数据点超过 1.5，其他点都接近 1。这些数据的平均值/标准差是 1.1/0.28。公共建筑有两个数据点超过 1.5，有两个点小于 0.5，其他点也都分布在 1 的周围。公共建筑的数据的平均值/标准差是 1.0/0.45。这些标准化比值与 Sarnat 等[38]在波士顿得到的数据近似。这表明，硫酸根可能在其他地方也可以作为 PM$_{2.5}$的示踪物。

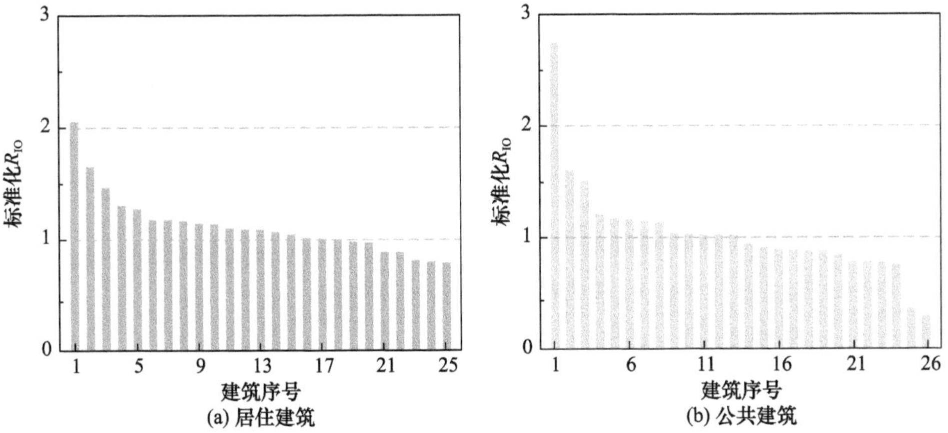

图 4.7　PM$_{2.5}$与硫酸根相比的标准化 R_{IO}[42]

需要指出的是，在一些情况下，PM$_{2.5}$的标准化比值是明显偏离 1 的，上述数据较高的标准差也说明了这一点。一项在北京居民家中开展的研究发现，硫元素的 R_{IO}经常高于 PM$_{2.5}$[79]。这可能是由于不同的穿透和沉降特性、测量误差或存在硫元素的室内源等。此外，Polidori 等[80]发现在美国加利福尼亚州南部，硫酸根的 R_{IO}会高估室外 PM$_{2.5}$对室内的贡献。他们认为这可能与 PM$_{2.5}$上半挥发性的硫酸铵和其他成分进入室内后的二次分配有关。

3. 元素碳

表 4.3 中的文献同时对 31 栋居住建筑和 27 栋公共建筑的元素碳室内外浓度比进行了测量，如图 4.8 所示[42]。可以看出，不管在居住建筑还是在公共建筑中，元素碳的 R_{IO}大部分小于 1。这表明室内元素碳主要来源于室外，室内源较少。最高值是 1.7，与图 4.6 中的最高值是同一个教室。学生活动造成的再悬浮可能是室内元素碳升高的原因。

小于 1 的 R_{IO}与相应硫酸根的 R_{IO}进行标准化，结果如图 4.9 所示[42]。可以看出，所有的数据点都在 0.5～1.5，分布在 1 的周围。居住建筑的平均值/标准差是 1.1/0.23，公共建筑是 1.0/0.23。这表明硫酸根对元素碳的示踪效果较好。

Lunden 等[81]也曾报道在一个无人居住的房子中元素碳的传输特性和硫酸根类似。其实元素碳也被建议作为室外 $PM_{2.5}$ 的示踪物[82,83]。然而，室内的燃烧活动如蜡烛和抽烟等仍会释放元素碳[84]。

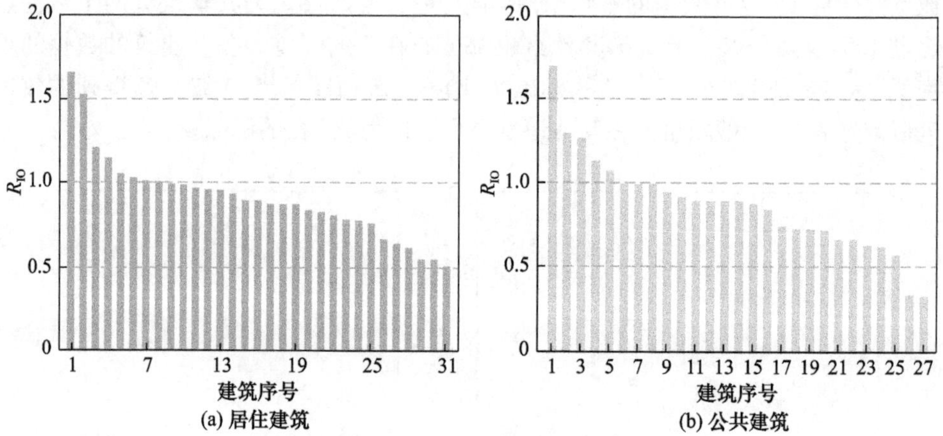

图 4.8　综述表 4.3 各研究中元素碳的 R_{IO}[42]

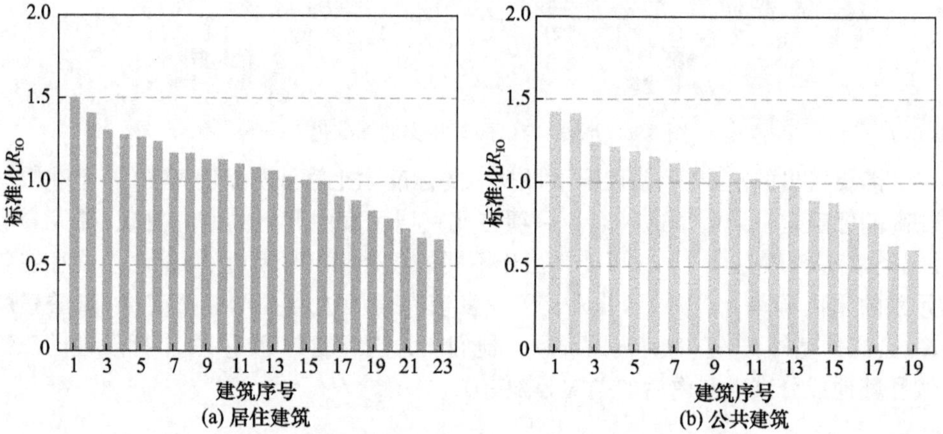

图 4.9　元素碳与硫酸根相比的标准化 R_{IO}[42]

4. 铁元素

铁元素是 $PM_{2.5}$ 上含量最高的过渡金属元素。表 4.3 中的文献同时对 29 栋居住建筑和 18 栋公共建筑的铁元素室内外浓度比进行了测量，如图 4.10 所示[42]。可以看出，居住建筑中，除了一个数据点，其他的 R_{IO} 均小于 1。这表明居住建筑中铁元素主要来源于室外。这与一个北京住宅的研究结论相同[79]。但是，也有研究发现烹饪能散发含铁元素的颗粒物[85]。在公共建筑中，较多数据点的 R_{IO} 明显高于 1。最高的四个点(8.0，6.0，2.5，1.9)均为学校教室。这表明学生的活动对室内

PM$_{2.5}$中铁元素的浓度有较大影响。在其他的公共建筑中，室外源仍占主要地位。

对于铁元素，标准化的室内外浓度比值大部分小于 1，如图 4.11 所示[42]。居住建筑的平均值/标准差是 0.81/0.18，公共建筑是 0.77/0.29。这些值略小于 PM$_{2.5}$和元素碳。这是因为与 PM$_{2.5}$、硫酸根和元素碳相比，铁元素更多的存在于 PM$_{2.5}$中粒径较大的部分[18,86]。因此，它的室内穿透损失和沉降可能会更强一些，造成室内浓度相对较低。

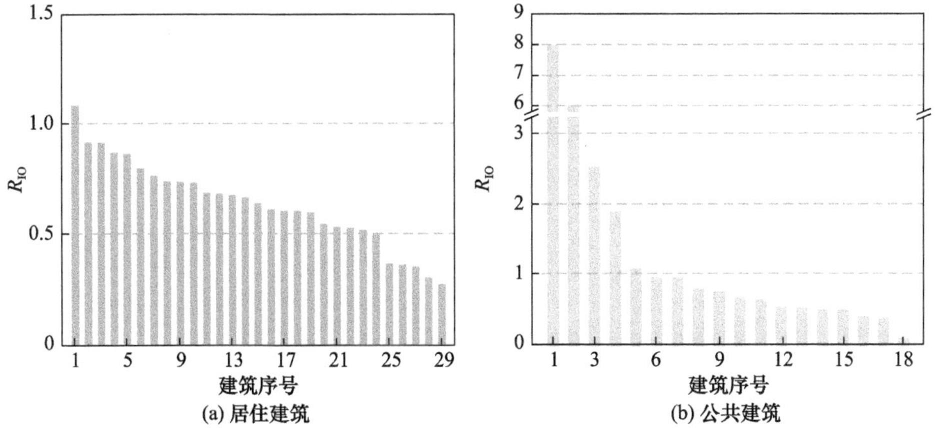

图 4.10　综述表 4.3 各研究中铁元素的 R_{IO}[42]

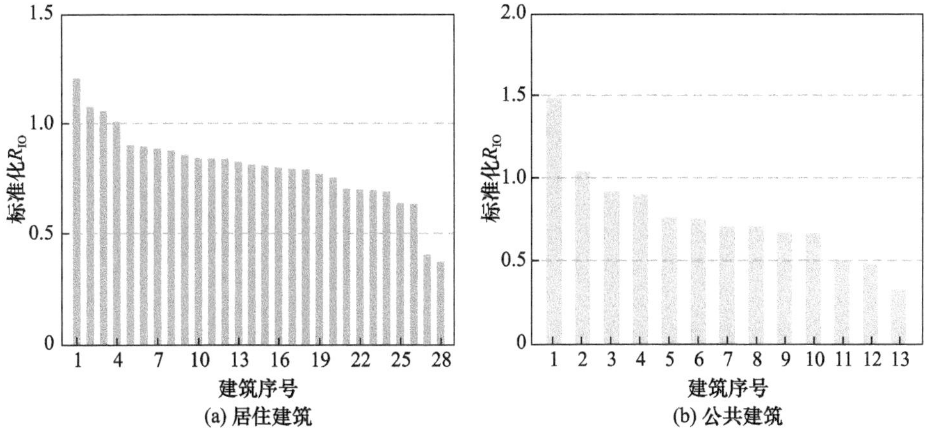

图 4.11　铁元素与硫酸根相比的标准化 R_{IO}[42]

需要指出的是，虽然本节关注的金属元素的浓度是 PM$_{2.5}$上的总浓度，但是与健康关系更为密切的是这些金属元素水溶部分的浓度。

5. 铜元素

PM$_{2.5}$上铜元素的测量数据相对来说较少，表 4.3 中的文献同时对 12 栋居住建筑和 10 栋公共建筑的铜元素室内外浓度比进行了测量，如图 4.12 所示[42]。可以看出，在居住建筑中，最高值 2.7 是在芬兰赫尔辛基的一个住宅中测得的[63]；在公共建筑中，最高的两个值是在某大学实验室测得的[47]。大气中 $PM_{2.5}$ 的铜元素主要来源于机动车刹车和轮胎磨损，而在室内也有较多铜元素的释放源。有研究报道烹饪是铜元素的重要来源[85]。室内电器产品（如吸尘器、玩具、吹风机和搅拌机等）中的电机也会释放铜元素[87]。另外，打印机也会释放含铜的 $PM_{2.5}$[84]。

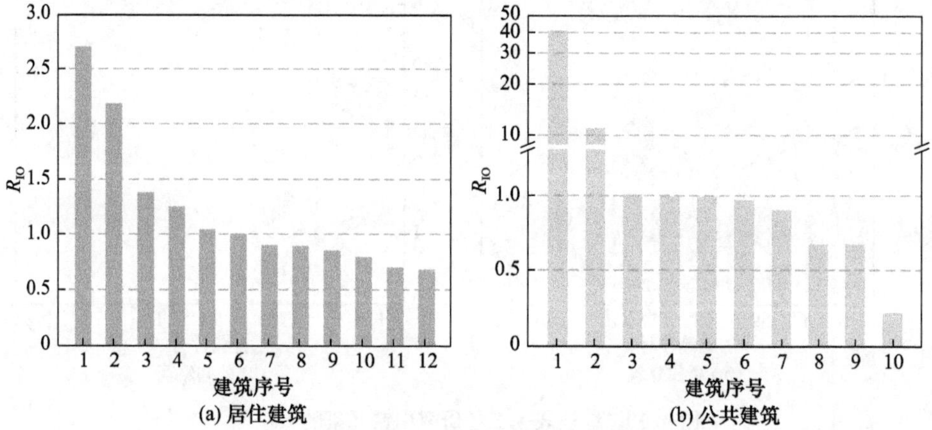

图 4.12　综述表 4.3 各研究中铜元素的 R_{IO}[42]

小于 1 的 R_{IO} 与相应硫酸根的 R_{IO} 进行标准化，结果如图 4.13 所示[47]。在居住建筑中，标准化比值的平均值/标准差是 0.93/0.15，公共建筑是 1.0/0.25。这与前面 $PM_{2.5}$、元素碳和铁元素的结果类似。这表明硫酸根可以较好地示踪室外 $PM_{2.5}$ 上的铜元素。

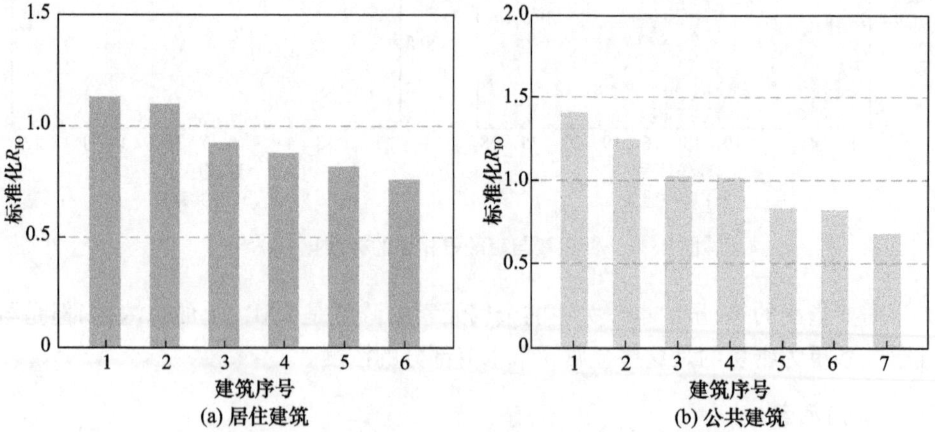

图 4.13　铜元素与硫酸根相比的标准化 R_{IO}[42]

6. 锰元素

表 4.3 中的文献同时对 19 栋居住建筑和 10 栋公共建筑的锰元素室内外浓度比进行了测量，如图 4.14 所示[42]。可以看出，对于 $PM_{2.5}$上的锰元素，除了公共建筑中的一个数据点，其他所有数据点的 R_{IO}均小于 1。这表明室内 $PM_{2.5}$上的锰元素主要来源于室外。在居住建筑和公共建筑中，得到的标准化比值如图 4.15 所示[42]，它们的平均值/标准差分别为 0.91/0.25 和 0.77/0.22。这与前面的 $PM_{2.5}$和其他成分的结果类似，表明硫酸根具有较好的示踪效果。

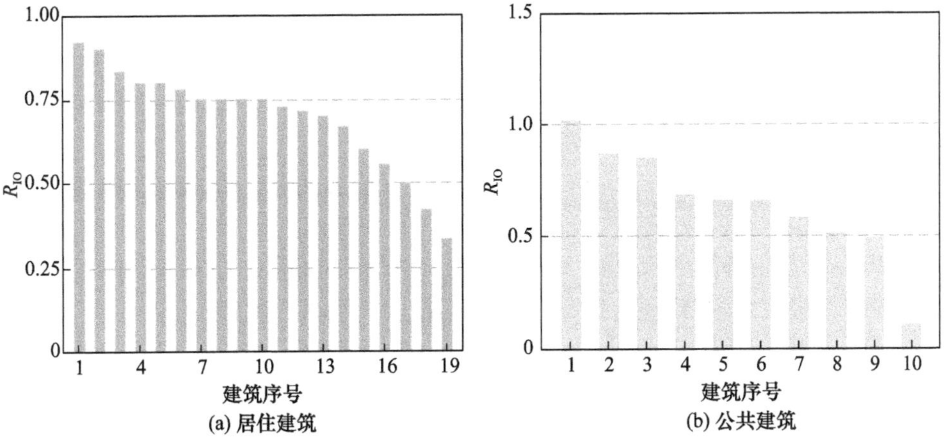

图 4.14　综述表 4.3 各研究中锰元素的 R_{IO}[42]

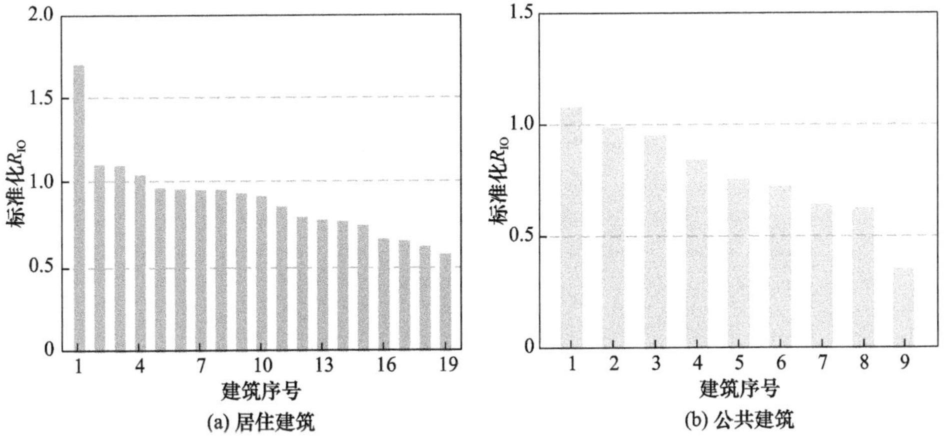

图 4.15　锰元素与硫酸根相比的标准化 R_{IO}[42]

总体来说，在居住建筑中，$PM_{2.5}$及其不挥发成分的标准化比值的平均值为 0.81～1.0，公共建筑是 0.77～1.1。这表明硫酸根对于 $PM_{2.5}$及其不挥发成分具有较好的示踪效果。这也就意味着可以用硫酸根的 R_{IO}来估算 $PM_{2.5}$及其不挥发

成分的 F_t。再结合现有的室外监测站点或大气模型所提供的室外浓度，就可以获得室内的相关浓度。

4.4　$PM_{2.5}$半挥发成分的室内外关联：硝酸根、铵根和有机碳

与硫酸根、元素碳和金属元素不同，$PM_{2.5}$上的硝酸根、铵根和部分有机物是半挥发的。在室外，它们会与各自的气相浓度形成分配(不一定是平衡)关系，如硝酸根-气相硝酸、铵根-氨气和有机物-SVOCs。这些气相物质的室内浓度与室外不同，所以当这些半挥发成分随 $PM_{2.5}$ 进入室内后，它们会与室内的气相浓度重新建立一个新的气相-悬浮颗粒相分配(气-粒分配)关系，这就是二次分配过程。这个过程也称为相变[21]或挥发效应[66]。因此，这些半挥发性成分的室内外联系不仅与传输过程有关，与二次分配过程也密切相关。

本节综述了以往研究测得的 $PM_{2.5}$ 半挥发性成分的 R_{IO}，并通过与硫酸根 R_{IO} 的标准化来探讨这些成分二次分配过程的方向，即吸收还是挥发。若标准化比例小于 1，说明二次分配的净传质方向是从颗粒相到气相的挥发；反之，则是从气相到颗粒相的吸收。本节也探讨了对于二次分配过程的研究进展。

4.4.1　硝酸根

硝酸根的气-粒分配关系为

$$NO_3^-(aq) + H^+(aq) \longleftrightarrow HNO_3(g) \tag{4.9}$$

式中，aq 为水相；g 为气相。

表 4.3 中的文献同时对 32 栋居住建筑和 40 栋公共建筑的硝酸根室内外浓度比进行了测量，如图 4.16 所示[42]。可以看出，超过 80%的 R_{IO}<1。在居住建筑

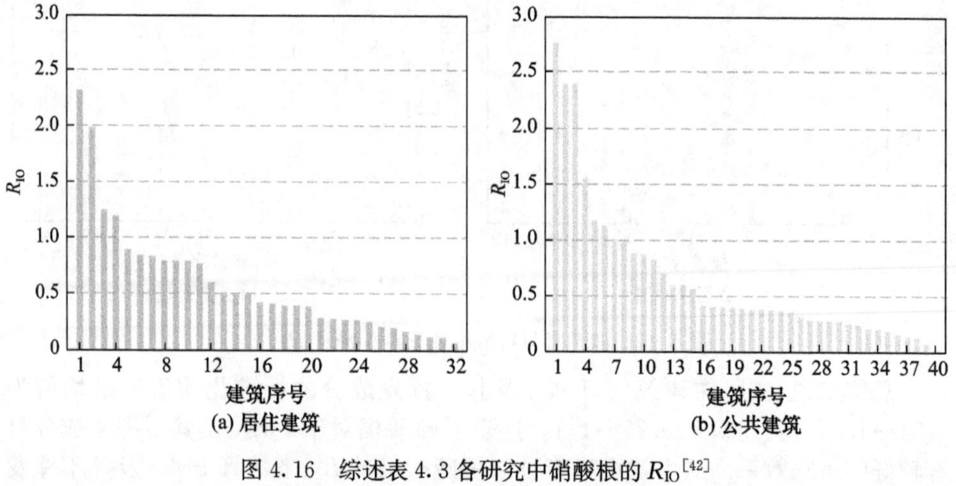

图 4.16　综述表 4.3 各研究中硝酸根的 R_{IO}[42]

中，最高的两个值（2.3 和 2.0）分别与抽烟和人员活动有关[68,71]。在公共建筑中，最高的三个值都是教室中测得的[54,75]。

小于 1 的 R_{IO}与对应的硫酸根的 R_{IO}进行标准化，结果如图 4.17 所示[47]。可以看出，在居住建筑和公共建筑中，所有的标准化比值均小于 1.5，而且超过 40%的数据小于 0.5。在居住建筑中，标准化比值的平均值/标准差是 0.60/0.34，公共建筑是 0.58/0.34。这些值均明显低于之前不挥发性成分的结果。这是因为室内气相硝酸的来源较少，而室外的气相硝酸进入室内后，会迅速地沉降到室内表面上[21]，这就使得室内气相硝酸的浓度显著低于室外。在颗粒相硝酸根随 PM$_{2.5}$进入室内后，它就会向气相分配，释放硝酸。

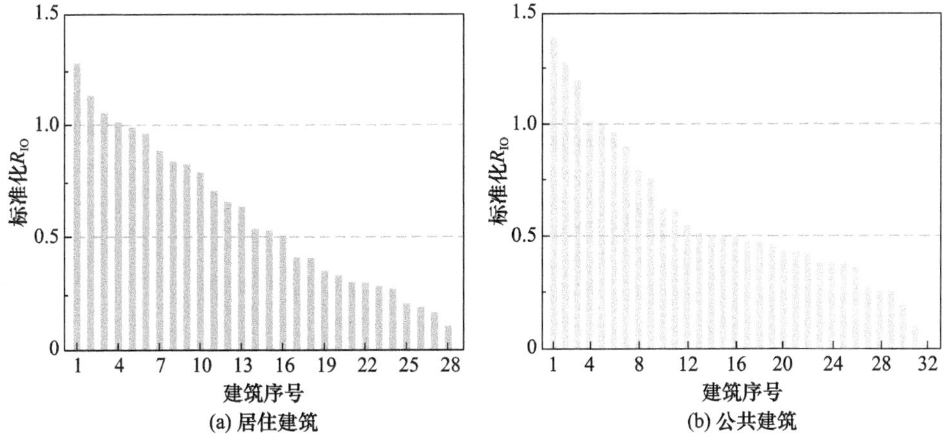

图 4.17　硝酸根与硫酸根相比的标准化 R_{IO}[42]

已有相关研究试图量化描述该二次分配过程。Lunden 等[21]引入了一个蒸发时间参数来近似描述硝酸铵固体颗粒的二次分配过程。Sangiorgi 等[66]采用修正系数方法，来获得 PM$_{2.5}$上的硝酸铵和多环芳烃的渗透系数。这些研究有助于更深入地理解二次分配过程，但是其机理仍不清晰，尚待更多研究。

4.4.2　铵根

PM$_{2.5}$上铵根的分配关系为

$$NH_4^+(aq) \longleftrightarrow NH_3(g) + H^+(aq) \tag{4.10}$$

表 4.3 中的文献同时对 17 栋居住建筑和 40 栋公共建筑的铵根室内外浓度比进行了测量，如图 4.18 所示[42]。可以看出，在居住建筑中，除了一个数据点，其他的 R_{IO}均小于 1；公共建筑也类似，90%的 $R_{IO}<1$。这些数据对应的硫酸根标准化比值如图 4.19 所示[42]。从图中可以看出，大部分的标准化比值小于 1。这表明，通常情况下，室外 PM$_{2.5}$上的铵根进入室内后，是向气相分配氨气的。这个传质可

能主要受两个因素影响:一是室内氨气浓度低于室外;二是室内的温湿度条件促使颗粒相向气相的分配转化。例如,在冬天,室内温度高于室外,更高的温度就会有助于颗粒相向气相分配。

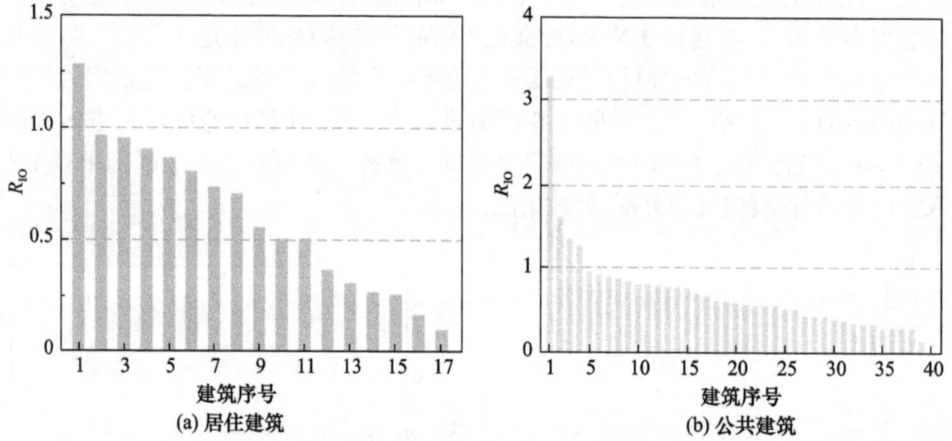

图 4.18　综述表 4.3 各研究中铵根的 R_{IO}[42]

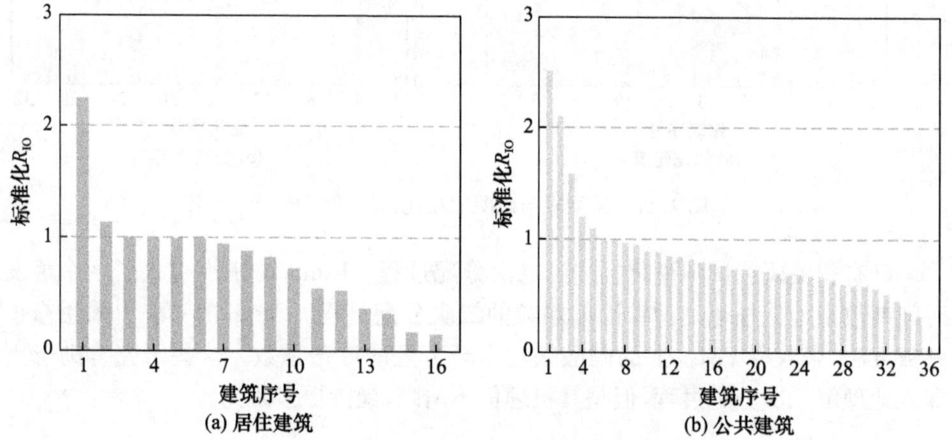

图 4.19　铵根与硫酸根相比的标准化 R_{IO}[42]

此外,图 4.19 显示在居住建筑和公共建筑中均有数据点的标准化比值超过 2。这表明在这些情况下,室外 $PM_{2.5}$ 进入室内后是吸收气相的氨气的。确实,室内存在氨气源,如建筑材料、人员和宠物等[88]。和硝酸根类似,尽管已有一些量化铵根二次分配过程的研究[21,71],但相关机理仍需进一步的研究揭示。

4.4.3　有机碳

有机碳是 $PM_{2.5}$ 中最复杂的成分,这是因为有机碳是一类物质的总称,而并非单一物质。它包含成千上万种物质，而很多物质的种类和性质仍然未知，形成机理仍不完全清楚[89]，而一些化学传输模型对于有机碳的模拟结果仍然存在较大的偏差[90]。

表 4.3 中的文献同时对 29 栋居住建筑和 22 栋公共建筑的有机碳室内外浓度比进行了测量，如图 4.20 所示[42]。可以看出，与之前讨论的其他成分不同，有机碳的 R_{IO}大部分大于 1，尤其是居住建筑。将所有的 R_{IO}都与对应的硫酸根的 R_{IO}进行标准化，结果如图 4.21 所示[42]。可以看出，约 90％的标准化比值大于 1，这表明室外 $PM_{2.5}$进入室内后会吸收室内气相 SVOCs。室内有很多 SVOCs 源[91]，包括塑料中的增塑剂、个人护理产品中的一些活性成分、电子产品中的阻燃剂以及一些燃烧的副产物。室外 $PM_{2.5}$进入室内后，会吸收这些源释放的 SVOCs。

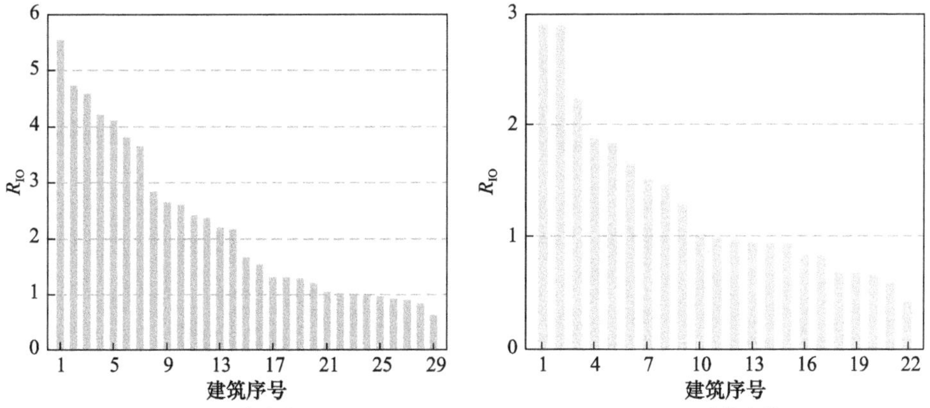

(a) 居住建筑　　(b) 公共建筑

图 4.20　综述表 4.3 各研究中有机碳的 R_{IO}[42]

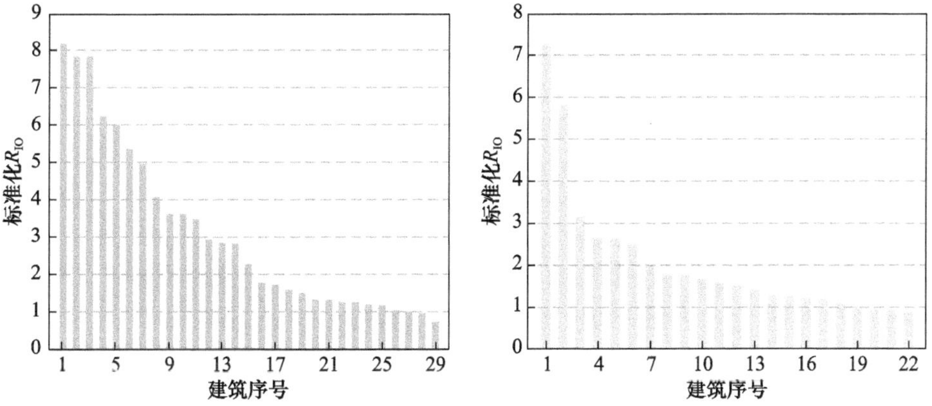

(a) 居住建筑　　(b) 公共建筑

图 4.21　有机碳与硫酸根相比的标准化 R_{IO}[42]

与之前其他成分不同，这里包括了图 4.20 中所有的数据对应的标准化比值，而非仅仅是 $R_{IO}<1$ 的数据对应的标准化比值

由于有机碳的复杂性，很难准确地描述室外有机碳进入室内的整体传输行为。逐一分析有机碳的各个成分更是不现实的。Hodas 等[92]采用了一个挥发性基础集的方法来研究室外 $PM_{2.5}$ 上的有机碳进入室内后的变化。他们发现温度和室内有机气溶胶的浓度对这个过程都有重要影响。

研究者对几类典型的危害健康的室内源 SVOCs 进行了研究，包括邻苯二甲酸酯、多环芳烃、多氯联苯和多溴联苯醚。室外 $PM_{2.5}$ 进入室内后会吸收这些 SVOCs，增加 $PM_{2.5}$ 上有机碳的含量。Liu 等[93]的研究发现：液滴型颗粒物吸收 SVOCs 时其内部的扩散传质阻力较小可忽略；颗粒物在室内的停留时间受通风和沉降的影响，时间尺度在 1h 左右，远小于颗粒物与气相 SVOCs 达到分配平衡的时间，因此其分配过程需要用动态模型来描述，之前普遍采用的平衡模型会产生较大误差；颗粒物室内停留时间与平衡时间之比是影响动态气-粒分配过程的重要参数，由此可分析颗粒相 SVOCs 浓度的粒径分布。该参数也用于描述颗粒相 SVOCs 在人体呼吸道内的沿程脱附效应[94]，结果表明超细颗粒物在到达肺部之前，其携带的 SVOCs 大部分就会脱附到气相中，而不会到达肺部。

4.5 通风对室内 SVOCs 浓度的影响

室外 $PM_{2.5}$ 进入室内后会吸收室内散发的 SVOCs，并通过呼吸、口入和皮肤暴露等途径进入人体形成暴露，造成健康危害。通风稀释对降低室内 VOCs 和甲醛浓度有良好效果，通风对室内 SVOCs 的浓度影响又如何呢？由于 SVOCs 的传输特性和 VOCs 差别很大，并不能简单用 VOCs 的相关结论来回答该问题。例如，当室外颗粒物浓度较高时，增大通风量会增大室内颗粒物浓度，从而增强气相 SVOCs 与源/汇表面之间的传质，但同时又会稀释室内气相 SVOCs 浓度。Liu 等[33]研究了通风量对室内空气相(气相＋颗粒相)SVOCs 浓度的定量影响，定量描述了通风对室内空气 VOCs 浓度和 SVOCs 浓度影响的差异。

4.5.1 模型建立

针对图 4.22 所示的典型房间，基于质量守恒定律，建立了室内 SVOCs 浓度模型，其中包括通风对室内颗粒物质量浓度的影响、气相-表面相间的传质以及颗粒物在 SVOCs 的气相-表面相间传质中的二次源效应。

室内 SVOCs 的源散发强度 E 为

$$E = h_m A_e (y_0 - C_g) \tag{4.11}$$

式中，E 为源散发强度，μg/s；h_m 为源或汇处的对流传质系数，m/s；A_e 为源材料散发面积，m^2；y_0 为紧邻 SVOCs 源散发表面的空气中的 SVOCs 浓度，μg/m^3；C_g 为室内气相 SVOCs 浓度，μg/m^3。

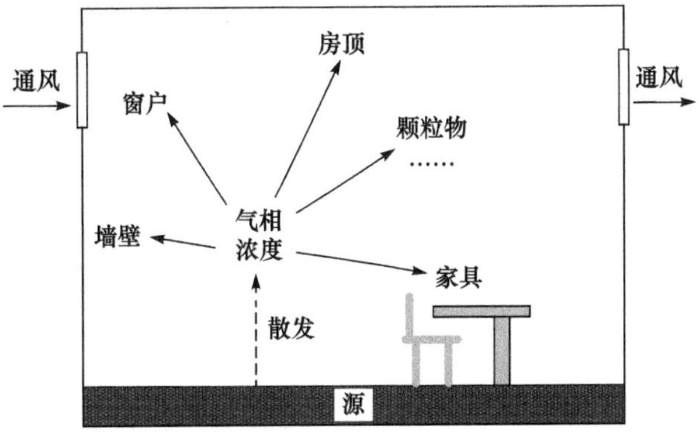

图 4.22　SVOCs 在室内传输过程示意图

气相 SVOCs 与室内表面汇(墙壁、屋顶和家具等)间的传质速率 S_i 为

$$S_i = h_m A_{s,i}\left(C_g - \frac{C_{s,i}}{K_{s,i}}\right) = A_{s,i}\frac{dC_{s,i}}{dt} \tag{4.12}$$

式中,S_i 为汇 i 的传质速率,μg/s;$A_{s,i}$为汇 i 的面积,m^2;$C_{s,i}$为汇 i 上的 SVOCs 浓度,μg/m^2;$K_{s,i}$为汇 i 与气相 SVOCs 浓度之间的分配系数,m。

室内气相 SVOCs 浓度(C_g)为

$$V\frac{dC_g}{dt} = E - \sum_{i=1}^{n} S_i - V\frac{dC_{sp}}{dt} - QC_g - QC_{sp} - kVC_{sp} \tag{4.13}$$

式中,V 为房间的体积,m^3;n 为汇的个数;Q 为房间的通风量,m^3/s;C_{sp}为颗粒相浓度,μg/m^3;k 为颗粒物沉降速率,s^{-1}。

Liu 等[95]发现降尘颗粒物的再悬浮对邻苯二甲酸酯类的 SVOCs 的影响较小,可忽略。假设气相 SVOCs 与颗粒相浓度之间存在瞬态平衡关系,则有

$$C_{sp} = C_{mp}\frac{K_{part}}{\rho_p}C_g \tag{4.14}$$

式中,C_{mp}为颗粒物质量浓度,μg/m^3;ρ_p 为颗粒物密度,μg/m^3;K_{part}为气-颗粒分配系数。

因为 SVOCs 在相关室内物品中占的质量分数可高达 10%～40%[96-98],而其散发速率较小,所以可认为其散发特性参数 y_0 为常数。为此,Liu 等[95]对上述模型进行无量纲化,首先定义无量纲参数

$$C_g^* = \frac{C_g}{y_0},\quad C_{s,i}^* = \frac{C_{s,i}/K_{s,i}}{y_0},\quad C_{sp}^* = \frac{C_{sp}}{y_0}$$

式(4.11)～式(4.14)则变为

$$E^* = h_m A_e(1 - C_g^*) \tag{4.15}$$

$$S_i^* = h_m A_{s,i}(C_g^* - C_{s,i}^*) = K_{s,i}A_{s,i}\frac{dC_{s,i}^*}{dt} \tag{4.16}$$

$$V\frac{\mathrm{d}C_{\mathrm{g}}^{*}}{\mathrm{d}t}=E^{*}-\sum_{\lambda=1}^{n}S_{i}^{*}-V\frac{\mathrm{d}C_{\mathrm{sp}}^{*}}{\mathrm{d}t}-QC_{\mathrm{g}}^{*}-QC_{\mathrm{sp}}^{*}-kVC_{\mathrm{sp}}^{*} \tag{4.17}$$

$$C_{\mathrm{sp}}^{*}=\frac{C_{\mathrm{mp}}K_{\mathrm{part}}}{\rho_{\mathrm{p}}}C_{\mathrm{g}}^{*} \tag{4.18}$$

4.5.2　模型参数的确定

表 4.4 列出了模型房间中的几何参数和通风参数。房间内的 SVOCs 汇包括屋顶、墙壁、窗玻璃和家具。

表 4.4　模型房间的几何参数和通风参数

参数	参数值
V/m^3	27
$A_{\mathrm{e}}/\mathrm{m}^2$	9.0
$A_{\mathrm{gl}}{}^{*}/\mathrm{m}^2$	1.7
$A_{\mathrm{cw}}{}^{*}/\mathrm{m}^2$	41
$A_{\mathrm{furn}}{}^{*}/\mathrm{m}^2$	20
$\rho_{\mathrm{p}}/(\mu\mathrm{g/m}^3)$	1.0×10^{12}
基准情况	
$\mathrm{ACH}=Q/V/\mathrm{h}^{-1}$	0.60
$C_{\mathrm{mp}}/(\mu\mathrm{g/m}^3)$	29

* 根据 Xu 等[99]提供的比表面积；下标 gl 表示玻璃窗，cw 表示屋顶和墙壁，furn 表示家具。

Diamond 等[100]发现玻璃窗上存在有机膜，玻璃窗与气相 SVOCs 间的分配系数为

$$K_{\mathrm{s,gl}}=f_{\mathrm{oc}}K_{\mathrm{OA}}\delta_{\mathrm{om}} \tag{4.19}$$

式中，$K_{\mathrm{s,gl}}$为玻璃窗与气相 SVOCs 间的分配系数；f_{oc}为玻璃窗上有机膜中有机碳的质量分数；K_{OA}为 SVOCs 的辛醇-空气分配系数，δ_{om}为玻璃窗上有机膜的厚度，m。建议 $f_{\mathrm{oc}}=10\%$，而 $\delta_{\mathrm{om}}=30\times10^{-9}\,\mathrm{m}$[101]。

Xu 等[99]总结了家具、屋顶和墙壁表面与气相浓度之间的分配系数，并获得了此分配系数与 SVOCs 饱和蒸气压之间的关系，再结合饱和蒸气压与辛醇-空气分配系数之间的转化关系，可得

$$\lg K_{\mathrm{s,furn\&cw}}=0.8\lg K_{\mathrm{OA}}-6 \tag{4.20}$$

通风量既影响室内颗粒物浓度，也影响表面的对流传质系数。此处采用 $0.6\mathrm{h}^{-1}$作为基准值[33]。当室内没有颗粒物产生源时，室内外颗粒物浓度的比值可以表示为[13]

$$R_{IO}=\frac{\mathrm{ACH}}{\mathrm{ACH}+k}P \tag{4.21}$$

式中，P 为颗粒物的穿透系数；k 为颗粒物的表面沉降率，h^{-1}。

颗粒物可按粒径分为两段，$PM_{2.5}$ 和 $PM_{2.5\sim10}$，因此式(4.21)变为

$$R_{IO}=f_{2.5}\frac{\mathrm{ACH}}{\mathrm{ACH}+k_{2.5}}P_{2.5}+f_{2.5\sim10}\frac{\mathrm{ACH}}{\mathrm{ACH}+k_{2.5\sim10}}P_{2.5\sim10} \tag{4.22}$$

式中，$f_{2.5}$和 $f_{2.5\sim10}$为相应粒径范围内的颗粒物的质量分数。

因此，室内颗粒物浓度可表示为

$$C_{mp}=C_{mp,o}\left(f_{2.5}\frac{\mathrm{ACH}}{\mathrm{ACH}+k_{2.5}}P_{2.5}+f_{2.5\sim10}\frac{\mathrm{ACH}}{\mathrm{ACH}+k_{2.5\sim10}}P_{2.5\sim10}\right) \tag{4.23}$$

式中，$C_{mp,o}$为室外颗粒物浓度，$\mu g/m^3$。

Chen 等[102]建议 $P_{2.5}$和 $P_{2.5\sim10}$的值分别为 0.8 和 0.3，而 $k_{2.5}$和 $k_{2.5\sim10}$的值分别为 $0.09h^{-1}$和 $4h^{-1}$。Nazaroff[103]取 $C_{mp,o}=60\mu g/m^3$，并运用一个包括室内颗粒物穿透和沉降等因素的模型，得到室外颗粒物的典型分布：$f_{2.5}$ 和 $f_{2.5\sim10}$ 分别为 68%和 32%。在 $\mathrm{ACH}=0.60h^{-1}$的基准情况下，室内颗粒物浓度 $C_{mp}=29\mu g/m^3$。

在没有颗粒物影响时，源和汇处的对流传质系数 h_{m0} 可用 Re 和 Sc 为变量的关联式确定[104]。此关联式中表面上的空气流速(v)是一个关键参数。因此首先要确定在基准情况下($\mathrm{ACH}=0.6h^{-1}$)表面上的空气流速。选择 0.1m/s 作为基准情况下($\mathrm{ACH}=0.6h^{-1}$)的表面空气流速[33]。

在非基准情况下，假设表面空气流速与换气次数成正比，即

$$\frac{v}{v_0}=\left(\frac{\mathrm{ACH}}{\mathrm{ACH}_0}\right)^n,\quad n=0.15 \tag{4.24}$$

式中，v_0 和 ACH_0 为基准情况下的值，分别为 0.1m/s 和 $0.6h^{-1}$。

Liu 等[105]研究了颗粒物源、汇效应对 SVOCs 的气相-表面相间对流传质系数 h_m的影响，用来修正以上求得的 h_{m0}。

$$\begin{gathered}\frac{h_m}{h_{m0}}=a(C_{mp})^b\\ a=0.1055(\lg K_{part})^2-2.198\lg K_{part}+11.80\\ b=-0.02688(\lg K_{part})^2+0.6467\lg K_{part}-3.518\end{gathered} \tag{4.25}$$

对于 $\lg K_{part}<11$ 的 SVOCs，二次源效应可忽略，则 $h_m=h_{m0}$。

SVOCs 的气-粒分配系数用式(4.26)来确定。

$$K_{part}=f_{om}K_{OA} \tag{4.26}$$

式中，f_{om}为颗粒物上有机物的质量分数，在此取 40%[106]。

4.5.3 模型验证

为了评价 4.5.2 节模型的正确性，Liu 等[33]对比了模型结果和试验测量结果。

Benning 等[107]在一个体积为 2L 的小不锈钢试验舱内放置了含 DEHP 的 PVC 地板材料，所用的不锈钢试验舱条件见表 4.5。开始时舱中通以洁净空气(不含颗粒物)，随后向舱中通以含有硫酸铵颗粒的空气，硫酸铵颗粒的中值直径为(45±5) nm，一段时间以后再恢复为通洁净空气。这样的通硫酸铵颗粒的过程重复了 18 次。在通颗粒物时，通过控制通风量(110mL/min 至 4200mL/min)进而控制颗粒物在舱内的停留时间(0.48～18.4min)。

上述模型计算结果与试验结果比较符合，如图 4.23 所示[33]。

表 4.5　Benning 等[107]所用的试验舱的条件

参数	参数值
舱的体积 V/L	2.0
源材料散发面积 A_e/m^2	0.25
不锈钢内表面面积 A_s/m^2	2.0×10^{-2}
源散发特性参数 $y_0/(\mu g/m^3)$	0.9
源处对流传质系数 $h_m/(m/s)$	4.0×10^{-4}
汇处对流传质系数 $h_s/(m/s)$	1.0×10^{-2}
不锈钢-空气分配系数 K_s/m	1.8×10^{3}
气-粒分配系数 K_{part}	3.2×10^{10}
颗粒物沉降速率 k/s^{-1}	1.0×10^{-3}

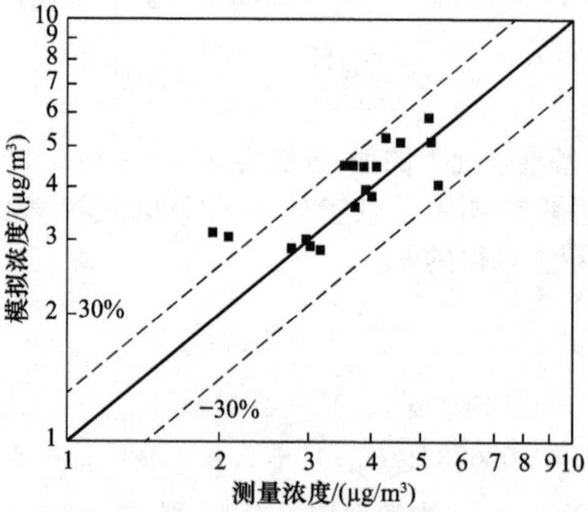

图 4.23　模型计算结果与 Benning 等[107]试验测量结果的对比[33]

4.5.4　稳态条件下通风对室内 SVOCs 浓度的影响

稳态条件下通风对室内 SVOCs 浓度的影响如图 4.24 所示[33]。可以看出，对于不同饱和蒸气压的 SVOCs(如 DEHP 等)，通风对稳态室内 SVOCs 浓度的影响基本一致。

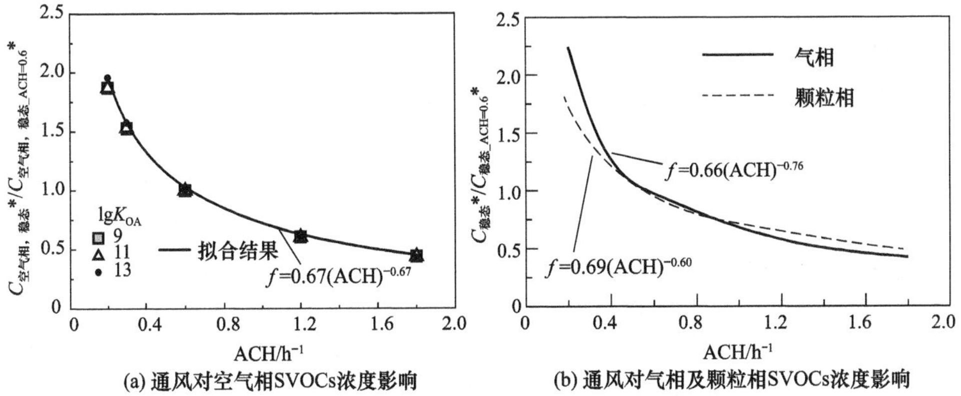

图 4.24　稳态条件下通风对室内 SVOCs 浓度的影响[33]

当 ACH 从 0.6h^{-1}增至 1.8h^{-1}时，空气相(气相与颗粒相之和)SVOCs 浓度降低 56%。增大通风对气相浓度的降低效应(59%)因散发速率的增加而被部分抵消。源散发速率增大主要是由于增大通风量导致室内颗粒物浓度增高，从而增大了室内 SVOCs 源材料表面的对流传质系数。而增大通风对颗粒相 SVOCs 浓度的降低效应主要被颗粒物浓度的增加而部分抵消。然而，房间的通风量越小，改变通风量对室内 SVOCs 的影响就越大。例如，当 ACH 从 0.6h^{-1}减小至 0.2h^{-1}时，空气相(气相与颗粒相之和)SVOCs 浓度将增加 90%。总体来说，通风量的确会对室内 SVOCs 浓度产生显著影响。

在非稳态条件下的情况，增大通风量时，气相浓度降低，这些汇表面就会往空气中释放 SVOCs，从而部分抵消通风的稀释效果。而且，根据式(4.24)，通风对源散发表面上空气流速的影响有限。例如，当换气次数从 0.6h^{-1}分别变化到 0.2h^{-1}和 1.8h^{-1}时，表面上的空气流速仅从 0.1m/s 变为 0.08m/s 和 0.12m/s。

为了对比，Liu 等[33]计算了通风对室内 VOCs 浓度的影响。假设在相同的房间中，底面铺设含有甲醛的中密度板，板材的甲醛散发特性与 Xiong 等[108]测试使用的中密度板材料 1 相同，忽略各个表面的吸附效应。当 ACH 从 0.6h^{-1}增至 1.8h^{-1}时，在甲醛浓度降低到 9μg/m^3(加利福尼亚州环保局设定的慢性呼吸参考暴露水平[109])之前，室内甲醛浓度降低 70%，通风导致的室内 SVOCs 浓度变化大于室内 SVOCs 浓度变化(56%)。

4.5.5　敏感性分析

为了研究参数的不确定度对通风效果的影响，识别关键参数，对下述参数进行了敏感性分析：SVOCs 源面积(A_{so})、SVOCs 汇面积($A_{s,i}$，$i=$ gl, cw, furn)、式(4.25)中的幂指数(n)、穿透系数($P_{2.5}$和$P_{2.5\sim10}$)、沉降速率($k_{2.5}$和$k_{2.5\sim10}$)，以及质量分数($f_{2.5}$和$f_{2.5\sim10}$)。结果表明，随着幂指数n的减小，通风量变化对SVOCs散发的影响减小，使得通风量对室内SVOCs浓度的影响变明显。但从定量上看，当n从基准值0.15变为0.05或0.3时，通风量对室内SVOCs浓度的影响变化小于10%。进一步的分析发现，当$n=0.6$时，通风效果对室内SVOCs浓度的影响就较明显了。对于$\lg K_{OA}=13$的SVOCs，当$k_{2.5}$从基准值增大3倍或减小为原来的1/3时，通风量从$0.6h^{-1}$变为$0.2h^{-1}$对SVOCs浓度的影响将变化21%～28%。这意味着在通风量较低时，$k_{2.5}$是一个对通风效果有重要影响的参数。而当A_{so}、$A_{s,i}$、$P_{2.5\sim10}$和$v_{d,2.5\sim10}$从基准值增大至原来的3倍或减小为原来的1/3，或$P_{2.5}$从基准值0.8变为最大值1或0.27，或$f_{2.5}$从基准值68%($f_{2.5\sim10}=32\%$)变为50%($f_{2.5\sim10}=50\%$)或90%($f_{2.5\sim10}=10\%$)，通风量对室内SVOCs浓度的影响变化小于6%。这说明这些参数对通风效果影响不大。

4.6　小　　结

本章从模型和测量两个方面对$PM_{2.5}$浓度及其成分的室内外关系进行了概述。模型方面，在得到入室系数(描述室内外关系的参数)表达式的基础上，着重介绍其中三个关键因素(换气次数、穿透系数和沉降系数)。基于文献[43]～[77]中关于$PM_{2.5}$及其成分的室内外浓度的测量数据，分析发现：①硫酸根可示踪元素碳和金属等不挥发成分的入室传输过程；②颗粒相硝酸根和铵根会在此过程中脱附，而$PM_{2.5}$会吸附SVOCs导致有机碳含量增加，但目前这几个过程的影响因素很多，难以定量描述。此外，本章通过模型分析发现，增加通风可降低室内SVOCs(气相和颗粒相)浓度，但其效果低于通风对室内甲醛浓度的影响。

参考文献

[1] Pope III C A, Dockery D W. Health effects of fine particulate air pollution: Lines that connect. Journal of the Air & Waste Management Association, 2006, 56(6): 709-742.

[2] Brook R D, Rajagopalan S, Pope III C A, et al. Particulate matter air pollution and cardiovascular disease: An update to the scientific statement from the American Heart Association. Circulation, 2010, 121(21): 2331-2378.

[3] Gauderman W J, Urman R, Avol E, et al. Association of improved air quality with lung development in children. New England Journal of Medicine, 2015, 372(10): 905-913.

[4] Wang H, Naghavi M, Allen C, et al. Global, regional, and national life expectancy, all-cause mortality, and cause-specific mortality for 249 causes of death, 1980-2015: A systematic analysis for the Global Burden of Disease Study 2015. The Lancet, 2016, 388(10053): 1459-1544.

[5] Stanek L W, Sacks J D, Dutton S J, et al. Attributing health effects to apportioned components and sources of particulate matter: An evaluation of collective results. Atmospheric En-

vironment,2011,45(32):5655-5663.

[6] West J J,Cohen A,Dentener F,et al. What we breathe impacts our health:improving understanding of the link between air pollution and health. Environmental Science & Technology,2016,50(10):4895-4904.

[7] Lippmann M,Chen L C,Gordon T,et al. National Particle Component Toxicity (NPACT) Initiative:Integrated epidemiologic and toxicologic studies of the health effects of particulate matter components. Research Report,2013,(177):5-13.

[8] Liu C,Cai J,Qiao L,et al. The acute effects of fine particulate matter constituents on blood inflammation and coagulation. Environmental Science & Technology,2017,51(14):8128-8137.

[9] Sarnat S E,Sarnat J A,Mulholland J,et al. Application of alternative spatiotemporal metrics of ambient air pollution exposure in a time-series epidemiological study in Atlanta. Journal of Exposure Science and Environmental Epidemiology,2013,23(6):593-605.

[10] Ivey C E,Holmes H A,Hu Y T,et al. Development of $PM_{2.5}$ source impact spatial fields using a hybrid source apportionment air quality model. Geoscientific Model Development,2015,8(7):2153-2165.

[11] Ivey C E,Holmes H A,Hu Y,et al. A method for quantifying bias in modeled concentrations and source impacts for secondary particulate matter. Frontiers of Environmental Science & Engineering,2016,10(5):14.

[12] Klepeis N E,Nelson W C,Ott W R,et al. The National Human Activity Pattern Survey (NHAPS):A resource for assessing exposure to environmental pollutants. Journal of Exposure Analysis and Environmental Epidemiology,2001,11(3):231-252.

[13] Chen C,Zhao B. Review of relationship between indoor and outdoor particles:I/O ratio,infiltration factor and penetration factor. Atmospheric Environment,2011,45(2):275-288.

[14] Rivas I,Viana M,Moreno T,et al. Outdoor infiltration and indoor contribution of UFP and BC,OC,secondary inorganic ions and metals in $PM_{2.5}$ in schools. Atmospheric Environment,2015,106:129-138.

[15] Chow J C,Lowenthal D H,Chen L W A,et al. Mass reconstruction methods for $PM_{2.5}$:A review. Air Quality,Atmosphere & Health,2015,8(3):243-263.

[16] Hopke P K. Review of receptor modeling methods for source apportionment. Journal of the Air & Waste Management Association,2016,66(3):237-259.

[17] Wark K,Warner C F. Air Pollution:Its Origin and Control. New York:Harper and Row Publishers,1976.

[18] Fang T,Guo H,Zeng L,et al. Highly acidic ambient particles,soluble metals,and oxidative potential:A link between sulfate and aerosol toxicity. Environmental Science & Technology,2017,51(5):2611-2620.

[19] Lakey P S J,Berkemeier T,Tong H,et al. Chemical exposure-response relationship between air pollutants and reactive oxygen species in the human respiratory tract. Scientific Reports,2016,6:32916.

[20] Xiong Q. Rethinking the dithiothreitol based PM oxidative potential: Measuring DTT consumption versus ROS generation. Environmental Science & Technology, 2017, 51(11): 6507-6514.

[21] Lunden M M, Revzan K L, Fischer M L, et al. The transformation of outdoor ammonium nitrate aerosols in the indoor environment. Atmospheric Environment, 2003, 37(39-40): 5633-5644.

[22] 中华人民共和国国家标准. 民用建筑供暖通风与空气调节设计规范(GB 50736—2012). 北京: 中国建筑工业出版社, 2012.

[23] Shi S, Zhao B. Occupants' interactions with windows in 8 residential apartments in Beijing and Nanjing, China. Building Simulation, 2016, 9(2): 221-231.

[24] Wallace L A, Emmerich S J, Howard-Reed C. Continuous measurements of air change rates in an occupied house for 1 year: The effect of temperature, wind, fans, and windows. Journal of Exposure Analysis and Environmental Epidemiology, 2002, 12(4): 296-306.

[25] Shi S, Chen C, Zhao B. Modifications of exposure to ambient particulate matter: Tackling bias in using ambient concentration as surrogate with particle infiltration factor and ambient exposure factor. Environmental Pollution, 2017, 220: 337-347.

[26] Chen C, Zhao B, Weschler C J. Assessing the influence of indoor exposure to "outdoor ozone" on the relationship between ozone and short-term mortality in US communities. Environmental Health Perspectives, 2012, 120(2): 235-240.

[27] Yamamoto N, Shendell D G, Winer A M, et al. Residential air exchange rates in three major US metropolitan areas: Results from the Relationship Among Indoor, Outdoor, and Personal Air Study 1999-2001. Indoor Air, 2010, 20(1): 85-90.

[28] Persily A, Musser A, Emmerich S J. Modeled infiltration rate distributions for U. S. housing. Indoor Air, 2010, 20(6): 473-485.

[29] Shi S, Chen C, Zhao B. Air infiltration rate distributions of residences in Beijing. Building and Environment, 2015, 92: 528-537.

[30] Diapouli E, Chaloulakou A, Koutrakis P. Estimating the concentration of indoor particles of outdoor origin: A review. Journal of the Air & Waste Management Association, 2013, 63(10): 1113-1129.

[31] Bekö G, Gustavsen S, Frederiksen M, et al. Diurnal and seasonal variation in air exchange rates and interzonal airflows measured by active and passive tracer gas in homes. Building and Environment, 2016, 104: 178-187.

[32] Liu C, Zhang Y, Weschler C J. The impact of mass transfer limitations on size distributions of particle associated SVOCs in outdoor and indoor environments. Science of the Total Environment, 2014, 497-498: 401-411.

[33] Liu C, Zhang Y, Benning J L, et al. The effect of ventilation on indoor exposure to semivolatile organic compounds. Indoor Air, 2015, 25(3): 285-296.

[34] Liu D L, Nazaroff W W. Modeling pollutant penetration across building envelopes. Atmospheric Environment, 2001, 35(26): 4451-4462.

[35] Sajani S Z, Ricciardelli I, Trentini A, et al. Spatial and indoor/outdoor gradients in urban concentrations of ultrafine particles and $PM_{2.5}$ mass and chemical components. Atmospheric Environment, 2015, 103: 307-320.

[36] Riley W J, McKone T E, Lai A C K, et al. Indoor particulate matter of outdoor origin: Importance of size-dependent removal mechanisms. Environmental Science & Technology, 2002, 36(2): 200-207.

[37] Zhang L, Gong S, Padro J, et al. A size-segregated particle dry deposition scheme for an atmospheric aerosol module. Atmospheric Environment, 2001, 35(3): 549-560.

[38] Sarnat J A, Long C M, Koutrakis P, et al. Using sulfur as a tracer of outdoor fine particulate matter. Environmental Science & Technology, 2002, 36(24): 5305-5314.

[39] Habre R, Moshier E, Castro W, et al. The effects of $PM_{2.5}$ and its components from indoor and outdoor sources on cough and wheeze symptoms in asthmatic children. Journal of Exposure Science and Environmental Epidemiology, 2014, 24(4): 380-387.

[40] Allen R W, Adar S D, Avol E, et al. Modeling the residential infiltration of outdoor $PM_{2.5}$ in the multi-ethnic study of atherosclerosis and air pollution (MESA Air). Environmental Health Perspectives, 2012, 120(6): 824-830.

[41] Johnson A M, Waring M S, DeCarlo P F. Real-time transformation of outdoor aerosol components upon transport indoors measured with aerosol mass spectrometry. Indoor Air, 2016, 27(1): 230-240.

[42] Liu C, Zhang Y. Relations between indoor and outdoor $PM_{2.5}$ and constituent concentrations. Frontiers of Environmental Science & Engineering, 2019, 13(1): 5.

[43] Saraga D, Maggos T, Sadoun E, et al. Chemical characterization of indoor and outdoor particulate matter ($PM_{2.5}$, PM_{10}) in Doha, Qatar. Aerosol and Air Quality Research, 2017, 17(5): 1156-1168.

[44] Han Y, Li X, Zhu T, et al. Characteristics and relationships between indoor and outdoor $PM_{2.5}$ in Beijing: A residential apartment case study. Aerosol and Air Quality Research, 2016, 16(10): 2386-2395.

[45] Zhu Y, Yang L, Meng C, et al. Indoor/outdoor relationships and diurnal/nocturnal variations in water-soluble ion and PAH concentrations in the atmospheric $PM_{2.5}$ of a business office area in Jinan, a heavily polluted city in China. Atmospheric Research, 2015, 153: 276-285.

[46] Lomboy M F T C, Quirit L L, Molina V B, et al. Characterization of particulate matter 2.5 in an urban tertiary care hospital in the Philippines. Building and Environment, 2015, 92: 432-439.

[47] Zhang J, Chen J, Yang L, et al. Indoor $PM_{2.5}$ and its chemical composition during a heavy haze-fog episode at Jinan, China. Atmospheric Environment, 2014, 99: 641-649.

[48] Hassanvand M S, Naddafi K, Faridi S, et al. Indoor/outdoor relationships of PM_{10}, $PM_{2.5}$, and PM_1 mass concentrations and their water-soluble ions in a retirement home and a school dormitory. Atmospheric Environment, 2014, 82: 375-382.

[49] Wang J, Lai S, Ke Z, et al. Exposure assessment, chemical characterization and source identi-

fication of $PM_{2.5}$ for school children and industrial downwind residents in Guangzhou, China. Environmental Geochemistry and Health, 2014, 36(3): 385-397.

[50] Chithra V S, Nagendra S M S. Chemical and morphological characteristics of indoor and outdoor particulate matter in an urban environment. Atmospheric Environment, 2013, 77: 579-587.

[51] Chen S J, Lin T C, Tsai J H, et al. Characteristics of indoor aerosols in college laboratories. Aerosol and Air Quality Research, 2013, 13(2): 649-661.

[52] Zhu C S, Cao J J, Shen Z X, et al. Indoor and outdoor chemical components of $PM_{2.5}$ in the rural areas of Northwestern China. Aerosol and Air Quality Research, 2012, 12(6): 1157-1165.

[53] Huang H, Zou C, Cao J, et al. Water-soluble ions in $PM_{2.5}$ on the Qianhu campus of Nanchang University, Nanchang city: Indoor-outdoor distribution and source implications. Aerosol and Air Quality Research, 2012, 12(3): 435-443.

[54] Klinmalee A, Srimongkol K, Oanh N T K. Indoor air pollution levels in public buildings in Thailand and exposure assessment. Environmental Monitoring and Assessment, 2009, 156(1-4): 581-594.

[55] Kulshrestha A, Bisht D S, Masih J, et al. Chemical characterization of water-soluble aerosols in different residential environments of semi aridregion of India. Journal of Atmospheric Chemistry, 2009, 62(2): 121-138.

[56] Loupa G, Zarogianni A M, Karali D, et al. Indoor/outdoor $PM_{2.5}$ elemental composition and organic fraction medications, in a Greek hospital. Science of the Total Environment, 2016, 550: 727-735.

[57] Perrino C, Tofful L, Canepari S. Chemical characterization of indoor and outdoor fine particulate matter in an occupied apartment in Rome, Italy. Indoor Air, 2016, 26(4): 558-570.

[58] Tofful L, Perrino C. Chemical composition of indoor and outdoor $PM_{2.5}$ in three schools in the city of Rome. Atmosphere, 2015, 6(10): 1422.

[59] Saraga D E, Makrogkika A, Karavoltsos S, et al. A pilot investigation of PM indoor/outdoor mass concentration and chemical analysis during a period of extensive fireplace use in Athens. Aerosol and Air Quality Research, 2015, 15(7): 2485-2495.

[60] Viana M, Rivas I, Querol X, et al. Indoor/outdoor relationships and mass closure of quasiultrafine, accumulation and coarse particles in Barcelona schools. Atmospheric Chemistry and Physics, 2014, 14(9): 4459-4472.

[61] Buczyńska A J, Krata A, van Grieken R, et al. Composition of $PM_{2.5}$ and PM_1 on high and low pollution event days and its relation to indoor air quality in a home for the elderly. Science of the Total Environment, 2014, 490: 134-143.

[62] Moreno T, Rivas I, Bouso L, et al. Variations in school playground and classroom atmospheric particulate chemistry. Atmospheric Environment, 2014, 91: 162-171.

[63] Montagne D, Hoek G, Nieuwenhuijsen M, et al. The association of LUR modeled $PM_{2.5}$ ele-

mental composition with personal exposure. Science of the Total Environment, 2014, 493: 298-306.

[64] Montagne D, Hoek G, Nieuwenhuijsen M, et al. Temporal associations of ambient $PM_{2.5}$ elemental concentrations with indoor and personal concentrations. Atmospheric Environment, 2014, 86: 203-211.

[65] Alves C, Nunes T, Silva J, et al. Comfort parameters and particulate matter (PM_{10} and $PM_{2.5}$) in school classrooms and outdoor air. Aerosol and Air Quality Research, 2013, 13(5): 1521-1535.

[66] Sangiorgi G, Ferrero L, Ferrini B S, et al. Indoor airborne particle sources and semi-volatile partitioning effect of outdoor fine PM in offices. Atmospheric Environment, 2013, 65: 205-214.

[67] Seleventi M K, Saraga D E, Helmis C G, et al. $PM_{2.5}$ indoor/outdoor relationship and chemical composition in ions and OC/EC in an apartment in the center of Athens. Fresenius Environmental Bulletin, 2012, 21(11): 3177-3183.

[68] Saraga D E, Maggos T, Helmis C G, et al. PM_1 and $PM_{2.5}$ ionic composition and VOCs measurements in two typical apartments in Athens, Greece: Investigation of smoking contribution to indoor air concentrations. Environmental Monitoring and Assessment, 2010, 167(1-4): 321-331.

[69] Fromme H, Diemer J, Dietrich S, et al. Chemical and morphological properties of particulate matter (PM_{10}, $PM_{2.5}$) in school classrooms and outdoor air. Atmospheric Environment, 2008, 42(27): 6597-6605.

[70] Lazaridis M, Aleksandropoulou V, Hanssen J E, et al. Inorganic and carbonaceous components in indoor/outdoor particulate matter in two residential houses in Oslo, Norway. Journal of the Air & Waste Management Association, 2008, 58(3): 346-356.

[71] Stevens C, Williams R, Jones P. Progress on understanding spatial and temporal variability of $PM_{2.5}$ and its components in the Detroit Exposure and Aerosol Research Study (DEARS). Environmental Science-Processes & Impacts, 2014, 16(1): 94-105.

[72] Hasheminassab S, Daher N, Shafer M M, et al. Chemical characterization and source apportionment of indoor and outdoor fine particulate matter ($PM_{2.5}$) in retirement communities of the Los Angeles Basin. Science of the Total Environment, 2014, 490: 528-537.

[73] Baxter L K, Clougherty J E, Laden F, et al. Predictors of concentrations of nitrogen dioxide, ne particulate matter, and particle constituents inside of lower socioeconomic status urban homes. Journal of Exposure Science and Environmental Epidemiology, 2007, 17(5): 433-444.

[74] Hering S V, Lunden M M, Thatcher T L, et al. Using regional data and building leakage to assess indoor concentrations of particles of outdoor origin. Aerosol Science and Technology, 2007, 41(7): 639-654.

[75] John K, Karnae S, Crist K, et al. Analysis of trace elements and ions in ambient fine particulate matter at three elementary schools in Ohio. Journal of the Air & Waste Management

Association,2007,57(4):394-406.

[76] Barraza F,Jorquera H,Valdivia G,et al. Indoor $PM_{2.5}$ in Santiago,Chile,spring 2012:Source apportionment and outdoor contributions. Atmospheric Environment,2014,94:692-700.

[77] Ruiz P A,Toro C,Cáceres J,et al. Effect of gas and kerosene space heaters on indoor air quality:A study in homes of Santiago,Chile. Journal of the Air & Waste Management Association,2010,60(1):98-108.

[78] Koutrakis P,Briggs S L K,Leaderer B P. Source apportionment of indoor aerosols in Suffolk and Onondaga counties, New York. Environmental Science & Technology, 1992, 26(3):521-527.

[79] Ji W,Li H,Zhao B,et al. Tracer element for indoor $PM_{2.5}$ in China migrated from outdoor. Atmospheric Environment,2018,176:171-178.

[80] Polidori A,Cheung K L,Arhami M,et al. Relationships between size-fractionated indoor and outdoor trace elements at four retirement communities in southern California. Atmospheric Chemistry and Physics,2009,9(14):4521-4536.

[81] Lunden M M,Kirchstetter T W,Thatcher T L,et al. Factors affecting the indoor concentrations of carbonaceous aerosols of outdoor origin. Atmospheric Environment,2008,42(22):5660-5671.

[82] Ebelt S T,Wilson W E,Brauer M. Exposure to ambient and nonambient components of particulate matter:A comparison of health effects. Epidemiology,2005,16(3):396-405.

[83] Noullett M,Jackson P L,Brauer M. Estimation and characterization of children's ambient generated exposure to $PM_{2.5}$ using sulphate and elemental carbon as tracers. Atmospheric Environment,2010,44(36):4629-4637.

[84] Morawska L,Afshari A,Bae G N,et al. Indoor aerosols:From personal exposure to risk assessment. Indoor Air,2013,23(6):462-487.

[85] See S W,Balasubramanian R. Risk assessment of exposure to indoor aerosols associated with Chinese cooking. Environmental Research,2006,102(2):197-204.

[86] Allen A G,Nemitz E,Shi J P,et al. Size distributions of trace metals in atmospheric aerosols in the United Kingdom. Atmospheric Environment,2001,35(27):4581-4591.

[87] Szymczak W,Menzel N,Keck L. Emission of ultrafine copper particles by universal motors controlled by phase angle modulation. Journal of Aerosol Science,2007,38(5):520-531.

[88] Leaderer B P,Naeher L,Jankun T,et al. Indoor,outdoor,and regional summer and winter concentrations of PM_{10}, $PM_{2.5}$, SO_4^{2-}, H^+, NH_4^+, NO_3^-, NH_3, and nitrous acid in homes with and without kerosene space heaters. Environmental Health Perspectives,1999,107(3):223-231.

[89] Glasius M,Goldstein A H. Recent discoveries and future challenges in atmospheric organic chemistry. Environmental Science & Technology,2016,50(6):2754-2764.

[90] Koo B,Kumar N,Knipping E,et al. Chemical transport model consistency in simulating regulatory outcomes and the relationship to model performance. Atmospheric Environment,

2015,116:159-171.

[91] Weschler C J, Nazaroff W W. Semivolatile organic compounds in indoor environments. Atmospheric Environment, 2008, 42(40): 9018-9040.

[92] Hodas N, Turpin B J. Shifts in the gas-particle partitioning of ambient organics with transport into the indoor environment. Aerosol Science and Technology, 2014, 48(3): 271-281.

[93] Liu C, Shi S, Weschler C, et al. Analysis of the dynamic interaction between SVOCs and airborne particles. Aerosol Science and Technology, 2013, 47(2): 125-136.

[94] Liu C, Zhang Y, Weschler C J. Exposure to SVOCs from inhaled particles: Impact of desorption. Environmental Science & Technology, 2017, 51(11): 6220-6228.

[95] Liu C, Zhao B, Zhang Y. The influence of aerosol dynamics on indoor exposure to airborne DEHP. Atmospheric Environment, 2010, 44(16): 1952-1959.

[96] Cadogan D F, Howick C J. Plasticizers. Kirk-Othmer Encyclopedia of Chemical Technology, 1996, 19: 258-290.

[97] Hale R C, La Guardia M J, Harvey E, et al. Potential role of fire retardant-treated polyurethane foam as a source of brominated diphenyl ethers to the US environment. Chemosphere, 2002, 46(5): 729-735.

[98] Fromme H, Lahrz T, Piloty M, et al. Occurrence of phthalates and musk fragrances in indoor air and dust from apartments and kindergartens in Berlin (Germany). Indoor Air, 2004, 14(3): 188-195.

[99] Xu Y, Hubal E A C, Clausen P A, et al. Predicting residential exposure to phthalate plasticizer emitted from vinyl flooring: A mechanistic analysis. Environmental Science & Technology, 2009, 43(7): 2374-2380.

[100] Diamond M L, Gingrich S E, Fertuck K, et al. Evidence for organic film on an impervious urban surface: Characterization and potential teratogenic effects. Environmental Science & Technology, 2000, 34(14): 2900-2908.

[101] Butt C M, Diamond M L, Truong J, et al. Spatial distribution of polybrominated diphenyl ethers in southern Ontario as measured in indoor and outdoor window organic films. Environmental Science & Technology, 2004, 38(3): 724-731.

[102] Chen C, Zhao B, Weschler C J. Indoor exposure to "outdoor PM_{10}": Assessing its influence on the relationship between PM_{10} and short-term mortality in US cities. Epidemiology, 2012, 23(6): 870-878.

[103] Nazaroff W W. Indoor particle dynamics. Indoor Air, 2004, 14: 175-183.

[104] Axley J W. Adsorption modelling for building contaminant dispersal analysis. Indoor Air, 1991, 1(2): 147-171.

[105] Liu C, Morrison G C, Zhang Y. Role of aerosols in enhancing SVOC flux between air and indoor surfaces and its influence on exposure. Atmospheric Environment, 2012, 55: 347-356.

[106] Weschler C J, Nazaroff W W. SVOC partitioning between the gas phase and settled dust indoors. Atmospheric Environment, 2010, 44(30): 3609-3620.

[107] Benning J L, Liu Z, Tiwari A, et al. Characterizing gas-particle interactions of phthalate plasticizer emitted from vinyl flooring. Environmental Science & Technology, 2013, 47(6):2696-2703.

[108] Xiong J, Yao Y, Zhang Y. *C*-history method: Rapid measurement of the initial emittable concentration, diffusion and partition coefficients for formaldehyde and VOCs in building materials. Environmental Science & Technology, 2011, 45(8):3584-3590.

[109] OEHHA. OEHHA acute, 8-hour and chronic reference exposure level (REL) summary. http://oehha.ca.gov/air/allrels.html[2013-5-11].

第 5 章　室内空气污染物的分布和相互影响

如图 5.1 所示，室内气相污染物在室内运动过程中可以与多种介质（如悬浮颗粒物、降尘、窗玻璃、墙壁、屋顶、衣服和人体皮肤）发生作用，作用的形式可分为相间分配（物理过程）或化学反应（化学过程），会产生新的污染物[1]。例如，臭氧可以与室内的气相或表面相的萜烯发生化学反应，生成二次污染物，因此臭氧被认为是室内化学反应的主要驱动物质。

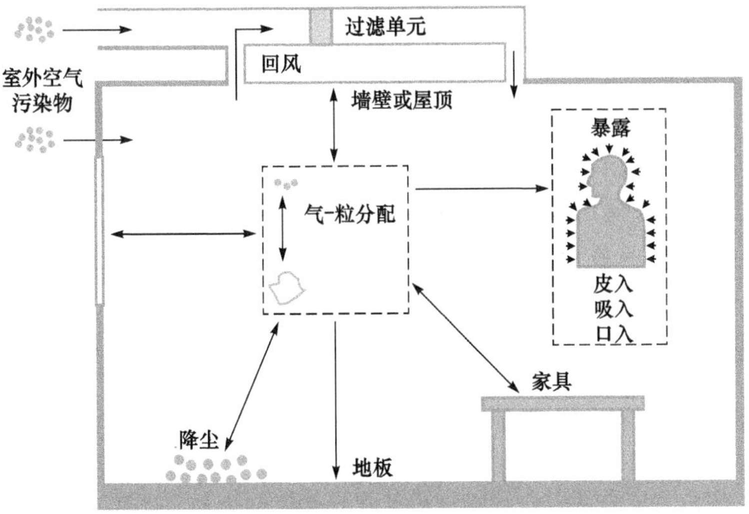

图 5.1　室内通风换气及污染物暴露途径示意图[1]

弄清半挥发性有机化合物在多种室内介质（如悬浮颗粒物、室内降尘、室内表面以及人体皮肤）间的动态分配及其影响因素，是室内半挥发性有机化合物暴露、健康风险分析和工程控制的基础。

5.1　SVOCs 的气-粒分配

5.1.1　问题描述

关于 SVOCs 的气-粒分配的研究始于 20 世纪七八十年代。Junge[2]、Yamasaki 等[3]、Pankow[4]建立了以平衡分配理论为基础的研究框架，为其后的研究和分析提供了理论基础。但是，其后的研究发现，基于平衡分配理论的计算结果和试验结果会存在很大误差[5-7]。因此,SVOCs 的动态分配理论应运而生。Rounds 等[8]发展了描述动态气粒分配的径向扩散模型,他们假设 SVOCs 从气相到悬浮颗粒物表面的外部对流传质阻力远小于 SVOCs 在颗粒物内部的扩散阻力,从而前者可以忽略。Odum 等[9]改进了此模型,他们通过比较传质时间尺度发现:对于柴油烟灰颗粒和氘代芘的分配过程,主要的传质阻力在外部传质。而对于同样的上述数据,Strommen 等[10]的研究结果表明主要的传质阻力在内部。Weschler 等[11]估算了有机污染物与悬浮颗粒物之间的外部和内部传质平衡时间尺度,发现对于直径小于 2μm 的颗粒物,主要传质阻力在外部。

可以看出,比较外部和内部传质阻力并确定相应过程的时间尺度是准确描述动态气-粒分配的重要环节。然而,这些过程的时间尺度通常是估算的,故只适用于一般筛选。而且,时间尺度估算的不确定度也增加了描述气-粒分配的不确定度。例如,对于气相 DEHP 与悬浮颗粒物的气-粒分配,有研究假设为瞬态平衡[12,13],也有研究采用了动态分配的方法[14]。然而,Cao 等[15]的研究表明上述方法仍会产生较大误差(可达 30%)。

为了解决上述问题,需要发展一个普适的判据,来判断 SVOCs 气-粒分配的主导传质阻力在其内部还是外部,并确定所需的平衡时间[16]。为此,Cao 等[15]提出了室内颗粒物龄的概念,细化室内颗粒物的进入时间分布,有效降低了上述误差[15]。

5.1.2 传质模型

常见的悬浮颗粒物的类型可概括为图 5.2 中的Ⅰ、Ⅱ、Ⅲ、Ⅳ四类[16],并可进一步分为两类:①不传质的内核+有机液膜外层[17,18];②不传质的内核+多孔介质外层[19]。越来越多的研究发现颗粒物上存在液态的有机物[20-22],因此可以认为多孔介质孔间填充了有机液体。

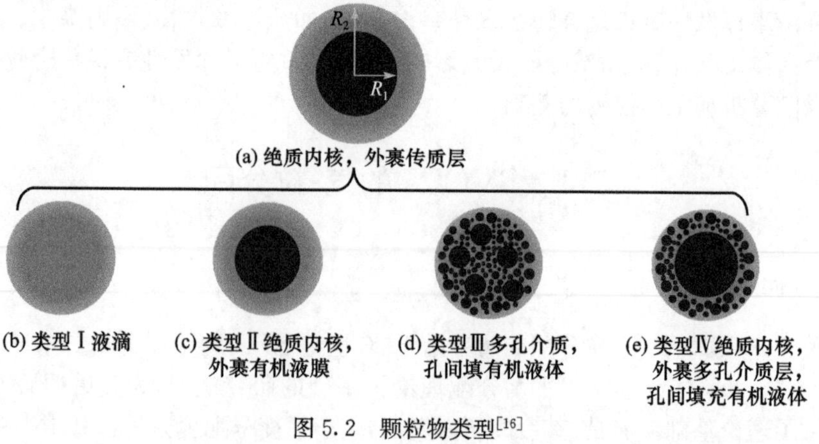

图 5.2 颗粒物类型[16]

从数学角度描述，图 5.2 中的四类悬浮颗粒物均可概述为图 5.2(a)的共性颗粒类型，其内部 SVOCs 扩散传质可用式(5.1)描述。

$$\frac{\partial C_{\mathrm{p}}}{\partial t}=D_{\mathrm{sp}}\left(\frac{\partial^2 C_{\mathrm{p}}}{\partial r^2}+\frac{2}{r}\frac{\partial C_{\mathrm{p}}}{\partial r}\right),\quad R_1<r<R_2 \tag{5.1}$$

式中，C_{p}为颗粒相 SVOCs 浓度，等于 SVOCs 质量/颗粒物体积，$\mu g/m^3$；t 为时间，s；D_{sp}为 SVOCs 在颗粒物内的扩散系数，m^2/s；r 为距离球心的径向距离，m。

初始条件为

$$C_{\mathrm{p}}(r,t=0)=0 \tag{5.2}$$

边界条件为

$$\frac{\partial C_{\mathrm{p}}}{\partial r}=0,\quad r=R_1 \tag{5.3}$$

$$D_{\mathrm{sp}}\frac{\partial C_{\mathrm{p}}}{\partial r}=v_{\mathrm{t}}\left(C_{\mathrm{g}}-\frac{C_{\mathrm{p}}}{K_{\mathrm{part}}}\right),\quad r=R_2 \tag{5.4}$$

式中，v_{t}为气相-颗粒相间的 SVOCs 传质系数，m/s；C_{g}为 SVOCs 气相浓度，$\mu g/m^3$；K_{part}为 SVOCs 的气-粒分配系数，越不容易挥发的 SVOCs，分配系数越大。

1. 模型的无量纲化

无量纲化有助于描述问题的共性特征，减少变量数目，识别重要参数间的关系和对结果的影响规律。为此，定义无量纲参数

$$C_{\mathrm{p}}^*=\frac{K_{\mathrm{part}}C_{\mathrm{g}}-C_{\mathrm{p}}}{K_{\mathrm{part}}C_{\mathrm{g}}},\quad R_{\mathrm{p}}=\frac{r}{R_2},\quad R_{12}=\frac{R_1}{R_2},\quad Fo_{\mathrm{m}}=\frac{D_{\mathrm{sp}}t}{R_2^2},\quad Bi_{\mathrm{m}}=\frac{v_{\mathrm{t}}R_2}{D_{\mathrm{sp}}}$$

由此无量纲参数，式(5.1)～式(5.4)可化为无量纲形式：

$$\frac{\partial C_{\mathrm{p}}^*}{\partial Fo_{\mathrm{m}}}=\frac{\partial^2 C_{\mathrm{p}}^*}{\partial R_{\mathrm{p}}^2}+\frac{2}{R}\frac{\partial C_{\mathrm{p}}^*}{\partial R_{\mathrm{p}}},\quad R_{12}<R<1 \tag{5.5}$$

$$C_{\mathrm{p}}^*=1,\quad Fo_{\mathrm{m}}=0 \tag{5.6}$$

$$\frac{\partial C_{\mathrm{p}}^*}{\partial R_{\mathrm{p}}}=0,\quad R_{\mathrm{p}}=R_{12} \tag{5.7}$$

$$-\frac{\partial C_{\mathrm{p}}^*}{\partial R_{\mathrm{p}}}=\frac{Bi_{\mathrm{m}}}{K_{\mathrm{part}}}C_{\mathrm{p}}^*,\quad R_{\mathrm{p}}=1 \tag{5.8}$$

若气相 SVOCs 与颗粒物相 SVOCs 达到平衡，则 $C_{\mathrm{p}}^*=0$。采用分离变量法，可得无量纲模型的解析解：

$$C_{\mathrm{p}}^*=\frac{\sum_{i=1}^{\infty}\exp(-\beta_i^2 Fo_{\mathrm{m}})C_iX_i}{R_{\mathrm{p}}} \tag{5.9}$$

式中，

$$X_i=\beta_i\cos\left[\beta_i(R_{\mathrm{p}}-R_{12})\right]+H_1\sin\left[\beta_i(R_{\mathrm{p}}-R_{12})\right] \tag{5.10}$$

$$C_i = 2AB \tag{5.11}$$

$$A = \left[(\beta_i^2 + H_1^2) \left(1 - R_{12} + \frac{H_2}{\beta_i^2 + H_2^2}\right) + H_1 \right]^{-1} \tag{5.12}$$

$$B = \left(1 + \frac{H_1}{\beta_i^2}\right) \sin\left[\beta_i (1 - R_{12})\right] + \frac{1 - H_1}{\beta_i} \cos\left[\beta_i (1 - R_{12})\right] \tag{5.13}$$

$$H_1 = \frac{1}{R_{12}}, \quad H_2 = \frac{Bi_{\mathrm{m}}}{K_{\mathrm{part}}} - 1 \tag{5.14}$$

β_i 为式(5.15)的正根：

$$\tan\left[\beta_i (1 - R_{12})\right] = \frac{\beta_i (H_1 + H_2)}{\beta_i^2 - H_1 H_2} \tag{5.15}$$

无量纲颗粒相 SVOCs 浓度可表示为

$$C_{\mathrm{p}}^* = f\left(\frac{Bi_{\mathrm{m}}}{K_{\mathrm{part}}}, Fo_{\mathrm{m}}, R_{\mathrm{p}}, R_{12}\right) \tag{5.16}$$

基于以上模型，可以得到判断气相 SVOCs 与颗粒物的动态传质中主要阻力是内部扩散还是外部传质的条件。为此，定义颗粒物浓度不均匀度 $\varepsilon_{\mathrm{io}}$：

$$\varepsilon_{\mathrm{io}} = \frac{C_{\mathrm{p}}^* (R_{\mathrm{p}} = 1)}{C_{\mathrm{p}}^* (R_{\mathrm{p}} = R_{12})} \tag{5.17}$$

对于给定的 $Bi_{\mathrm{m}}/K_{\mathrm{part}}$，在从初始到平衡的整个过程中，若 $\varepsilon_{\mathrm{io}} > 0.95$，则外部浓度差(从气相到颗粒物表面 $R_{\mathrm{p}}=1$ 处)占据整个浓度差(从气相到颗粒物内部 $R_{\mathrm{p}}=R_{12}$ 处)的 95%以上，显然该情况下主要传质阻力在颗粒物外部，忽略颗粒物内部 SVOCs 浓度分布的集总参数法可以用来描述气相 SVOCs 与颗粒物的动态传质过程，而不需要复杂的式(5.1)～式(5.4)。

2. 参数的确定

为了对具体的 SVOCs 进行无量纲分析，首先需要确定相应有量纲参数。

1) 颗粒内 SVOCs 扩散系数，D_{sp}

Levin[23]提出用经验关系式(5.18)来计算液体中的扩散系数：

$$D_{\mathrm{l}} \mathrm{MW}^{0.5} = 常数 \tag{5.18}$$

式中，D_{l} 为在液体中的扩散系数，$\mathrm{m^2/s}$；MW 为分子摩尔质量，g/mol。

Theis 等[24]实测了 25℃苯、甲苯、乙苯和邻二甲苯在辛醇中的扩散系数。通过这四种物质在辛醇中的扩散系数和分子摩尔质量，可以确定式(5.18)中的常数(无量纲)值为$(1.1 \pm 0.11) \times 10^{-10}$。

对于多孔介质，颗粒物内的 SVOCs 扩散系数为

$$D_{\mathrm{l}} = \frac{\dfrac{D_{\mathrm{l}}}{\tau}}{1 + \dfrac{(1 - \alpha_{\mathrm{p}}) K_{\mathrm{sl}}}{\alpha_{\mathrm{p}}}} \tag{5.19}$$

式中，τ 为颗粒物多孔介质的曲折度；α_p 为颗粒物的孔隙率；K_{sl} 为孔间液体与孔壁材料之间的分配系数。

常用的估算颗粒物曲折度的公式为[25]

$$\tau=\frac{1}{\alpha_p} \tag{5.20}$$

Strommen 等[26]给出的颗粒物的孔隙率的中值为 0.5。

假设颗粒物的孔壁材料为元素碳，而孔间液体为辛醇，则孔间液体与孔壁材料之间的分配系数可表示为

$$K_{sl}=K_{EC\_o}=\frac{K_{EC\_w}}{K_{ow}} \tag{5.21}$$

式中，K_{EC_o}为元素碳与辛醇之间的分配系数；K_{EC_w}为元素碳与水之间的分配系数；K_{ow}为辛醇与水之间的分配系数。

多环芳烃、邻苯二甲酸酯和阻燃剂是三类在室内外主要的 SVOCs[27]。研究者从每一类中选取 SVOCs 作为目标污染物，这包括两种多环芳烃（芘（pyrene）、苯并芘（benzo[a]pyrene，B[a]P）），两种邻苯二甲酸酯（DnBP、DEHP），以及两种阻燃剂（2，2′，4，4′-四溴联苯醚（BDE-47）和 2，2′，4，4′，5-五溴联苯醚（BDE-99）），依据文献[7]、[28]～[32]的研究结果确定了它们的相关参数，见表 5.1[28～32]。这六种 SVOCs 的辛醇-空气分配系数跨了三个数量级，大多数室内 SVOCs 的辛醇-空气分配系数均在此范围内。

表 5.1　室内常见的六种 SVOCs 的参数值

SVOCs	D_g/[10^6/(m^2/s)]	$\lg K_{OA}$[7]	$\lg K_{EC\_w}$	$\lg K_{EC_o}$①	$\lg K_{EC\_a}$	D_{sp}/[10^{11}/(m^2/s)]		$\lg K_{part}$
						液态	多孔介质	
芘	4.71	8.06	7.30[28]	2.20	10.3	24.8	0.0777	8.98②
B[a]P	4.05	10.5	8.40[28]	2.50	13.0	22.2	0.0350	11.7②
DnBP	3.67	9.83	3.67[29]	−0.790	9.04	21.1	9.08	9.43③
DEHP	2.64	12.9	6.17[30]	−1.21	11.7	17.8	8.39	12.5③
BDE-47	3.88	10.5	7.43[31]	0.410	10.9	16.0	2.24	10.2②
BDE-99	3.65	11.8	8.11[31]	0.320	12.1	14.8	2.40	11.5②

① 用来计算 K_{EC_o}的 K_{ow}是由 SPARC 计算得到的(http://ibmlc2.chem.uga.edu/sparc/)。
② a_{EC}取与标准煤灰气溶胶(SRM-1650，美国国家标准局)的比表面积相等，48m^2/g。
③ a_{EC}采用的是 Xia 等[32]研究三种环境河道沉淀物的平均值，8.1m^2/g。

2）气相-颗粒相传质系数，v_t

Li 等[33]给出了确定气相-颗粒相传质系数的经验关联式：

$$v_t=\frac{D_g}{R_2}\frac{1+Kn}{1+1.71Kn+1.333Kn^2} \tag{5.22}$$

式中，D_g 为 SVOCs 在空气中的扩散系数，m^2/s；Kn 为克努森数。

$$Kn = \frac{\lambda}{R_2},\quad \lambda = 3\frac{D_g}{c},\quad c = \sqrt{\frac{8RT}{\pi M}} \tag{5.23}$$

式中，λ 为 SVOCs 分子在空气中的平均分子自由程，m；c 为 SVOCs 分子在空气中的平均运动速度，m/s；R 为气体常数，8.31J/(mol・K)；T 为热力学温度，K；M 为 SVOCs 的摩尔质量，kg/mol。

3）气-粒分配系数，K_{part}

颗粒物中的有机物和无机物通过吸收[34]和吸附[35]作用对气-粒分配系数均有贡献。式(5.24)综合了这两种作用，用来确定气-粒分配系数。

$$K_{\mathrm{part}} = f_{\mathrm{om}} K_{\mathrm{OA}} + f_{\mathrm{EC}} \frac{a_{\mathrm{aer}}}{a_{\mathrm{EC}}} K_{\mathrm{EC\_a}} \tag{5.24}$$

式中，K_{OA}为 SVOCs 的辛醇-空气分配系数；f_{om}为颗粒物上有机物的体积分数；f_{EC}为颗粒物上元素碳(无机物的标志物)的体积分数；a_{aer}和 a_{EC}分别为颗粒物中无机物部分和标准元素碳的比表面积，$\mathrm{m^2/g}$；$K_{\mathrm{EC_a}}$为 SVOCs 的元素碳-空气分配系数。

$$K_{\mathrm{EC\_a}} = K_{\mathrm{EC\_o}} K_{\mathrm{OA}} \tag{5.25}$$

对于颗粒物类型Ⅰ，颗粒物的比表面积 a_{aer}是零。对于颗粒物类型Ⅱ，颗粒物的比表面积可由式(5.26)确定。

$$a_{\mathrm{aer}} = \frac{3}{\rho_1 R_1} \tag{5.26}$$

式中，ρ_1 为颗粒物内核的密度，本章假设为 $10^6\,\mathrm{g/m^3}$。

对于颗粒物类型Ⅲ和Ⅳ，颗粒物的比表面积假设与标准煤灰气溶胶(SRM-1650，美国国家标准局)的比表面积相等。

3. 忽略颗粒物内部传质阻力的判据

忽略颗粒物 SVOCs 内部传质阻力的判据可由式(5.17)和无量纲分析得到，如图 5.3 所示。其中，可传质部分的体积比 f_{v}，其与 R_{12}的关系为

$$f_{\mathrm{v}} = 1 - R_{12}^3 \tag{5.27}$$

对于图 5.2(b)和(d)，$f_{\mathrm{v}}=1$；对于图 5.2(c)和(e)，$f_{\mathrm{v}}<1$。判断外部阻力为主要阻力的条件如图 5.3 所示[16]。对于一个给定的 SVOCs-颗粒物系统，计算 $Bi_{\mathrm{m}}/K_{\mathrm{part}}$；根据颗粒物的 f_{v} 找到临界的 $Bi_{\mathrm{m}}/K_{\mathrm{part}}$，若 $Bi_{\mathrm{m}}/K_{\mathrm{part}}$比临界值小，即落在图 5.3 中线下的阴影区内，则说明外部传质阻力是主要阻力，而内部扩散阻力可忽略。同时可以看出，随着 f_{v} 的增加，临界 $Bi_{\mathrm{m}}/K_{\mathrm{part}}$下降。这是因为随着 f_{v} 的增加，内部扩散阻力增加。只有当外部阻力更大时，外部阻力才会成为主要阻力，而这导致了 $Bi_{\mathrm{m}}/K_{\mathrm{part}}$临界值变得更小。

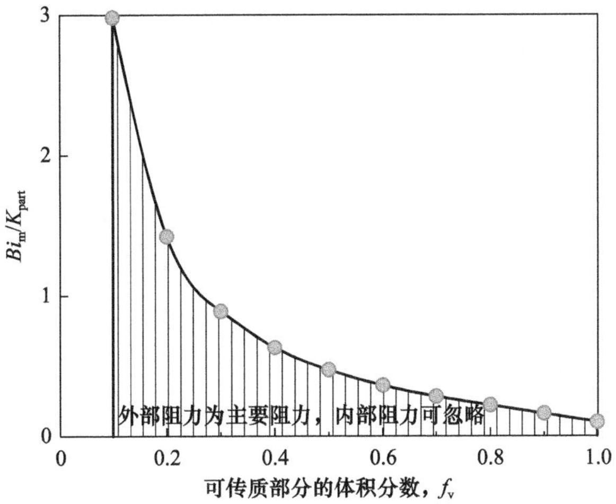

图 5.3　忽略内部扩散阻力的判据条件[16]

当气相 SVOCs 与颗粒物动态传质作用的主要阻力是外部传质阻力时，式(5.1)～式(5.4)可以用集总参数法来简化，描述两者间的动态传质作用，即

$$V_p \frac{dC_p}{dt} = v_t A_p \left(C_g - \frac{C_p}{K_{part}}\right) \tag{5.28}$$

式中，V_p 为单个颗粒物的体积，m^3；A_p 为单个颗粒物的表面积，m^2。

初始条件为 $C_p=0$。因此集总参数法描述气相 SVOCs 与颗粒物动态传质作用的解析解为

$$C_p = K_{part} C_g [1-\exp(-\varphi t)] \tag{5.29}$$

$$\varphi = \frac{v_t A_p}{V_p K_{part}} = \frac{6 v_t}{d_p K_{part}} \tag{5.30}$$

式中，φ 为 SVOCs 的气粒分配平衡时间的特征参数。

当 C_p 到达平衡浓度($K_{part}C_g$)的 95%时，即认为气相-颗粒相平衡已达到。以此为判据，可得气相-颗粒相达到平衡所需时间(t_e)的表达式为

$$t_e = 3\varphi^{-1} \tag{5.31}$$

5.1.3　室内环境中典型 SVOCs 分析

1. 室内典型 SVOCs 临界 Bi_m/K_{part} 分析

根据 SVOCs 颗粒物的 Bi_m/K_{part}，与图 5.3 中的临界值相比，可判断主要阻力侧。图 5.4 为颗粒物类型Ⅰ和Ⅲ的结果，由于室内和室外颗粒物的 f_{om} 和 f_{EC} 不同，图中取室内外测量值的平均值作为计算参数[16]。可以看出，不管是纯液体型

还是多孔介质型的颗粒物，计算的 Bi_m/K_{part} 均远小于判定外部阻力为主要阻力的临界值。这意味着在实际情况下，颗粒物 SVOCs 内部扩散阻力可忽略，外部传质阻力是主要阻力。颗粒物内部的浓度梯度可忽略，集总参数法可以用来描述气相 SVOCs 与颗粒物之间的动态传质作用。

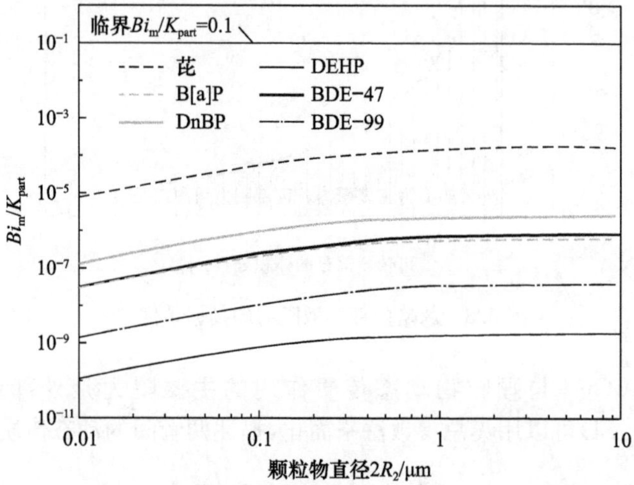

(a) 非多孔颗粒物，f_v=1，f_{om}=1

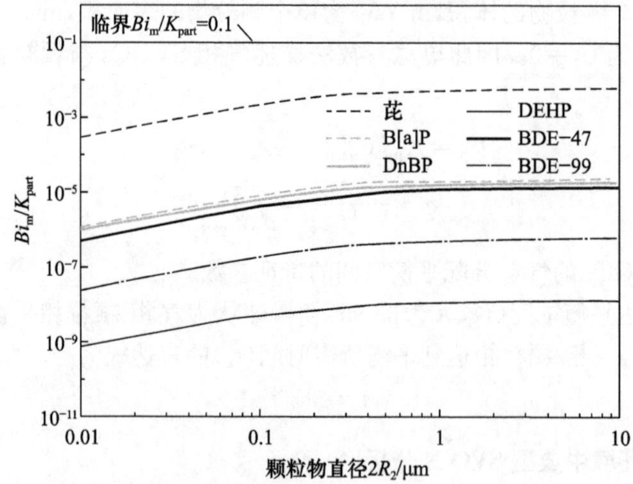

(b) 多孔颗粒物，f_v=1，f_{om}=0.3，f_{EC}=0.05

图 5.4 六种室内常见的 SVOCs 的 Bi_m/K_{part} 的值[16]

2. 气粒分配的平衡时间

Weschler 等[11]估算了 SVOCs 气粒分配的平衡时间。它们由平衡时颗粒相

SVOCs 的质量除以初始的传质速率得到。因为初始传质速率是传质过程中最大的传质速率，所以这样的估算会低估平衡时间尺度。Liu 等[16]利用上面的解析解，得到了更准确的平衡时间，如图 5.5 所示。

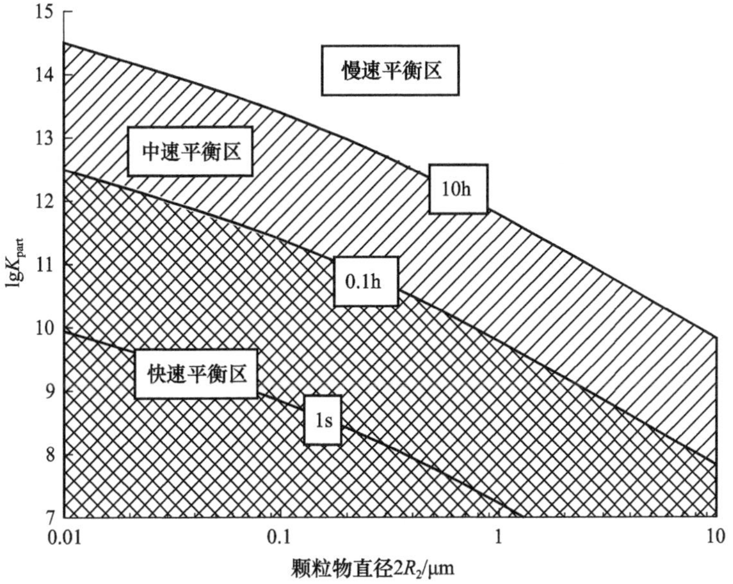

图 5.5　给定平衡时间尺度下颗粒物粒径与分配系数 K_{part}之间的关系[16]

很多情况下，颗粒物的室内停留时间在 1h 量级，为此将平衡时间小于 0.1h 的区域认为是快速平衡区，平衡时间大于 10h 的区域认为是慢速平衡区，其他区域是中速平衡区。对于快速平衡区的颗粒物，瞬态平衡假设是合理的；对于中速平衡区的颗粒物，则需要用动态模型来模拟颗粒相 SVOCs 浓度；若是在慢速平衡区，颗粒相 SVOCs 浓度的变化较小，如果只关心这一个参数，则可当作常数；若还需考虑气相浓度等其他参数，则需要用动态模型模拟，因为此时颗粒相浓度一个很小的变化都会对气相浓度造成很大的影响。

3. 室内典型 SVOCs 的气粒分配平衡时间

表 5.1 中六种 SVOCs 与不同类型和粒径的颗粒物之间的动态传质作用的平衡时间如图 5.6 所示[16]。可以看出，对于芘，在 0.01～10μm 的粒径范围内，因其位于快速平衡区，瞬态平衡对液滴型颗粒物均成立。对于多孔型颗粒物，粒径大于 3μm 的颗粒物则不适用瞬态平衡。然而，对于 DEHP，在 0.01～10μm 的粒径范围内，对两种形态的颗粒物而言，均需要动态传质模型来模拟室内颗粒相的浓度。从图中还可以看出，相对而言，气相 SVOCs 能与小颗粒较快地达到平衡，而与

大颗粒达到平衡却需较长的时间，这意味着在实际环境中颗粒物本身的粒径分布是判断瞬态平衡是否合理的重要因素。此外，气粒分配系数也是确定平衡时间尺度的重要参数。

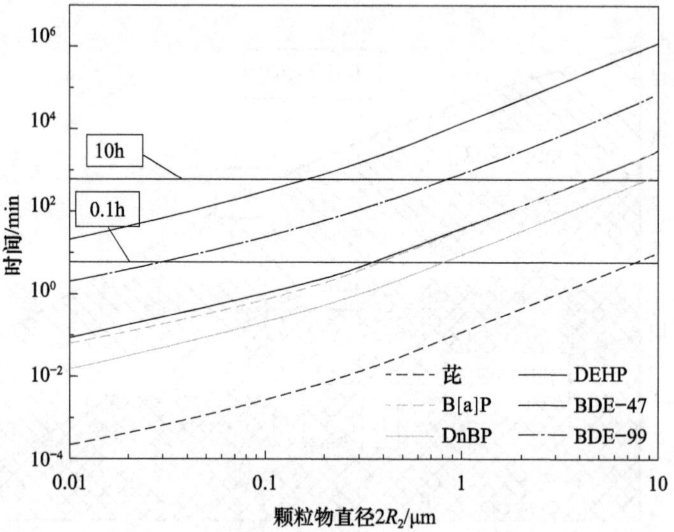

(a) 颗粒物类型Ⅰ，f_v=1，f_{om}=1

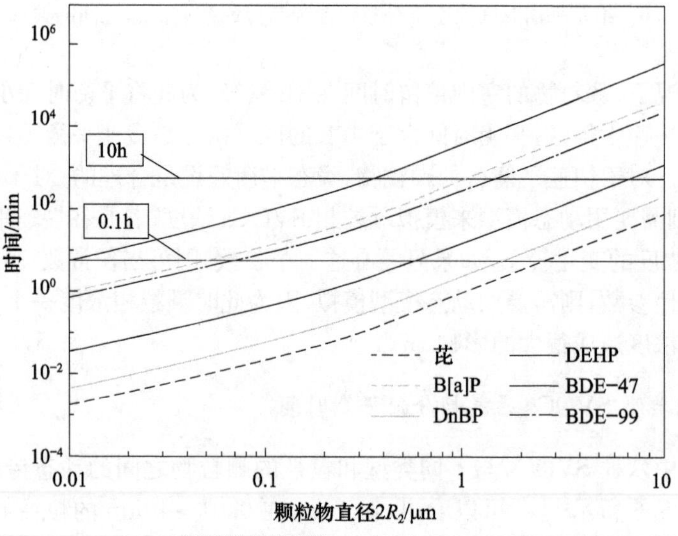

(b) 颗粒物类型Ⅲ，f_v=1，f_{om}=0.3，f_{EC}=0.05

图 5.6　六种室内常见的 SVOCs 与不同形貌和粒径的颗粒物之间动态传质作用的平衡时间[16]

5.1.4 应用举例

1. 化学污染物的颗粒相浓度重要性判据

只有当颗粒相 SVOCs 浓度与气相浓度相比不可忽略时，SVOCs 的动态气粒分配才有必要考虑。平衡时 SVOCs 的颗粒相与气相浓度之比为

$$\frac{C_{sp}}{C_g}=\frac{K_{part}}{\rho_p}C_{mp} \tag{5.32}$$

式中，ρ_p为颗粒物的密度，$\mu g/m^3$；C_{mp}为颗粒物的质量浓度，$\mu g/m^3$。

为计算多种室内常见污染物在空气中颗粒相与气相之间的平衡分配比例，对于液滴型颗粒，假设 $K_{part}=K_{OA}$，$\rho_p=10^{12}\mu g/m^3$，结果如图 5.7 所示[16]。可以看出，只有对于 $\lg K_{part}>10$ 的 SVOCs，颗粒相浓度才较为重要，例如，阻燃剂中的 BDE-47 和 BDE-99、增塑剂中的 DEHP 和多环芳烃中的 BaP，颗粒相占主导。对于以甲醛和苯为代表的 VOCs，绝大部分存在于气相，颗粒物对浓度和暴露的影响可以忽略。

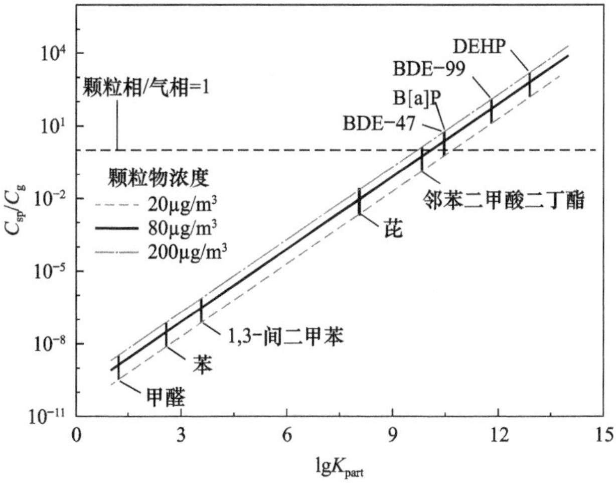

图 5.7 多种室内污染物在颗粒相与气相之间平衡态条件下的分配比[16]

2. 动态传质对暴露评估的影响

动态气粒分配对暴露评估有较大影响[36]。因此，考虑实际情况建立了一个以散发 DEHP 的 PVC 地板为 SVOCs 源的模拟房间，研究动态分配和平衡分配的对比。在房间内气相 DEHP 的浓度为

$$V\frac{dC_g}{dt}=h_{m,so}A_{so}(y_0-C_g)-A_{gl}\frac{dC_{gl}}{dt}-A_{cw}\frac{dC_{cw}}{dt}-V\frac{dC_{sp}}{dt}-QC_g-QC_{sp} \tag{5.33}$$

式中，V 为房间的体积，m^3；$h_{m,so}$ 为 PVC 地板处的对流传质系数，m/s；A_{so} 为 PVC 地板的面积，m^2；y_0 为 PVC 地板的源散发浓度，$\mu g/m^3$；C_{gl} 和 C_{cw} 分别为房间内玻璃表面以及屋顶和墙壁表面处的浓度，$\mu g/m^2$；A_{gl} 和 A_{cw} 为房间内玻璃表面以及屋顶和墙壁表面处的表面积，m^2；Q 为通风量，m^3/s。

室内表面相的 DEHP 浓度为

$$\frac{dC_{s,i}}{dt}=h_{m,si}\left(C_g-\frac{C_{s,i}}{K_{s,i}}\right) \tag{5.34}$$

式中，$h_{m,si}$ 为汇表面处的对流传质系数，m/s；$K_{s,i}$ 为气相-表面相间的分配系数，m；下标 i 代表 gl 和 cw。

当考虑气相 DEHP 与颗粒物间的动态传质作用时，颗粒相的浓度为

$$\frac{dC_{sp}}{dt}=\frac{C_{mp}A_p}{\rho_p V_p}v_t\left(C_g-\frac{C_{sp}}{C_{mp}K_{part}/\rho_p}\right)-\frac{Q}{V}C_{sp} \tag{5.35}$$

而如果假设气相与颗粒相 DEHP 浓度间存在瞬态平衡关系，则颗粒相的浓度为

$$C_{sp}=\frac{K_{part}}{\rho_p}C_{mp}C_g \tag{5.36}$$

基于文献[13]、[14]、[37]中的研究测试结果，式(5.33)～式(5.36)中参数的值见表 5.2。房间内气相和颗粒相浓度的变化如图 5.8 所示[16]。可以看出，考虑气相-颗粒相动态传质作用预测的室内 DEHP 浓度，与瞬态平衡预测的结果存在巨大差距：对直径为 2.5μm 的颗粒物而言，气相浓度相差 100 多倍，颗粒相也相差 214%；对直径为 1.0μm 的颗粒物而言，气相浓度相差 60 多倍，颗粒相也相差 20%。因此在以后评估室内 DEHP 的暴露时，势必要考虑动态传质作用，否则将造成巨大的误差。

表 5.2 模型房间内各参数的值

参数	参数值
V/m^3	27
$Q/(m^3/h)$	13.5
A_{so}/m^2	9.0
A_{gl}/m^2	1.7
A_{cw}/m^2	41
$K_{s,gl}$[13]/m	2.3×10^3
$K_{s,cw}$[14]/m	2.5×10^3
v_d[37]/(m/h)	0.07(d_p=1.0μm)；0.3(d_p=2.5μm)
(A/V)[37]/(m^2/m^3)	2
K_{part}	$10^{12.9}$
$\rho_p/(\mu g/m^3)$	10^{12}
$C_{mp}/(\mu g/m^3)$	50

续表

参数	参数值
y_0[13]/(μg/m³)	1.0
$h_{m,so}$[14]/(m/s)	4.0×10^{-4}
$h_{m,si}$[14]/(m/s)	4.0×10^{-4}

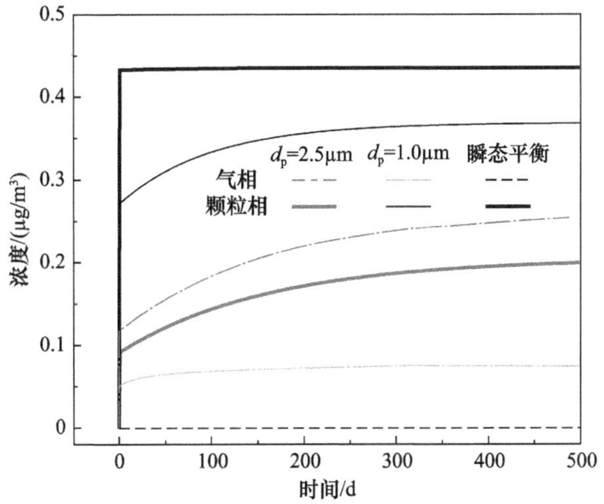

图 5.8　考虑气相-颗粒相动态传质作用与瞬态平衡的室内 DEHP 浓度对比[16]

5.1.5　颗粒相 SVOCs 的粒径分布

1. 问题描述

SVOCs 由于挥发性较低，很易分配在悬浮颗粒物上[4,9]。室内环境中的颗粒物依据其粒径可分为三类：粒径≤0.1μm，超细颗粒；0.1μm<粒径≤2.5μm，细颗粒；2.5μm<粒径≤10μm，粗颗粒。不同粒径的颗粒物在室内环境中的运动特点和对人体的暴露特征不一样[38]，例如，超细颗粒可以随呼吸深入并沉降于肺部；细颗粒不易被清除，在空气中停留时间长；而粗颗粒因重力沉降的原因在室内环境中停留时间短，也难以进入呼吸系统的末端。相应地，黏附在颗粒物上的 SVOCs 也会因颗粒物的粒径的不同，对人体健康产生不同的影响[39]。因此，弄清颗粒相 SVOCs 的粒径分布对研究 SVOCs 在室内的传输特性[40]、人的暴露特征和健康风险以及后续的控制策略十分重要[13,41]。

对颗粒相 SVOCs 粒径分布的研究中，PAHs 是其中重要的一类[39,40,42-46]。研究发现 PAHs 主要存在于细颗粒(即 $PM_{2.5}$)上，且具备以下三个特征，如图 5.9

所示[47]。

(1) 与颗粒物质量浓度的粒径分布相比，颗粒相 PAHs 浓度的粒径分布峰值往小颗粒方向偏移(图 5.9 中曲线 A 和 B 的峰值在曲线 C 的左侧)[39,40]。

(2) 与小分子质量的 PAHs 粒径分布相比，大分子质量的 PAHs 浓度的粒径分布峰值往小颗粒方向偏移的程度更大(图 5.9 中曲线 A 的峰值在曲线 B 的左侧)[39,43,44,46]。

(3) 与天气热时相比，天气冷时 PAHs 浓度的粒径分布峰值往小颗粒方向偏移(图 5.9 中曲线 A 的峰值在曲线 B 的左侧)[42,45]。

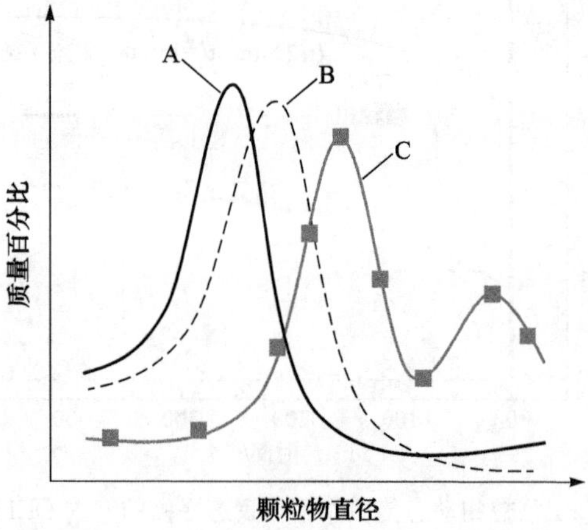

图 5.9　颗粒相 PAHs 质量浓度粒径分布特征示意图[47]

曲线 A：大分子质量 PAHs 的粒径分布，或天气冷时的粒径分布；曲线 B：小分子质量 PAHs 的粒径分布，或天气热时的粒径分布；曲线 C：颗粒物的质量浓度分布

Junge[2]、Yamasaki 等[3]、Pankow[4]基于平衡理论对上述三个特征进行了诠释。Allen 等[43]提出的动态传质分析可能是解释以上现象的关键，但并未进行深入的定量分析。在上述基础上，Liu 等[47]用动态传质分析定量诠释了上述特征。

2. *方法介绍*

图 5.10 表示气相 SVOCs 与颗粒物之间的传质过程[47]，其过程特性可用动态传质模型描述[48]。

$$V\frac{\mathrm{d}C_{\mathrm{sp},i}}{\mathrm{d}t}=\frac{C_{\mathrm{mp},i}VA_{\mathrm{p},i}}{\rho_{\mathrm{p}}V_{\mathrm{p},i}}v_{\mathrm{t},i}\left(C_{\mathrm{g}}-\frac{C_{\mathrm{sp},i}}{C_{\mathrm{mp},i}K_{\mathrm{part}}/\rho_{\mathrm{p}}}\right)-QC_{\mathrm{sp},i}-v_{\mathrm{d},i}AC_{\mathrm{sp},i} \quad (5.37)$$

式中，下标 i 表示粒径；V 为房间体积，m^3；Q 为通风量，m^3/s；v_d 为颗粒物的沉降速度，m/s；A 为颗粒物的沉降面积，m^2。

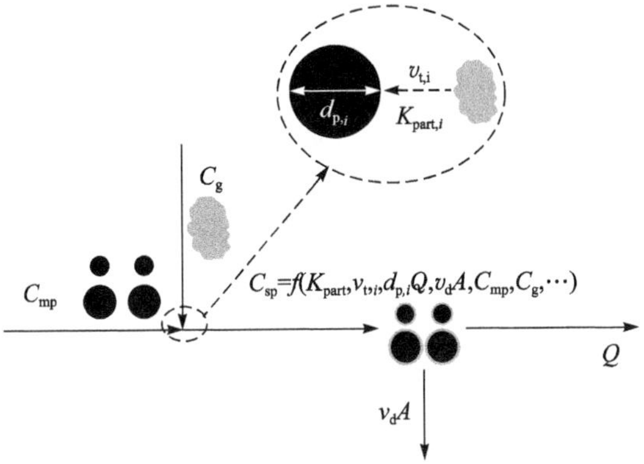

图 5.10 气相、颗粒相 SVOCs 浓度分配示意图[47]

在稳态时，气相 SVOCs 浓度(C_g)与某一粒径范围 i 相关的颗粒相 SVOCs 浓度($C_{sp,i}$)之间存在关系[47]

$$C_{sp,i}=\alpha_i C_g \tag{5.38}$$

$$\alpha_i=\frac{f_{p,i}C_{mp}A_{p,i}v_{t,i}}{\rho_p V_{p,i}\left(\dfrac{Q+v_{d,i}A}{V}+\dfrac{v_{t,i}A_{p,i}}{V_{p,i}K_{part}}\right)}=f_{p,i}C_{mp}\frac{K_{part}}{\rho_p}\frac{1}{\dfrac{V_{p,i}K_{part}}{A_{p,i}v_{t,i}}\Big/\dfrac{V}{Q+v_{d,i}A}+1}$$

式(5.38)中的 $V_{p,i}K_{part}/(A_{p,i}v_{t,i})$ 可被认为是表征粒径范围 i 的颗粒物与气相 SVOCs 达到热力学平衡态的特征时间(颗粒物特性参数)，而 $V/(Q+v_{d,i}A)$ 表征粒径范围 i 的颗粒物在控制体积内的停留时间(环境特性参数)。气相 SVOCs 与粒径为 i 的颗粒物间的传质主要受粒径、传质系数和气粒分配系数控制。颗粒物的去除过程包括沉降和通风，这两个过程确定了两者之间传质的时间长度。传质和去除这两个过程共同决定了颗粒相 SVOCs 的浓度。如果所有粒径的颗粒物停留时间都长于平衡时间，则 α_i 表示的将是实际状态(平衡态)下颗粒相 SVOCs 浓度与气相 SVOCs 浓度的比值，此时颗粒相 SVOCs 浓度的粒径分布与颗粒物的质量浓度的粒径分布一致。否则，颗粒物将受动态传质作用的影响，达不到传质平衡态，颗粒相 SVOCs 浓度的粒径分布将不同于颗粒物质量浓度的粒径分布。

此外，粒径范围 i 内的颗粒相 SVOCs 的质量分数为

$$\beta_i=\frac{C_{sp,i}}{\sum_{i=1}^{n}C_{sp,i}}=\frac{\alpha_i}{\sum_{i=1}^{n}\alpha_i} \tag{5.39}$$

联立式(5.38)和式(5.39)，即可用来分析颗粒物的尺寸效应对颗粒相 SVOCs 浓度的影响，即颗粒相 SVOCs 的粒径分布特征。

3. 模型的验证

Liu 等[47]对䓛(chrysene,Chr)、苯并芘(B[a]P)和苯并[g,h,i]苝(benzo[ghi]perylene,B[ghi]P)三种 PAHs 的粒径分布进行了预测,并与 Kawanaka 等[40]的实测数据进行对比(>11μm 的结果不包括在讨论范围之内),以评估模型的可靠性。模型中的参数值如表 5.3 所示[47]。

表 5.3　模型验证中各参数的值[47]

参数	值
$f_{p,i}$, C_{mp}/(μg/m³)	文献[40]
$v_{t,i}$/(m/s)	$v_t=0.554(\lg d_p)^6-0.0168(\lg d_p)^5-4.54(\lg d_p)^4+0.981(\lg d_p)^3+11.1(\lg d_p)^2-14.0\lg d_p+6.60$
ρ_p/(μg/m³)	1.0×10^{12}
(A/V)/(m²/m³)	0.02～0.2
$v_{d,out,i}$/(cm/s)	$\lg v_{d,out}=-0.0659(\lg d_p)^6-0.375(\lg d_p)^5-0.495(\lg d_p)^4+0.690(\lg d_p)^3+1.847(\lg d_p)^2+0.0749\lg d_p-0.823$
(Q/V)/h⁻¹	0.7
K_{part}	$f_{om}K_{OA}$
$\lg K_{OA}$	Chr:9.93,BaP:10.5,BghiP:11.0
f_{om}	0.4

注:f_{om}为颗粒物上有机部分的质量分数。

Liu 等[49]给出了一个经验公式,用来计算不同粒径的 $v_{t,i}$。每个粒径范围的几何平均直径作为该粒径范围的特征直径,以此来确定 $v_{t,i}$和 $v_{d,out,i}$。对于室外颗粒物的沉降系数 $v_{d,out,i}$,Zhang 等[50]提出了确定不同粒径颗粒在不同表面上沉降系数的经验公式,给出了四种风速下针叶树表面和农田表面的沉降系数。城市表面的粗糙度和摩擦速度更接近于针叶树表面,因此 Liu 等[47]采用该表面的结果。

对于室外,式(5.38)中的 A/V 是一个空气层高度的倒数。考虑到 Kawanaka 等[40]试验测量的采样高度,大气表面层高度被认为是一个合理的选择。Seinfeld 等[51]将表面层定义为层流底层上部的一个区域,在此层内,垂直方向的动量通量和热通量可认为不随高度变化而为常数,其高度通常不超过 30～50m。为此,Liu 等[49]取 A/V 为 5～50m²/m³,并以 20m²/m³ 作为基准值。在表面层内,颗粒物的质量浓度可假设为均匀分布。Chan 等[52]发现在 3～26m,街道的峡谷和开放区域的颗粒物质量浓度变化小于 200%。

换气次数(Q/V)可用 v/L 来确定，式中 v(m/s)是平均风速，L(m)是试验城市的特征长度。Kawanaka 等[40]试验时间附近一个月内的风速是 3m/s(标准差为 2m/s)。Hagino 等[53]假设试验采样所在城市为正方形，城市面积 $217km^2$(对应的特征长度是 14.7km)，城市的换气次数为 $0.7h^{-1}$(忽略了表面层与上层空间之间的空气交换)。

模型计算与试验测量的对比如图 5.11 所示[47]。图中还示出了相关的颗粒物质量浓度分布。图中的模型计算误差线是通过改变 A/V($0.02\sim0.2m^2/m^3$，以 $0.05m^{-1}$ 为基准值)得到的，可以看出结果对 A/V 的取值不敏感，尤其是对细颗粒物。

为量化模型计算和测量之间的偏差，定义加权偏差(ε_s)为

$$\varepsilon_s = \sum_{i=1}^{n} \beta_{i,\text{mea}} \frac{|\beta_i - \beta_{i,\text{mea}}|}{\beta_{i,\text{mea}}} = \sum_{i=1}^{n} |\beta_i - \beta_{i,\text{mea}}| \tag{5.40}$$

式中，n 为粒径段数；$\beta_{i,\text{mea}}$ 为测得的粒径范围 i 内的颗粒相 PAHs 所占总颗粒相 PAHs 的质量分数；β_i 为式(5.39)计算得到的质量分数。

$|\beta_i - \beta_{i,\text{mea}}|/\beta_{i,\text{mea}}$ 代表测量和模型的相对误差。加权偏差则代表以测量的质量分数对相对误差进行加权。这个参数越小，代表模型计算与试验测量越接近。结果表明，ε_s 在郊区点和路边点的范围分别是 28%～37%和 30%～49%，表明模型预测值与试验测量值符合较好。

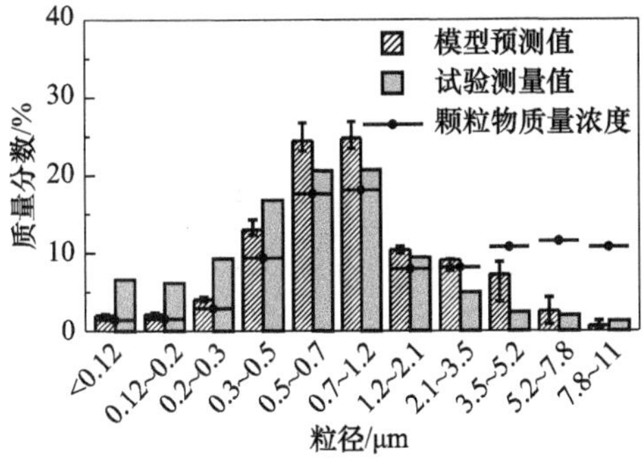

(a) 郊区，Chr

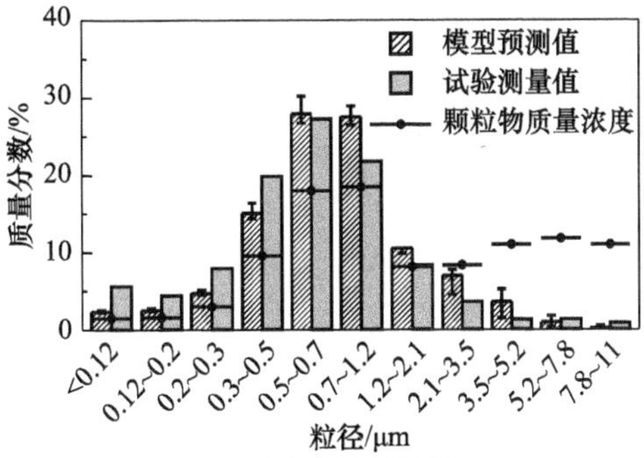

(b) 郊区，B[a]P

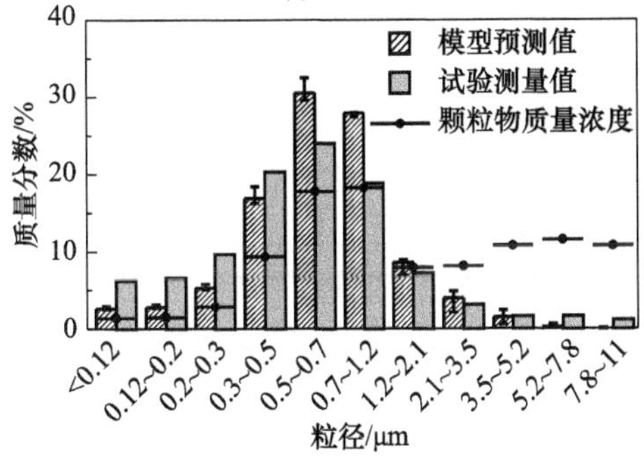

(c) 郊区，B[ghi]P

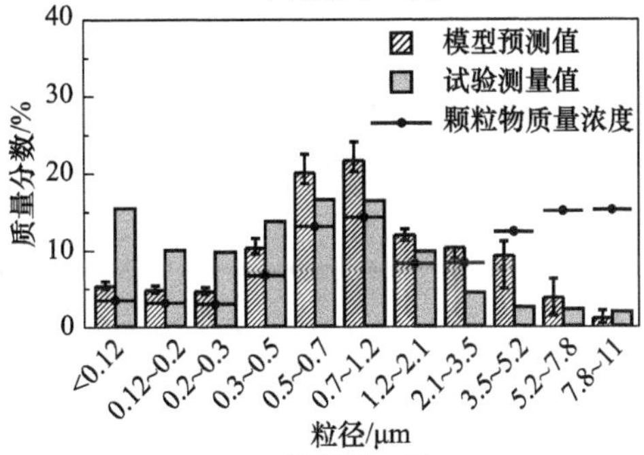

(d) 路边，Chr

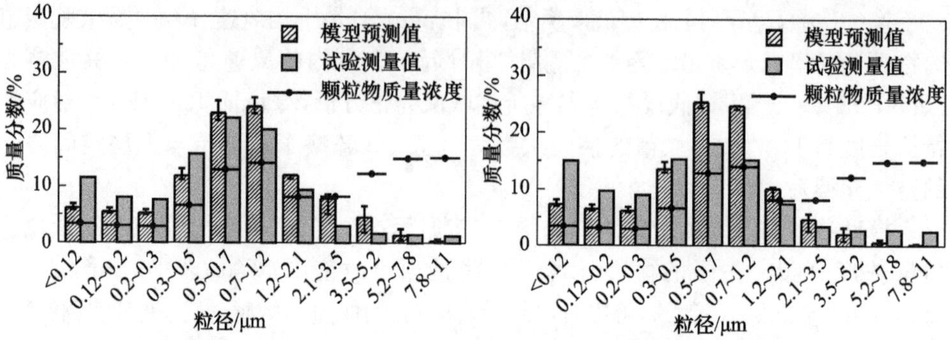

(e) 路边，B[a]P　　　(f) 路边，B[ghi]P

图 5.11　尺寸效应的模型预测值与试验测量值的对比[47]

4. 试验观测的颗粒相 SVOCs 粒径分布特征的定量解释

上述分析可诠释前面提到的三个基本特性。基于 Kawanaka 等[40]在路边测得的颗粒物质量浓度分布，Liu 等[47]利用式(5.38)预测了 $K_{part}=10^{11}$ 和 10^{12} 的两种 SVOCs 的颗粒相浓度粒径分布，如图 5.12 所示。从图中可以看出第一个特性，虽然超细颗粒(粒径小于 0.1μm)的质量分数仅占 3.3%，但对 $K_{part}=10^{11}$ 和 10^{12} 的两种 SVOCs 而言，超细颗粒上的 SVOCs 却分别占 8.6%和 16.4%。这是因为与大颗粒相比，气相 SVOCs 到小颗粒的传质系数(v_t)更大，且比表面积更大所致[38]。

其他两个与分子摩尔质量和温度有关的特性则可归因于 K_{part} 的影响。分子摩尔质量较小的 SVOCs 通常具有较高的挥发性，即 K_{part} 较小。当温度升高时，SVOCs 的挥发性增强，所以 K_{part} 减小。因此，SVOCs 分子量从大到小时，或者环境温度升高时，都将使 K_{part} 变小。与小颗粒相比，大颗粒上的 SVOCs 浓度对 K_{part} 的变化更为敏感。如图 5.12 所示，当 K_{part} 的值从 10^{12} 变到 10^{11} 时(由温度升高或者 SVOCs 分子量变小导致)，在粒径大于 2.1μm 的颗粒物上的 SVOCs 的质量分数从 1.1%升高到 3.9%。①随着温度升高，气相 SVOCs 浓度也会随之增大；②在稳态时，气相浓度对颗粒相 SVOCs 的粒径分布并无影响。

从图 5.12 还可看出，动态气粒分配对于粒径大于 2.1μm 的颗粒物影响更大。例如，虽然粒径大于 2.1μm 的颗粒物的质量分数约为 50%，但此粒径范围内的颗粒相 SVOCs($\lg K_{part}=11$ 和 12)的质量分数却分布只有 3.9%和 1.1%。这是因为：①由于较为强烈的重力沉降，此粒径范围的颗粒物在空中的停留时间较短；②气相 SVOCs 与此粒径范围的颗粒物间的传质系数较小，且比表面积小。以上两个原因导致粒径大于 2.1μm 的颗粒物上 SVOCs 的质量分数较小。

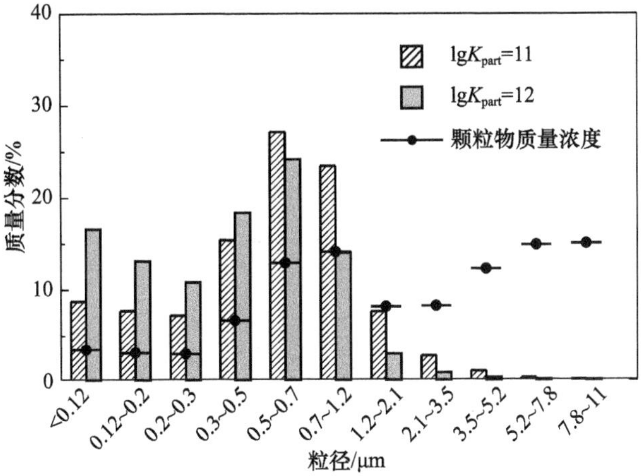

图 5.12　试验观测现象的示意和解析[47]

5.1.6　室内颗粒物龄及其 SVOCs 动态气-粒分配模型

1. 问题描述

式(5.29)中的时间 t 通常取为颗粒物在室内空气中的平均停留时间($\overline{t_r}$)[16]。然而，在任意时刻，不同悬浮颗粒在室内空气中的停留时间并不相同[54,55]。由式(5.29)可知，C_p与时间 t 之间并不是线性关系，因此简单地用$\overline{t_r}$计算 SVOCs 在气相与颗粒相之间的动态分配过程可能会给计算结果带来较大偏差。针对此问题，Cao 等[15]提出了室内颗粒物龄概念，解决了上述问题。

2. 室内颗粒物龄及 η-室内颗粒物龄方法

对位于室内某点的空气，Sandberg[56]将该空气进入房间后所经过的时间定义为“空气龄”。空气龄是一个统计变量，可由累积分布函数及频数分布函数表征。累积分布函数 $F(\tau)$的定义为，房间中空气龄不大于 τ 的空气所占的比例(相对于房间中所有空气；频数分布函数 $f(\tau)$类似于密度，是 $F(\tau)$的导数，即 $f(\tau)\mathrm{d}\tau$=房间中空气龄在 τ 和 $\tau+\mathrm{d}\tau$ 范围内空气的比例[57]。$F(\tau)$和 $f(\tau)$的具体表达式可由 Sandberg 等[54]提出的方法求得。类似地，对于室内的某个悬浮颗粒物，也可将其进入房间后所经过的时间定义为“室内颗粒物龄”，表示为 τ_p。室内颗粒物龄的分布函数 $F(\tau_p)$和 $f(\tau_p)$也可用 Sandberg 等[54]提出的方法求得。需要指出的是，颗粒物龄分布函数还是颗粒物粒径的函数。对于室内环境，SVOCs 在气相与悬浮颗粒物之间传质的时间应等于室内颗粒物龄，而不是已有研究常用的平均停留时间。

基于室内颗粒物龄的概念计算 SVOCs 动态气-粒分配过程的步骤如图 5.13

所示[15]，主要分为三步：①确定不同粒径悬浮颗粒物的颗粒物龄分布函数；②根据室内颗粒物龄分布函数及单个颗粒物与气相 SVOCs 的动态分配模型（见式(5.29)）求得不同粒径颗粒物中 SVOCs 的平均浓度 $\overline{C}_p$；③将所有粒径的 $\overline{C}_p$ 累加求得室内颗粒相浓度 C_{sp}（C_{sp}＝室内悬浮颗粒物携带的 SVOCs 的总质量/室内空气体积，其通常是实际测量颗粒相 SVOCs 浓度的最终结果）。在计算时，通常假设气相 SVOCs 浓度 C_g 及颗粒相浓度 C_{sp} 已达到稳态，即假设 C_g 和 C_{sp} 是相对稳定的。

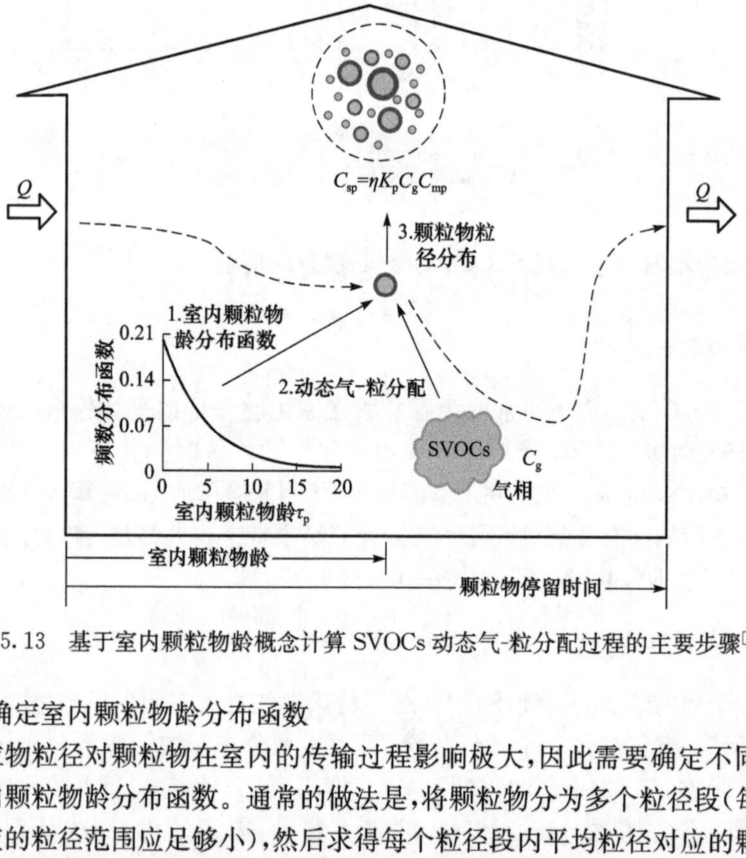

图 5.13　基于室内颗粒物龄概念计算 SVOCs 动态气-粒分配过程的主要步骤[15]

1）确定室内颗粒物龄分布函数

颗粒物粒径对颗粒物在室内的传输过程影响极大，因此需要确定不同粒径对应的室内颗粒物龄分布函数。通常的做法是，将颗粒物分为多个粒径段（每个粒径段所对应的粒径范围应足够小），然后求得每个粒径段内平均粒径对应的颗粒物龄分布函数。为了便于计算，还需做以下假设：①室内空气混合均匀；②室外颗粒物浓度保持恒定；③室内颗粒物源、颗粒物再悬浮及凝并的影响可忽略[58]。

在任意时刻 t，粒径段 i 内的悬浮颗粒物的质量守恒方程为[58]

$$V\frac{\mathrm{d}C_{\mathrm{mp},i}(t)}{\mathrm{d}t}=\mathrm{ACH}\,VP_iC_{\mathrm{mp,out},i}-\mathrm{ACH}\,VC_{\mathrm{mp},i}(t)-\beta_iVC_{\mathrm{mp},i}(t)\qquad(5.41)$$

式中，下标 i 表示粒径段 i（$i=1\sim n$，颗粒物被分为 n 个粒径段）；V 为房间体积，m^3；ACH 为房间换气次数，h^{-1}；C_{mp} 为室内颗粒物质量浓度，$\mu\mathrm{g/m}^3$；P 为颗粒物从

室外到室内的渗透系数，无量纲；$C_{mp,out}$ 为室外颗粒物质量浓度，$\mu g/m^3$；β 为一阶颗粒物沉降系数，s^{-1}。

可以看出，稳态时室内颗粒物的质量浓度 $C_{mp,\infty,i}=ACH\ P_iC_{mp,out,i}/(ACH+\beta_i)$。

若将时刻 $t=0$ 之后进入房间的颗粒物标记为"新颗粒物"，式(5.41)也可用于预测新颗粒物的质量浓度随时间的变化趋势。考虑到新颗粒物的质量浓度在 $t=0$ 时刻为 0，式(5.41)的解析解为

$$\begin{aligned}C_{mp,i,new}(t) &= \frac{ACH\ P_iC_{mp,out,i}}{ACH+\beta_i}\{1-\exp[-(ACH+\beta_i)t]\}\\ &= C_{mp,\infty,i}\left[1-\exp\left(-\frac{t}{\bar{\tau}_i}\right)\right]\end{aligned} \tag{5.42}$$

式中，下标 new 表示新颗粒物；$\bar{\tau}_i=(ACH+\beta_i)^{-1}$。

在任意时刻 $t(t>0)$，这些新颗粒物的颗粒物龄均应小于 t。因此，新颗粒物的质量浓度 $C_{mp,i,new}$ 与室内所有颗粒物的质量浓度 $C_{mp,\infty,i}$ 之比就应等于房间中颗粒物龄不大于 t 的颗粒物所占的比例，即 $F_i(\tau_{p,i})$[54]。

$$F_i(\tau_{p,i})=\frac{C_{mp,i,new}(\tau_{p,i})}{C_{mp,\infty,i}}=1-\exp\left(-\frac{\tau_{p,i}}{\bar{\tau}_i}\right) \tag{5.43}$$

颗粒物龄的频数分布函数则可表示为

$$f_i(\tau_{p,i})=\frac{dF_i(\tau_{p,i})}{d\tau_{p,i}}=\frac{1}{\bar{\tau}_i}\exp\left(-\frac{\tau_{p,i}}{\bar{\tau}_i}\right) \tag{5.44}$$

当悬浮颗粒物在室内均匀分布时，$\bar{\tau}_i$ 等于平均室内颗粒物龄 $\bar{\tau}_{p,i}$，也等于室内悬浮颗粒物的平均停留时间 $\bar{t}_{r,i}$[54]。上述计算过程假设室外颗粒物浓度 $C_{mp,out}$ 保持恒定，然而实际情况下 $C_{mp,out}$ 通常是波动的。Cao 等[15]对此进行了讨论，发现 $C_{mp,out}$ 正常波动(除了短时间内急剧升高或降低一半以上)时，该假设对 $F_i(\tau_{p,i})$ 和 $f_i(\tau_{p,i})$ 的预测结果影响可忽略。

2) 确定不同粒径颗粒物中平均 SVOCs 浓度

对于同一粒径的颗粒物，可联立式(5.29)和式(5.44)求得这些颗粒物中 SVOCs 的平均浓度：

$$\overline{C}_{p,i}=\int_0^{\infty}f_i(\tau_{p,i})C_{p,i}(\tau_{p,i})d\tau_{p,i}=\frac{K_{part}C_g}{1+t_{e,i}/(3\bar{\tau}_i)} \tag{5.45}$$

式中，$t_{e,i}$ 为气相 SVOCs 与粒径段 i 内颗粒物达到平衡所需的时间(见式 5.31)。

3) 确定室内颗粒相 SVOCs 浓度

根据室内颗粒相 SVOCs 浓度 C_{sp} 的定义，C_{sp} 与每个颗粒物中 SVOCs 浓度 C_p 的关系可表示为

$$C_{sp}=\int\frac{\partial\left(V_{p,j}\sum_{j=1}^{N_p}C_{p,j}\right)}{\partial d_p}dd_p=\int\frac{\partial(N_pV_p\overline{C}_p)}{\partial d_p}dd_p=\frac{C_{mp}}{\rho_p}\int\frac{\partial(\alpha_V\overline{C}_p)}{\partial d_p}dd_p \tag{5.46}$$

式中，V_p为单个颗粒物的体积，m^3；N_p为某个粒径的颗粒物在空气中的数量浓度，m^{-3}；下标 j 表示第 j 个颗粒物($j=1\sim N_p$)；α_V为某个粒径的颗粒物的体积分数，$\alpha_V=N_pV_p/V_{tp}$；V_{tp}为室内悬浮颗粒物的总体积，$V_{tp}=C_{mp}/\rho_p$；ρ_p为颗粒物浓度，$\mu g/m^3$。

由于悬浮颗粒物被分为 n 个粒径段，式(5.46)中的积分可用求和符号代替，并将式(5.45)代入式(5.46)中，可得

$$C_{sp}=\frac{C_{mp}}{\rho_p}\sum_{i=1}^{n}\alpha_{V,i}\overline{C}_{p,i}=K_pC_gC_{mp}\sum_{i=1}^{n}\frac{\alpha_{V,i}}{1+t_{e,i}/(3\overline{\tau}_i)} \tag{5.47}$$

式中，$K_p=K_{part}\rho_p$。

将式(5.47)和式(5.36)(瞬态平衡模型)联立，可得到基于室内颗粒物龄的动态分配模型得到的 C_{sp}与平衡分配模型求得的 C_{sp}(记为 $C_{sp,equ}$)的比值 η：

$$\eta=\frac{C_{sp}}{C_{sp,equ}}=\sum_{i=1}^{n}\frac{\alpha_{V,i}}{1+t_{e,i}/(3\overline{\tau}_i)} \tag{5.48}$$

对于室内 SVOCs，$\sum_{i=1}^{n}\alpha_{V,i}=1$ 且 $1+\tau_{c,i}/(3\overline{\tau}_i)>1$，因此 $\eta<1$。这表明使用瞬态平衡模型可高估 C_{sp}。式(5.47)可简化为

$$C_{sp}=\eta K_pC_gC_{mp} \tag{5.49}$$

η 反映了室内颗粒物龄对 SVOCs 气相-颗粒相动态分配过程的影响，且可作为对平衡模型的一个修正因子。因此，式(5.49)称为 η-室内颗粒物龄模型，基于此模型计算室内 SVOCs 动态气-粒分配过程的方法称为 η-室内颗粒物龄方法。

3. 模型验证

Benning 等[59]使用一个 2L 的环境舱研究了气相 DEHP 与硫酸铵($(NH_4)_2SO_4$)颗粒间的分配过程。在该试验中，中位粒径为 45nm 的$(NH_4)_2SO_4$颗粒被引入一个 DEHP 气相浓度恒定的环境舱中，颗粒物的质量浓度 C_{mp}在100～245$\mu g/m^3$范围内波动。环境舱的气流速度 Q 在 110～4200mL/min 范围内波动，Q 越大，则颗粒物在环境舱内的平均颗粒物龄 $\overline{\tau}_p$ 越小。通过改变 C_{mp}和 Q，测量了 18 种不同试验条件下环境舱出口处的 C_{sp}和 C_g。图 5.14 为试验测得的 C_{sp}与模型预测的 C_{sp}之间的相对偏差(RD)[15]，总共比较了 η-室内颗粒物龄模型、平衡模型及基于平均停留时间的动态模型(mean residence time，MRT)的 RD。在计算时，$K_p=0.032m^3/\mu g$，$d_p=45nm$，$\overline{\tau}_p=\overline{\tau}=(ACH+\beta)^{-1}$，$ACH=Q/V_c$($V_c$为环境舱体积，2L)。

从图 5.14 中可以看出，当平均颗粒物龄大于气相 SVOCs 与颗粒物达到平衡所需的时间 t_e时，三个模型的预测结果与试验测量结果间的偏差几乎一样，这是由于颗粒物对 DEHP 的吸附已达到平衡状态。而当平均颗粒物龄小于 t_e 时，η-室内

颗粒物龄模型的 RD 最小，即准度最高。例如，对于平均颗粒物龄等于 0.48min 的情况(图中最左侧结果)，RD 从平衡模型的 137%及 MRT 模型的 109%降低到了 61.3%。这些结果初步表明，η-室内颗粒物龄模型在预测颗粒相 SVOCs 浓度时具有最高的精度，尤其是当平均颗粒物龄小于气相 SVOCs 与颗粒物达到平衡所需的时间时。

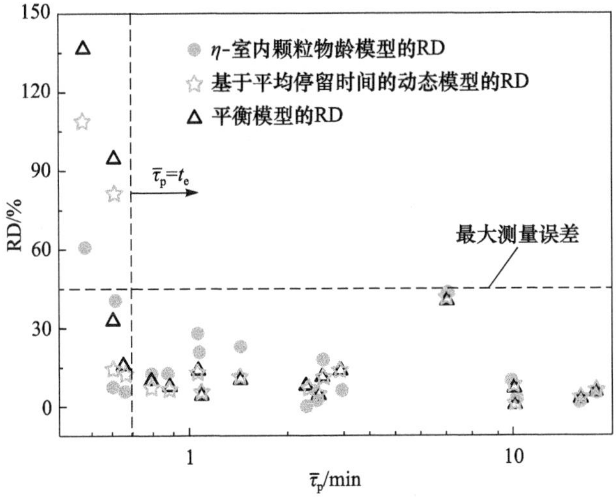

图 5.14　不同平均颗粒物龄对应的试验测量 C_{sp} 与模型预测 C_{sp} 之间的相对偏差[15]

4. 基于平均停留时间的动态模型引入的误差分析

基于平均停留时间的 SVOCs 气相-颗粒相动态模型(MRT 模型)可表示为

$$C_{sp}=K_pC_gC_{mp}\sum_{i=1}^{n}\alpha_{V,i}\left[1-\exp\left(-3\frac{\bar{\tau}_{r,i}}{t_{e,i}}\right)\right] \tag{5.50}$$

联立式(5.50)和式(5.49)，可得 η-室内颗粒物龄模型与 MRT 模型的预测结果之间的相对偏差 RD_{sp,P_R} 为

$$RD_{sp,P\_R}=\frac{\left|\eta-\sum_{i=1}^{n}\alpha_{V,i}\left[1-\exp\left(-3\frac{\bar{\tau}_i}{t_{e,i}}\right)\right]\right|}{\eta}\times 100\% \tag{5.51}$$

图 5.15 为 η-室内颗粒物龄模型与基于平均停留时间动态模型的预测结果间的相对偏差[15]。可以看出，RD_{sp,P_R} 随着 K_p 及 ACH 的升高也呈增大的趋势，且 RD_{sp,P_R} 的最大值可达 24%。计算结果表明，MRT 模型预测的 C_{sp} 高于 η-室内颗粒物龄模型的预测结果。此外，当 C_{sp} 已知(通过实测得到)时，MRT 模型预测的气相 SVOCs 浓度 C_g 将低于 η-室内颗粒物龄模型的预测结果，这两个模型的预测结果之间的相对偏差将达到 32%。总体来讲，MRT 模型将高估 C_{sp}，所引入的误差可达

24%；MRT 模型预测 C_g 将导致低估，引入的误差可达 32%。

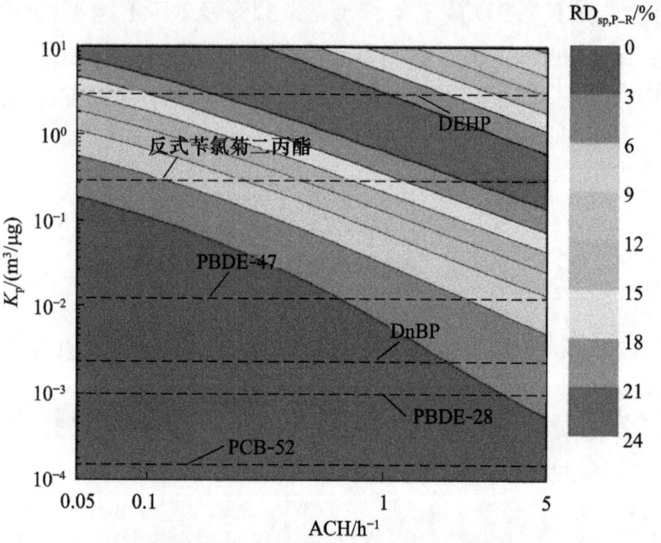

图 5.15 η-室内颗粒物龄模型与基于平均停留时间动态模型的预测结果间的相对偏差(见书后彩图)[15]

5.2 气体/室内降尘

1. 气体/降尘分布

降尘是沉积在物体表面的颗粒群，它通常由植物花粉、土壤、气候和污染引起的扬尘(如由工业和汽车产生)等大气中的颗粒组成，人和动物的毛发、皮肤脱落的皮屑和细胞、纺织纤维、纸纤维等室内颗粒也会形成降尘。

与气溶胶颗粒不同，降尘在不同室内环境中的停留时间往往很难预测。然而，对那些停留时间为几个月甚至更长时间的“旧”降尘而言，其所吸附或吸收的SVOCs 有助于更好地了解室内环境中 SVOCs 的长期暴露特征。除此之外，降尘可直接从与之接触的 SVOCs 源中吸附或吸收 SVOCs，再通过分配过程将该部分SVOCs 重新散发到室内空气中。因此，降尘常称为零成本的“被动采样器”，用于估算室内 SVOCs 的长期暴露。

2. 室内降尘相 SVOCs 浓度

Weschler 等[7]综述分析了文献[60]～[65]中多个国家的建筑物(主要是住宅)的降尘和空气中 SVOCs 浓度的测量结果。通过统计测量数据的中位数发现，66 种不同SVOCs 的辛醇-空气分配系数(K_{OA})跨度超过 5 个数量级，代表性结果汇总见表 5.4。

表 5.4　室内降尘中的 SVOCs 浓度[7]

位置和取样信息	SVOCs	降尘中的中值浓度/(μg/g)	文献
中国:来自北京 11 个、广州 11 个、济南 13 个、齐齐哈尔 12 个、上海 21 个、乌鲁木齐 7 个家庭的降尘样本	DMP	0.2	[60]
	DEP	0.4	
	DiBP	17.2	
	DBP	20.1	
	DNHP	nd	
	BBzP	0.2	
	DCHP	nd	
	DEHP	228	
	DNOP	0.2	
美国:来自纽约 33 个家庭的降尘样本	DMP	0.08	
	DEP	2.0	
	DiBP	3.8	
	DBP	13.1	
	DNHP	0.6	
	BzBP	21.1	
	DCHP	nd	
	DEHP	304	
	DNOP	0.4	
中国:来自西安 14 个家庭和 14 个办公室的降尘样本	DMP	nd	[61]
	DiBP	233.80	
	DnBP	134.77	
	DEHP	581.50	
美国:来自加利福尼亚州 40 个儿童早期教育(ECE)设施的降尘样本	DEP	1.7(平均浓度,下同)	[62]
	DIBP	10.6	
	DBP	18.2	
	BBzP	68.8	
	DEHP	179.5	
丹麦:来自 497 个家庭的降尘样本	DEP	1.7	[63]
	DnBP	15	
	DiBP	27	
	BBzP	3.7	
	DEHP	210	
丹麦:151 个日托中心的降尘样本	DEP	2.2	
	DnBP	38	
	DiBP	23	
	BBzP	17	
	DEHP	500	

续表

位置和取样信息	SVOCs	降尘中的中值浓度/(μg/g)	文献
日本:来自札幌 41 个房屋的降尘样本	DEP	0.35	[64]
	DiBP	2.4	
	DnBP	22.3	
	BBzP	2.4	
	DiNP	116	
	DEHP	1200	
中国:来自重庆 30 个客厅的降尘样本	DMP	4.9(平均浓度,下同)	[65]
	DEP	14.6	
	DiBP	146.9	
	DnBP	228.4	
	BBzP	0.2	
	DEHP	2353	
中国:来自重庆 30 间卧室的降尘样本	DMP	6.0	
	DEP	16.0	
	DiBP	181.6	
	DnBP	180.0	
	BBzP	0.8	
	DEHP	1892	

注:nd 表示未检测到;DMP 表示邻苯二甲酸二甲酯(dimethyl phthalate);DBP 表示邻苯二甲酸二丁酯(dibutyl phthalate);DNHP 表示邻苯二甲酸二己酯(di-*n*-hexyl phthalate);BBzP 表示邻苯二甲酸丁基苄基酯(butylbenzyl phthalate);DCHP 表示邻苯二甲酸二环己酯(dicyclohexyl ortho phthalate);DNOP 表示邻苯二甲酸二正辛酯(di-*n*-octyl phthalate);DiNP 表示邻苯二甲酸二异壬酯(di-isononyl phthalate)。

降尘会与室内 SVOCs 源直接接触而吸附或吸收 SVOCs。Sukiene 等[66]通过实测研究了降尘通过直接和 SVOCs 源接触吸收/吸附空气中 SVOCs 导致室内物品中 SVOCs 转移至降尘的情况。他们在住宅环境中放置了 4 种含有氘标记的 SVOCs(8 种邻苯二甲酸酯和己二酸酯)的人造物品:2 个塑料物品被垂直安装,以研究 SVOCs 散发进入空气而被降尘吸收/吸附的情况;1 个塑料物品和 1 个地毯则被水平安装,以研究 SVOCs 从源到降尘的直接转移。通过喷洒商业喷雾来释放拟除虫菊酯,并从地板、升高表面和水平安装的 SVOCs 源表面收集降尘样品。研究发现,在不同的采集地点,不和 SVOCs 源直接接触的降尘中 SVOCs 浓度相似,但竖直物品的降尘 SVOCs 浓度比沉积在源中的浓度高了约 3 个数量级。他们得出结论,无论被研究的 SVOCs 蒸气压如何,从源到灰尘的直接转移都会导致与源接触的灰尘中的最终 SVOCs 浓度显著增加,并可能导致更大的人体暴露。但是,这一结果是由直接接触传输导致还是由浓度边界层内的吸收或吸附所致,还需进一步深入研究。

3. 影响降尘相 SVOCs 浓度的因素

在平衡条件下，SVOCs 在降尘中的质量分数(X_{dust})与其气相浓度(C_g)的比值(K_{dg})和辛醇-空气分配系数(K_{OA})和降尘中有机物分数(f_{om_dust})成正比，与降尘密度成反比[11]。

$$K_{dg}=\frac{X_{dust}}{C_g}=f_{om\_dust}\frac{K_{OA}}{\rho_{dust}} \tag{5.52}$$

式(5.52)还假设 SVOCs 在降尘中的平衡主要取决于其被降尘中有机物所吸收，而辛醇是描述降尘中有机物吸收特性的很好的代表物质。

然而即使在平衡条件下，仍然难以从测量的 C_g 准确预测 X_{dust} 或从测量的 X_{dust} 准确预测 C_g，因为目前很难获得准确的 f_{om_dust}、K_{OA} 和 ρ_{dust} 值。

从 Weschler 等[7]的研究中可以看出，基于平衡分配预测的降尘中值 SVOCs 浓度比在室内测得的降尘中值 SVOCs 浓度高出几倍到 17 倍，偏差主要是由平衡状态假设引起的。实际上，含 SVOCs 的降尘平衡时间往往很长。中等大小的降尘(100～1000μm)和中等吸附特性的 SVOCs($K_{OA}\approx10^{10}\sim10^{12}$)，其平衡时间可能需要数百至数千小时。对于相同大小的降尘和强吸特性的 SVOCs($K_{OA}>10^{12}$)，平衡时间可能需要很多年甚至可当作无穷长时间。因此，这种估计或预测的准确度很大程度上取决于降尘的大小和理化性质(特别是 K_{OA} 的数量级)。

5.3　气体/室内材料的分配

1. 不可渗透材料上的 SVOCs 膜

室内气相 SVOCs 会被玻璃、金属等不可渗透材料表面吸收或吸附，并不断“生长”成为有机膜，膜中还会包含其他物质，如水、水溶性盐、其他无机物和碳[67]。有机膜会影响空气中 SVOCs 的浓度和相应的人体暴露。

Weschler 等[67]综述了对窗膜、镜子、玻璃板和金属表面进行采样的相关研究，探讨了有机膜生长的速率，并在真实环境或更可控的条件下对膜中所选有机物的浓度进行了定量分析。USEPA 的研究人员测试了 250 多个家庭中硬地板和食品制备表面擦拭物中 50 多种有机化合物的单位面积质量(即表面浓度)[68]。基于该数据，Weschler 等[69]估计了采样表面上有机膜厚度的中值，Wallace 等[70]利用热脱附产生的可测量的超细颗粒推断了表面 SVOCs 质量。

Weschler 等[67]归纳总结了现有的研究结果，得出以下几点结论：①室内表面膜有机部分的有效厚度取决于室内环境的性质和表面在室内空气中的暴露时间，通常在 5～30nm 范围内；②有机膜在清洁表面的生长速率初期较快，随着时间的推移逐渐减慢；在几个月的时间内，有机膜的生长速率在 30～320μg/(m^2·d)或 0.03～0.32nm/d 的范围内；③虽然室内 SVOCs 的 K_{OA} 范围较宽，但有机膜主要有机成分 K_{OA} 范围较窄，接近于辛醇-空气分配系数；④对于 $\lg K_{OA}<14$ 的 SVOCs，在膜和气相中同时测试的所选 SVOCs 的浓度接近于平衡分配理论预测浓度；⑤有机膜中较低分子量 SVOCs 的浓度（每单位体积质量）趋于恒定，而较高分子量 SVOCs 的浓度则与时俱增。

2. 估算室内环境中不可渗透材料上 SVOCs 膜的生长

Weschler 等[67]提出了有机膜在光滑、不可渗透表面上生长的模型，该模型基于以下假设：①气相 SVOCs 浓度恒定；②初始时，不可渗透表面具有厚度为 X_0 的初始膜，随后通过吸收 SVOCs 而变厚；③膜厚度增长速率受气相到表面膜的传质过程控制；④膜的热力学性质恒定。

该模型可以估计含 n 个组分 SVOCs 的浓度（如根据 K_{OA} 值划分的 n 个类别）。对于这种情况，具有相似 K_{OA} 值的 SVOCs 被归为一类组，每组由单个 K_{OA} 值表示。例如，$\lg K_{OA}$ 值在 10～11 范围内的所有 SVOCs 可由 $\lg K_{OA}$ 值为 10.5 的单个物质表示。他们定义了 n 个这样的组，并使用整数索引 i 来表示组号（$i=1,2,\cdots,n$）。

SVOCs 第 i 组分对表面膜的净通量 F_i（单位时间单位面积的质量）可表示为

$$F_i = v_{di}\left(C_{gi} - \frac{C_{fi}}{K_{OAi}}\right) \tag{5.53}$$

式中，v_{di} 为第 i 组分的沉积速率，m/s；C_{gi} 为第 i 组分的气相浓度（单位空气体积的质量），μg/m^3；C_{fi} 为膜吸收的 SVOCs 第 i 组分的浓度（单位膜体积的质量），μg/m^3；K_{OAi} 是第 i 组分吸附相 SVOCs 和气体之间的平衡分配系数。

膜吸收的 SVOCs 表面浓度 M_{fi} 可以用薄膜厚度 X 和膜中 SVOCs 浓度的乘积表示：

$$M_{fi} = XC_{fi} \tag{5.54}$$

将式(5.54)代入式(5.53)，可得

$$F_i = v_{di}\left(C_{gi} - \frac{M_{fi}}{XK_{OAi}}\right) \tag{5.55}$$

基于质量守恒定律，可得

$$\frac{dM_{fi}}{dt} = F_i \tag{5.56}$$

解得

$$X = X_0 + \sum_{i=1}^{n} \frac{M_{fi}}{\rho_i} \tag{5.57}$$

式中，ρ_i 为冷凝相 SVOCs 第 i 组分的密度(单位体积 SVOCs 第 i 组分质量)，$\mu g/m^3$。

图 5.16 使用多组分分配模型预测的有机表面膜的逐时厚度[67]。

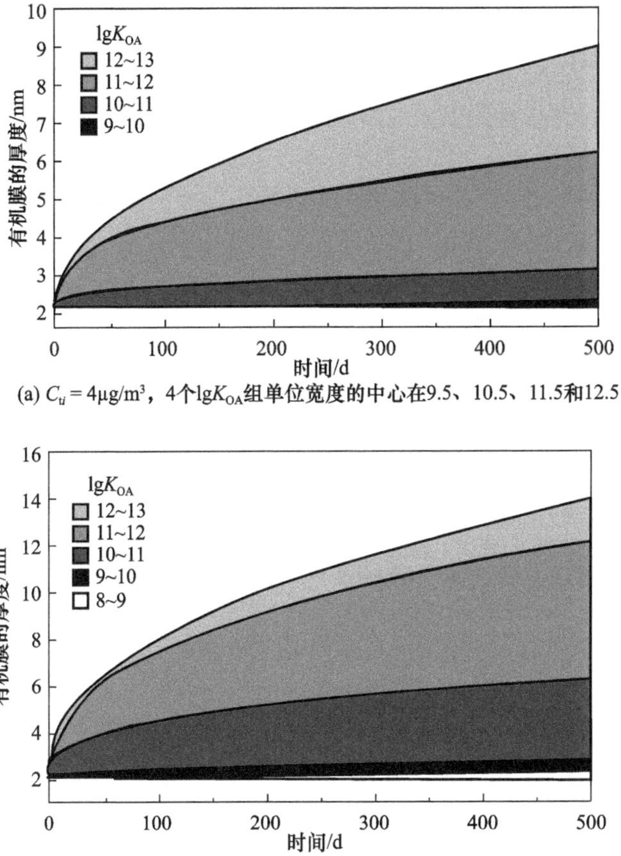

(a) $C_{ti}=4\mu g/m^3$，4个$\lg K_{OA}$组单位宽度的中心在9.5、10.5、11.5和12.5

(b) $C_{ti}=4\mu g/m^3$，5个$\lg K_{OA}$组单位宽度的中心在8.5、9.5、10.5、11.5和12.5

图 5.16　使用多组分分配模型预测的有机表面膜的逐时厚度[67]

Wu 等[71]的研究发现，尽管在干净的表面上 DEHP 与铝、抛光玻璃和磨口玻璃之间的表面-空气分配系数显著不同；但当表面受到污染时，它们的分配系数相似。这一发现为理解上述室内空气和不可渗透表面之间的分配系数提供了基础。虽然干净室内表面的理化性质可以彼此完全不同，但它们在普通室内环境中暴露一段时间后这些不同逐渐消失，其原因是原先的表面已被室内气相 SVOCs 吸附/吸收，而这些 SVOCs 非常相似，它们可能来自人类自身(角鲨烯、脂肪酸和皮肤油脂中的其他化合物)，也可能来自居住者的烹饪、清洁等活动和含有增塑剂、阻燃剂、抗氧化剂等半挥发性添加剂的材料，从而逐渐具有了共性，简化了室内表面对SVOCs传输过程的建模。

由于温度对分配系数的影响很大，且室内空气速度会影响 v_{di}，式(5.53)～式(5.57)仅提供了温度和气流速度变化的真实室内环境中膜生长的粗略估计。

3. 可渗透材料

布料、地毯、纸张等常见的室内可渗透材料大多数是多孔介质。可渗透材料的吸附原理与不可渗透材料的吸附/吸收特性截然不同：其不仅包括在材料/空气界面处的分配过程，还涉及在可渗透材料内部SVOCs的扩散过程。

表征多孔介质中SVOCs扩散的关键参数是有效扩散系数(D_e)或表观扩散系数(D_m)，它们之间的关系为

$$D_e = D_m K \tag{5.58}$$

式中，K 为材料-空气分配系数。

用于近似估算多孔介质中 D_m 的一种表达式为[72]

$$D_m = D_a \frac{\varepsilon^n}{K} \tag{5.59}$$

式中，D_a 为SVOCs在空气中的扩散系数；ε 为可渗透材料的孔隙率；n 为常数，通常取3/2或4/3。

文献[73]～[76]的研究主要通过试验来测定衣服或其他材料中SVOCs的 D_m 值。测定的材料和SVOCs组合包括被混凝土吸附的PCBs、由衣服吸附的有机磷阻燃剂(OPFRs)[75,76]，木材吸附的DEHP和DINP[73]，棉衣吸附的DiBP、DnBP和TCPP[74]。测量的 D_m 的结果汇总见表5.5。

不可渗透材料可作为可渗透材料的特例。如果材料/SVOCs组合的 D_m 非常小，则可以将材料视为不可渗透材料，见表5.5中的玻璃和不锈钢(D_m 通常为 $10^{-20}\,m^2/s$ 量级)。对于地毯、木材、棉衣等材料，D_m 相对较大，这在可渗透材料的范围内，并且在物理分析或暴露评估中应考虑扩散效应。

表5.5　D_m 测定值一览

材料	SVOCs	$D_m/(10^{-13}\,m^2/s)$	文献
木材	DEHP	0.80	[73]
	DINP	0.75	
棉衣	DiBP	5.08	[74]
	DnBP	2.80	
	TCPP	2.35	

续表

材料	SVOCs	$D_m/(10^{-13}m^2/s)$	文献
混凝土	PCB-28	0.28～0.79	[48]
	PCB-52	0.20～0.74	
	PCB-101	0.11～0.70	
	PCB-118	0.077～0.70	
	PCB-138	0.17～0.41	
	PCB-153	0.25～0.27	
纤维板	PCB-28	1.3	
	PCB-52	1.0	
	PCB-101	0.97	
	PCB-118	0.80	
	PCB-138	0.66	
	PCB-153	0.72	
木门框	PCB-28	0.65	
	PCB-52	0.64	
	PCB-101	0.64	
	PCB-118	0.63	
	PCB-138	0.73	
	PCB-153	0.68	
玻璃	PCB-52,PCB-66	3.33×10^{-8}	[75]
	PCB-101,PCB-110,PCB-118	1.61×10^{-8}	
不锈钢	PCB-52,PCB-66	3.31×10^{-7}	[75]
	PCB-101,PCB-110,PCB-118	1.61×10^{-7}	
聚四氟乙烯	PCB-52,PCB-66	3.25×10^{-6}	
	PCB-101,PCB-110,PCB-118	1.57×10^{-6}	
聚丙烯(PP)	PCB-52,PCB-66	0.37	
	PCB-101,PCB-110,PCB-118	0.17	
高密度聚乙烯(HDPE)	PCB-52,PCB-66	0.37	
	PCB-101,PCB-110,PCB-118	0.18	
低密度聚乙烯(LDPE)	PCB-52,PCB-66	0.88	
	PCB-101,PCB-110,PCB-118	0.42	
混凝土	PCB-52,PCB-66	0.035	
	PCB-101,PCB-110,PCB-118	0.017	
混凝土	TCEP	2.51	[76]
	TCIPP	1.03	
	TDCIPP	0.17	

续表

材料	SVOCs	D_m/($10^{-13}m^2/s$)	文献
涂有乳胶漆的石膏墙板	TCEP	7.39～16.1	[76]
	TCIPP	3.02～6.64	
	TDCIPP	0.51～1.12	
地毯	TCEP	26.7	
	TCIPP	10.9	
	TDCIPP	1.84	
天花板瓷砖	TCEP	0.082	
	TCIPP	0.033	
	TDCIPP	0.006	
PVC 地板	TCEP	0.006～0.032	
	TCIPP	0.003～0.013	
	TDCIPP	4.28×10^{-4}～0.002	
床垫衬垫(棉)	TCEP	0.016	
	TCIPP	0.007	
	TDCIPP	0.001	
涤纶服装	TCEP	4.56×10^{-4}	
	TCIPP	1.86×10^{-4}	
	TDCIPP	3.14×10^{-5}	
棉衣	TCEP	0.042	
	TCIPP	0.017	
	TDCIPP	0.003	
制服衬衫	TCEP	0.40	
	TCIPP	0.16	
	TDCIPP	0.028	
聚氨酯泡沫	TCEP	3.39～8.19	
	TCIPP	1.39～3.36	
	TDCIPP	0.23～0.56	
床垫(聚酯)	TCEP	1.31	
	TCIPP	0.53	
	TDCIPP	0.090	

注：TCEP 表示磷酸三(2-氯乙基)酯(tris(2-carboxyethyl)phosphin)；TCIPP 表示磷酸三(1-氯-2-丙基)酯(tris(1-chloro-2-propyl)phosphate)；TDCIPP 表示磷酸三(1,3-二氯-2-丙基)酯(tris(1,3-dichloro-2-propyl)phosphate)。

5.4　气体/皮肤表面油脂

皮肤暴露对丁基化羟基甲苯、氯丹、毒死蜱、邻苯二甲酸二乙酯、加乐麝香、香叶基丙酮、烟碱(以游离碱形式)、PCB-28、PCB-52、粉檀麝香、粉檀麝香和吐纳麝香等 SVOCs 而言是重要的暴露途径[69]。对于相同的剂量，与其他两种方式(呼吸和口入)相比，其健康效应该得到更多关注，因为通过皮肤进入血液的 SVOCs 并不会遇到相同的解毒酶，这种解毒酶在进入血液前存在于胃、肠和肝脏内。

尽管皮肤传输系数的值研究较少，但是接触传输已被广泛研究[77-81]。由空气到皮肤传输所导致的 SVOCs 暴露日益受到关注[11,30,82]。

Weschler 等[69]提出一种稳态传质模型，用于描述 SVOCs 进入皮肤表面和血液的情况，如图 5.17 所示。特定的 SVOCs 从气相传输到皮肤表面，然后通过角质层和活性表皮层传输到真皮层中的毛细血管。该模型由传质方程表述：

$$\frac{1}{k_{p\_g}}=\frac{1}{h_m}+\frac{1}{k_{p\_b}} \tag{5.60}$$

式中，k_{p_g} 为 SVOCs 从室内空气通过表皮层到血液的总传质系数，m/h；h_m 为 SVOCs 从室内空气到皮肤的对流传质系数，m/h；k_{p_b} 为 SVOCs 从皮肤表面气相经过表皮层到真皮层(dermis，DE)的渗透系数，m/h。

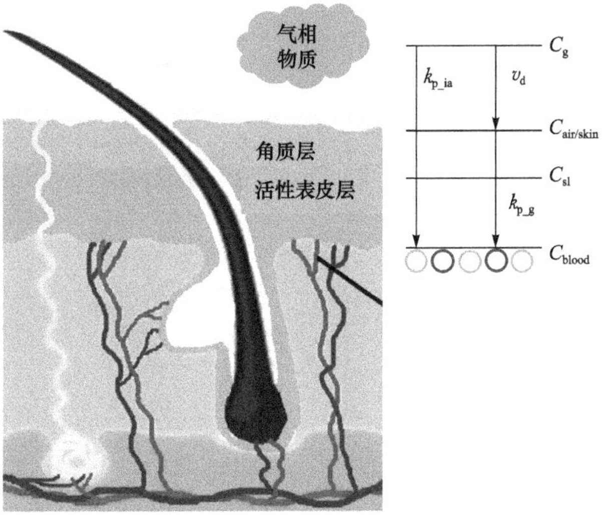

图 5.17 皮肤中污染物传输过程和相关参数示意图[69]

可以看出，$1/k_{p_b}$是皮肤的传质阻力，它是角质层(stratum corneum，SC)的传质阻力($1/k_{p\_cb}$)和活性表皮层(viable epidermis，VE)的传质阻力($1/k_{p\_eb}$)之和。

$$\frac{1}{k_{p\_b}}=\frac{1}{k_{p\_cb}}+\frac{1}{k_{p\_eb}} \tag{5.61}$$

式中，k_{p_cb}为角质层的渗透系数；k_{p_eb}为活性表皮层的渗透系数。

k_{p_b}可由式(5.62)估算：

$$k_{p\_b}=\frac{k_{p\_w}}{K_{gw}} \tag{5.62}$$

式中，K_{gw}为 32℃下 SVOCs 在气相/水中的平衡分配系数。

考虑到C_{blood}可以认为是零，从空气中的气相通过皮肤到血液的 SVOCs 通量可以表示为

$$J = k_{p\_g} C_g \tag{5.63}$$

渗透系数 k_{p_g}可由 $h_m = 6m/h$ 进行估算。室内空气中常见的 SVOCs 相关物理化学性质、渗透系数见表 5.6[69]。

表 5.6　室内空气中常见 SVOCs 的相关理化性质以及基于稳态皮肤传输过程的渗透系数[69]

化合物	MW	$\lg K_{gw}$	k_{p_w} /(cm/h)	k_{p_b} /(m/h)	k_{p_g} /(m/h)
B[a]P	252	−4.2	0.1200	17	4.5
B[ghi]P	276	−4.3	0.1200	23	4.7
双酚 A	228	−8.2	0.0290	49000	6.0
丁基化羟基甲苯	220	−2.8	0.0580	0.40	0.38
邻苯二甲酸丁基苄酯	312	−6.5	0.0190	540	5.9
α-氯丹	410	−2.4	0.0450	0.12	0.11
γ-氯丹	410	−2.4	0.0450	0.12	0.11
毒死蜱	351	−2.8	0.0700	0.43	0.41
䓛	228	−4.0	0.1000	9.3	3.6
2,4-D(非离子化)	221	−6.6	0.0045	160	5.8
2,4-D(pH 6)	221	−6.6	0.0045	0.081	0.080
二嗪农	304	−4.5	0.0230	7.3	3.3
邻苯二甲酸二(正丁基)酯	278	−5.0	0.0230	23	4.8
邻苯二甲酸二乙酯	222	−5.5	0.0027	7.9	3.4
邻苯二甲酸二(2-乙基己基)酯	391	−5.1	0.1000	140	5.8
佳乐麝香	258	−4.3	0.0300	5.3	2.8
香叶基丙酮	208	−2.0	0.1100	0.11	0.10
PCB28	258	−2.2	0.0850	0.15	0.14
PCB52	292	−2.1	0.0960	0.13	0.13
五氯苯酚(非离子化)	266	−3.7	0.0420	2.1	1.6
五氯苯酚(pH 6)	266	−3.7	0.0420	0.10	0.10
尼古丁(非离子化)	162	−5.7	0.0033	17	4.4
尼古丁(pH 6)	162	−5.7	0.0033	0.17	0.16
壬基酚	220	−3.4	0.1500	3.8	2.3
顺式氯氰菊酯	391	−4.4	0.0920	21	4.7
反式氯菊酯	391	−4.4	0.0920	21	4.7
粉檀麝香	244	−3.8	0.0470	2.7	1.8
成膜助剂	216	−4.9	0.0025	1.8	1.4
吐纳麝香	258	−4.0	0.0500	4.7	2.6

原则上，稳态室内环境在实际中很少见。鉴于此，Gong 等[82]提出了一种估计

气相 SVOCs 皮肤暴露的瞬态模型，并计算了目标 SVOCs 浓度变化的两个案例。结果表明，对于这两种情况，稳态模型估算的浓度可能比从血液中测量的 SVOCs 浓度高出 3 倍。在稳态模型和瞬态模型中，对于某些特定 SVOCs，如果忽略目标 SVOCs 在皮肤中的代谢或生化反应，模型可能会出现错误，这个问题值得进一步研究。

5.5 小　结

半挥发性有机化合物由于较低的挥发性，会存在于多种室内介质上，形成多相分布。本章首先介绍了气相半挥发性有机化合物与悬浮颗粒物的平衡和动态分布，并提出室内颗粒物龄的概念，提高了模型预测的准确性。本章还介绍了半挥发性有机化合物与室内降尘、室内表面以及人体皮肤之间的分配理论和研究进展。这些成果为实现室内半挥发性有机化合物的准确暴露分析和有效工程控制提供了基础。

参考文献

[1] Salthammer T, Zhang Y, Mo J, et al. Assessing human exposure to organic pollutants in the indoor environment. Angewandte Chemie International Edition, 2018, 57(38): 12228-12263.

[2] Junge C E. Basic considerations about trace constituents in the atmosphere as related to the fate of global pollutants//Fate of Pollutants in the Air and Water Environments. New York: John Wiley & Sons, 1977.

[3] Yamasaki H, Kuwata K, Miyamoto H. Effects of ambient-temperature on aspects of airborne polycyclic aromatic-hydrocarbons. Environmental Science & Technology, 1982, 16(4): 189-194.

[4] Pankow J F. Review and comparative-analysis of the theories on partitioning between the gas and aerosol particulate phases in the atmosphere. Atmospheric Environment, 1987, 21(11): 2275-2283.

[5] Ligocki M P, Pankow J F. Measurements of the gas particle distributions of atmospheric organic-compounds. Environmental Science & Technology, 1989, 23(1): 75-83.

[6] Cetin B, Odabasi M. Atmospheric concentrations and phase partitioning of polybrominated diphenyl ethers (PBDEs) in Izmir, Turkey. Chemosphere, 2008, 71(6): 1067-1078.

[7] Weschler C J, Nazaroff W W. SVOC partitioning between the gas phase and settled dust indoors. Atmospheric Environment, 2010, 44(30): 3609-3620.

[8] Rounds S A, Pankow J F. Application of a radial diffusion-model to describe gas particle sorption kinetics. Environmental Science & Technology, 1990, 24(9): 1378-1386.

[9] Odum J R, Yu J Z, Kamens R M. Modeling the mass-transfer of semivolatile organics in combustion aerosols. Environmental Science & Technology, 1994, 28(13): 2278-2285.

[10] Strommen M R, Kamens R M. Development and application of a dual-impedance radial dif-

fusion model to simulate the partitioning of semivolatile organic compounds in combustion aerosols. Environmental Science & Technology, 1997, 31(10): 2983-2990.

[11] Weschler C J, Nazaroff W W. Semivolatile organic compounds in indoor environments. Atmospheric Environment, 2008, 42(40): 9018-9040.

[12] Xu Y, Little J C. Predicting emissions of SVOCs from polymeric materials and their interaction with airborne particles. Environmental Science & Technology, 2006, 40(2): 456-461.

[13] Liu C, Zhao B, Zhang Y P. The influence of aerosol dynamics on indoor exposure to airborne DEHP. Atmospheric Environment, 2010, 44(16): 1952-1959.

[14] Xu Y, Hubal E A C, Clausen P A, et al. Predicting residential exposure to phthalate plasticizer emitted from vinyl flooring: A mechanistic analysis. Environmental Science & Technology, 2009, 43(7): 2374-2380.

[15] Cao J P, Mo J H, Sun Z W, et al. Indoor particle age, a new concept for improving the accuracy of estimating indoor airborne SVOC concentrations, and applications. Building and Environment, 2018, 136: 88-97.

[16] Liu C, Shi S S, Weschler C, et al. Analysis of the dynamic interaction between SVOCs and airborne particles. Aerosol Science and Technology, 2013, 47(2): 125-136.

[17] Husar R B, Shu W R. Thermal analyses of Los Angeles smog aerosol. Journal of Applied Meteorology, 1975, 14(8): 1558-1565.

[18] Gill P S, Graedel T E, Weschler C J. Organic films on atmospheric aerosol-particles, fog droplets, cloud droplets, raindrops, and snowflakes. Reviews of Geophysics, 1983, 21(4): 903-920.

[19] Ancelet T, Davy P K, Trompetter W J, et al. Carbonaceous aerosols in an urban tunnel. Atmospheric Environment, 2011, 45(26): 4463-4469.

[20] Japar S M, Szkarlat A C, Gorse R A, et al. Comparison of solvent extraction and thermal-optical carbon analysis methods: Application to diesel vehicle exhaust aerosol. Environmental Science & Technology, 1984, 18(4): 231-234.

[21] Bidleman T F, Billings W N, Foreman W T. Vapor particle partitioning of semivolatile organic-compounds-estimates from field collections. Environmental Science & Technology, 1986, 20(10): 1038-1043.

[22] McDow S R, Sun Q R, Vartiainen M, et al. Effect of composition and state of organic-components on polycyclic aromatic hydrocarbon decay in atmospheric aerosols. Environmental Science & Technology, 1994, 28(12): 2147-2153.

[23] Levin V A. Relationship of octanol-water partition-coefficient and molecular-weight to rat-brain capillary-permeability. Journal of Medicinal Chemistry, 1980, 23(6): 682-684.

[24] Theis A L, Waldack A J, Hansen S M, et al. Headspace Solvent Microextraction. Analytical Chemistry, 2001, 73(23): 5651-5654.

[25] Wakao N, Smith J M. Diffusion in catalyst pellets. Chemical Engineering Science, 1962, 17(11): 825-834.

[26] Strommen M R, Kamens R M. Simulation of semivolatile organic compound microtransport

at different time scales in airborne diesel soot particles. Environmental Science & Technology,1999,33(10):1738-1746.

[27] Weschler C J. Indoor/outdoor connections exemplified by processes that depend on an organic compound's saturation vapor pressure. Atmospheric Environment,2003,37(39-40):5455-5465.

[28] Lohmann R,Lammel G. Adsorptive and absorptive contributions to the gas-particle partitioning of polycyclic aromatic hydrocarbons:State of knowledge and recommended parametrization for modeling. Environmental Science & Technology,2004,38(14):3793-3803.

[29] Xu X R,Li X Y. Adsorption behaviour of dibutyl phthalate on marine sediments. Marine Pollution Bulletin,2008,57(6-12):403-408.

[30] Xu X R,Li X Y. Sorption behaviour of benzyl butyl phthalate on marine sediments:Equilibrium assessments,effects of organic carbon content,temperature and salinity. Marine Chemistry,2009,115(1-2):66-71.

[31] Bärring H,Bucheli T D,Broman D,et al. Soot-water distribution coefficients for polychlorinated dibenzo-*p*-dioxins,polychlorinated dibenzofurans and polybrominated diphenylethers determined with the soot cosolvency-column method. Chemosphere,2002,49(6):515-523.

[32] Xia X H,Dai Z N,Zhang J. Sorption of phthalate acid esters on black carbon from different sources. Journal of Environmental Monitoring,2011,13(10):2858-2864.

[33] Li W G,Davis E J. Aerosol evaporation in the transition regime. Aerosol Science and Technology,1996,25(1):11-21.

[34] Pankow J F. An absorption-model of gas-particle partitioning of organic-compounds in the atmosphere. Atmospheric Environment,1994,28(2):185-188.

[35] Naumova Y Y,Offenberg J H,Eisenreich S J,et al. Gas/particle distribution of polycyclic aromatic hydrocarbons in coupled outdoor/indoor atmospheres. Atmospheric Environment,2003,37(5):703-719.

[36] Shi S S,Zhao B. Comparison of the predicted concentration of outdoor originated indoor poly cyclic aromatic hydrocarbons between a kinetic partition model and a linear instantaneous model for gas-particle partition. Atmospheric Environment,2012,59:93-101.

[37] Riley W J,McKone T E,Lai A C K,et al. Indoor particulate matter of outdoor origin:Importance of size-dependent removal mechanisms. Environmental Science & Technology,2002,36(2):200-207.

[38] Hinds W C. Aerosol Technology:Properties,Behavior,and Measurement of Airborne Partilces. 2nd ed. New York:John Wiley & Sons,1999.

[39] Venkataraman C,Friedlander S K. Size distributions of polycyclic aromatic-hydrocarbons and elemental carbon. 2. Ambient measurements and effects of atmospheric processes. Environmental Science & Technology,1994,28(4):563-572.

[40] Kawanaka Y,Tsuchiya Y,Yun S J,et al. Size distributions of polycyclic aromatic hydrocarbons in the atmosphere and estimation of the contribution of ultrafine particles to their lung deposition.

Environmental Science & Technology, 2009, 43(17): 6851-6856.

[41] Wensing M, Uhde E, Salthammer T. Plastics additives in the indoor environment-flame retardants and plasticizers. Science of the Total Environment, 2005, 339(1-3): 19-40.

[42] van Vaeck L, van Cauwenberghe K. Cascade impactor measurements of the size distribution of the major classes of organic pollutants in atmospheric particulate matter. Atmospheric Environment, 1978, 12(11): 2229-2239.

[43] Allen J O, Dookeran N M, Smith K A, et al. Measurement of polycyclic aromatic hydrocarbons associated with size-segregated atmospheric aerosols in Massachusetts. Environmental Science & Technology, 1996, 30(3): 1023-1031.

[44] Offenberg J H, Baker J E. The influence of aerosol size and organic carbon content on gas/particle partitioning of polycyclic aromatic hydrocarbons (PAHs). Atmospheric Environment, 2002, 36(7): 1205-1220.

[45] Miguel A H, Eiguren-Fernandez A, Jaques P A, et al. Seasonal variation of the particle size distribution of polycyclic aromatic hydrocarbons and of major aerosol species in Claremont, California. Atmospheric Environment, 2004, 38(20): 3241-3251.

[46] Amador-Muñoz O, Villalobos-Pietrini R, Agapito-Nadales M C, et al. Solvent extracted organic matter and polycyclic aromatic hydrocarbons distributed in size-segregated airborne particles in a zone of Mexico City: Seasonal behavior and human exposure. Atmospheric Environment, 2010, 44(1): 122-130.

[47] Liu C, Zhang Y P, Weschler C J. The impact of mass transfer limitations on size distributions of particle associated SVOCs in outdoor and indoor environments. Science of the Total Environment, 2014, 497: 401-411.

[48] Liu C, Zhang Y P, Benning J L, et al. The effect of ventilation on indoor exposure to semivolatile organic compounds. Indoor Air, 2015, 25(3): 285-296.

[49] Liu C, Morrison G C, Zhang Y P. Role of aerosols in enhancing SVOC flux between air and indoor surfaces and its influence on exposure. Atmospheric Environment, 2012, 55: 347-356.

[50] Zhang L M, Gong S L, Padro J, et al. A size-segregated particle dry deposition scheme for an atmospheric aerosol module. Atmospheric Environment, 2001, 35(3): 549-560.

[51] Seinfeld J H, Pandis S N. Atmospheric Chemistry and Physics: From Air Pollution to Climate Change. Hoboken: John Wiley & Sons, 2006.

[52] Chan L Y, Kwok W S. Vertical dispersion of suspended particulates in urban area of Hong Kong. Atmospheric Environment, 2000, 34(26): 4403-4412.

[53] Hagino H, Takada T, Kunimi H, et al. Characterization and source presumption of wintertime submicron organic aerosols at Saitama, Japan, using the aerodyne aerosol mass spectrometer. Atmospheric Environment, 2007, 41(39): 8834-8845.

[54] Sandberg M, Sjöberg M. The use of moments for assessing air quality in ventilated rooms. Building and Environment, 1983, 18(4): 181-197.

[55] Nauman E B. Handbook of Industrial Mixing: Science and Practice. Hoboken: John Wiley &

Sons, 2003.

[56] Sandberg M. What is ventilation efficiency? Building and Environment, 1981, 16(2): 123-135.

[57] Danckwerts P V. Continuous flow systems: Distribution of residence times. Chemical Engineering Science, 1995, 50(24): 3857-3866.

[58] Nazaroff W W. Indoor particle dynamics. Indoor Air, 2004, 14(S7): 175-183.

[59] Benning J L, Liu Z, Tiwari A, et al. Characterizing gas-particle interactions of phthalate plasticizer emitted from vinyl flooring. Environmental Science & Technology, 2013, 47(6): 2696-2703.

[60] Guo Y, Kannan K. Comparative assessment of human exposure to phthalate esters from house dust in China and the United States. Environmental Science & Technology, 2011, 45(8): 3788-3794.

[61] Wang X K, Tao W, Xu Y, et al. Indoor phthalate concentration and exposure in residential and office buildings in Xi'an, China. Atmospheric Environment, 2014, 87: 146-152.

[62] Gaspar F W, Castorina R, Maddalena R L, et al. Phthalate exposure and risk assessment in california child care facilities. Environmental Science & Technology, 2014, 48(13): 7593-7601.

[63] Langer S, Weschler C J, Fischer A, et al. Phthalate and PAH concentrations in dust collected from Danish homes and daycare centers. Atmospheric Environment, 2010, 44(19): 2294-2301.

[64] Kanazawa A, Saito I, Araki A, et al. Association between indoor exposure to semi-volatile organic compounds and building-related symptoms among the occupants of residential dwellings. Indoor Air, 2010, 20: 72-84.

[65] Bu Z M, Zhang Y P, Mmereki D, et al. Indoor phthalate concentration in residential apartments in Chongqing, China: Implications for preschool children's exposure and risk assessment. Atmospheric Environment, 2016, 127: 34-45.

[66] Sukiene V, Gerecke A C, Park Y M, et al. Tracking SVOCs' transfer from products to indoor air and settled dust with deuterium-labeled substances. Environmental Science & Technology, 2016, 50(8): 4296-4303.

[67] Weschler C J, Nazaroff W W. Growth of organic films on indoor surfaces. Indoor Air, 2017, 27(6): 1101-1102.

[68] Morgan M K, Sheldon, L S, Croghan C W, et al. A pilot study of children's total exposure to persistent pesticides and other persistent organic pollutants (CTEPP). EPA/600/R-041-193. Research Triangle Park, NC: USEPA National Exposure Research Laboratory, 2004.

[69] Weschler C J, Nazaroff W W. SVOC exposure indoors: Fresh look at dermal pathways. Indoor Air, 2012, 22: 356-377.

[70] Wallace L A, Ott W R, Weschler C J. Ultrafine particles from electric appliances and cooking pans: Experiments suggesting desorption/nucleation of sorbed organics as the primary source. Indoor Air, 2015, 25(5): 536-546.

[71] Wu Y X, Eichler C M A, Leng W N, et al. Adsorption of phthalates on impervious indoor surfaces. Environmental Science & Technology, 2017, 51(5): 2907-2913.

[72] Millington R, Quirk J P. Permeability of porous solids. Transactions of the Faraday Society, 1961, 57: 1200-1207.

[73] Liang Y R, Xu Y. The influence of surface sorption and air flow rate on phthalate emissions from vinyl flooring: Measurement and modeling. Atmospheric Environment, 2015, 103: 147-155.

[74] Cao J P, Liu N R, Zhang Y P. SPME-based C_a-history method for measuring SVOC diffusion coefficients in clothing material. Environmental Science & Technology, 2017, 51(16): 9137-9145.

[75] Liu X Y, Guo Z S, Roache N F. Experimental method development for estimating solid-phase diffusion coefficients and material/air partition coefficients of SVOCs. Atmospheric Environment, 2014, 89: 76-84.

[76] Liu X Y, Allen M R, Roache N F. Characterization of organophosphorus flame retardants' sorption on building materials and consumer products. Atmospheric Environment, 2016, 140: 333-341.

[77] Cohen Hubal E A, Sheldon L S, Burke J M, et al. Children's exposure assessment: A review of factors influencing children's exposure, and the data available to characterize and assess that exposure. Environmental Health Perspectives, 2000, 108(6): 475-486.

[78] Cohen Hubal E A, Egeghy P P, Leovic K W, et al. Measuring potential dermal transfer of a pesticide to children in a child care center. Environmental Health Perspectives, 2006, 114(2): 264-269.

[79] Cohen Hubal E A, Nishioka M G, Ivancic W A, et al. Comparing surface residue transfer efficiencies to hands using polar and nonpolar fluorescent tracers. Environmental Science & Technology, 2008, 42(3): 934-939.

[80] Fenske R A. Dermal exposure: A decade of real progress. Annals Occupational Hygiene, 2000, 44(7): 489-491.

[81] Edwards R D, Lioy P J. Influence of sebum and stratum corneum hydration on pesticide/herbicide collection efficiencies of the human hand. Applied Occupational and Environmental Hygiene, 2001, 16(8): 791-797.

[82] Gong M, Zhang Y, Weschler C J. Predicting dermal absorption of gas-phase chemicals: Transient model development, evaluation, and application. Indoor Air, 2014, 24: 292-306.

第6章　室内空气污染物暴露分析

暴露被定义为污染物和目标间的接触。暴露分为外暴露和内暴露。环境中的化学物质通过人的口、鼻或皮肤进入人体，称为外暴露；通过外暴露进入人体的化学物质一部分产生了生化反应，这部分剂量称为内暴露[1]。

对室内环境而言，化学物质一般通过空气、灰尘、食物等进入人体，途径一般为呼吸、口入和皮肤暴露。因此，人对某种物质的外暴露剂量取决于环境中该物质的浓度、暴露途径、人接触该物质的时间。

暴露分析是暴露科学的分支，用以描述个体或群体在给定环境条件下对某种或某些物质外暴露、内暴露的剂量或速率。目标环境中某种（些）物质浓度及人的暴露时间是暴露分析的必备参数。

t_1 到 t_2 时间段的外暴露量 E 可表示为[1]

$$E=\int_{t_1}^{t_2} C(t)\,\mathrm{d}t \tag{6.1}$$

式中，$C(t)$为某种化学物质的逐时浓度，$\mathrm{mg/m^3}$。

人对某种化学物质的暴露可以是多途径（如呼吸、口入或皮肤暴露）同时叠加，也可以是多场景（如室内、室外）错时累积，因此 t_1 到 t_n 时间段外暴露量 E 可表示为多场景和多途径的暴露量之和：

$$E=\sum_{i=1}^{n-1}\int_{t_i}^{t_{i+1}} C(t)\,\mathrm{d}t \tag{6.2}$$

6.1　暴露评价方法

1. 直接方法

直接方法是指通过监测受试者暴露的污染物浓度来确定污染物的暴露程度。通过接触点、生物监测或生物标志物来直接在人体表面或体内监测污染物浓度。

接触点方法确定到达受试者的总浓度，而生物监测和生物标志物的使用则通过确定疾病效应来推断污染物的剂量。受试者经常在暴露测试中同时记录他们的日常活动和位置，以确定潜在的污染来源、微环境或造成污染物暴露的各种行为活动。直接方法的优点是通过一种研究技术就可以解释通过多种介质（空气、土壤、水、食物等)的暴露,但其缺点是数据收集的代表性有限而相关成本较高。

空气采样是直接方法中获得污染数据的重要途径。测量得到空气中的污染物浓度单位一般为 mL/m^3 ($10^{-4}\%$,体积分数)或 mg/m^3。受试者或研究人员可以通过佩戴采样器来估计人呼吸区域中的浓度,或者通过现场采样富集的方式来获得该场合的污染物浓度。通过这些采集的空气样本,结合人员活动时间和活动模式就可以估计人体暴露。

可触摸表面或皮肤上污染物取样测量,其浓度通常为每单位表面积的污染物质量,单位可为 $mg/100cm^2$。

生物监测是另一种测量暴露的方法。它测量身体组织或体液(如血液或尿液)中污染物或其生化反应生成物(即生物标志物)的浓度。

2. 间接方法

间接方法是指通过测定不同地点和部分人员活动期间的污染物浓度,来预测全部人员的暴露情况。间接方法关注的是微环境或活动期间的污染物浓度,而不是直接到达受试者的浓度。

所测量的浓度与大规模活动模式数据相关,通过将污染物浓度乘以人在每个微环境中的时间,或者通过将污染物浓度乘以人对每一种介质的接触率来确定暴露水平。通过间接方法或者暴露模型的方式来预测能代表人员总体的暴露分布,而不是直接个人接触暴露。这种方法的优点是对样本数要求小,比直接方法成本低。但其缺点是:研究期间所做的假设、时间活动数据或所测污染物浓度中的任何不准确性都会导致暴露估计产生误差。

一般来说,直接方法往往更加准确,但成本较高,而且并不总能实现,特别是对大范围、长时间、人数众多的情况而言。直接方法一般采用通过个人便携式采样泵进行的空气采样、食品样品分割、收集洗手后的水液体样本、呼出气样本或血样。间接方法一般采用对环境中水、空气、灰尘、土壤或消费品取样,加上活动/位置日志等信息。此外,还可以两者结合,通过有限的直接方法采用结合数学暴露模型来分析在假设条件下更多人群的暴露情况。

3. 暴露因子

在确定人群而非个人的暴露时,间接方法通常可以利用相关可能导致暴露的统计数据,亦称为暴露因子。它们通常来自科学文献或政府统计数据。例如,特定人群吃掉的不同食物的数量、呼吸率、淋浴或打扫卫生所花费的时间,以及住宅类型的信息等。这些信息可以与检测得到的污染物浓度相结合,用以估计目标群体的暴露。

暴露因子的数值可采用平均值、中位值、峰谷值。每个暴露因子涉及人的特征

(如体重)或行为(例如在特定场合的时间)。这些特征和行为可能带来很多变化和不确定性。

6.2　室内 VOCs 被动采样器设计反问题方法

目前,我国城市人群对 VOCs 的呼吸暴露量与相关癌症风险远未得到充分评估,主要原因是我国尚缺少大范围的 VOCs 实测研究。VOCs 主动采样方法被国家标准[2,3]采用,但欲获取百万人口的 VOCs 暴露量至少应采集 1000 个空气样品[4],因此利用主动采样方法进行暴露量测试费时耗资。与主动采样相比,被动采样(即无需动力和泵的采样)价格低廉,使用方便,适用于大范围和远距离采样(样品可通过邮寄传递)。更重要的是,被动采样器可持续无声工作几小时、几天甚至更长时间,获取 VOCs 的时间加权平均浓度。考虑到环境中 VOCs 浓度往往存在时空变化,受试人不希望受噪声打扰,因此被动式采样可较准确反映人体 VOCs 暴露量,且较易于被受试者接受。表 6.1 总结综述了文献[5]~[31]中的我国部分城市 VOCs 采样研究。

表 6.1　我国部分城市 VOCs 采样研究

文献	城市或区域	采样方法	时间	样本大小	住宅室内	办公场所	交通场所	室外或其他场所
[5]	香港	主动	4h	10	—	√	—	—
[6]		主动	24h	62/41	—	—	—	√
[7]		主动	1h 或 8h	6~23	√	√	—	√
[8]		主动	8h	6	√	—	—	√
[9]		主动	1h 或 8h	4~6	√	√	—	√
[10]		主动	24h	120	—	—	—	√
[11]		被动	24h	100	√	—	—	—
		被动	24h	94	√	—	—	—
[12]	广州	被动	30~60min	12~20	—	—	√	—
[13]		被动	3.5h	25	—	—	—	√
[14]		被动	30min	48	—	—	—	√
[15]		被动	2~3h	7	—	—	—	√
[16]		被动	30min	57	—	—	—	—
[17]		主动	1~3h	10/23	—	—	—	√
[18]		主动	—	67	—	—	—	√
[19]	北京	主动	1h	388	—	—	—	√
[20]		主动	30min	1257	—	—	—	√
[21]		主动	1h	29	—	—	√	—
[22]		主动	60min 或 30min	210/7	√	—	—	√

续表

文献	城市或区域	采样方法	时间	样本大小	住宅室内	办公场所	交通场所	室外或其他场所
[23]	天津	被动	5d	10/6/6/8	√	√	√	√
[24]	大连	被动	24h	59	√	—	—	—
[25]	上海	主动	2h/3h	12/30	—	—	√	√
[26]		主动	60min	45	—	—	√	√
[27]	杭州	主动	20min	48	—	—	√	—
[28]		主动	30min	21	√	—	—	√
[29]		主动	3～6h	36	—	—	—	√
[30]		主动	10h	—	√	—	—	—
[31]	南京	主动	12h	430	—	—	—	√

"√"表示进行了实测研究；"—"表示未进行实测研究。

被动采样器一般通过周围的空气流动或扩散采集空气中的污染物，采样速率受温度和风速影响较大，常需通过大量试验对其进行校准和优化设计[32,33]。通过建模对被动采样器性能进行优化设计，可克服上述不足。

6.2.1　VOCs 被动采样方法研究综述

根据 Partyka 等[34]对被动采样技术研究情况的综述，该技术最早由瑞士化学家 Schönbein 在 1853 年使用，他利用浸渍碘化钾试剂的滤纸检测室外是否存在臭氧。1973 年，Palmes 等[35]成功研制了可定量分析 NO_2 的被动采样器。此后，被动采样技术迎来了快速发展期：Perkin-Elmer 采样管[36]、SKC 采样器[37]、Radiello 径向采样器[38]等相继问世，分析对象也从无机物扩展到有机物。

被动采样器一般分为扩散式采样器和渗透式采样器，主要由阻挡层（又称挡风层）和吸附剂两部分组成。扩散式采样器的阻挡层一般为滞止空气层或多孔材料层，渗透式采样器的阻挡层一般为聚合物渗透膜。原则上，阻挡层控制了采样器从环境中采集污染物速率的大小，同时减小了环境风速和温度等对采样器采样速率的影响，因此非常重要。目前，对于 VOCs 采样分析，扩散式采样器应用更多。

被动采样器根据其几何结构和分子扩散路径，可分为以下三类。①徽章式采样器：形似徽章或纽扣，扩散面积较大但距离较短，因而采样速率较大，但受环境风速影响也较明显；开口处一般放置扩散层或渗透膜，吸附剂既可选择适合萃取解析的活性炭[39]，又可选择适合热解析的 Carbopack X 等[37]；此外，某些采样器的壳体还可以作为分析时的萃取容器。②管式采样器：采样管一端或两端开口，扩散面积小，采样速率也小，可通过调节长径比，减小环境因素的影响[40]，如 Perkin-Elmer 采样管。徽章式采样器和管式采样器因分析物扩散路径平行于采样器轴线，故又可合称为轴向式采样器。③径向式采样器：分子沿采样器半径方向自由扩散，拥有较大的扩散面积，因而采样速率较大。采样器既可填充适合热解析的吸附剂，又可填充适合萃取解析的吸附剂[38]，如目前广为使用的 Radiello 径向采样器。

现有被动采样器检测 VOCs 的性能依然不够稳定，表现为被动采样器测试不确定度波动较大[41]；Perkin-Elmer 采样管对苯的采样速率偏差高达 300%[42]。因此，提高被动采样器测试 VOCs 的准确性非常重要。Du 等[43]和 Cao 等[44]基于被动采样传质模型和反问题方法降低了被动采样器的不确定度。

6.2.2 被动采样传质模型

图 6.1 为被动采样器采样的 VOCs 的传质过程示意图。首先，空气中 VOCs 分子经过采样器外围的空气浓度边界层到达采样器表面(传质过程 0)；然后，VOCs 分子自由扩散穿过采样器多孔阻隔层达到吸附剂表面(传质过程 1)；到达吸附剂表面的 VOCs 分子继续沿吸附剂内部的小孔或微孔向内扩散(传质过程 2)；与此同时，VOCs 分子被吸附剂表面的活化位置吸附(传质过程 3)。

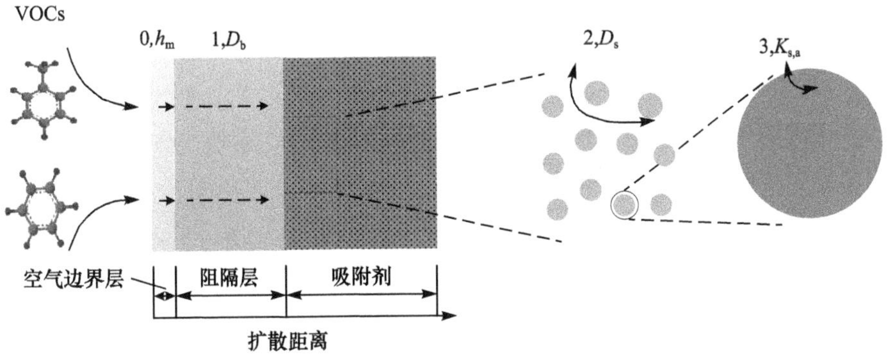

图 6.1 被动采样器采样时 VOCs 的传质过程示意图

以圆柱形径向式采样器为例，其采样传质方程如下。

(1) VOCs 分子自由扩散通过采样器多孔阻隔层，可表示为

$$\frac{\partial C_a}{\partial t}=D_b\left(\frac{\partial^2 C_a}{\partial r^2}+\frac{1}{r}\frac{\partial C_a}{\partial r}\right),\quad r_s<r\leqslant r_s+r_b \tag{6.3}$$

式中，C_a为 t 时刻吸附剂孔内空气中 VOCs 在位置 r(r 以吸附剂填充柱轴线为起点)的浓度，$\mu g/m^3$；D_b为 VOCs 在多孔阻隔层中的扩散系数，m^2/s；r_s为吸附剂填充柱的半径，m；r_b为采样器多孔阻隔层的厚度，m。

(2) VOCs 分子在吸附剂内部微孔中的扩散传质，可表示为

$$\frac{\partial C_a}{\partial t}+\frac{1-\varepsilon_s}{\varepsilon_s}\frac{\partial C_s}{\partial t}=D_s\left(\frac{\partial^2 C_a}{\partial r^2}+\frac{1}{r}\frac{\partial C_a}{\partial r}\right),\quad 0<r\leqslant r_s \tag{6.4}$$

式中，D_s为 VOCs 在多孔吸附剂内的扩散系数，m^2/s；ε_s 为吸附剂的孔隙率。

(3) VOCs 分子在吸附剂与空气之间的吸附平衡可表示为

$$C_s=K_{s,a}C_a \tag{6.5}$$

式中，C_s为吸附剂表面 VOCs 的浓度，$\mu g/m^3$；$K_{s,a}$为 VOCs 在吸附剂表面与空气之间的分配系数。

(4) 吸附剂中心边界条件为

$$\frac{\partial C_a}{\partial r}\Big|_{r=0}=0, \quad t>0 \tag{6.6}$$

扩散阻挡层与空气界面处边界条件为

$$D_b \frac{\partial C_a}{\partial r}\Big|_{r=r_s+r_b}=h_m(C_{a,\infty}-C_{s,a}), \quad t>0 \tag{6.7}$$

式中，h_m为对流传质系数，m/s；$C_{s,a}$为界面处的 VOCs 浓度，$\mu g/m^3$；$C_{a,\infty}$为自由流中 VOCs 浓度，$\mu g/m^3$。

式(6.3)～式(6.7)的初始条件为

$$\begin{cases} C_a(r,t)=0, & r_s<r<r_s+r_b, t=0 \\ C_s(r,t)=0, & 0<r<r_s, t=0 \end{cases} \tag{6.8}$$

6.2.3 被动采样器性能反问题优化设计

利用被动采样器的传质模型，以采样器暴露量测量误差最小为优化目标，求得给定条件下尺寸或吸附材料的物性要求。

1. 反问题描述

被动采样器的吸附量为

$$M=\int_0^{t_s} C_a(t)\mathrm{SR}(t)\mathrm{d}t \tag{6.9}$$

式中，M 为被动采样器的吸附量，μg；t_s 为采样时间，s；$C_a(t)$为环境中 VOCs 污染浓度，$\mu g/m^3$；$\mathrm{SR}(t)$为被动采样器空气采样速率，m^3/s。

采样器平均采样速率$\overline{\mathrm{SR}}(t)=\dfrac{\int_0^{t_s}\mathrm{SR}(t)C_a(t)\mathrm{d}t}{\int_0^{t_s}C_a(t)\mathrm{d}t}$，将其代入式(6.9)，则有

$$M=\overline{\mathrm{SR}}(t)\int_0^{t_s} C_a(t)\mathrm{d}t \tag{6.10}$$

被动采样器所得时间加权平均浓度 $\overline{C}(t)$为

$$\overline{C}(t)=\frac{M}{\overline{\mathrm{SR}}(t)t_s} \tag{6.11}$$

为计算 VOCs 时间加权平均浓度，需对被动采样器的采样速率进行校准。方法是将采样器置于环境可控的暴露舱内使 VOCs 浓度恒定，即 $C_a(t)=C_c$(C_c为常数)，然后得到此时采样器采样速率 SR_c为

$$\mathrm{SR_c}=\frac{M_c}{C_c t_s} \tag{6.12}$$

一般可认为 $\mathrm{SR_c}=\overline{\mathrm{SR}}(t)$。但实际采样时，环境中 VOCs 浓度往往处于波动状态，此时采样器采样速率$\overline{\mathrm{SR}}(t)$或 $\mathrm{SR}(t)$与暴露舱内标定的 $\mathrm{SR_c}$存在偏差。定义环境污染物浓度波动导致的暴露量测量相对偏差 err(C)为

$$\mathrm{err}(C)=\frac{|M-M_c|}{M_c}=\frac{|\overline{\mathrm{SR}}(t)-\mathrm{SR_c}|}{\mathrm{SR_c}} \tag{6.13}$$

式中，M 为 t_s 时间内被动采样器在浓度波动环境下的 VOCs 吸附量，μg；M_c 为 t_s 时间内被动采样器在浓度恒定环境下（两个环境下 VOCs 暴露量相同，即浓度对时间的积分相同）的 VOCs 吸附量，μg。

定义由风速变化导致的偏差 err(v)为

$$\mathrm{err}(v)=\max\left(\frac{M_{v=\max}}{M_{v,s}}-1, 1-\frac{M_{v=\min}}{M_{v,s}}\right) \tag{6.14}$$

式中，$M_{v=\max}$为最大风速下采样器 VOCs 吸附量，μg；$M_{v=\min}$为最小风速下采样器 VOCs 吸附量，μg；$M_{v,s}$为标准风速下采样器 VOCs 吸附量，μg。

方法的检测下限（method detection limit，MDL）是指仪器分析方法能定量检出的 VOCs 最低量。定义分析方法检测下限带来的误差 err(MDL)为

$$\mathrm{err(MDL)}=\frac{\mathrm{MDL}}{M} \tag{6.15}$$

《居住区大气中苯、甲苯和二甲苯卫生检验标准方法　气相色谱法》(GB 11737—1989)[2]规定采用气相色谱法（热解析）分析空气中的苯系物，其方法检测下限分别为苯 50ng、甲苯 100ng、乙苯 200ng。英国标准 MDHS 80[45]规定相同方法分析 VOCs 的检测下限为 5ng。因此，取 50ng 作为 VOCs 分析方法的检测下限。

因此，被动采样过程由环境因素（浓度和风速）引起的误差和仪器分析方法引入的误差可合并表示为反问题优化的目标误差函数 ERR：

$$\mathrm{ERR}=\sqrt{\mathrm{err}\,(C)^2+\mathrm{err}(v)^2+\mathrm{err(MDL)}^2} \tag{6.16}$$

我国被动采样器评价标准[46]要求被动采样器 VOCs 测试不确定度不超过 25%。Du 等[43]设定的反问题优化模拟误差可接受的限值为 25%，尽管模拟误差并不等同于被动采样器的实际测试不确定度，但其在一定程度上可反映被动采样器的实际测试不确定度，可满足上述标准对不确定度的要求。

2. 反问题求解

首先，在整个参数范围进行搜索，根据 6.2.2 节所导模型进行正问题计算；然后，按照本节介绍的反问题优化约束条件计算目标误差函数；最后，与误差限定值

进行比较，从而确定可接受的参数范围。

被动采样器反问题优化设计，可分为两类。其一为已知采样器结构，优化吸附剂参数；其二为已知采样器吸附剂，优化采样器结构。

6.2.4 反问题算例分析

1. 第一类反问题：已知采样器结构优化吸附剂物性参数

以 Radiello 径向采样器为例，其多孔聚乙烯圆柱外径为 16mm，厚度为 5mm，孔隙率为 0.467，圆柱内可填充的吸附剂高度为 6mm。

基准工况：环境 VOCs 浓度 0.05mg/m^3，风速 0.2m/s，温度 20℃，暴露时间 24h。

浓度波动工况 1：

$$C_a(t)=C_{ave}+0.5C_{ave}\sin\left(\frac{2\pi}{T}t+\frac{8}{9}\pi\right) \tag{6.17}$$

式中，T 为浓度变化周期，此例中取 24h；C_{ave} 为时间加权平均浓度，取 0.05mg/m^3[4]。

浓度波动工况 2：

$$C_a(t)=\begin{cases}1.6C_{ave}, & 0<t\leqslant(n+0.5)T\\ 0.4C_{ave}, & (n+0.5)T<t\leqslant(n+1)T\end{cases} \tag{6.18}$$

该工况一定程度上反映了工作人群的个体暴露状况，假设该人群一天中首先暴露在浓度较高的室内，之后暴露在浓度较低的室外。该工况同时可考察反向扩散对采样器采样过程的影响。

取最小风速为 0.05m/s，最大风速为 3m/s，该风速范围基本涵盖了室内常见的风速和人体行走产生的风速。

常见的 VOCs 和吸附剂的物性范围为：$D_a=10^{-10}\sim10^{-4}\,m^2/s$，$D_s$ 为 $10^{-12}\sim10^{-6}\,m^2/s$，$K_{s,a}$ 为 $10^2\sim10^8$。

假设采样器在 20℃环境下暴露 1d，图 6.2 为 Radiello 径向采样器测试误差与吸附剂关键参数 D_s 和 $K_{s,a}$ 关系的模拟结果[43]。以苯或二氯甲烷等为例（扩散系数约为 $1\times10^{-5}\,m^2/s$），从图 6.2 可以得到采用不同的吸附剂（具有不同的 D_s 和 $K_{s,a}$ 值）对应的测试误差。在 D_s 变化范围（$10^{-12}\sim10^{-6}\,m^2/s$）和 $K_{s,a}$ 变化范围（$10^2\sim10^8$）内，Radiello 径向采样器（结构尺寸已确定）的模拟误差最小值为 12.9%，以此可确定吸附剂最佳物性参数组合。

2. 第二类反问题：已知采样器吸附剂优化采样器结构

以径向式被动采样器填充吸附剂 Carbograph 4 采样分析甲苯为例，优化径向式被动采样器结构，假设采样器扩散阻隔层参数优化范围为厚度 2～8mm，孔隙率

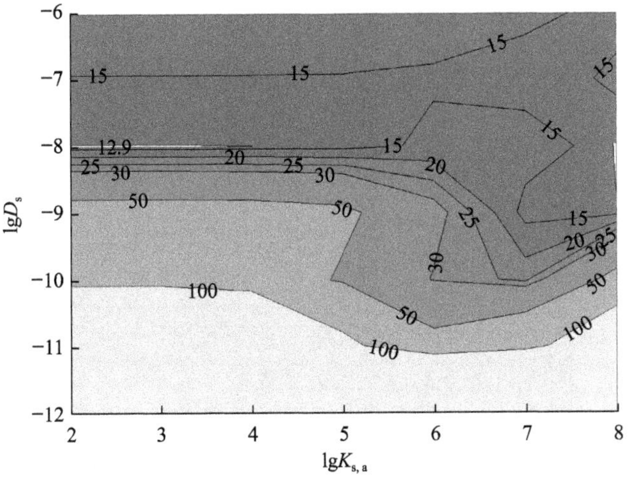

图6.2　Radiello径向采样器模拟误差(%)与吸附剂 D_s 和 $K_{s,a}$ 的关系($D_a=1\times10^{-5}\,m^2/s$)(见书后彩图)[43]

为0.2～0.8,采样器在20℃环境下暴露1d。

图6.3为采样器模拟误差(%)与扩散阻隔层参数的关系[43],从中可以确定合适的参数。

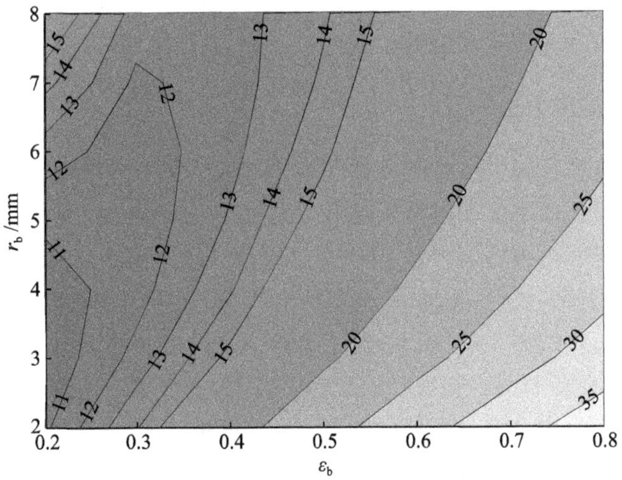

图6.3　采样器模拟误差(%)与扩散阻隔层参数的关系(见书后彩图)[43]

若方法检测下限取英国标准MDHS 80规定的VOCs检测下限5ng[45],模拟误差将整体降低,结果如图6.4所示[43]。并且,从图的右下角到图的左上角,采样器的模拟误差随扩散阻隔层的传质系数的减小而逐渐降低。因此,降低仪器方法检测下限,可使采样器模拟误差下降。

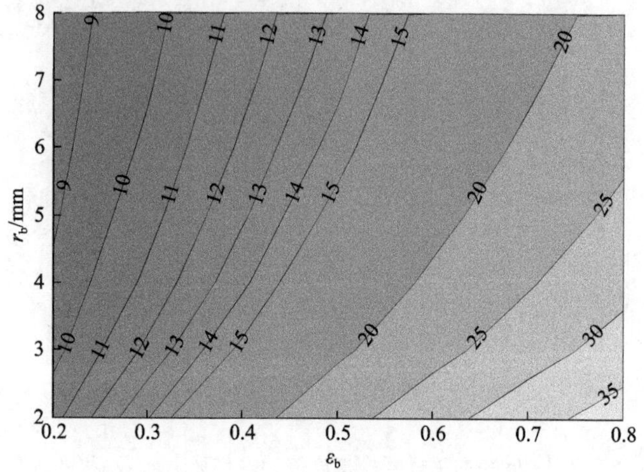

图 6.4　采样器模拟误差(%)与扩散阻隔层参数的关系(见书后彩图)[43]

6.3　呼吸暴露

本节总结近 15 年来我国部分城市和地区开展的室内 VOCs 浓度实测研究,评估相应人群的 VOCs 呼吸暴露量。

6.3.1　研究区域和方法

调研的城市和地区主要位于我国长江三角洲、珠江三角洲及环渤海经济圈区域。这三个区域人口密度和经济水平相对较高。由于城市工业和汽车排放,这三个区域的室外空气污染相当严重[47]。基于健康风险暴露分析结果,应重点关注北京、天津、大连、上海、杭州、香港、广州等[48]。

表 6.1 汇总了文献[5]~[31]中关于香港、广州、北京、天津、大连、上海、杭州、南京的室内 VOCs 的采样测试情况,涉及的环境区分为住宅室内、办公场所、交通场所和室外或其他场所,其中其他场所中的 VOCs 浓度被认为等同于室外的 VOCs 浓度。

研究涉及 16 种在不同微环境中广泛存在的 VOCs,包括甲醛、乙醛、1,3-丁二烯、1,4-二氯苯、苯、三氯甲烷、四氯化碳、乙苯、苯乙烯、四氯乙烯、三氯乙烯、甲苯、间对二甲苯、邻二甲苯和 1,2,4-三甲基苯;它们涵盖了 Payne-Sturges 等[49]和 Sax 等[50]考虑的主要健康风险污染物。为了正确估算我国城市地区 VOCs 的加权浓度,首先,比较不同文献中同种 VOCs 的浓度数据,包括浓度百分数、平均值、标准差、中值、最小值和最大值,舍去奇异值;之后,以等权重处理不同城市的数据,计算每种 VOCs 最终的平均浓度和标准差[51]。若某种 VOCs 在同一城市的实测研究不止一项，那么该 VOCs 在该城市的结果先依据各个实测研究的样本数加权得到。

1. 目标人群及人口暴露参数

以我国城市地区室内工作人口(男性和女性)为研究对象。以北京地区为例，北京市成年人口约占总人口的 72%，其中 84%的成年人口在室内工作，14%在室外工作，2%失业[52]。由此可推知所选研究对象占我国城市人口的绝大多数。

表 6.2 汇总了我国城市成年工作人群呼吸暴露参数。我国城市工作人群在各微环境中的时间分配取自《中国人的生活时间分配：2008 年时间利用调查数据摘要》[53]。Du 等[43]认为这些加权处理后的数据足以代表工作人口在一生工作时间内的时间分配。我国成年男性平均呼吸速率为 19.0m^3/d，平均体重为 62.7kg；成年女性平均呼吸速率为 14.2m^3/d，平均体重为 54.4kg[54]。另外，Du 等[43]认为我国城市成年人群有效的持续暴露时间为国家法定退休年龄减去成年起始年龄(18 岁)。

表 6.2　我国城市成年工作人群呼吸暴露参数

参数		男性	女性	文献
在不同微环境下的平均时间分配/(min/d)	住宅室内	932	1018	[53]
	办公场所	290	217	
	交通场所	88	81	
	室外或其他场所	130	124	
体重/kg		62.7	54.4	[54]
呼吸速率/(m^3/d)		19.0(3.8)	14.2(2.8)	[54]

注：假设人群呼吸速率服从对数正态分布，标准差(括号内值)取为平均值的 20%。

2. 呼吸暴露风险计算

采用“微环境-时间分配”方法计算 VOCs 个体外暴露水平，它等于个体在微环境中停留时间的分数与该微环境中 VOCs 的平均浓度，即

$$E_i = \sum_{j=1}^{n} C_{ij} t_j \tag{6.19}$$

式中，E_i 为个体对污染物 i 的时间加权个体外暴露水平，μg/m^3；n 为微环境数；C_{ij} 为污染物 i 在微环境 j 中的平均浓度，μg/m^3；t_j 为个体在微环境 j 中的停留时间，min。

个体长期呼吸暴露日均剂量(chronic daily intake，CDI)与个体暴露水平的关系为[55]

$$CDI_i = \frac{E_i \cdot IR \cdot EF \cdot ED}{BW \cdot AL \cdot NY} \times 90\% \tag{6.20}$$

式中，CDI_i 为个体对污染物 i 的长期呼吸暴露日均剂量，μg/(kg · d)；IR 为平均呼吸速率，m^3/d；EF 为暴露频率，d/a；ED 为暴露持续时间，a；BW 为体重，kg；AL 为平均暴露时间，70a；NY 为每年暴露天数，365d/a。

与呼吸暴露 VOCs 相关的终生癌症风险（lifetime cancer risk，LCR）是指人体在各环境下因呼吸暴露 VOCs 而产生癌症的概率，它是一种终生累积性的风险。人体对某一污染物呼吸暴露引发的癌症风险可由式(6.21a)计算得到[56]

$$LCR_i = CDI_i \cdot CPF_i \tag{6.21a}$$

式中，CPF_i 为污染物 i 的癌症风险因子，kg · d/μg。

人体暴露不同 VOCs 产生的癌症风险具有加和性，因此总的累积癌症风险为

$$LCR = \sum_{i=1}^{n} LCR_i \tag{6.21b}$$

式中，n 为污染物种类。

Caldwell 等[57]认为可接受的癌症风险为不大于 10^{-6}。当癌症风险超过 10^{-4} 时，Payne-Sturges 等[49]建议采取干预措施防控暴露。

VOCs 引发的非癌症慢性呼吸暴露健康危害，可通过计算个体对该 VOC 的平均暴露水平与该 VOCs 的慢性呼吸暴露参考限值（reference exposure limit，REL）的比值来评估。一般称该比值为健康商数或健商（health quotient，HQ）。个体对某污染物的健康商数为

$$HQ_i = \frac{E_i}{REL_i} \tag{6.22a}$$

式中，E_i 为个体对污染物 i 的时间加权呼吸暴露量，$\mu g/m^3$；REL_i 为污染物 i 的慢性呼吸暴露参考限值，$\mu g/m^3$。

REL 表征在不大于某污染物限值浓度的环境下长期暴露的无癌症危害。根据美国加利福尼亚州环境健康危害评估办公室（Office of Environmental Health Hazard Assessment，OEHHA）风险评估手册[56]，当某污染物的健康商数 $HQ_i \leqslant 1$ 时，认为对该污染物长期暴露不会产生健康危害；而当 $HQ_i > 1$ 时，存在健康危害，应避免长期暴露。暴露于多种污染物引起的累积非癌症风险，可通过计算作用于同一靶器官的多种污染物产生的 HQ 之和来评估。

$$HQ = \sum_{i=1}^{n} HQ_i \tag{6.22b}$$

式中，n 为污染物种类。

当 HQ>1 时，表示相应靶器官在该暴露条件下会受到一定损害。

3. 蒙特卡罗模拟

评估暴露量和癌症风险时，仅代入各参数的点估计值(如均值)所得结果往往不够准确，因为各参数的取值一般存在较大的不确定性。因此，本章采用可综合考虑各参数的变异性和不确定性的蒙特卡罗模拟方法来评估暴露量和癌症风险。该方法可获得暴露量和癌症风险的概率分布，采用可综合考虑各参数的变异性和不确定性的蒙特卡罗模拟方法，可获得暴露量和癌症风险的概率分布，更准确和更全面地反映人群对特定污染状况的暴露风险。

蒙特卡罗模拟方法处理各参数的变异性和不确定性的过程简述如图 6.5 所示[58]。首先，确定存在变异性或不确定性的参数概率分布(如正态分布或对数正态分布)；然后，蒙特卡罗随机采样方法在各参数事先设定的概率分布内生产一个随机数；最后，将一组各参数的随机数代入已建立的模型中计算得到一个输出值。重复该过程，即可得到输出值(暴露量或癌症风险)的概率分布。当反复迭代次数达到预先设定的计算步数后，计算停止。

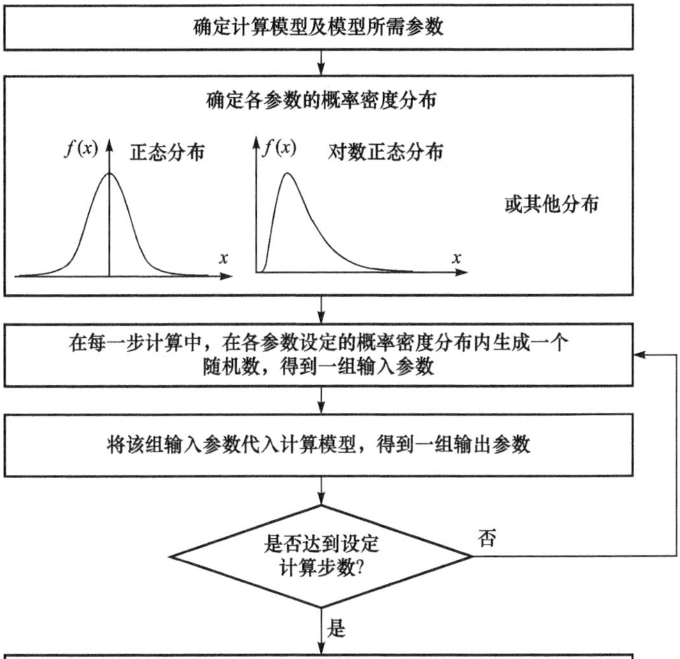

图 6.5　蒙特卡罗模拟方法处理各参数的变异性和不确定性的过程[58]

二维蒙特卡罗模拟方法可定量考察某一输入参数对风险分布的影响。计算时，将存在不确定性和变异性的参数分别置于两个维度上（即计算的外循环和内循环）。当只考虑输入参数的变异性部分时，二维蒙特卡罗模拟降为普通的一维蒙特卡罗模拟。癌症风险的不确定性是各影响因素（如浓度、呼吸速率、癌症风险因子等）的不确定性以及它们协同作用的结果。敏感性分析可评估癌症风险变化对各因素变化的敏感程度，进而可确定影响癌症风险的关键因素。

OEHHA 的风险评估手册[56]认为，VOCs 的癌症风险因子是根据动物试验数据或职业暴露数据外推得到的，因而存在较大不确定性。三角分布被认为是癌症风险因子最好的拟合模型；OEHHA 提供的风险数据代表相应 VOCs 癌症风险因子的最大值和最可几值，0 代表最小值。Ott[59]研究发现对数正态分布是自然存在的污染物浓度的典型分布。Lonati 等[60]证实为考虑呼吸速率变化对癌症风险水平的影响，可假设呼吸速率分布服从对数正态分布。基于此，Du 等[61]在研究中假设 VOCs 浓度分布和呼吸速率分布均服从对数正态分布。

6.3.2 我国城市地区 VOCs 浓度特征

16 种典型 VOCs 在住宅室内、办公场所、交通场所及室外或其他场所中的浓度，见表 6.3[58]。

表 6.3 中国城市地区不同微环境 VOCs 浓度分布参数[58]

污染物	VOCs 浓度参数算术平均值(标准差)/(μg/m³)			
	住宅室内	办公场所	交通场所	室外或其他场所
醛类和 1,3-丁二烯：				
甲醛	54.0(17.2)	16.1(2.0)	18.8(6.3)	12.9(2.5)
乙醛	13.6(10.8)	13.6(10.8)	18.4(6.1)	7.3(1.8)
1,3-丁二烯	0.5(0.3)	0.3(0.1)	0.6(0.3)	0.3(0.2)
芳香烃：				
苯	5.8(5.7)	3.7(5.8)	11.1(5.3)	5.3(2.0)
甲苯	16.6(33.0)	32.9(39.7)	33.7(16.6)	17.2(10.9)
间二甲苯、对二甲苯	3.1(1.9)	7.1(13.6)	8.6(3.8)	6.0(3.7)
邻二甲苯	3.1(2.5)	5.5(6.9)	8.5(5.0)	4.5(1.7)
乙苯	3.1(1.1)	4.2(6.1)	8.6(3.4)	4.4(2.7)
苯乙烯	5.0(1.1)	2.6(7.1)	0.8(0.7)	0.6(1.1)
1,2,4-三甲基苯	5.8(0.2)	2.2(2.4)	8.6(7.8)	4.2(6.4)
氯代烃：				
三氯甲烷	1.4(0.6)	0.5(0.8)	0.6(0.3)	0.3(0.4)
四氯化碳	0.4(0.1)	0.1(0.1)	1.7(5.4)	0.5(0.2)
三氯乙烯	1.8(0.2)	5.6(9.6)	3.6(7)	1.6(0.9)

续表

污染物	VOCs 浓度参数算术平均值(标准差)/($\mu g/m^3$)			
	住宅室内	办公场所	交通场所	室外或其他场所
四氯乙烯	2.5(0.2)	5.2(9.2)	4.5(6.9)	0.8(0.3)
1,4-二氯苯	20.6(3.7)	10.2(17.8)	3.9(1.6)	3.1(1.7)

图 6.6 分类汇总了多种 VOCs 在我国城市地区不同微环境中的浓度分布[61]。可以看出,住宅室内的 VOCs 总浓度最高。室内 VOCs 浓度明显高于室外或其他场所。人们对醛类和 1,3-丁乙烯的暴露主要发生在住宅室内,而相较其他场所,交通场所芳香烃浓度最高。

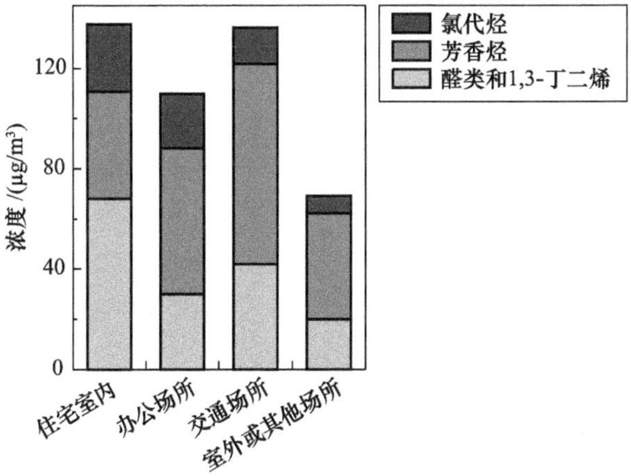

图 6.6　VOCs 在我国城市地区不同微环境中的浓度分布[61]

《室内空气质量标准》(GB/T 18883—2002)[3]2003 年开始施行。之后,人们对室内空气污染的关注持续增加并采取了一些防控措施。然而,多年来我国城市地区室内 VOCs 浓度却一直维持在较高的水平。Zhang 等[48]认为这一状况的重要原因是我国正经历着前所未有的城市化和工业化进程;伴随这一进程,大量日用品和家具建材进入室内环境,同时大量汽车尾气和工业排成为大气污染源。

6.3.3　我国城市地区人群 VOCs 呼吸暴露量

表 6.4 汇总了我国城市地区成年男女性对 VOCs 的模型估算个体暴露量[61]。可以看出,男女性对 1,3-丁二烯和四氯化碳的个体暴露量的平均值最小,为 0.5$\mu g/m^3$;而对甲醛的个体暴露量的平均值最大,超过 40$\mu g/m^3$。比较而言,甲醛、甲苯、1,4-二氯苯和乙醛的个体暴露总量较大。

对大多数 VOCs 而言,个体暴露水平等于或低于住宅室内浓度,大于室外浓度。例如,男女性对甲醛的个体暴露量的平均值分别为 40.8$\mu g/m^3$ 和 43.0$\mu g/m^3$,而住宅室内和室外甲醛浓度的平均值分别为 54.0μg/m^3 和 12.9μg/m^3。然而，四氯乙烯、三氯乙烯和甲苯例外，男女性对这些污染物的个体暴露水平均高于住宅室内和室外浓度，说明这些污染物在办公场所或汽车内有较高的浓度。此外，人群 VOCs 暴露量均显著高于其对应的癌症基准浓度，说明人群长期暴露在这种条件下，存在癌症风险。

表 6.4　我国城市地区成年男女性对 VOCs 的模型估算个体暴露量[61]

污染物	成年女性对 VOCs 的个体暴露量/(μg/m^3)					成年男性对 VOCs 的个体暴露量/(μg/m^3)				
	平均值	标准差	中值	5%	95%	平均值	标准差	中值	5%	95%
醛类和 1,3-丁二烯：										
甲醛	43.0	12.2	41.2	26.4	65.2	40.8	11.2	39.2	25.6	61.0
乙醛	13.3	7.6	11.3	5.6	27.5	13.3	7.1	11.5	5.9	26.8
1,3-丁二烯	0.5	0.2	0.4	0.2	0.9	0.5	0.2	0.4	0.2	0.8
芳香烃：										
苯	5.8	4.1	4.6	2.1	13.3	5.7	3.9	4.7	2.1	12.6
甲苯	19.8	21.3	13.9	5.7	52.1	20.8	20.5	15.2	6.3	52.8
间二甲苯、对二甲苯	4.3	2.6	3.7	2.0	8.2	4.5	3.2	3.8	2.1	8.9
邻二甲苯	3.9	2.0	3.4	1.7	7.7	4.0	2.1	3.5	1.8	8.0
二甲苯	8.1	3.3	7.4	4.6	13.6	8.5	3.9	7.7	4.8	14.7
乙苯	3.7	1.2	3.4	2.2	5.7	3.8	1.4	3.5	2.2	6.0
苯乙烯	4.0	1.2	3.9	2.7	5.8	3.9	1.4	3.6	2.5	5.8
1,2,4-三甲基苯	5.3	0.8	5.1	4.4	6.7	5.1	0.9	4.9	4.2	6.7
氯代烃：										
三氯甲烷	1.2	0.5	1.1	0.6	2.1	1.1	0.5	1.0	0.6	2.0
四氯化碳	0.4	0.2	0.4	0.3	0.7	0.4	0.3	0.4	0.3	0.7
三氯乙烯	2.5	1.6	2.1	1.5	4.6	2.7	2.1	2.1	1.4	5.5
四氯乙烯	2.9	1.4	2.5	1.9	4.9	3.0	1.8	2.5	1.8	5.7
1,4-二氯苯	16.7	3.6	16.2	12.1	22.6	16.0	4.1	15.3	11.3	22.7

6.4　皮肤暴露

相对于呼吸暴露和口入暴露，皮肤暴露研究较少，因此未知问题较多。而对于一些室内常见的 SVOCs，如邻苯二甲酸酯(phthalate ester，PAE)，其分配系数很大，很容易被皮肤吸收后进入人体。此外，包含或吸收了此类污染物的物体表面或颗粒物与人体皮肤直接接触，污染物也会被皮肤吸收后进入人体。对 SVOCs 而言，皮肤暴露是其重要的暴露途径，暴露量可与呼吸暴露量相当[62,63]。

室内空气污染物的皮肤暴露过程非常复杂，图 6.7 给出了简化后的皮肤结构和污染物暴露过程示意图[64]。

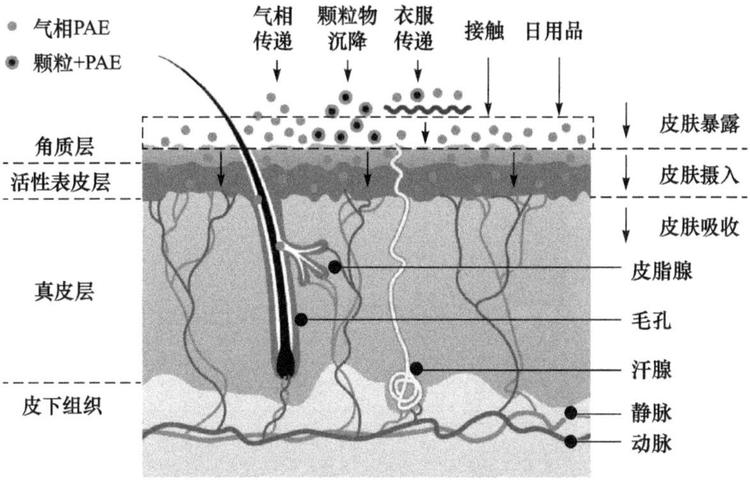

图 6.7　PAE 皮肤结构和污染物暴露示意图[64]

对于 SVOCs 的皮肤暴露,需要回答如下问题:①污染物在皮肤中如何传递?②如何估算皮肤暴露量?③如何估算皮肤暴露量占总暴露量的贡献率?④如何估算衣服的影响?这些问题是国际室内空气领域和国际暴露科学领域近年来的前沿问题。

6.4.1　PAE 在皮肤中的传递现象观测

如图 6.7 所示,皮肤可分为角质层、活性表皮层、真皮层、皮下组织以及皮肤附属结构(即毛孔、汗腺和皮脂腺)。其中,角质层主要由角质细胞(主要包括角质蛋白和水)及细胞间油脂构成,活性表皮层包括含有不同形态细胞、蛋白和纤维成分的颗粒层、棘层和基层,真皮层主要由纤维、细胞和基质组成,并以纤维为主,且含有丰富的毛细血管。为认知皮肤暴露特性和规律,龚梦艳[64]观测了典型 PAE(DnBP)在皮肤中的传递过程。

出于试验伦理因素考量,龚梦艳[64]以大鼠为研究对象开展了活体皮肤观测和吸收试验。

(1) 染毒和切片。剪掉大鼠背部毛发(见图 6.8[64]);在大鼠去毛部位涂抹 50μL 用玉米油配制的 400mg/mL 的 DnBP 溶液,每隔 10min 涂抹一次;将空白对照组(不暴露)、暴露 1h 组和暴露 3h 组的大鼠脱颈处死;清洗皮肤暴露部位,并剪下该部位的皮肤组织;利用冰冻切片机沿皮肤纵深方向切割皮肤组织,切片厚度为 5～10μm。

(2) 荧光标记和显微镜观测。利用特异性 DnBP 单克隆抗体标记皮肤切片中的 DnBP;利用带荧光标记的二抗标记一抗;通过激光共聚焦显微镜拍摄标记过的皮肤切片,得到明场和荧光照片;观测照片中的荧光亮度,即可分析皮肤中 DnBP 的浓度分布,其原理示意图如图 6.9 所示[64]。

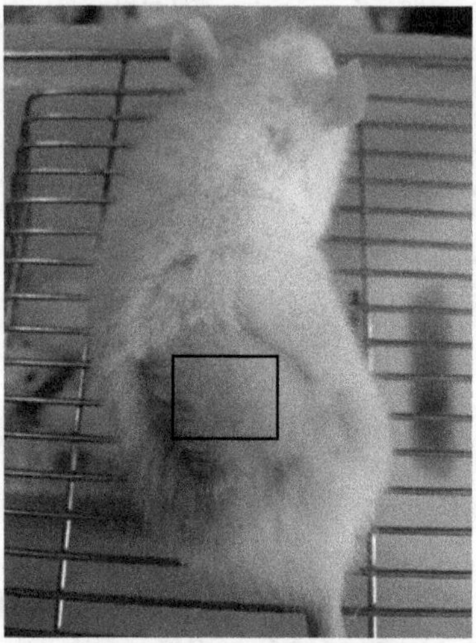

图 6.8　试验用大鼠照片[64]

图中方框所示区域为暴露部位

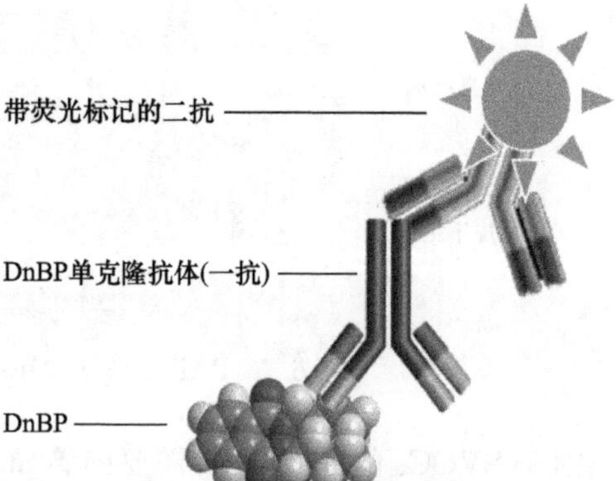

图 6.9　荧光标记原理示意图[64]

激光共聚焦显微镜拍摄结果如图 6.10 所示[64]。虽然图 6.10(a)和(b)为空白对照组的照片,但仍可观察到荧光,可能原因为:在试验操作过程中,多余的荧光标记没有完全被清洗掉,在皮肤表面有残留;皮肤中的某些成分会产生自发荧光。

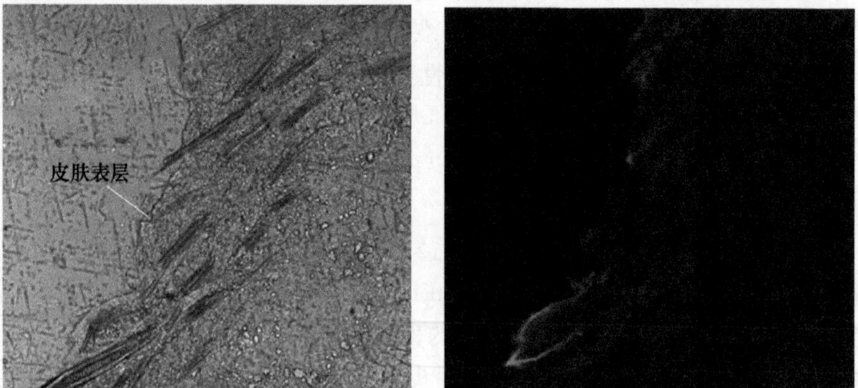

(a) 空白对照组的明场+荧光照片　　(b) 空白对照组的荧光照片

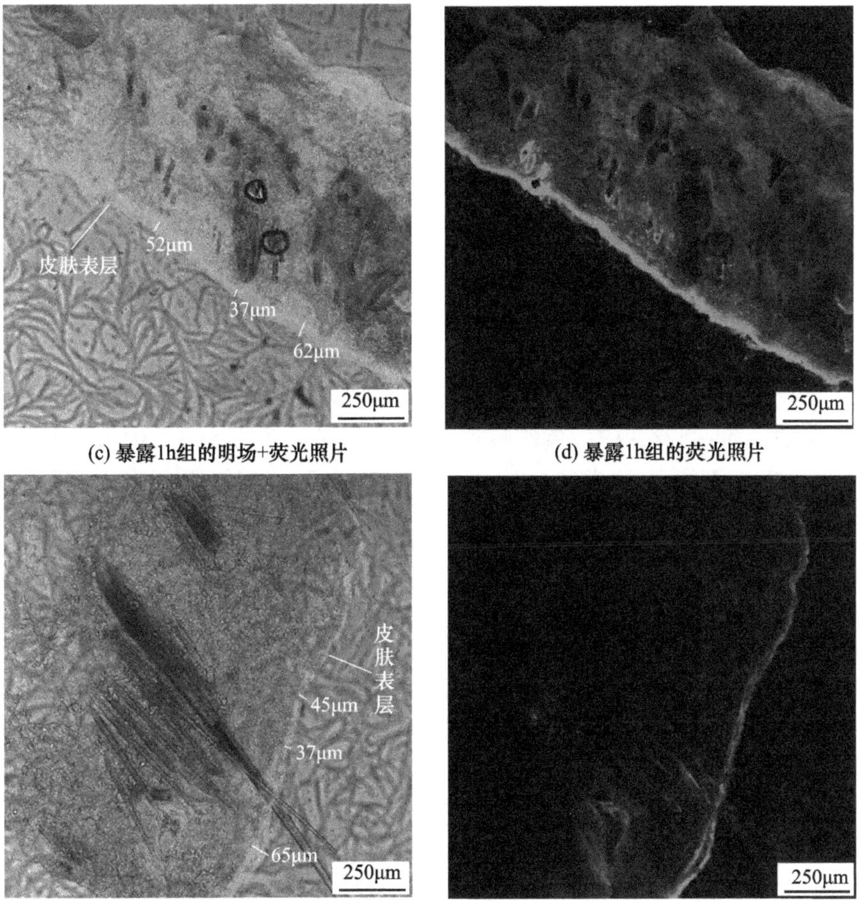

(c) 暴露1h组的明场+荧光照片　(d) 暴露1h组的荧光照片

(e) 暴露3h组的明场+荧光照片　(f) 暴露3h组的荧光照片

图 6.10　激光共聚焦显微镜拍摄结果(见书后彩图)[64]

从图 6.10(c)～(f)可以看出，暴露 1h 和 3h 后，荧光亮度在皮肤中有明显的分界线，分界线反映了 DnBP 在皮肤中的渗透深度，为 35～65μm。虽然该试验中明场照片的分辨率较低，以致无法直接判断荧光处对应的皮肤层，但根据文献[65]中报道的大鼠背部表皮的厚度(10～65μm)，可以初步判断暴露 1h 和 3h 后，DnBP 只传输到表皮层。

另外，从图 6.10(d)和(e)可以看出，DnBP 除通过皮肤渗透外，也可通过毛孔渗透。但是，大鼠皮肤毛孔的密度约为 8000 个/cm^2，而人体皮肤毛孔的密度约为每平方厘米几十个(如背部为 30～95 个/cm^2)[65]，所以毛孔对人体皮肤渗透的贡献应远小于大鼠皮肤。

免疫荧光法可以直观显示出污染物在皮肤中的浓度分布，而且若同时利用母体化合物和代谢产物的单克隆抗体与不同颜色的二抗进行标记，则可同时得到母体化合物和代谢产物在皮肤中的浓度分布，从而可判断污染物在皮肤中是否会被代谢。但是，因为免疫荧光法操作过程中存在很大的不确定性，所以该方法目前只适用于定性分析。

目前，室内污染物在皮肤内的暴露分析还需借助皮肤暴露模型和试验测定联合进行。

6.4.2 气相污染物皮肤暴露瞬态模型

1. 模型建立

由于皮肤结构的复杂性，化合物在皮肤内渗透过程非常复杂。但是，虽然皮肤为各向异性介质，当皮肤中的微观传递过程（与蛋白的可逆结合）远快于宏观扩散过程时，皮肤可被等效为均匀介质。故为了建立气相皮肤吸收瞬态模型，Gong等[66]假设：①皮肤为各向同性双层结构，即角质层和活性表皮层；②真皮层阻力可以忽略，以及血液中污染物浓度为零（因为毛细血管中血流速度快）；③皮肤吸收过程为一维传质（因为皮肤面积远大于其厚度）；④皮肤内不发生代谢反应；⑤脱皮和电离对皮肤吸收过程的影响可忽略；⑥通过皮肤毛孔和汗腺的传输可忽略（因为毛孔和汗腺的开孔面积占总皮肤面积的比例约为 0.1%，且毛孔主要被毛发占据）。气相皮肤吸收简化模型示意图如图 6.11 所示[66]。

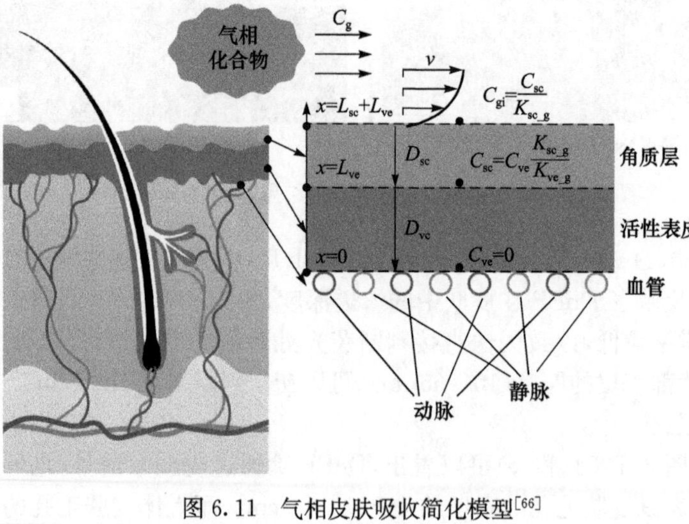

图 6.11 气相皮肤吸收简化模型[66]

根据菲克扩散定律和质量守恒定律，皮肤吸收过程的传质方程为

$$\frac{\partial C_{sc}}{\partial t}=D_{sc}\frac{\partial^2 C_{sc}}{\partial x^2},\quad L_{ve}<x<L_{sc}+L_{ve} \tag{6.23}$$

$$\frac{\partial C_{\mathrm{ve}}}{\partial t}=D_{\mathrm{ve}}\frac{\partial^2 C_{\mathrm{ve}}}{\partial x^2},\quad 0<x<L_{\mathrm{ve}} \tag{6.24}$$

式中，C_{sc} 和 C_{ve} 分别为角质层和活性表皮层内化合物浓度，$\mu g/m^3$；D_{sc} 和 D_{ve} 分别为角质层和活性表皮层等效扩散系数，m^2/s；L_{sc} 和 L_{ve} 分别为角质层和活性表皮层厚度，m；x 为距活性表皮层与真皮层交界面的距离，m；t 为吸收时间，s。

假设皮肤内初始浓度为任意分布，则初始条件为

$$C_{\mathrm{sc}}=C_{\mathrm{s0}},\quad t=0,\quad L_{\mathrm{ve}}<x<L_{\mathrm{sc}}+L_{\mathrm{ve}} \tag{6.25}$$

$$C_{\mathrm{ve}}=C_{\mathrm{v0}},\quad t=0,\quad 0<x<L_{\mathrm{ve}} \tag{6.26}$$

式中，C_{s0} 和 C_{v0} 分别为角质层和活性表皮层内化合物初始浓度，$\mu g/m^3$。

假设皮肤与空气界面以及角质层与活性表皮层界面均瞬间达到平衡且满足质量守恒定律，则边界条件为

$$C_{\mathrm{ve}}=0,\quad x=0,\quad t>0 \tag{6.27}$$

$$\frac{C_{\mathrm{sc}}}{K_{\mathrm{sc\_g}}}=\frac{C_{\mathrm{ve}}}{K_{\mathrm{ve\_g}}},\quad x=L_{\mathrm{ve}},\quad t>0 \tag{6.28}$$

$$D_{\mathrm{sc}}\frac{\partial C_{\mathrm{sc}}}{\partial x}=D_{\mathrm{ve}}\frac{\partial C_{\mathrm{ve}}}{\partial x},\quad x=L_{\mathrm{ve}},\quad t>0 \tag{6.29}$$

$$D_{\mathrm{sc}}\frac{\partial C_{\mathrm{sc}}}{\partial x}=h_{\mathrm{m}}(C_{\mathrm{g}}-C_{\mathrm{gi}}),\quad x=L_{\mathrm{sc}}+L_{\mathrm{ve}},\quad t>0 \tag{6.30}$$

$$C_{\mathrm{gi}}=\frac{C_{\mathrm{sc}}}{K_{\mathrm{sc\_g}}},\quad x=L_{\mathrm{sc}}+L_{\mathrm{ve}},\quad t>0 \tag{6.31}$$

式中，h_{m} 为皮肤表面对流传质系数，m/h；$K_{\mathrm{sc\_g}}$ 为角质层与空气间的分配系数；$K_{\mathrm{ve\_g}}$ 为活性表皮层与空气间的分配系数；C_{g} 为暴露环境中气相化合物浓度，可随时间任意变化，$\mu g/m^3$；C_{gi} 为角质层与空气交界面空气侧化合物浓度，$\mu g/m^3$。

因此，

$$C_{\mathrm{sc}}=\sum_{n=1}^{\infty}\frac{K_{\mathrm{sc\_g}}\exp(-\beta_n^2 t)\psi_2(\beta_n,x)}{\beta_n^2 M(\beta_n)}\Big[\beta_n^2 F(\beta_n)-h_{\mathrm{m}}\psi_2(\beta_n,L)C_{\mathrm{g},0}-\int_0^t \exp(\beta_n^2\tau)h_{\mathrm{m}}\psi_2(\beta_n,L)\mathrm{d}C_{\mathrm{g}}(\tau)\Big]+\left(\frac{K_{\mathrm{sc\_g}}D_{\mathrm{sc}}L_{\mathrm{ve}}}{K_{\mathrm{ve\_g}}D_{\mathrm{ve}}}-L_{\mathrm{ve}}+x\right)\frac{k_{\mathrm{p\_g}}}{D_{\mathrm{sc}}}C_{\mathrm{g}} \tag{6.32}$$

$$C_{\mathrm{ve}}=\sum_{n=1}^{\infty}\frac{K_{\mathrm{ve\_g}}\exp(-\beta_n^2 t)\psi_1(\beta_n,x)}{\beta_n^2 M(\beta_n)}\Big[\beta_n^2 F(\beta_n)-h_{\mathrm{m}}\psi_2(\beta_n,L)C_{\mathrm{g},0}-\int_0^t \exp(\beta_n^2\tau)h_{\mathrm{m}}\psi_2(\beta_n,L)\mathrm{d}C_{\mathrm{g}}(\tau)\Big]+\frac{k_{\mathrm{p\_g}}x}{D_{\mathrm{ve}}}C_{\mathrm{g}} \tag{6.33}$$

式中，

$$M(\beta_n)=K_{\mathrm{sc\_g}}\int_0^{L_{\mathrm{ve}}}\psi_1^2(\beta_n,x)\mathrm{d}x+K_{\mathrm{ve\_g}}\int_{L_{\mathrm{ve}}}^{L_{\mathrm{sc}}+L_{\mathrm{ve}}}\psi_2^2(\beta_n,x)\mathrm{d}x \tag{6.34}$$

$$\psi_1(\beta_n, x) = \sin\left(\frac{\beta_n}{\sqrt{D_{ve}}} x\right) \tag{6.35}$$

$$\psi_2(\beta_n, x) = A_{2n} \sin\left(\frac{\beta_n}{\sqrt{D_{sc}}} x\right) + B_{2n} \cos\left(\frac{\beta_n}{\sqrt{D_{ve}}} x\right) \tag{6.36}$$

$$A_{2n} = \sin\left(\frac{\beta_n}{\sqrt{D_{ve}}} L_{ve}\right) \sin\left(\frac{\beta_n}{\sqrt{D_{sc}}} L_{ve}\right) + \frac{K_{ve\_g}}{K_{sc\_g}} \sqrt{\frac{D_{ve}}{D_{sc}}} \cos\left(\frac{\beta_n}{\sqrt{D_{ve}}} L_{ve}\right) \cos\left(\frac{\beta_n}{\sqrt{D_{sc}}} L_{ve}\right) \tag{6.37}$$

$$B_{2n} = \sin\left(\frac{\beta_n}{\sqrt{D_{ve}}} L_{ve}\right) \cos\left(\frac{\beta_n}{\sqrt{D_{sc}}} L_{ve}\right) - \frac{K_{ve\_g}}{K_{sc\_g}} \sqrt{\frac{D_{ve}}{D_{sc}}} \cos\left(\frac{\beta_n}{\sqrt{D_{ve}}} L_{ve}\right) \sin\left(\frac{\beta_n}{\sqrt{D_{sc}}} L_{ve}\right) \tag{6.38}$$

$$F(\beta_n) = \int_0^{L_{ve}} \psi_1(\beta_n, x') C_{v0}(x') \, dx' + \int_{L_{ve}}^{L_{ve}+L_{sc}} \psi_2(\beta_n, x') C_{s0}(x') \, dx' \tag{6.39}$$

式中，β_n 为以下方程的根：

$$\begin{bmatrix} \sin\left(\frac{\beta_n}{\sqrt{D_{ve}}} L_{ve}\right) & -\sin\left(\frac{\beta_n}{\sqrt{D_{sc}}} L_{ve}\right) & -\cos\left(\frac{\beta_n}{\sqrt{D_{sc}}} L_{ve}\right) \\ \frac{K_{ve\_g}}{K_{sc\_g}} \sqrt{\frac{D_{ve}}{D_{sc}}} \cos\left(\frac{\beta_n}{\sqrt{D_{ve}}} L_{ve}\right) & -\cos\left(\frac{\beta_n}{\sqrt{D_{sc}}} L_{ve}\right) & \sin\left(\frac{\beta_n}{\sqrt{D_{sc}}} L_{ve}\right) \\ 0 & H_m \sin\left(\frac{\beta_n}{\sqrt{D_{sc}}} L\right) + \cos\left(\frac{\beta_n}{\sqrt{D_{sc}}} L\right) & H_m \cos\left(\frac{\beta_n}{\sqrt{D_{sc}}} L\right) - \sin\left(\frac{\beta_n}{\sqrt{D_{sc}}} L\right) \end{bmatrix} = 0$$

式中，

$$H_m = \frac{h_m}{\beta_n K_{sc\_g} \sqrt{D_{sc}}}, \quad L = L_{sc} + L_{ve}$$

由式(6.32)和式(6.33)可得到皮肤摄入流量 $\dot{M}_s$ 和吸收流量 $\dot{M}_b$ 分别为

$$\begin{aligned} \dot{M}_s &= D_{sc} \left.\frac{\partial C_{sc}}{\partial x}\right|_{x=L_{sc}+L_{ve}} \\ &= -\sum_{n=1}^{\infty} \frac{\exp(-\beta_n^2 t)}{\beta_n^2 M(\beta_n)} h_m \psi_2(\beta_n, L) \\ &\cdot \left[\beta_n^2 F(\beta_n) - h_m \psi_2(\beta_n, L) C_{g,0} - \int_0^t \exp(\beta_n^2 \tau) h_m \psi_2(\beta_n, L) \, dC_g(\tau)\right] + k_{p\_g} C_g \end{aligned} \tag{6.40}$$

$$\begin{aligned} \dot{M}_b &= D_{ve} \left.\frac{\partial C_{ve}}{\partial x}\right|_{x=0} \\ &= \sum_{n=1}^{\infty} \frac{\exp(-\beta_n^2 t)}{\beta_n^2 M(\beta_n)} \beta_n \sqrt{D_{ve}} K_{ve\_g} \\ &\cdot \left[\beta_n^2 F(\beta_n) - h_m \psi_2(\beta_n, L) C_{g,0} - \int_0^t \exp(\beta_n^2 \tau) h_m \psi_2(\beta_n, L) \, dC_g(\tau)\right] + k_{p\_g} C_g \end{aligned} \tag{6.41}$$

由式(6.42)和式(6.43)可计算皮肤摄入剂量 M_s 和吸收剂量 M_b：

$$M_s = \int_0^t \dot{M}_s SA_{exp} dt \tag{6.42}$$

$$M_b = \int_0^t \dot{M}_b SA_{exp} dt \tag{6.43}$$

式中，SA_{exp} 为皮肤暴露面积，m^2。

此外，也可通过式(6.44)和式(6.45)计算 $\dot{M}_s$ 和 $\dot{M}_b$[62]：

$$\dot{M}_s = \dot{M}_b = k_{p\_g} C_g \tag{6.44}$$

$$k_{p\_g} = \frac{1}{\dfrac{1}{h_m} + \dfrac{L_{sc}}{D_{sc} K_{sc\_g}} + \dfrac{L_{ve}}{D_{ve} K_{ve\_g}}} \tag{6.45}$$

式中，k_{p_g} 为从空气的经皮渗透系数，m/h。

2. 参数估算

为了评估气相皮肤暴露，需要估算模型中参数 L_{sc}、L_{ve}、K_{sc_g}、D_{sc}、K_{ve_g}、D_{ve} 和 h_m，其中 D_{sc}、D_{ve}、K_{sc_g} 和 K_{ve_g} 为根据皮肤微观结构导出的等效参数。

1) 角质层和活性表皮层厚度

Gong 等[66]选用 L_{sc} 为 25μm[67]，活性表皮层厚度为 50～200μm[68]，L_{ve} 的平均值取 100μm[68]。

2) 角质层与空气间的分配系数

Gong 等[66]通过式(6.46)计算 K_{sc_g}：

$$K_{sc\_g} = K_{sc\_w} K_{wg} \tag{6.46}$$

式中，K_{wg} 为水与空气间的分配系数。

Nitsche 等[69]通过同时考虑化合物在角质层中油脂、角蛋白和水相的分配，得出可用于计算不同水合状态下 K_{sc_w} 的公式。在假设角质层水分含量占 30% 的情况下，利用 Nitsche 等[69]的模型得到 K_{sc_w} 的计算公式为

$$K_{sc\_w} = 0.040 K_{ow}^{0.81} + 4.06 K_{ow}^{0.27} + 0.36 \tag{6.47}$$

式中，K_{ow} 为辛醇与水间的分配系数。

K_{wg} 的计算公式为[70]

$$K_{wg} = HRT \tag{6.48}$$

式中，H 为亨利常数，mol/(L·Pa)；R 为气体常数，8.314J/(mol·K)；T 是热力学温度，K。

结合式(6.47)和式(6.48)，得到 K_{sc_g} 的计算公式为

$$K_{sc\_g} = (0.040 K_{ow}^{0.81} + 4.06 K_{ow}^{0.27} + 0.359) HRT \tag{6.49}$$

3) 角质层等效扩散系数

根据菲克扩散第一定律，D_{sc}的计算公式为

$$D_{sc}=\frac{k_{psc\_w}L_{sc}}{K_{sc\_w}} \tag{6.50}$$

式中，k_{psc_w}为从水溶液的经角质层渗透系数，m/h。

Wang 等[71]以角质层的微观结构为基础，建立了适用于角质层部分水合情况下 k_{psc_w}的估算模型。

4）活性表皮层与空气间的分配系数和活性表皮层等效扩散系数

由平衡分配关系，利用式(6.51)计算 K_{ve_g}：

$$K_{ve\_g}=K_{ve\_w}K_{wg} \tag{6.51}$$

式中，K_{ve_w}为活性表皮层与水间的分配系数。

Kretsos 等[72]通过假设活性表皮层与不含毛细血管的真皮层性质一致，并通过将其组成等效为纤维相、水相和油脂相，建立了 K_{ve_w}和 D_{ve}的计算模型，可用来计算 K_{ve_w}和 D_{ve}。

5）皮肤表面对流传质系数

根据奇尔顿-科尔伯恩(Chilton-Colburn)传热传质类比，h_m 可由式(6.52)得到

$$h_m=\frac{h_c}{\rho c_p}\left(\frac{\alpha}{D_g}\right)^{-2/3} \tag{6.52}$$

式中，h_c 为皮肤表面对流传热系数，m/s；ρ 为空气密度，kg/m^3；c_p 为空气比热容，kJ/(kg·K)；α 为空气热扩散系数，m^2/s；D_g 为化合物在空气中的扩散系数，m^2/s。

h_c 随周围环境的改变而改变，人体表面对流可以分为三种模式：当空气流速小于 0.2m/s 时为自然对流；当空气流速大于 1.5m/s 时为强迫对流；当空气流速为 0.2～1.5m/s 时为混合对流[73]。

对于自然对流，Fanger[74]在预测平均评价模型中使用的经验公式为

$$h_c=2.38(t_{sk}-t_a)^{0.25} \tag{6.53}$$

式中，t_{sk}为皮肤表面温度，℃；t_a 为环境空气温度，℃。

对于混合对流，de Dear 等[73]通过假人试验测试了假人站立和端坐时人体不同部位的 h_c，并拟合得到用于估算全身平均 h_c 的经验关系式，即

$$h_c=\begin{cases}10.1v^{0.61}, & 0.2\text{m/s}<v<5\text{m/s，站立} \quad (6.54)\\ 10.4v^{0.56}, & 0.2\text{m/s}<v<5\text{m/s，端坐} \quad (6.55)\end{cases}$$

式中，v 为皮肤表面空气流速，m/s。

D_g 可根据化合物的分子摩尔质量 MW(g/mol)计算得到

$$D_g=\frac{1.55\times10^{-4}}{\text{MW}^{0.65}} \tag{6.56}$$

3. 模型验证

Gong 等[66]将模型预测值与 Kezic 等[75]的试验值进行了对比，如图 6.12 所示。可以看出，预测值与试验得到的最大皮肤吸收流量和皮肤吸收剂量偏差小于 30%，考虑到模型中参数的不确定性和试验误差，这样的吻合度已相当好。更加全面评估该模型的性能和适用范围，还需要开展更多不同性质化合物在不同气相皮肤暴露场景下的试验。

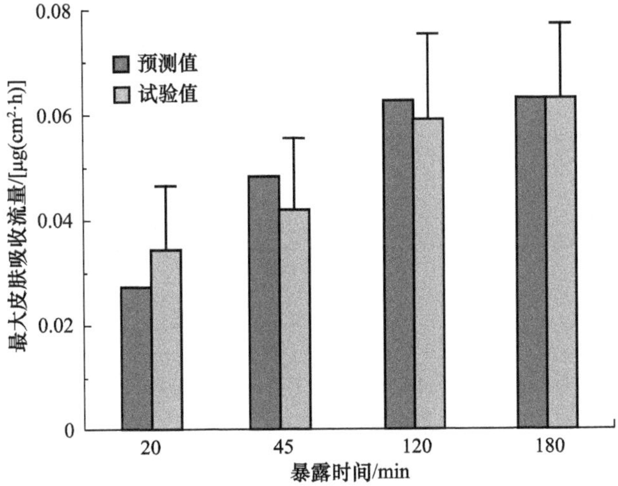

(a) 最大皮肤吸收流量

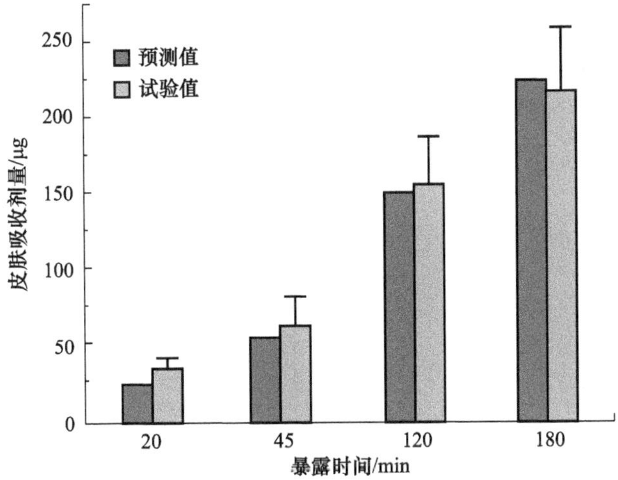

(b) 皮肤吸收剂量

图 6.12　模型预测值[66]与试验值[75]对比

（暴露浓度为 1μg/m³，暴露面积为 1178cm²）

4. 模型应用

为了尽可能模拟真实情况下的暴露，Gong 等[66]采用我国成人日常活动在不同环境中的时间分配，如图 6.13 所示。研究假设两个典型暴露场景：①暴露场景一：按照图 6.13 中的模式，连续暴露 24h；②暴露场景二：按照图 6.13 中的模式，连续周期暴露 7d。因为衣服对气相皮肤暴露的影响未知，所以计算皮肤暴露时只考虑裸露部位，假设为全身面积的 25%，即 0.5m^2。

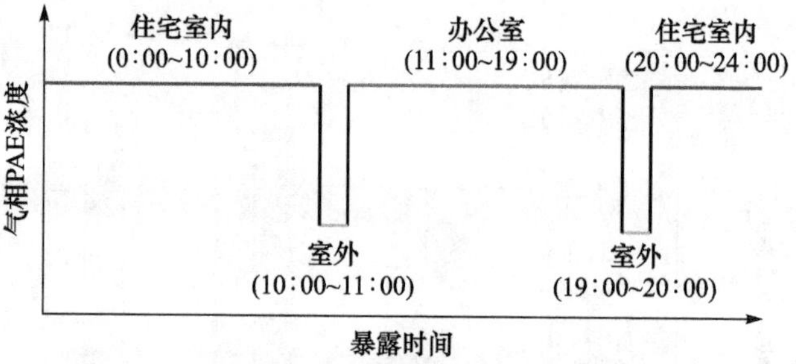

图 6.13　24h 暴露场景示意图[66]

以 DnBP 为例分析皮肤吸收流量随时间的变化，如图 6.14 所示[66]。24h 暴露结束时，皮肤吸收过程仍处于非稳态，即吸收流量小于摄入流量，皮肤内 DnBP 存储量仍在增加。若连续周期暴露，即对于暴露场景二，则当暴露时间足够长时，皮肤吸收和摄入流量均会呈现稳定的周期波动，皮肤吸收过程达到“周期性稳态”。

为了分析气相皮肤吸收的重要性，Gong 等[66]计算了气相皮肤暴露与呼吸暴露之比(dermal to inhalation ratio，DIR)。假设呼吸速率为 0.5m^3/h(成人静坐时的典型值)，且呼吸暴露的吸收效率为 100%。对于前述两种暴露场景，DIR 值如图 6.15 所示。

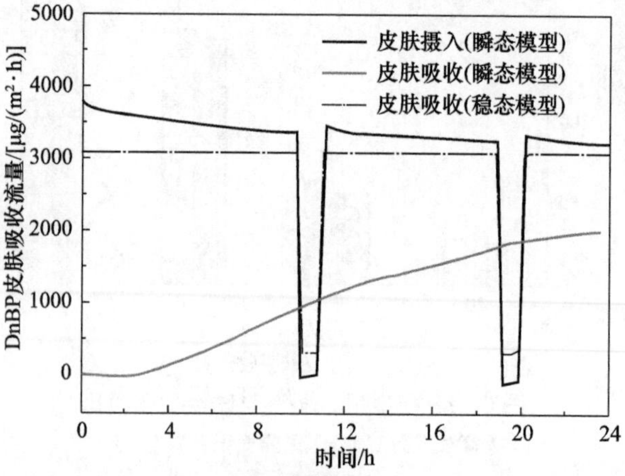

(a) 暴露场景一：24h

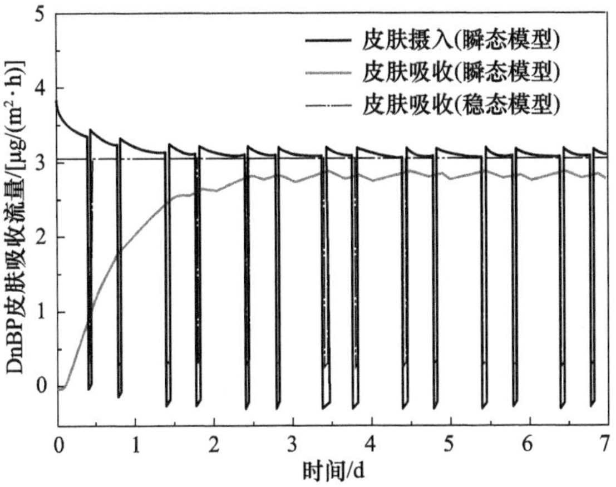

(b) 暴露场景二：7d

图 6.14　DnBP 皮肤吸收流量随时间的变化[66]

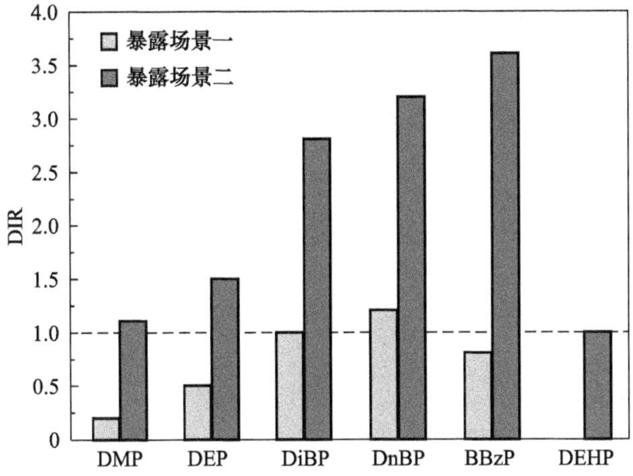

图 6.15　PAE 气相皮肤暴露与呼吸暴露之比[66]

5. 模型局限性

Gong 等[66]模型的主要局限为：

(1) 研究采用了 Scheuplein 等[76]提出的假设，即化合物在血液中浓度以及在活性表皮层与真皮层交界处浓度近似为 0。这将导致皮肤吸收速率被高估，且不适合用于评估化合物在皮下组织中浓度分布。

(2) 没有考虑皮肤内代谢过程。代谢过程会对皮肤吸收产生一定影响，尤其是对于阻力主要在活性表皮层的化合物，因为表皮层中的酶主要在活性表皮层。一般来说，代谢产物皮肤渗透速率高于母体化合物。该模型给出了 PAE 皮肤吸收量的下限值。

(3) 人体毛孔和汗腺仅占总皮肤面积的0.1%，此研究忽略了毛孔和汗腺的渗透作用。关于这种忽略带来的影响需要进行进一步的研究。

虽然上述瞬态模型存在一定局限，但鉴于对气相皮肤暴露尚未有更深入的研究和认知，该模型仍为评价非稳态气相皮肤暴露的重要途径，并可为后续研究着衣对皮肤暴露的影响提供基础。

6.4.3 气相污染物皮肤表面浓度测定

气相污染物皮肤表面浓度的测定，有助于估算 PAE 皮肤暴露量。Gong 等[77]以六种常见 PAE(DMP、DEP、DiBP、DnBP、BBzP 和 DEHP)为目标污染物，测试它们在皮肤表面不同部位的浓度水平，并分析不同部位的浓度分布特征。

1. 样品采集与分析

表 6.5 总结了现有皮肤暴露采样方法的优缺点[77]。相比而言，皮肤擦拭是一种最简便可行和最能反映真实皮肤暴露的采样方法，使用也非常广泛。因此，选择皮肤擦拭作为采样方法。

表 6.5 现有皮肤暴露采样方法的优缺点[77]

方法		优点	缺点
拦截技术	全身工作服	反映全身皮肤暴露	使用太笨重，溶剂消耗量大，衣服与真实皮肤存在差异
	衣服碎片	容易操作	局部不能代表整体，衣服与真实皮肤存在差异
清除技术	溶液清洗	容易操作	应用部位受限制，一般只能用于手，且容易造成皮肤刺激
	皮肤擦拭	容易操作，可采集全身大部分地方	不易于标准化，存在个体操作差异
原位技术	荧光示踪	可跟踪污染物传输过程	需要在污染源中添加示踪剂，但不一定能代表污染物，不能同时对多种污染物采样，成本高，检出限高

研究要求受试者没有任何皮肤疾病。另外，要求所有受试者从早晨起床到采样前不使用任何护肤品，且采样前 4h 内不清洗任何皮肤部位。因为冬、夏季皮肤暴露特征可能存在差异，所以研究者在冬、夏季分别开展试验。在夏季(2013 年 6 月～7 月)，选取 10 名男性和 10 名女性作为受试者，受试者年龄为 20～40 岁，采样部位包括额头、左前臂、右前臂、左手背、右手背、左手心和右手心；在冬季(2014 年 11 月)，选取 11 名男性为受试者，采样部位为额头、背部、左前臂、右前臂、左小腿、右小腿、左手背、右手背、左手心和右手心，其中背部、左前臂、右前臂、左小腿、右小

腿表面被衣服遮盖。另外，为了检验皮肤表面浓度的时间变化性，在夏季选取 20 名受试者中的 6 名，在一个月内进行了三次重复采样。

样品采集完成后，每个样品中都加入 1μg DEP-d_4、1μg DiBP-d_4 和 5μg DEHP-d_4 同位素标记内标，然后将样品储存于－20℃冰箱中，直到分析时取用。

手表面积通过在坐标纸上画出手的形状进行测量；对于前臂表面，通过采样时粘贴一个 266cm^2 胶带框以固定采样面积，如图 6.16 所示[77]；对于其他表面(额头、背部、小腿)，操作方法与前臂处类似，且背部与小腿处采样面积为 266cm^2，额头处采样面积为 70cm^2。

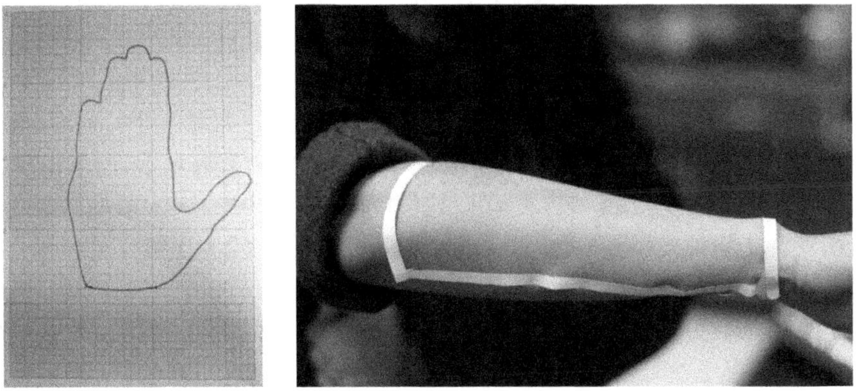

(a) 手表面　　(b) 前臂表面

图 6.16　采样面积测量[77]

研究中具体的采样和分析细节详见文献[77]。

2. 质量控制与保证

(1) 对皮肤擦拭采样效率进行评价。选取三名受试者，分别在他们的左右手心上按照前述采样方法连续采集三次。第一次擦拭，DiBP、DnBP 和 DEHP 的含量分别占三次总含量的 82%±4%、83%±4%和 83%±4%(均值±相对偏差)；第二次采集量约占三次总含量的 15%；第三次采集量所占比例小于 5%。因为 DEP、DMP 和 BBzP 检出率较低，所以无法得到三次采集量比例。因为第一次擦拭采集量所占比例高且相对稳定，所以本节所有皮肤擦拭采样均只进行一次擦拭。

(2) 对每个受试者采样时，同时采集一个现场空白。将浸润过异丙醇的纱布从棕色瓶中取出至空气中，放置一会后再放回，即作为现场空白样品。现场空白样品中 DMP、DEP、DiBP、DnBP 和 DEHP 的含量分别为 0.21μg±0.09μg、0.04μg±0.02μg、0.49μg±0.26μg、0.42μg±0.15μg 和 1.02μg±0.44μg(均值±相对偏差)。所有样品的含量都通过减去空白平均值进行校正。MDL 为空白样品含量相对偏差的三倍。

(3) 利用内标测试每个样品的分析回收率。对于 DiBP-d_4、DnBP-d_4和 DEHP-d_4，回收率分别为 79%±9%、85%±9%和 83%±7%(均值±相对偏差)。在进行数据分析时,剔除回收率低于 50%的样品数据。所有样品浓度均用回收率校正,利用 DiBP-d_4回收率校正 DMP、DEP 和 DiBP 浓度;DnBP-d_4回收率校正 DnBP 浓度;DEHP-d_4回收率校正 BBzP 和 DEHP 浓度。

3. 统计分析

利用 SPSS 17.0 统计软件包对数据进行分析,均使用双侧检验,统计显著水平为 $p=0.05$。利用 Shapiro-Wilk 检验分析数据是否符合正态或对数正态分布。如果数据符合,则采用独立和配对 t 检验对数据进行分析。如果不符合,则使用非参数检验,配对样本用 Friedman 检验和 Wilcoxon 检验。一般情况下,两变量之间的统计相关性用 Spearman 等级相关系数或 Pearson 相关系数表示,两者的值均在 −1 和 1 之间,越接近 1 或 −1,表示正或负相关性越强。Pearson 相关系数仅用于度量两变量之间的线性相关性,且要求两变量相互独立,均为连续变量和符合对数正态分布。Spearman 等级相关系数是两变量顺序排列后的秩之间的 Pearson 线性相关系数,既可度量线性相关也可度量非线性相关,可用于定序变量且对变量分布无要求,但是统计功效低于 Pearson 相关系数。值得注意的是,相关关系并不能反映因果关系,但可反映变量可能的关联关系。因为不同部位浓度间不一定存在线性相关性,且现有文献一般采用 Spearman 等级相关系数分析不同环境介质中化合物浓度之间的相关性[75],故本章利用 Spearman 等级相关系数分析不同部位浓度间的相关性。统计分析时,未检出 PAE 的皮肤样品的 PAE 含量设为 MDL/2。

4. 不同部位 PAE 浓度分布特征

冬夏季不同部位 PAE 浓度的中位值如图 6.17 所示[77]。在冬夏季,身体对称部位,包括左右手心,左右手背,左右前臂,左右小腿表面 PAE 浓度无显著差异(配对 t 检验,$p>0.05$)。结果表明,人体不同部位左右两侧浓度均显著相关,这表明身体左右两侧的皮肤暴露路径和水平是一致的。因此,后续在比较不同部位浓度差异时,利用左右部位浓度平均值进行分析。

在冬季,手心 DEHP 浓度(中位值:3355$\mu g/m^2$),显著高于手背(1655$\mu g/m^2$)(配对 t 检验,$p<0.05$),手背 DEHP 浓度高于前臂(876$\mu g/m^2$),前臂 DEHP 浓度高于额头(612$\mu g/m^2$);手心 DnBP 浓度(181$\mu g/m^2$)高于手背(101$\mu g/m^2$),而手心 DiBP 浓度(97$\mu g/m^2$)显著高于手背(68$\mu g/m^2$)($p=0.06$)。对于 DiBP 和 DnBP,手背表面浓度均高于前臂表面浓度。

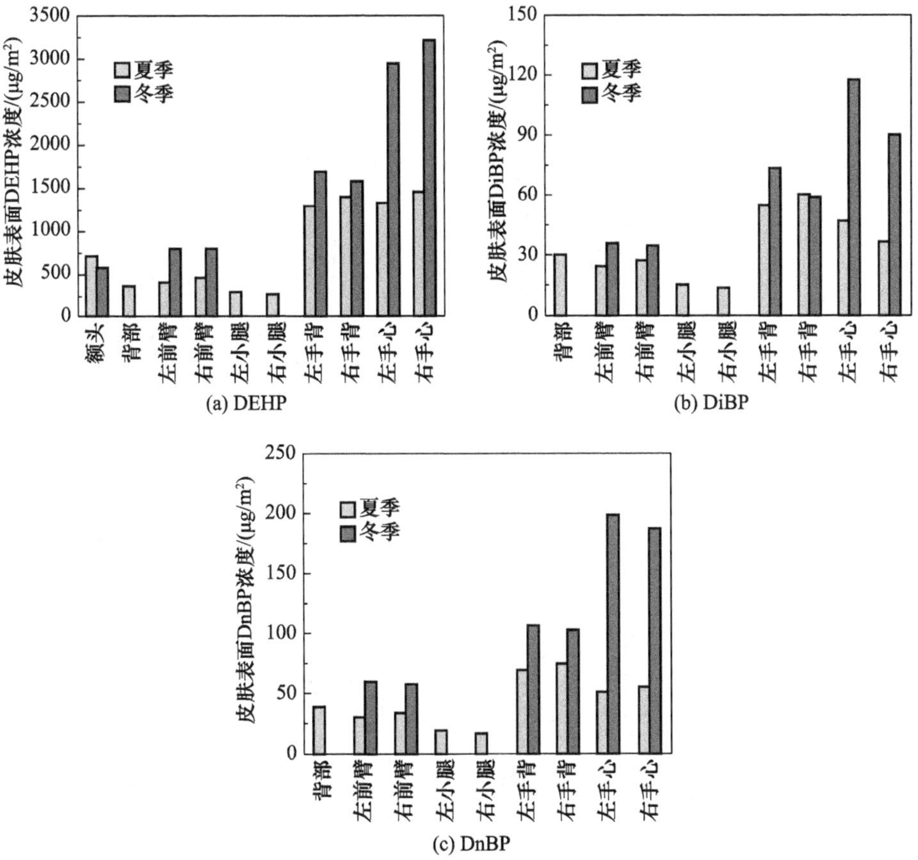

图 6.17　不同部位 PAE 浓度中位值[77]

在夏季，手心 DEHP 浓度（1600μg/m²）与手背（1335μg/m²）无显著差异（p=0.80），手背 DEHP 浓度高于额头（685μg/m²），额头 DEHP 浓度高于前臂（345μg/m²），前臂 DEHP 浓度和背部（320μg/m²）无显著差异（p=0.26），且均高于小腿（220μg/m²）。手心 DiBP 浓度（45μg/m²）与手背 DiBP 浓度（54μg/m²）无显著差异（p=0.07）；手背 DiBP 浓度高于背部（30μg/m²）；背部 DiBP 浓度与前臂 DiBP 浓度（24μg/m²）无显著差异（p=0.22），且均高于小腿（12μg/m²）；手心 DnBP 浓度（53μg/m²）略低于手背 DiBP 浓度（67μg/m²）（p=0.05），手背 DnBP 浓度高于背部（36μg/m²）；背部 DnBP 浓度与前臂 DnBP 浓度（30μg/m²）无显著差异（p=0.10），且均高于小腿 DnBP 浓度（20μg/m²）。额头表面 DEHP 浓度与其他部位均不显著相关，这反映了额头表面 DEHP 暴露主要是空气传递，而其他部位主要通过直接接触或衣服传递。

5. 不同时间 PAE 浓度差异性分析

图 6.18 为六个受试者（S1～S6）皮肤不同部位 PAE 浓度随时间的变化[77]。

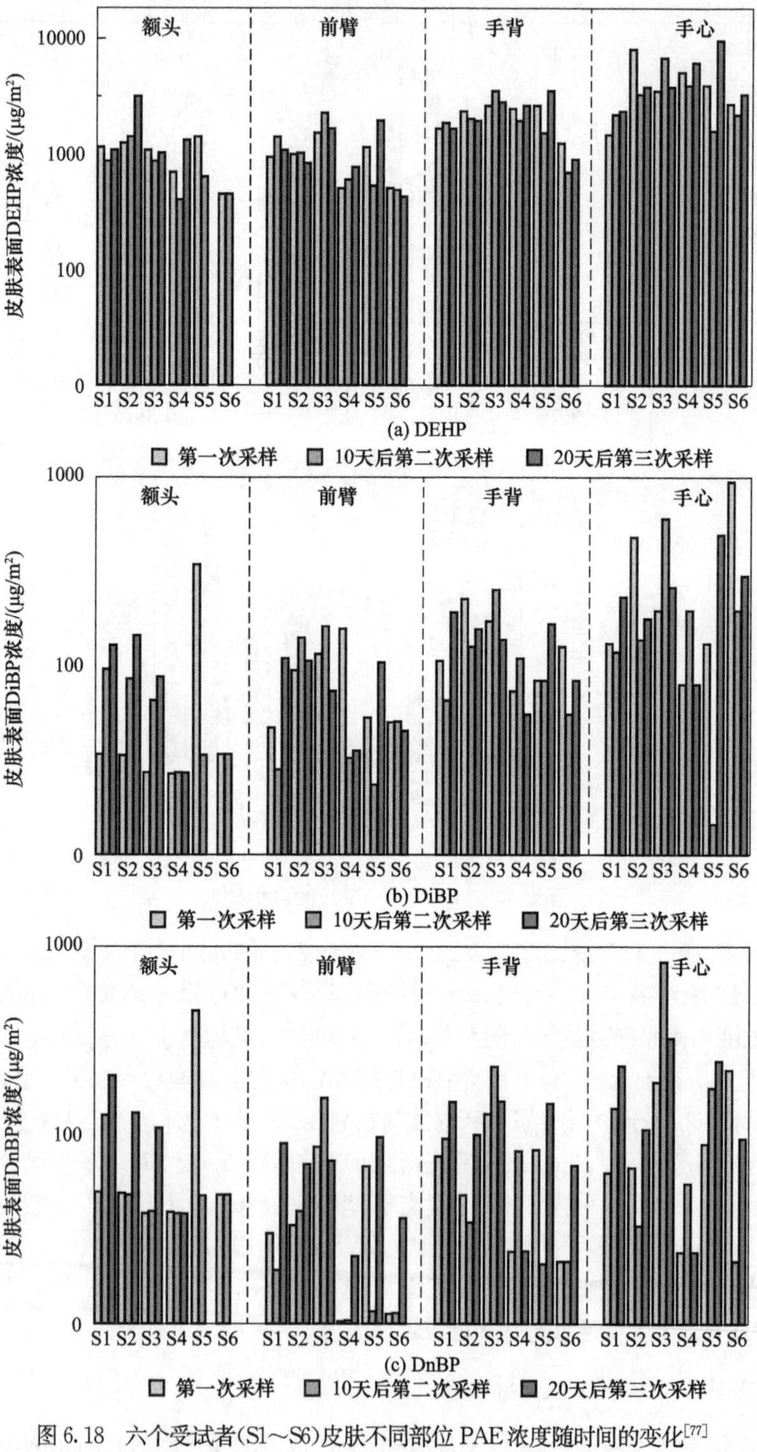

图6.18　六个受试者(S1～S6)皮肤不同部位PAE浓度随时间的变化[77]

对于手心、手背、前臂和额头表面，三次测试浓度的变异系数分别为 20%～120%、10%～80%、5%～95%和 0～120%。虽然存在一定程度的变异，但是 Friedman 统计检验表明，不同部位 DiBP、DnBP 和 DEHP 在不同时间的浓度均没有显著差异（$p>0.05$）。这说明图 6.17 中所示的浓度水平能合理地代表采样时刻浓度，而且受试者的环境和生活习惯在一个月内并未发生较大改变。

6.4.4 PAE 皮肤暴露评价

1. 评价模型和参数估算

因为皮肤不同部位 PAE 浓度存在显著差异，所以在估算皮肤吸收剂量时需要考虑该差异性，即根据不同部位暴露特征以相应部位的暴露面积进行加权计算。另外，皮肤擦拭法测试得到的浓度为面积浓度，而皮肤吸收动力为皮肤表面与真皮层血液之间的体积浓度梯度。因此，为了计算皮肤吸收剂量，需要将皮肤表面浓度转换为体积浓度。Gong 等[77]参考 Weschler 等[62]的方法，假设皮肤擦拭仅采集了皮肤表面油脂，且 PAE 在油脂中均匀分布，则可利用油脂厚度计算得到体积浓度。因此，每日皮肤吸收剂量的计算公式为

$$\mathrm{DA}_{\mathrm{dermal}}=\frac{k_{\mathrm{p\_l}}\sum_{i=1}^{n}C_{\mathrm{l},i}\mathrm{SA}_i t_{\mathrm{exp}}}{x_{\mathrm{l}}\mathrm{BW}} \tag{6.57}$$

式中，$\mathrm{DA}_{\mathrm{dermal}}$为每日皮肤吸收剂量，μg/(kg·d)；$k_{\mathrm{p_l}}$为从皮肤表面油脂的经皮渗透系数，m/h；$n$ 为暴露部位数；$C_{\mathrm{l},i}$为不同部位 PAE 浓度，μg/m^2；SA_i 为不同部位暴露面积，m^2；t_{exp}为暴露时间，h/d；x_{l} 为皮肤表面油脂厚度，μm；BW 为体重，kg。

$$k_{\mathrm{p\_l}}=k_{\mathrm{p\_w}}K_{\mathrm{l\_w}} \tag{6.58}$$

式中，$k_{\mathrm{p_w}}$为从水溶液的经皮渗透系数，m/h；$K_{\mathrm{l_w}}$为皮肤表面油脂与水间的分配系数。

$$k_{\mathrm{p\_w}}=\frac{1}{\dfrac{L_{\mathrm{sc}}}{D_{\mathrm{sc}}K_{\mathrm{sc\_w}}}+\dfrac{L_{\mathrm{ve}}}{D_{\mathrm{ve}}K_{\mathrm{ve\_w}}}} \tag{6.59}$$

$$K_{\mathrm{l\_w}}=0.43K_{\mathrm{ow}}^{0.81} \tag{6.60}$$

对于六种 PAE，$k_{\mathrm{p_l}}$计算结果见表 6.6。

我国现有文献研究中所使用的皮肤不同部位面积参数大多使用 USEPA《暴露参数手册》[78]中的数据。王喆等[79]通过模型估算发现，我国成年人皮肤面积比美国成年人低约 15%，结果见表 6.7 和图 6.19。另外，作为初步估算，假设皮肤表面

$C_{l,i}$恒定，且t_{exp}为24h/d，BW为60kg。x_l随年龄变化而改变，对于成人，假设x_l为1.3μm。

表6.6 皮肤表面油脂的经皮渗透系数 k_{p_l}

PAE	k_{p_l}/(μm/h)
DMP	0.30
DEP	0.18
DiBP	0.076
DnBP	0.074
BBzP	0.046
DEHP	0.004

表6.7 皮肤不同部位面积[79]

部位	面积/m²
头	0.12
躯干	0.57
手臂	0.30
腿	0.51
手	0.083

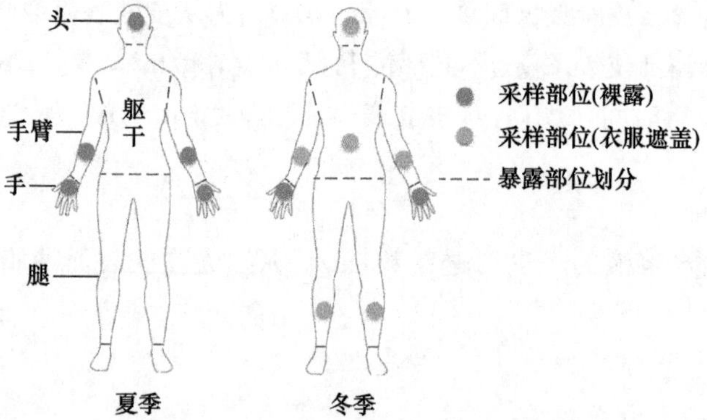

图6.19 暴露部位划分及冬夏季采样部位(见书后彩图)[79]

2. 不同部位PAE浓度估算

要计算总皮肤暴露量，需要对全身暴露部位进行合理划分，并得到不同暴露部位PAE的浓度。对于不同部位浓度的确定，最好的方法是直接测试。但是，在实际皮肤暴露测试时，难以采集全身所有部位。因此，可以退而求其次，选取既容易操作又能反映全身不同部位浓度的部位进行采样。Shapiro-Wilk 统计检验表明，小腿、前臂、背部和额头与手表面 PAE 浓度之比均符合对数正态分布，因此可以使用几何平均值和中位值代表比例的最可能值(计算的几何平均值及其 95%置信区间见表 6.8)，并采用式(6.61)中的总皮肤暴露因子(f_{de})和手处吸收剂量(DA_{hand})来估算全身吸收剂量(DA_{dermal})。

$$DA_{dermal}=f_{de}DA_{hand} \tag{6.61}$$

$$f_{de}=\frac{\sum_{i=1}^{n}SA_iR_i}{SA_{hand}} \tag{6.62}$$

$$DA_{hand}=\frac{k_{p\_1}C_{l,hand}SA_{hand}t_{exp}}{x_1BW} \tag{6.63}$$

式中，n 为暴露部位数；R_i 为不同部位与手表面浓度之比；$C_{l,hand}$ 为手表面 PAE 浓度，$\mu g/m^2$；SA_{hand} 为手表面面积，m^2。

表 6.8　不同部位与手表面 PAE 浓度之比的几何平均值和 95%置信区间①

PAE	季节	小腿/手	前臂/手	背部/手	额头/手
DEHP	夏季	—②	0.32(0.22～0.45)	—②	0.23(0.15～0.35)
	冬季	0.17(0.10～0.29)	0.27(0.17～0.43)	0.24(0.15～0.39)	0.49(0.31～0.75)
DiBP	夏季	—②	0.44(0.27～0.74)	—②	—③
	冬季	0.23(0.11～0.47)	0.48(0.27～0.86)	0.61(0.35～1.06)	—③
DnBP	夏季	—②	0.38(0.23～0.61)	—②	—③
	冬季	0.27(0.18～0.42)	0.48(0.34～0.69)	0.57(0.42～0.78)	—③

① 夏季和冬季受试者数分别为 20 和 11。表中所示值为几何平均值(95%置信区间)。首先计算个体比例，再利用统计分析计算几何平均值，然后利用对数转换后的比例求得 95%置信区间。

② 夏季未测试小腿和背部 PAE 浓度。

③ 因为 DiBP 和 DnBP 在额头表面检出率低于 35%，所以未计算额头与手表面浓度之比。

研究发现：对于 DEHP、DiBP 和 DnBP，夏季时浓度分布为手心＞手背＞前臂＞额头，冬季时手心≈手背＞额头＞前臂≈背部＞小腿；且额头、背部、前臂和小腿与手表面的浓度之比符合对数正态分布。基于此，给出实际情况下总皮肤暴露评价的建议：优先选择采集尽可能多的部位；若测得手表面浓度，则可结合手处皮肤暴露和总皮肤暴露因子评估总皮肤暴露。

研究还发现：衣服遮盖部位皮肤暴露在冬夏季分别占总皮肤暴露 60%～80% 和 55%～70%；若忽略此暴露，则冬夏季皮肤暴露将被严重低估。

3. 总皮肤吸收剂量估算

不同部位和全身 PAE 皮肤吸收剂量估算结果见表 6.9[77]。虽然皮肤表面 DEHP 浓度远高于 DiBP 和 DnBP，但由于其渗透速率即 k_{p_1} 低，所以 DEHP 的皮肤吸收剂量反而略低于 DiBP 和 DnBP。由于表面积大,躯干部位吸收剂量对总吸收剂量贡献最大,占 28%～47%。对于 DiBP 和 DnBP,手表面的吸收剂量约占 12%,而对于 DEHP 则可达 20%。因此,如果洗手能高效去除皮肤表面 PAE,那么洗手可作为一种控制皮肤暴露的简单有效的方法。

表 6.9　不同部位和全身 PAE 皮肤吸收剂量[77]

PAE	季节	PAE 皮肤吸收剂量/[μg/(kg·d)]					
		头	躯干	手臂	腿	手	全身①
DiBP	夏季	0.06	0.72	0.29	0.23	0.23	1.9
	冬季	0.07	0.40	0.17	0.15	0.14	1.3
DnBP	夏季	0.08	0.89	0.42	0.38	0.30	2.4
	冬季	0.08	0.48	0.21	0.24	0.15	1.3
DEHP	夏季	0.09	0.42	0.25	0.27	0.33	1.7
	冬季	0.10	0.23	0.13	0.14	0.23	1.2

① 因为对脚表面暴露情况未知,所以此处未包括通过脚表面的暴露。

为了检验衣服遮盖部位暴露是否可忽略,Gong 等[77]对比了考虑与不考虑衣服遮盖部位时的皮肤吸收剂量,如图 6.20 所示。虽然衣服遮盖部位 PAE 浓度低于手等裸露部位,但因为衣服遮盖部位暴露面积大,所以衣服遮盖部位暴露对总皮肤暴露的贡献仍较大,在冬夏季分别占 60%～80%和 55%～70%。其中,因为手表面 DiBP 和 DnBP 浓度与背部的差异比 DEHP 小,所以 DiBP 和 DnBP 皮肤暴露低估会更严重。因此,在评估 PAE 皮肤暴露时需要考虑衣服遮盖部位。

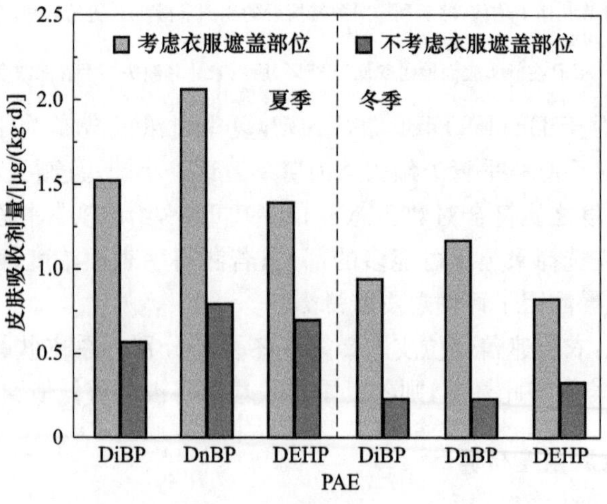

图 6.20　考虑与不考虑衣服遮盖部位皮肤吸收剂量对比[77]

夏季时衣服遮盖部位为躯干和腿;冬季时衣服遮盖部位为躯干、前臂和腿

6.4.5　PAE 总皮肤暴露与总暴露的关系

要得到 PAE 总皮肤暴露与总暴露的关系，不仅要得到总皮肤暴露量，还需要得到总暴露量。Gong 等[80]以儿童为研究对象，探索了上述问题的解决办法：测试了 DEP、DiBP、DnBP、BBzP 和 DEHP 在手表面的浓度，以及它们对应的代谢单酯与 DEHP 的氧化代谢产物在尿液中的浓度；基于测试结果，分析皮肤暴露与总暴露的关联性，评价总皮肤吸收剂量和总暴露剂量，以及总皮肤暴露对总暴露的贡献率。

1. 样品采集

在北京六个城区的 39 户家庭进行了现场采样，并以其中 5～9 岁的儿童(男 28 名、女 11 名)为研究对象，分别在 2013 年 7 月～2013 年 9 月(夏季)和 2013 年 12 月～2014 年 4 月(冬季)进行两次现场采样，并记录儿童的年龄、身高和体重等个人基本信息。

利用前述的皮肤擦拭方法在儿童手表面采集样品。要求采样时儿童在家，手表面无任何损伤，采样前一小时以上不洗手。采样操作由现场检测员完成，样品采集完成后，放入干冰盒中带回实验室，存储于－40℃冰箱中。

虽然收集 24h 全部尿液比采集单点尿液更能反映人体每日暴露，但是操作过程非常麻烦，在实际采样中并不可行。研究中一般通过收集单点尿液来进行暴露评估，其中晨尿被认为更能准确反映日平均暴露量[81]。因此，选择由儿童父母采集晨尿。尿样采集工具为 60mL 干净棕色玻璃瓶和 50mL 烧杯。采样完成后将样品瓶密封并放置于冰箱的冷冻区，直到现场检测员于当天前往用干冰盒将样品取回，放在－40℃冰箱中保存直至分析。最终，夏季共收集了 37 个尿样，冬季共收集了 30 个尿样。

2. 样品分析

尿液样品分析参考了 Silva 等[82]开发的方法，具体步骤分为酶解、固相萃取净化和 HPLC-MS-MS 分析。

3. 质量控制与保证

表 6.10 给出了尿液样品分析方法回收率和检出限(limitation of detection, LOD)。

4. 统计分析

采用 SPSS 17.0 分析数据，显著水平为 $p=0.05$。皮肤样品未检出时，含量设为 MDL/2，MDL 为方法检测下限。尿液样品未检出时，浓度设为 LOD/2。

表 6.10 尿液样品分析方法回收率和检出限

PAE	25ng/mL		200ng/mL		LOD /(ng/mL)
	回收率/%	RSD/%	回收率/%	RSD/%	
MEP	100	14	93	5.7	0.52
MiBP	95	3.5	95	6.8	0.53
MnBP	101	5.8	98	4.2	0.45
MBzP	98	2.9	107	11	0.31
MEHP	70	3.2	103	1.4	0.27
MEOHP	108	8.9	102	2.5	0.21
MECPP	97	11	101	4.4	0.16
MEHHP	109	5.7	103	4.4	0.10

注：MEP 表示邻苯二甲酸单乙酯(monoethyl phthalate)；MiBP 表示邻苯二甲酸单异丁酯(mono-*iso*-butyl phthalate)；MnBP 表示邻苯二甲酸单正丁酯(mono-*n*-butyl phthalate)；MBzP 表示邻苯二甲酸单苄酯(monobenzyl phthalate)；MEHP 表示邻苯二甲酸单(2-乙基己基)酯(mono-2-ethylexyl phthalate)；MEOHP 表示邻苯二甲酸单(2-乙基-5-氧己基)酯(mono-(2-ethyl-5-oxohexyl)-phthalate)；MECPP 表示邻苯二甲酸单(2-乙基-5-羧基戊基)酯(mono-(2-ethyl-5-carboxypentyl)-phthalate)；MEHHP 表示邻苯二甲酸单(2-乙基-5-羟基己基)酯(mono(2-ethyl-5-hydroxyhexyl)-phthalate)。

5. 分析结果

1) 手表面 PAE 浓度水平

由表 6.11 可知，DEHP 在目标 PAE 中浓度最高且检出率为 100%。DiBP 和 DnBP 检出率均高于 89%，但是浓度低于 DEHP。BBzP 浓度和检出率都较低。DEP 的检出率低于 10%，所以未在表 6.11 中列出。Shapiro-Wilk 检验表明 DEHP、DiBP 和 DnBP 浓度都呈现对数正态分布。但是 BBzP 浓度不符合对数正态分布，这可能与其检出率较低有关。男孩和女孩手表面浓度没有显著差异。由表 6.12 可知，夏季时 DiBP、DnBP 和 DEHP 浓度显著相关，表明目标儿童同时暴露于这几种 PAE。夏季时手表面 PAE 浓度要低于冬季，且 DiBP 和 DEHP 在冬夏季的浓度存在显著差异(配对 t 检验，$p<0.05$)。可能原因为儿童冬季出汗减少且北京冬季寒冷，冬季时洗手和洗澡频率低于夏季。

2) 总皮肤暴露评价方法

皮肤吸收剂量利用式(6.61)～式(6.63)计算。其中，不同部位面积 SA_i 通过儿童全身皮肤面积，与 USEPA《儿童暴露参数手册》[83]表 ES-1 中 6 岁～11 岁儿童不同部位面积比例计算得到。全身皮肤面积 SA(m^2)根据 Du 等[84]提出的估算模型计算。

$$SA=\frac{71.84BW^{0.725}H^{0.425}}{10000} \tag{6.64}$$

式中，H 为身高，cm；BW 为体重，kg；H 和 BW 均为采样过程中记录值。

表 6.11　儿童手表面 PAE 浓度水平①

PAE	季节	检出率/%	均值/(μg/m²)	最小值/(μg/m²)	分位数/(μg/m²)			最大值/(μg/m²)
					50%	75%	95%	
DiBP	夏季	97	57.1	—②	37.5	61.7	233	404
	冬季	100	68.9	9.1	69.5	61.7	156	156
DnBP	夏季	89	99.8	—	60.1	138	340	753
	冬季	93	203	—	175	138	732	732
BBzP	夏季	64	1.2	—	0.8	1.8	4.8	5.1
	冬季	33	1.0	—	—	1.8	5.1	5.1
DEHP	夏季	100	1940	256	1130	3160	5820	8400
	冬季	100	1918	286	1722	3158	4263	4263

① 夏季样品数 $n=38$，冬季样品数 $n=15$。
② “—”表示未检出。

表 6.12　手表面 PAE 浓度 Spearman 相关性(夏季/冬季)

PAE	DiBP	DnBP	BBzP	DEHP
DiBP	1.00/1.00	0.57②/0.59①	0.23/0.21	0.54②/0.52①
DnBP	—	1.00/1.00	0.04/0.38	0.52②/0.34
BBzP	—	—	1.00/1.00	0.37①/0.01
DEHP	—	—	—	1.00/1.00

① $p<0.05$。
② $p<0.01$。

手处吸收剂量利用式(6.61)计算，利用式(6.62)计算得到 DiBP、DnBP 和 DEHP 的总皮肤暴露因子 f_{de} 在夏/冬季分别为 8.2/9.0、8.0/8.9 和 5.0/5.5，则可利用式(6.63)可计算得到总皮肤吸收剂量。

3) 总皮肤吸收剂量

由表 6.13 可知，由于冬季皮肤表面 PAE 浓度高，所以 DiBP、DnBP 和 DEHP 冬季皮肤吸收剂量均略高于夏季。但是，夏季吸收剂量变化大，如 DnBP 冬季暴露量为 0.25～9.9μg/(kg·d)，而夏季最高值可达 14.5μg/(kg·d)。DnBP 吸收剂量略高于 DiBP 和 DEH P。与表 6.7 中成人相比，冬季时儿童手表面浓度更高，故吸收剂量更大；而夏季时儿童手表面浓度比成人低，故吸收剂量更低。这说明不同人群的 PAE 皮肤暴露存在差异，需进一步研究。

表 6.13　PAE 总皮肤吸收剂量(夏季/冬季)　(单位：μg/(kg·d))

PAE	平均值	最小值	分位数			最大值
			50%	75%	95%	
DiBP	0.8/1.3	0.08/0.23	0.5/1.3	0.9/1.7	3.3/3.3	6.1/3.3
DnBP	1.8/2.2	0.25/0.2	1.1/1.8	2.4/2.8	5.3/9.9	14.5/9.9
BBzP	0.009/0.02	—/—	0.006/—	0.01/0.02	0.03/0.03	0.03/0.03
DEHP	1.1/1.2	0.1/0.2	0.6/1.1	1.6/1.7	3.3/2.8	5.0/2.8

注：“—”表示检出率低于 50%，未计算。

4）尿液中 PAE 代谢产物浓度水平

因为每日尿液排泄体积不一致，会导致同样暴露量时尿液浓度不一样，所以需要对尿液稀释进行校正。常用的校正方法有肌酐校正和比重校正。因为每日肌酐代谢量影响因素多，如年龄、性别、种族和肉类摄入等，所以肌酐代谢量变异性较大，特别对于处在生理发育期的儿童。相比而言，比重随年龄和季节等变异性小[81]。利用式(6.65)对尿液中代谢产物浓度 C_m 进行比重校正。

$$C_u = \frac{C_m(SG_m - 1)}{SG - 1} \tag{6.65}$$

式中，C_u 为比重校正后尿液中 PAE 代谢产物浓度，ng/mL；C_m 为尿液中代谢产物浓度，ng/mL；SG_m 为目标人群尿液比重①的中位值；SG 为每个尿样的比重。

表 6.14 和表 6.15 分别列出了夏季和冬季尿液样品中直接测试和经过比重校正的 PAE 代谢产物浓度。可以看出，除 MBzP 以外，其他目标代谢产物的检出率均为 100%，说明北京儿童广泛暴露于 PAE。MnBP 浓度最高(夏冬季中位值分别为 224ng/mL 和 120ng/mL)，其次为 DEHP 代谢产物浓度之和(132ng/mL 和 143ng/mL)，MiBP (78.2ng/mL 和 54.1ng/mL)，MEP(23.8ng/mL 和 15.3ng/mL)，而 MBzP 浓度最低。如表 6.16 和表 6.17 所示，DEHP 四种代谢产物的浓度显著相关，但是二级代谢产物 (MEOHP、MEHHP 和 MECPP)之间的相关性大于一级与二级代谢产物间的相关性。这可能是由于二级代谢产物的代谢半衰期比一级代谢物长。MiBP 和 MnBP 浓度显著相关，与手表面 DiBP 和 DnBP 浓度相关一致。DiBP 作为 DnBP 的替代物，可能与 DnBP 来自相同的污染源。

表 6.14 夏季尿液中 PAE 代谢产物浓度(n=37)

PAE 代谢产物	检出率/%	平均值/(ng/mL)	最小值/(ng/mL)	分位数/(ng/mL)			最大值/(ng/mL)
				50%	75%	95%	
MEP	100	54.3	3.8	23.8	47.0	295	650
SG 校正	—	48.4	9.1	28.5	40.8	175	498
MiBP	100	108	21.8	78.2	139	329	360
SG 校正	—	118	21.5	81.3	148	331	339
MnBP	100	296	41.8	224	481	644	660
SG 校正	—	306	37.3	232	384	772	942
MBzP	44	1.9	nd	nd	1.8	13.0	22.2
SG 校正	—	1.9	nd	nd	1.8	14.1	18.6
MEHP	100	7.1	1.7	6.5	9.0	17.5	17.9

①尿液比重(specific gravity，SG)为尿液密度与水密度之比，由手持数字式尿液比重折射计测定，且在每次测试之前用蒸馏水校准。

续表

PAE 代谢产物	检出率/%	平均值/(ng/mL)	最小值/(ng/mL)	分位数/(ng/mL)			最大值/(ng/mL)
				50%	75%	95%	
SG 校正	—	8.0	1.0	7.4	11.8	16.4	17.3
MEOHP	100	26.3	4.0	21.6	29.6	79.2	92.0
SG 校正	—	28.4	8.1	21.6	38.0	74.6	129
MECPP	100	92.4	8.0	68.4	106	305	332
SG 校正	—	95.7	18.0	79.1	112	268	457
MEHHP	100	29.8	5.4	25.2	37.1	92.9	97.0
SG 校正	—	32.2	8.9	23.6	44.5	66.3	161

表 6.15　冬季尿液中 PAE 代谢产物浓度(n=30)

PAE 代谢产物	检出率/%	均值/(ng/mL)	最小值/(ng/mL)	分位数/(ng/mL)			最大值/(ng/mL)
				50%	75%	95%	
MEP	100	18.1	2.8	15.3	24.0	56.4	67.0
SG 校正	—	16.8	4.4	16.6	19.8	42.3	50.2
MiBP	100	71.7	9.0	54.1	102	214	222
SG 校正	—	73.3	17.3	56.8	96.1	193	197
MnBP	100	179	15.9	120	241	500	502
SG 校正	—	175	53.8	121	272	392	412
MBzP	44	0.7	nd	nd	1.1	3.3	4.8
SG 校正	—	0.7	nd	nd	1.1	3.4	4.1
MEHP	100	10.0	1.7	9.3	14.3	26.5	32.4
SG 校正	—	10.2	2.4	8.8	12.4	29.1	43.4
MEOHP	100	30.9	2.4	28.2	34.6	115	172
SG 校正	—	30.2	4.7	24.4	34.9	120	154
MECPP	100	88.0	6.6	70.9	113	345	512
SG 校正	—	87.4	17.2	63.1	99.3	390	458
MEHHP	100	63.7	3.9	47.9	75.9	265	402
SG 校正	—	60.5	10.2	43.6	73.1	235	359

表 6.16　夏季 PAE 代谢产物浓度 Spearman 相关性(n=37)

PAE 代谢产物	MEP	MiBP	MnBP	MBzP	MEHP	MEOHP	MECPP	MEHHP
MEP	1.00	0.20	0.14	0.05	0.002	0.24	0.28	0.29
MiBP	—	1.00	0.64②	0.34①	0.36①	0.50②	0.36①	0.47②
MnBP	—	—	1.00	−0.06	0.32①	0.39①	0.34①	0.37①
MBzP	—	—	—	1.00	0.07	0.11	−0.02	0.11

续表

PAE代谢产物	MEP	MiBP	MnBP	MBzP	MEHP	MEOHP	MECPP	MEHHP
MEHP	—	—	—	—	1.00	0.65②	0.59②	0.59②
MEOHP	—	—	—	—	—	1.00	0.89②	0.94②
MECPP	—	—	—	—	—	—	1.00	0.88②
MEHHP	—	—	—	—	—	—	—	1.00

① $p<0.05$。
② $p<0.01$。

表 6.17　冬季 PAE 代谢产物浓度 Spearman 相关性($n=30$)

PAE代谢产物	MEP	MiBP	MnBP	MBzP	MEHP	MEOHP	MECPP	MEHHP
MEP	1.00	−0.05	0.10	−0.10	0.37①	0.47①	0.37	0.49①
MiBP	—	1.00	0.38①	0.16	0.20	0.12	0.25	0.22
MnBP	—	—	1.00	−0.20	0.36①	0.25	0.30	0.16
MBzP	—	—	—	1.00	−0.22	−0.12	−0.07	−0.06
MEHP	—	—	—	—	1.00	0.66②	0.67②	0.59②
MEOHP	—	—	—	—	—	1.00	0.94②	0.96②
MECPP	—	—	—	—	—	—	1.00	0.91②
MEHHP	—	—	—	—	—	—	—	1.00

① $p<0.05$。
② $p<0.01$。

配对 t 检验表明，夏季 MEP、MiBP 和 MnBP 的浓度显著高于冬季，其中 MnBP 夏季浓度约为冬季的两倍，如图 6.21 所示[80]。

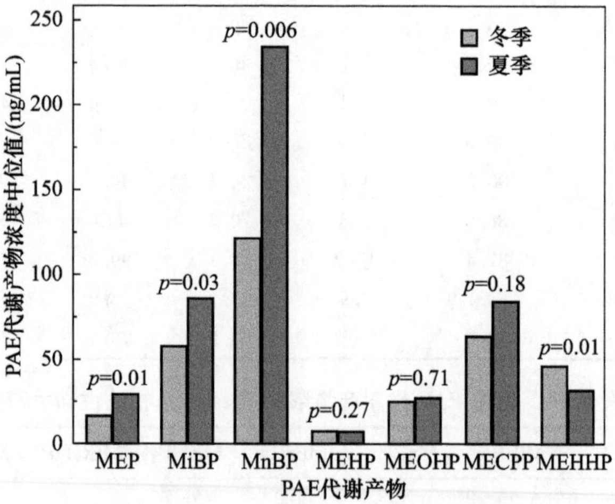

图 6.21　冬夏季 PAE 代谢产物浓度比较(校正后)[80]

表 6.18 中汇总了 2012～2014 年文献中报道的世界各地儿童尿液中 PAE 代谢产物的浓度[64]。总体来说，DEHP 代谢产物的浓度较为相似，这反映了 DEHP 暴露的全球化，而 MEP、MnBP 和 MBzP 浓度差异性则较大。

表6.18　不同国家儿童尿液中PAE代谢产物浓度①[64]

年龄/岁	采样时间/a	国家	样品数/个	代谢产物浓度/(ng/mL)							
				MEP	MnBP	MiBP	MBZP	MEHP	MEHHP	MEOHP	MECPP
6～9	4～8	美国	80	191	68.6	22	53.8	6.7	76.6	50.7	126.9
5～9	6～10	美国	177	116	40	—	22	—	41	—	—
1～11	13	比利时	48	35.6	55.7	61.8	9.7	3.1	18.7	12.3	—
6～11	7～9	加拿大	1037	23.6	32.6	—②	21.4	3.3	31.6	20.3	—
8～15	12	中国	259	15.9	47.2	37.4	nd③	21.1	15.7	22.9	29.8
6～20	6～8	丹麦	517	36	45	75	48	5	47	25	27
6～11	11	丹麦	143	20	32	54	7	2	23	12	15
1～7	11～12	德国	663	14.5	32.4	44.7	11.6	—	16.5	17.9	—
8～13	10	墨西哥	53	62.7	91.2	11	5.6	7.5	45.4	20.9	71.8
10	1～4	挪威	623	56.7	138	49.2	29.3	7.8	56.6	49.7	98.2
6～19	12	韩国	334	—	52.5	—	—	—	29	23	—
6～11	9～10	美国	415	33	23.3	10.9	12.6	1.7	17	11	29.4
5～9	13	中国(夏季)	37	23.8	224	78.2	nd	6.5	25.2	21.6	68.4
5～9	13	中国(冬季)	30	15.3	120	54.1	nd	9.3	47.9	28.2	70.9

① 均为中位值。
② “—”表示没有测试。
③ nd 表示未检出。

5）皮肤暴露与总暴露的相关性

因为儿童手表面 PAE 与尿液中 PAE 代谢产物浓度均符合对数正态分布，所以为了更准确地分析它们之间的关联性，同时计算了对数转换后浓度之间的 Spearman 和 Pearson 相关系数。分析结果如图 6.22 和图 6.23 所示[80]。在夏季，DiBP 与 MiBP、DnBP 与 MnBP、BBzP 与 MBzP 以及 DEHP 与 MEHP 浓度均显著相关，其中 DEHP 与 MEHP 的 r_S 和 r_P 最低。在冬季，DnBP 和 MnBP 浓度也显著相关，而虽然 DiBP 和 MiBP 浓度的 r_S 和 r_P 均与夏季一致，但并不显著(p=0.11 和 0.13)，这可能是冬季样品数目少导致统计功效低所致。对于 DEHP 和 BBzP，冬季 r_S 和 r_P 是夏季的 1/4～1/3，可能是由于冬夏季样品数目少，相关系数置信区间较大。图 6.22 和图 6.23 中的相关性说明皮肤暴露可能对总暴露很重要，特别是 DiBP 和 DnBP。

6）皮肤暴露对总暴露贡献率

在求得每个个体皮肤吸收和总暴露剂量后，即可得到皮肤暴露对总暴露贡献率的分布，如图 6.24 所示[80]。夏季时，对于 DiBP、DnBP、BBzP 和 DEHP，贡献率的

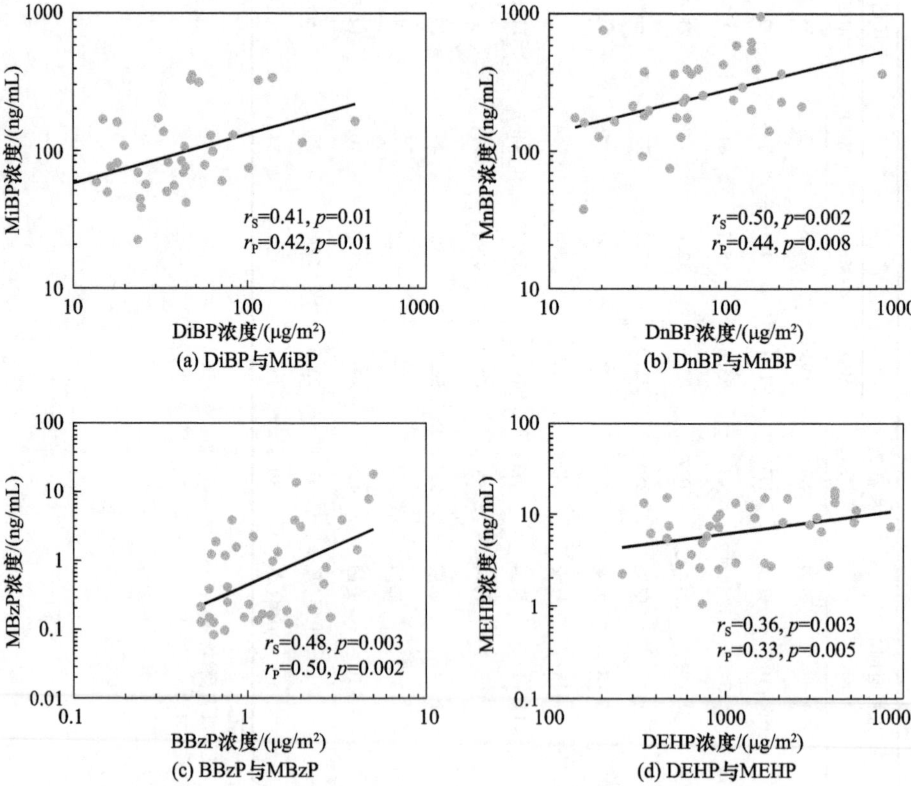

图 6.22 儿童手表面 PAE 与尿液中 PAE 代谢产物浓度相关性[80]

r_S. Spearman 相关系数；r_P. Pearson 相关系数

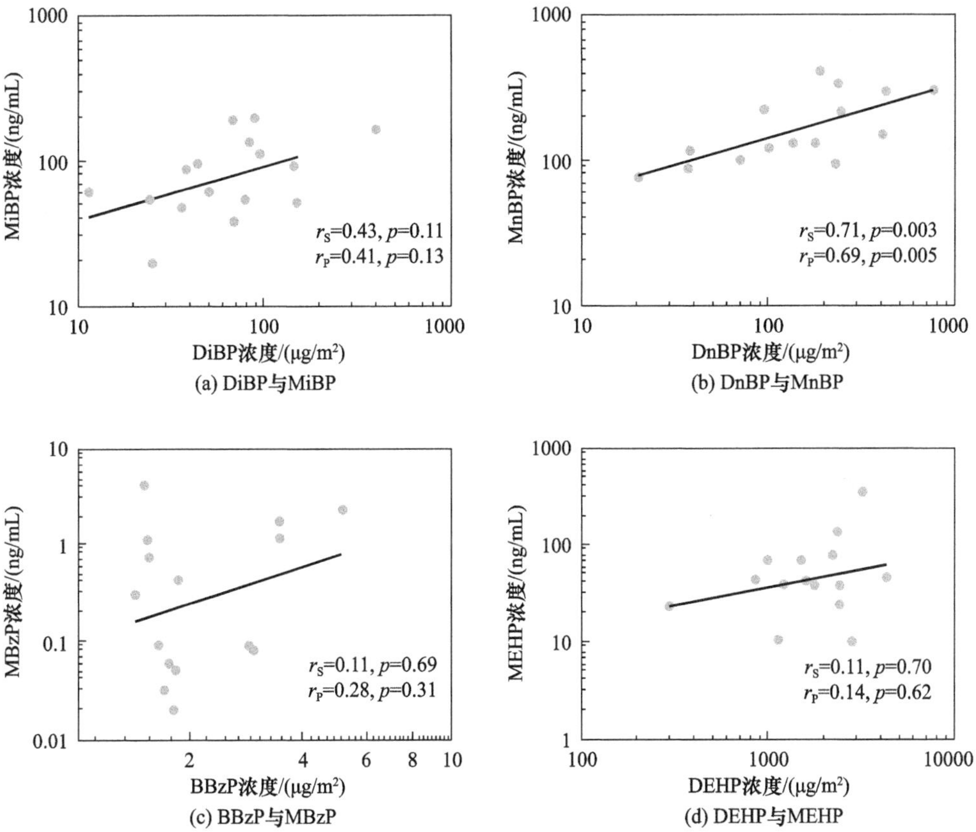

图 6.23　冬季手表面 PAE 与尿液中 PAE 代谢产物浓度相关性[80]

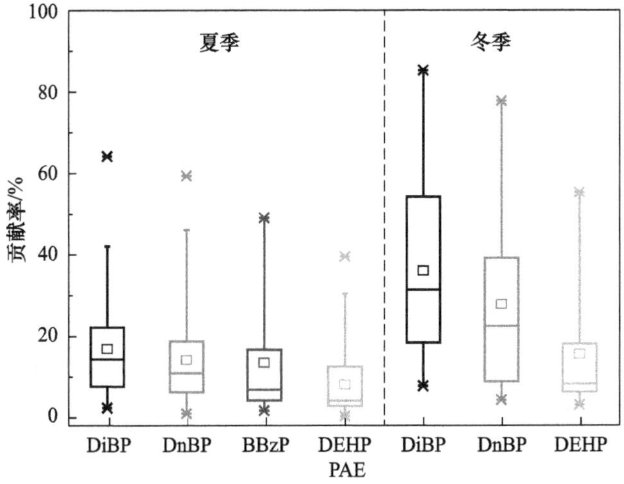

图 6.24　皮肤暴露剂量对总暴露剂量贡献率[80]

中位值分别为15%、11%、7.0%和4.5%。冬季时，因为BBzP在皮肤样品中检出率低且样品数目少，所以未计算其贡献率。冬季时，对于DiBP、DnBP和DEHP，贡献率分别为33%、23%和9.0%。由此可见，DiBP和DnBP皮肤暴露是PAE的重要暴露途径，尤其是在冬季，而BBzP和DEHP皮肤暴露对总暴露贡献率则相对低。

6.4.6 考虑衣服影响的皮肤暴露模型及应用

1. Morrison等模型

Morrison等[85]在Gong等[80]模型的基础上建立了考虑衣服影响的皮肤暴露模型，如图6.25所示。整个模型包含5层结构(裸体时为3层)。除了Gong等[80]模型的假设外，Morrison等[85]还假设：①裸露皮肤、衣服表面的对流传质系数相等；②衣服与皮肤间存在恒定厚度的空气间隙；③不考虑皮肤油脂传递至衣服的影响；④在交界面处，两层中的SVOCs瞬间达到平衡；⑤只考虑单层衣服。

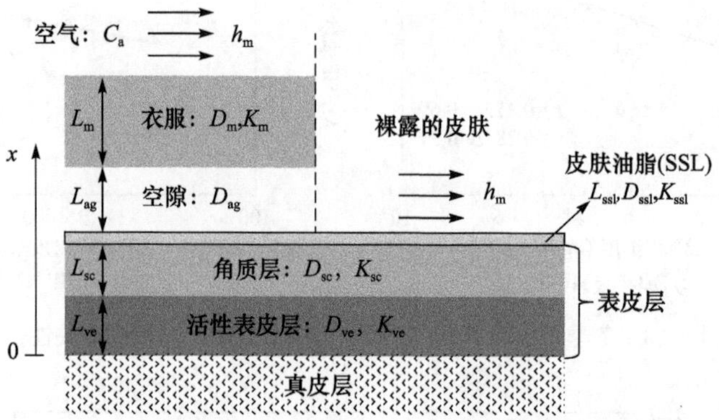

图6.25 Morrison等[85]所用的SVOCs皮肤暴露评价模型的示意图

根据以上假设，可以列出穿着衣服时SVOCs皮肤暴露过程的控制方程(由内而外)，利用数值求解，可求得给定边界条件和初始条件下的数值解。最后，得到的全身皮肤暴露量DE(μg)为

$$DE = DE_{cloth} + DE_{bare} \tag{6.66}$$

当全身裸露时(仅穿内裤)，Morrison等[86]比较了上述模型的预测结果与Weschler等[87]的试验结果，对DEP暴露两者基本吻合，对DnBP而言，模拟结果稍高于试验结果。但需要说明的是：Morrison等[85]利用上述模型求得皮肤暴露量与空隙厚度L_{ag}的关系，然后将试验结果代入此关系中反推得到一个“等效”的L_{ag}(其对应的模拟值与试验结果相等)。显然，此L_{ag}并不具有普适性，一旦暴露时长、SVOCs种类、衣着状况等与试验条件不同，上述模型将无法准确评估SVOCs的皮肤暴露。

2. Cao 等的改进模型及验证

1) 改进模型

可利用三维人体扫描仪对裸体假人(或受试者)和穿衣假人进行扫描,获得穿衣服时人体不同部位的尺寸参数和衣服与皮肤表面的空隙厚度,进而得到衣服与皮肤直接接触面积,如图 6.26 所示[88]。

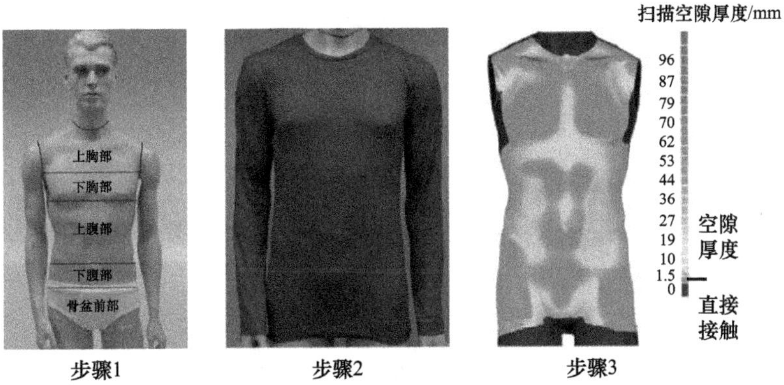

图 6.26　三维人体扫描仪测定衣服与皮肤表面的空隙厚度及直接接触面积[88]

测量结果表明,上半身正面衣服与皮肤直接接触的部位约占总面积的 30%～40%(图 6.26 中深色部位);其余部位衣服与皮肤间空隙在 2～10mm 范围内。在计算衣服覆盖部位的 SVOCs 皮肤暴露量时还应考虑衣服与皮肤直接接触的情形。故 SVOCs 皮肤暴露瞬态评价模型的示意图可改进为图 6.27 所示[89]。这里需要引入一个参量,直接接触部位占被衣服覆盖的皮肤总面积的比例 f,即 SA_{cont}/SA_{cloth}。身体不同部位的衣服和皮肤的间距 L_{ag} 和 f 均差异较大,简单取全身平均 L_{ag} 和 f 进行计算可能降低模型的计算精度,因此应对不同部位分别进行计算。Mert 等[90]

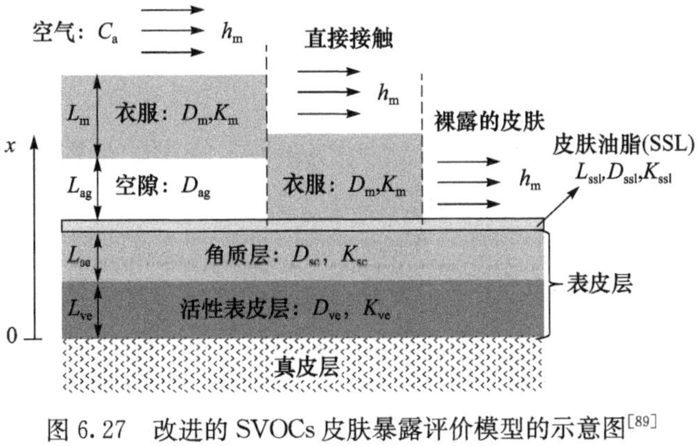

图 6.27　改进的 SVOCs 皮肤暴露评价模型的示意图[89]

测量了人体穿不同衣服、不同姿势时皮肤各部位的 f 和 L_{ag}，人体各部位的划分如图 6.28 所示。计算时，人体不同部位的 SA 可参考 USEPA 的《暴露参数手册》[78]，L_{ag}和 f 可参考 Mert 等[90]的测量结果。

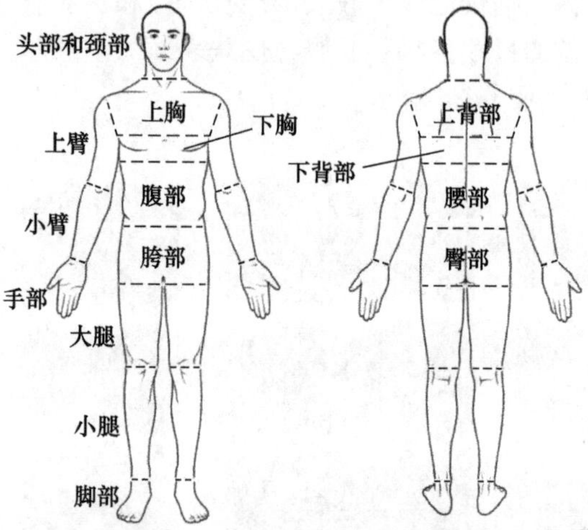

图 6.28　皮肤部位划分示意图[90]

与 Morrison 等的模型[85]相比，Cao 等的模型[89]的主要改进在于考虑了衣服与皮肤直接接触的情形；另外，Cao 等的模型可将三维人体扫描仪测得的 L_{ag}（衣服与皮肤间隙厚度）和 f（衣服与皮肤直接接触面积比）作为模型输入参数，而不需通过结果反推得到一个“等效”的 L_{ag}，模型的适用范围更广。该模型估算 SVOCs 皮肤暴露量时的输入参数包括 C_a、SVOCs 在各层中的扩散系数和分配系数、各层的厚度、暴露时间、皮肤各部位面积以及 h_m。其中，SVOCs 气相浓度可直接测得；D_{sc}、K_{sc}、D_{ve}、K_{ve}、D_{ssl}、K_{ssl}、L_{sc}、L_{ve}、L_{ssl}及 h_m可用 Gong 等[80]及 Morrison 等[85]总结的经验公式计算（或取试验测定的平均值）；若衣服为纯棉材质，D_m和 K_m可用第 3 章介绍的方法测得；L_{ag}和 f 可取文献中类似情况的试验测量结果作为输入值；其他参数如 L_m、暴露时间、皮肤各部位面积，可方便测得或根据实际情况算得。

2) 模型验证

为了评估改进模型的性能，需比较相同条件下模型的计算结果与试验结果。Morrison 等[91]在一个 $55m^3$ 的房间内放置了一块含 DEP 和 DnBP 这两种增塑剂的源材料，静置一段时间后房间空气中 DEP 和 DnBP 的气相浓度达到稳态，且在之后的试验过程中基本保持不变；然后让受试者进入此房间并保持静坐状态（办公）；6h 后受试者离开房间，并换（穿）上干净的衣服（不含 DEP 和 DnBP）；从进入房间开始，受试者的所有尿液将被收集，直到受试者离开房间 48h（即整个试验持续 54h）；通过分析尿液中 DEP 和 DnBP 经人体代谢后产物的含量并结合相应的关系式计算出人体的暴露量。试验过程中，房间换气次数为 0.7h^{-1}，温度维持 30℃不变，相对湿度维持在 20%～35%，且每隔 1h 监测一次房间内两种 SVOCs 的气相浓度。

从进入房间前 12h 开始至试验结束，尽量保证受试者的食物、饮水、生活用品等中不含 DEP 和 DnBP，以去除受试者体内原有的 DEP 和 DnBP 且排除试验过程中其他途径的暴露量（主要是口服）；在房间的 6h 内，受试者头部带有一个呼吸面罩与房间空气隔绝，往面罩中通入干净空气供以呼吸；离开房间后，受试者所处环境中 DEP 和 DnBP 的浓度也远低于房间中的浓度。以上措施可以保证受试者体内的 DEP 和 DnBP 基本来自皮肤暴露，且暴露时间仅为待在试验房内的 6h。

Weschler 等[87]按以上方法测量了 6 位受试者裸体（只穿短裤）时 DEP 和 DnBP 的皮肤暴露量。Morrison 等[91]按以上方法测量了一位受试者在房间内分别穿干净衣服（不含 SVOCs）和穿被 DEP 和 DnBP 污染的衣服时的皮肤暴露量，受试者所穿上衣、裤子及袜子均为纯棉材质。

改进模型验证所用传质参数及受试者人体参数分别见表 6.19 和表 6.20。其中，DnBP 的 D_m 和 K_m 为第 3 章试验结果（25℃和 32℃平均值），DEP 的 K_m 选用 Morrison 等[92]的试验结果，DEP 的 D_m 由 $D_{m,DEP}=D_{m,DnBP}K_{m,DnBP}/K_{m,DEP}$ 计算得到；取受试者全身皮肤面积为 2.06m^2[78]，将其乘以不同部位的皮肤面积比例求得相应的 SA[93]；f 和 L_{ag} 取值对应上身穿普通 T 恤、下身穿普通裤子、正常坐姿时的情形，受试者头部和颈部在呼吸面罩中，计算时假设这部分无皮肤暴露，手掌完全裸露于空气中，脚部穿着袜子，假设袜子与脚部皮肤完全接触。计算结果与 Morrison 等[91]试验测定结果的比较见表 6.21。结果表明，模型预测与试验结果吻合较好，说明改进模型能较为准确地预测人体 SVOCs 皮肤暴露量。但是，考虑到模型输入参数较多且多数为经验公式计算所得，还需开展其他 SVOCs、其他暴露情形的试验以全面评价本模型的性能和适用性。

表 6.19 模型验证所用参数

参数	DEP 参数值	DnBP 参数值	参数	DEP 参数值	DnBP 参数值
$C_{a,loading}/(\mu g/m^3)$①	244	119	K_{ssl}①	2.2×10^7	2.2×10^8
$C_a/(\mu g/m^3$①	295	142	$L_{ssl}/\mu m$①	1.2	1.2
$h_m/(m/h)$①	3.4	3.1	$D_{sc}/(m^2/s)$①	2.6×10^{-15}	4.2×10^{-15}
$D_m/(m^2/s)$	8.3×10^{-13}	2.8×10^{-13}	K_{sc}①	7.1×10^6	2.7×10^7
K_m	2.5×10^5	7.4×10^5	$L_{sc}/\mu m$①	23	23
L_m/mm①	1.0	1.0	$D_{ve}/(m^2/s)$①	6.3×10^{-11}	6.4×10^{-12}
$D_a/(m^2/s)$①	5.5×10^{-6}	4.7×10^{-6}	K_{ve}①	7.6×10^5	3.3×10^6
$D_{ssl}/(m^2/s)$①	8.6×10^{-7}	1.5×10^{-6}	$L_{ve}/\mu m$①	100	100

① Morrison 等[85]计算受试者 DEP 和 DnBP 皮肤暴露量时所用参数。

表 6.20 改进模型验证所用受试者人体参数

皮肤部位	SA /m²①	L_{ag}/mm①	f/%	皮肤部位	SA/m²①	L_{ag}/mm①	f/%
头部	0.15	—②	—	腹部	0.1	7.7	20
颈部	0.06	—	—	腰部	0.12	7.6	16
上臂	0.17	11	30	胯部	0.05	14	9.6
小臂	0.13	10	20	臀部	0.1	9.9	38
手部	0.1	—	—	大腿-前	0.2	13	15
上胸	0.09	4.9	61	大腿-后	0.18	21	38
上背部	0.07	4.9	64	小腿-前	0.14	30	13
下胸	0.06	7.6	48	小腿-后	0.14	19	10
下背部	0.05	6.8	38	脚部	0.14	—②	100

① Mert 等[90]的测量结果。

② "—"表示不存在此情形，即皮肤完全暴露或完全与衣服接触。

表 6.21 模型验证结果①

衣服状况	PAE	直接接触	空隙传递②	空隙传递③	裸露手部	全身暴露量④	试验结果	相对偏差/%⑤
干净	DEP	0.00	0.00	0.00	0.13	0.13	0.35	63
	DnBP	0.00	0.00	0.00	0.04	0.04	0.07	43
SVOCs 污染	DEP	1.97	1.37	1.49	0.13	3.47	4.71	26
	DnBP	2.03	0.65	0.70	0.04	2.72	3.33	18

① 除相对偏差，表中其他结果的单位均为 mg。

② 按图 6.28 分部位计算所得结果。

③ 取全身平均空隙厚度计算所得结果，由表 6.20 可得平均厚度为 10.4mm(不同部位厚度的加权平均值)。

④ 全身暴露量为直接接触、空隙传递(分部位计算结果)和裸露手掌三种途径之和。

⑤ 相对偏差=|预测值－试验结果|/试验结果×100%。

表 6.21 中的数据还表明衣服的状态对 SVOCs 皮肤暴露影响非常显著。若所穿衣服是干净的，被衣服覆盖部位的皮肤暴露量几乎为 0，这是由于在受试者处于试验房间的 6h 内空气中的 SVOCs 尚未穿透衣服，若以 $0.2L_m^2/D_m$(扩散过程的正则阶段)简单估算 SVOCs 穿透衣服所需的时间，DEP 需 2.8d 而 DnBP 需 8.3d，均显著长于 6h；若衣服已被 SVOCs 污染，则被衣服覆盖部位的皮肤暴露量占皮肤总暴露量的 90%以上，且衣服与皮肤直接接触是形成皮肤暴露的主要途径(分别贡献了 DEP 和 DnBP 皮肤总暴露量的 62%和 75%)，这表明与衣服直接接触的皮肤面积比例(即 f)的确定对 SVOCs 皮肤暴露的准确评价非常重要。

当衣服与皮肤不直接接触时，Cao 等[89]还比较了取每个部位的平均 L_{ag} 计算最后叠加和取全身平均 L_{ag}(每个部位 L_{ag} 的加权平均值 10.4mm，权值为每个部位的皮肤面积百分比)计算的皮肤暴露量，即表 6.21 中第四、五列的结果。可以看出，两种方法所得结果相对偏差小于 10%，这是由于皮肤表面大部分区域的 L_{ag} 都在 7～15mm 范围内，而 SVOCs 从衣服经空隙传递到皮肤导致的皮肤暴露量在此范围内变化并不显著(若都取 10mm,最大相对偏差小于 30%),如图 6.29 所示[89]。此结果表明在评估衣服与皮肤不直接接触部位的皮肤暴露时,不必对每个区域分别处理,只需取全身 L_{ag} 的平均值代入上述模型即可,如此可大大简化计算过程。

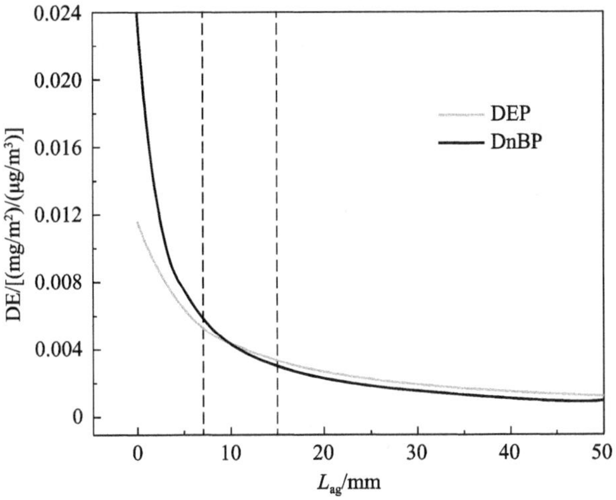

图 6.29　衣服与皮肤存在空隙时,皮肤暴露量随间隙厚度变化趋势[89]

Morrison 等[85]考虑 SVOCs 在衣服中的扩散过程时,所采用的衣服材料扩散系数 D_m 为经验公式计算值。其值显著高于 Cao 等[89]的试验测定值,进而导致高估了 SVOCs 皮肤全身暴露量,见表 6.22。因此,在估算衣服对皮肤暴露的影响时,应实测所用衣服材料的扩散系数。

表 6.22　D_m 使用经验公式计算值时模型的计算结果

SVOCs	D_m 测定值 /($10^{-12}m^2/s$)	D_m 计算值① /($10^{-12}m^2/s$)	直接接触量 /mg	空隙传递量② /mg	全身暴露量/mg	试验结果 /mg
DEP	0.83	13.20	3.13	1.72	4.98	4.71
DnBP	0.28	3.81	5.53	0.83	6.40	3.33

① D_m 的计算公式为 $D_m=D_a\varepsilon/K_m$。
② L_{ag}取全身平均间隙厚度 10.4mm 计算而得。

以上分析表明,用改进模型评价 SVOCs 皮肤暴露时,除文献中已经提到的衣服/SVOCs 分配系数 K_m[86]和其他皮肤中的相关参数外[66],衣服与皮肤直接接触部位的面积比例 f、衣服与皮肤间空隙的平均厚度 L_{ag}及衣服中 SVOC 的扩散系数 D_m 也是模型的关键输入参数。

6.5　小　　结

(1) 本章介绍了污染暴露评价方法、气态污染物的被动采样方法。然后介绍了我国代表性区域城市人口对 VOCs 的呼吸暴露研究结果，提出了估算皮肤暴露的试验方法和动态模型，为分析衣服对皮肤暴露的影响提供了技术手段和模型基础。

(2) 我国城市工作男性和女性因呼吸暴露 VOCs 而产生的癌症风险平均值分别为 2.93×10^{-4} 和 2.27×10^{-4}，远超过可接受的风险阈值；甲醛、1,4-二氯苯、苯和 1,3-丁二烯是导致癌症风险的主要污染物，其引发的癌症风险中值均超过 1×10^{-5}。约 70%的 VOCs 呼吸暴露癌症风险源自住宅室内的暴露。

(3) 我国儿童主要暴露的 PAE 为 DiBP、DnBP 和 DEHP，其皮肤暴露量可占总暴露量的 30%，不可忽略。且 DEHP 在手表面浓度最高，而 MnBP 在尿液中浓度最高；PAE 暴露存在季节差异性，冬季手表面 DiBP、DnBP 和 DEHP 浓度高于夏季；夏季 MEP、MiBP 和 MnBP 浓度显著高于冬季，而 DEHP 代谢产物浓度无显著差异。在对 PAE(尤其是 DiBP 和 DnBP)进行暴露和健康风险分析时，需要考虑皮肤暴露。

(4) 与现有模型相比，Cao 等[89]所建模型考虑了衣服与皮肤直接接触及衣服与皮肤存在空气间隙两种情形(原有模型仅考虑衣服与皮肤存在空气间隙一种情形)，可将三维人体扫描仪测得的衣服与皮肤间隙厚度 L_{ag} 和衣服与皮肤直接接触面积比例 f 作为模型输入参数，模型预测结果与试验测定结果吻合良好，为分析衣服对皮肤暴露的影响提供了模型基础。

参考文献

[1] Lioy P J, Weisel C. Exposure Science. Amsterdam: Elsevier, 2014.

[2] 中华人民共和国国家标准. 居住区大气中苯、甲苯和二甲苯卫生检验标准方法　气相色谱法(GB 11737—1989). 北京：中国标准出版社，1989.

[3] 中华人民共和国国家标准. 室内空气质量标准(GB/T 18883—2002). 北京：中国标准出版社，2002.

[4] Sarigiannis D A, Karakitsios S P, Gotti A, et al. Exposure to major volatile organic compounds and carbonyls in European indoor environments and associated health risk. Environment International, 2011, 37(4): 743-765.

[5] Chao C Y, Chan G Y. Quantification of indoor VOCs in twenty mechanically ventilated buildings in Hong Kong. Atmospheric Environment, 2001, 35(34): 5895-5913.

[6] Ho K F, Lee S C, Chiu G M Y. Characterization of selected volatile organic compounds, polycyclic aromatic hydrocarbons and carbonyl compounds at a roadside monitoring station. Atmospheric Environment, 2002, 36(1): 57-65.

[7] Lee S C, Guo H, Li W M, et al. Inter-comparison of air pollutant concentrations in different indoor environments in Hong Kong. Atmospheric Environment, 2002, 36(12): 1929-1940.

[8] Lee S C, Li W M, Ao C H. Investigation of indoor air quality at residential homes in Hong Kong-case study. Atmospheric Environment, 2002, 36(2): 225-237.

[9] Guo H, Lee S C, Li W M, et al. Source characterization of BTEX in indoor microenvironments in Hong Kong. Atmospheric Environment, 2003, 37(1): 73-82.

[10] Guo H, Wang T, Louie P K K. Source apportionment of ambient non-methane hydrocarbons in Hong Kong: application of a principal component analysis/absolute principal component scores (PCA/APCS) receptor model. Environmental Pollution, 2004, 129(3): 489-498.

[11] Guo H, Kwok N H, Cheng H R, et al. Formaldehyde and volatile organic compounds in Hong Kong homes: Concentrations and impact factors. Indoor Air, 2009, 19(3): 206-217.

[12] Lau W L, Chan L Y. Commuter exposure to aromatic VOCs in public transportation modes in Hong Kong. Science of the Total Environment, 2003, 308(1-3): 143-155.

[13] Feng Y L, Wen S, Wang X M, et al. Indoor and outdoor carbonyl compounds in the hotel ballrooms in Guangzhou, China. Atmospheric Environment, 2004, 38(1): 103-112.

[14] Zhao L R, Wang X M, He Q S, et al. Exposure to hazardous volatile organic compounds, PM_{10} and CO while walking along streets in urban Guangzhou, China. Atmospheric Environment, 2004, 38(36): 6177-6184.

[15] Feng Y L, Wen S, Chen Y J, et al. Ambient levels of carbonyl compounds and their sources in Guangzhou, China. Atmospheric Environment, 2005, 39(10): 1789-1800.

[16] Tang J H, Chan C Y, Wang X M, et al. Volatile organic compounds in a multi-storey shopping mall in Guangzhou, south China. Atmospheric Environment, 2005, 39(38): 7374-7383.

[17] Yuan B, Chen W T, Shao M, et al. Measurements of ambient hydrocarbons and carbonyls in the Pearl River Delta (PRD), China. Atmospheric Research, 2012, 116: 93-104.

[18] Zhang Y L, Wang X M, Barletta B, et al. Source attributions of hazardous aromatic hydrocarbons in urban, suburban and rural areas in the Pearl River Delta (PRD) region. Journal of Hazardous Materials, 2013, 250-251: 403-411.

[19] Pang X B, Mu Y J. Seasonal and diurnal variations of carbonyl compounds in Beijing ambient air. Atmospheric Environment, 2006, 40(33): 6313-6320.

[20] Song Y, Shao M, Liu Y, et al. Source apportionment of ambient volatile organic compounds in Beijing. Environmental Science & Technology, 2007, 41(12): 4348-4353.

[21] Pang X B, Mu Y J. Characteristics of carbonyl compounds in public vehicles of Beijing city: Concentrations, sources, and personal exposures. Atmospheric Environment, 2007, 41(9): 1819-1824.

[22] Liu Q Y, Liu Y J, Zhang M G. Personal exposure and source characteristics of carbonyl compounds and BTEXs within homes in Beijing, China. Building and Environment, 2013, 61: 210-216.

[23] Zhou J A, You Y, Bai Z P, et al. Health risk assessment of personal inhalation exposure to volatile organic compounds in Tianjin, China. Science of The Total Environment, 2011, 409(3): 452-459.

[24] Guo P, Yokoyama K, Piao F Y, et al. Sick building syndrome by indoor air pollution in Dalian, China. International Journal of Environmental Research and Public Health, 2013,

10(4):1489-1504.

[25] Feng Y L,Mu C C,Zhai J Q,et al. Characteristics and personal exposures of carbonyl compounds in the subway stations and in-subway trains of Shanghai,China. Journal of Hazardous Materials,2010,183(1-3):574-582.

[26] Zhang Y L,Li C L,Wang X M,et al. Rush-hour aromatic and chlorinated hydrocarbons in selected subway stations of Shanghai,China. Journal of Environmental Sciences-China,2012,24(1):131-141.

[27] Li S,Chen S G,Zhu L Z,et al. Concentrations and risk assessment of selected monoaromatic hydrocarbons in buses and bus stations of Hangzhou,China. Science of the Total Environment,2009,407(6):2004-2011.

[28] Ohura T,Amagai T,Shen X Y,et al. Comparative study on indoor air quality in Japan and China:Characteristics of residential indoor and outdoor VOCs. Atmospheric Environment,2009,43(40):6352-6359.

[29] Weng M L, Zhu L Z, Yang K, et al. Levels and health risks of carbonyl compounds in selected public places in Hangzhou,China. Journal of Hazardous Materials,2009,164(2-3):700-706.

[30] Weng M L,Zhu L Z,Yang K,et al. Levels,sources,and health risks of carbonyls in residential indoor air in Hangzhou,China. Environmental Monitoring and Assessment,2010,163(1-4):573-581.

[31] Wang P,Zhao W. Assessment of ambient volatile organic compounds (VOCs) near major roads in urban Nanjing,China. Atmospheric Research,2008,89(3):289-297.

[32] Kot-Wasik A,Zabiegala B,Urbanowicz M,et al. Advances in passive sampling in environmental studies. Analytica Chimica Acta,2007,602(2):141-163.

[33] Seethapathy S,Gorecki T,Li X J. Passive sampling in environmental analysis. Journal of Chromatography A,2008,1184(1-2):234-253.

[34] Partyka M,Zabiegala B,Namiesnik J,et al. Application of passive samplers in monitoring of organic constituents of air. Critical Reviews in Analytical Chemistry,2007,37(1):51-78.

[35] Palmes E D,Gunnison A F. Personal Monitoring Device for Gaseous Contaminants. American Industrial Hygiene Association Journal,1973,34(2):78-81.

[36] Martin N A,Duckworth P,Henderson M H,et al. Measurements of environmental 1,3-butadiene with pumped and diffusive samplers using the sorbent Carbopack X. Atmospheric Environment,2005,39(6):1069-1077.

[37] Strandberg B,Sunesson A L,Sundgren M,et al. Field evaluation of two diffusive samplers and two adsorbent media to determine 1,3-butadiene and benzene levels in air. Atmospheric Environment,2006,40(40):7686-7695.

[38] Cocheo C,Boaretto C,Pagani D,et al. Field evaluation of thermal and chemical desorption BTEX radial diffusive sampler radiello compared with active (pumped) samplers for ambient air measurements. Journal of Environmental Monitoring,2009,11(2):297-306.

[39] SKC. SKC 575-002 Passive Sampler Styrene Method Summary (50ppm PEL). Validation to NIOSH Protocol,1995.

[40] Brown R H. Monitoring the ambient environment with diffusive samplers:Theory and practical considerations. Journal of Environmental Monitoring,2000,2(1):1-9.

[41] Plaisance H,Leonardis T,Gerboles M. Assessment of uncertainty of benzene measurements by Radiello diffusive sampler. Atmospheric Environment,2008,42(10):2555-2568.

[42] Tolnai B,Gelencser A,Hlavay J. Theoretical approach to non-constant uptake rates for tube-type diffusive samplers. Talanta,2001,54(4):703-713.

[43] Du Z J,Mo J H,Zhang Y P,et al. Evaluation of a new passive sampler using hydrophobic zeolites as adsorbents for exposure measurement of indoor BTX. Analytical Methods,2013,5(14):3463-3472.

[44] Cao J P,Du Z J,Mo J H,et al. Inverse problem optimization method to design passive samplers for volatile organic compounds: principle and application. Environmental Science & Technology,2016,50(24):13477-13485.

[45] Health and Safety Executive. MDHS 80—Volatile organic compounds in air-laboratory method using diffusive solid sorbent tubes, thermal desorption and gas chromatography. Colegate,UK:Crown,1995.

[46] 中华人民共和国建筑工业行业标准．建筑室内空气污染简便取样仪器检测方法(JG/T 498—2016). 北京:中国标准出版社,2016.

[47] Chan C K,Yao X H. Air pollution in mega cities in China. Atmospheric Environment,2008,42(1):1-42.

[48] Zhang Y P,Mo J H,Weschler C J. Reducing health risks from indoor exposures in rapidly developing urban China. Environmental Health Perspectives,2013,121(7):751-755.

[49] Payne-Sturges D C,Burke T A,Breysse P,et al. Personal exposure meets risk assessment:A comparison of measured and modeled exposures and risks in an urban community. Environmental Health Perspectives,2004,112(5):589-598.

[50] Sax S N,Bennett D H,Chillrud S N,et al. A cancer risk assessment of inner-city teenagers living in New York city and Los Angeles. Environmental Health Perspectives, 2006,114(10):1558-1566.

[51] Loh M M,Levy J I,Spengler J D,et al. Ranking cancer risks of organic hazardous air pollutants in the United States. Environmental Health Perspectives,2007,115(8):1160-1168.

[52] 北京市统计局,国家统计局北京调查总队. 北京统计年鉴 2007. 北京:中国统计出版社,2007.

[53] 国家统计局社会和科技统计司. 中国人的生活时间分配:2008 年时间利用调查数据摘要. 北京:中国统计出版社,2010.

[54] 王宗爽,段小丽,刘平,等. 环境健康风险评价中我国居民暴露参数探讨. 环境科学研究,2009,10:1164-1170.

[55] OEHHA. Air Toxics Hot Spots Program Risk Assessment Guidelines Part II: Technical

Support Document for Describing Available Cancer Potency Factors. Sacramento: Office of Environmental Health Hazard Assessment, California Environmental Protection Agency, 2005.

[56] OEHHA. The Air Toxics Hot Spots Program Guidance Manual for Preparation of Health Risk Assessments. Sacramento: Office of Environmental Health Hazard Assessment, California Environmental Protection Agency, 2003.

[57] Caldwell J C, Woodruff T J, Morello-Frosch R, et al. Application of health information to hazardous air pollutants modeled in EPA's cumulative exposure project. Toxicology and Industrial Health, 1998, 14(3): 429-454.

[58] Du Z J, Mo J H, Zhang Y P, et al. Volatile organic compounds in newly renovated homes and associated cancer risk in Guangzhou, China: a preliminary study. Building and Environment, 2014, 72: 75-81.

[59] Ott W R. A physical explanation of the lognormality of pollutant concentrations. Journal of the Air & Waste Management Association, 1990, 40(10): 1378-1383.

[60] Lonati G, Zanoni F. Probabilistic health risk assessment of carcinogenic emissions from a MSW gasification plant. Environment International, 2012, 44: 80-91.

[61] Du Z J, Mo J H, Zhang Y P. Risk assessment of population inhalation exposure to volatile organic compounds and carbonyls in urban China. Environment International, 2014, 73: 33-45.

[62] Weschler C J, Nazaroff W W. SVOC exposure indoors: Fresh look at dermal pathways. Indoor Air, 2012, 22(5): 356-377.

[63] Weschler C J, Weschler C J, Nazaroff W W. Dermal uptake of organic vapors commonly found in indoor air. Environmental Science & Technology, 2014, 48(2): 1230-1237.

[64] 龚梦艳. 邻苯二甲酸酯皮肤暴露与总暴露的评价及关系研究[博士学位论文]. 北京:清华大学, 2015.

[65] Jung E C, Maibach H I. Animal models for percutaneous absorption. Journal of Applied Toxicology, 2015, 35(1): 1-10.

[66] Gong M Y, Zhang Y, Weschler C J. Predicting dermal absorption of gas-phase chemicals: transient model development, evaluation, and application. Indoor Air, 2014, 24(3): 292-306.

[67] USEPA. Dermal exposure assessment: principles and applications. http://cfpub.epa.gov/ncea/cfm/recordisplay.cfm? deid=12188#Download [2015-04-23].

[68] Cleek R L, Bunge A L. A new method for estimating dermal absorption from chemical exposure: 1. General approach. Pharmaceutical Research, 1993, 10(4): 497-506.

[69] Nitsche J M, Wang T F, Kasting G B. A two-phase analysis of solute partitioning into the stratum corneum. Journal of Pharmaceutical Sciences, 2006, 95(3): 649-666.

[70] Nazaroff W W. Semivolatile organic compounds in indoor environments. Atmospheric Environment, 2008, 42(40): 9018-9040.

[71] Wang T F, Kasting G B, Nitsche J M. A multiphase microscopic diffusion model for stratum corneum permeability. II. Estimation of physicochemical parameters, and application to a large perme-

ability database. Journal of Pharmaceutical Sciences, 2007, 96(11): 3024-3051.

[72] Kretsos K, Miller M A, Zamora-Estrada G, et al. Partitioning, diffusivity and clearance of skin permeants in mammalian dermis. International Journal of Pharmaceutics, 2008, 346(1-2): 64-79.

[73] de Dear R J, Arens E, Hui Z, et al. Convective and radiative heat transfer coefficients for individual human body segments. International Journal of Biometeorology, 1997, 40(3): 141-156.

[74] Fanger P O. Thermal Comfort, Analysis and Application in Environmental Engineering. New York: McGrew-Hill, 1972.

[75] Kezic S, Janmaat A, Krüse J, et al. Percutaneous absorption of m-xylene vapour in volunteers during pre-steady and steady state. Toxicology Letters, 2004, 153(2): 273-282.

[76] Scheuplein R, Bronaugh R, Percutaneous absorption//Goldsmith L. Biochemistry and Physiology of the Skin. New York: Oxford University Press, 1983: 1255-1295.

[77] Gong M Y, Zhang Y P, Weschler C J. Measurement of phthalates in skin wipes: Estimating exposure from dermal absorption. Environmental Science & Technology, 2014, 48(13): 7428-7435.

[78] USEPA. Exposure Factors Handbook. Washington D. C.: U. S. Environmental Protection Agency, 2011.

[79] 王喆，刘少卿，陈晓民，等. 健康风险评价中中国人皮肤暴露面积的估算. 安全与环境学报，2008, 8(4): 152-156.

[80] Gong M Y, Weschler C J, Liu L, et al. Phthalate metabolites in urine samples from Beijing children and correlations with phthalate levels in their handwipes. Indoor Air, 2015, 25(6): 572-581.

[81] Lee E J, Arbuckle T E. Urine-sampling methods for environmental chemicals in infants and young children. Journal of Exposure Science and Environmental Epidemiology, 2009, 19(7): 625.

[82] Silva M J, Samandar E, Preau Jr J L, et al. Quantification of 22 phthalate metabolites in human urine. Journal of Chromatography B, 2007, 860(1): 106-112.

[83] USEPA. Child specific exposure factors handbook 2008. http://cfpub.epa.gov/ncea/cfm/recordisplay.cfm? deid=199243#Download [2015-04-19].

[84] Du Bois D, Du Bois E F. Clinical calorimetry: Tenth paper a formula to estimate the approximate surface area if height and weight be known. Archives of Internal Medicine, 1916, 17(6-2): 863-871.

[85] Morrison G, Weschler C J, Bekö G. Dermal uptake of phthalates from clothing: comparison of model to human participant results. Indoor Air, 2017, 27(3): 642-649.

[86] Morrison G C, Weschler C J, Beko G. Dermal uptake directly from air under transient conditions: advances in modeling and comparisons with experimental results for human subjects. Indoor Air, 2016, 26(6): 913-924.

[87] Weschler C J, Beko G, Koch H M, et al. Transdermal uptake of diethyl phthalate and di(*n*-butyl) phthalate directly from air: Experimental verification. Environmental Health Perspectives, 2015, 123(10): 928-934.

[88] Frackiewicz-Kaczmarek J, Psikuta A, Bueno M-A, et al. Air gap thickness and contact area in undershirts with various moisture contents: Influence of garment fit, fabric structure and fiber composition. Textile Research Journal, 2015, 85(20): 2196-2207.

[89] Cao J P, Zhang X, Zhang Y P. Predicting dermal exposure to gas-phase semivolatile organic compounds (SVOCs): A further study of SVOC mass transfer between clothing and skin surface lipids. Environmental Science & Technology, 2018, 52(8): 4676-4683.

[90] Mert E, Psikuta A, Bueno M A, et al. The effect of body postures on the distribution of air gap thickness and contact area. International Journal of Biometerology, 2017, 61: 363-375.

[91] Morrison G C, Weschler C J, Beko G, et al. Role of clothing in both accelerating and impeding dermal absorption of airborne SVOCs. Journal of Exposure Science & Environmental Epidemiology, 2016, 26(1): 113-118.

[92] Morrison G, Li H, Mishra S, et al. Airborne phthalate partitioning to cotton clothing. Atmospheric Environment, 2015, 115: 149-152.

[93] Yu C Y, Lin C H, Yang Y H. Human body surface area database and estimation formula. Burns, 2010, 36(5): 616-629.

第 7 章　室内空气污染物健康风险分析

要弄清室内空气污染的健康风险，首先要弄清相关污染物的暴露途径、时间特征和剂量。换言之，要对室内空气污染暴露做更精细的可接受的暴露分析。但由于条件和成本限制，很多情况下难以保证室内空气污染物种类和浓度的逐时空间分布信息的精度，更难以确定不同暴露途径（呼吸、口入和皮肤暴露）的污染物摄入量，即暴露分析的精细化程度还亟待提高。

值得注意的是：即使暴露剂量相同，不同的暴露途径对应的健康风险也会不同，而要准确确定不同暴露途径对应的暴露剂量常常是非常困难的。现实的暴露场景一般都很复杂，很多因素难以准确确定，需要通过各种仔细设计的测试和控制试验才能很好地确定暴露途径和暴露剂量。不仅如此，对同样的暴露途径和总暴露剂量，污染物浓度随时间变化的特性（如恒定浓度和波动浓度）对应的健康风险也会不同，必要时需要深入研究。

在确定了暴露途径和暴露剂量后，可根据剂量-效应（dose-response，D-R）关系确定相应的暴露风险。而剂量-效应关系的确定则属于健康或医学领域的研究范畴的任务，即便如此，其中的暴露剂量的准确确定也常常依赖于精细化暴露分析。如前所述，剂量-效应关系会和暴露途径、污染物浓度随时间的变化特性有关。

7.1　室内甲醛和典型 VOCs 的致癌风险

污染物健康风险评估，是基于污染物已知的危害特性和剂量-效应关系，通过对人体接触环境浓度的监测结果和人群暴露行为的调查，遵循特定的规程，使用风险评估模型预测出特定暴露状态下污染物的健康风险[1,2]。污染物健康风险评估过程包含四个关键步骤：危害鉴定、剂量-效应关系评价、暴露量评估和风险评估，如图 7.1 所示[3]。

与我国室内外居高不下的 VOCs 污染相对应，同时期相关疾病大幅增长。据调查，1990～2000 年，我国城市 14 岁以下儿童的哮喘患病率由原来的不到 1%增长到 2%，且继续大幅增长[4,5]。此外，研究表明，VOCs 污染与肺癌的发生有一定关系[6,7]，且是儿童呼吸道疾病的重要原因[8-10]。因此，全面调研我国城市地区人群对 VOCs 污染呼吸暴露量及相关健康风险，有利于管理部门及早发现问题，进行污染防控和暴露防控。

基于上述原因，越来越多的研究者开始关注我国城市人群对典型 VOCs 的呼吸暴露与相关健康风险，但是总体的研究数量依然有限，数据质量参差不齐，有待提高。

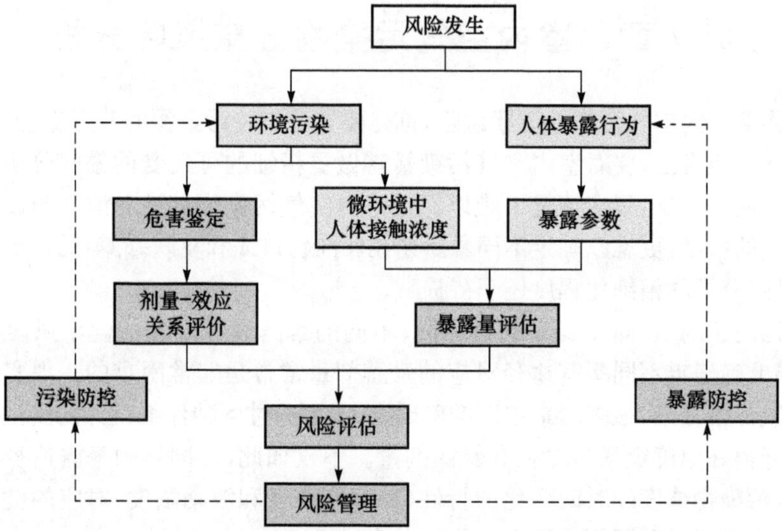

图 7.1 污染物健康风险的评价和管理流程图[3]

2004 年，Guo 等[11]在我国香港测试了住宅、办公场所、交通场所、教室、餐厅和商场等不同室内微环境内 7 种 VOCs 的浓度，并评估了不同人群在室内对目标 VOCs 呼吸暴露量与相关癌症风险，发现女性尤其是家庭主妇承受的癌症风险更高，此外吸烟家庭人员承受的癌症风险明显高于非吸烟家庭人员。但是 Guo 等[11]并未考虑人群在室外的暴露，同时也没有考虑女性和男性呼吸暴露参数的差异，可能会影响癌症风险估计值的准确性。另外，还有一些研究者测试了某些特殊室内环境(如公交车、厨房等)中典型 VOCs 的浓度，并估算了相应人群在这些环境下的 VOCs 呼吸暴露量与相关癌症风险[12-14]，但其结果具有较大局限性，不能表征普通人群总的暴露情况和癌症风险。

2011 年，Zhou 等[15]在天津招募了 12 个志愿者，测试了其对苯、苯乙烯、氯仿、四氯化碳和 1,3-丁二烯的个体呼吸暴露量，同时还测试了住宅室内、室外、办公场所及交通场所内上述 VOCs 的浓度，并由此评估了相关的癌症风险。研究结果表明：基于个体暴露量所得的总癌症风险为 4.4×10^{-5}，而人们在住宅室内、室外、办公场所及交通场所内的癌症风险分别为 3.7×10^{-5}、3.0×10^{-5}、1.8×10^{-5} 和 3.6×10^{-5}，这与基于个体暴露量所得癌症风险存在明显偏差，可能与并未考虑人群呼吸暴露参数的变异性以及所选择的受试样本过少有关。

2013 年，Liu 等[16]测试了北京 210 户住宅室内醛酮类化合物和苯系物的浓度，并以此估算了北京人群在住宅内的 VOCs 呼吸暴露量与相关癌症风险。研究结果表明：室内甲醛、乙醛和苯导致的癌症风险均超过了 USEPA 规定的可接受阈值(1×10^{-6})。但是该研究没有考虑室外以及其他室内微环境中 VOCs 污染对人群暴露的影响，因此他们的结果极有可能低估了北京人群的 VOCs 暴露风险。

目前，我国城市人群对 VOCs 的呼吸暴露量与相关癌症风险远未得到充分评估，现有研究的不足之处在于：①仅关注了某一微环境下的人群暴露；②仅检测了少数 VOCs；③仅采集了少量样本；④未考虑人群呼吸暴露参数的变异性。因此，我国或不同地区的 VOCs 污染和暴露防控(包括标准制定)方面还缺乏数量和质量满足要求的大量基础数据。

7.1.1　我国城市地区人群 VOCs 呼吸暴露相关健康风险

6.3.1 节介绍了健康风险计算及蒙特卡罗模拟方法，图 7.2 比较了基于蒙特卡罗模拟方法获得的我国城市工作女性和男性呼吸暴露 VOCs 产生的癌症风险[17]。对于男性，总癌症风险的变化范围从 1.65×10^{-4} 到 4.71×10^{-4}，平均值为 2.93×10^{-4}，中位值为 2.78×10^{-4}；对于女性，总癌症风险的变化范围从 1.27×10^{-4} 到 3.65×10^{-4}，平均值为 2.28×10^{-4}，中位值为 2.16×10^{-4}；以上风险值均显著高于 USEPA 规定的可接受的风险阈值(10^{-6})，处在 USEPA 建议采取措施减少暴露的区间。此外，甲醛、1,4-二氯苯、苯和 1,3-丁二烯引起的癌症风险中位值最高(大于 10^{-5})；乙醛、四氯甲烷、四氯乙烯、乙苯、氯仿和三氯乙烯引起的癌症风险中位值次之($10^{-6}\sim10^{-5}$)；苯乙烯引起的癌症风险中位值最低(小于 10^{-6})。所列出的 VOCs 对男性的癌症风险都略高于女性，但相对排序不变[17]。

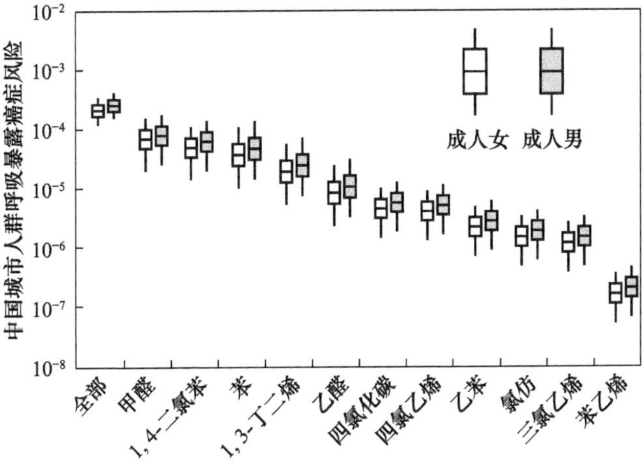

图 7.2　中国城市人群呼吸暴露各种 VOCs 引起的癌症风险(风险值为 lg 坐标)[17]

图 7.3 为不同 VOCs 对人群呼吸暴露的总癌症风险的相对贡献[17]。可以看出，甲醛、1,4-二氯苯、苯和 1,3-丁二烯的癌症风险贡献率分别为 33%、24%、21% 和 10%，合计为 88%。因此，这四种 VOCs 是导致我国城市人群因呼吸暴露而产生癌症风险的主要污染物。

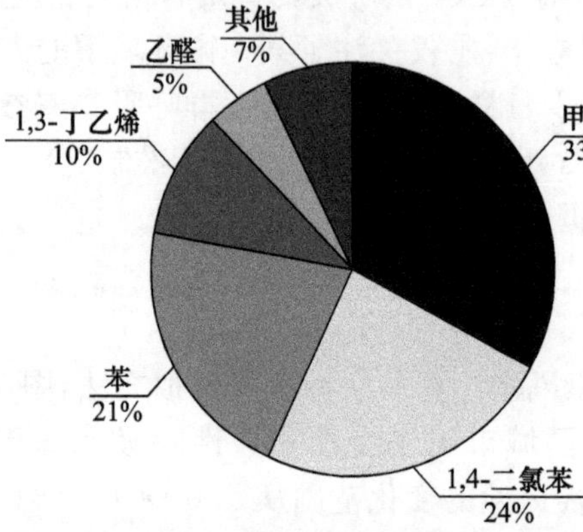

图 7.3　不同 VOCs 对人群呼吸暴露的总癌症风险的相对贡献[17]

Du 等[17]比较了考虑和未考虑人群呼吸速率的变异性和癌症风险因子的变异性所得的总癌症风险，如图 7.4 所示。研究结果表明：若不考虑人群呼吸速率和癌症风险因子的变异性，成年女性承受的总癌症风险增加，其平均值和中位值分别为 3.39×10^{-4} 和 3.29×10^{-4}，增加幅度均超过 50%；成年男性承受的总癌症风险也增加，其平均值和中位值分别为 4.38×10^{-4} 和 4.25×10^{-4}，增加幅度也超过 50%。因此可进一步推论，在评估人群癌症风险时若不考虑相关因素的变异性，所得癌症风险会被明显高估。

考虑非癌症风险时，仅甲醛的个体暴露浓度（43.0μg/m^3 或 40.8μg/m^3）就已远超美国加利福尼亚州环保局颁布的慢性呼吸暴露参考限值（9μg/m^3）。这说明人体长期暴露于该水平将对眼和呼吸道系统产生负面影响。但对于其他靶器官，健康商数（见式(6.22)）均小于 1，变化范围为从对内分泌系统的 2×10^{-3} 到神经系统的 0.2。

目前，基于个体暴露量评估我国人群癌症风险的研究较少。Guo 等[11]评估了我国香港地区人群呼吸暴露于不同室内环境下的 7 种 VOCs 而引发的癌症风险，相应风险水平远低于图 7.2 的结果。Zhou 等[15]检测了天津地区 12 个受试者对 5 种 VOCs 的呼吸个体暴露量，并由此评估了相应的癌症风险。受试者总癌症风险水平为 4.4×10^{-5}，癌症风险主要的贡献污染物为苯和 1,3-丁二烯。然而，该研究仅考虑了 5 种 VOCs，没有包含甲醛和乙醛，并且测试的样本数量（受试者人数）过少；这些因素可能使结果存在较大误差。

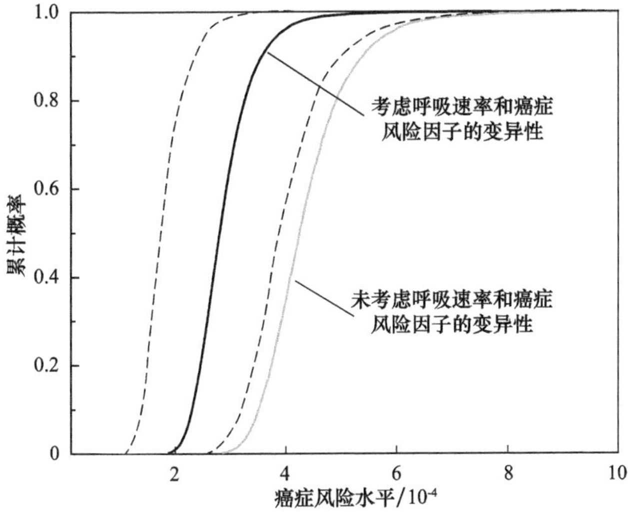

(a) 男性VOCs呼吸暴露引发的癌症风险水平

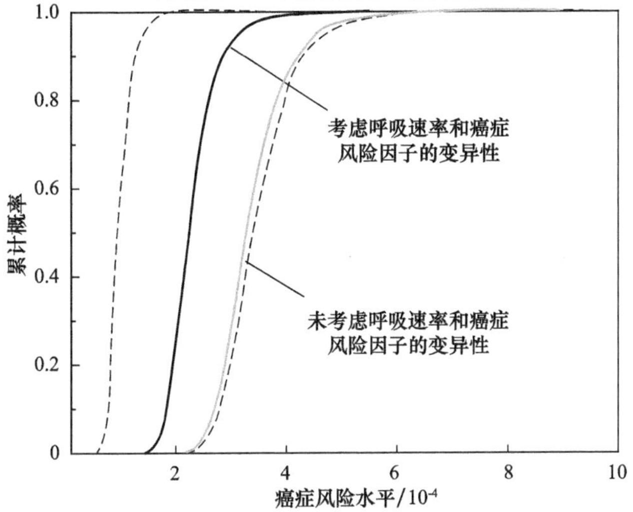

(b) 女性VOCs呼吸暴露引发的癌症风险水平

图 7.4　中国城市工作人群 VOCs 呼吸暴露引发的癌症风险水平[17]

实线为中位值,虚线分别为 5%和 95%分位值

在美国,Payne-Sturges 等[18]、Sax 等[19]和 Loh 等[20]分别评估了社区范围、城市范围及国家范围的人群 VOCs 呼吸暴露量及相关癌症风险,这为我国学者开展相关研究提供了范式指导。Sax 等[19]和 Loh 等[20]均发现苯、甲醛、乙醛和 1,4-二氯苯是引发癌症风险的主要污染物,这与其后 Du 等[17]在我国开展的研究结果基本一致。Sarigiannis 等[21]考察了欧洲众多国家室内环境中主要 VOCs(苯、甲苯、二甲苯、苯乙烯、柠檬烯等)和醛类的浓度水平,并由此评估了欧洲人

群室内呼吸暴露导致的癌症风险，认为苯和甲醛最值得关注。然而，上述研究评估癌症风险时均以个体暴露水平（$\mu g/m^3$）与呼吸暴露风险因子（$(\mu g/m^3)^{-1}$）的乘积作为癌症风险，但是该方法暗含前提，即成人的平均体重为 70kg，平均呼吸速率为 $20m^3/d$。假设的人群暴露参数基于美国的人口普查结果，与我国成人相应的暴露参数存在明显差异[22]。因此，比较不同研究关于不同人群呼吸暴露 VOCs 引发的癌症风险时，需注意区分不同人群间的暴露参数及计算癌症风险时采用的方法等。

7.1.2 室内外暴露及室内外源的相对贡献率

对 VOCs 呼吸总暴露按暴露场合（微环境）拆分，结果如图 7.5 所示[17]。对女性和男性而言，住宅室内暴露癌症风险贡献率分别为 73％和 67％，办公场所的相应值分别为 12％和 18％，交通场所的相应值分别为 8％和 9％，室外或其他场所的相应值分别为 6％和 6％。对于甲醛、1，4-二氯苯、三氯甲烷和苯乙烯，住宅室内暴露贡献率接近 90％。Loh 等[20]研究了不同场所暴露量对美国居民癌症风险的相对贡献率后发现，69％的风险由室内暴露引起，其中 52％来自住宅室内暴露；与 Du 等[17]的研究结果相比，该比例明显偏小。Loh 等[20]的研究中包含了人群呼吸暴露多环芳烃及口摄入暴露多环芳烃和二噁英而引发的癌症风险，因此导致所得室内暴露贡献偏小。

对于气相污染物，Loh 等[20]利用一些 VOCs 室内外浓度的比值来计算室内外 VOCs 浓度（源）对室内浓度的贡献率。利用该方法，他们评估了室内外 VOCs 浓度（源）对呼吸暴露导致的癌症风险的贡献率，结果见表 7.1。平均而言，超过 60％的癌症风险来自室内浓度（源）的贡献。其中，住宅室内浓度（源）的贡献约占总暴露量的 50％；而室外浓度（源）贡献率接近 34％。对苯、乙苯和四氯化碳而言，从暴露场所的角度看，室内暴露量占总暴露量的近 80％；但从污染来源的角度看，室外浓度（源）对总暴露量的贡献甚至超过室内浓度（源）的贡献。

Loh 等[20]估算了美国居民呼吸暴露于不同来源的 VOCs 产生的致癌风险的相对大小，认为美国居民对乙醛、苯、1，3-丁二烯、三氯乙烯等的暴露量主要来自室外源的贡献；所得结论与 Du 等[17]的结论有所差别，可能原因是在美国以上 VOCs 污染源主要存在于室外。Sax 等[19]比较了美国纽约和洛杉矶两座大城市中 13～19 岁中学生暴露于不同来源的 VOCs 产生的致癌风险的相对贡献，发现来自住宅室内污染源的贡献率超过了 40％，且是最主要的贡献；该结论虽然与 Du 等[17]的结论有一定差异，但考虑到两项研究中考察城市的情况明显不同，该差异可以理解。

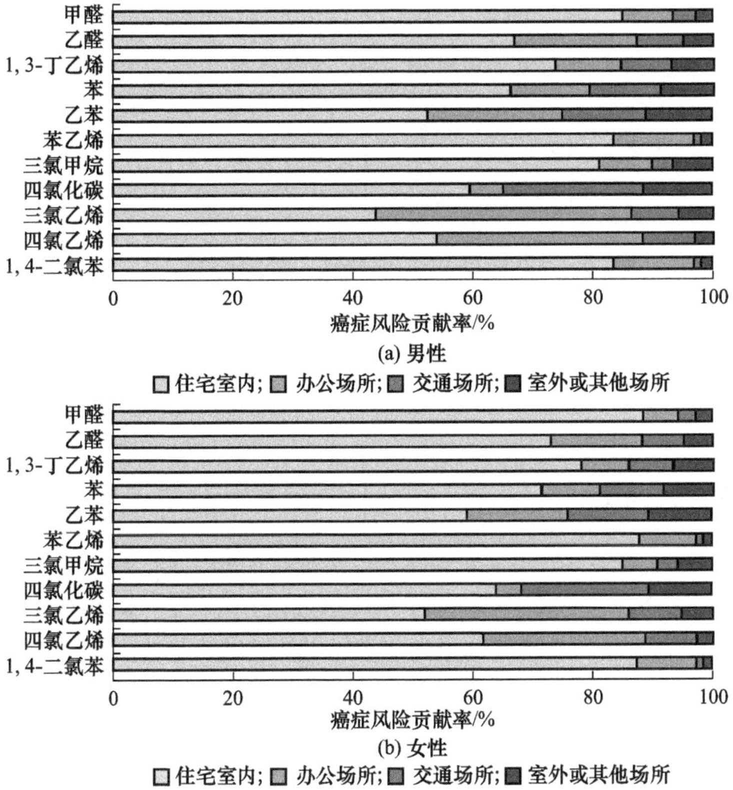

图 7.5　不同微环境暴露对癌症风险的贡献率[17]

表 7.1　室内外 VOCs 浓度(源)对癌症风险的贡献率

VOCs		癌症风险贡献率(女性)/%			癌症风险贡献率(男性)/%		
		室内	室外	住宅室内	室内	室外	住宅室内
醛类和VVOCs	甲醛	75	22	72	74	22	69
	乙醛	58	35	48	57	35	44
	1,3-丁乙烯	51	42	47	49	43	45
芳香烃	苯	42	48	38	40	48	35
	乙苯	33	54	24	33	53	22
	苯乙烯	86	12	79	86	13	75
氯代烃	三氯甲烷	56	41	54	55	42	52
	四氯化碳	28	51	27	26	50	25
	三氯乙烯	55	37	28	57	34	46
	四氯乙烯	70	21	47	71	20	41
	1,4-二氯苯	83	15	76	83	16	73
	平均值	58	34	49	57	34	48

考虑我国城市人群室内外暴露及室内外源对癌症风险的相对贡献，对相关 VOCs 污染防控和暴露防控，均有重要指导意义。首先，要格外重视我国城市住宅室内空气质量，建议国家相关部门采取措施或颁布法规提高城市居民住宅室内空气质量，因为对我国城市居民而言，绝大部分 VOCs 呼吸暴露引发的癌症风险源自住宅室内；其次，减少室外 VOCs 排放并控制室外 VOCs 向室内传输，减少室外污染源对室内暴露的贡献；第三，应优先减少甲醛、1,4-二氯苯、苯和 1,3-丁乙烯等污染物的室内外释放，因为这些 VOCs 是引发癌症风险的主要污染物。

7.2 室内空气污染物的疾病负担

7.2.1 疾病负担指标

疾病负担(burden of disease,BD)是指由健康问题引发疾病所造成的损失，常用伤残调整寿命年(disable adjusted life years,DALY)进行定量描述与表征[23]。DALY 给出了由过早死亡和发病导致的人口健康寿命年损失的时间长度(单位为年)，可以用来比较不同国家和地区、人群在不同时间段的疾病负担。DALY 概念已被 WHO 认可，广泛用于全球、国家和地区等不同层次疾病造成损失的相关研究中[24]。

DALY 代表了当前情况与理想情况之间的差异。在理想情况下，每个人都能活到标准预期寿命年龄，并且健康状况良好[25]。DALY 包含两部分：①寿命损失年(years of life lost,YLL)；②伤残损失年(years lived with disability,YLD)。对于每种疾病，DALY 可由式(7.1)计算。

$$\mathrm{DALY}=\mathrm{YLL}+\mathrm{YLD} \tag{7.1}$$

全人口 YLL 的基本计算公式为

$$\mathrm{YLL}=NL_{\mathrm{d}} \tag{7.2}$$

式中，N 为死亡人数，人；L_{d} 为标准预期寿命与死亡年龄的差值，年。

对于给定的致残事件，YLD 的基本计算公式可以表示为

$$\mathrm{YLD}=nL_{\mathrm{s}}\cdot\mathrm{DW} \tag{7.3}$$

式中，n 为事件发生的次数，次；L_{s} 为患病时长，年；DW 为从 0(完全健康)到 1(相当于死亡)的表征疾病严重程度的疾病伤残权重。

式(7.1)～式(7.3)是未折现的、非年龄加权的 DALY。折现指的是：与在未来的一年中健康的生活相比，人们通常更愿意在当下一年中健康地生活。WHO 建议取实际折现率 r 为 3%。如果考虑折现，则 YLL 和 YLD 的表达式将变为

$$YLL=\frac{N}{r}[1-\exp(-rL_d)] \tag{7.4}$$

$$YLD=\frac{nL_s \cdot DW \cdot [1-\exp(-rL_s)]}{r} \tag{7.5}$$

在过早死亡率和慢性病高达2倍的情况下，折现显著影响估算的量级，但对折现和未折现的计算结果进行比较，发现其并不影响暴露等级[24]。

全球疾病负担(global burden of disease，GBD)研究通过统计不同地点、年龄组、性别和年份获得的YLL和YLD来计算DALY。表7.2列出了1990年、2006年和2016年全球所有年龄段DALY的计算结果[26]。每种病因的详细疾病可以在文献[26]中找到。

表7.2　1990年、2006年和2016年全球所有年龄段由于选定原因的DALY[26]

原因	所有年龄段DALY/(10^3年)		
	1990年	2006年	2016年
所有原因	2448430.5	2490698.9	2391258.0
A. 传染性、孕产妇、新生儿和营养性疾病	1114176.6	918804.8	667823.7
艾滋病毒/艾滋病和结核病	84184.5	159063.9	101133.3
腹泻、下呼吸道感染等常见传染病	557388.0	337062.8	229961.4
被忽视的热带疾病和疟疾	87294.8	99229.2	74995.1
母体失调	21597.1	18093.0	13763.0
新生儿疾病	261357.2	211984.8	163569.7
营养缺陷	69823.3	64648.9	60936.1
B. 非传染性疾病	1074539.5	1312102.0	1468000.0
肿瘤	151550.6	189094.4	213221.0
气管、支气管和肺癌	24411.4	32059.3	36441.0
白血病	10455.3	10401.6	10204.0
心血管疾病	266709.6	321851.2	353120.9
慢性呼吸系统疾病	86833.7	86665.1	92528.7
哮喘	23840.9	22817.4	23720.5
消化系统疾病	32345.7	33020.0	34368.9
肝硬化等慢性肝病	28184.1	36122.1	38856.7
神经障碍	64973.1	87251.9	103580.0
精神和物质使用障碍	110918.3	145067.1	162509.3
糖尿病、泌尿生殖器、血液和内分泌疾病	81744.6	112751.7	133747.8
肌肉骨骼疾病	86655.4	117031.2	140030.6

续表

原因	所有年龄段 DALY/(10^3 年)		
	1990 年	2006 年	2016 年
C. 受伤	259714.5	259792.1	255434.3
交通伤害	70430.3	80802.1	78051.8
意外伤害	121695.5	111226.3	107423.5
自我伤害和人际暴力	57011.9	61630.8	58717.9
自然力量,冲突和恐怖主义,死刑及警察冲突	10576.7	6132.8	11241.1

7.2.2 环境疾病负担估计方法

环境疾病负担(environmental burden of disease,EBD,可以用 DALY 表征)研究用于评估环境风险因素(如室内空气污染、室外空气污染、卫生和保健)造成的疾病负担,并且与评估个体疾病和损伤的疾病负担密切相关[25]。通过开展 EBD 研究,可以实现以下目标[25]:①考虑健康和环境改善的优先行为;②规划预防行为;③评估表现;④预测预防行为的健康收益;⑤识别高危人群;⑥预测未来需求;⑦确定卫生研究的重点;⑧助力相关决策。

对于每个风险因素,评估 EBD 需要以下数据[25]:①人群中风险因素暴露的分布;②风险因素的暴露剂量-效应函数;③该风险因素失去的 DALY。选择环境风险因素,可根据以下原则选择:公共卫生事件的严重性、高个人风险、高度政治或公众关注度、经济意义。此外,选择还受到 EBD 计算可行性的影响。为了估算室内空气污染物对健康的影响,通常根据暴露数据的可用性选择以下风险因素:甲醛、苯、$PM_{2.5}$、臭氧和氡[27,28]。对于每一种环境风险因素,应选择一组相关的健康终点:应该有足够的证据表明健康影响对估计疾病负担具有重要影响,并且有足够的数据(疾病负担数据,暴露剂量-效应函数,即 D-R 关系)来进行计算。表 7.3 列出了部分用于估算室内空气污染物暴露的环境风险因素和相关的健康终点。

表 7.3 部分用于估算室内空气污染物暴露的环境风险因素和相关的健康终点

环境风险因素	健康终点
甲醛	哮喘
苯	白血病
$PM_{2.5}$	总死亡率
	慢性支气管炎
	肺癌
	非致死性中风
臭氧	死亡

续表

环境风险因素	健康终点
	哮喘
	肺癌
	呼吸道感染
	心律失常
氡	肺癌

Hännien 等[27]采用三种方法来估算六个欧洲国家的 EBD。具体选择哪一种方法取决于每个暴露剂量-效应组合的暴露剂量-效应函数以及 WHO 疾病负担数据的可获得性。这里对三种方法分别简介如下。

当 WHO 的疾病负担可用于给定的结果时，可以根据该结果的人口归因分数(population attributable fraction，PAF)估算 EBD，即

$$\mathrm{EBD}=\mathrm{PAF}\cdot\mathrm{BD} \tag{7.6}$$

式中，BD 为疾病负担，采用 DALY 进行量化表征，可从文献[26]中获得。

方法 1：如果相对风险(relative risk，RR)数据(基于环境流行病学)可用于暴露剂量-效应组合，那么式(7.6)中的 PAF 可表示为

$$\mathrm{PAF}=\frac{p(\mathrm{RR}-1)}{p(\mathrm{RR}-1)+1} \tag{7.7}$$

式中，p 为暴露人口的比例，%；RR 为污染物暴露水平下的相对风险。

利用式(7.6)和式(7.7)可以计算出 EBD。

方法 2：如果 RR 数据无法测得，那么可以使用给定暴露剂量-效应组合的单位风险(unit risk，UR)数据(基于毒理学或职业数据)预测 PAF。

$$\mathrm{PAF}=\frac{E\cdot\mathrm{UR}\cdot P}{I} \tag{7.8}$$

式中，E 为污染物暴露水平；UR 为污染物暴露的单位风险；P 为总暴露人口数；I 为总患病人口数。

然后，利用式(7.6)和式(7.8)可以计算出 EBD。

方法 3：在某些暴露情况下，WHO 的疾病负担数据不易获得，此时可以通过式(7.9)来估计 EBD。

$$\mathrm{EBD}=E\cdot\mathrm{UR}\cdot P\cdot\mathrm{DW}\cdot L_s \tag{7.9}$$

式中，DW 为式(7.3)中引入的残疾伤残权重；L_s 为患病时长，a。

应用以上三种方法的估算过程如图 7.6 所示。具体计算流程如图 7.7～图 7.9 所示[27]。

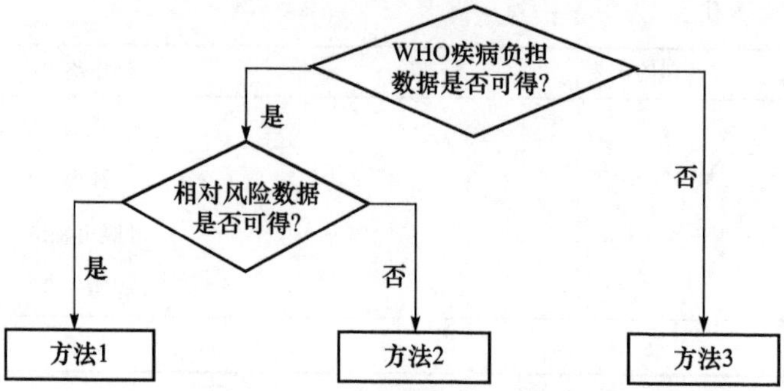

图 7.6　环境疾病负担估算过程

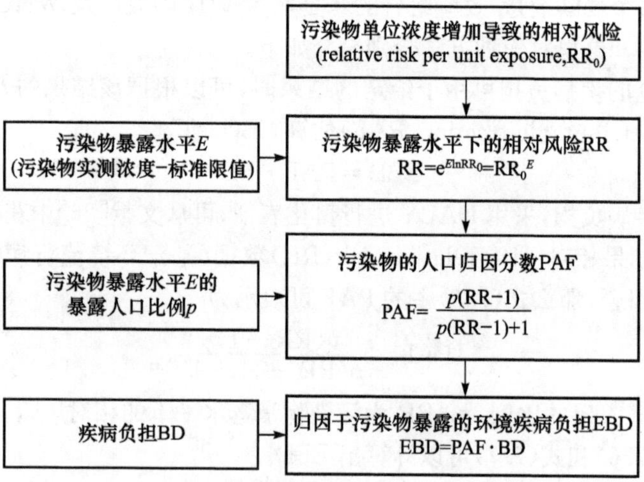

图 7.7　环境疾病负担估算方法 1[27]

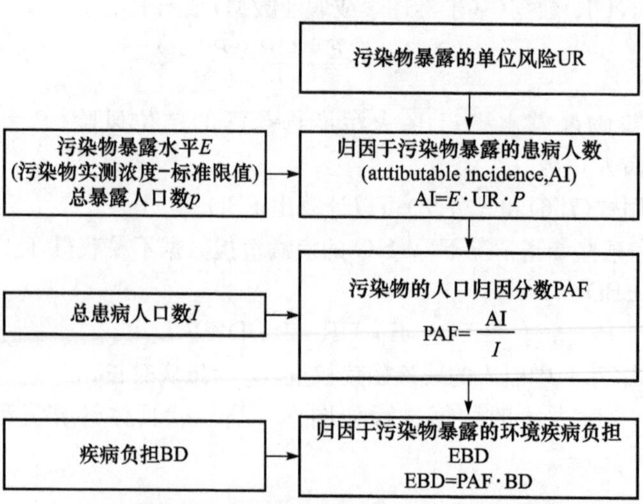

图 7.8　环境疾病负担估算方法 2[27]

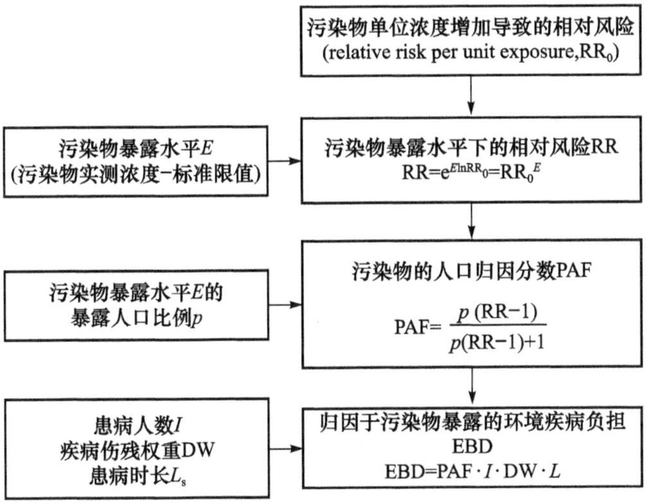

图 7.9　环境疾病负担估算方法 3[27]

7.2.3　环境疾病负担估计研究案例

目前国际上开展了三个典型的室内空气污染物疾病负担归因评估研究：WHO 开展的欧洲六国环境疾病负担（Environmental Burden of Disease in European Countries，EBoDE）项目[27]，美国住宅室内空气污染慢性健康影响评估项目[28]及全球疾病负担项目中室内空气污染物的评估[29]。

1. WHO 开展的空气污染物疾病负担评估——EBoDE

比利时、芬兰、法国、德国、意大利和荷兰六个国家的研究者合作开展了 EBoDE 项目[27]。该项目比较了六国间主要空气污染物的环境疾病负担，并由此确定了室内主要空气污染物清单。

EBoDE 研究主要包括：室内环境危险因素的确定、健康终点的确定、暴露剂量-健康效应关系的确定。环境危险因素主要根据公共卫生影响、人群健康的高风险、政策或公众关注的焦点污染物、改善后带来的经济效益来确定。同时，室内危险因素的筛选还需考虑环境危险因素的暴露数据、暴露剂量-健康效应、相关基线健康统计数据可及性。最终该项目确定了九大室内危险因素：苯、二噁英、二手烟、甲醛、铅、噪声、臭氧、$PM_{2.5}$、氡。健康效应终点的确立基于第十版国际疾病分类标准（International Classification of Diseases，Tenth Revision，ICD-10），且各危险因素所致的健康效应进一步由 WHO 既往研究的结果或相应指南所证实。健康效应终点的选择还需综合考虑：危险因素与健康效应是否存在因果关系、健康效应能否提供疾病负担评估的充足数据、目前是否存在可用的相关疾病负担数据或暴露剂量-效应关系。暴露剂量-健康效应则由相应危险因素的 Meta 分析和 WHO 指南等共同确立。

如图 7.10 所示[27]，研究结果表明：$PM_{2.5}$为首要空气污染物，在 DALY 中占比 68%，每百万人的 DALY 达 4500～10000 年；其次为二手烟与噪声，各自占比 8%，两者每百万人的 DALY 为 600～1200 年和 400～1500 年；氡占比 7%，每百万人的 DALY 达到 450～1100 年。其余室内危险因素的占比均不到 5%，所造成的每百万人伤残调整寿命损失年数均不到 1000 年。

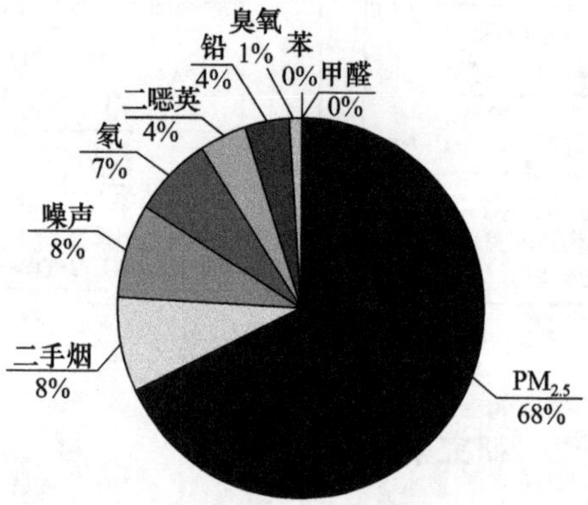

图 7.10　欧洲六国室内危险因素暴露造成的 DALY 占比[27]

EBoDE 项目的评估结果主要取决于所选择的暴露数据库。数据的不确定性为该项目的主要局限，其来源包括暴露度量的选择、健康效应的选择、暴露剂量-效应关系的可信区间、所选取危险因素的阈值、DALY 的贴现问题、年龄加权问题、疾病健康效应的时间滞后因素。该研究比较了 3 种模型下室内 9 大危险因素的疾病负担结果。这 3 种模型包括：非贴现非年龄加权无滞后效应的疾病负担估计值、WHO 标准的贴现年龄加权无滞后效应的疾病负担估计值、贴现年龄加权存在滞后效应的疾病负担估计值。虽然三种模型下的室内危险因素暴露造成的 DLAYs 数值上存在差异，但是各危险因素危害控制排序保持一致。因此，EBoDE 项目可以用于制定欧洲六国室内空气污染物的标准、评估室内空气污染物的健康风险、识别易感人群、评估暴露减少所带来的健康潜在效益等。

2. 美国住宅室内空气污染慢性健康影响评估

该评估项目结合疾病发病率与 DALY 健康效应模型，评估长期吸入住宅室内空气污染物所引起的人均健康成本。

Logue 等[30]总结了美国及其他国家 77 个住宅空气污染物浓度的研究报告，涉及 267 种空气化学污染物，但排除了霉菌、过敏源等生物性污染物。考虑了毒理学以及流行病学资料的影响，最终选取 70 种空气污染物，评估其对人体慢性健康的影响。

住宅内可吸入空气污染物所致的健康效应(年效应)按以下方法计算：

(1) 摄入量-发病率-DALY(intake-incidence-DALY，IND)法，发病率由空气污染物的浓度-效应关系决定。

$$\Delta_{\text{incidence}} = -\{y_0[\exp(-\beta\Delta C_{\text{exposure}}) - 1]\} \cdot \text{population} \tag{7.10}$$

$$\text{DALY} = (\partial_{\text{DALY}}/\partial_{\text{disease-incidence}}) \cdot \Delta_{\text{incidence}} \tag{7.11}$$

(2) 摄入量-DALY(intake-DALY，ID)法。

$$\text{DALY} = (\partial_{\text{DALY}}/\partial_{\text{disease-incidence}}) \cdot (\partial_{\text{disease-incidence}}/\partial_{\text{intake}}) \cdot \text{intake} \tag{7.12}$$

$$\text{DALY}_i = C_i V[(\partial_{\text{DALYcancer}}/\partial_{\text{intake}})_i \cdot \text{ADAF} + (\partial_{\text{DALY(non)cancer}}/\partial_{\text{intake}})_i] \tag{7.13}$$

上述式中，y_0 为每年疾病的基线发病率；β 为浓度变化系数；$\Delta C_{\text{exposure}}$为暴露相关浓度增量，等于暴露浓度减去健康阈值浓度；population 为暴露人数；intake 为特定时间内个体暴露量；$\partial_{\text{DALY(non)cancer}}/\partial_{\text{intake}}$为癌症(非癌症)摄入量下 DALY 的调整因子；$C_i$ 为某污染物的室内浓度；V 为吸入室内空气的容积；ADAF 为肿瘤暴露年龄调整因子；$\partial_{\text{DALY}}/\partial_{\text{disease-incidence}}$为某疾病发病率下损失的总伤残调整寿命的调整因子。

IND 法中，每位美国人平均 70%的时间处在住宅环境中[31]，因此 $\Delta C_{\text{exposure}} = 0.7C_{\text{indoors}}$。

对于臭氧、$PM_{2.5}$、二氧化氮、二氧化硫及一氧化碳等常规污染物，多采用 IND 法；对于非常规污染物，多采用 ID 法。IND 法减少了结果外推的不稳定性，因此更为准确。该评估案例给出所选取的室内空气污染物所致 DALY 的估计中位值，即每年每百万人的 DALY 达到 1100 年。计算结果显示，$PM_{2.5}$的 DALY 损失最大(约 60%)，其次为丙烯醛、甲醛，分别占样本总量的 16%和 4%，三者占总 DALY 损失的 80%[28]。其次，二手烟雾及氡也是室内住宅环境中普遍的空气污染物，但其暴露人群仅限于少数家庭中[32]。

IND 法和 ID 法皆认为所评估的室内空气污染物不存在阈值，因此研究结果可能会高估某些室内空气污染物的 DALY。DALY 的估计值也受到数据不确定性的影响。二手烟的慢性健康效应分析中，影响 DALY 最重要的污染物是 $PM_{2.5}$和丙烯醛。Nazaroff 等[33]的研究表明，室内存在一名吸烟者时，相较于无烟家庭而言，这两种污染物的浓度会翻倍，其所导致的 DALY 也会随之翻倍。二手烟雾中充分混合的各种化学物的毒性应当远高于研究中有限的组分分析，而文献[33]中所报道的二手烟的健康终点估计的 DALY 处于 95%置信区间的下限值，这表明基于组分分析的研究方法可能低估了二手烟所致的 DALY。另外，阈值效应的存在会明显减少甲醛癌症风险和丙烯氰非癌症风险的实际健康效应估值。

3. 全球疾病负担的室内固体燃料及氡评估

全球疾病负担研究项目于 20 世纪 90 年代初由世界银行发起，首次系统全面地评估全球健康疾病负担。其后，WHO 加入 GBD 项目，并在 1998 年创立相关部门。从 1990 年至今，全球疾病负担研究项目经历了四次全面更新，分别于 1990 年、2010 年、2013 年、2015 年在《柳叶刀》(*The Lancet*)期刊上以专刊形式公开各因素所致的全球疾病负担 DALY。

全球疾病负担评估方法以 GBD 2010 研究方法-比较风险评估为基础，此后不断完善。GBD 2010 研究开始于 1997 年，由美国华盛顿大学健康效应研究所承办，全球 50 个国家 300 多所研究机构共同参与完成。该研究分地区、性别、年龄评估了 21 个地区 67 种危险因素、291 种疾病和伤害的疾病负担、1160 种疾病终点。空气污染所致疾病负担仅是其中危险因素的一部分，包括 $PM_{2.5}$、住宅固体燃料所致空气污染、臭氧污染以及氡。GBD 2015 研究中全球疾病负担评估包括效应估计、暴露估计、贝叶斯 Meta 回归分析、理论最小暴露危险水平及人群归因百分比估计等步骤。效应估计主要是确定危险因素与健康终点，且受到世界癌症研究基金会的数据分类标准中选用的确定性数据和可能性数据的影响。确定性数据具备暴露与疾病之间的强关联一致性、前瞻性观察性研究时间足够长、随机对照试验样本量充足、生物学合理等特点。可能性数据虽暴露与疾病之间关联一致性较强，生物学合理，但缺乏足够的时间周期和样本量的流行病学数据支持。危险因素与健康终点的因果关联由现有的随机对照试验、队列研究及病例对照研究证实。

暴露估计来源于各个国家发布的相关文献资料以及国家资源数据库，包括人口普查数据、死亡监测数据、疾病的病程、患病、发病、缓解情况等。空气污染的暴露数据资料则是由 WHO 空气污染城市数据库及 6003 个卫星估计地表测量数据所提供，将化学运输模型及多卫星获取的气溶胶光学深度数据结合起来，最终得出相关空气污染物质的平均暴露值[34]。

理论最小暴露危险水平，即认为某污染物在理论上存在一定的暴露风险。通过获取其在暴露人群中最小的暴露风险，可以计算出人群中最大归因疾病负担的暴露值。理论最小暴露危险水平资料来源于病例对照研究、危险因素在不同暴露水平下的相对危险度、基于零暴露或最低观察暴露水平的队列研究中。对于某个特定的危险因素，其理论最小暴露危险水平会因年龄、性别以及地理位置的差别而存在区别。

根据 GBD 历年公布的全球疾病负担结果来看，空气污染危险因素中，$PM_{2.5}$ 为首要污染物，并且其引发的疾病负担呈上升趋势；住宅固体燃料为次要污染物；臭氧和氡所致疾病负担相对较小[29]。以 GBD 2015 研究结果来看[29]，归因于住宅空气污染的死亡人数达 290 万人，相较于 2005 年下降 13%；归因于疾病负担 DALY 下降 20.3%，降至 8.56×10^8a。以 DALY 为评价指标，室内空气污染在 GBD 2015 调研中位列危险因子第 8 位，详见表 7.4。

表 7.4　三次调研中 GBD 归因于空气污染的 DALY

危险因素	DALY(95%CI)/(10 万年)		
	GBD 2010	GBD 2013	GBD 2015
$PM_{2.5}$	76163(68086～85171)	69673(65585～73552)	103066(90830～115073)
臭氧	2456(837～4299)	5073(3576～6620)	4116(1577～6789)
住宅固体燃料	110962(86848～137813)	81087(70025～92802)	85644(66659～106136)
氡	2114(273～4660)	1979(1331～2768)	1386(941～1871)

GBD 2015 评估各种来源(室外大气污染、室内空气污染、二手烟、烟草等)的 $PM_{2.5}$ 相对风险,并使用暴露剂量-健康效应曲线来反映,但未考虑各危险因素之间的交互作用[35]。由于一种疾病可能是多种危险因素联合作用造成的,而对危险因素的联合健康效应又难于进行定量评价,GBD 研究把室内空气污染作为单一风险因素进行评估,因此各项室内空气污染的疾病负担人口归因系数 PAF 总和很可能大于 1,即很可能高估室内空气污染的疾病负担。同时,由于室内空气污染与室外大气联合作用的存在,也存在高估室内空气污染疾病负担的可能性。对于缺乏充分因果关联的危险因素-结局组合,存在一定程度的报告偏倚。

4. 我国室内空气污染所导致人群疾病负担研究现状

我国室内空气污染疾病负担的研究主要围绕全球疾病负担项目,采用 GBD 2010 研究方法,总结了我国室内固体燃料燃烧所致的空气污染的疾病负担。该类研究中所采用的人口学及流行病学信息、室内空气污染暴露数据、暴露与疾病间因果关联的相对危险度来源于全国疾病监测系统汇总数据和我国疾病预防控制中心死因登记报告系统县区级的监测数据、人群调查和普查数据、系统综述以及 Meta 分析[36]。2013 年,我国归因于室内空气污染的死亡人数达 80.7 万,其中男性 44.3 万,女性 36.4 万;归因于室内空气污染的 DALY 达 1536.1 万年;归因于室内空气污染的年龄标化 DALY 率达 1090.3/10 万。与 1990 年相比,2013 年除重庆市、甘肃省、宁夏回族自治区、青海省和新疆维吾尔自治区的归因死亡人数有所上升,我国其余地区归因于室内空气污染的死亡数、DALY、年龄标化 DALY 率均有所下降,下降幅度最大的为上海;不同年龄组归因于室内空气污染的死亡数、DALY、年龄标化 DALY 率均有所下降,下降幅度最大的为 5 岁以下年龄组[37]。

2017 年,在科技部"十三五"重点研发计划项目"室内空气质量控制基础理论和关键技术"的支持下,清华大学、北京大学、复旦大学等 10 所高校联合开展了"中国城市室内空气污染疾病负担研究"(见图 7.11),由此获得了我国室内空气污染物的主控清单，为完善我国室内空气质量标准体系提供基础数据支撑。

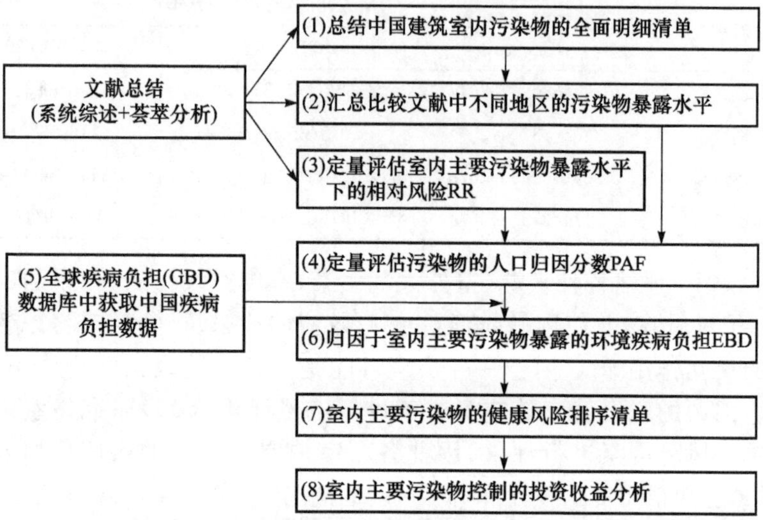

图 7.11 “中国城市室内空气污染疾病负担研究”总体流程

7.3 我国城市室内 $PM_{2.5}$ 和臭氧的疾病死亡负担估计

本节主要通过模拟计算来研究我国各城市室内 $PM_{2.5}$ 和 O_3 污染暴露水平及相应的疾病死亡负担。关于室内源 $PM_{2.5}$ 和 O_3，现在还没有成熟的估算方法和可靠的多城市数据，并且控制大气 $PM_{2.5}$ 和 O_3 污染是我国当下之急，因此本节所述相关研究仅考虑大气来源的 $PM_{2.5}$ 和 O_3 造成的室内污染暴露及相应的疾病死亡负担。

7.3.1 暴露风险和死亡人数估算方法

Xiang 等[38]用精细化的模型估算了 2015 年基线情况下我国各城市的日平均和年平均 $PM_{2.5}$ 及 O_3 渗透系数、室内浓度、暴露浓度、各疾病死亡相对风险和相应的疾病死亡负担，估算室外源 $PM_{2.5}$ 室内外暴露导致过早死亡人数的方法原理如图 7.12 所示[38]。在此只考虑大气来源的 $PM_{2.5}$ 和 O_3 造成的室内污染及疾病死亡，且研究只针对 25 岁以上(包含 25 岁)的城市人口。

该研究从环保部的 1497 个大气监测站公布的数据获取了我国除港澳台之外的 31 个省(自治区、直辖市)的 366 个城市 2015 年室外大气 $PM_{2.5}$ 和 O_3 浓度时均值。由于大气监测站的位置基本位于城市区域，不能直接反映乡镇的空气污染物水平，因此综合考虑研究只针对我国除港澳台之外的 31 个省(自治区、直辖市)的城市人口。

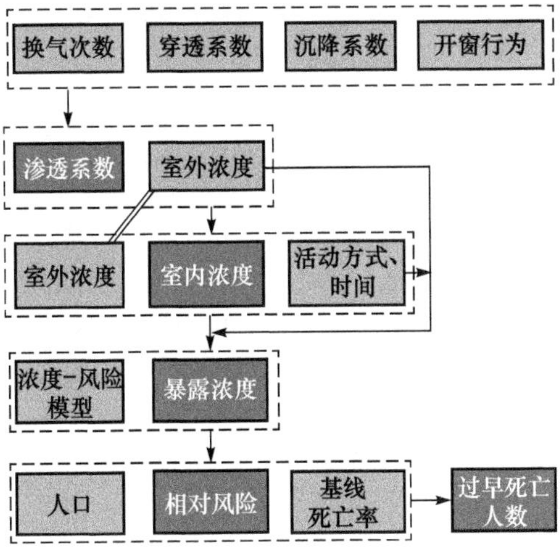

图 7.12　估算室外源 $PM_{2.5}$ 室内外暴露导致过早死亡人数的方法原理图[38]

渗透系数是指没有室内源的情况下室内外污染物浓度比，能反映室外污染物对室内污染的贡献。根据稳态情况下的质量平衡模型，渗透系数（F_{inf}）可以根据式(7.14)计算。

$$F_{\text{inf}}=\frac{\text{ACH}_{\text{open}}p_{\text{open}}}{\text{ACH}_{\text{open}}+k}\frac{t_{\text{open}}}{t_{\text{open}}+t_{\text{closed}}}+\frac{\text{ACH}_{\text{closed}}p_{\text{closed}}}{\text{ACH}_{\text{closed}}+k}\frac{t_{\text{closed}}}{t_{\text{open}}+t_{\text{closed}}} \tag{7.14}$$

式中，ACH_{open} 和 $\text{ACH}_{\text{closed}}$ 分别为开窗和关窗情况下建筑的换气次数，h^{-1}；p_{open} 和 p_{closed} 分别为开窗和关窗情况下污染物的穿透系数；t_{open} 和 t_{closed} 分别为开窗和关窗的时间比例；k 为污染物在室内表面的沉积系数，h^{-1}。

我国还没有细化到每个城市或者每个省（自治区、直辖市）的换气次数数据，因此研究把我国除港澳台之外 31 个省（自治区、直辖市）按秦岭—淮河 0℃ 等温线分成南方和北方，每个省（自治区、直辖市）相应的城市都归于南方或北方。《民用建筑热工设计规范》(GB 50176—2016)[39]用这个分界线来区分北方的严寒/寒冷地区和南方的夏热冬冷/夏热冬暖地区。整体来说，由于节能和热舒适等需求，北方的建筑相比南方的气密性更好，关窗情况下的换气次数更少。根据在北京市（北方代表城市）[40]和上海市（南方代表城市）[41]的测试，关窗情况下北方和南方城市换气次数（$\text{ACH}_{\text{closed}}$）分别设为 $0.2h^{-1}$[40] 和 $0.7h^{-1}$[41]。开窗情况下所有城市换气次数（ACH_{open}）设为 $4.4h^{-1}$[42]。开窗和关窗情况下 $PM_{2.5}$ 的穿透系数（p_{open} 和 p_{closed}）分别设为 1 和 0.8[43]；O_3 的穿透系数分别设为 1 和 0.9[44]。$PM_{2.5}$ 的沉积系数设为 $0.2h^{-1}$[43]；O_3 的沉积系数设为 $3.4h^{-1}$，此沉积系数综合考虑了室内表面沉积和人表面沉积[45]。各省区四个季节城市地区的开窗和关窗的时间比例（t_{open} 和 t_{closed}）是从《中国人群暴露参数手册・成人卷》[46]中获取的，结果见表 7.5，假设每个省区包含的城市取相同参数。

表 7.5 我国除港澳台之外的各省(自治区、直辖市)各季节城市地区开关窗时间比例

省(自治区、直辖市)	开窗时间比例					关窗时间比例					地域
	春	夏	秋	冬	全年	春	夏	秋	冬	全年	
北京市	0.25	0.79	0.25	0.08	0.32	0.75	0.21	0.75	0.92	0.68	北方
天津市	0.17	0.50	0.17	0.04	0.23	0.83	0.50	0.83	0.96	0.77	北方
河北省	0.13	0.42	0.13	0.04	0.19	0.88	0.58	0.88	0.96	0.81	北方
山西省	0.17	0.42	0.17	0.04	0.20	0.83	0.58	0.83	0.96	0.80	北方
内蒙古自治区	0.08	0.33	0.08	0.03	0.14	0.92	0.67	0.92	0.97	0.86	北方
辽宁省	0.13	0.42	0.13	0.02	0.20	0.88	0.58	0.88	0.98	0.80	北方
吉林省	0.08	0.38	0.08	0.01	0.15	0.92	0.63	0.92	0.99	0.85	北方
黑龙江省	0.13	0.42	0.13	0.01	0.18	0.88	0.58	0.88	0.99	0.82	北方
上海市	0.33	0.42	0.33	0.17	0.34	0.67	0.58	0.67	0.83	0.66	南方
江苏省	0.27	0.38	0.27	0.14	0.29	0.73	0.63	0.73	0.86	0.71	南方
浙江省	0.35	0.50	0.35	0.25	0.41	0.65	0.50	0.65	0.75	0.59	南方
安徽省	0.25	0.42	0.25	0.14	0.27	0.75	0.58	0.75	0.86	0.73	南方
福建省	0.50	0.83	0.50	0.42	0.56	0.50	0.17	0.50	0.58	0.44	南方
江西省	0.58	1.00	0.58	0.33	0.60	0.42	0.00	0.42	0.67	0.40	南方
山东省	0.21	0.75	0.21	0.04	0.30	0.79	0.25	0.79	0.96	0.70	北方
河南省	0.33	0.50	0.33	0.08	0.34	0.67	0.50	0.67	0.92	0.66	北方
湖北省	0.33	0.50	0.33	0.21	0.35	0.67	0.50	0.67	0.79	0.65	南方
湖南省	0.42	0.50	0.42	0.29	0.41	0.58	0.50	0.58	0.71	0.59	南方
广东省	0.83	1.00	0.83	0.50	0.73	0.17	0.00	0.17	0.50	0.27	南方
广西壮族自治区	0.42	0.71	0.42	0.25	0.45	0.58	0.29	0.58	0.75	0.55	南方
海南省	1.00	1.00	1.00	0.83	0.96	0.00	0.00	0.00	0.17	0.04	南方
重庆市	0.58	0.75	0.58	0.43	0.58	0.42	0.25	0.42	0.57	0.42	南方
四川省	0.40	0.50	0.40	0.33	0.42	0.60	0.50	0.60	0.67	0.58	南方
贵州省	0.25	0.50	0.25	0.08	0.33	0.75	0.50	0.75	0.92	0.67	南方
云南省	0.38	0.45	0.38	0.29	0.38	0.63	0.55	0.63	0.71	0.63	南方
西藏自治区	0.17	0.30	0.17	0.08	0.19	0.83	0.70	0.83	0.92	0.81	北方
陕西省	0.17	0.42	0.17	0.08	0.22	0.83	0.58	0.83	0.92	0.78	北方
甘肃省	0.17	0.38	0.17	0.07	0.19	0.83	0.63	0.83	0.93	0.81	北方
青海省	0.08	0.25	0.08	0.04	0.13	0.92	0.75	0.92	0.96	0.88	北方
宁夏回族自治区	0.25	0.50	0.25	0.04	0.26	0.75	0.50	0.75	0.96	0.74	北方
新疆维吾尔自治区	0.17	0.33	0.17	0.02	0.18	0.83	0.67	0.83	0.98	0.82	北方

室外源室内污染物浓度等于室外污染物浓度乘以污染物渗透系数,可根据式(7.15)计算。

$$C_{in} = F_{inf} C_{out} \tag{7.15}$$

暴露浓度是指按暴露时间加权的室内外暴露浓度之和,可根据式(7.16)计算。

其中 t_{in} 和 t_{out} 分别为各省区四个季节城市地区成人室内外活动的时间比例，是从《中国人群暴露参数手册·成人卷》[46]中获取的，结果见表 7.6，假设每个省区的城市取相同参数。

$$C_{exp}=C_{in}\frac{t_{in}}{t_{in}+t_{out}}+C_{out}\frac{t_{out}}{t_{in}+t_{out}} \tag{7.16}$$

表 7.6　我国除港澳台之外的各省(自治区、直辖市)各季节城市地区成人室内外活动时间比例

省(自治区、直辖市)	室外活动时间比例					室内活动时间比例					地域
	春	夏	秋	冬	全年	春	夏	秋	冬	全年	
北京市	0.13	0.16	0.13	0.10	0.13	0.88	0.84	0.88	0.90	0.87	北方
天津市	0.13	0.16	0.13	0.08	0.13	0.88	0.84	0.88	0.92	0.88	北方
河北省	0.11	0.15	0.11	0.08	0.11	0.89	0.85	0.89	0.92	0.89	北方
山西省	0.12	0.15	0.12	0.08	0.12	0.88	0.85	0.88	0.92	0.88	北方
内蒙古自治区	0.12	0.16	0.12	0.08	0.13	0.88	0.84	0.88	0.92	0.88	北方
辽宁省	0.10	0.12	0.10	0.06	0.10	0.90	0.88	0.90	0.94	0.90	北方
吉林省	0.08	0.11	0.08	0.04	0.09	0.92	0.89	0.92	0.96	0.91	北方
黑龙江省	0.09	0.12	0.09	0.04	0.09	0.91	0.88	0.91	0.96	0.91	北方
上海市	0.10	0.12	0.10	0.08	0.11	0.90	0.88	0.90	0.92	0.89	南方
江苏省	0.10	0.10	0.10	0.08	0.10	0.90	0.90	0.90	0.92	0.90	南方
浙江省	0.12	0.11	0.12	0.10	0.11	0.88	0.89	0.88	0.90	0.89	南方
安徽省	0.12	0.13	0.12	0.10	0.11	0.88	0.88	0.88	0.90	0.89	南方
福建省	0.12	0.13	0.12	0.11	0.12	0.88	0.87	0.88	0.89	0.88	南方
江西省	0.15	0.15	0.15	0.12	0.14	0.85	0.85	0.85	0.88	0.86	南方
山东省	0.09	0.12	0.09	0.06	0.09	0.91	0.88	0.91	0.94	0.91	北方
河南省	0.17	0.19	0.17	0.13	0.17	0.83	0.81	0.83	0.88	0.83	北方
湖北省	0.15	0.16	0.15	0.13	0.15	0.85	0.84	0.85	0.88	0.85	南方
湖南省	0.13	0.14	0.13	0.10	0.12	0.88	0.86	0.88	0.90	0.88	南方
广东省	0.14	0.16	0.14	0.13	0.14	0.86	0.84	0.86	0.88	0.86	南方
广西壮族自治区	0.18	0.21	0.18	0.15	0.18	0.82	0.79	0.82	0.85	0.82	南方
海南省	0.16	0.17	0.16	0.15	0.16	0.84	0.83	0.84	0.85	0.84	南方
重庆市	0.14	0.17	0.14	0.11	0.15	0.86	0.83	0.86	0.89	0.85	南方
四川省	0.17	0.19	0.17	0.15	0.17	0.83	0.81	0.83	0.85	0.83	南方
贵州省	0.12	0.15	0.12	0.08	0.12	0.88	0.85	0.88	0.92	0.88	南方
云南省	0.19	0.21	0.19	0.17	0.20	0.81	0.79	0.81	0.83	0.80	南方
西藏自治区	0.17	0.17	0.17	0.15	0.17	0.83	0.83	0.83	0.85	0.83	北方

续表

省(自治区、直辖市)	室外活动时间比例					室内活动时间比例					地域
	春	夏	秋	冬	全年	春	夏	秋	冬	全年	
陕西省	0.15	0.21	0.15	0.12	0.16	0.85	0.79	0.85	0.88	0.84	北方
甘肃省	0.21	0.28	0.21	0.13	0.21	0.79	0.72	0.79	0.88	0.79	北方
青海省	0.09	0.14	0.09	0.07	0.10	0.91	0.86	0.91	0.93	0.90	北方
宁夏回族自治区	0.12	0.14	0.12	0.08	0.11	0.88	0.86	0.88	0.92	0.89	北方
新疆维吾尔自治区	0.17	0.13	0.17	0.10	0.16	0.83	0.88	0.83	0.90	0.84	北方

1. 相对风险估算

浓度-效应(concentration-response,C-R)关系能反映大气污染物造成的死亡相对风险,以下就 $PM_{2.5}$ 和 O_3 的 C-R 关系分别进行分析。

1) $PM_{2.5}$长期暴露 C-R 关系

$PM_{2.5}$长期暴露造成的死亡既包括短期内暴露浓度升高而导致的急性死亡,也包括长期的暴露毒性累积而导致的慢性死亡,但主要关注的是全年平均污染水平对应的健康影响。$PM_{2.5}$长期暴露导致死亡的 C-R 关系是基于欧美等国家和地区的队列研究而来,由于这些国家和地区室外 $PM_{2.5}$浓度相对较低,因此并不能直接用于我国的情况。Burnett 等[47]结合室内空气污染,建立了能用于较高暴露浓度情形的综合暴露剂量-效应方程,见式(7.17)。可用该模型来估算由 $PM_{2.5}$污染导致的 25 岁以上成人因中风(stroke,STR)、缺血性心脏病(ischemic heart disease,IHD)、慢性阻塞性肺疾病(chronic obstructive pulmonary disease,COPD)和肺癌(lung cancer,LC)这四种疾病而过早死亡的相对风险。

$$RR=\begin{cases}1+\alpha\{1-\exp[-\gamma(C_{out}-LCC)^{\delta}]\}, & C_{out}>LCC\\ 1, & C_{out}\leqslant LCC\end{cases} \tag{7.17}$$

式中,LCC 为污染物无健康危害的浓度阈值,$\mu g/m^3$。

低于 LCC 阈值则认为没有健康危害,RR=1,此处 LCC 取为 5.8$\mu g/m^3$。

参数 α、γ 和 δ 决定了随机拟合过程中 C-R 曲线的总体形状[47]。在 Burnett 等[47]的基础上,Apte 等[48]创建了一个浓度-相对风险查询表,可以查到室外 $PM_{2.5}$年均浓度在 0~410$\mu g/m^3$ 范围内任一浓度对应的四种疾病的死亡相对风险。

2) $PM_{2.5}$短期暴露 C-R 关系

$PM_{2.5}$短期暴露的健康效应是指以天为时间单位进行的观测,主要反映短期内暴露浓度增大而导致的急性死亡,对于大气污染极其严重的情况,急性死亡人数会显著增加。Chen 等[49]开展了基于我国 272 个代表性城市的时间序列研究,时间跨度从 2013 年到 2015 年,得到基于我国国情的 $PM_{2.5}$短期暴露 C-R 关系。研究发现,滞后天数为 0 的日均 $PM_{2.5}$浓度每升高 10$\mu g/m^3$,人群非意外死亡率、心血管类疾病死亡率和呼吸类疾病死亡率分别升高 0.12%、0.15%和 0.18%。该研究也给出了不同滞后天数下的 C-R 关系，但下面只选取滞后天数为 0 的日均暴露 C-R 关系。

式(7.18)给出了 $PM_{2.5}$短期暴露 C-R 关系。

$$RR=\begin{cases}1, & C_{out}\leqslant LCC\\ \exp[\beta(C_{out}-LCC)], & C_{out}>LCC\end{cases} \tag{7.18}$$

式中，β 为反应系数，可根据上述滞后天数为 0 的日均 C-R 关系求得；C_{out} 为室外 $PM_{2.5}$ 日均浓度，$\mu g/m^3$；LCC 为无健康危害的浓度阈值，$\mu g/m^3$。

Burnett 等[47]取 5.8～8.8$\mu g/m^3$ 作为长期暴露的 LCC，Xiang 等[38]选取 5.8$\mu g/m^3$ 作为长期暴露的 LCC，此处选取 8.8$\mu g/m^3$ 作为短期暴露的 LCC，因为短期暴露的浓度阈值应该不低于长期暴露的阈值。

3) O_3 长期暴露 C-R 关系

O_3 长期暴露 C-R 关系与式(7.18)类似。Turner 等[50]通过分析美国一个关于成人的大型队列研究，得到了长期大气 O_3 暴露与疾病死亡率的关系。研究发现，全年日最大 8h 大气 O_3 浓度均值每升高 10$\mu L/m^3$，人群总死亡率、循环系统类疾病(加上糖尿病)死亡率和呼吸类疾病死亡率分别升高 2%、3%和 12%。C_{out} 为全年日最大 8h 室外 O_3 日均浓度；LCC 为无健康危害的浓度阈值，Bell 等[51]的研究表明，日最大 8h O_3 浓度的 LCC 为 15～19$\mu L/m^3$，选取 15$\mu L/m^3$ 作为 O_3 长期暴露 C-R 关系的 LCC。研究暂未单独考虑 O_3 短期暴露的健康效应。

2. 死亡人数估算

污染物暴露导致的过早死亡人数的计算公式为[52]

$$\Delta Mort=population\cdot y_0\cdot\frac{RR-1}{RR} \tag{7.19}$$

式中，ΔMort 为由污染物暴露导致某种疾病的死亡人数；population 为大于等于 25 岁的城区人数，人；y_0 为对于给定人群某种疾病的基线死亡率；RR 为污染物暴露导致某种疾病死亡的相对风险；(RR−1)/RR 为死亡人数中由污染物暴露导致的比例。

我国人口普查每 10 年 1 次，数据包括我国 339 个城市的常住人口和各省区人口的年龄结构信息(少于有大气监测站的城市数目，因此计算时基于这 339 个城市)。Xiang 等[38]的研究主要针对城市人口，因为大气监测站主要分布在各市的城市区域。研究根据《中国 2010 年人口普查资料》[53]的各城市常住人口、各省区的城乡人口比例(人口普查中包括城市、乡镇和农村人口，研究只取城市人口)和各省区 25 岁以上人口的比例(包含 25 岁)计算各城市的 25 岁以上城市人口数量(没有市级数据的参数，用省级数据代替)。根据我国统计局数据，我国 2005～2015 年人口平均增长率约为 0.5%/a，整体上 2015 年相比 2010 年人口增长了 5%。计算得到的各省(自治区、直辖市)(不包括港澳台)人口数量见表 7.7。

表 7.7　2015 年我国除港澳台之外的各省(自治区、直辖市)人口数量和分病因死亡率

省(自治区、直辖市)	人口数量/人	全因死亡率	非意外死亡率(A00-R99)	循环系统疾病死亡率(包括糖尿病)(I00-I99，E08-E13)	心血管疾病死亡率(I00-I99)	缺血性心脏病死亡率(I24-I25)	中风死亡率(I60-I69)	呼吸系统疾病死亡率(J00-J98)	慢性阻塞性肺疾病死亡率(J41-J44)	肺癌死亡率(C33-C34)
北京市	1.1×10^{7}	4.9×10^{-3}	4.5×10^{-3}	2.1×10^{-3}	2.0×10^{-3}	8.7×10^{-4}	9.1×10^{-4}	4.6×10^{-4}	4.4×10^{-4}	3.0×10^{-4}
天津市	6.3×10^{6}	5.5×10^{-3}	5.1×10^{-3}	2.4×10^{-3}	2.3×10^{-3}	9.8×10^{-4}	1.0×10^{-3}	5.2×10^{-4}	5.0×10^{-4}	3.4×10^{-4}
河北省	9.4×10^{6}	5.6×10^{-3}	5.2×10^{-3}	2.4×10^{-3}	2.3×10^{-3}	1.0×10^{-4}	1.0×10^{-3}	5.3×10^{-4}	5.1×10^{-4}	3.5×10^{-4}
山西省	6.1×10^{6}	5.4×10^{-3}	5.0×10^{-3}	2.3×10^{-3}	2.2×10^{-3}	9.6×10^{-4}	1.0×10^{-3}	5.1×10^{-4}	4.9×10^{-4}	3.3×10^{-4}
内蒙古自治区	5.7×10^{6}	5.2×10^{-3}	4.7×10^{-3}	2.2×10^{-3}	2.1×10^{-3}	9.2×10^{-4}	9.6×10^{-4}	4.9×10^{-4}	4.7×10^{-4}	3.2×10^{-4}
辽宁省	1.6×10^{7}	6.5×10^{-3}	6.0×10^{-3}	2.8×10^{-3}	2.7×10^{-3}	1.1×10^{-3}	1.2×10^{-3}	6.1×10^{-4}	5.9×10^{-4}	4.0×10^{-4}
吉林省	7.4×10^{6}	5.4×10^{-3}	5.0×10^{-3}	2.4×10^{-3}	2.2×10^{-3}	9.6×10^{-4}	1.0×10^{-3}	5.1×10^{-4}	4.9×10^{-4}	3.3×10^{-4}
黑龙江省	1.0×10^{7}	6.5×10^{-3}	6.0×10^{-3}	2.8×10^{-3}	2.7×10^{-3}	1.1×10^{-3}	1.2×10^{-3}	6.1×10^{-4}	5.9×10^{-4}	4.0×10^{-4}
上海市	1.3×10^{7}	5.0×10^{-3}	4.6×10^{-3}	2.2×10^{-3}	2.1×10^{-3}	8.9×10^{-4}	9.3×10^{-4}	4.7×10^{-4}	4.5×10^{-4}	3.1×10^{-4}
江苏省	2.1×10^{7}	6.9×10^{-3}	6.3×10^{-3}	3.0×10^{-3}	2.8×10^{-3}	1.2×10^{-3}	1.3×10^{-3}	6.5×10^{-4}	6.2×10^{-4}	4.2×10^{-4}
浙江省	1.4×10^{7}	5.4×10^{-3}	4.9×10^{-3}	2.3×10^{-3}	2.2×10^{-3}	9.5×10^{-4}	1.0×10^{-3}	5.1×10^{-4}	4.8×10^{-4}	3.3×10^{-4}
安徽省	8.0×10^{6}	5.8×10^{-3}	5.3×10^{-3}	2.5×10^{-3}	2.4×10^{-3}	1.0×10^{-3}	1.1×10^{-3}	5.4×10^{-4}	5.2×10^{-4}	3.5×10^{-4}
福建省	8.3×10^{6}	5.9×10^{-3}	5.4×10^{-3}	2.6×10^{-3}	2.4×10^{-3}	1.0×10^{-3}	1.1×10^{-3}	5.6×10^{-4}	5.3×10^{-4}	3.6×10^{-4}
江西省	4.6×10^{6}	6.0×10^{-3}	5.5×10^{-3}	2.6×10^{-3}	2.5×10^{-3}	1.1×10^{-3}	1.1×10^{-3}	5.6×10^{-4}	5.4×10^{-4}	3.7×10^{-4}
山东省	1.9×10^{7}	6.5×10^{-3}	6.0×10^{-3}	2.8×10^{-3}	2.7×10^{-3}	1.2×10^{-3}	1.2×10^{-3}	6.2×10^{-4}	5.9×10^{-4}	4.0×10^{-4}
河南省	1.1×10^{7}	6.9×10^{-3}	6.3×10^{-3}	3.0×10^{-3}	2.8×10^{-3}	1.2×10^{-3}	1.3×10^{-3}	6.5×10^{-4}	6.2×10^{-4}	4.2×10^{-4}
湖北省	1.1×10^{7}	5.7×10^{-3}	5.2×10^{-3}	2.5×10^{-3}	2.3×10^{-3}	1.0×10^{-3}	1.1×10^{-3}	5.4×10^{-4}	5.1×10^{-4}	3.5×10^{-4}

续表

省（自治区、直辖市）	人口数量/人	全因死亡率	非意外死亡率（A00-R99）	循环系统疾病死亡率（包括糖尿病）（I00-I99，E08-E13）	心血管疾病死亡率（I00-I99）	缺血性心脏病死亡率（I24-I25）	中风死亡率（I60-I69）	呼吸系统疾病死亡率（J00-J98）	慢性阻塞性肺疾病死亡率（J41-J44）	肺癌死亡率（C33-C34）
湖南省	8.6×10^{6}	6.7×10^{-3}	6.1×10^{-3}	2.9×10^{-3}	2.7×10^{-3}	1.2×10^{-3}	1.2×10^{-3}	6.3×10^{-4}	6.0×10^{-4}	4.1×10^{-4}
广东省	3.2×10^{7}	4.2×10^{-3}	3.8×10^{-3}	1.8×10^{-3}	1.7×10^{-3}	7.4×10^{-4}	7.8×10^{-4}	3.9×10^{-4}	3.8×10^{-4}	2.6×10^{-4}
广西壮族自治区	5.2×10^{6}	5.9×10^{-3}	5.4×10^{-3}	2.6×10^{-3}	2.4×10^{-3}	1.0×10^{-3}	1.1×10^{-3}	5.6×10^{-4}	5.3×10^{-4}	3.6×10^{-4}
海南省	4.5×10^{5}	5.6×10^{-3}	5.2×10^{-3}	2.4×10^{-3}	2.3×10^{-3}	1.0×10^{-3}	1.0×10^{-3}	5.3×10^{-4}	5.1×10^{-4}	3.5×10^{-4}
重庆市	5.9×10^{6}	7.0×10^{-3}	6.4×10^{-3}	3.0×10^{-3}	2.9×10^{-3}	1.2×10^{-3}	1.3×10^{-3}	6.6×10^{-4}	6.3×10^{-4}	4.3×10^{-4}
四川省	1.1×10^{7}	6.7×10^{-3}	6.2×10^{-3}	2.9×10^{-3}	2.8×10^{-3}	1.2×10^{-3}	1.2×10^{-3}	6.3×10^{-4}	6.1×10^{-4}	4.1×10^{-4}
贵州省	3.3×10^{6}	6.5×10^{-3}	6.0×10^{-3}	2.8×10^{-3}	2.7×10^{-3}	1.2×10^{-3}	1.2×10^{-3}	6.2×10^{-4}	5.9×10^{-4}	4.0×10^{-4}
云南省	3.9×10^{6}	5.9×10^{-3}	5.5×10^{-3}	2.6×10^{-3}	2.4×10^{-3}	1.1×10^{-3}	1.1×10^{-3}	5.6×10^{-4}	5.4×10^{-4}	3.6×10^{-4}
西藏自治区	1.5×10^{5}	4.4×10^{-3}	4.0×10^{-3}	1.9×10^{-3}	1.8×10^{-3}	7.7×10^{-4}	8.1×10^{-4}	4.1×10^{-4}	3.9×10^{-4}	2.7×10^{-4}
陕西省	5.8×10^{6}	6.1×10^{-3}	5.6×10^{-3}	2.6×10^{-3}	2.5×10^{-3}	1.1×10^{-3}	1.1×10^{-3}	5.8×10^{-4}	5.5×10^{-4}	3.7×10^{-4}
甘肃省	3.3×10^{6}	5.8×10^{-3}	5.3×10^{-3}	2.5×10^{-3}	2.4×10^{-3}	1.0×10^{-3}	1.1×10^{-3}	5.5×10^{-4}	5.3×10^{-4}	3.6×10^{-4}
青海省	8.4×10^{5}	5.3×10^{-3}	4.9×10^{-3}	2.3×10^{-3}	2.2×10^{-3}	9.4×10^{-4}	9.9×10^{-4}	5.0×10^{-4}	4.8×10^{-4}	3.2×10^{-4}
宁夏回族自治区	1.3×10^{6}	4.2×10^{-3}	3.9×10^{-3}	1.8×10^{-3}	1.7×10^{-3}	7.4×10^{-4}	7.8×10^{-4}	4.0×10^{-4}	3.8×10^{-4}	2.6×10^{-4}
新疆维吾尔自治区	3.6×10^{6}	4.1×10^{-3}	3.7×10^{-3}	1.8×10^{-3}	1.7×10^{-3}	7.2×10^{-4}	7.6×10^{-4}	3.8×10^{-4}	3.7×10^{-4}	2.5×10^{-4}

各城市25岁以上人口的全因死亡率是通过2015年所有人口全因死亡率乘以2010年人口普查得到的25岁以上人口死亡率比例得到(假设2010年到2015年人口死亡的年龄结构不发生变化)。各疾病对应的死亡占全因死亡的比例是通过全球疾病负担数据库[54]得到,疾病分类符合ICD-10[55]。计算得到的除港澳台之外的各省(自治区、直辖市)分病因死亡率结果见表7.7。

3. 室内暴露引起的疾病死亡负担估算

在上述研究基础上,按照室内外暴露权重,室外源$PM_{2.5}$和O_3污染引起的总过早死亡人数可以分为室外和室内暴露分别引起的过早死亡人数。

$$\Delta \text{Mort}_{\text{out}} = \Delta \text{Mort} \cdot \frac{C_{\text{out}}}{C_{\text{exp}}} \cdot \frac{t_{\text{out}}}{t_{\text{in}} + t_{\text{out}}} \tag{7.20}$$

$$\Delta \text{Mort}_{\text{in}} = \Delta \text{Mort} \cdot \frac{C_{\text{in}}}{C_{\text{exp}}} \cdot \frac{t_{\text{in}}}{t_{\text{in}} + t_{\text{out}}} \tag{7.21}$$

式中,$\Delta \text{Mort}_{\text{out}}$和$\Delta \text{Mort}_{\text{in}}$分别为室外暴露和室内暴露分别引起的过早死亡人数,人。

4. 敏感性分析

由于我国$PM_{2.5}$和O_3渗透系数的实测数据相对较缺乏,研究人员估算的各省市的各季节渗透系数具有一定的不确定性,而渗透系数会较大影响估算的室内暴露水平和相应的疾病死亡负担,因此Xiang等[38]分析了室内暴露引起的过早死亡人数对渗透系数的敏感性,计算了渗透系数是当前渗透系数50%、75%、125%和150%的情形下相应的结果。绝大部分室内环境的$PM_{2.5}$渗透系数为0.40～0.95[56],O_3渗透系数为0.05～0.55[57],因此在上述四种情形下同时保证$PM_{2.5}$和O_3的渗透系数分别为0.40～0.95和0.05～0.55。

为了方便表示结果,339个城市的结果整合成除港澳台之外的31个省(自治区、直辖市)(只考虑25岁以上城市人口)室外源$PM_{2.5}$室内暴露引起的过早死亡人数。

7.3.2 室内$PM_{2.5}$和臭氧的疾病死亡负担估计

本节将从$PM_{2.5}$长期暴露、短期暴露和O_3长期暴露分别介绍计算结果。

1. $PM_{2.5}$长期暴露

1) 暴露

表7.8列出了我国除港澳台之外的各省(自治区、直辖市)$PM_{2.5}$长期暴露相关参数。$PM_{2.5}$的年均室外浓度范围是9～116μg/m³,其中有25个省的263个城市年均室外浓度超过《环境空气质量标准》(GB 3095—2012)[58]的35μg/m³。

渗透系数范围为 0.48～0.9，其中北方为 0.48～0.6，南方为 0.7～0.9(南北方的分界线是秦岭—淮河一线)。已有研究中在欧美等国和地区测得的渗透系数为 0.4～0.8[56]，在我国北方测得的渗透系数为 0.5～0.6[59]，在南方测得的渗透系数为 0.7～0.9[60]。

室内浓度范围为 11.6～49.2$\mu g/m^3$，其中 13 个省(自治区、直辖市)(不包括港澳台)的 125 个城市年均室内浓度高于 35$\mu g/m^3$，31 个省(自治区、直辖市)(不包括港澳台)的 332 个城市(总共 339 个城市)浓度高于 10$\mu g/m^3$。总体来说，我国室内 $PM_{2.5}$ 污染相当严重。

暴露浓度的范围为 13.6～54.2$\mu g/m^3$，在室内浓度和室外浓度之间，其中 14 个省(自治区、直辖市)的 140 个城市浓度高于 35$\mu g/m^3$。另外，按时间权重的室内暴露占到总暴露的 66%～87%。

表 7.8　我国除港澳台之外的各省(自治区、直辖市)$PM_{2.5}$ 长期暴露相关参数

省(自治区、直辖市)	年均室外浓度/($\mu g/m^3$)	渗透系数	年均室内浓度/($\mu g/m^3$)	暴露浓度/($\mu g/m^3$)	室内暴露占总暴露比例	暴露系数
北京市	83.5	0.58	48.2	52.8	0.79	0.63
天津市	72.0	0.53	38.0	42.8	0.78	0.59
河北省	79.7	0.51	40.3	44.6	0.80	0.56
山西省	56.9	0.51	29.1	32.4	0.79	0.57
内蒙古自治区	41.2	0.48	19.7	22.7	0.76	0.55
辽宁省	56.5	0.51	28.9	31.6	0.82	0.56
吉林省	56.9	0.48	27.5	30.2	0.83	0.53
黑龙江省	40.0	0.50	20.0	21.8	0.83	0.55
上海市	55.2	0.74	40.7	42.3	0.86	0.76
江苏省	59.3	0.72	42.7	44.3	0.87	0.75
浙江省	47.1	0.76	35.7	37.0	0.86	0.79
安徽省	55.5	0.71	39.5	41.3	0.85	0.74
福建省	28.3	0.81	23.0	23.6	0.86	0.83
江西省	42.5	0.82	34.9	36.0	0.83	0.85
山东省	74.5	0.57	42.2	45.1	0.85	0.61
河南省	82.2	0.59	48.4	54.2	0.74	0.66
湖北省	66.6	0.74	49.2	51.8	0.81	0.78
湖南省	52.0	0.76	39.4	40.9	0.85	0.79
广东省	32.9	0.87	28.5	29.1	0.84	0.88
广西壮族自治区	40.3	0.77	31.1	32.8	0.78	0.81
海南省	19.9	0.94	18.7	18.9	0.83	0.95

续表

省(自治区、直辖市)	年均室外浓度/($\mu g/m^3$)	渗透系数	年均室内浓度/($\mu g/m^3$)	暴露浓度/($\mu g/m^3$)	室内暴露占总暴露比例	暴露系数
重庆市	55.3	0.82	45.1	46.7	0.82	0.84
四川省	47.4	0.76	36.2	38.1	0.79	0.80
贵州省	31.3	0.73	22.9	23.9	0.84	0.76
云南省	27.9	0.76	21.1	22.5	0.75	0.80
西藏自治区	23.0	0.51	11.6	13.6	0.71	0.59
陕西省	52.1	0.52	27.2	31.2	0.73	0.60
甘肃省	42.3	0.51	21.4	25.8	0.66	0.61
青海省	43.7	0.48	20.8	23.1	0.81	0.53
宁夏回族自治区	47.2	0.54	25.7	28.1	0.82	0.59
新疆维吾尔自治区	53.1	0.50	26.7	30.9	0.73	0.58

2) 疾病死亡负担

2015 年我国城市人口一共有 328366 人因为室外源 $PM_{2.5}$ 总暴露而过早死亡(分省数据见表 7.9),其中死于 STR 的为 164784 人,占 50%;死于 IHD 的为 111093 人,占 34%;死于 COPD 的为 29097 人,占 9%;而死于 LC 的为 23392 人,占 7%。

表 7.9 我国除港澳台之外的各省(自治区、直辖市)$PM_{2.5}$总暴露引起的过早死亡人数(每省包含其主要城市地区)

(单位:人)

省(自治区、直辖市)	STR	IHD	COPD	LC	合计	每万人死亡人数
北京市	6517	4305	1316	1062	13200	12
天津市	4004	2641	763	615	8023	13
河北省	6160	4100	1266	1020	12546	13
山西省	3567	2371	627	505	7070	12
内蒙古自治区	2836	1953	458	366	5613	10
辽宁省	11600	7712	2052	1653	23017	14
吉林省	4422	2936	786	633	8777	12
黑龙江省	6697	4584	1118	897	13296	13
上海市	7183	4770	1241	999	14193	11
江苏省	16071	10644	2848	2295	31858	15
浙江省	8069	5420	1343	1079	15911	11
安徽省	5022	3339	879	708	9948	12

续表

省(自治区、直辖市)	STR	IHD	COPD	LC	合计	每万人死亡人数
福建省	3921	2922	578	457	7879	9
江西省	2708	1847	431	345	5331	12
山东省	14592	9682	2839	2289	29402	15
河南省	9034	5969	1813	1463	18278	16
湖北省	7328	4842	1364	1100	14634	13
湖南省	6115	4076	1042	838	12071	14
广东省	11845	8458	1789	1423	23515	7
广西壮族自治区	3006	2057	477	382	5922	11
海南省	158	134	23	18	333	7
重庆市	4451	2956	769	620	8796	15
四川省	7432	5034	1286	1034	14786	14
贵州省	1826	1327	277	220	3650	11
云南省	1916	1412	286	227	3841	10
西藏自治区	43	35	7	5	90	6
陕西省	3783	2525	650	523	7481	13
甘肃省	1914	1305	307	246	3773	11
青海省	456	309	76	61	902	11
宁夏回族自治区	542	365	89	71	1067	8
新疆维吾尔自治区	1566	1063	297	238	3164	9
总计	164784	111093	29097	23392	328366	12

注:表中数据为计算后取整,故存在误差。

Xiang 等[38]将总的过早死亡人数(328366 人)分成两部分:室外源 $PM_{2.5}$ 室外暴露引起的死亡人数和室外源 $PM_{2.5}$ 室内暴露引起的死亡人数。其研究估算,约有 269131 人死于室外源 $PM_{2.5}$ 室内暴露,约占总暴露死亡人数的 82%(分省数据见表 7.10)。其中,死于 STR 的为 135076 人,死于 IHD 的为 91068 人,死于 COPD 的为 23830 人而死于 LC 的为 19157 人。

表 7.10　我国除港澳台之外各省(自治区、直辖市)室外源 $PM_{2.5}$ 室内暴露引起的过早死亡人数(每省包含其主要城市地区)　　(单位:人)

省(自治区、直辖市)	STR	IHD	COPD	LC	合计	每万人死亡人数
北京市	5179	3421	1046	844	10490	9
天津市	3129	2064	596	481	6270	10

续表

省(自治区、直辖市)	STR	IHD	COPD	LC	合计	每万人死亡人数
河北省	4951	3295	1017	819	10082	11
山西省	2816	1871	495	399	5581	9
内蒙古自治区	2166	1492	350	280	4288	8
辽宁省	9529	6336	1686	1358	18909	12
吉林省	3671	2437	652	525	7285	10
黑龙江省	5591	3827	934	749	11101	11
上海市	6150	4084	1062	855	12151	9
江苏省	13920	9220	2467	1988	27595	13
浙江省	6940	4661	1155	928	13684	9
安徽省	4280	2845	749	603	8477	11
福建省	3356	2501	494	391	6742	8
江西省	2261	1542	360	288	4451	10
山东省	12424	8244	2418	1949	25035	13
河南省	6704	4429	1345	1085	13563	12
湖北省	5916	3909	1101	888	11814	10
湖南省	5184	3456	883	711	10234	12
广东省	9971	7120	1506	1198	19795	6
广西壮族自治区	2341	1602	372	298	4613	9
海南省	131	112	19	15	277	6
重庆市	3660	2430	633	509	7232	12
四川省	5858	3968	1014	815	11655	11
贵州省	1539	1119	234	186	3078	9
云南省	1405	1035	210	166	2816	7
西藏自治区	31	25	5	4	65	4
陕西省	2772	1850	476	383	5481	9
甘肃省	1255	855	201	161	2472	7
青海省	369	250	62	50	731	9
宁夏回族自治区	441	297	73	58	869	7
新疆维吾尔自治区	1136	771	215	173	2295	6
总计	135076	91068	23830	19157	269131	10

注:表中数据为计算后取整,故存在误差。

2. $PM_{2.5}$短期暴露

1) 暴露

图 7.13(a)～(d)分别为 2015 年我国除港澳台之外 31 个省(自治区、直辖市) $PM_{2.5}$日均室外浓度、日均渗透系数、日均室内浓度和日均暴露浓度,以及其相应的变化范围[38]。不同天的 $PM_{2.5}$室内外浓度和暴露浓度变化较大。其中日均室外浓度最高达到 776μg/m^3(沈阳,11 月 8 日),日均室内浓度最高达到 370μg/m^3(喀什,5 月 10 日;沈阳,11 月 8 日),相应的日均暴露浓度最高超过了 400μg/m^3,可见污染相当严重。另外,除不同天室外 $PM_{2.5}$浓度会影响室内浓度和暴露浓度外,不同季节 $PM_{2.5}$渗透系数也会有所变化,从而影响室内浓度。整体上夏天的渗透系数比冬天的大,因为人们夏天倾向于更长时间开窗。

2) 疾病死亡负担

2015 年我国城市人口共有 7102 人因为室外源 $PM_{2.5}$短期暴露而急性过早死亡(分省数据见表 7.11),其中死于心血管疾病的为 3970 人,占 56%;死于呼吸类疾病的为 1098 人,占 15%。跟长期暴露引起的死亡人数相比,短期暴露引起的总急性死亡人数只占其中的 2%,说明绝大部分还是暴露累积而导致的慢性死亡。

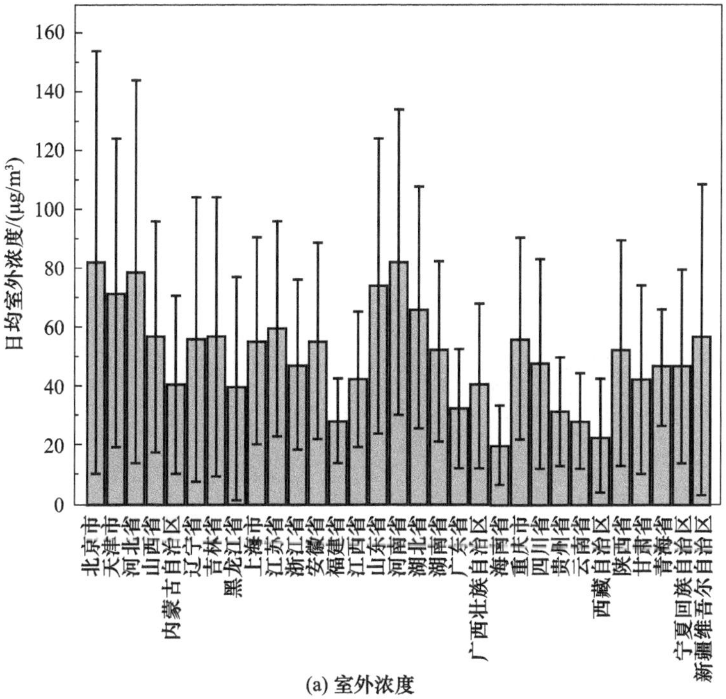

(a) 室外浓度

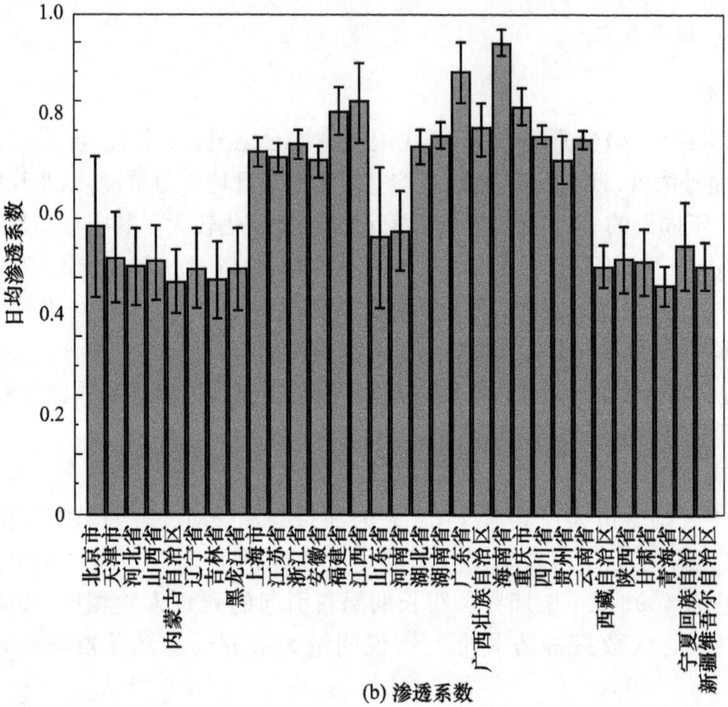
日均渗透系数
1.0
0.8
0.6
0.4
0.2
0
北京市
天津市
河北省
山西省
内蒙古自治区
辽宁省
吉林省
黑龙江省
上海市
江苏省
浙江省
安徽省
福建省
江西省
山东省
河南省
湖北省
湖南省
广东省
广西壮族自治区
海南省
重庆市
四川省
贵州省
云南省
西藏自治区
陕西省
甘肃省
青海省
宁夏回族自治区
新疆维吾尔自治区

(b) 渗透系数

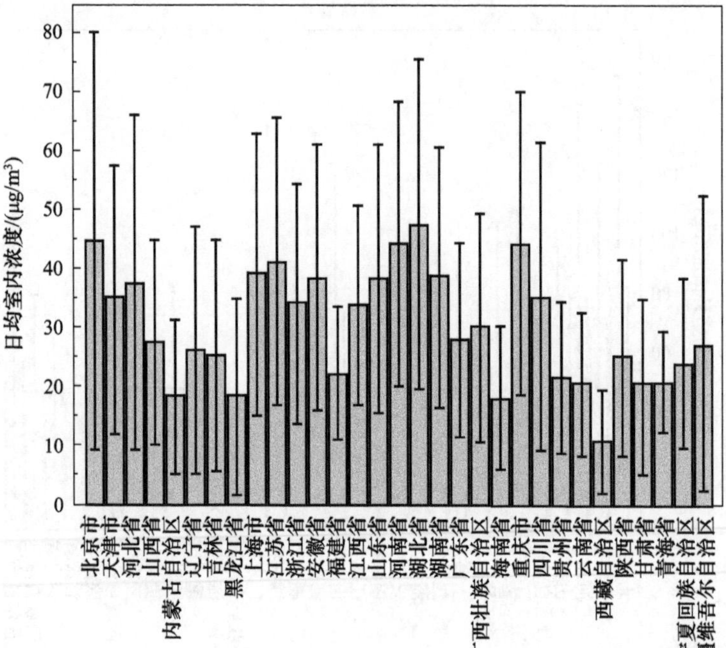
日均室内浓度度/(μg/m³)
80
70
60
50
40
30
20
10
0
北京市
天津市
河北省
山西省
内蒙古自治区
辽宁省
吉林省
黑龙江省
上海市
江苏省
浙江省
安徽省
福建省
江西省
山东省
河南省
湖北省
湖南省
广东省
广西壮族自治区
海南省
重庆市
四川省
贵州省
云南省
西藏自治区
陕西省
甘肃省
青海省
宁夏回族自治区
新疆维吾尔自治区

(c) 室内浓度

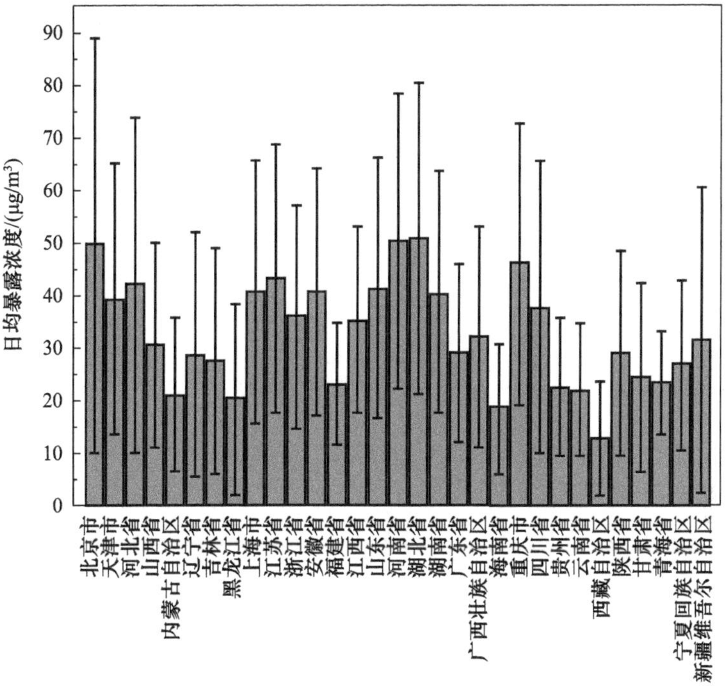

(d) 暴露浓度

图7.13 2015年我国除港澳台之外的31个省(自治区、直辖市)的339个城市城区的 $PM_{2.5}$ 日平均参数[38]

表7.11 我国除港澳台之外的各省(自治区、直辖市)室外源 $PM_{2.5}$ 短期总暴露引起的急性过早死亡人数(每省包含其主要城市地区) (单位:人)

省(自治区、直辖区)	心血管疾病			呼吸类疾病			非意外综合			每百万人死亡人数
	日均	标准差	全年	日均	标准差	全年	日均	标准差	全年	
北京市	0.7	0.7	214	0.2	0.2	59	1.2	1.2	383	34
天津市	0.4	0.3	115	0.1	0.1	32	0.7	0.5	206	33
河北省	0.1	0.1	215	0.0	0.0	60	0.1	0.1	385	41
山西省	0.0	0.0	85	0.0	0.0	24	0.0	0.0	152	25
内蒙古自治区	0.0	0.0	52	0.0	0.0	14	0.0	0.0	93	16
辽宁省	0.1	0.1	279	0.0	0.0	77	0.1	0.2	499	30
吉林省	0.0	0.1	108	0.0	0.0	30	0.1	0.1	193	26
黑龙江省	0.0	0.1	137	0.0	0.0	38	0.1	0.1	246	24
上海市	0.5	0.4	163	0.1	0.1	45	0.9	0.7	292	22
江苏省	0.1	0.1	391	0.0	0.0	108	0.2	0.1	699	33
浙江省	0.0	0.0	166	0.0	0.0	46	0.1	0.1	297	20
安徽省	0.0	0.0	118	0.0	0.0	33	0.0	0.0	211	26

续表

省(自治区、直辖区)	心血管疾病			呼吸类疾病			非意外综合			每百万人死亡人数
	日均	标准差	全年	日均	标准差	全年	日均	标准差	全年	
福建省	0.0	0.0	52	0.0	0.0	14	0.0	0.0	93	11
江西省	0.0	0.0	49	0.0	0.0	13	0.0	0.0	87	19
山东省	0.1	0.1	448	0.0	0.0	124	0.1	0.1	801	41
河南省	0.1	0.0	297	0.0	0.0	82	0.1	0.1	532	48
湖北省	0.0	0.0	200	0.0	0.0	55	0.1	0.1	358	31
湖南省	0.0	0.0	134	0.0	0.0	37	0.1	0.0	241	28
广东省	0.0	0.0	175	0.0	0.0	49	0.0	0.1	313	10
广西壮族自治区	0.0	0.0	54	0.0	0.0	15	0.0	0.0	96	18
海南省	0.0	0.0	5	0.0	0.0	1	0.0	0.0	9	6
重庆市	0.3	0.2	102	0.1	0.1	28	0.6	0.4	183	31
四川省	0.0	0.0	169	0.0	0.0	47	0.0	0.1	303	28
贵州省	0.0	0.0	27	0.0	0.0	8	0.0	0.0	49	15
云南省	0.0	0.0	26	0.0	0.0	7	0.0	0.0	46	12
西藏自治区	0.0	0.0	1	0.0	0.0	0	0.0	0.0	1	7
陕西省	0.0	0.0	84	0.0	0.0	23	0.0	0.1	150	26
甘肃省	0.0	0.0	35	0.0	0.0	10	0.0	0.0	63	19
青海省	0.0	0.0	10	0.0	0.0	3	0.0	0.0	17	21
宁夏回族自治区	0.0	0.0	11	0.0	0.0	3	0.0	0.0	19	15
新疆维吾尔自治区	0.0	0.0	48	0.0	0.0	13	0.0	0.0	85	24

Xiang 等[38]将总的急性过早死亡人数(7095 人)分成两部分:室外源 $PM_{2.5}$ 室外暴露引起的急性死亡人数和室外源 $PM_{2.5}$ 室内暴露引起的急性死亡人数。其研究估算,约有 5860 人死于室外源 $PM_{2.5}$ 室内短期暴露,约占总短期暴露死亡人数的 83%,占室内长期暴露死亡人数的 2%(分省数据见表 7.12)。其中,死于心血管疾病的为 3274 人,死于呼吸类疾病的为 905 人。

表 7.12 我国除港澳台之外的各省(自治区、直辖市)室外源 $PM_{2.5}$ 室内短期暴露引起的急性过早死亡人数(每省包含其主要城市地区) (单位:人)

省(自治区、直辖区)	心血管疾病			呼吸类疾病			非意外综合			每百万人死亡人数
	日均	标准差	全年	日均	标准差	全年	日均	标准差	全年	
北京市	0.5	0.5	170	0.1	0.1	47	1.0	0.9	304	27
天津市	0.3	0.2	92	0.1	0.1	25	0.5	0.4	164	26
河北省	0.1	0.1	174	0.0	0.0	48	0.1	0.1	311	33
山西省	0.0	0.0	68	0.0	0.0	19	0.0	0.0	122	20
内蒙古自治区	0.0	0.0	41	0.0	0.0	11	0.0	0.0	74	13
辽宁省	0.1	0.1	232	0.0	0.0	64	0.1	0.1	416	25
吉林省	0.0	0.0	93	0.0	0.0	26	0.1	0.1	167	22
黑龙江省	0.0	0.1	119	0.0	0.0	33	0.1	0.1	212	20

续表

省(自治区、直辖区)	心血管疾病			呼吸类疾病			非意外综合			每百万人死亡人数
	日均	标准差	全年	日均	标准差	全年	日均	标准差	全年	
上海市	0.5	0.3	142	0.1	0.1	39	0.8	0.6	255	19
江苏省	0.1	0.1	342	0.0	0.0	95	0.1	0.1	611	29
浙江省	0.0	0.0	142	0.0	0.0	39	0.1	0.1	254	17
安徽省	0.0	0.0	100	0.0	0.0	28	0.0	0.0	179	22
福建省	0.0	0.0	44	0.0	0.0	12	0.0	0.0	79	10
江西省	0.0	0.0	41	0.0	0.0	11	0.0	0.0	73	16
山东省	0.1	0.1	382	0.0	0.0	106	0.1	0.1	684	35
河南省	0.0	0.0	221	0.0	0.0	61	0.1	0.1	396	36
湖北省	0.0	0.0	163	0.0	0.0	45	0.1	0.1	292	26
湖南省	0.0	0.0	114	0.0	0.0	32	0.0	0.0	204	24
广东省	0.0	0.0	148	0.0	0.0	41	0.0	0.0	264	8
广西壮族自治区	0.0	0.0	42	0.0	0.0	12	0.0	0.0	75	14
海南省	0.0	0.0	1	0.0	0.0	0	0.0	0.0	2	5
重庆市	0.3	0.2	86	0.1	0.1	24	0.5	0.4	154	26
四川省	0.0	0.0	134	0.0	0.0	37	0.0	0.1	240	22
贵州省	0.0	0.0	23	0.0	0.0	6	0.0	0.0	42	13
云南省	0.0	0.0	20	0.0	0.0	6	0.0	0.0	36	9
西藏自治区	0.0	0.0	0	0.0	0.0	0	0.0	0.0	1	5
陕西省	0.0	0.0	63	0.0	0.0	17	0.0	0.0	112	19
甘肃省	0.0	0.0	24	0.0	0.0	7	0.0	0.0	44	13
青海省	0.0	0.0	8	0.0	0.0	2	0.0	0.0	14	17
宁夏回族自治区	0.0	0.0	9	0.0	0.0	2	0.0	0.0	16	12
新疆维吾尔自治区	0.0	0.0	36	0.0	0.0	10	0.0	0.0	64	18

3. O_3 长期暴露

1) 暴露

表 7.13 列出了我国除港澳台之外的各省(自治区、直辖市)O_3 长期暴露相关参数。不同城市 O_3 的年均日最大 8h 室外平均浓度范围是 21～57$\mu L/m^3$。《环境空气质量标准》(GB 3095—2012)[58]规定室外 O_3 日最大 8h 平均浓度不能超过 50$\mu L/m^3$(一级标准),有 14 个城市全年平均日最大 8h 室外平均浓度超过此限值,有 333 个城市日最大 8h 室外平均浓度不同程度地超过此限值。

不同城市渗透系数范围是 0.1～0.5,其中北方是 0.1～0.2,南方是 0.3～0.5(南北方的分界线是秦岭—淮河一线)。Xiang 等[61]的研究估算与 Weschler[57]研究中的结果是大致符合的：Weschler[57] 综述了在欧美等国测得的渗透系数大致范围为 0.2～0.7，考虑到我国跟欧美建筑通风情况以及室内沉积表面可能不同，因此 Xiang 等[61] 的估算结果跟文献中的实测结果是相吻合的。

不同城市年均日最大 8h 室内平均浓度范围是 3～25μL/m³，其中有 23 个城市日最大 8h 室内浓度均值超过 50μL/m³。

不同城市年均日最大 8h 暴露浓度的范围是 5～29μL/m³，落在室内浓度和室外浓度之间，其中有 49 个城市日最大 8h 暴露浓度超过 50μL/m³。另外，按时间权重的室内暴露占到总暴露的 36%～74%。

表 7.13 我国除港澳台之外的各省(自治区、直辖市)O_3 长期暴露相关参数

省(自治区、直辖市)	年均室外浓度/(μL/m³)	渗透系数	年均室内浓度/(μL/m³)	暴露浓度/(μL/m³)	室内暴露占总暴露比例	暴露相关系数
北京市	43.1	0.21	9.1	13.5	0.55	0.31
天津市	34.8	0.15	5.3	9.0	0.50	0.26
河北省	40.6	0.14	5.5	9.3	0.50	0.23
山西省	36.5	0.15	5.3	8.9	0.51	0.24
内蒙古自治区	40.7	0.11	4.5	8.7	0.44	0.21
辽宁省	39.5	0.13	5.2	8.4	0.54	0.21
吉林省	40.6	0.11	4.6	7.3	0.56	0.18
黑龙江省	34.3	0.13	4.5	6.9	0.57	0.20
上海市	48.8	0.28	13.6	17.1	0.72	0.35
江苏省	45.9	0.26	11.9	15.1	0.71	0.33
浙江省	43.4	0.30	13.0	16.4	0.70	0.38
安徽省	31.2	0.26	8.0	10.8	0.66	0.35
福建省	33.8	0.38	12.8	15.3	0.73	0.45
江西省	32.3	0.40	12.9	15.6	0.70	0.48
山东省	43.1	0.19	8.2	11.3	0.62	0.26
河南省	40.8	0.20	8.2	13.6	0.49	0.33
湖北省	39.0	0.29	11.3	15.4	0.63	0.39
湖南省	35.3	0.32	11.2	14.2	0.69	0.40
广东省	38.3	0.47	18.0	20.9	0.74	0.55
广西壮族自治区	35.7	0.33	11.8	16.1	0.60	0.45
海南省	34.4	0.54	18.7	21.2	0.74	0.62
重庆市	28.6	0.39	11.1	13.5	0.71	0.47
四川省	36.2	0.32	11.5	15.7	0.61	0.43
贵州省	32.9	0.26	8.5	11.3	0.66	0.34
云南省	37.9	0.31	11.6	16.5	0.57	0.44
西藏自治区	39.0	0.14	5.4	10.9	0.40	0.28

续表

省(自治区、直辖市)	年均室外浓度 /(μL/m³)	渗透系数	年均室内浓度 /(μL/m³)	暴露浓度 /(μL/m³)	室内暴露占总暴露比例	暴露相关系数
陕西省	36.8	0.15	5.6	10.4	0.44	0.28
甘肃省	42.8	0.15	6.2	13.6	0.36	0.32
青海省	49.8	0.10	5.2	9.4	0.49	0.19
宁夏回族自治区	36.4	0.18	6.4	9.8	0.55	0.27
新疆维吾尔自治区	36.4	0.14	5.0	9.5	0.45	0.26

2) 疾病死亡负担

2015 年我国城市人口一共有 74331 人因为室外源 O_3 总暴露而过早死亡(全因死亡,分省数据见表 7.14),其中死于循环系统疾病的为 46635 人,占 63%;死于呼吸系统疾病的为 35691 人,占 48%。死于循环系统和呼吸系统疾病人数之和超过了由模型计算得到的全因死亡人数,这显然是不合理的,可能原因是 Xiang 等[61]的研究各死亡病因的 C-R 模型采用的是欧美队列研究的结果,实际上我国相应C-R关系中的反应系数 β 可能会低于欧美的结果,因此会出现高估的情况,所以 Xiang 等[61]以模型计算出的全因死亡人数作为 O_3 暴露导致的总死亡人数,而非将死于循环系统和呼吸系统疾病人数之和作为总死亡人数的结果。

Xiang 等[61]将总过早死亡人数(74331 人)分成两部分:室外源 O_3 室外暴露引起的死亡人数和室外源 O_3 室内暴露引起的死亡人数,约有 45951 人死于室外源 O_3 室内暴露,约占总暴露死亡人数的 62%(分省数据见表 7.15),其中死于循环系统疾病的为 28830 人,死于呼吸系统疾病的为 22051 人。

表 7.14　我国除港澳台之外的各省(自治区、直辖市)室外源 O_3 总暴露引起的过早死亡人数(每省包含其主要城市地区)　(单位:人)

省(自治区、直辖市)	循环系统疾病死亡人数	呼吸系统疾病死亡人数	全因死亡人数	每万人死亡人数
北京市	1871	1421	2984	3
天津市	839	659	1334	2
河北省	1615	1235	2574	3
山西省	837	648	1333	2
内蒙古自治区	849	650	1352	2
辽宁省	3220	2464	5133	3
吉林省	1324	1007	2112	3
黑龙江省	1522	1197	2417	2
上海市	2686	1996	4297	3
江苏省	5388	4043	8607	4
浙江省	2603	1978	4153	3
安徽省	937	739	1488	2
福建省	1209	945	1921	2

续表

省(自治区、直辖市)	循环系统疾病死亡人数	呼吸系统疾病死亡人数	全因死亡人数	每万人死亡人数
江西省	607	479	964	2
山东省	4522	3406	7221	4
河南省	2374	1817	3784	3
湖北省	1947	1491	3102	3
湖南省	1427	1115	2270	3
广东省	3875	2982	6172	2
广西壮族自治区	801	623	1274	2
海南省	185	146	294	2
重庆市	689	554	1091	2
四川省	1962	1509	3126	3
贵州省	466	368	740	2
云南省	692	529	1103	3
西藏自治区	20	15	32	2
陕西省	882	689	1402	2
甘肃省	613	468	978	3
青海省	165	123	264	3
宁夏回族自治区	131	102	209	2
新疆维吾尔自治区	377	293	600	2
总计	46635	35691	74331	3

表 7.15　我国除港澳台之外的各省(自治区、直辖市)室外源 O_3 室内暴露引起的过早死亡人数(每省包含其主要城市地区)　　(单位:人)

省(自治区、直辖市)	循环系统疾病死亡人数	呼吸系统疾病死亡人数	全因死亡人数	每万人死亡人数
北京市	1034	786	1650	1
天津市	420	330	667	1
河北省	807	617	1286	1
山西省	425	328	676	1
内蒙古自治区	371	284	591	1
辽宁省	1727	1321	2753	2
吉林省	742	564	1183	2
黑龙江省	875	688	1390	1
上海市	1929	1433	3086	2
江苏省	3836	2879	6129	3
浙江省	1825	1387	2911	2
安徽省	619	489	983	1
福建省	887	693	1410	2
江西省	426	336	676	1

续表

省(自治区、直辖市)	循环系统疾病死亡人数	呼吸系统疾病死亡人数	全因死亡人数	每万人死亡人数
山东省	2805	2112	4479	2
河南省	1163	890	1853	2
湖北省	1221	935	1946	2
湖南省	991	774	1576	2
广东省	2864	2204	4562	1
广西壮族自治区	482	375	767	1
海南省	43	34	68	1
重庆市	489	393	774	1
四川省	1199	922	1910	2
贵州省	310	245	492	1
云南省	401	307	639	2
西藏自治区	8	6	13	1
陕西省	388	303	617	1
甘肃省	220	168	350	1
青海省	81	60	129	2
宁夏回族自治区	72	56	115	1
新疆维吾尔自治区	170	132	270	1
总计	28830	22051	45951	2

4. 敏感性分析和讨论

Xiang 等[61]分析了室内暴露引起的过早死亡人数对渗透系数的敏感性。本节分别计算渗透系数是当前渗透系数 50%、75%、125%和 150%情形下相应的结果，见表 7.16。渗透系数变化 50%，对于室内 $PM_{2.5}$ 暴露引起的过早死亡人数变化在 10%以内，而室内 O_3 暴露引起的过早死亡人数变化在 25%以内。

表 7.16　渗透系数对室内暴露引起的过早死亡人数的影响

渗透系数	室内暴露引起的过早死亡人数/人		
	$PM_{2.5}$长期暴露	$PM_{2.5}$短期暴露	O_3 长期暴露
基线	269198	5860	45952
50%基线	243408	5408	34658
75%基线	255066	5618	41109
125%基线	278573	6059	49394
150%基线	282612	6156	51936

Xiang 等[61]的研究存在以下局限：①《健康建筑评价标准》(T/ASC 02—2016)[62]中规定的 $PM_{2.5}$ 和 O_3 浓度限值是指室内总浓度，不区分来源，但是其只考虑了室

外源的 $PM_{2.5}$ 和 O_3，因为该标准规定了室内不准抽烟且厨房要安装性能良好的抽油烟设备，并且没有室内产生 O_3 的设备；②人口数据是基于 2010 年而非 2015 年的，会有一定误差；③忽略了不同来源 $PM_{2.5}$ 的毒性可能不同；④$PM_{2.5}$ 长期暴露 C-R 模型虽然考虑了高暴露情况，但主要是基于欧美队列研究得到的数据，因此若未来我国有相应的数据应该可以进一步提高计算的可靠性；⑤$PM_{2.5}$ 短期暴露 C-R 模型只选用了 lag0 模型，如果选择其他滞后天数模型（如 lag01 等）计算得到的短期暴露急性死亡人数应该会增大，但不会改变短期暴露急性死亡占 $PM_{2.5}$ 引起总死亡很小一部分（约小于 10%）这一结论；⑥O_3 长期暴露 C-R 模型也是基于欧美队列研究数据得到的；⑦C-R 模型中 O_3 最低风险阈值还存在一定争议，有研究使用 26.7μL/m³ 和 31.1μL/m³ 作为相应阈值[63]，也有证据表明 20μL/m³ 以下的 O_3 暴露也会导致过早死亡[51]，因此 Xiang 等[61]使用了较小的阈值；⑧由于数据限制，尚未计算 DALY 这一可能更好反映 $PM_{2.5}$ 和 O_3 死亡疾病负担的指标。

7.4 甲醛浓度波动方式对健康的影响

7.4.1 研究目的

我国室内环境甲醛浓度依然存在超标情况从而危害健康。除甲醛浓度本身外，由于房间用户的个人行为（如开窗行为）或净化设备模式影响，室内甲醛浓度会出现明显波动，且不同的行为或通风净化模式会造成不同的波动形式（如恒定浓度或波动浓度）。上述不同波动形式的甲醛浓度，当平均值相同时，其造成的健康效应是否有差别，需要研究探究。这一方面可以更全面评估甲醛的健康危害，另一方面也可以指导室内甲醛污染控制策略制定[64]。文献[65]～[68]利用染毒试验探究了不同波动形式的甲醛对动物（如大鼠、豚鼠）造成的健康危害，试验设定和结论见表 7.17。

表 7.17 所述试验存在相关研究浓度高、波动周期较短等问题，与实际情况差别较大，同时结论也不一致。因而需要针对实际环境中可能存在的浓度波动情况，比较不同波动形式的健康危害，以指导甲醛污染控制策略制定。

表 7.17 甲醛染毒试验文献综述

文献	动物	峰值浓度/(mL/m³)	平均浓度/(mL/m³)	波动周期/h	试验周期/d	结论
Swenberg 等[65]	大鼠	12	3	3	3	长期低浓度较优
Wilmer 等[66]	大鼠	10	5	0.5	3	长期低浓度较优
Wilmer 等[66]	大鼠	10	20	0.5	3	长期低浓度较优
Wilmer 等[67]	大鼠	4	2	0.5	91	长期低浓度较优
Swiecichowski 等[68]	豚鼠	10	1	2	1	短期高浓度较优

7.4.2　小鼠甲醛染毒试验设计

为探究不同波动形式甲醛的健康危害，考虑到试验可操作性和伦理风险，选取小鼠作为试验对象进行甲醛染毒试验。为使染毒试验中的甲醛浓度波动更贴近实际住宅中甲醛波动形式，Zhang 等[64]对北京市某住宅室内甲醛浓度连续测试一周，测试结果如图 7.14 所示。测试结果表明，室内甲醛浓度近似呈方波状波动，全天中甲醛高浓度和低浓度各占一半时间。因此，染毒试验中的甲醛波动组设计为 12h 高浓度，12h 低浓度，恒定组设计为全天 24h 浓度不变，两组甲醛平均浓度相同。同时，由于小鼠寿命较短，试验整体时间不宜过长，Zhang 等[64]选取了较高的试验浓度，波动组为 1.0mg/m³，恒定组为 0.5mg/m³。同时基于 Anderson[69]的研究，对小鼠该暴露浓度进行了折算，折算公式为

$$E_{\text{equivalent}}=\frac{m}{W^{2/3}}=iW^{1/3}vr \tag{7.22}$$

式中，$E_{\text{equivalent}}$为等效暴露量，mg/m^2；m 为不同动物的暴露量，mg；W 为动物质量，kg；i 为单位体重日呼吸量，m^3/kg；v 为空气甲醛浓度，mg/m^3；r 为污染物吸收比，不同物种间默认相同，无量纲。

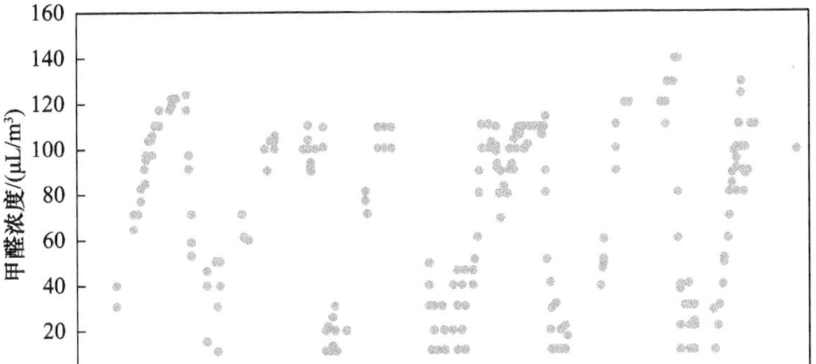

图 7.14　北京市某住宅室内甲醛浓度测试结果[64]

对于人类（$W=70$kg，$i=0.29m^3/kg$）和小鼠（$W=0.03$kg，$i=1.30m^3/kg$），折算后的小鼠暴露浓度约为人类暴露浓度的 3 倍，小鼠暴露浓度折算至人类后，分别为 0.17mg/m³ 和 0.33mg/m³。

染毒试验的浓度周期设定如图 7.15 所示[64]，试验系统示意图如图 7.16 所示[64]。试验中选用 Balb/c 小鼠（5～6 周，体重 20g 左右），设置了波动浓度、恒定浓度和空白对照三组进行试验，每组 6 或 7 只小鼠，染毒 7d、14d 和 28d 后，测试小

鼠的生物标志物(biological marker 或 biomarker)以衡量甲醛的健康危害。试验中用到的生物标志物指标如下。活性氧自由基(reactive oxidative species,ROS);丙二醛(malondialdehyde,MDA);IL-5:Th2 细胞关键的炎症因子,哮喘患者 IL-5 分泌增多;IL-1β:促炎症因子,哮喘发病中起一定作用;Caspase-3:细胞凋亡过程中最主要的终末剪切酶,也是细胞杀伤机制的重要组成部分。

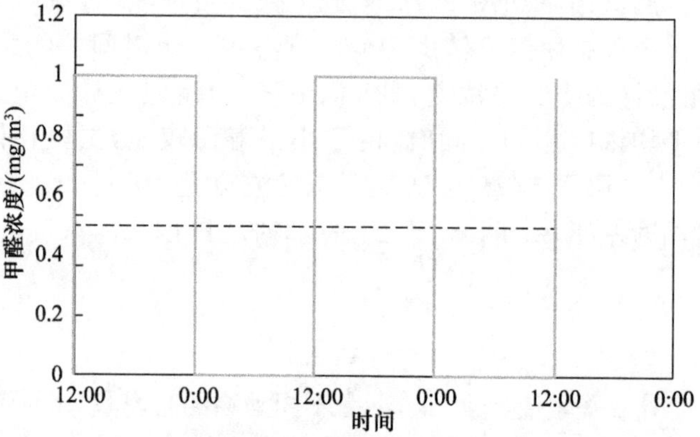

图 7.15　试验浓度周期设定[64]

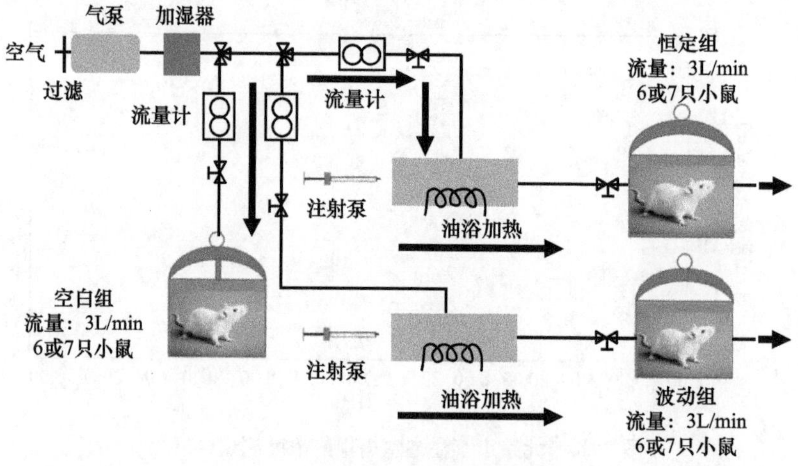

图 7.16　小鼠染毒试验系统示意图[64]

7.4.3　研究结果及讨论

研究试验结果如图 7.17～图 7.21 所示[64]。其中,*和**分别表示与对照组相比,$p<0.05$ 和 $p<0.01$;#和##分别表示与恒定甲醛组相比,$p<0.05$ 和 $p<0.01$。可以看出,ROS、MDA 和相关炎症因子均表明,平均浓度相同时,波动

浓度组浓度的相关指标均显著高于恒定组，表明波动浓度组会造成更严重的健康危害。同时，肺部切片结果(见图 7.22[64])也表明，相比于恒定组和空白对照组，波动浓度组可以明显看出气道壁增厚及气道皱缩现象，导致气道重塑现象明显，气道周围的炎症细胞浸润增多，肺部损害更为明显。

小鼠染毒结果表明，在平均浓度相同时，波动组的甲醛相较于恒定组甲醛会对小鼠造成更为明显的健康危害，即峰值浓度暴露应当尽量避免。虽然小鼠与人类存在显著差异，但小鼠的试验结果对于实际生活中甲醛的健康危害评估和控制策略制定仍然具有一定的参考价值。

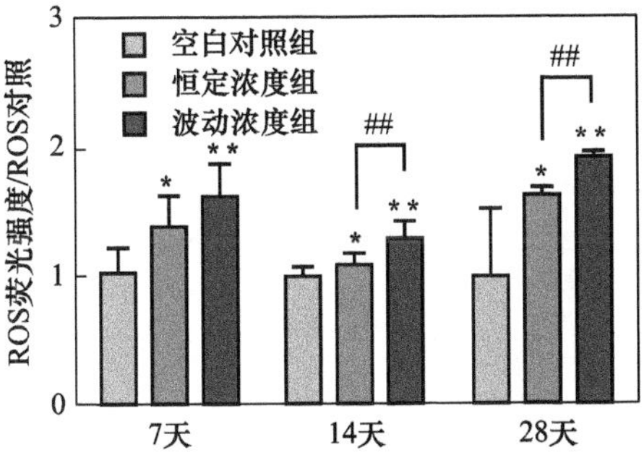

图 7.17　小鼠染毒试验 ROS 测试结果[64]

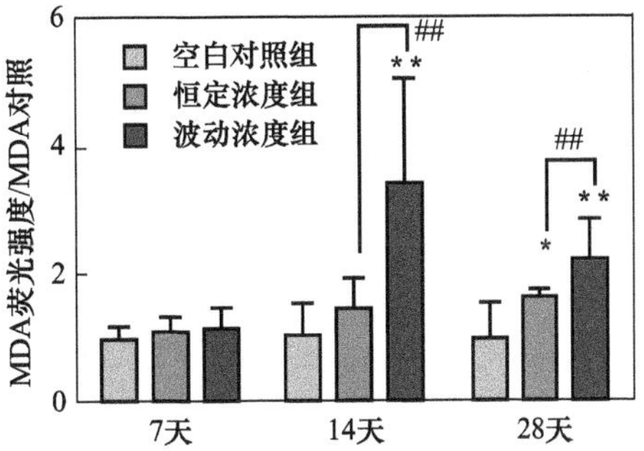

图 7.18　小鼠染毒试验 MDA 测试结果[64]

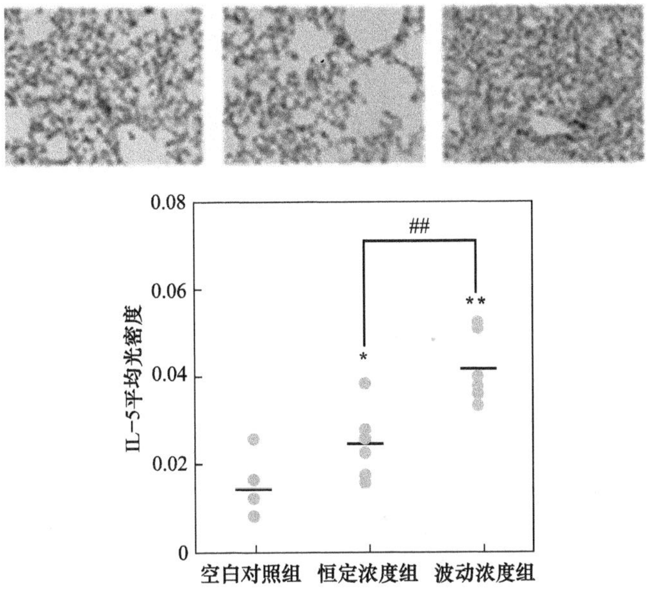

图 7.19　小鼠染毒试验 IL-5 测试结果[64]

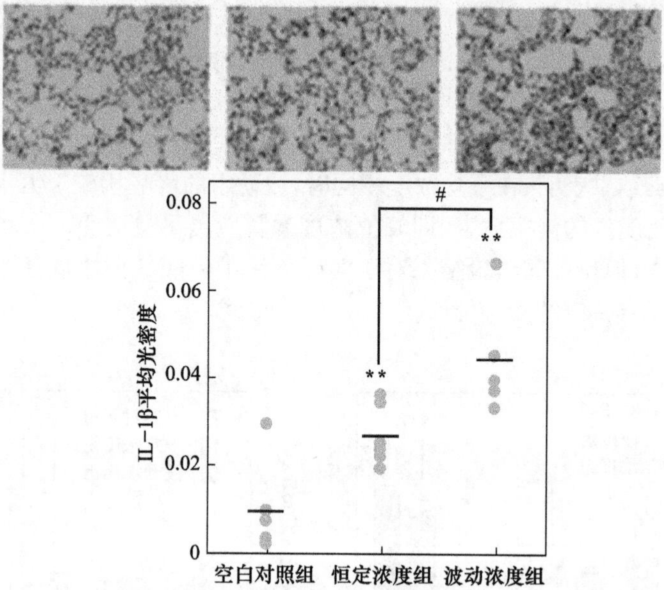

图 7.20 小鼠染毒试验 IL-1β 测试结果[64]

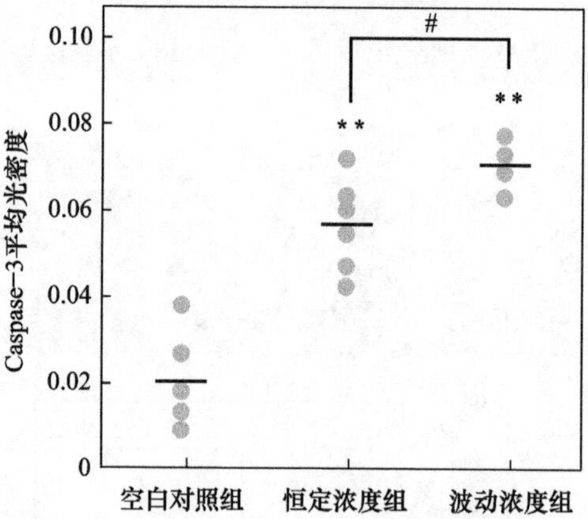

图 7.21 小鼠染毒试验 Caspase-3 测试结果[64]

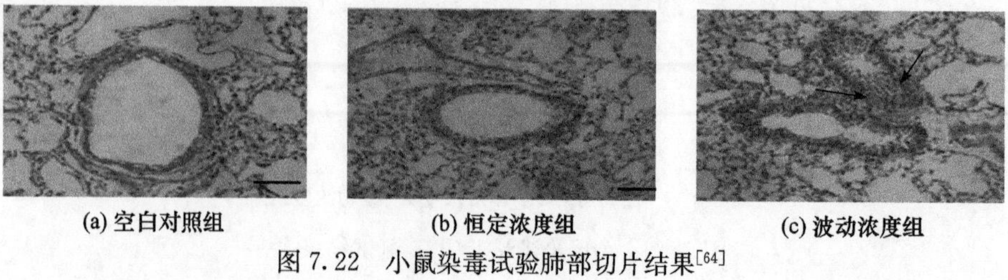

图 7.22 小鼠染毒试验肺部切片结果[64]

7.5　我国儿童家庭健康状况调研

7.5.1　研究背景和目的

近几十年来，世界范围内哮喘患病率迅速增长。发展中国家或地区的增长数量虽然基本上还不高，但是患病率在加速增长。国际儿童哮喘和过敏研究(International Study of Asthma and Allergies in Childhood，ISAAC)发现 6～7 岁儿童哮喘患病率最高的地区为英国、澳大利亚、新西兰以及爱尔兰地区，最低的地区为印度尼西亚、阿尔巴尼亚、格鲁吉亚以及希腊[70]。世界多数地方，大部分儿童患有或曾经患有哮喘、喘息、鼻炎或湿疹[71]。哮喘和过敏导致的医疗费用、家庭负担和生活质量下降是严重的公共卫生问题。

无论遗传、室外环境、种族等因素还是社会经济水平，均不能彻底解释这种急剧增长的趋势；人们大部分时间都是在室内度过的，而儿童相比于成人在室内度过的时间更长[72]。室内环境(尤其是住宅内的环境)被认为在儿童哮喘及过敏发展和加重的过程中起到很重要的作用[73]。

ISAAC 始于 1990 年在德国和新西兰开展的研究，目的在于确定世界范围内儿童哮喘和过敏的患病率并描述其严重性[74]。2009 年启动的 ISAAC 第三阶段研究，已有 98 个国家的 233 个研究中心参与[75]。随着现代化和城市化的快速推进，我国室内环境暴露正在经历迅速、急剧的变化。1990 年和 2000 年全国儿童哮喘协作组分别对 0～14 岁的儿童哮喘进行的全国性的调查[76]以及其他一些相近的调查结果[77,78]显示：我国的哮喘和过敏患病率在上升，但其中极少涉及室内暴露的影响。

2010 年 9 月，清华大学、重庆大学、上海理工大学等 14 所高校的研究者在我国 10 个主要城市开展了中国儿童住宅健康(China，Children，Homes，Health，CCHH)研究[5]。CCHH 研究分为两个阶段：阶段Ⅰ是关于儿童哮喘、过敏性疾病和空气传染病的患病率以及住宅环境暴露的现状的问卷调查(2010 年 11 月～2012 年 4 月)；阶段Ⅱ是病例-对照研究，包含对空气样本、灰尘和尿液的污染物检测(2012 年 11 月至今)。该研究目的在于：①调查中国主要城市的哮喘、过敏及空气传染病的患病率；②研究哮喘和过敏症状与室内环境因素的关联性；③为中国地区儿童哮喘预防提供科学依据。

7.5.2　研究方法

1. 研究地点和儿童选定

CCHH 研究在不同地理位置、经济水平和室外环境污染水平的 10 个城市开展。城市的经济状况、气候及 PM_{10} 浓度如表 7.18 所示[5]。每个城市均包括城区，部分城市包括农村和郊区。每个城市的幼儿园、托儿中心或小学都是随机选择的。

表 7.18　CCHH 调查城市的经济状况、气候及 PM_{10} 浓度[5]

城市（从北到南）	经济状况（收入，人均 GDP）/千元①	干燥/湿润	气候	PM_{10}年平均浓度/($\mu g/m^3$)②	
				2001	2010
哈尔滨	37.0	较湿润	严寒	134.7	102.6
乌鲁木齐	44.9	干燥	严寒	203.6	139.1
北京	75.9	较湿润	寒冷	175.2	122.3
太原	44.3	较湿润	寒冷	203.7	89.2
西安	38.3	较湿润	寒冷	156.5	126.1
南京	63.7	湿润	夏热冬冷	140.0	112.7
上海	76.1	湿润	夏热冬冷	101.7	79.3
武汉	59.0	湿润	夏热冬冷	150.4	107.0
重庆	27.6	湿润	夏热冬冷	141.5	102.5
长沙	66.4	湿润	夏热冬冷	181.0	83.6

① 数据来源于地方年鉴，除太原使用 2009 年数据外均为 2010 年数据。

② 数据来源于中国环境保护部网站：http://datacenter.mep.gov.cn/。

2. 问卷设计和初步研究

CCHH 研究问卷中关于儿童哮喘及相关疾病的问题来源于 ISAAC[79]，关于室内环境的问题来源于瑞典建筑内湿度与健康研究（Dampness in Buildings and Health，DBH）[80]，并根据中国住宅特点进行了改编。2010 年 4 月，应用此问卷对重庆 100 名儿童进行试验研究，然后根据反馈提高了问卷可读性。更多关于问卷内容及结果的细节，可参考文献[81]～[91]。

3. 阶段Ⅰ研究过程

问卷调查过程如下：首先联系每所幼儿园的负责人，在征得同意后，研究人员将问卷交给各班负责的老师，通过老师将问卷发放到儿童家长或法定监护人手中；家长完成问卷后交给老师，研究人员再从老师手中回收问卷。

7.5.3　研究结果和讨论

1. 结果

CCHH 研究阶段Ⅰ问卷调查共有 48219 名 1～8 岁儿童参与，平均问卷回收率为 76%。

表 7.19 列出了关于儿童年龄、受访者人数以及回收率的详细信息[5]。

表 7.19　调查地区受访者人数及回收率[5]

城市	年龄/岁	受访者人数/人	回收率/%
哈尔滨	2～8	2506	64.1
乌鲁木齐	2～7	4618	81.7
北京	1～8	5876	65.0
上海	1～8	15266	85.3
南京	1～8	4014	65.7
西安	1～8	2020	83.5
太原	1～6	3700	82.2
武汉	1～8	2193	91.4
长沙	1～8	2727	59.0
重庆	1～8	5299	74.5

表 7.20 列出了 10 个城市被调查儿童性别、家庭过敏史以及 1～8 岁每年龄段参与者所占比例[5]。由于 1 岁、2 岁、7 岁和 8 岁年龄组在大多数城市比较少，因此除了太原(3～5 岁)和武汉(5～6 岁)外，各城市皆采用 3～6 岁年龄组进行健康分析。表 7.21 列出了 10 个城市被调查儿童 2010～2011 年特应性湿疹、喘息、至少患过一次肺炎、鼻炎的患病率[5]。

表 7.20　10 个城市被调查儿童性别比例、家庭过敏史以及 1～8 岁每年龄段参与者所占比例[5]

城市	性别/%		家庭过敏史/%	1～8 岁每年龄段参与者所占比例/%							
	男	女		1	2	3	4	5	6	7	8
哈尔滨	50.3	49.7	13.3	0	1.8	10.3	21.2	23.0	27.3	14.4	2.0
乌鲁木齐	53.6	46.4	19.8	0	2.1	24.3	36.0	30.4	6.9	0.1	0
北京	52.4	47.6	23.4	0.5	2.2	24.1	28.7	26.3	16.3	1.3	0.6
上海	50.9	49.1	19.4	0.2	0.1	5.0	37.2	29.4	22.6	5.2	0.3
南京	51.2	48.8	15.8	0.1	1.0	11.4	23.6	25.2	24.9	12.0	1.8
西安	53.3	46.7	9.2	0.1	1.4	19.7	28.1	28.6	19.7	2.2	0.2
太原	52.3	47.7	11.5	0.2	4.5	30.4	36.4	26.8	1.7	0.0	0.0
武汉	52.7	47.3	16.9	0.5	0.1	1.4	3.6	4.8	10.3	32.2	47.1
长沙	53.3	46.7	15.4	0.2	2.8	24.5	34.2	31.2	6.6	0.4	0.1
重庆	51.3	48.7	11.1	0.3	2.4	20.0	32.4	29.6	14.1	1.1	0.1

表 7.21　10 个城市被调查儿童 2010～2011 年几种疾病患病率[5]

城市	年龄/岁	特应性湿疹/%	喘息/%	至少患过一次肺炎/%	鼻炎/%
哈尔滨	3～6	12.2	15.3	30.2	42.0
乌鲁木齐	3～6	13.3	23.7	41.7	43.7
北京	3～6	15.8	16.7	26.9	45.5
上海	3～6	13.9	21.6	33.2	43.7
南京	3～6	10.7	17.9	27.1	42.8
西安	3～6	8.2	13.9	28.2	38.7
太原	3～6	4.8	14.1	27.8	24.0
武汉	3～6	8.4	19.0	25.6	50.8
长沙	3～6	9.7	19.3	38.1	41.2
重庆	3～6	12.9	20.2	31.3	38.3

哮喘定义为问题"您的孩子是否曾经被医生确诊为哮喘?"的肯定答案。表 7.22 比较了 2010 年 CCHH 调查的 10 个城市的儿童哮喘患病率和 1990 年、2000 年的 1～14 岁儿童哮喘患病率[76]，图 7.23 在此基础上以 1990 年的结果为基准进行了无量纲化。由直线斜率可以看出，2000～2011 年患病率增长显著快于 1990～2000 年，其中增长速度排前四的为乌鲁木齐、武汉、北京和上海。

表 7.22　CCHH 调查的 10 个城市的儿童哮喘患病率的趋势[5]
(1990 年、2000 年 1～14 岁年龄组的儿童患病率[76])

城市	年龄/岁	1990 年患病率/%	2000 年患病率/%	2010 年患病率/%
哈尔滨	3～6	0.92	0.92	2.9
乌鲁木齐	3～6	0.40	0.61	3.9
北京	3～6	0.77	2.05	6.3
上海	3～6	1.50	3.34	9.8
南京	3～6	1.85	2.44	8.8
西安	3～6	0.66	1.00	3.0
太原	3～5	0.51	1.02	1.7
武汉	5～6	0.86	1.82	7.4
长沙	3～6	1.39	1.19	6.9
重庆	3～6	2.60	3.34	8.2

图 7.24 和图 7.25 为室外 PM_{10} 浓度和人均 GDP 与哮喘相关性的分析结果[5]。可以看出，全年潮湿、冬季寒冷且无采暖的南方城市哮喘患病率大于

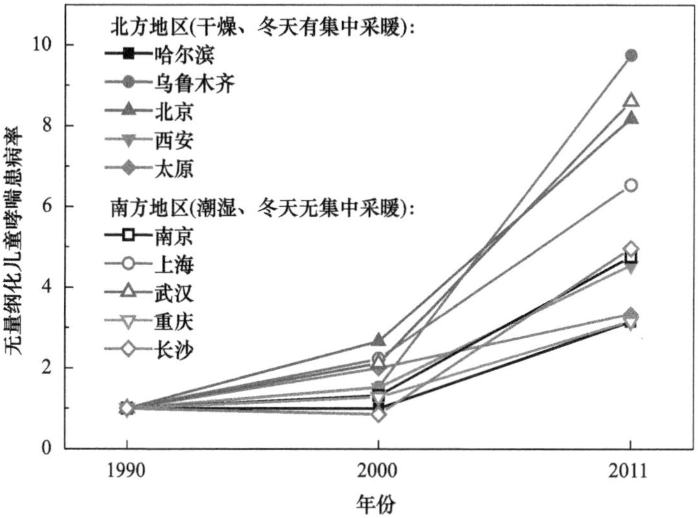

图 7.23 根据 1990 年数据进行无量纲化的患病率[5]

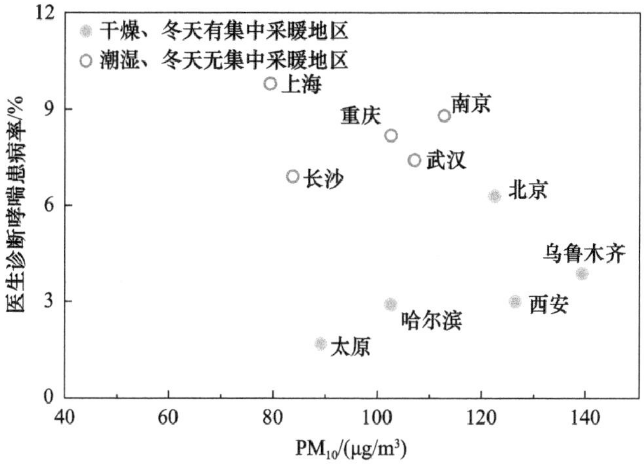

图 7.24 室外 PM_{10} 浓度和哮喘相关性[5]

6.9%,但与人均 GDP 及室外 PM_{10} 浓度无显著相关性。另外,干燥且冬季有采暖的北方城市哮喘患病率均小于 4%,且与人均 GDP 及室外 PM_{10} 具有相关性。其中北方城市中唯一的例外是北京,哮喘患病率为 6.3%。喘息、鼻炎、湿疹和肺炎与气候、人均 GDP 和室外 PM_{10} 浓度均无显著相关性。

2. 讨论

CCHH 的调查研究覆盖了我国不同气候、不同地理位置及不同经济水平的 10

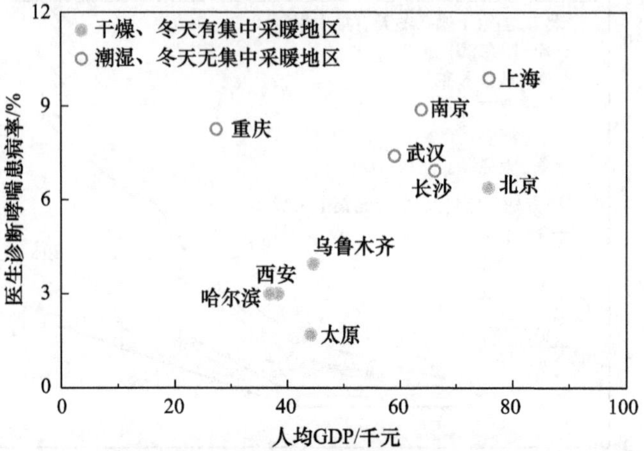

图 7.25　人均 GDP 和哮喘相关性[5]

个主要城市。一共调查了 48219 名儿童(和家庭),并分析了其中 43591 名 3～6 岁儿童的健康效应。调研平均反馈率达 76%。但此类问卷调研具有共同的局限性:分析的回收数据取决于父母的回顾性报告,可能会含有记忆偏差引起的偏倚。但问卷关于健康效应的问题已被 ISAAC 的研究所验证[92],关于室内环境暴露的问题也已被以前的研究验证[93]。未返回问卷的受访者的偏倚性也通过重庆的短调查问卷进行了检查。结果显示,过去 12 个月喘息的患病率在返回和未返回长问卷受访者之间没有显著性差异,这意味着返回问卷没有选择性偏倚。对于这种偏倚的讨论可参见各个城市的相关研究论文[81-91]。

校正年龄后 3～6 岁儿童过敏症状及其他疾病患病率见表 7.23。可以看出,CCHH 调查的城市中确诊哮喘患病率为 1.7%～9.8%(平均为 6.8%),相比于 1999 年的 0.91%(287329 名儿童)和 2000 年的 1.50%(287329 名儿童)有大幅增长。喘息、鼻炎和湿疹的患病率分别为 13.9%～23.7%、24.0%～50.8%和 4.8%～15.8%。10 个城市中,太原的患病率最低,除乌鲁木齐湿疹患病率最高外,其余疾病上海的患病率最高。分析显示,患病率和室外空气污染、人均 GDP 等无显著相关性,但是患病率在湿润环境(主要指夏热冬冷且无采暖建筑的地区)中高得多,25.5%～41.7%的儿童至少感染过一次肺炎。

表 7.23　校正年龄后 3～6 岁儿童过敏症状及其他疾病患病率（单位:%）

症状		哈尔滨	乌鲁木齐	北京	上海	南京	西安	太原⑤	武汉⑥	长沙	重庆
过敏症状	曾经喘息困难	19.6	35.3	22.3	27.9	23.4	20.2	21.7	31.2	27.0	26.7
	最近 12 个月喘息困难	15.3	23.7	16.7	21.6	17.9	13.9	14.1	19.0	19.3	20.2
	最近 12 个月夜间干咳	11.7	11.9	19.4	19.7	18.5	15.0	7.9	18.4	16.0	18.4
	医生确诊哮喘	2.9	3.9	6.3	9.8	8.8	3.0	1.7	7.4	6.9	8.2
	曾经出现鼻炎症状	55.3	48.9	57.7	55.2	54.6	56.5	38.6	58.7	54.2	51.6
	最近 12 个月出现鼻炎症状	42.0	43.7	45.5	43.7	42.8	38.7	24.0	50.8	41.2	38.3

续表

症状		哈尔滨	乌鲁木齐	北京	上海	南京	西安	太原⑤	武汉⑥	长沙	重庆
接触动物引起鼻炎症状		1.0	4.3	3.3	4.6	2.0	2.1	2.5	9.3	2.0	2.7
接触植物/花粉引起鼻炎症状		1.9	6.3	6.9	7.6	8.0	6.4	1.1	19.4	11.5	3.6
医生确诊鼻炎		2.2	9.8	7.9	11.6	8.8	3.7	2.7	23.9	8.0	6.2
曾经湿疹症状①		33.1	15.3	34.7	23.4	28.4	29.0	13.6	26.0	29.9	30.4
最近 12 个月患过湿疹②		12.2	13.3	15.8	13.9	10.7	8.2	4.8	8.4	9.7	12.9
其他健康问题	喉炎	3.2	6.3	4.3	7.6	4.2	4.5	4.0	5.8	5.9	6.3
	肺炎	30.2	41.7	26.9	33.2	27.1	28.2	27.8	25.5	38.1	31.3
	最近 12 个月感冒次数≥6	6.0	7.6	9.5	8.5	9.9	7.1	4.7	6.1	7.9	18.1
	耳炎③	8.3	11.9	14.9	10.5	7.8	7.7	9.0	16.2	7.7	7.8
	食物过敏④	22.2	16.4	23.9	19.4	20.5	12.9	12.7	17.0	17.6	16.9

① 您的孩子是否有六个月以上的皮肤瘙痒(湿疹)?
② 最近 12 个月,孩子是否患过湿疹?
③ 您的孩子是否患过耳炎?
④ 是否有过食物引起的湿疹、荨麻疹、腹泻、嘴唇或眼睛肿胀等过敏症状?
⑤ 3～5 岁儿童年龄校正。
⑥ 5～6 岁儿童年龄校正。

与文献[76]的研究相比,父母报告的喘息、鼻炎、湿疹和医生确诊哮喘的患病率都明显增高,意味着这些疾病和症状的患病率快速增长。

表 7.22 比较了 1900 年、2000 年和 2010～2011 年的哮喘患病率,三次调研使用了几乎相同的调查问卷。其中,2010～2011 年开展的 CCHH 研究由于 1～2 岁和 7～8 岁儿童样本量小,仅仅涵盖了 3～6 岁儿童,而 1990 年和 2000 年的全国调查的对象是 0～14 岁儿童[76]。调查结果虽然不完全具有可比性,但 CCHH 在 10 个城市的调查明确显示了儿童哮喘患病率在增长,且增速较 1990～2000 年更高,如图 7.23 所示。

与各城市间医生确诊哮喘的患病率差异相比,喘息、鼻炎和湿疹的城市间患病率差异较小,见表 7.23。至少被医生确诊患过一次肺炎的儿童比例较高,其中农村地区患病率显著高于城市地区,这可能与农村地区大量使用生物质燃料而易暴露于烟雾中有关[94]。

7.6　生物标志物在健康风险分析中的应用

7.6.1　生物标志物在健康风险分析中的作用

在污染暴露与疾病之间关系的研究中,污染暴露剂量一般指人在污染环境中对目标污染物的外暴露剂量。外暴露剂量和内暴露剂量常存在显著偏差，用其外暴露剂量无法精确计算相应的健康风险。用污染物外暴露剂量和健康终点固然可以评价污染的健康效应，但这样做有两个局限：一是低浓度或低毒性的污染暴露不一定能导致明显的临床医学症状；二是从人出现疾病症状到临床医学确诊一般要经过较长的发病时间，只用健康终点来作为污染物健康效应的评价并不利于早期控制相关健康风险。

生物标志物是指人体与环境因素（物理的、化学的或生物的）产生交互后引起的可测定的改变。这些改变可以来自生化、生理、行为、免疫、细胞和遗传等方面。生物标志物既是一种能客观测量并评价正常生物过程、病理过程或对药物干预反应的指示物，又是生物体受到损害时的重要预警指标，它们水平的变化反映了相应细胞分子结构和功能的变化、生化代谢过程的变化、生理活动的异常表现以及个体或群体甚至整个生态系统的异常变化。与环境污染监测相比，生物标志物能更准确地反映人体及靶器官的实际污染水平及健康效应，因为它综合描述了多途径在一定时间内进入人体污染物量的总和及健康效应，从而避免了环境污染物浓度、暴露途径、暴露时间、暴露频率、污染物吸收率浮动所带来的不确定性，而且其测定简便易行。所以生物标志物已广泛应用于健康危险度评价和流行病学调查等相关研究。

Chen 等[95]用生物标志物的方法研究了在上海某大学宿舍连续使用 48h 空气净化器后对健康大学生心肺功能的影响。研究发现，受试者的心肺功能在净化干预后显著改善。Li 等[96]进一步研究了大学宿舍中连续 9d 使用空气净化器对于大学生心肺功能和应激等生物标志物的影响，同样发现使用空气净化器对健康有促进作用。这两项研究在一定程度上表明，短期使用空气净化器可以降低室内空气污染对人体的健康危害。

7.6.2 室内空气污染健康风险分析常用的生物标志物

室内空气污染主要通过呼吸吸入或皮肤渗透进入人体肺部或血液，因此分析由室内空气污染引发的健康风险，常用的生物标志物主要包括肺部炎症、肺部功能、血压血栓等生理指标。表 7.24 列出了室内空气污染健康风险分析常用的生物标志物。其中主要的生物标志物如下。

呼出气一氧化氮浓度（fractional exhaled nitric oxide，FeNO）。一氧化氮由呼吸道细胞产生，其浓度与炎症细胞数目高度相关，可作为气道炎症的生物标志物，常通过口呼气测定。FeNO 测定已广泛应用于呼吸道疾病的诊断与监控。此外，还可通过呼出气体冷凝物（exhaled breath condensate，EBC）中的化学性质与成分来识别肺部炎症，如 EBC 的 pH、亚硝酸盐、硝酸盐和丙二醛含量等。

肺活量(forced vital capacity,FVC)。肺活量是指尽力吸气后,人在短时间内所能尽力一次呼出的最大气量。开始呼气第一秒内的呼出气量称为一秒钟用力呼气容积(forced expiratory volume in one second,FEV_1)。临床上常以 FEV_1/FVC 判定,正常值为 83%。也常使用呼出不同比例肺活量时的最大呼气流量(forced expiratory flow rate,FEF)来评价肺功能,如 $FEF_{25\sim75}$是指呼出 25%~75%肺活量时的最大呼气流量。

8-羟基脱氧鸟苷(8-hydroxy-2 deoxyguanosine,8-OHdG)。这种物质是由活性氧自由基(如羟自由基、单线态氧等)攻击 DNA 分子中的鸟嘌呤碱基第 8 位碳原子而产生的一种氧化性加合物。衰老的自由基学说认为:活性氧自由基攻击 DNA 使其损伤,与突变、癌症及衰老等有关。而 8-羟脱氧鸟苷是 DNA 氧化损伤中最常用的生物标志物,并可以通过高灵敏度、高选择性的检测手段来检测。

表 7.24　室内空气污染健康风险分析常用的生物标志物

生理指标	生物标志物
肺部炎症和氧化应激	FeNO、EBC 亚硝酸盐和硝酸盐(EBCNN)、EBC pH、EBC 丙二醛(MDA)
肺功能	FEV_1、FVC、FEV_1/FVC、$FEF_{25\sim27}$
气道阻力	总呼吸黏性阻力(R_5)、周边气道黏性阻力($R_5 \sim R_{20}$)、中央气道阻力(R_{20})、周边气道弹性阻力(X_5)、呼吸阻抗(Z_5)、共振频率(Fres)
全身性炎症和氧化应激	血浆 C 反应蛋白(CRP)、8-羟脱氧鸟苷(8-OHdG)、尿液丙二醛(UMDA)
血压	收缩压(SBP)、舒张压(DBP)、脉搏压(PP)
动脉僵硬度和心肌功能	反射波增强指数(AI)、脉搏波波速(PWV)、心内膜下心肌活力率(SEVR)
血栓	血管性血友病因子(VWF)、血浆可溶性黏附分子(sCD62P)

7.6.3　研究案例简介:基于健康风险的空气污染净化效果评价

1. 集中净化系统净化效果研究

根据 7.3 节可知,室内高浓度的 $PM_{2.5}$ 和 O_3 会导致不可忽视的疾病死亡负担。空气净化可以控制室内 $PM_{2.5}$ 和 O_3 浓度水平,但低浓度 O_3 对人的健康风险影响及机制尚不清晰,且仅用"浓度"难以反映空气净化对人的健康影响。为此,清华大学张寅平教授研究团队和杜克大学张军锋教授研究团队采用干预试验和生物标志物评价相结合的方法开展研究,以更好地认知空气净化系统使用中的问题与成效,特别是室内环境中人体 $PM_{2.5}$ 和 O_3 暴露及其控制对人健康的影响[97~99]。

1) 试验场所和受试者

研究于 2014 年底～2015 年初在长沙市远大城园区开展。根据环保部监测站数据，2014 年长沙年均大气 $PM_{2.5}$ 和 O_3 浓度分别为 65μg/m³ 和 25μL/m³。园区内办公建筑和宿舍建筑均安装了集中全新风过滤净化系统，包括粗效过滤器、静电除尘器（electrostatic precipitator，ESP）和高效过滤器（high efficiency particulate air filter，HEPA），过滤后的新风被送到各办公室和宿舍。室外空气在通过粗效过滤器后，$PM_{2.5}$ 浓度会下降约 30%（相比室外，后同），O_3 浓度会下降 2～4μL/m³；继续通过 ESP 后，$PM_{2.5}$ 浓度会下降约 70%，O_3 浓度升高 15～20μL/m³；再通过 HEPA 后，$PM_{2.5}$ 浓度会下降约 98%，O_3 浓度升高 10～15μL/m³。室内禁止抽烟和烹饪，换气次数稳定在 $1h^{-1}$ 左右。

试验招募了 89 名白领受试者（试验中途有 3 名退出），均接受了问卷调查和血液初筛，年龄均在 18 岁以上，无重大慢性疾病，并在研究选取的办公室中工作，一周至少四晚在研究选取的宿舍中。受试者统计信息见表 7.25[97]。此研究通过了伦理审查，受试者都签署了知情同意书。

表 7.25 受试者信息统计[97]

特征	结果
年龄平均值(标准差)[范围]/岁	31.5(7.6)[22～52]
女性人数(比例/%)	25(28.1)
身体质量指数(BMI)①平均值(标准差)	22.3(2.7)
吸烟者人数(比例/%)	15(16.9)
过往吸烟者人数(比例/%)	6(6.7)
所有吸烟者吸烟指数②平均值(标准差)	0.87(2.48)

①身体质量指数等于体重(kg)除以身高(m)的平方。

②吸烟指数等于平均每天吸烟的盒数(20 支/盒)乘以吸烟年限，如每天吸烟 1 盒，吸烟年限为 20 年，吸烟指数为 20。

2) 试验设计

现场试验从 2014 年 12 月 1 日～2015 年 1 月 30 日共持续 9 周，分为三个阶段，见表 7.26。第一阶段和第三阶段所有受试者生活和工作在原有净化系统下（系统包括粗效过滤器、ESP 和 HEPA）。第二阶段受试者分成 A 和 B 两组：A 组（34 人）受试者所处的净化系统不设置 ESP 和 HEPA，只保留粗效过滤器；B 组（52 人）受试者所处的净化系统不设置 ESP，保留粗效过滤器和 HEPA。试验中每天监测办公室和宿舍的空气污染物浓度，同时收集室外空气污染物数据。大约每隔两周采集受试者的生物标志物，同时收集受试者的时间活动问卷，一共进行了 4 次，共收集了 343 套生物样本和时间活动问卷。

表 7.26　长沙试验总体设计

类别		第一阶段（干预前，2014 年 12 月 1 日～5 日）	第二阶段（干预期，12 月 6 日～1 月 13 日）	第三阶段（干预后，2015 年 1 月 14 日～30 日）
持续时间/d		5	39	17
生物标志物和时间活动问卷采集		采集 1（12 月 2 日～5 日）	采集 2（12 月 23 日～26 日和 30 日） 采集 3（1 月 7 日～10 日和 13 日）	采集 4（1 月 27 日～30 日）
A 组	净化系统	粗效＋ESP＋HEPA	粗效	粗效＋ESP＋HEPA
	办公室地点	办公室 A	办公室 A	办公室 A
	宿舍地点	宿舍楼 1～6(除 4A)	宿舍楼 4A	宿舍楼 4A
B 组	净化系统	粗效＋ESP＋HEPA	粗效＋HEPA	粗效＋ESP＋HEPA
	办公室地点	办公室 B	办公室 B	办公室 B
	宿舍地点	宿舍楼 1～6(除 4A)	宿舍楼 1～6(除 4A)	宿舍楼 1～6(除 4A)

3）污染暴露测量

（1）污染物检测。2014 年 11 月 17 日～2015 年 1 月 30 日期间试验场所室外 $PM_{2.5}$ 和 O_3 浓度数据从环保部大气监测站（经开区监测站）获得。该监测站距离试验场所 4.5km，试验期间处于上风向，周围交通和其他污染源均较少。

室内 $PM_{2.5}$ 测量采用预先校准好的在线监测仪 AM510（每 1min 记录一次），白天在办公室 A 和 B 分别监测（监测时间 09：00～18：00），晚上从 A 组和 B 组中各选取一个宿舍监测（监测时间 20：00～08：00）。室内 O_3 浓度采用预先校准好的在线监测仪 Model 205 实时监测（每 1min 记录一次）。

（2）暴露估算。研究中共收集 343 套时间活动问卷，包括工作日 24h 中各时间段的对应地点（办公室、宿舍、室外或其他场所）及一周在各个地点的总时间。办公室和宿舍内空气中 $PM_{2.5}$ 和 O_3 浓度通过测试得到，室外浓度使用大气监测站数据，其他室内场所（假设为气密性不好的建筑）$PM_{2.5}$ 和 O_3 浓度的 I/O 比设为 0.8[55] 和 0.35[56]。结合各场所浓度和时间调研结果，Day 等[98] 研究估算了受试者的 24h 暴露浓度和 2 周暴露浓度，具体计算过程见文献。

4）生物标志物检测

一共有 4 次生物标志物测试，一次在干预前，2 次在干预中，还有 1 次在干预后，具体时间见表 7.26。每次采集流程如下：首先早上 8 点采集空腹血（由护士完成）和晨尿，然后开始分批采集受试者的 FeNO、EBC、脉搏波分析（pulse wave analysis，PWA）、肺功能测试以及完成时间活动问卷，每天约完成 22 名受试者的生物标志物采集，约 4d 才能完成一次所有受试者的生物标志物采集。采集的生物标志物及其所属类别见表 7.24，具体检测和分析详见文献[98]。

5）集中净化系统对人体生物标志物的影响

（1）净化效果-暴露。结合受试者在每次生物标志物采集时提交的时间活动问卷，研究估算了每名受试者在净化场所（办公室＋宿舍）和所有场所（包括室外和其他室内场所）的 24h 和 2 周平均暴露情况。图 7.26 和图 7.27 分别给出了 $PM_{2.5}$ 和 O_3 的计算结果。对 $PM_{2.5}$ 来说（见图 7.26），受试者 24h 平均总暴露（所有场所）的范围是 3～155μg/m³。在干预期（第 2 次和第 3 次生物标志物采集），A 组受试者（净化系统为粗效过滤器）的暴露浓度明显高于 B 组受试者（净化系统为粗效过滤器＋HEPA），其中 B 组受试者平均 24h 净化场所暴露和总暴露分别为 19μg/m³ 和 43μg/m³，比 A 组分别低 47μg/m³（71％）和 38μg/m³（47％）；平均 2 周净化场所暴露和总暴露分别为 10μg/m³ 和 36μg/m³，比 A 组分别低 24μg/m³（71％）和 22μg/m³（38％）。

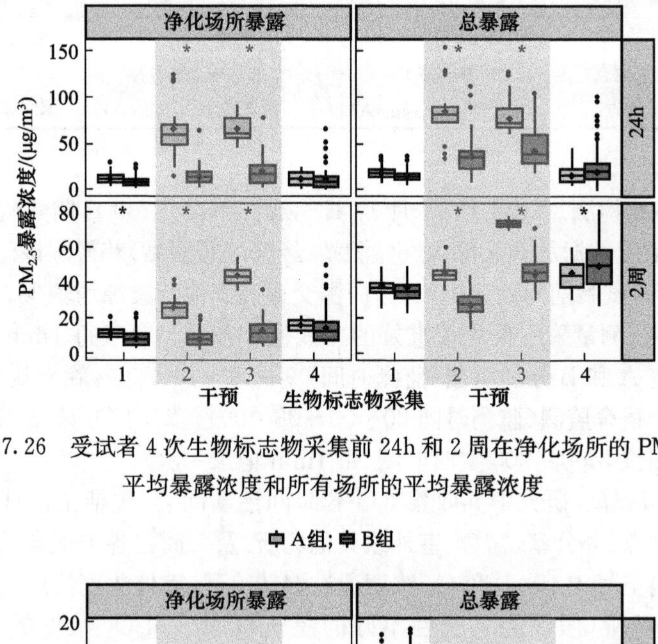

图 7.26　受试者 4 次生物标志物采集前 24h 和 2 周在净化场所的 $PM_{2.5}$ 平均暴露浓度和所有场所的平均暴露浓度

A组; B组

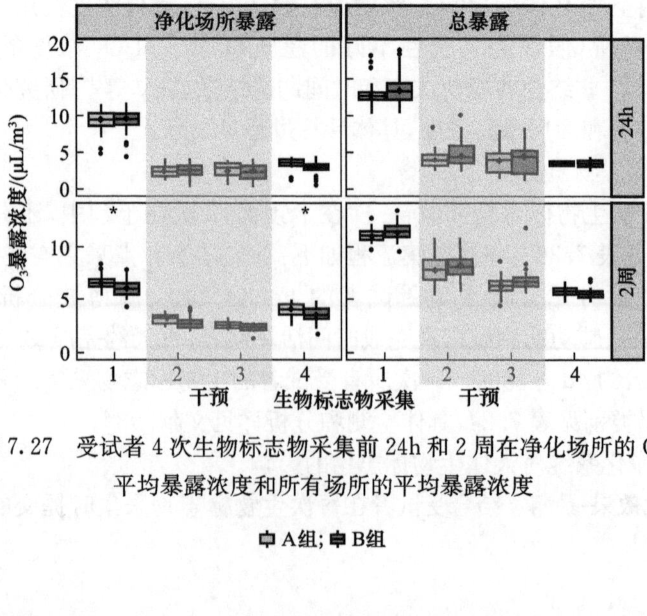

图 7.27　受试者 4 次生物标志物采集前 24h 和 2 周在净化场所的 O_3 平均暴露浓度和所有场所的平均暴露浓度

A组; B组

对 O_3 来说(见图 7.27),受试者 24h 平均总暴露的范围是 1.4～19.4μL/m³。两组受试者暴露水平的差别较小,对于干预期也是如此,说明 A 组所处净化系统中减少的高效过滤器对于整体 O_3 暴露影响并不大。

(2) 净化效果-健康风险。图 7.28 给出了受试者 24h 和 2 周平均 $PM_{2.5}$ 暴露对应生物标志物变化的浓度反应关系,发现 24h 平均 $PM_{2.5}$ 暴露浓度每升高 10μg/m³,最大肺活量 FVC 降低 0.2%(95%置信区间:0.005%～0.3%),这表明肺功能下降;2 周平均 $PM_{2.5}$ 暴露浓度每升高 10μg/m³,血栓风险因子 VWF 浓度增大 4.6%(95%置信区间:1.5%～7.8%)。这表明短期 $PM_{2.5}$ 暴露增加会损伤肺功能,增大患血栓的风险;由 4.1 节可知,使用 HEPA 能有效降低 $PM_{2.5}$ 暴露,进而减小肺功能损伤和患血栓的风险,而在 HEPA 的基础上增加 ESP 会使得 $PM_{2.5}$ 暴露增大,进而增大肺功能损伤和患血栓的风险。

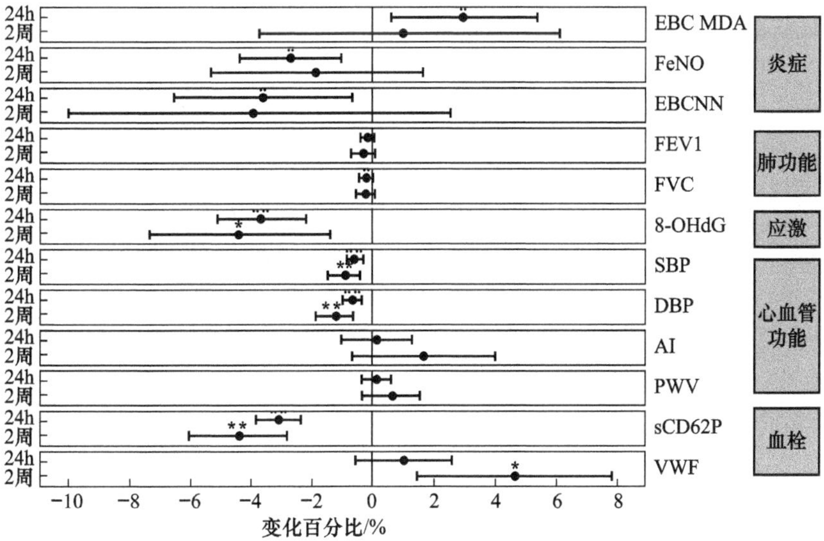

图 7.28　受试者 24h 和 2 周平均 $PM_{2.5}$ 暴露对应生物标志物变化的浓度-反应关系

图 7.29 给出了受试者 24h 和 2 周平均 O_3 暴露对应生物标志物变化的浓度反应关系,发现 24h 平均 O_3 暴露浓度每升高 10μL/m³,炎症指标 FeNO 增大 24.1%(95%置信区间:11.0%～38.8%)、EBCNN 增大 53.8%(95%置信区间:23.6%～91.5%),系统氧化应激指标 8-OHdG 增加 13.5%(95%置信区间:2.6%～25.6%),SBP 增加 3.1%(95%置信区间:1.4%～4.8%),DBP 增加 4.4%(95%置信区间:2.5%～6.3%),血栓风险因子 sCD62P 增加 36.2%(95%置信区间:30.6%～42.0%);2 周平均 O_3 暴露浓度每升高 10μL/m³,FeNO 增大 47.2%(95%置信区间:

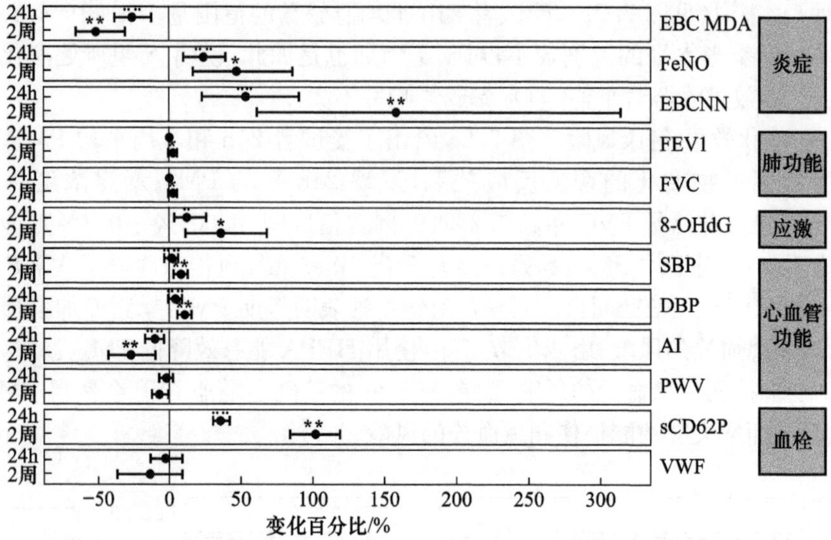

图 7.29 受试者 24h 和 2 周平均 O_3 暴露对应生物标志物变化的浓度-反应关系

15.9%～86.9%)，EBCNN 增大 158.9%(95%置信区间：61.2%～315.8%)，8-OHdG 增大 37.0%(95%置信区间：11.1%-69.0%)，SBP 增大 8.7%(95%置信区间：5.0%～12.3%)，DBP 增大 10.1%(95%置信区间：6.2%～14.0%)，sCD62P 增大 100.9%(95%置信区间：84.3%～118.9%)。这表明，短期 O_3 暴露增加会增大肺部炎症、系统氧化应激、血压和血栓风险因子，损害人体心肺健康。因此，使用 ESP 会使 O_3 暴露水平增高，增大人体心肺损伤风险。

Day 等[97]首次发现：①低浓度 O_3 暴露会造成心血管功能损伤，从而增大血栓风险。当前我国大气 O_3 浓度限值(1h 平均 80μL/m³，8h 平均 50μL/m³)和 WHO 大气 O_3 浓度限值(8h 平均 50μL/m³)是基于 2006 年 O_3 对肺功能损伤的证据制定的；②低浓度 O_3(室外 O_3 浓度均值 22μL/m³)对心血管功能的损伤通路(血栓炎症因子 sCD62P)。上述发现深化了对低浓度 O_3 对于人体健康危害机理的认识，为更好确定国内外室内空气质量标准中室内 O_3 浓度限值和防止大量生产和滥用产生 O_3 的空气净化设备提供了科学依据。

Day 等[98]研究了受试者年龄对其臭氧暴露导致的心血管效应的影响。对年龄更大的受试者，结果显示：O_3 暴露量(包括前 24h 的 O_3 暴露量和前 2 周的 O_3 暴露量)对其体内血栓风险因子 sCD62P 的影响幅度更大；前 2 周的 O_3 暴露量对于其 SBP 和血管僵硬度指标 PWV 的影响幅度也更大，如图 7.30 所示。其研究首次发现：随着年龄增长，人的血小板活化和血压等机体指标对 O_3 的易感性相应提高，并且首次提出了 O_3 引起心血管损伤的潜在机制。

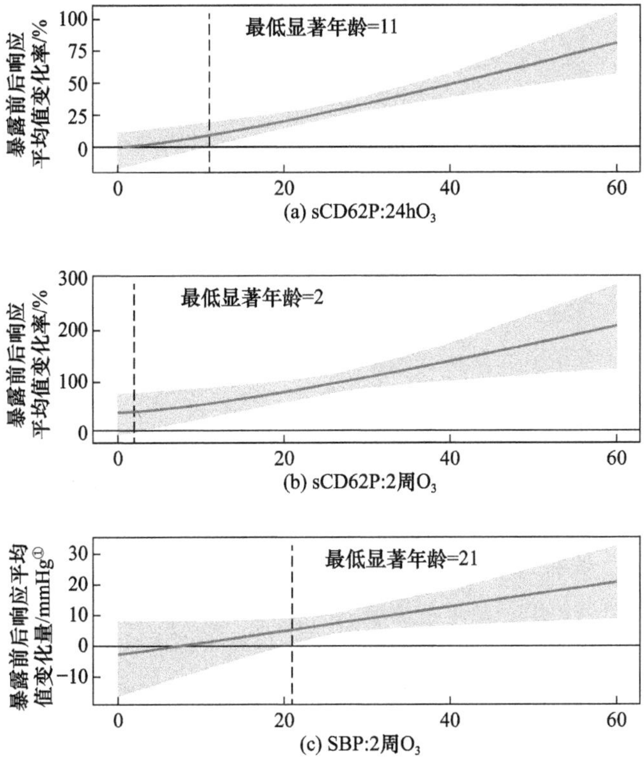

图 7.30　基于年龄交互模型不同年龄段 24h 内 O_3 暴露每升高 $10\mu L/m^3$ 时生物标志物响应平均值和 95%CI 边际效应图[98]

2. 移动式空气净化器净化效果研究

移动式空气净化器的特点是使用方便，可处理局部空间空气中的污染物，不会引入新风负荷。应对 $PM_{2.5}$ 污染最常用的是过滤型空气净化器，但其使用产生的实际健康效果尚不明晰，考虑到很大比例的居民仅在部分时间（如晚上）使用空气净化器，因此研究其短期使用对于人健康的影响非常重要。Cui 等[99]采用生物标志物研究方法，在上海开展了现场干预试验，评估了空气净化器的短期使用（约 13h）对室内 $PM_{2.5}$ 浓度、暴露水平和健康风险（用生物标志物指代）的影响。

1）试验场所和受试者

现场试验在上海市第一人民医院（松江区）开展。根据环保部监测站数据，2015 年上海年均大气 $PM_{2.5}$ 浓度为 $55\mu g/m^3$，空气污染较为严重。

研究招募了 73 名非吸烟受试者（有 3 名未能完成试验），他们都是在该医院的实习大学生（包括医学生和护士），实习和住宿均在此医院园区内。研究要求每名

① $1mmHg = 1.33322 \times 10^2 Pa$，下同。

受试者年龄≥18岁，不吸烟并无既往吸烟史，且没有重大慢性疾病，然后对受试者进行了问卷访问和血液初筛。70名最终完成试验的受试者中有29名女性和41名男性，年龄范围为19～26岁。受试者住在同一栋宿舍楼的31个房间，房间内没有烹饪、取暖和空调设备。每个房间面积约20m²，住3或4人。此研究通过了伦理审查，受试者都签署了知情同意书。

2）试验设计

将受试者分成两部分，分别住在放置真、假净化器的宿舍中，干预一个晚上（约13h），在干预前后采集受试者的生物标志物，之后再将真、假净化器对调，再次干预并采集生物标志物，通过受试者真、假净化器干预生物标志物变化的区别来评价移动式空气净化器的短期使用对于健康风险的影响。在试验期间（2015年11月7日～12月13日），每位受试者要经过两次净化器干预。试验采用的是一款商用空气净化器，净化模块包括粗效过滤器、HEPA和活性炭过滤层，所有过滤模块都是全新的。与真净化器相比较，假净化器去掉了内部所有过滤模块（使用时受试者不能辨别真、假净化器）。考虑到受试者睡觉时噪声不能太大，本研究选择净化器的洁净空气量（CADR）为168m³/h。受试者分成四组（A～D组），第一次干预（干预1，以此类推）A组使用真净化器，B组使用假净化器，干预2则交叉——A组使用假净化器，B组使用真净化器，干预3和干预4则是C组和D组进行类似的步骤。每个受试者两次干预期间间隔2周作为洗脱期，避免上一次干预对下一次的影响。每一次干预从一个周六的晚上6点开始，受试者进入宿舍关闭门窗一直到第二天早上7点被抽取空腹血，处于净化环境的时间约为13h。具体的干预和生理指标采集安排见表7.27。

表7.27 上海试验总体设计

生理指标采集	干预前访问（周六）	干预期	干预后访问1（周日）	干预后访问2（周日）	干预后访问3（周一）
尿液收集	7:00am		7:00am	6:00pm～9:00pm	7:00am
血液收集	7:00am		7:00am	—	7:00am
心血管功能测试	7:30am～8:30pm	周六6:00pm开始，周日7:00am结束；真净化vs.假净化	7:30am～8:30pm	—	—
肺功能测试	8:30am～11:00am		8:30am～11:00am	—	—
肺部炎症测试（FeNO）	8:30am～11:00am		8:30am～11:00am	6:00pm～9:00pm	—

3）暴露测量

（1）污染物浓度监测。研究监测了试验期间（包括干预前后的一段时间）试验场所室内外$PM_{2.5}$质量浓度、数量浓度和室内外空气温、湿度。由于试验处于冬季夜晚，因此整体 O_3 浓度普遍低于 5μL/m³，而且试验所使用的空气净化器并无产生 O_3 的模块，因此本节重点在于 $PM_{2.5}$ 暴露及控制对相关健康指标的影响。

试验期间采用预先校准好的在线监测仪 AM510 测量大气 $PM_{2.5}$ 质量浓度，每 1min 记录一次，采用另一种基于光散射原理的在线监测仪测量室内 $PM_{2.5}$ 质量浓度，每 5min 记录一次，该仪器预先使用 AM510 校准，校准后测量相对误差小于 15%。颗粒物数量浓度采用凝聚颗粒计数器 CPC 3007 在线监测。空气温、湿度使用温湿度自计议实时监测。干预期间每个宿舍都放置了 $PM_{2.5}$ 监测仪和空气温湿度自计议；由于 CPC 只有 2 台，每次干预时在放置真假净化器的宿舍中将各选一个监测颗粒物数量浓度。此外，研究还监测了受试者工作场所（医院）和学习场所（教室）的 $PM_{2.5}$ 质量浓度。

(2) 暴露估算。干预前后采集生物标志物时会要求受试者填写时间活动问卷，包括从前一天早晨 7 点到当天早晨 7 点每一小时所在地点（包括医院、教室、宿舍、室外或其他场所）。医院、教室、宿舍和室外的 $PM_{2.5}$ 浓度通过测试得到，其他室内场所（假设为气密性不好的建筑）$PM_{2.5}$ 浓度的 I/O 比取为 0.8[55]。结合各场所浓度和时间活动，估算了受试者 24h 的 $PM_{2.5}$ 暴露浓度（包括干预前的 11h：周六 7:00am～6:00pm；干预中的 13h：周六 6:00pm～周日 7:00am）。

4) 生物标志物检测

每个受试者要经历 6 次生物标志物测试：一次在干预前，两次在干预中，三次在干预后。采集的生物标志物及其所属类别见表 7.24，主要包括炎症、肺功能、气道阻力、血管功能和血栓等类别的指标。生物标志物的检测和分析详见文献[99]。

5) 移动空气净化器对人体生物标志物的影响

(1) 净化效果-暴露。结合受试者在每次生物标志物采集时提交的时间活动问卷，研究估算了每位受试者 24h 的平均暴露情况（包括干预前的 11h：周六 7:00am～6:00pm；干预中的 13h：周六 6:00pm～周日 7:00am）。如图 7.31 所示，真净化组

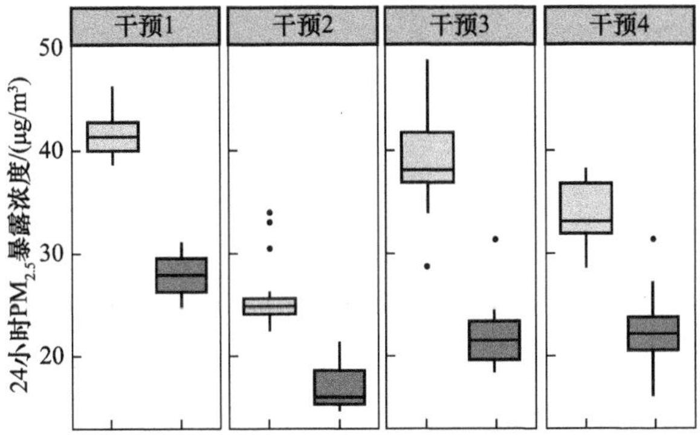

图 7.31　4 次干预受试者 24h 平均暴露浓度

受试者的平均 24h 暴露浓度为 22.0μg/m³，比假净化组（35.2μg/m³）低 37.0%，虽然只有室内浓度下降程度（72.4%）的一半，但对于暴露的改善效果已很明显。

（2）净化效果-健康风险。研究发现：短期（一个晚上，13h 左右）使用空气净化器，健康受试者的气道阻力（特别是小气道阻力）改善显著（Z5 降低 7.1%，R5 降低 7.4%，R5～R20 降低 20.3%）（见图 7.32[99]）。女性受试者脉搏压降低 7.1%，这代表受试者心血管疾病风险降低，男性受试者的 von Willebrand 因子降低 42.4%，白介素-6 降低 22.6%，这代表受试者机体炎症和血栓风险降低（见图 7.33[99]）。以上结果显示在实际环境中，即使短期使用空气净化器也能改善健康成人的气道功能，降低心血管疾病风险。

总体来看，短期（约 13h）移动式空气净化器干预能有效降低人的气道阻力和血栓风险，而对于肺功能、心血管功能和炎症的改善则可能需要更长时间的干预。例如，Chen 等[95]对连续 48h 空气净化器干预后环境中受试者的生物标志物进行测定，发现他们的炎症和心肺功能能够得到改善。

移动式空气净化器多在住宅等私人场所使用，人每天在这样的净化环境中时间约 50%，即人每天约 50%的时间仍处于非净化环境，具有抵消净化产生的健康效益的可能性，有待进一步研究证实。

3. 负离子净化效果研究

负离子能使空气中的颗粒物带电，增强颗粒物的凝并、沉降速率，从而达到净化空气中颗粒物的效果。此外，负离子净化无须额外的风机动力、无噪声、成本低，近年来广泛用于教室等场所降低室内空气颗粒物浓度。

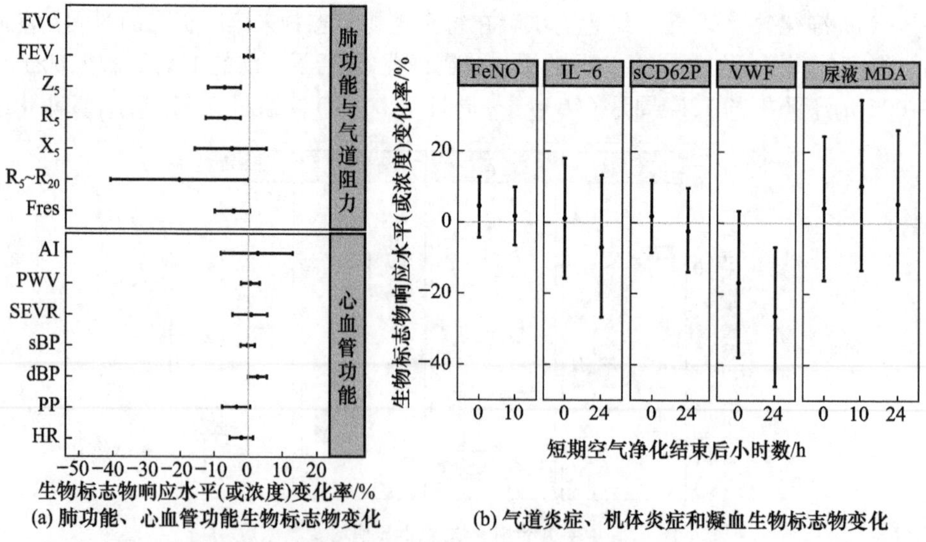

(a) 肺功能、心血管功能生物标志物变化　　(b) 气道炎症、机体炎症和凝血生物标志物变化

图 7.32　短期使用净化器前后受试者生物标志物变化[99]

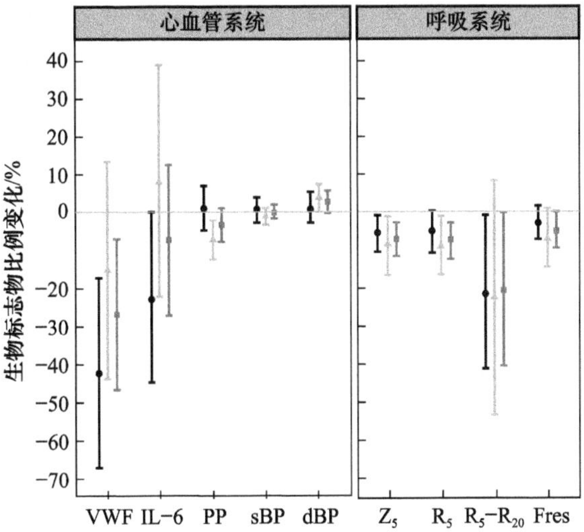

图 7.33 短期使用净化器前后男性和女性受试者机体炎症、凝血和气道功能生物标志物变化[99]

—●— 男性受试者；—▲— 女性受试者；—■— 所有受试者

研究发现空气中负离子对人的健康有积极影响：主要是降低血液中血清素的含量[100]，影响线粒体的能量反应[101]，并增加血液中超氧化物歧化酶(superoxide dismutase，SOD)的浓度[102]。但现有负离子的健康影响机理研究多在洁净空气环境中开展，在实际建筑环境中，负离子一方面可以降低室内颗粒物浓度，另一方面带电的颗粒物也可能导致颗粒物更易在人体呼吸道中沉积，其对人健康的影响尚缺乏研究。为此，清华大学张寅平教授团队、杜克大学张军锋教授团队和北京大学郭新彪教授团队开展了合作研究，通过生物标志物研究方法，在北京开展了现场干预试验，评估了负离子空气净化器的使用对室内 $PM_{2.5}$ 浓度、暴露水平和健康风险的影响[103]。

1) 试验场所和受试者

Liu 等[103]在北京市清华大学招募了 56 名健康大学生受试者，并在他们的学生宿舍中开展了现场试验。受试者年龄≥18 岁，无吸烟史，BMI 小于 $30kg/m^2$，且没有心血管疾病和呼吸道疾病史。56 名受试者中有 33 名男性及 23 名女性，平均年龄为(22.6±2.12)岁，平均 BMI 为(21.7±2.3)kg/m^2。受试者共来自 32 间不同的宿舍，宿舍中最多住 4 人，最少住 1 人，面积范围为 11.5～20.6m^2。学生宿舍内没有任何烹饪设施，夏季制冷采用分体式空调，冬季采用市政集中供暖。此研究通过了伦理审查，受试者都签署了知情同意书。

2) 试验设计

试验(2018 年 6 月 22 日～2018 年 11 月 23 日)共分 5 个时间段，受试者根据自身的时间安排，选择任意一个时间阶段参与试验。负离子净化干预试验总体试验设计如图 7.34 所示[103]。在每个试验阶段中，受试者被随机分成两组，在第一个干预期内，试验组和对照组受试者的宿舍分别安装了真、假负离子净化器(假净化器内部断开电源，外观无任何差别)。第一、二次干预期均为 7d，其间的洗脱期为 14d，可充分避免第一次干预对第二次干预的影响，在第一个干预期后，对照组和试验组使用的净化器进行对调。

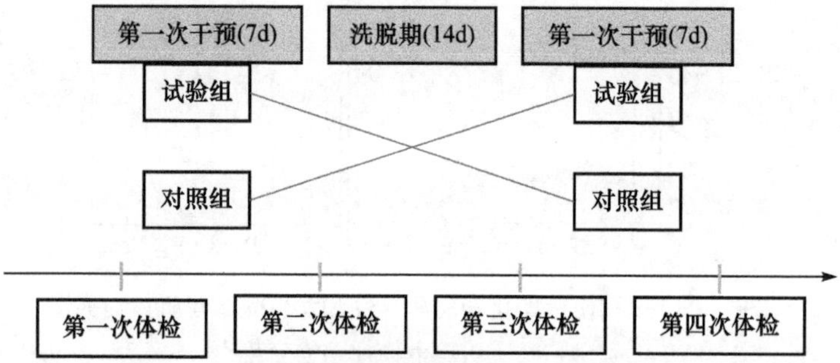

图 7.34 负离子净化干预试验总体试验设计[103]

试验中使用的是一款在北京中小学教室中广泛使用的负离子净化器，其 CADR 为 $120m^3/h$，电功率为 5W，净化能效比为 $24m^3/(h \cdot W)$。干预试验之前，在环境舱中测试了该款负离子净化器的净化性能，并未发现臭氧产生。

每名受试者需经历 4 次体检，时间为每个干预期开始及结束当日的上午 8 点。受试者需要自己采集晨尿，并至清华大学校医院空腹抽取血液样本，然后进行肺功能、动脉功能以及 FeNO 等测试。

3）暴露测量

(1) 污染物检测。室内 $PM_{2.5}$ 浓度测量采用基于光散射原理的在线检测仪，该仪器校准后测量相对误差小于 15%。同时，使用空气采样泵，配合 $PM_{2.5}$ 切割头和直径 37mm 的石英采样膜，对室内颗粒物进行膜采样，采样流量为4L/min。

室内 CO_2 浓度、温度、相对湿度通过在线检测仪实时测量，室内空气中负离子浓度采用负离子检测仪实时测量。每个干预期内的每间宿舍，在宿舍关闭门窗 12h 后，使用 GSP-400-FT 采样泵以及 Tenax 采样管对室内的 TVOC、苯及甲苯等污染物进行采样分析。

大气中的污染物参数(包括 $PM_{2.5}$、PM_{10}、CO、SO_2、NO_2、O_3)以及气象参数(包括温度、相对湿度、气压、风速等)通过与宿舍区相近(4km)的环境监测站获得。

(2) 暴露估算。每一名试验受试者在试验期间需要填写时间活动问卷,包括每小时所在地点(包括教室、宿舍、食堂、图书馆、交通工具、室外或其他场所)、场所门窗开关情况以及所从事的活动。对于 $PM_{2.5}$ 的暴露浓度,宿舍及室外浓度可以直接获得;其他室内场所,若门窗开启或关闭,$PM_{2.5}$ 浓度的 I/O 比分别取 0.9 或 0.7。对于 CO、SO_2、NO_2、O_3 的暴露浓度,宿舍及其他室内场所的 I/O 比分别取为 1.0、0.4、0.7、0.2。通过受试者的时间活动特性及各场所的污染物浓度(测量、采集或计算),可加权得到各受试者的污染物暴露浓度。

4) 生物标志物检测

每个受试者在每次干预开始和结束的当天上午进行生物标志物检测,主要包括炎症、肺功能、气道阻力、血管功能和血栓等类别的指标,见表 7.28[103]。FeNO 使用 NIOX MINO 测试仪测量;FVC 和 FEV_1 使用 HI-601 肺活量计测量;血压(sBP,dBP)、AI 和 PWV 使用 VICORDER 仪器测量。清华大学校医院对受试者的血常规进行检测,并分析了受试者血浆样本的中性粒细胞(neutrophil,NEUT),研究团队采用高效液相色谱-荧光技术(HPLC-fluorescence)分析受试者尿液样品中的丙二醛,采用高效液相色谱-质谱-质谱方法分析尿液中的 8-异前列腺素(IsoP)。

表 7.28 检测的受试者代表性生物标志物[103]

生物标志物	生物标志物简称	生物过程表征	$PM_{2.5}$暴露浓度增大,指标的预期变化
呼出气一氧化氮	FeNO	呼吸道炎症	↑
用力肺活量	FVC	肺功能	↓
第一秒呼气量	FEV1	肺功能	↓
收缩压	sBP	血管张力	↑
舒张压	dBP	血管张力	↑
增益指数	AI	动脉硬度	↑
脉搏波速	PWV	动脉硬度	↑
中性粒细胞	NEUT	系统性炎症	↑
丙二醛	MDA	系统氧化	↑
8-异前列腺素	IsoP	系统氧化	↑

5) 负离子净化对人体生物标志物的影响

(1) 净化效果-暴露。试验测得的真假净化室内外环境参数见表 7.29[103]。使用真负离子净化器后,室内 $PM_{2.5}$ 浓度为(7.5±11.6)$\mu g/m^3$,显著低于使用假负离子净化器时的室内浓度(29.5±15.3) $\mu g/m^3$($p<0.001$)。同时,使用真负离

子净化器时，室内的负离子浓度为(60591±12184)个/cm³，显著高于使用假负离子净化器时的(53±16)个/cm³($p<0.001$)。同时，在使用正负离子净化器后，室内的苯浓度略有下降($p=0.055$)，除此之外，其他室内环境参数并没有显著变化。

表 7.29 真假净化室内外环境参数[103]

	参数	平均值±标准偏差		p值
		假净化	真净化	
室内	负离子/(个/cm³)	53±16	60591±12184	<0.001
	$PM_{2.5}$/(μg/m³)	29.5±15.3	7.5±11.6	<0.001
	苯/(mg/m³)	0.030±0.024	0.024±0.020	0.055
	甲苯/(mg/m³)	0.027±0.016	0.023±0.012	0.11
	TVOC/(mg/m³)	0.37±0.14	0.38±0.24	0.92
	CO_2/(mL/m³)	1139±381	1132±589	0.92
	温度/℃	28.6±2.4	28.9±2.8	0.40
	相对湿度/%	22.9±0.7	23.4±0.9	0.53
室外	$PM_{2.5}$/(μg/m³)	42.8±21.5	42.8±20.1	>0.99
	PM_{10}/(μg/m³)	62.3±19.2	61.7±18.7	0.88
	CO/(μL/m³)	0.72±0.13	0.73±0.13	0.82
	SO_2/(μg/m³)	3.21±0.68	3.18±0.72	0.64
	NO_2/(μg/m³)	43.1±13.4	42.2±12.9	0.75
	O_3/(μL/m³)	55.1±25.6	58.2±28.4	0.35
	温度/℃	18.7±7.8	19.0±7.9	0.67
	相对湿度/%	54.4±11.3	54.4±11.8	>0.99

(2) 净化效果-健康风险。采用混合效应模型分析后发现：在使用真负离子净化干预后，受试者大多生物标志物没有显著性变化(见图 7.35(a)[103])；$PM_{2.5}$浓度下降，AI、PWV、中性粒细胞数量和 IsoP 呈现下降趋势；负离子浓度增加，FeNO 显著性降低了 12.8%，IsoP 显著性增加了 34.1%。

综上所述，负离子空气净化能有效降低室内的 $PM_{2.5}$浓度，是一种净化能效比优于传统 HEPA 的净化技术，相比于使用 HEPA，$PM_{2.5}$暴露浓度的降低并没有引起相关生物标志物浓度的显著变化，且随着负离子浓度增加，受试者血液中的氧化应激标志物(如 IsoP)水平增加。因此，使用负离子净化器，所引发的负离子暴露浓度增加对健康的危害可能抵消了 $PM_{2.5}$暴露浓度降低所带来的健康增益。

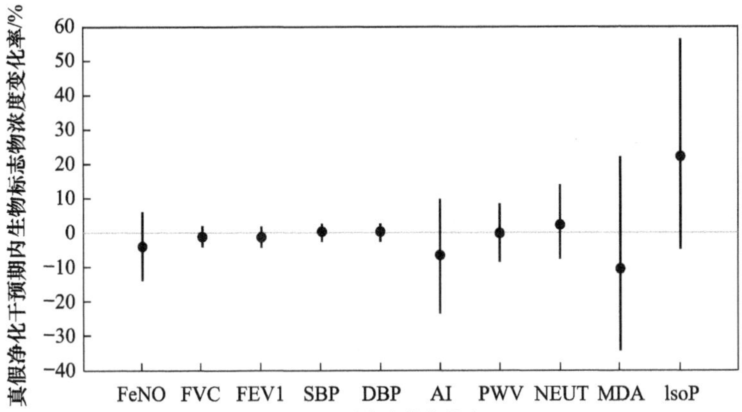

(a) 干预综合健康效应

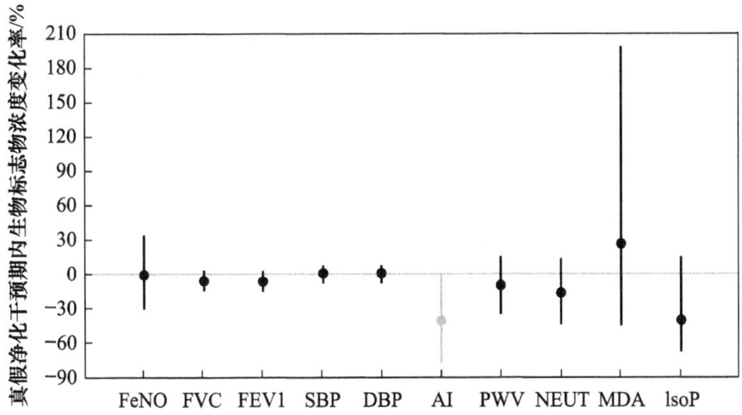

(b) $PM_{2.5}$浓度降低的健康效应

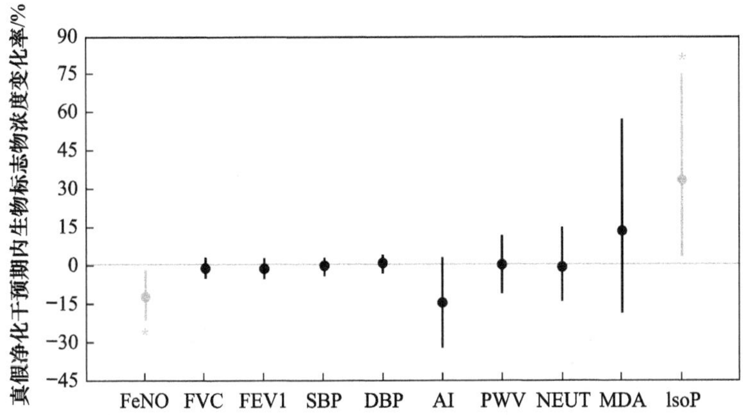

(c) 负离子浓度升高的健康效应

图 7.35　真假净化干预期内受试者生物标志物浓度变化率[103]

7.7 小　结

室内空气污染物的疾病负担研究非常重要，该类研究不仅可定量确定室内空气污染造成的健康危害，而且可科学地确定室内空气主控污染物清单，对室内空气质量标准中污染物种类和阈值的确定、室内空气污染控制策略的制定都有非常重要的指导意义。

考虑我国城市人群室内外暴露及室内外源对癌症风险的相对贡献，绝大部分甲醛、VOCs、$PM_{2.5}$和臭氧呼吸暴露引发的癌症风险与住宅室内的暴露有关。因此，加强对室内甲醛、VOCs、$PM_{2.5}$和臭氧的防控，对于降低城市人群的健康风险具有重要作用，建议国家相关部门采取措施或颁布法令提高城市居民住宅室内空气质量。

过敏性疾病和症状在我国被调查的十个大城市内都显著增长，我国快速现代化过程导致的室内环境暴露的变化可能是导致上述疾病患病率持续上升的原因，还需要进一步深入研究和分析(如颗粒物成分和粒径效应等)，特别要开展空气、灰尘和尿液中污染物的病例对照研究。

动物试验、采用生物标志物的人群干预试验，可克服传统评价仅用“浓度”而忽略健康效应的不足，为认知室内空气污染暴露及其控制对健康的影响提供了新途径，但这方面的研究还需继续深入。

参考文献

[1] National Academy of Sciences. Risk assessment in federal government: Managing the Process. Washington DC: National Academy Press, 1983.

[2] OEHHA. The Air Toxics Hot Spots Program Guidance Manual for Preparation of Health Risk Assessments. Sacramento: Office of Environmental Health Hazard Assessment, California Environmental Protection Agency, 2003.

[3] 段小丽，黄楠，王贝贝，等. 国内外环境健康风险评价中的暴露参数比较. 环境与健康杂志，2012，29(2)：99-104.

[4] 全国儿科哮喘协作组. 2000 年与 1990 年儿童支气管哮喘患病率的调查比较. 中华结核和呼吸杂志，2004，27(2)：112-116.

[5] 张寅平，李百战，黄晨，等. 中国 10 城市儿童哮喘及其他过敏性疾病现状调查. 科学通报，2013，58(25)：2504-2512.

[6] Zhong L J, Goldberg M S, Parent M E, et al. Risk of developing lung cancer in relation to exposure to fumes from Chinese-style cooking. Scandinavian Journal of Work Environment & Health, 1999, 25(4): 309-316.

[7] Cohen A J. Outdoor air pollution and lung cancer. Environmental Health Perspectives, 2000,

108(S4):743-750.

[8] Weisel C P. Assessing exposure to air toxics relative to asthma. Environmental Health Perspectives,2002,110(S4):527-537.

[9] Dales R,Raizenne M. Residential exposure to volatile organic compounds and asthma. Journal of Asthma,2004,41(3):259-270.

[10] Choi H,Schmidbauer N,Sundell J,et al. Common household chemicals and the allergy risks in pre-school age children. Plos One,2010,5(10):13423.

[11] Guo H,Lee S C,Chan L Y,et al. Risk assessment of exposure to volatile organic compounds in different indoor environments. Environmental Research,2004,94(1):57-66.

[12] Pang X B,Mu Y J. Characteristics of carbonyl compounds in public vehicles of Beijing city: Concentrations, sources, and personal exposures. Atmospheric Environment, 2007, 41(9):1819-1824.

[13] Li S,Chen S G,Zhu L Z,et al. Concentrations and risk assessment of selected monoaromatic hydrocarbons in buses and bus stations of Hangzhou,China. Science of the Total Environment,2009,407(6):2004-2011.

[14] Huang Y,Ho S S H,Ho K F,et al. Characteristics and health impacts of VOCs and carbonyls associated with residential cooking activities in Hong Kong. Journal of Hazardous Materials,2011,186(1):344-351.

[15] Zhou J A,You Y,Bai Z P,et al. Health risk assessment of personal inhalation exposure to volatile organic compounds in Tianjin, China. Science of The Total Environment, 2011, 409(3):452-459.

[16] Liu Q,Liu Y,Zhang M. Personal exposure and source characteristics of carbonyl compounds and BTEXs within homes in Beijing,China. Building and Environment,2013,61:210-216.

[17] Du Z J,Mo J H,Zhang Y P. Risk assessment of population inhalation exposure to volatile organic compounds and carbonyls in urban China. Environment International,2014,73:33-45.

[18] Payne-Sturges D C,Burke T A,Breysse P,et al. Personal exposure meets risk assessment:A comparison of measured and modeled exposures and risks in an urban community. Environmental Health Perspectives,2004,112(5):589-598.

[19] Sax S N,Bennett D H,Chillrud S N,et al. A cancer risk assessment of inner-city teenagers living in New York city and Los Angeles. Environmental Health Perspectives, 2006, 114(10):1558-1566.

[20] Loh M M,Levy J I,Spengler J D,et al. Ranking cancer risks of organic hazardous air pollutants in the United States. Environmental Health Perspectives,2007,115(8):1160-1168.

[21] Sarigiannis D A,Karakitsios S P,Gotti A,et al. Exposure to major volatile organic compounds and carbonyls in European indoor environments and associated health risk. Environment International,2011,37(4):743-765.

[22] 王宗爽,段小丽,刘平,等.环境健康风险评价中我国居民暴露参数探讨.环境科学研究,2009,22(10):1164-1170.

[23] Murray C J, Lopez A D. The Global Burden of Disease. Cambridge: Harvard University Press, 1996.

[24] Hänninen O, Knol A B. European perspectives on environmental burden of disease: Estimates for nine stressors in six countries. National Institute for Health and Welfare(THL), 2011.

[25] PrüssUstün A, Mathers C, Corvalán C, et al. Introduction and methods: assessing the environmental burden of disease at national and local levels. World Health Organization, 2003, 1: 681-683.

[26] Hay S I, Abajobir A A, Abate K H, el al. Global, regional, and national disability-adjusted life-years(DALYs) for 333 diseases and injuries and healthy life expectancy (HALE) for 195 countries and territories, 1990-2016: A systematic analysis for the global burden of disease study 2016. The Lancet, 2017, 390(10100): 1260-1344.

[27] Hänninen O, Knol A B, Jantunen M, et al. Environmental burden of disease in Europe: Assessing nine risk factors in six countries. Environmental Health Perspectives, 2014, 122(5): 439-446.

[28] Logue J M, Price P N, Sherman M H, et al. A method to estimate the chronic health impact of air pollutants in U. S. residences. Environmental Health Perspectives, 2012, 120(2): 216-222.

[29] Forouzanfar M H, PrüssUstün A, Alexander L T, et al. Global, regional, and national comparative risk assessment of 79 behavioural, environmental and occupational, and metabolic risks or clusters of risks, 1990-2015: A systematic analysis for the Global Burden of Disease Study 2015. The Lancet, 2016, 38(10053): 1659-1724.

[30] Logue J M, Mckone T E, Sherman M H, et al. Hazard assessment of chemical air contaminants measured in residences. Indoor Air, 2011, 21(2): 92-109.

[31] Klepeis N E, Nelson W C, Ott W R, et al. The national human activity pattern survey (NHAPS): A resource for assessing exposure to environmental pollutants. Journal of Exposure Analysis and Environmental Epidemiology, 2001, 11(3): 231-252.

[32] Huijbregts M A J, Rombouts L J A, Ragas A M J, et al. Human-toxicological effect and damage factors of carcinogenic and noncarcinogenic chemicals for life cycle impact assessment. Integrated Environmental Assessment and Management, 2005, 1(3): 181-244.

[33] Nazaroff W W, Singer B C. Inhalation of hazardous air pollutants from environmental tobacco smoke in US residences. Journal of Exposure Analysis and Environmental Epidemiology, 2004, 14(S1): S71-S77.

[34] Brauer M, Freedman G, Frostad J, et al. Ambient air pollution exposure estimation for the global burden of disease 2013. Environmental Science & Technology, 2016, 50(1): 79-88.

[35] Pope C A, Burnett R T, Turner MC, et al. Lung cancer and cardiovascular disease mortality associated with ambient air pollution and cigarette smoke: Shape of the exposure-response relationships. Environmental Health Perspectives, 2011, 119(11): 1616-1621.

[36] Lim S S, Vos T, Flaxman A D, et al. A comparative risk assessment of burden of disease and injury attributable to 67 risk factors and risk factor clusters in 21 regions, 1990-2010: A systematic analysis for the Global Burden of Disease Study 2010. The Lancet, 2012, 380(9859): 2224-2260.

[37] 殷鹏,蔡玥,刘江美,等. 1990 与 2013 年中国归因于室内空气污染的疾病负担分析. 中华预防医学杂志, 2017, 51(1): 53-57.

[38] Xiang J B, Weschler C J, Wang Q Q, et al. Reducing indoor levels of "outdoor $PM_{2.5}$" in urban China: Impact on mortalities. Environmental Science & Technology, 2019, 53(6): 3119-3127.

[39] 中华人民共和国国家标准. 民用建筑热工设计规范(GB 50176—2016). 北京:中国标准出版社, 2016.

[40] Shi S S, Chen C, Zhao B. Air infiltration rate distributions of residences in Beijing. Building and Environment, 2015, 92: 528-537.

[41] Fang L, Zhang Y, Xiang J. Air exchange rates of 32 students' dorms during winter in Shanghai//Proceedings of Healthy Building, Lublin, 2017.

[42] Shi S S, Chen C, Zhao B. Modifications of exposure to ambient particulate matter: Tackling bias in using ambient concentration as surrogate with particle infiltration factor and ambient exposure factor. Environmental Pollution, 2017, 220: 337-347.

[43] Diapouli E, Chaloulakou A, Koutrakis P. Estimating the concentration of indoor particles of outdoor origin: A review. Journal of the Air & Waste Management Association, 2013, 63(10): 1113-1129.

[44] Stephens B, Gall E T, Siegel J A. Measuring the penetration of ambient ozone into residential buildings. Environmental Science & Technology, 2012, 46(2): 929-936.

[45] Xiang J B, Weschler C J, Mo J H, et al. Ozone, electrostatic precipitators, and particle number Concentrations: Correlations observed in a real office during working hours. Environmental Science & Technology, 2016, 50(18): 10236-10244.

[46] 赵秀阁,段小丽. 中国人群暴露参数手册 · 成人卷. 北京:中国环境出版社, 2013.

[47] Burnett R T, Pope C A, Ezzati M, et al. An integrated risk function for estimating the global burden of disease attributable to ambient fine particulate matter exposure. Environmental Health Perspectives, 2014, 122(4): 397-403.

[48 Apte J S, Marshall J D, Cohen A J, et al. Addressing global mortality from ambient $PM_{2.5}$. Environmental Science & Technology, 2015, 49(13): 8057-8066.

[49] Chen R J, Yin P, Meng X, et al. Fine particulate air pollution and daily mortality: A nationwide analysis in 272 Chinese cities. American Journal of Respiratory and Critical Care Medicine, 2017, 196(1): 73-81.

[50] Turner M C, Jerrett M, Pope C A, et al. Long-term ozone exposure and mortality in a large prospective study. American Journal of Respiratory and Critical Care Medicine, 2016, 193(10): 1134-1142.

[51] Bell M L, Peng R D, Dominici F. The exposure-response curve for ozone and risk of mortality and the adequacy of current ozone regulations. Environmental Health Perspectives, 2006, 114(4): 532-536.

[52] Lelieveld J, Evans J S, Fnais M, et al. The contribution of outdoor air pollution sources to premature mortality on a global scale. Nature, 2015, 525(7569): 367-371.

[53] 国务院人口普查办公室，国家统计局人口和就业统计司. 中国 2010 年人口普查资料. 北京：中国统计出版社，2012.

[54] Institute for Health Metrics and Evaluation. Global Disease Burden (GBD) Compare. Seattle, 2017.

[55] US Centers for Disease Control and Prevention, International Classification of Diseases, Tenth Revision, Clinical Modification (ICD-10-CM), 2018.

[56] Chen C, Zhao B. Review of relationship between indoor and outdoor particles: I/O ratio, infiltration factor and penetration factor. Atmospheric Environment, 2011, 45(2): 275-288.

[57] Weschler C J. Ozone in indoor environments: Concentration and chemistry. Indoor Air, 2000, 10(4): 269-288.

[58] 中华人民共和国国家标准. 环境空气质量标准(GB 3095—2012). 北京：中国标准出版社，2012.

[59] Xu C Y, Li N, Yang Y B, et al. Investigation and modeling of the residential infiltration of fine particulate matter in Beijing, China. Journal of the Air & Waste Management Association. 2017, 67(6): 694-701.

[60] Xiang J, Shi J, Zhao Z, et al. Indoor $PM_{2.5}$ in 30 residences in Shanghai, China: The levels, I/O ratios and infiltration factors based on 1-year field monitoring//Proceedings of Healthy Building, Lublin, 2017.

[61] Xiang J B, Weschler C J, Zhang J F, et al. Ozone in urban China: Impact on mortalities and approaches for establishing indoor guideline concentrations. Indoor Air, 2019, 29(4): 604-615.

[62]中国建筑学会标准. 健康建筑评价标准(T/ASC 02—2016). 北京：中国建筑工业出版社，2017.

[63] Malley C S, Henze D K, Kuylenstierna J C I, et al. Updated global estimates of respiratory mortality in adults≥30 years of age attributable to long-term ozone exposure. Environmental Health Perspectives, 2017, 125(8): 087021.

[64] Zhang X, Zhao Y, Song J, et al. Differential health effects of constant versus intermittent exposure to formaldehyde in mice: Implications for building ventilation strategies. Environmental Science & Technology, 2018, 52(3): 1551-1560.

[65] Swenberg J A, Barrow C S, Boreiko C J, et al. Non-linear biological responses to formaldehyde and their implications for carcinogenic risk assessment. Carcinogenesis, 1983, 4(8): 945-952.

[66] Wilmer J W G M, Woutersen R A, Appelman L M, et al. Subacute (4-week) inhalation tox-

icity study of formaldehyde in male rats: 8-hour intermittent versus 8-hour continuous exposures. Journal of Applied Toxicology, 1987, 7(1): 15-16.

[67] Wilmer J W G M, Woutersen R A, Appelman L M, et al. Subchronic (13-week) inhalation toxicity study of formaldehyde in male rats: 8-hour intermittent versus 8-hour continuous exposures. Toxicology Letters, 1989, 47(3): 287-293.

[68] Swiecichowski A L, Long K, Miller M, et al. Formaldehyde-induced airway hyperreactivity in vivo and ex vivo in guinea pigs. Environmental Research, 1993, 61(2): 185-199.

[69] Anderson E L. Quantitative approaches in use to assess cancer risk. Risk Analysis, 1983, 3(4): 277-295.

[70] Asher M I, Montefort S, Bjorksten B, et al. Worldwide time trends in the prevalence of symptoms of asthma, allergic rhinoconjunctivitis, and eczema in childhood: ISAAC phases one and three repeat multicountry cross-sectional surveys. The Lancet, 2006, 368(9537): 733-743.

[71] Beasley R, Keil U, von Mutius E, et al. Worldwide variation in prevalence of symptoms of asthma, allergic rhinoconjunctivitis, and atopic eczema: ISAAC. The Lancet, 1998, 351(9111): 1225-1232.

[72] Brasche S, Bischof W. Daily time spent indoors in German homes: Baseline data for the assessment of indoor exposure of German occupants. International Journal of Hygiene and Environmental Health, 2005, 208(4): 247-253.

[73] Sundell J, Levin H, Nazaroff W W, et al. Ventilation rates and health: Multidisciplinary review of the scientific literature. Indoor Air, 2011, 21(3): 191-204.

[74] Weiland S K, Bjorksten B, Brunekreef B, et al. Phase II of the International Study of Asthma and Allergies in Childhood (ISAAC II): Rationale and methods. European Respiratory Journal, 2004, 24(3): 406-412.

[75] Ait-Khaled N, Pearce N, Anderson H R, et al. Global map of the prevalence of symptoms of rhinoconjunctivitis in children: The international study of asthma and allergies in childhood (ISAAC) phase three. Allergy, 2009, 64(1): 123-148.

[76] National Cooperation Group on Childhood Asthma of China. Comparative analysis of the state of asthma prevalence in children from two nation-wide surveys in 1990 and 2000 (in Chinese). Chinese Journal of Tuberculosis and Respiratory Diseases, 2004, 27(2): 112-116.

[77] Chen Y Z, Zhao T B, Ding Y. A questionnaire based survey on prevalences of asthma, allergic rhinitis and eczema in five Chinese cities (ISAAC study). Chinese Journal of Pediatrics, 1998, 36(6): 352-355.

[78] Yangzong Y Z, Shi Z M, Nafstad P, et al. The prevalence of childhood asthma in China: A systematic review. BMC Public Health, 2012, 12: 860.

[79] Asher M I, Keil U, Anderson H R, et al. International study of asthma and allergies in childhood (ISAAC): Rationale and methods. European Respiratory Journal, 1995, 8(3): 483-491.

[80] Bornehag C G, Sundell J, Sigsgaard T. Dampness in Buildings and Health (DBH): Report

from an ongoing epidemiological investigation on the association between indoor environmental factors and health effects among children in Sweden. Indoor Air, 2004, 14(7): 59-66.

[81] Zhao Z H, Zhang X, Liu R R, et al. Prenatal and early life home environment exposure in relation to preschool children's asthma, allergic rhinitis and eczema in Taiyuan, China. Chinese Science Bulletin, 2013, 58(34): 4245-4251.

[82] Wang T T, Zhao Z H, Yao H, et al. Housing characteristics and indoor environment in relation to children's asthma, allergic diseases and pneumonia in Urumqi, China. Chinese Science Bulletin, 2013, 58(34): 4237-4244.

[83] Zhang M, Wu Y, Yuan Y, et al. Effects of home environment and lifestyles on prevalence of atopic eczema among children in Wuhan area of China. Chinese Science Bulletin, 2013, 58(34): 4217-4222.

[84] Zhang M, Zhou E S, Ye X, et al. Indoor environmental quality and the prevalence of childhood asthma and rhinitis in Wuhan area of China. Chinese Science Bulletin, 2013, 58(34): 4223-4229.

[85] Huang C, Hu Y, Liu W, et al. Pet-keeping and its impact on asthma and allergies among preschool children in Shanghai, China. Chinese Science Bulletin, 2013, 58(34): 4203-4210.

[86] Liu W, Huang C, Hu Y, et al. Associations between indoor environmental smoke and respiratory symptoms among preschool children in Shanghai, China. Chinese Science Bulletin, 2013, 58(34): 4211-4216.

[87] Lu C, Deng Q H, Ou C Y, et al. Effects of ambient air pollution on allergic rhinitis among preschool children in Changsha, China. Chinese Science Bulletin, 2013, 58(34): 4252-4258.

[88] Zheng X H, Qiang H, Zhao Y L, et al. Home risk factors for childhood pneumonia in Nanjing, China. Chinese Science Bulletin, 2013, 58(34): 4230-4236.

[89] Wang H, Li B Z, Yang Q. Dampness in dwellings and its associations with asthma and allergies among children in Chongqing: A cross-sectional study. Chinese Science Bulletin, 2013, 58(34): 4259-4266.

[90] Wang J, Li B Z, Yang Q, et al. Sick building syndrome among parents of preschool children in relation to home environment in Chongqing, China. Chinese Science Bulletin, 2013, 58(34): 4267-4276.

[91] Qu F, Weschler L B, Sundell J, et al. Increasing prevalence of asthma and allergy in Beijing pre-school children: Is exclusive breastfeeding for more than 6 months protective? Chinese Science Bulletin, 2013, 58(34): 4190-4202.

[92] Chan H H, Pei A, van Krevel C, et al. Validation of the Chinese translated version of ISAAC core questions for atopic eczema. Clinical and Experimental Allergy, 2001, 31(6): 903-907.

[93] Sun Y X, Sundell J, Zhang Y F. Validity of building characteristics and dorm dampness obtained in a self-administrated questionnaire. Science of The Total Environment, 2007, 387(1-3): 276-282.

[94] Smith K R, Samet J M, Romieu I, et al. Indoor air pollution in developing countries and acute

lower respiratory infections in children. Thorax,2000,55(6):518-532.

[95] Chen R,Zhao A,Chen H,et al. Cardiopulmonary benefits of reducing indoor particles of outdoor origin. Journal of the American College of Cardiology,2015,65(21):2279-2287.

[96] Li H,Cai J,Chen R,et al. Particulate matter exposure and stress hormone levels:A randomized,double-blind,crossover trial of air purification. Circulation,2017,136(7):618-627.

[97] Day D B,Xiang J B,Mo J H,et al. Association of ozone exposure with cardiorespiratory pathophysiologic mechanisms in healthy adults. JAMA Internal Medicine,2017,177(9):1344-1353.

[98] Day D B,Clyde M A,Xiang J B,et al. Age modification of ozone associations with cardiovascular disease risk in adults:A potential role for soluble *p*-selectin and blood pressure. Journal of Thoracic Disease,2018,10(7):4643-4652.

[99] Cui X X,Li F,Xiang J B,et al. Cardiopulmonary effects of overnight indoor air filtration in healthy non-smoking adults:A double-blind randomized crossover study. Environment International,2018,114:27-36.

[100] Krueger A P,Andriese P C,Kotaka S. Small air ions:their effect on blood levels of serotonin in terms of modern physical theory. International Journal of Biometeorology,1968,12(3):225-239.

[101] Stavrovskaya I G,Sirota T V,Saakyan I R,et al. Optimisation of energy dependent processes in liver and brain mitochondria of rats after inhalation of negative air ions. Biofizika,1998,43(5):766-771.

[102] Kosenko E A,Kaminsky Y G,Stavrovskaya I G,et al. The stimulatory effect of negative air ions and hydrogen peroxide on the activity of superoxide dismutase. FEBS Letters,1997,410(2-3):309-312.

[103] Liu W,Huang J,Lin Y. Negative ions offset cardiorespiratory benefits of $PM_{2.5}$ reduction from residential use of negative ion air purifiers. Indoor Air,2021,31(1):220-228.

第8章　空气净化

室内空气中常见的污染物包括VOCs、SVOCs和源自室内外的颗粒物。室内空气污染控制方法主要为：源头控制、通风控制和空气净化。其中源头控制是最治本的方法，但由于一些散发污染物的人工复合材料目前尚无法完全替代，因此从源头上彻底控制室内空气污染物尚不现实；我国很多地区大气污染严重，采用通风稀释室内源产生的污染物（如VOCs、SVOCs）浓度的同时也会带入大气颗粒物，如果不采用新风过滤或室内空气净化，室内空气质量仍难达到室内空气质量标准的要求。因此，室内空气净化是控制建筑室内空气污染物不可或缺的手段。

8.1　空气净化器及其净化性能指标

实现空气净化的设备称为空气净化器，其净化能力用以下指标来评价[1]：

（1）一次通过效率的定义为

$$\varepsilon=\frac{C_{in}-C_{out}}{C_{in}} \tag{8.1}$$

式中，C_{in}为空气净化器进风口平均浓度，$\mu g/m^3$；C_{out}为出风口平均浓度，$\mu g/m^3$。

（2）洁净空气量（clean air delivery rate，CADR）是表示空气净化器所能提供不含某一特定污染物的空气量，它等于空气净化器一次通过效率与空气流量的乘积。

$$\text{CADR}=G\varepsilon \tag{8.2}$$

式中，G为空气净化器的风量，m^3/h。

在我国空气净化装置性能评价中，新风过滤设备因其风量给定，故常用一次通过效率表征其净化能力，测试要求及方法可参见《通风系统用空气净化装置》（GB/T 34012—2017）[2]；而便携式空气净化器则常用CADR值表征其净化性能，测试要求及方法可参见《空气净化器》（GB/T 18801—2015）[3]。

空气净化产品所用的空气净化技术种类繁多，按工作原理大体上可分为表8.1中所示的几类。

表 8.1 常见空气净化技术

技术名称	材料及装置	适用污染物	备注
过滤	纤维过滤材料	颗粒	需定期更换
吸附	吸附材料	VOCs	需再生或定期更换
紫外消毒	紫外灯	微生物	需要足够的照射时间
光催化	光催化材料、紫外灯	VOCs、微生物	易产生有害副产物
热催化	热催化材料	VOCs	可有效消除甲醛
吸收	吸收液	颗粒、VOCs、微生物	需防止液体泄漏，需定期更换
电晕放电负离子、等离子体	放电装置	颗粒、VOCs、微生物	易产生臭氧，不宜在人员活动区使用；聚合物微粒对人体可能有害
其他	生物净化模块等	VOCs	有效性尚需验证

8.2 VOCs 吸附材料的性能参数及测定

在利用吸附材料净化室内空气中的 VOCs 时，首先需要遴选合适的吸附材料。合适的吸附材料至少应满足三个条件：①在给定的时间段内单位质量的材料对目标污染物的去除速率要满足预期要求，这直接影响产品的净化能力；②单位质量的材料对目标污染物能尽可能多地吸附，这直接影响吸附材料在给定条件下从使用到再生的时间，和《空气净化器》(GB/T 18801—2015)[3]定义的累积净化量直接相关；③价格可接受。以往吸附材料性能评价中采用饱和吸附量来评价其吸附性能的优劣，难以判别吸附材料是否满足条件①和②，因此不能作为吸附材料实际净化能力的判据。为此，Xu 等[4]提出了一个评价净化材料及产品去除 VOCs 特性的新无量纲参数——无量纲累积净化量。

8.2.1 无量纲累积净化量的导出

用于室内空气 VOCs 净化的吸附材料有颗粒型、涂层型、板型、纤维型等多种形式，其中以颗粒型应用最为广泛。为此，本节主要以颗粒型吸附材料为例进行介绍。颗粒型吸附材料的应用方式可分为主动式和被动式。主动式一般以颗粒填充型吸附模块安装在风道或净化器内，被动式一般以颗粒形式填充吸附板、吸附袋，并直接暴露于空气中。

在实际应用中，吸附材料颗粒是吸附净化 VOCs 的基本单元。为表征给定时间内单位质量的吸附材料的净化能力，需建立吸附材料吸附 VOCs 的传质模型，如图 8.1 所示[4]。

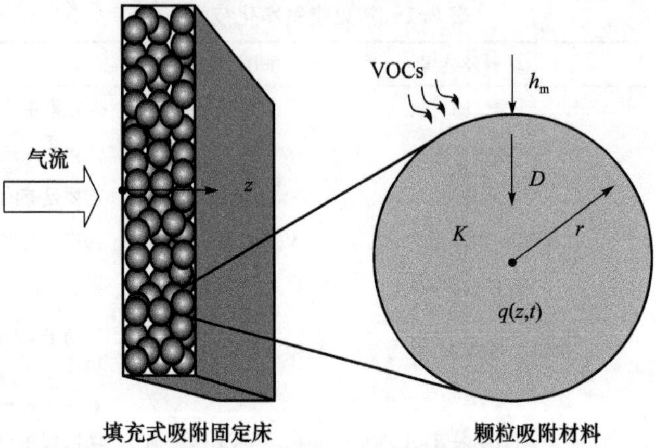

图 8.1　吸附材料吸附 VOCs 的传质模型[4]

对于物理吸附或活化能较小的化学吸附，材料表面气相和吸附相的转化速率较快，多孔材料的吸附速率主要受外传质和扩散控制。空气中的 VOCs 成分首先通过对流传质进入吸附材料表面的浓度边界层中，其传质方程为

$$h_{\mathrm{m}}(C_{\infty}-C)=D\frac{\partial(KC)}{\partial r},\quad r=r_0,t>0 \tag{8.3}$$

式中，h_{m} 为材料表面 VOCs 的对流传质系数，m/s；C_{s} 为材料外表面处的气态 VOCs 浓度，mg/m^3；D 为材料内部扩散系数，m^2/s；r_0 为吸附材料颗粒半径，m。

在吸附材料内部，VOCs 径向扩散传质可用式(8.4)表示

$$\frac{\partial(KC)}{\partial t}=D\left(\frac{\partial^2(KC)}{\partial r^2}+\frac{2}{r}\frac{\partial(KC)}{\partial r}\right),\quad 0\leqslant r\leqslant r_0 \tag{8.4}$$

在颗粒中心处，具有边界条件

$$D\frac{\partial(KC)}{\partial r}=0,\quad r=0,t>0 \tag{8.5}$$

颗粒内部初始不含目标 VOCs，故初始条件为

$$C=0,\quad 0\leqslant r\leqslant r_0,t=0 \tag{8.6}$$

在外部 VOCs 浓度恒定的情况下，联立式(8.3)～式(8.6)求得

$$C=\left[1-2\sum_{n=1}^{\infty}\exp\left(\frac{-u_n^2Dt}{r_0^2}\right)\frac{\left(\dfrac{\sin u_n}{u_n}-\cos u_n\right)\sin\left(u_n\dfrac{r}{r_0}\right)}{(u_n-\sin u_n\cos u_n)\dfrac{r}{r_0}}\right]C_{\infty} \tag{8.7}$$

式中，u_n 为方程 $u\cot u=1-\dfrac{h_{\mathrm{m}}r_0}{DK}$ 的第 n 个正根，$n=1,2,3,\cdots$。

吸附材料颗粒内任意时刻 t 对应的吸附量为

$$q(t)=\int_0^t 4\pi r_0^2 h_{\mathrm{m}}(C_{\infty}-C\,|_{r=r_0})\mathrm{d}t \tag{8.8}$$

将式(8.7)代入式(8.8),可得吸附量

$$q(t)=8\pi r_0^4 C_\infty \frac{h_m}{D}\left\{\sum_{n=1}^{\infty}\left[1-\exp\left(\frac{-u_n^2 Dt}{r_0^2}\right)\right]\frac{\left(\frac{\sin u_n}{u_n}-\cos u_n\right)\sin u_n}{u_n^2(u_n-\sin u_n\cos u_n)}\right\} \tag{8.9}$$

由于吸附材料提供的等效洁净空气体积(记为 $V_{a,c}$)与吸附材料的尺寸有关,为了反映吸附材料本身的特性,定义洁净空气体积 $V_{a,c}$和吸附材料体积(记为 V_{ad})之比作为评价吸附材料本身净化能力的新参数——无量纲累积净化量:

$$V_{a,c}^* = \frac{V_{a,c}}{V_{ad}} \tag{8.10}$$

式中,$V_{a,c}$为洁净空气体积,m^3;V_{ad}为净化材料颗粒的体积,m^3;$V_{a,c}^*$为无量纲累积净化量。

无量纲累积净化量表示在给定的时间段内,单位体积吸附材料所提供的等效洁净空气体积,其值落于[0,K]范围内,以此评价材料吸附性能,可克服以往传统评价指标和方法的不足。$V_{a,c}^*$可通过吸附量 $q(t)$得到:

$$V_{a,c}^* = \frac{q(t)}{V_{ad}C_\infty} = \frac{6h_m r_0}{D}\left\{\sum_{n=1}^{\infty}\left[1-\exp\left(\frac{-u_n^2 Dt}{r_0^2}\right)\right]\frac{\left(\frac{\sin u_n}{u_n}-\cos u_n\right)\sin u_n}{u_n^2(u_n-\sin u_n\cos u_n)}\right\} \tag{8.11}$$

由此参数可比较各种颗粒吸附材料净化 VOCs 的性能以及外部流速对净化 VOCs 能力的影响。

8.2.2 颗粒型吸附材料净化性能及影响因素

由无量纲累积净化量 $V_{a,c}^*$的表达式(见式(8.11))可以看出,它受材料特性分配系数 K、扩散系数 D、材料尺寸参数 r_0 以及对流传质系数 h_m 的影响。图 8.2 为 $V_{a,c}^*$随K、D、r_0、h_m 的变化关系[4]。可以看出,无量纲累积净化量$V_{a,c}^*$随K、D、h_m 的增大而增大,随 r_0 的增大而减小。这是由于材料 K 的增大使其净化 VOCs 的平衡吸附容量提高,D 和 h_m 的增大使 VOCs 向材料内部传质加快,因此$V_{a,c}^*$增加;而 r_0 的增大则减缓了 VOCs 在材料中的整体平均传质速率,因此 $V_{a,c}^*$减小。

为了揭示无量纲累积净化量与上述参数间的关联规律,引入无量纲参数:传质傅里叶数 $Fo_m(=Dt/r_0^2)$、传质毕奥数 $Bi_m(=h_m r_0/D)$。式(8.11)可表示为

$$V_{a,c}^* = K\left[1-6\sum_{n=1}^{+\infty}\left(\frac{K^2}{Bi_m^2}u_n^2-\frac{K}{Bi_m}+1\right)^{-1}u_n^{-2}\exp(-u_n^2 Fo_m)\right] \tag{8.12}$$

或

$$\frac{V_{\mathrm{a,c}}^{*}}{K}=1-6\sum_{n=1}^{\infty}\left(\frac{K^{2}}{Bi_{\mathrm{m}}^{2}}u_{n}^{2}-\frac{K}{Bi_{\mathrm{m}}}+1\right)^{-1}u_{n}^{-2}\exp(-u_{n}^{2}Fo_{\mathrm{m}})$$

式中，u_n 为方程 $u\cot u=1-Bi_{\mathrm{m}}/K$ 的第 n 个正根，$n=1,2,\cdots$。

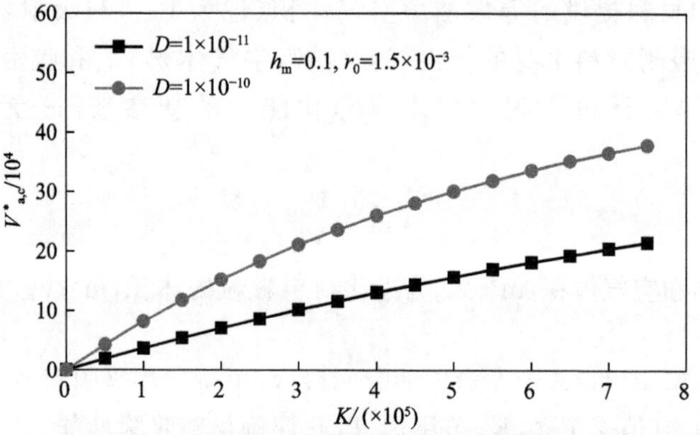

(a) 无量纲累积净化量$V_{\mathrm{a,c}}^{*}$随K的变化关系

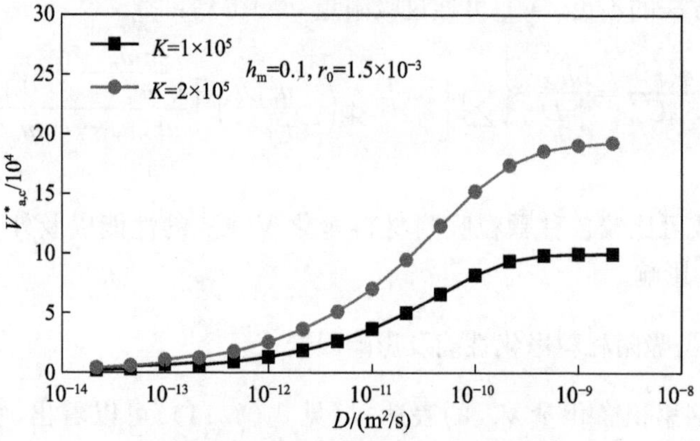

(b) 无量纲累积净化量$V_{\mathrm{a,c}}^{*}$随D的变化关系

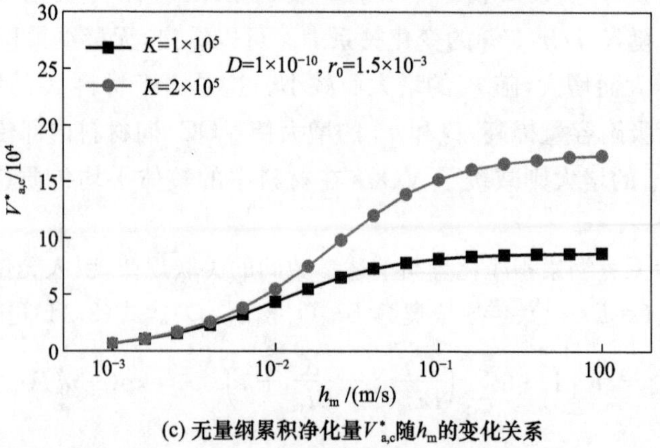

(c) 无量纲累积净化量$V_{\mathrm{a,c}}^{*}$随h_{m}的变化关系

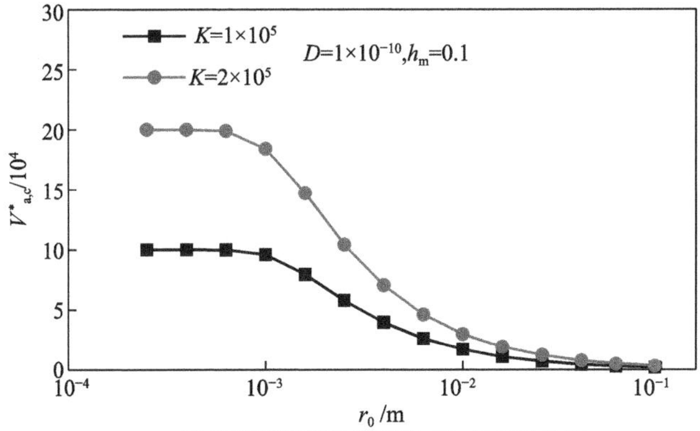

(d) 无量纲累积净化量$V^*_{a,c}$随r_0的变化关系

图 8.2 无量纲累积净化量 $V^*_{a,c}$ 随 K、D、h_m、r_0 的变化关系[4]

由式(8.12)可知,无量纲累积净化量 $V^*_{a,c}$ 与材料分配系数 K 的比值仅为 Fo_m 和 Bi_m/K 两个无量纲参数的函数,且 $V^*_{a,c}/K$ 的值落在[0,1]区间内。根据式(8.12)可绘出图 8.3[4],可查得吸附材料在给定条件下对应的无量纲累积净化量。此图可用于:①遴选给定时间段内何种材料对目标污染物的去除速率能满足预期要求;②吸附材料的"吸附寿命"-吸附能力降为初始能力一半时的时间。值得注意的是,遴选的结果和给定的时间段长度有关。

图 8.4 比较了两种沸石材料在 1h 和 24h 内的无量纲累积净化量[4]。两种沸石材料的粒径均为 10mm,外掠风速为 10m/s。从图 8.4 可以看出,虽然沸石 A 的 K 值为沸石 B 的两倍,但由于其扩散系数 D 较小,在 1h 内的吸附量比沸石 B 小。因此,若给定时间为 1h,则选择沸石 B 的吸附性能更好;若应用时间为 24h,则选择沸石 A 更好。

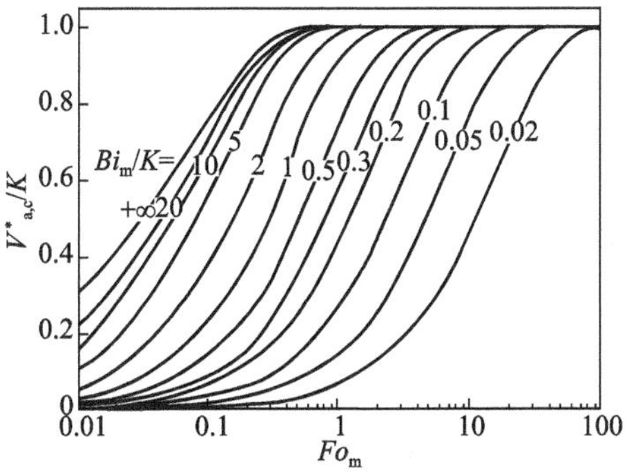

图 8.3 无量纲累积净化量与无量纲参数间的量化关系[4]

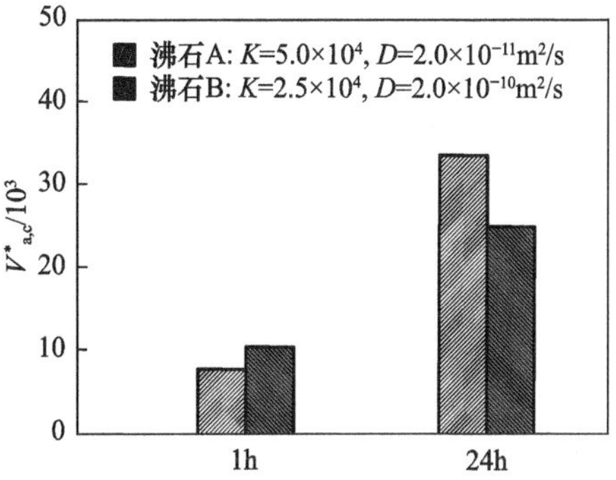

图 8.4 不同 D、K 参数的沸石材料去除 VOCs 性能比较[4]

当 $Bi_m/K \leqslant 0.3$ 时,忽略内部扩散阻力的影响产生的误差小于 5%,颗粒吸附行为可用集总参数法处理,即可把颗粒内的 VOCs 浓度当作均匀分布。

对于由吸附材料颗粒组成的填充式吸附固定床结构，也可用同样的方法得到其无量纲累积净化量 $V_{a,c}^*$ 的表达式。在吸附固定床内，既存在沿材料径向的扩散传质，又存在沿床层纵向的流动和扩散传质，其质量平衡方程为[5]

$$\frac{\partial C_g}{\partial t}+u\frac{\partial C_g}{\partial z}-D_L\frac{\partial^2 C_g}{\partial z^2}=-\frac{1-\varepsilon}{\varepsilon V_{ad}}\frac{\partial q}{\partial t} \tag{8.13}$$

式中，C_g 为该处气相 VOCs 的浓度，mg/m³；u 为床层空隙中的平均线速度，m/s；D_L 为 VOCs 纵向扩散系数，m²/s；ε 为床层空隙率；z 为纵向距离，m。

在吸附床层的进口边界，VOCs 气态浓度与外部 VOCs 气态浓度相等，即

$$C_g=C_\infty,\quad z=0,\quad t>0 \tag{8.14}$$

在初始时刻，吸附床层内不含 VOCs，即

$$C_g=0,\quad 0\leqslant z\leqslant L,\quad t=0 \tag{8.15}$$

式中，L 为床层的厚度，m。

VOCs 从气相向材料内部传质的控制方程同式(8.3)～式(8.6)。Rasmuson 等[6]得到了此方程组中 VOCs 浓度在吸附床层出口 $z=L$ 处的理论解

$$\begin{aligned}\frac{C_g(L,t)}{C_\infty}=&\frac{1}{2}+\frac{2}{\pi}\int_0^\infty \exp\left\{\frac{1}{2}Pe_m-\left\{\frac{1}{2}\left[Pe_m^2\left(\frac{1}{4}Pe_m+\delta H_1\right)^2\right.\right.\right.\\&\left.\left.\left.+\delta^2 Pe_m^2\left(\frac{2}{3}\frac{\lambda^2}{R_K}+H_2\right)^2\right]^{1/2}+\frac{1}{2}Pe_m\left(\frac{1}{4}Pe_m+\delta H_1\right)\right\}^{1/2}\right\}\\&\sin\left\{\frac{2D\lambda^2}{r_0^2}\left(t-\frac{L}{u}\right)-\left\{\frac{1}{2}\left[Pe_m^2\left(\frac{1}{4}Pe_m+\delta H_1\right)^2+\delta^2 Pe_m^2\left(\frac{2}{3}\frac{\lambda^2}{R_K}+H_2\right)^2\right]^{1/2}\right.\right.\\&\left.\left.-\frac{1}{2}Pe_m\left(\frac{1}{4}Pe_m+\delta H_1\right)\right\}^{1/2}\right\}\frac{d\lambda}{\lambda}\end{aligned} \tag{8.16}$$

式中，λ 为积分常数；Pe_m 为床层中的贝克莱准则数，$Pe_m=zu/D_L$；R_K 为吸附材料内部和床层空隙中 VOCs 静态容量之比，$R_K=K\frac{1-\varepsilon}{\varepsilon}$；$\delta$ 为 VOCs 通过床层的无量纲滞留时间，$\delta=\frac{3DK}{r_0^2}\frac{L}{u}\frac{1-\varepsilon}{\varepsilon}$；$H_1$ 和 H_2 为计算中间变量，见式(8.17)和式(8.18)。

$$H_1=\frac{H_{D1}+(H_{D1}^2+H_{D2}^2)\dfrac{K}{Bi_m}}{\left(1+H_{D1}\dfrac{K}{Bi_m}\right)^2+\left(H_{D2}\dfrac{K}{Bi_m}\right)^2} \tag{8.17}$$

$$H_2=\frac{H_{D2}}{\left(1+H_{D1}\dfrac{K}{Bi_m}\right)^2+\left(H_{D2}\dfrac{K}{Bi_m}\right)^2} \tag{8.18}$$

式中，

$$H_{D1}=\lambda\frac{\sinh(2\lambda)+\sin(2\lambda)}{\cosh(2\lambda)-\cos(2\lambda)}-1,\quad H_{D2}=\lambda\frac{\sinh(2\lambda)-\sin(2\lambda)}{\cosh(2\lambda)-\cos(2\lambda)}$$

将式(8.16)代入 VOCs 在吸附固定床中的质量守恒方程，可得填充式吸附固

定床在给定时间内提供的洁净空气体积以及无量纲累积净化量，即

$$V_{a,c}=\int_0^t G\left(1-\frac{C_g(L,t)}{C_\infty}\right)dt \tag{8.19}$$

$$V_{a,c}^*=\int_0^t \frac{G}{V_{ad}}\left(1-\frac{C_g(L,t)}{C_\infty}\right)dt \tag{8.20}$$

利用式(8.19)和式(8.20)结合上述床层流出浓度的理论解可评价不同材料、不同尺寸以及不同使用条件的吸附固定床的性能。

对于吸附颗粒在填充床中使用的情况，除外部对流传质阻力和内部扩散传质阻力以外，还存在沿流动方向与填充层厚度相关的传质阻力。因此，填充床中颗粒内部扩散阻力在整个传质过程中所占的比例比在单个吸附颗粒中其所占的比例小。即随着填充长度的增加，吸附材料扩散系数 D 对吸附填充床整体性能的影响逐渐减小。若把吸附开始到吸附量达平衡吸附量的99%(即 $V_{a,c}^*/K=0.99$)作为吸附过程的总时长 $Fo_{m,e}$，可得到 $Fo_{m,e}$ 与 Bi_m/K 的关系，如图8.5所示[4]。通过曲线拟合可得

$$Fo_{m,e}=1.51\left(\frac{Bi_m}{K}\right)^{-1}+0.41 \tag{8.21}$$

当无量纲参数 $Fo_m>Fo_{m,e}$ 时，认为吸附材料已达到吸附平衡，此时材料的 $V_{a,c}^*$ 即为材料分配系数 K。

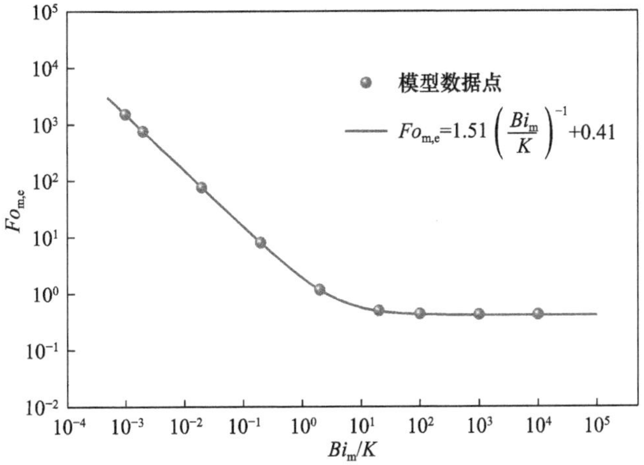

图8.5 吸附过程的 $Fo_{m,e}$ 与 Bi_m/K 的关系[4]

8.2.3 吸附材料 *D*、*K* 测定原理和方法

预测吸附材料的吸附性能，需要先获得材料分配系数 K 和目标污染物在材料内部的扩散参数 D。其中，材料分配系数 K 是材料的平衡状态参数，与材料最终可吸附目标污染物的总量成正比，因此一般获取 K 的方法较为简单。材料内扩散

系数 D 的测试则需建立在非平衡状态且内部传质阻力对吸附速率的影响较为显著的情况下，即必须监测吸附的动态过程，因此对测试方法及测试仪器要求较高。

图 8.6 概述了四种吸附参数测试方法及其测试曲线。

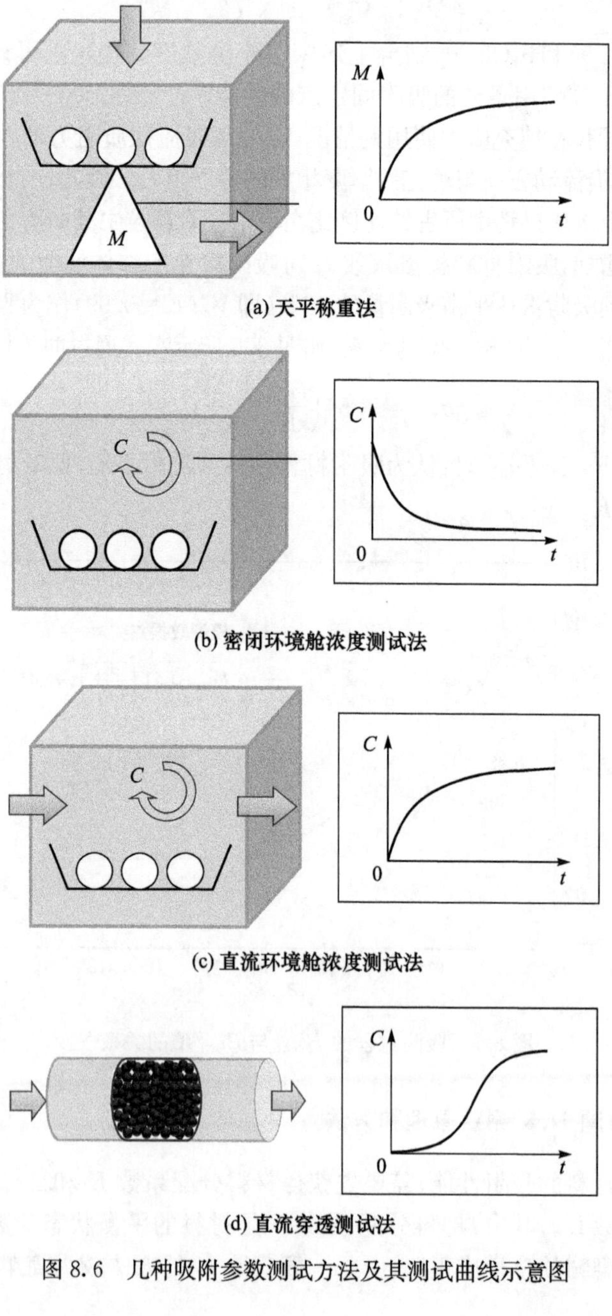

图 8.6　几种吸附参数测试方法及其测试曲线示意图

1. 监测吸附剂质量

天平称重法是一种直接测量方法，通过监测吸附过程中吸附剂质量随时间的变化，直接获得吸附材料的吸附量 $q(t)$，测试成本较低。对于一台三级分析天平，其最小分度值为 0.1mg。假设吸附材料的密度为 500kg/m^3，在典型室内浓度下，天平称重的最大质量变化见表 8.2。可以看出，最终平衡状态对应吸附材料的质量变化仅为 0.02～4mg/g。而且表面风速及空气中水蒸气吸脱附也对称量有较大影响，因此使用此方法在低浓度下测定 D 将引起较大误差，可操作性较差。

表 8.2 典型室内浓度下天平称重法的最大质量变化

VOCs 种类	室内浓度限值/(mg/m^3)	吸附材料质量变化/(mg/g)		
		$K=1\times10^5$	$K=1\times10^6$	$K=1\times10^7$
甲醛	0.10	0.02	0.2	2.0
苯	0.11	0.022	0.22	2.2
甲苯	0.20	0.04	0.4	4.0
二甲苯	0.20	0.04	0.4	4.0

2. 监测气相浓度

(1) 环境舱测试法。该方法在研究建材 VOCs 散发和吸附方面应用较多，但净化用吸附材料与密度板、石膏板等建材有较大区别，其分配系数 K 较大，满足亨利定律的浓度范围较小。建材的 K 一般为 10～10^3，而净化用吸附材料的 $K>10^4$，性能较好的吸附材料 $K>10^6$。若采用密闭环境舱浓度测试法(见图 8.6(b))测试，在同样承载率下，K 越大整个过程的浓度变化范围越大。欲保持整段浓度范围都位于满足亨利定律的线性段内，且最终平衡浓度仍在检测仪器的精度范围内，则需使用较小的承载率，对舱内均匀性的要求较高。若采用直流环境舱浓度测试法(见图 8.6(c))进行测试，虽然平衡浓度可控，但在吸附后半段，吸附去除速率降低，加上环境舱体积对吸附去除量的稀释，会造成气态浓度对材料参数 D 不敏感。此外，以上这两种环境舱测试法，对舱内均匀性要求较高且测试成本较高。因此，在测试吸附材料净化性能时缺乏优势。

(2) 直流穿透法。该方法(见图 8.6(d))成本较低且不受均匀性影响。为忽略外传质阻力以及轴向扩散对曲线形状的影响，在穿透试验中须使用较高的穿透流速，此时式(8.16)可以简化[6]。引入两个与 D 无关的无量纲参数 θ 和 β，它们和另一个与 D 相关的无量纲参数 Bi_{m}/K 共同决定穿透曲线的形状，它们的表达式及物理意义见表 8.3。

表 8.3　穿透曲线无量纲参数的表达式及物理意义

无量纲参数	表达式	物理意义
θ	$\theta=\frac{h_m t}{K r_0}$	反映无量纲时间
β	$\beta=\frac{h_m}{r_0}\frac{L}{u}\frac{1-\varepsilon}{\varepsilon}$	反映填充柱运行参数
$\frac{Bi_m}{K}$	$\frac{Bi_m}{K}=\frac{h_m r_0}{DK}$	反映材料内外传质阻力之比

简化后的穿透曲线方程为[6]

$$C^*=\frac{C_g(L,t)}{C_{in}}=\frac{1}{2}+\frac{2}{\pi}\int_0^{\infty}\exp\left[-3\beta\left(\frac{Bi_m}{K}\right)^{-1}H_1\right]\cdot\sin\left[2\theta\left(\frac{Bi_m}{K}\right)^{-1}\lambda^2-3\beta\left(\frac{Bi_m}{K}\right)^{-1}H_2\right]\frac{d\lambda}{\lambda}\tag{8.22}$$

式中，H_1 和 H_2 均为 Bi_m/K 和积分因子 λ 的函数，表达式见式(8.17)和式(8.18)。

在给定的试验工况下，式(8.22)中的 β 为定值，因而以参数 θ(代表时间)为横坐标时，Bi_m/K(含参数 D)与穿透曲线的形状为一一对应关系。因此，可以通过对试验穿透曲线拟合获得 Bi_m/K，进而计算得到 D。

为了避免试验条件处于材料内扩散阻力不显著的区域，需进行穿透曲线对 Bi_m/K 敏感性的分析，以优化测试条件提高获得参数 D 的置信度。当 Bi_m/K 较小时，式(8.22)的三角函数运算可能出现发散的情况，此时穿透曲线可由误差函数形式的方程代替。

$$C^*=\frac{1}{2}\left[1+\operatorname{erf}\left(\frac{\frac{\theta}{\beta}-1}{2\sqrt{\frac{Bi_m/K+5}{15\beta}}}\right)\right]\tag{8.23}$$

因为 $Bi_m/K=0$ 对应的穿透曲线表示传质内阻远小于外阻的情况，所以测试曲线形状应距离该线越远越好。

图 8.7 反映了不同 Bi_m/K 下穿透曲线与 $Bi_m/K=0$ 时穿透曲线的差异性[4]。图中横坐标 β 代表气流在填充层的滞留时间(L/u)。可以看出，在每种 Bi_m/K 下存在一个对 D 测试较有利的 β 值范围，此范围与 Bi_m/K 的数量级等同，且 Bi_m/K 越大，取该范围内的 β 值对测试越有利(ΔC^* 越大)。当 β 较小时，由于气流滞留在填充柱内的时间较短，出口浓度维持较高且变化缓慢，此时对应的 ΔC^* 较小，不易测得；当 β 较大时，由于气流滞留在填充柱内的时间较长，初始较长时间内出口浓度维持较低且变化缓慢，此时对应的 ΔC^* 也较小，且需较长的测试时间。因此存在上述较优的 β 值范围。

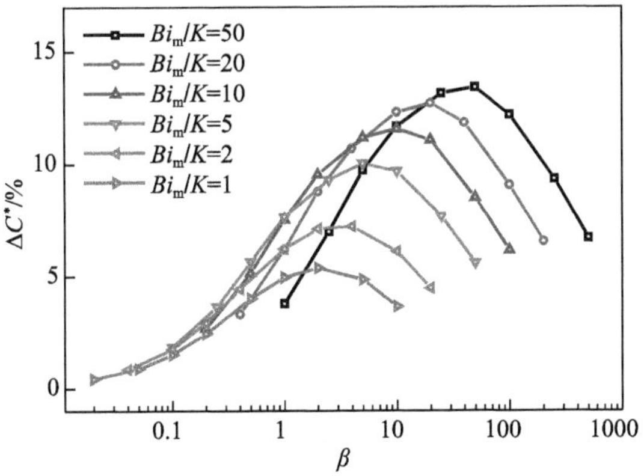

图 8.7 不同 Bi_m/K 下穿透曲线与 $Bi_m/K=0$ 时穿透曲线的差值[4]

应根据材料的特性设计填充层的试验工况，选取有利的流速、粒径和填充量以使 Bi_m/K 和 β 值对测试较为有利。为了减少测试时间、降低测试成本，可利用式(8.16)预测得到完整吸附穿透曲线(99%穿透)所需的无量纲时间，结果如图 8.8 所示[4]。即 β 与 Bi_m/K 的比值越小，对应的穿透时间越短，测试成本越低。

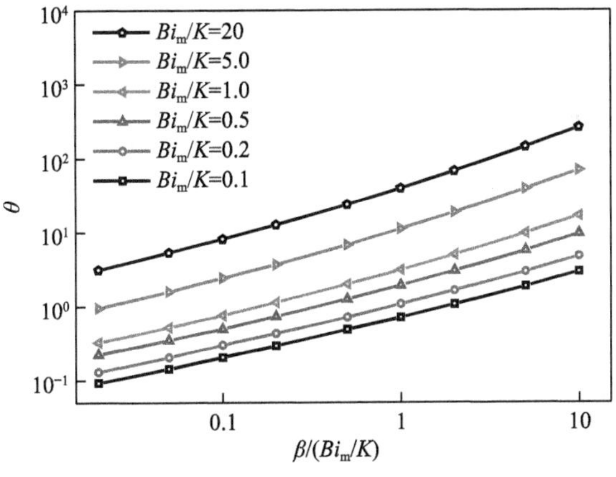

图 8.8 获得完整吸附穿透曲线(99%穿透)所需的无量纲时间[4]

在实际操作中，可采用图 8.9 的测试流程[4]。即对于一种参数未知的吸附材料，先通过一次 β 值较小的穿透试验估测材料的 D、K 值，然后根据 ΔC^* 分析 D 的可靠度，如果 D 的精度不能满足要求，可增加 β 值直至 D 的精度满足要求。若仪器本身测试浓度的误差较大，也可能不存在可准确测得 D 的试验工况，此时需分析忽略传质内阻对性能预测结果的影响，若该影响不能忽略，则需使用更高精度的测试仪器提高结果的置信度。

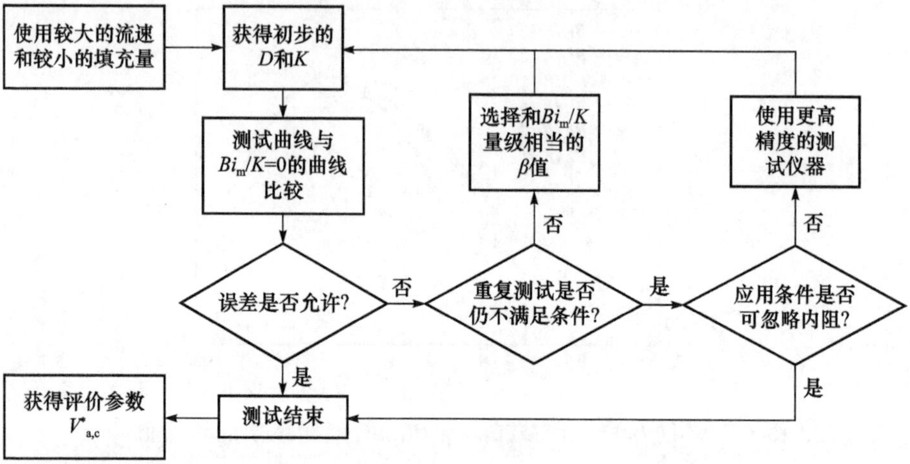

图 8.9　穿透试验法预测吸附材料评价参数 $V^*_{a,c}$ 的流程图[4]

8.2.4　吸附材料 *D*、*K* 测定试验

1. 试验材料及测试装置

Xu 等[4]对图 8.10 中的 6 种吸附材料吸附苯、甲苯和甲醛等 VOCs 的 *D*、*K* 参数进行测定。其中，活性炭为柱状颗粒，硅胶、活性氧化铝和 13X 沸石分子筛均为球形颗粒，混合金属氧化物（mixed metal oxide，MMO）为柱状颗粒。柱状颗粒材料经碾磨后，使用 20 目、26 目、40 目和 60 目四种规格的筛网进行筛分，最终得到三种特定尺寸的吸附材料颗粒。材料尺寸、密度等参数见表 8.4。

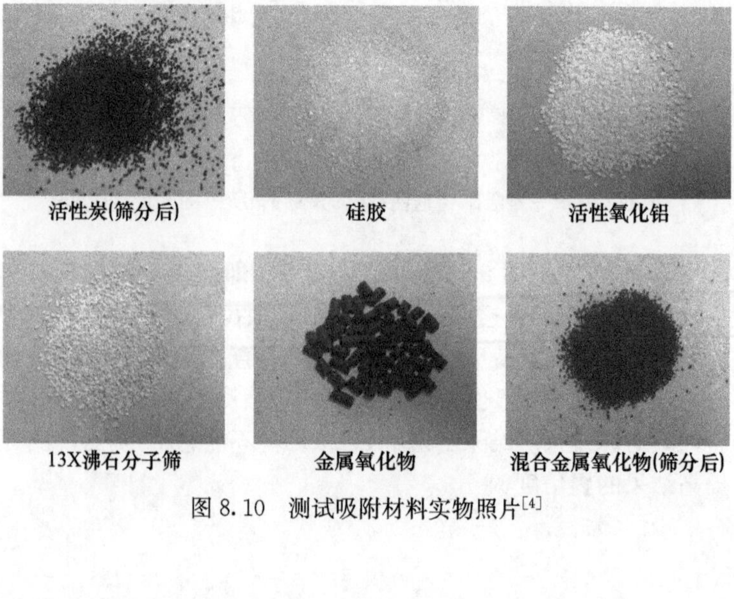

图 8.10　测试吸附材料实物照片[4]

表 8.4 试验使用的吸附材料的物理参数

吸附材料	尺寸/目	颗粒密度/(g/cm^3)	堆积密度/(g/cm^3)
活性炭(AC)	26～40	0.590	0.404
硅胶(SG)	26～40	0.860	0.747
活性氧化铝(AA)	20～26	1.23	1.08
13X 沸石分子筛	26～40	0.906	0.796
混合金属氧化物(MMO-1)	26～40	0.564	0.408
混合金属氧化物(MMO-2)	40～60	0.572	0.413

注：AC：activated carbon；SG：silicon gel；AA：activated alumina。

吸附填充装置由不锈钢材料制成，柱长 10mm，内径分别为 3mm 及 5mm，具体结构和实物照片如图 8.11 所示[4]。为保证气流在填充柱内的均匀性，控制测试材料颗粒直径应小于填充柱内径的 1/5 以及填充长度的 1/10。

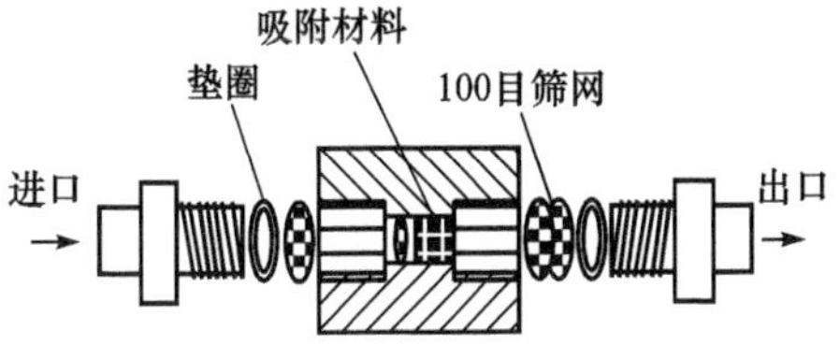

(a) 结构示意图

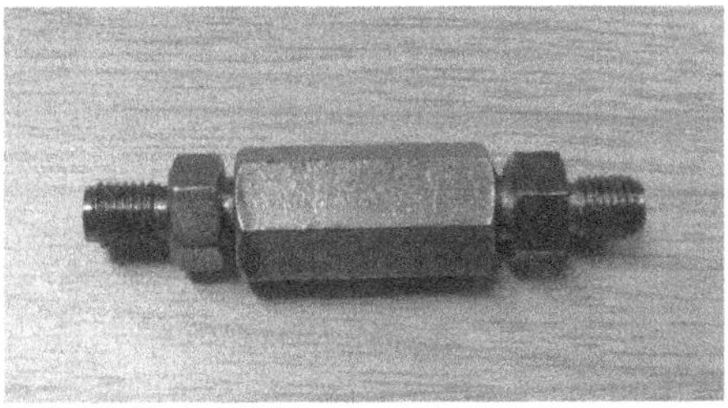

(b) 实物图

图 8.11 吸附填充装置[4]

材料穿透测试试验配气系统如图 8.12 所示[4]。气流湿度由管路中接入的湿度传感器获得，测试精度±5%。在 VOCs 污染源中，苯、甲苯通过苯或甲

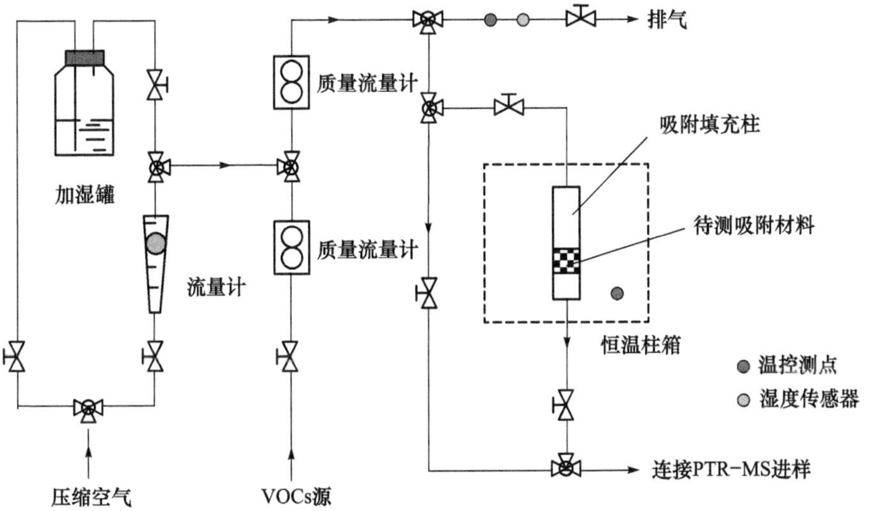

图 8.12 材料穿透测试试验配气系统[4]

苯的气瓶释放，甲醛通过福尔马林鼓泡法释放。使用质量流量计调节并控制VOCs污染源的释放量，使气流达到试验所需的浓度。测试苯和甲苯时，试验进口浓度范围为50～300μL/m^3；测试甲醛时，试验进口浓度范围为100～1000μL/m^3。填充被测材料的吸附填充柱置于恒温柱箱中，通过开闭两端的球阀可控制气流是否经过填充柱。

2. 试验结果及误差分析

图8.13为四组典型试验数据点以及拟合得到的穿透曲线[4]。由于D由曲线拟合得到，其误差无法通过误差传递分析，但通过敏感性分析，可估计所测值的准确性。例如，在图8.13(a)和(d)中，$D/2$和$2D$对应的穿透曲线在上升段明显偏离试验数据点，说明D的真值应在此区间内，即lg$D$的最大误差为±0.3；图8.13(a)和(c)中D敏感性稍弱，在$D/3$和$3D$的范围内，即lg$D$的最大误差为±0.47。

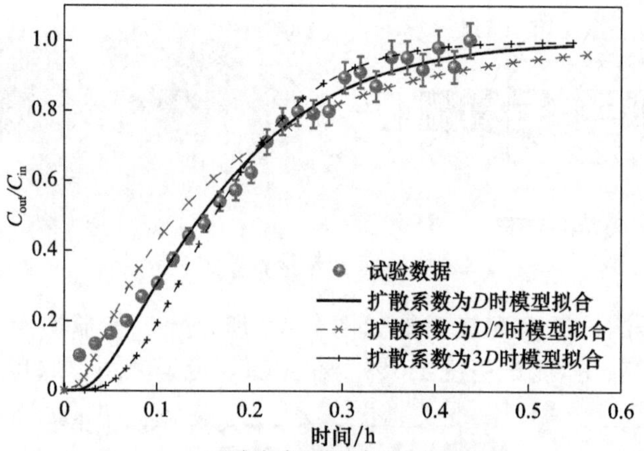

(a) 硅胶对甲苯的穿透曲线拟合

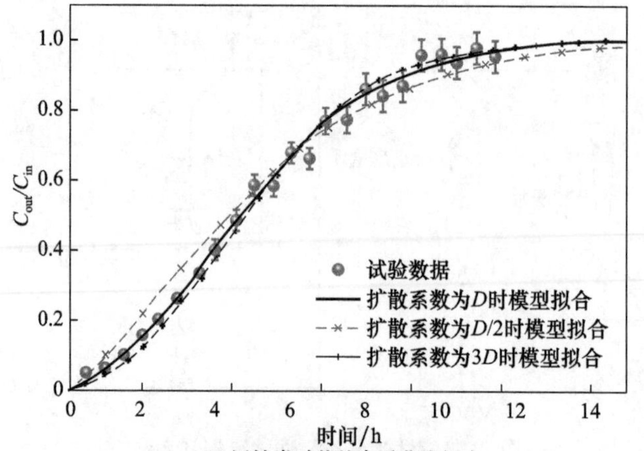

(b) 活性炭对苯的穿透曲线拟合

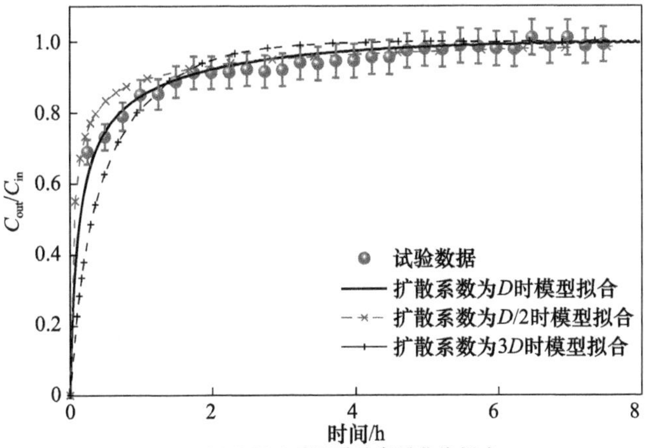

(c) MMO-1对甲醛的穿透曲线拟合

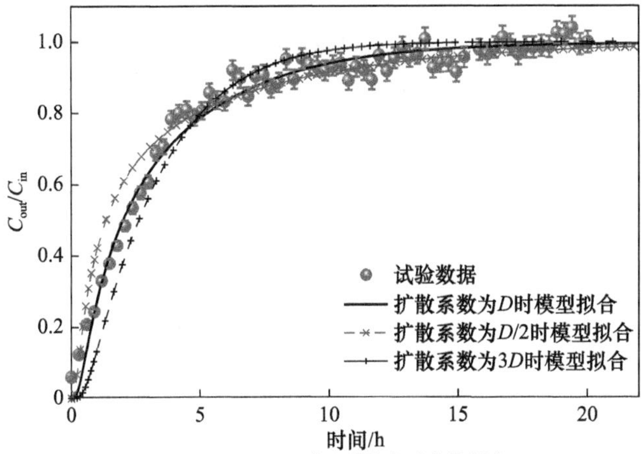

(d) MMO-2对甲醛的穿透曲线拟合

图 8.13 四组典型穿透试验曲线及对 D 的敏感性[4]

吸附材料 D、K 测试结果见表 8.5。对吸附苯和甲苯，几种材料中活性炭的 K 最大，量级达到 10^7。由于活性炭孔隙发达，具有丰富的微孔，可容纳 VOCs 的量较大，因此具有较大的分配系数 K 和较小量级的扩散系数 D。对于吸附甲醛，几种材料中 MMO 的 K 最大，量级为 10^6。由于该材料对甲醛的吸附为化学吸附，考察 26～40 目和 40～60 目两种粒径材料的测试结果，粒径较小的情况测得的 D 偏小，说明在 40～60 目时吸附速率受化学反应速率的影响较大。

改变试验浓度，测得硅胶吸附苯和甲苯的试验点与 K、D 所代表的穿透曲线的比较如图 8.14 和图 8.15 所示[4]。利用上述测得 K、D 可以预测填充型吸附材料的吸附特性。在亨利定律成立的条件下，K 与测试浓度无关，因此 K 的测试误差仅包括流量测试的误差以及归一化浓度差的积分面积误差，其中后者为主要因素。

K 的相对误差可由式(8.24)计算：

$$\frac{\Delta K}{K}=\frac{\Delta A}{A}=\frac{Fo_{m,e}}{\int_0^{Fo_{m,e}}(1-C^*)\mathrm{d}Fo_m}\Delta C_e^* \tag{8.24}$$

式中，A 为进出口浓度差随时间的积分；ΔC_e^* 为每个测试点的相对误差加权后的平均误差。

表 8.5　吸附材料 *D*、*K* 测试结果

目标污染物	吸附材料	K	$-\lg D/(m^2/s)$	温度/℃，相对湿度/%
甲苯	活性炭	$(4.35\pm0.46)\times10^7$	11.5 ± 0.5	25,45
	硅胶	$(6.84\pm0.65)\times10^4$	10.5 ± 0.3	25,16
	活性氧化铝	$(4.41\pm0.82)\times10^3$	9.4 ± 0.3	25,16
	13X 沸石分子筛	$(8.18\pm2.88)\times10^2$	9.0 ± 0.3	25,16
苯	活性炭	$(1.80\pm0.16)\times10^7$	11.3 ± 0.5	25,45
	硅胶	$(1.28\pm0.18)\times10^4$	10.1 ± 0.3	25,16
	活性氧化铝	$(1.37\pm0.39)\times10^3$	9.0 ± 0.3	25,16
甲醛	活性炭	$(1.65\pm0.39)\times10^4$	9.7 ± 0.3	25,16
	硅胶	$(6.56\pm1.79)\times10^4$	10.4 ± 0.3	25,16
	活性氧化铝	$(5.94\pm1.35)\times10^5$	11.0 ± 0.3	25,16
	13X 沸石分子筛	$(5.06\pm1.24)\times10^4$	10.7 ± 0.3	25,16
	混合金属氧化物(MMO-1)	$(3.87\pm0.54)\times10^6$	12.0 ± 0.5	25,45
	混合金属氧化物(MMO-2)	$(3.51\pm0.41)\times10^6$	12.5 ± 0.3	25,45

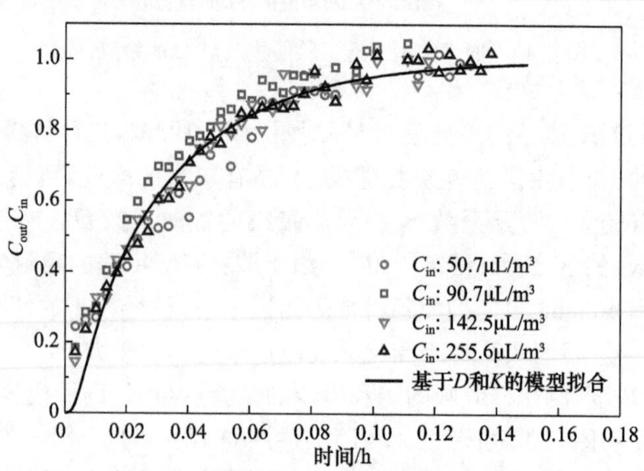

图 8.14　硅胶吸附不同浓度苯的试验曲线与模型结果比较[4]

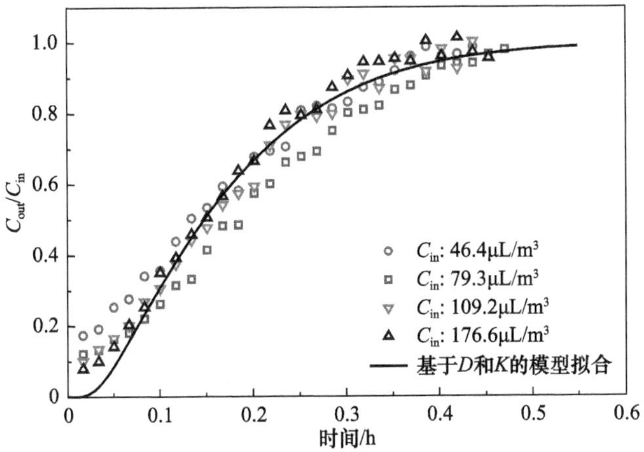

图 8.15　硅胶吸附不同浓度甲苯的试验曲线与模型结果比较[4]

由于积分为求和过程，一部分随机误差可正负相加抵消，因此 ΔC_e^* 实际上是仪器在进口浓度下的测试相对误差以穿透曲线做权重进行加权的结果。

8.2.5　吸附材料无量纲累积净化量 $V_{a,c}^*$ 的预测

测定吸附材料 D、K 后，通过图 8.3 可预测材料在给定条件下的无量纲累积净化量 $V_{a,c}^*$。假设材料直径均为 5.0mm 且表面全部暴露于空气中，空气流速分别为 0.02m/s（被动式）和 10m/s（主动式）两种方式，对应的无量纲累积空气量 $V_{a,c}^*$ 分别如图 8.16～图 8.18 所示[4]。由图可选出在各种条件下最符合预设目标的吸附材料。例如，图 8.18 中，在 1h 被动式净化方式下，MMO 吸附甲醛的 $V_{a,c}^*$ 为活性氧化铝的 1.28 倍，即在该条件下使用 1.28 倍体积的活性氧化铝可等效 MMO 的净化效果。

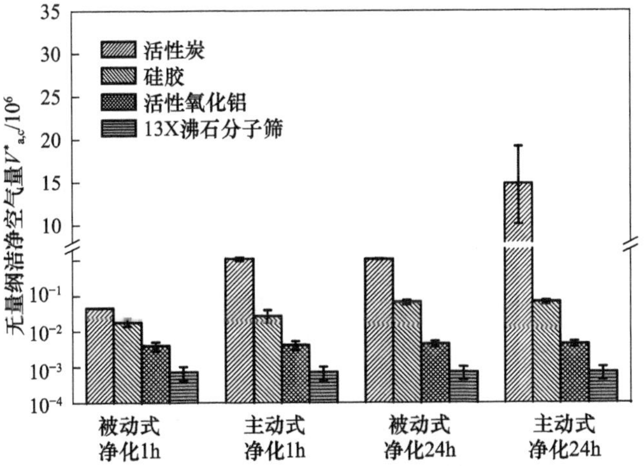

图 8.16　材料吸附甲苯的 $V_{a,c}^*$ 比较[4]

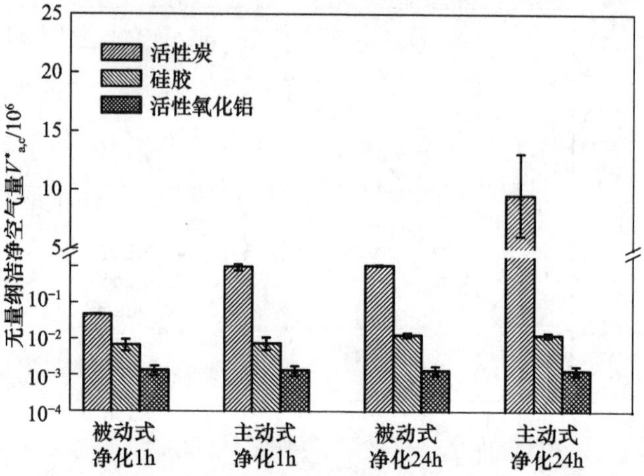

图 8.17　材料吸附苯的 $V^*_{a,c}$ 比较[4]

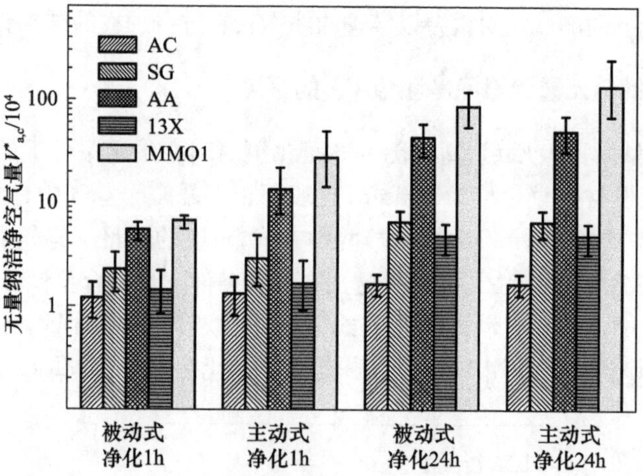

图 8.18　材料吸附甲醛的 $V^*_{a,c}$ 比较[4]

8.2.6　吸附选材与应用设计方法

通过测定材料的 D 和 K，预测实际使用情况下的无量纲累积净化量 $V^*_{a,c}$，可反映吸附材料吸附不同 VOCs 的性能。在吸附材料去除室内 VOCs 的应用设计中，在确定目标 VOCs 后，根据应用条件(如粒径、流速、使用时间等)计算材料的 $V^*_{a,c}$，可确定最佳的吸附材料。然后根据不同应用方式的设计要求确定净化产品的尺寸以及材料用量，如对于主动式净化产品，设计给定时间内所需的净化性能；对于被动式净化产品，设计材料的有效净化时间等，如图 8.19 所示。

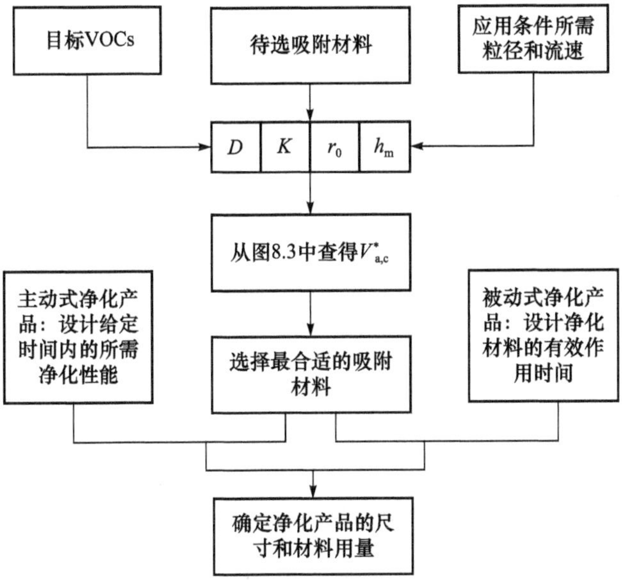

图 8.19　吸附材料选材与应用设计流程

(1) 主动式净化产品设计。以吸附式空气净化器吸附段几何尺寸为例，假设吸附材料颗粒参数为：粒径 3mm，颗粒密度 564kg/m^3，$K=5\times10^6$，$D=1\times10^{-12}$。净化器空隙率为 0.286，其横截面尺寸为 0.2m×0.2m，风量为 412m^3/h。求解当 1h、6h、1d 和 7d 时间内吸附材料平均洁净空气量达到 200m^3/h 时，分别对应净化段的厚度。

根据已知假设条件，可由图 8.3 求得不同时间长度内吸附段所能提供的洁净空气体积 $V_{a,c}$，而平均洁净空气量$\overline{\text{CADR}}$可由式(8.25)得到。

$$\overline{\text{CADR}}=\frac{V_{a,c}}{t} \tag{8.25}$$

图 8.20 为在 1h、6h、1d 和 7d 时间内吸附材料填充厚度对平均洁净空气量的影响[4]。可以看出，1h、6h、1d 和 7d 时间内吸附材料填充厚度分别为 0.016m、0.035m、0.072m 和 0.267m。

(2) 被动式净化产品设计。以被动式吸附过滤器使用寿命设计为例。假设给定吸附材料质量为 0.4kg，吸附过滤器的其中一面暴露于空气中，通过过滤器空隙的平均流速为 0.02m/s，甲醛在过滤器内的轴向扩散系数为 1.78×10^{-5}m^2/s。以材料的吸附饱和度为 80%作为更换材料的依据，求解暴露面积 0.2m^2、0.1m^2、0.05m^2、0.02m^2 和 0.01m^2 对应的有效时间。

根据已知假设条件，由式(8.19)可计算得不同外暴露面积下所能提供的洁净空气体积 $V_{a,c}$的变化，如图 8.21 所示[4]。

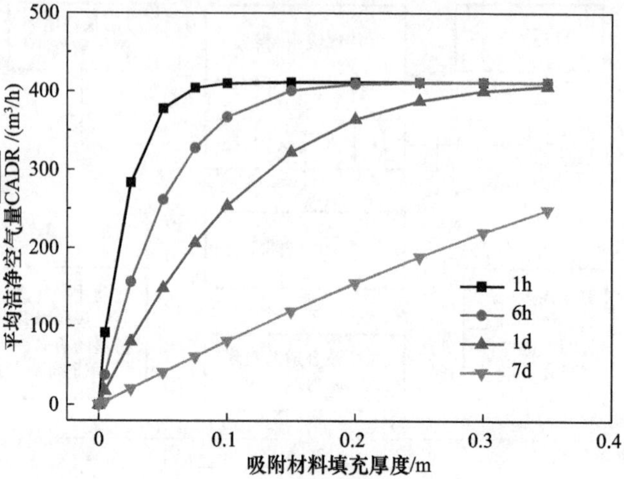

图 8.20　吸附材料填充厚度对洁净空气量的影响[4]

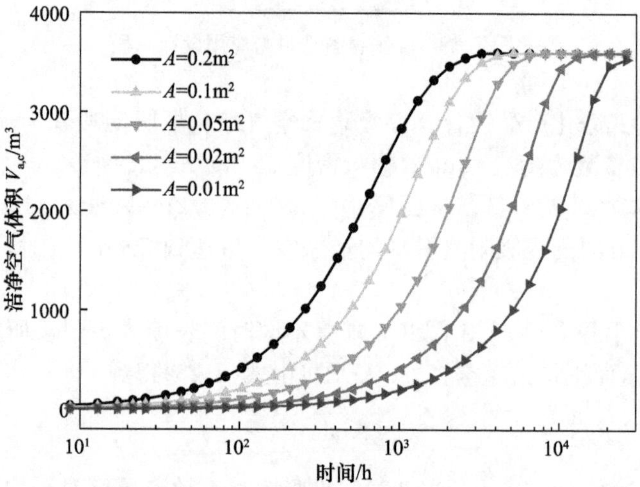

图 8.21　等量吸附材料不同暴露面积对应的 $V_{a,c}$ 随时间的变化[4]

8.3　光催化空气净化

光催化是化学物质在催化剂上发生光化学作用的过程。光和催化剂是触发光催化反应的必要条件,两者缺一不可。该方法几乎能分解所有室内 VOCs。

8.3.1　光催化降解 VOCs 的物理化学机制

1972 年,Fujishima 等[7]发现了在 TiO_2 单晶体表面上光催化分解水的现象,这标志着多相光催化反应研究的开始。从此，TiO_2 光催化技术得到迅速发展，从最初的太阳能光电池，延伸到自洁净功能材料，以及环境光催化技术等诸多领域。

TiO_2 光催化反应机理非常复杂，在微小的区域中同时发生一系列的氧化还原反应。一般包括半导体的光激发、活性物种的产生、界面电荷与外界物质转移等基元反应。当光催化剂吸收一个能量大于其带隙能(E_g)的光子时，电子(e^-)会从充满的价带跃迁到空的导带，而在价带留下带正电的空穴(h^+)。价带空穴具有强氧化性，而导带电子具有强还原性，它们可以直接与污染物反应，还可以与吸附在光催化剂上的其他电子给体和受体反应。例如，空穴可以使 H_2O 氧化，电子使空气中的 O_2 还原。图 8.22 为 TiO_2 光催化降解 VOCs 反应原理图[8]。TiO_2 的 E_g 为 3.2eV，只有波长小于 380nm 的紫外光才能激发 TiO_2 产生导带电子和价带空穴，从而氧化分解污染物。

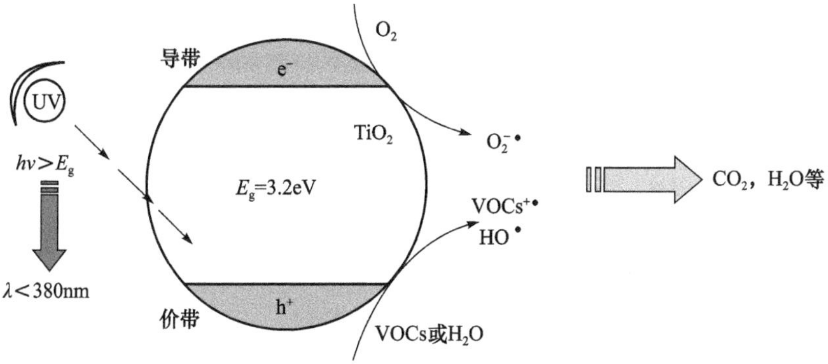

图 8.22　TiO_2 光催化降解 VOCs 反应原理图[8]

光催化降解 VOCs 属于多相催化反应，是气相反应物(VOCs)与固相光催化剂表面进行接触而发生在两相界面上的一种反应。该过程一般可分为六个步骤，如图 8.23 所示。

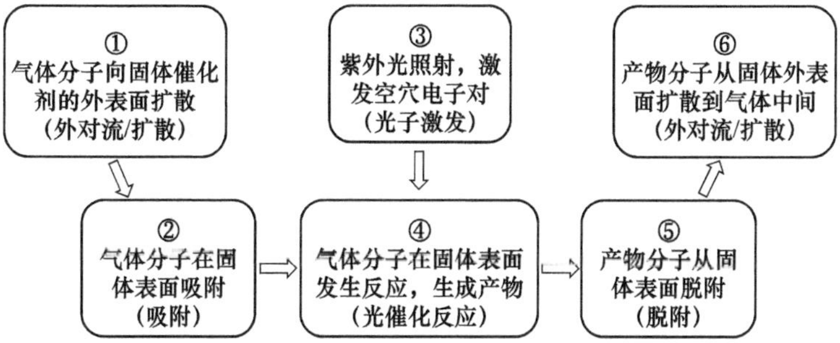

图 8.23　光催化降解 VOCs 基本反应步骤

上述六个步骤中既有物理变化也有化学反应，其中①和⑥是物理扩散过程，

②和⑤是吸附过程和脱附过程，③是光子激发过程，④是表面光催化反应过程。而②、④和⑤则被认为是多相催化反应的三个基元步骤[9]。传统的多相催化化学研究中，主要围绕该三个基元步骤进行动力学研究，并形成了以 Langmuir 单分子层吸附理论为核心的 Langmuir-Hinshelwood（L-H）模型。然而，整个光催化降解 VOCs 过程不仅受吸附脱附和表面反应制约，还依赖于材料外部的对流传质过程：VOCs 只有先传递到反应表面，才能被吸附和降解。图 8.23 所示的六个步骤代表反应过程中质量流的先后次序。围绕反应表面，传质和反应之间是串联关系，其中最慢的步骤决定了整个过程的速率。

8.3.2　光催化反应器降解 VOCs 数理模型

图 8.24 列举了主要的几种光催化反应器，包括平板型、管型、蜂窝型和光纤反应器等。表 8.6 概述了光催化反应器降解 VOCs 模型。Hall 等[10]发现了对流传质对光催化反应的影响，但并没有建立合适的模型进行光催化反应器性能评价。Hossain 等[11]针对方形蜂窝状反应器建立了一个对流传质-扩散-反应的数值计算模型，对其内的辐射场、速度场和浓度场进行了模拟计算，用于分析影响蜂窝型反应器性能的因素，与试验结果吻合较好，但是该数值模型只适用于方形蜂窝型反应器，难以推广至其他反应器，而且该模型难以辨识各个因素之间的耦合影响。Mohseni 等[12]在管型反应器上发展了相似的数值模型，但仍存在上述不足。因此，亟须建立适用性强的光催化反应器模型，以弄清影响反应器性能的主要因素，指导光催化反应器的优化设计。

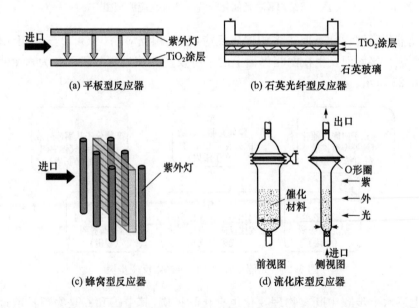

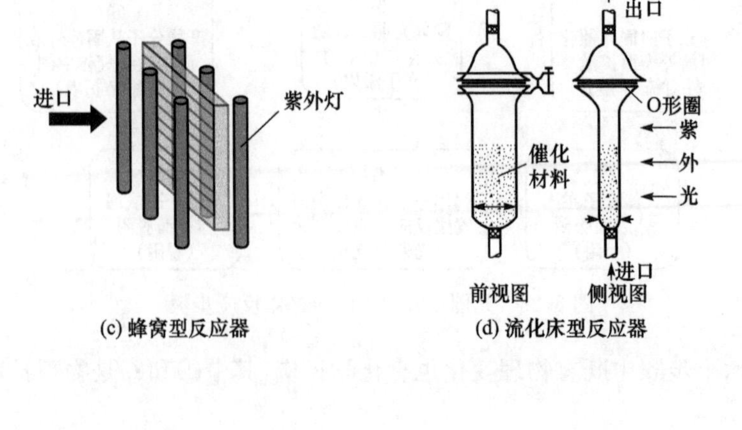

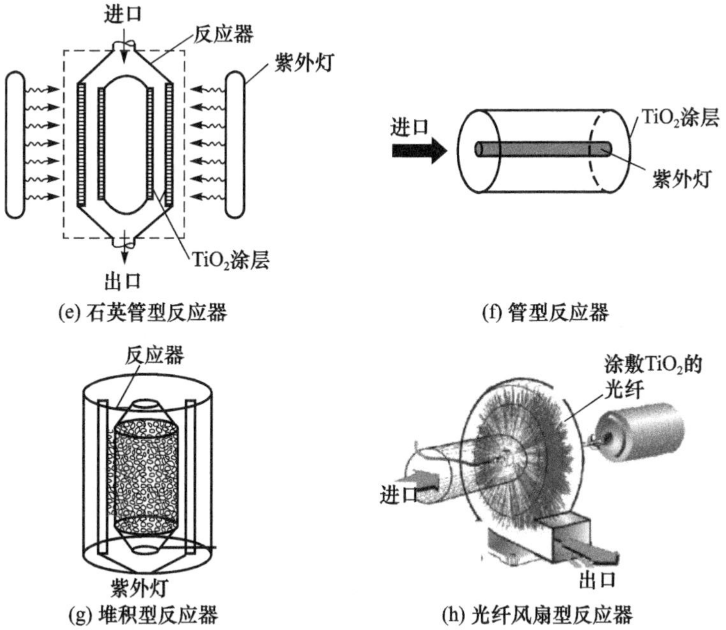

图 8.24 几种常见的光催化反应器

1. 现有光催化反应模型研究

目前有多种光催化反应器降解 VOCs 模型。Hall 等[10]建立了反应速率与浓度成正比的一次反应模型：

$$r = K_{\mathrm{app}} C \tag{8.26}$$

式中，r 为反应速率，$\mu L/(m^2 \cdot s)$；K_{app} 为表观反应系，m/s；C 为 VOCs 浓度，$\mu L/m^3$。

Hossain 等[11]建立了三维对流-传质-反应的数值计算方法；Zhang 等[13]以平板反应器为基础，建立了 ε-NTU_m 模型：

$$\varepsilon = 1 - \exp(-NTU_m) \tag{8.27}$$

$$NTU_m = \frac{K_{\mathrm{app}} A_r}{G\left(1 + \dfrac{K_t}{h_m}\right)} \tag{8.28}$$

式中，ε 为反应器一次通过效率；NTU_m 为传质单元数，是反映光催化反应器降解 VOCs 能力的无量纲数；K_{app} 为表观反应系，m/s；A_r 为反应器内的总反应面积，m^2；G 为通过反应器的体积流量，m^3/s；h_m 为对流传质系数，m/s；K_t 为总反应系数，m/s。

Yang 等[14]提出了总反应常数和理想反应概念，即

$$\mathrm{NTU_m}=\frac{K_\mathrm{t}A_\mathrm{r}}{G} \tag{8.29}$$

$$K_\mathrm{t}=\frac{1}{\dfrac{1}{h_\mathrm{m}}+\dfrac{1}{K_\mathrm{app}}} \tag{8.30}$$

$$\eta_\mathrm{ideal}=\frac{\varepsilon}{\varepsilon_\mathrm{ir}}=\frac{1-\exp\left(-\dfrac{K_\mathrm{t}A_\mathrm{r}}{G}\right)}{1-\exp\left(-\dfrac{h_\mathrm{m}A_\mathrm{r}}{G}\right)} \tag{8.31}$$

式中，η_ideal为实际效率与理想效率之比；ε_ir为当反应系数无穷大时的理想效率。

2. 光催化反应器降解 VOCs 模型

光催化反应器结构包括平板、蜂窝和管状反应器等，它们可概括为图 8.25[15]所示的形式。

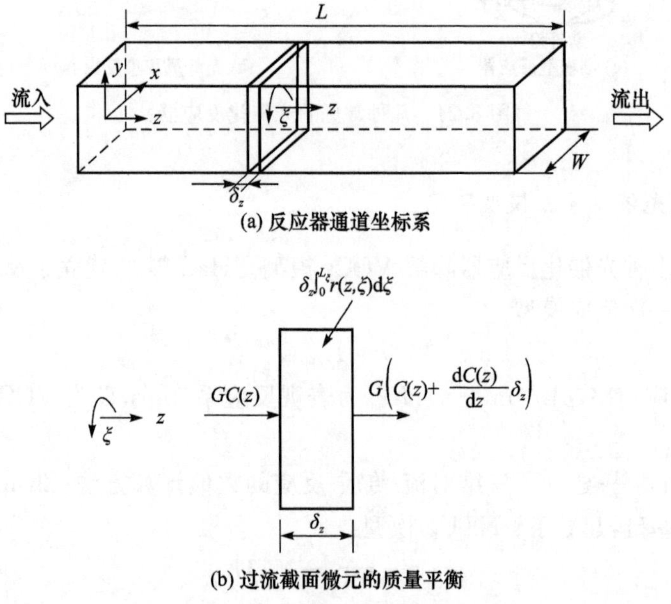

图 8.25　通用光催化反应器示意图[15]

为突出物理本质并简化问题，假设：①仅有一种 VOCs 参与表面光催化反应；②沿流动方向反应器截面积相同。

对图 8.25 所示的光催化反应器，建立传质方程：

$$-G\frac{\mathrm{d}C(z)}{\mathrm{d}z}=\int_0^{L_\xi}r(z,\xi)\mathrm{d}\xi \tag{8.32}$$

边界条件为

$$r(z,\xi)=K_{\mathrm{app}}(z,\xi)C_{\mathrm{s}}(z,\xi)=h_{\mathrm{m}}(z,\xi)(C(z)-C_{\mathrm{s}}(z,\xi)) \tag{8.33}$$

$$z=0, C(z)=C_{in} \tag{8.34}$$

式中，G 为空气体积流量，$\mathrm{m^3/s}$；z 为沿空气流动方向距进口的距离，m；ξ 为沿反应器截面周向的距离，m；L_ξ 为沿反应器截面周长，m；$C(z)$、$C_{\mathrm{s}}(z,\xi)$分别为截面 z 处 VOCs 的平均浓度和在(z,ξ)坐标处贴近反应表面空气层 VOCs 的浓度，$\mathrm{mL/m^3}$；C_{in} 为反应器进口处 VOCs 的浓度，$\mathrm{mL/m^3}$；$r(z,\xi)$为光催化反应速率，$\mathrm{mL/(m^2 \cdot s)}$；$K_{\mathrm{app}}(z,\xi)$为表观反应系数，m/s；$h_{\mathrm{m}}(z,\xi)$为对流传质系数，m/s。

可得表观反应系数 $K_{\mathrm{app}}(z,\xi)$的表达式为

$$K_{\mathrm{app}}(z,\xi)=k\frac{K}{1+KC_{\mathrm{s}}(z,\xi)} \tag{8.35}$$

它由光催化材料、被降解 VOCs、紫外光波长 λ、紫外光强度 $I(z,\xi)$ 和 $C_{\mathrm{s}}(z,\xi)$等参数所决定。

3. 无量纲分析

应用 Zhang 等[13]和 Yang 等[14]的模型(见式(8.27)～式(8.29))，可得传质单元数 $\mathrm{NTU_m}$ 的表达式为

$$\mathrm{NTU_m}=\frac{K_{\mathrm{t}}A_{\mathrm{r}}}{G}=\frac{K_{\mathrm{t}}A_{\mathrm{r}}}{u_{\mathrm{a}}A_{\mathrm{c}}}=\frac{1}{A_{\mathrm{c}}}\int_0^L\int_0^{L_\xi}\frac{\dfrac{1}{u_{\mathrm{a}}}}{\dfrac{1}{K_{\mathrm{app}}(z,\xi)}+\dfrac{1}{h_{\mathrm{m}}(z,\xi)}}\mathrm{d}\xi\mathrm{d}z \tag{8.36}$$

式中，u_{a} 为反应器的截面平均速度，m/s；A_{c} 为反应器的过流面积，$\mathrm{m^2}$；L 为反应器通道长度，m。

为揭示光催化反应器 VOCs 降解的共性规律，引入无量纲数(见表 8.6)，对光催化反应器 VOCs 降解特性进行无量纲分析。

表 8.6　无量纲数的物理意义

无量纲数	物理意义	定义
雷诺数	流动惯性力与黏性力之比的一种度量	$Re=\frac{u_{\mathrm{a}}d_{\mathrm{e}}}{v}$
施密特数	动量边界层厚度与浓度边界层厚度之比	$Sc=\frac{v}{D}$
舍伍德数	对流传质速率与扩散速率之比	$Sh=\frac{h_{\mathrm{m}}d_{\mathrm{e}}}{D}$
德沃克数	反应速率与扩散速率之比	$Da=\frac{K_{\mathrm{app}}d_{\mathrm{e}}}{D}$
斯坦顿数	流体实际的传质速率与流体可传递的最大传质速率之比	$St_{\mathrm{m}}=\frac{Sh}{Re\,Sc}$

注：d_{e} 为反应器流道的当量直径，m；D 为 VOCs 在空气中的扩散系数，$\mathrm{m^2/s}$；v 为黏滞系数，$\mathrm{m^2/s}$。

由式(8.36)可得

$$\mathrm{NTU_m}=\frac{1}{A_c}\int_0^L\int_0^{L_\xi}\left[\frac{Sh(z,\xi)}{Re\,Sc}\frac{1}{\dfrac{Sh(z,\xi)}{Da(z,\xi)}+1}\right]\mathrm{d}\xi\mathrm{d}z \tag{8.37}$$

应用传质斯坦顿数 $St_m(z,\xi)$，并定义反应有效度 $\eta(z,\xi)$ 为

$$\eta(z,\xi)=\frac{1}{\dfrac{Sh(z,\xi)}{Da(z,\xi)}+1} \tag{8.38}$$

则可得

$$\mathrm{NTU_m}=\frac{1}{A_c}\int_0^L\int_0^{L_\xi}St_m(z,\xi)\eta(z,\xi)\mathrm{d}\xi\mathrm{d}z \tag{8.39}$$

采用平均传质斯坦顿数 St_m

$$St_m=\frac{\int_0^L\int_0^{L_\xi}St_m(z,\xi)\mathrm{d}\xi\mathrm{d}z}{\int_0^L\int_0^{L_\xi}\mathrm{d}\xi\mathrm{d}z}=\frac{\int_0^L\int_0^{L_\xi}St_m(z,\xi)\mathrm{d}\xi\mathrm{d}z}{A_r} \tag{8.40}$$

并定义平均反应有效度 η:

$$\eta=\frac{\int_0^L\int_0^{L_\xi}St_m(z,\xi)\eta(z,\xi)\mathrm{d}\xi\mathrm{d}z}{\int_0^L\int_0^{L_\xi}St_m(z,\xi)\mathrm{d}\xi\mathrm{d}z}=\frac{\int_0^L\int_0^{L_\xi}St_m(z,\xi)\eta(z,\xi)\mathrm{d}\xi\mathrm{d}z}{A_rSt_m} \tag{8.41}$$

式(8.39)可改写为

$$\mathrm{NTU_m}=\frac{A_r}{A_c}St_m\eta=A^*St_m\eta \tag{8.42}$$

由式(8.42)可知，传质单元数 $\mathrm{NTU_m}$ 可简明地表示成三个无量纲数的乘积，分别是：反应器反应面积与过流面积的比值($A^*=A_r/A_c$)、传质斯坦顿数(St_m)和反应有效度(η)。

4. 无量纲参数的特性分析

从图 8.23 可以看出，光催化降解 VOCs 的过程是在反应表面上发生的传质和反应过程，而式(8.42)中所涉及的三个无量纲参数正好分别表征了这三方面的特性。表 8.7 详细介绍了这三个无量纲参数的意义和取值范围。

表 8.7　式(8.42)中三个无量纲参数的物理意义和取值范围

无量纲参数	物理意义	取值范围
A^*	表征光催化反应器的反应面积(结构)特性	$(0,+\infty)$
St_m	表征光催化反应器内部的对流传质特性，体现了反应器实际传质能力与理想传质能力的差距	$(0,1]$

续表

无量纲参数	物理意义	取值范围
η	表征光催化反应器反应与传质能力相对强弱的参数，体现了反应与传质间的匹配程度	(0,1]

由 A^* 的定义可知，反应器越长或流通截面对应的反应面积越大，则 A^* 越大。传质斯坦顿数 St_m 和反应有效度 η 的取值范围都为(0,1]，因此 NTU_m 的最大值为 A^*。如果将 NTU_m 取值为 A^*，反应器的 VOCs 处理能力依然无法满足预期的 VOCs 降解要求，那么无论如何增强反应器传质效果和/或光催化材料性能都无济于事。在这种情况下，应着重考虑改善光催化反应器的几何结构。

St_m 是由反应器结构、空气流动状况和光催化表面的反应条件所决定的。对流传质是光催化反应的先决条件，因此必须确保传质速率足够快才能使光催化反应顺利进行，否则即使光催化反应速率很快，反应器的性能也会受到限制。St_m 可通过式(8.40)求得，也可通过先求得反应器内的平均舍伍德数 Sh(或平均对流传质系数 h_m)，再由表 8.6 中 St_m 定义式求解。

η 可通过其定义式(8.41)求得，但前提是需要先求解出反应器内的速度场、浓度场和紫外辐照场，该过程非常烦琐。因此可通过 NTU_m、A^* 和 St_m 来反求 η，即

$$\eta=\frac{NTU_m}{A^* St_m} \tag{8.43}$$

联立式(8.43)、式(8.29)和式(8.30)，可得

$$\eta=\frac{1}{Sh/Da+1} \tag{8.44}$$

定义表征光催化反应器传质速率与反应速率之比的无量纲参数 Sd：

$$Sd=\frac{Sh}{Da} \tag{8.45}$$

由此，A^* 可用于判断反应器的反应面积是否足够，而 Sd 则可用于判别当前反应器的性能瓶颈：传质控制或反应控制。当 Sd 接近无穷大时，为反应控制工况，此时反应器的传质能力远大于反应能力，反应器的性能瓶颈为光催化反应速率太慢，可考虑更换性能更优的光催化材料或改善反应条件(即增大 Da)以强化反应器性能；当 Sd 接近于 0 时，为传质控制工况，表明反应器的反应能力远大于传质能力，反应器的性能瓶颈为传质速率太慢，而应考虑增强反应器的传质能力以强化反应器性能；当 $Sd=1$ 时，表示传质速率和反应速率正好相等，强化反应和/或传质都能有效地强化反应器性能。应用无量纲参数 Sd 解释试验现象，见表 8.8。

表 8.8 应用无量纲参数 *Sd* 解释试验现象

文献	应用方向	传统解释	应用 *Sd* 的解释
[10]	求解反应速率	随风速的提高,反应速率会趋于一个渐进线	提高风速,传质速率增大,*Sd* 趋近于无穷大,此时为反应控制工况
[16]	求解反应系数	通过不断增加流动速度,来减少传质对反应系数求解的影响	流速增加,传质速率逐渐增大,*Sd* 趋近于无穷大,此时为反应控制工况
[14]	理想反应器	假设反应速率无穷快时,反应器所能达到的最大降解效率	反应速率无穷快,*Sd* 趋近于 0,此时为传质控制工况

通过以上讨论可知,不仅光催化材料性能十分重要,而且光催化反应器的结构形式与传质特性也很重要。使用高效光催化材料而结构设计糟糕、传质性能低下的反应器不会是性能优异的光催化反应器,只有三者并重才能设计出符合应用要求的高效光催化反应器。

8.3.3 光催化反应器降解 VOCs 性能瓶颈分析及其强化

由以上讨论可知,光催化反应器降解 VOCs 性能主要由 A^*、St_m 和 η 确定,A^* 是反映光催化反应器反应面积是否足够的判据,*Sd* 则是反应器处于传质控制或反应控制的判据。因此,要进行光催化反应器性能强化研究,需要先了解 A^* 和 *Sd*,其分析步骤如图 8.26 所示[15]。

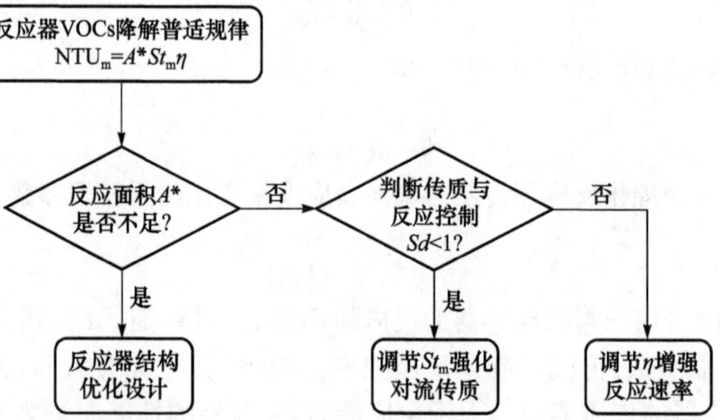

图 8.26 光催化反应性能瓶颈分析步骤[15]

根据 A^* 的定义(见式(8.42)),A^* 可通过光催化反应器的反应面积和流道截面积直接求得。表 8.9 列举了文献[11]、[15]~[17]中平板型、蜂窝型和管型反应器(图 8.24(a)、(c)和(f))A^* 的取值。可以看出,平板型反应器和管型反应器的 A^* 较小,反应不充分,从而导致了反应器 VOCs 一次通过效率 ε 低于蜂窝型反应器。

表 8.9　三种常见光催化反应器的 A^*

反应器	文献	描述	ε/%	A^*
平板型	Yang 等[16]	—	16.0	15.0
蜂窝型	Hossain 等[11] Mo 等[15]	1 个蜂窝(每个长 0.5in)	35.0	16.0
		2 个蜂窝(每个长 0.5in)	52.5	32.0
		1 个蜂窝(每个长 1.0in)	42.5	32.0
		2 个蜂窝(每个长 1.0in)	60.5	64.0
		1 个蜂窝(每个长 1.5in)	43.5	48.0
		2 个蜂窝(每个长 1.5in)	66.0	96.0
管型	Mo 等[17]	光管	5.42	24.5

注：1in=2.54cm。

图 8.27 归纳了这三种反应器的 *Sd* 分布(源自文献[11]、[14]~[18])。*Sd*=1 表示传质速率与反应速率相等时的临界线。从图 8.27 可以看出，平板反应器的 *Sd* 分布较广，跨越了临界线(*Sd*=1)，部分结果处于传质控制，而部分结果又处于反应控制。这是由于平板型反应器的条件控制较为容易，通过调整反应器流量和紫外光强便可实现大范围的条件控制跨度，因此平板反应器广泛应用于光催化反应的基础研究(如反应系数的求解等)。但是相对于其他光催化反应器，平板反应器的结构及反应面积不足则制约了其在实际应用中的推广。

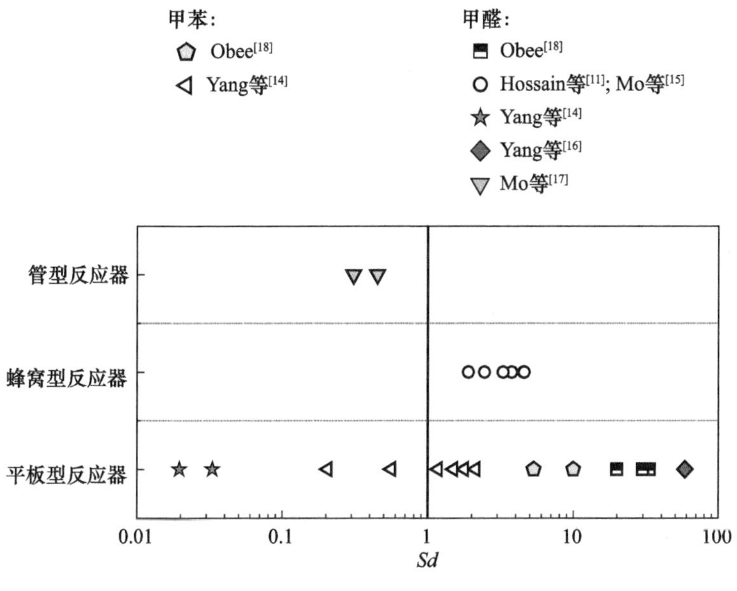

图 8.27　三种常见光催化反应器的 *Sd* 分布

对于蜂窝型反应器，*Sd* 处于大于 1 的范围，表明处于反应控制区域，要增强性能，应优先考虑如何增大 η。对于管型反应器，Sd 则处于小于 1 的范围，表明偏向于传质控制，因此如何增大传质是首要任务。

弄清了各个反应器的性能瓶颈后，就可以分别从 A^*、St_m 和 η 三个方面展开强化研究。以下以强化 η 研究为例。

1. 强化 η 研究

要提高蜂窝反应器的光催化性能，应优先进行强化 η 研究。由表 8.6 中 Da 定义式和式(8.44)可知，η 是 K_{app} 的单调增函数，也就是说增强 K_{app} 就能增大 η。对单分子的 L-H 方程来说，K_{app} 可表示为

$$K_{app}=k_0\left(\frac{I}{I_0}\right)^n\frac{K}{1+KC} \tag{8.46}$$

式中，k_0 为光强 I_0 条件下所获得的反应系数；I 为实际反应表面的紫外光强。

k_0 是由光催化材料性能和污染物种类决定的。下面分别就如何增强光强 I 和吸附平衡系数 K 展开讨论。

1) 强化光强 I

在光催化反应器中，反应表面结构不仅可作为光催化材料的载体，同时也是构成反应器空气流道的主体，因此反应表面结构直接决定了 A^* 和 St_m。但是，在传统光催化反应器的设计中，光源结构与反应表面结构是相互分开的两个独立部件(见图 8.24(a)、(c)、(e)、(f))。这就使得光源照射到反应表面的光强 I，也受到光源结构和反应表面结构之间的空间关系的影响。

强化光强 I 的实质是如何把促进表面反应的紫外光有效地引导到反应表面上。最理想的做法是把上述的光源结构和反应表面结构结合成一个整体，即将可释放紫外光的材料制作成反应表面。例如，在光纤的外表面涂敷光催化材料(图 8.24(b)、(h))。然而，制约光纤反应器性能的因素是紫外光在光纤中的分布非常不均匀，导致沿光纤长度上的光强差异很大。而且 Wang 等[19]发现，当光纤长度超过 10cm 时，光催化效果就很差。

通过上述分析，杨瑞等[20]提出应用紫外光二极管来构筑类似蜂窝结构的光催化反应器。这将克服传统蜂窝反应器的不足，增强照射到光催化反应表面的光强 I。

2) 强化吸附平衡系数 K

式(8.46)阐述了增大吸附平衡常数 K，将增大 K_{app}。当光催化材料具有较强的吸附性能时，将使光催化材料附近集聚较高浓度的污染物，如图 8.28 所示[21]。根据式(8.26)，将增大反应速率 r。

由于 TiO_2 的吸附性能不强(特别是对于非极性的污染物)，可通过在 TiO_2 中添加吸附材料来增强其吸附性能。该方法已经在水处理中被证实是有效的[22]，而应用

于去除空气 VOCs 的例子则不多。Yoneyama 等[23]应用各种吸附材料(如斜发沸石、丝光沸石、氧化铝、二氧化硅和活性炭等)作为 TiO_2 的载体,发现与吸附材料混合的 TiO_2 对降解气相丙醛的性能有较大的提升。但上述结果是在静态试验中所得到的,与室内环境的一次通过条件并不相符,而且丙醛也并不是室内常见的污染物之一。以室内常见污染物甲苯为对象,Mo 等[21]把 TiO_2 与 13 种吸附材料分别混合(见表 8.10),在平板试验台中(见图 8.29)研究了其对吸附平衡系数以及光催化反应性能的影响。

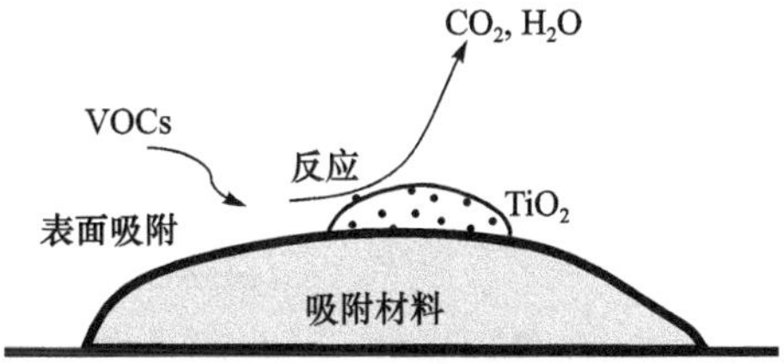

图 8.28 吸附材料与 TiO_2 组成的混合材料示意图[21]

表 8.10 各种吸附材料的性能

材料	材料简称	粒径	比表面积/(m^2/g)
纯纳米 TiO_2 P25	P25	30nm	50
人造沸石	AZ	<4μm	13
斜发沸石(R)	CR	325 目	0.65～0.70
斜发沸石(Y)	CY	325 目	0.65～0.70
斜发沸石(W)	CW	280～290 目	0.57
丝光沸石	M	7～16μm	250～300
二氧化硅(SD-400L)	S1	1μm	260～320
二氧化硅(SD-520)	S2	2μm	300～350
二氧化硅(SD-520L)	S3	2μm	300～350
氧化铝	A	10μm	250
沸石分子筛 ZSM-5-25H	Z1	2～4μm	342～360
沸石分子筛 ZSM-5-38H	Z2	2～4μm	342～360
沸石分子筛 ZSM-5-50H	Z3	2～4μm	342～360

应用降解速率 r 来评价混合材料降解甲苯的性能[24]

$$r=k\frac{K_{ad}C_s}{1+K_{ad}C_s} \tag{8.47}$$

式中,k 为反应系数;K_{ad} 为吸附平衡系数;C_s 为贴近反应表面的气相甲苯浓度,mg/m^3;K_{ad} 和 k 分别为混合材料吸附性能和反应性能的动力学参数。

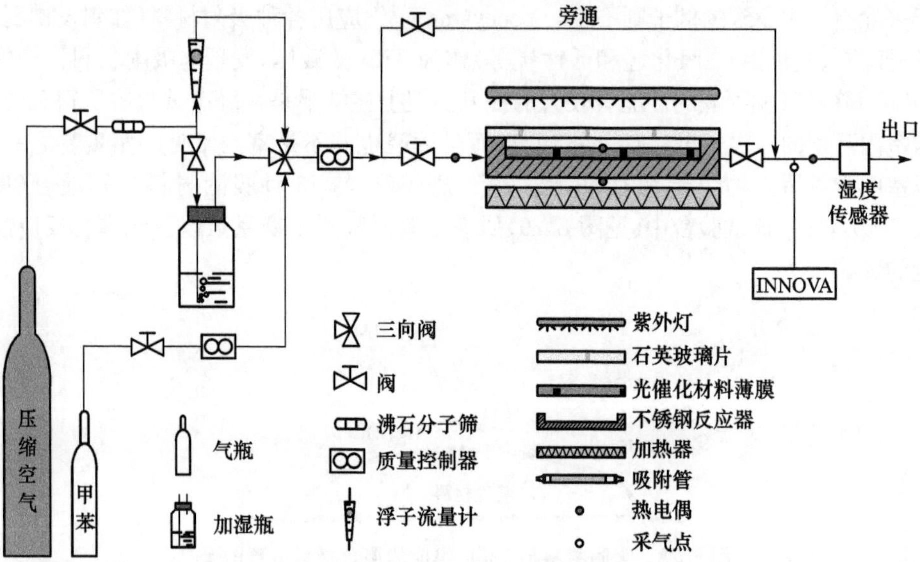

图 8.29　平板试验台示意图[21]

应用最小二乘法拟合试验数据，求得 K_{ad} 和 k。降解速率 r 又可以通过式(8.46)求得[16]。

$$r=\frac{G(C_{in}-C_{out})}{A_r} \tag{8.48}$$

反应面积一般等于负载光催化材料的载体表面积 A'_r，即 $A_r=A'_r$。当两者不相等时，假设反应面积是载体表面积的 n 倍，即 $A_r=nA'_r$。若定义等效的反应速率和等效的反应系数分别为 $r'=nr$ 和 $k'=nk$，则式(8.48)可改写为

$$r'=\frac{G(C_{in}-C_{out})}{A'_r}=k'\frac{K_{ad}C_s}{1+K_{ad}C_s} \tag{8.49}$$

式中，C_s 可基于传质(mass-transfer-based，MTB)方法求得[16]。

2. 各种混合材料的光催化性能

图 8.30 比较了表 8.10 中 13 种混合材料的光催化降解甲苯性能[21]。吸附材料和 P25 的质量比为 1∶1，净负载量为 0.49mg/cm^2，甲苯进口浓度为 2.5mL/m^3。其中大部分混合材料的效果比纯 P25 要差，并未起到强化作用。这主要是由三方面因素所导致的：①吸附材料的吸附性能差，如吸附材料 A、AZ、CR、CY 和 CW，这些材料的比表面积比 P25 要低(见表 8.10)。②吸附材料具有太强的吸附性能，像活性炭等具有强吸附性能的吸附材料一方面固然将空气的污染物集聚在吸附材料周围，但同时也会妨碍所吸附的污染物扩散至光催化材料表面，从而导致光催化性能下降[23]。在本节中，吸附材料 Z1～Z3 具有非常大的比表面积。甲苯被吸附在 Z1～Z3

的周围，而难以扩散到P25表面；③由于吸附材料的加入，必然减少光催化材料的反应面积。

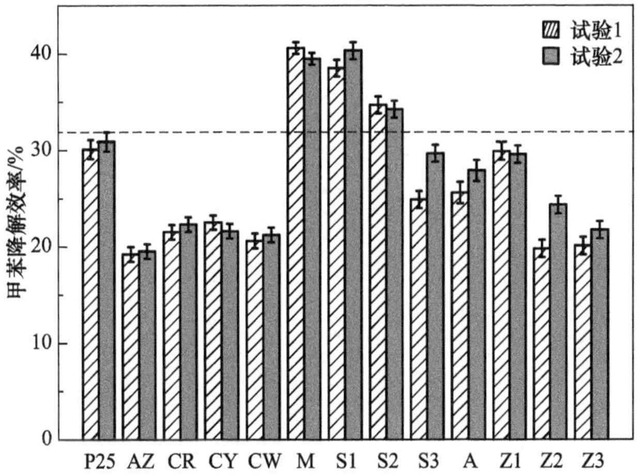

图8.30 13种混合材料的光催化降解甲苯性能对比[21]

从图8.30可知，由丝光沸石和二氧化硅与P25所组成的混合材料M、S1和S2，它们的光催化降解甲苯的效率明显比纯P25要大。与纯P25相比，应用混合材料M和S1后的甲苯降解效率分别从30%增长至40%。两种材料的效率同为40%左右，M的效率略高。

图8.31给出了紫外灯开启前后甲苯降解产物的浓度变化[21]。反应过程中主要的降解产物是CO_2和CO。通过比较碳平衡发现，甲苯降解产生的CO_2和CO中碳含量小于被降解甲苯中的碳含量，这表明反应过程中产生了一些未知的含碳物质。关于这部分内容，将在8.3.4节光催化副产物部分展开讨论。

3. 混合质量比和负载量对性能的影响

混合材料M和S1的光催化降解甲苯性能比其他混合材料要好(见图8.30)，因此重点以这两种混合材料为对象研究了混合质量比和负载量对性能的影响。

图8.32给出了光催化降解甲苯效率随混合质量比和负载量的变化[21]。随着SiO_2的增加，混合材料S1的光催化降解甲苯性能先增后降(见图8.32(a))。当P25与SiO_2的混合质量比为1∶1时，材料S1的光催化降解甲苯性能达到最大。与此相似，当负载量在0.31～0.67mg/cm^{2}变化时，效果最好的负载量是0.49mg/cm^2。从图8.32(b)可以看出，随着丝光沸石成分的增加，混合材料M的光催化降解甲苯性能单调地降低，这与S1明显不同。但是当P25和丝光沸石的质量比从3∶1至1∶3变化时，对材料M的甲苯降解性能影响很小。对于材料M，最佳的负载量也是0.49mg/cm^2。

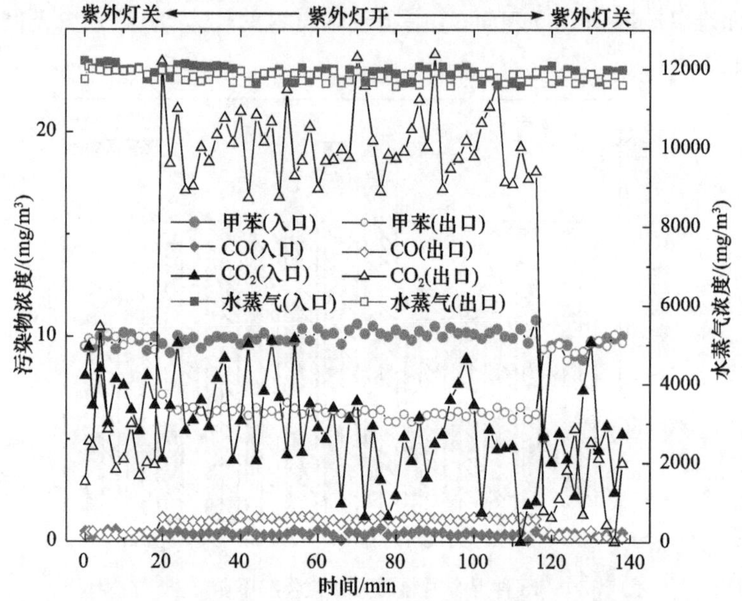

图 8.31 丝光沸石和 P25 混合材料降解甲苯的产物浓度变化[21]

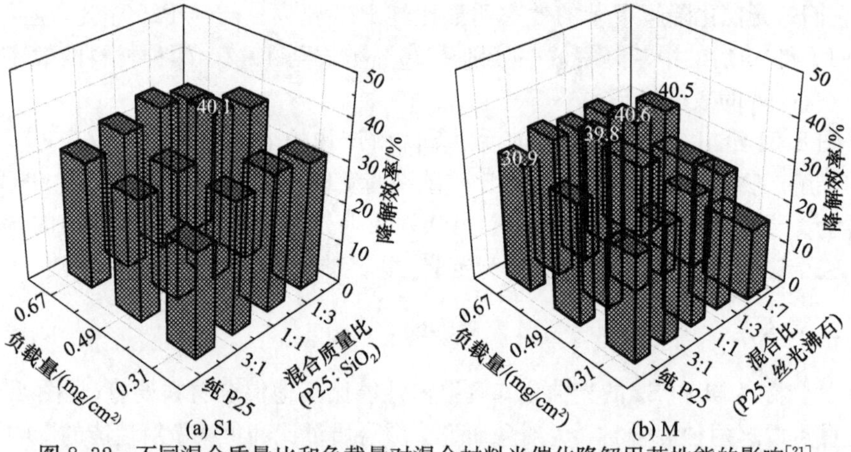

图 8.32 不同混合质量比和负载量对混合材料光催化降解甲苯性能的影响[21]

关于负载量的影响，试验结果与 Takeda 等[22]光催化处理污水系统中得到的结论相一致。他认为当负载量较低时，紫外光将穿透混合材料涂层，从而使反应表面所能得到的紫外光强减弱，根据式(8.46)可知，这必然引起光催化性能下降。Takeda 等[22]还发现存在某一最优的负载量使得光催化性能最大。随着负载量的增加，当紫外光强不变时，所能得到紫外光激发的 TiO_2 比例将减少，从而引起性能下降。

4. 求解混合材料的吸附平衡系数 K_{ad}

选择两组性能最优的混合材料作为研究对象，分别是材料 M(P25 : 丝光沸石=1∶3;负载量为 $0.49mg/cm^2$)和材料 S1($P25 : SiO_2 = 1 : 1$;负载量为 $0.49mg/cm^2$)。图 8.33 给出了不同甲苯进口浓度下,在材料 P25、S1 和 M 中甲苯降解效率的变化[21]。甲苯降解效率 ε 随进口浓度的增加而降低,变化趋势与单分子 L-H 方程吻合(见式(8.47))。混合材料 S1 和 M 的甲苯降解效率均比纯 P25 要高,而混合材料 M 的光催化降解甲苯性能又比混合材料 S1 的稍好。

由式(8.49),通过甲苯降解效率便可求得等效反应速率 r'。根据 Yang 等[16]提出的 MTB 方法,又可求得不同进口浓度下的平均表面浓度 C_s。图 8.34 给出了 r' 随 C_s 的变化[21]。根据式(8.49)所示的单分子 L-H 方程回归出等效反应系数 k' 和吸附平衡系数 K_{ad}(见表 8.11)。

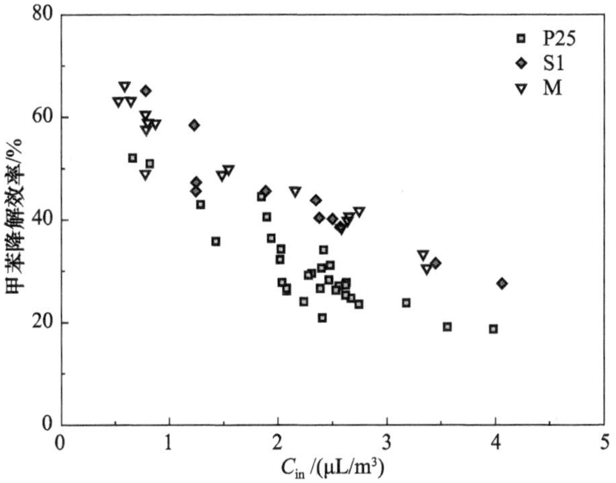

图 8.33　不同甲苯进口浓度下的光催化降解效率[21]

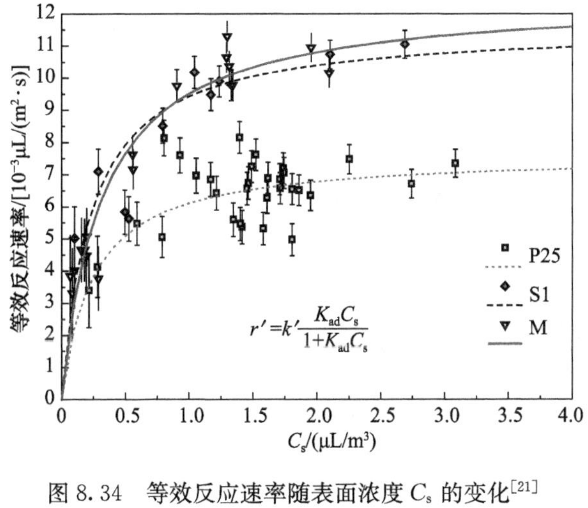

图 8.34　等效反应速率随表面浓度 C_s 的变化[21]

表 8.11 回归拟合的等效反应系数 k' 和吸附平衡系数 K_{ad}

混合材料	k'/[μL/(m^2 · s)]	K_{ad}/(mL/m^3)	R^2
P25	7.6±0.33	4.03±0.73	0.636
S1	11.6±0.93	4.32±1.45	0.852
M	12.5±0.11	3.66±1.23	0.834

对比材料 P25、S1 和 M 的吸附平衡系数 K_{ad}，三者并没有明显变化。这表明增加吸附材料后，并没有增加材料的吸附性能。而在增加吸附材料后，等效反应系数 k' 却有显著增长。根据式(8.49)，材料 S1 和 P25 的等效反应系数 k' 的比值可表示为

$$n_{S1\text{-}P25}=\frac{k'_{S1}}{k'_{P25}}=\frac{n_{S1}k_{S1}}{n_{P25}k_{P25}}=\frac{\dfrac{A_{r,S1}}{A'_r}}{\dfrac{A_{r,P25}}{A'_r}}\frac{k_{S1}}{k_{P25}}=\frac{A_{r,S1}}{A_{r,P25}}\frac{k_{S1}}{k_{P25}} \tag{8.50}$$

式中，下标 S1-P25 为材料 S1 和 P25 之间的比值。

由于所添加的吸附材料(丝光沸石或 SiO_2)都没有光催化活性，因此反应系数 k 在添加吸附材料后将不会有变化，即 $k_{S1}=k_{P25}$。根据式(8.50)，$n_{S1\text{-}P25}$ 应等于材料 S1 和 P25 的反应面积之比，约为 1.52。同理可得，$n_{M\text{-}P25}\approx1.64$。这表明，添加吸附材料后的 S1 和 M 的反应面积分别比纯 P25 要大 1.52 和 1.64 倍。

图 8.35 是三种材料 P25、M 和 S1 的扫描电镜图[21]。从图 8.35(a)可以看出，纯 P25 的反应表面比较平整，而材料 M 和 S1 的表面呈现多孔"粗糙状"。这是由于丝光沸石和 SiO_2 的颗粒粒径比 P25 大(见表 8.10)，两者在涂布的过程中就吸附了大量 P25(见图 8.35(d)和(f))，因此当它们黏附在玻璃片上时，便形成了以丝光沸石和 SiO_2 为载体的"粗糙"表面(见图 8.35(c)和(e))。从而使得以丝光沸石和 SiO_2 为载体的混合材料能比纯 P25 提供更大的反应面积。

总体来说，通过添加吸附材料的方法未能增强吸附平衡系数，而只是增加了反应面积。这说明为光催化材料营造多孔的、比表面积大的基材表面，会显著提高光催化反应面积。这也给光催化反应器设计提供了新的思路。

(a) P25

(b) 图(a)局部放大图

(c) M　(d) 图(c)局部放大图

(e) S1　(f) 图(e)局部放大图

图 8.35　P25、M、S1 扫描电镜图(材料的负载量均为 0.49mg/cm^2)[21]

8.3.4　光催化降解 VOCs 副产物

8.3.3 节提到在光催化降解甲苯的过程中，并没有实现碳含量的平衡，说明生成了一些未知的物质，即副产物。这是因为光催化降解 VOCs 的反应过程是一个多步骤过程，在反应过程中的每一个步骤中都可能产生非主要的或非预期的副产物。这些副产物可能有毒或具有刺激性，甚至可能比原 VOCs 危害更大[25]。而且反应过程中所产生的副产物还会黏附在反应表面上，导致光催化材料中毒与失活。

室内 VOCs 主要可分为醛(甲醛、乙醛等)、酮(丙酮等)、醇(甲醇、乙醇)和芳香族(苯、甲苯)等。由于室内的醛、酮和醇类 VOCs 的分子结构较简单，Vorontsov 等[26]的研究确认了它们的反应副产物。但在芳香族污染物的副产物方面的研究则较少。芳香族污染物是我国室内空气的主要污染物。我国国标《室内空气质量标准》(GB/T 18883—2002)[27]中芳香族污染物种类占规定的有机化学污染物种类的比例为 3/4。因此，了解及弄清芳香族污染物的光催化反应副产物是非常必要的。

下面将以甲苯为对象，通过试验方法研究其反应副产物，并建立副产物对人体健康影响的评价。应用 PTR-MS 进行光催化降解甲苯的副产物研究。由于 PTR-MS 只能识别副产物的质荷比，而并不能区分具有同分异构体的物质，因此还使用具有自动热脱附系统的GC-MS进行一些同分异构体的识别。

1. 光催化降解甲苯副产物研究

1）试验方法

以图8.29中的不锈钢平板型反应器为主体，通过配置PTR-MS、填充Tenax TA吸附管和GC-MS来进行采样分析如图8.36所示[28]。试验条件为：温度24～26℃，紫外光强为0.43～0.95mW/cm²。试验过程中选用2片载玻片作为光催化材料基材（76mm×25mm×1mm），通过反应器的流量为0.5L/min，即与反应表面的接触时间为0.2s。表8.12给出了研究光催化降解甲苯副产物的试验流程。

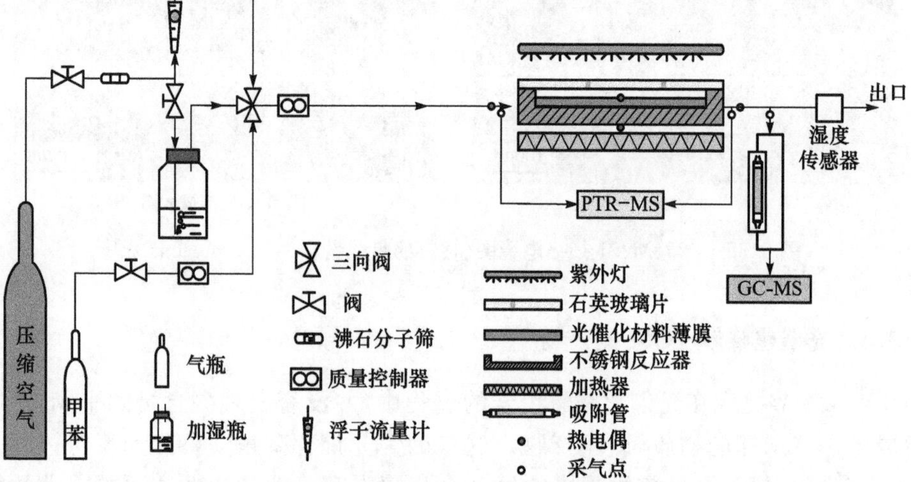

图8.36 光催化降解甲苯副产物研究试验台示意图[28]

试验在甲苯初始浓度为450μL/m³、1200μL/m³和8000μL/m³，相对湿度为47.5%的条件下进行。由于甲苯会吸收波长处于240～270nm的紫外光，即在紫外光照射下会发生自动光分解现象，因此需要观察在空白的载玻片上紫外光对甲苯的光解效果，见表8.12步骤5。另外，由于每次试验后光催化材料表面均可能残留下一些未分解的副产物，这将影响下一次试验副产物测定的准确性。因此，每次试验完毕后，均进行大于6h的持续湿空气吹扫和紫外光照射，以确保把反应表面上的残留物质降解完全。

采用瞬间高浓度水蒸气对反应表面进行吹扫，利用水蒸气与污染物、副产物之间的竞争吸附，将反应表面上的物质置换至空气中，进而能被PTR-MS检测，以此研究哪些副产物会被吸附在反应表面上。

表 8.12 光催化降解甲苯副产物研究的试验流程

序号	步骤	详细描述
1	配气	调整质量流量计，控制水蒸气浓度
质量扫描（21～250m/z）		
2	扫描进口背景浓度	开启旁通阀，关闭甲苯气瓶和通入反应器的阀门（见图 8.36），使用 PTR-MS 在质荷比为 21～250m/z 范围内进行全扫描
3	开启甲苯	调整甲苯浓度，继续进行全扫描，观察与背景的差异
4	检查反应器内壁面是否存在吸附现象	关闭旁通阀，开启通入反应器的阀门；扫描出口浓度情况，检查反应器内壁面对甲苯的吸附效应
5	开启紫外灯，检查是否有光解现象	开启紫外灯，保持全扫描，观察甲苯是否在紫外光照射下能发生光解
6	关闭紫外灯	检查出口浓度是否回到进口水平
质量鉴定检测（mass identification detection，MID）		
7	分析疑似副产物	从上述全扫描结果中，分析在反应前后浓度发生变化的气体是哪些组分，暂定为疑似副产物
8	重复步骤 2～步骤 6	在 MID 模式下，重复步骤 2～步骤 6，并追踪步骤 7 所确定的疑似副产物的变化
Tanex TA 采样管吸附		
9	吸附	使用 Tenax TA 吸附管浓缩反应器出口的副产物
10	GC-MS 分析	使用 GC-MS 分析并确定所浓缩的副产物

2）副产物的识别

通过 PTR-MS 检测，发现质荷比为 30、32、42、44、46、58、60、78 和 106 的污染物是光催化降解甲苯的主要副产物。当紫外灯开启后，质荷比为 30、32、42、44、46、58 和 60 的污染物浓度均有所上升，而质荷比为 78 和 106 的污染物浓度只当进口甲苯浓度为 1200$\mu L/m^3$ 和 8000$\mu L/m^3$ 时才有所增加。以下以“副产物 30”表示质荷比为 30 的副产物，其余质荷比同理。

图 8.37 给出了甲苯及其副产物在光催化反应过程的变化[28]。在该试验条件下，副产物 44 和副产物 58 的浓度在刚开启紫外光的瞬间急剧上升至某一峰值，然后便缓慢回落至某一平衡值。而且甲苯初始浓度越高，它们的浓度峰值就越大（见图 8.37(a1)和(b1)）。副产物 32、副产物 46 和副产物 106 的浓度在光催化反应开始后，也呈现增长趋势，但上升速度要较副产物 44 和副产物 58 小。副产物 78 的浓度只在甲苯进口浓度为 8000$\mu L/m^3$ 时，才有细微的增长（见图 8.37(a)）。紫外光强越弱，所产生的副产物就越多，这可能是光催化反应不完全所致。

通过相对湿度 1.1%～84%的瞬间脉冲冲击，可把黏附在光催化反应表面的污染物置换到空气中。图 8.38 给出了在水蒸气脉冲冲击过程中，所捕捉到的气相污染物浓度变化[28]。当水蒸气相对湿度为 1.1%时，在紫外光照射下甲苯进出口浓度保持一致，这表明在缺水的条件下，光催化反应被抑制，光催化效率近似为 0。但当关闭紫外灯并瞬间提高水蒸气浓度时，副产物 42、副产物 46、副产物 60 和副产物 78 的浓度出现峰值(见图 8.38(a))，同时 PTR-MS 也检测到了低于 15μL/m³ 的其他副产物(见图 8.38(b))，分别是副产物 54、副产物 56、副产物 72、副产物 86

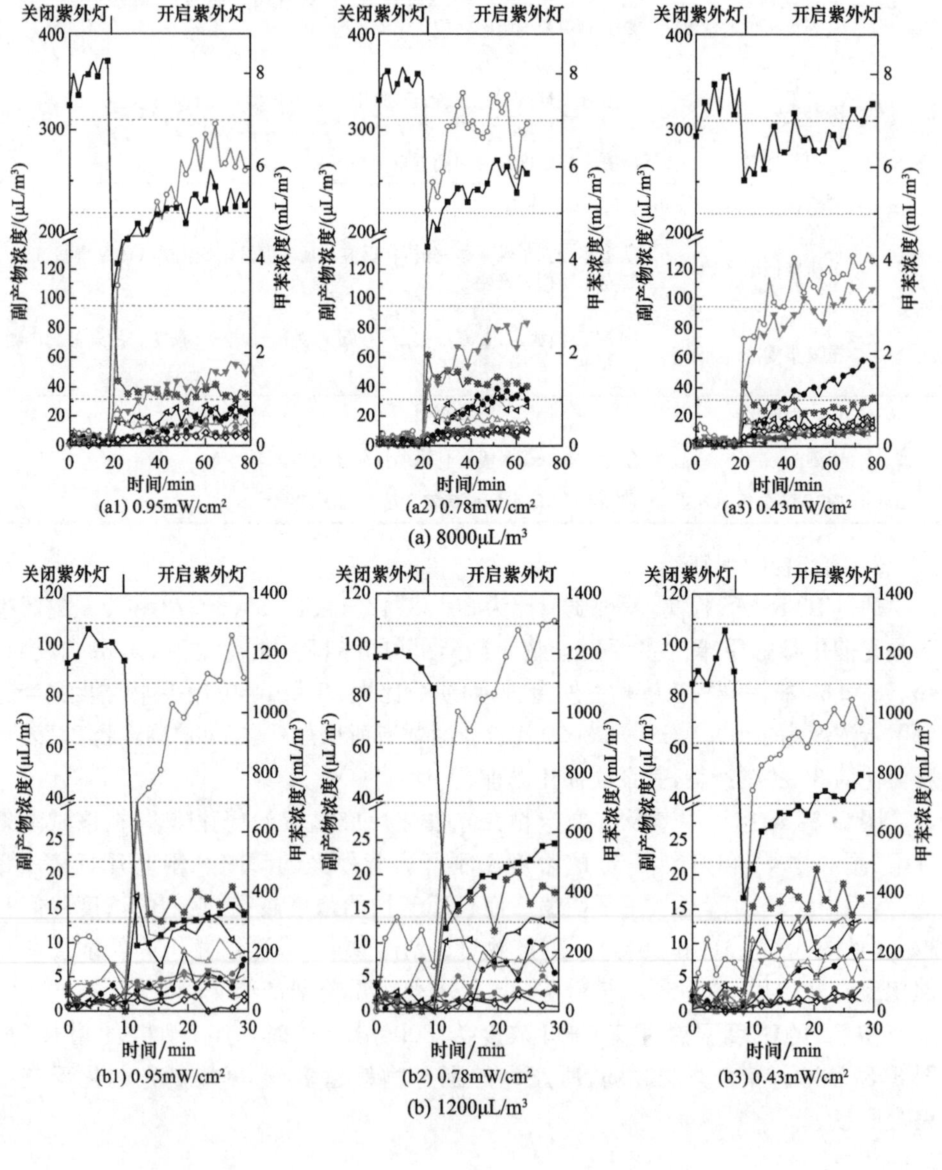

(a1) 0.95mW/cm²　(a2) 0.78mW/cm²　(a3) 0.43mW/cm²

(a) 8000μL/m³

(b1) 0.95mW/cm²　(b2) 0.78mW/cm²　(b3) 0.43mW/cm²

(b) 1200μL/m³

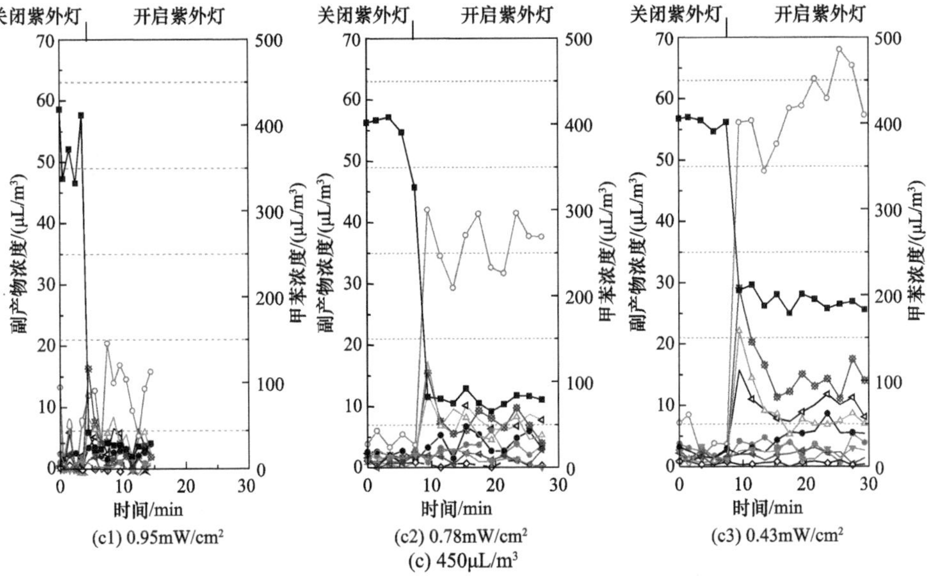

图 8.37 甲苯及其副产物在光催化反应过程中的变化[28]

括号中数字表示质荷比

和副产物 122。这表明这些污染物是在缺少水蒸气的工况下产生的，并被吸附在光催化反应表面，是导致光催化反应失活的主要原因。经过水蒸气的冲刷后，重新开启紫外灯，可发现小分子量的副产物 32、副产物 42、副产物 58 和副产物 60 又被产生。这表明所吸附在光催化材料上的副产物可进一步被降解成小分子的副产物。对比图 8.37 和图 8.38 可以看出，副产物 42 和副产物 60 无论在高水蒸气浓度或者低水蒸气浓度条件下均会产生。

3) GC-MS 检测的副产物

通过在反应器出口侧使用 Tenax TA 吸附管对反应尾气中的污染物进行富集。试验发现富集 1～2h 后，依然未能在吸附管中发现任何气相副产物，这与 d'Hennezel 等[29]的研究结果一致。这可能是因为副产物的浓度太低。因此，通过持续 10h 的富集试验，经 GC-MS 分析后得到副产物见表 8.13。PTR-MS 所测定的副产物 58、副产物 60、副产物 72、副产物 78、副产物 86、副产物 106 和副产物 122，分别被 GC-MS 识别为丙酮、乙酸、丁醛、苯、戊醛、苯甲醛和苯甲酸。

表 8.13 对比了 PTR-MS 和 GC-MS 识别的主要副产物。可以看出，GC-MS 并没有检测到副产物 30、副产物 32、副产物 42、副产物 44、副产物 46、副产物 54 和副产物 56，但是这些副产物却被 PTR-MS 所捕捉到。PTR-MS 只能检测出比

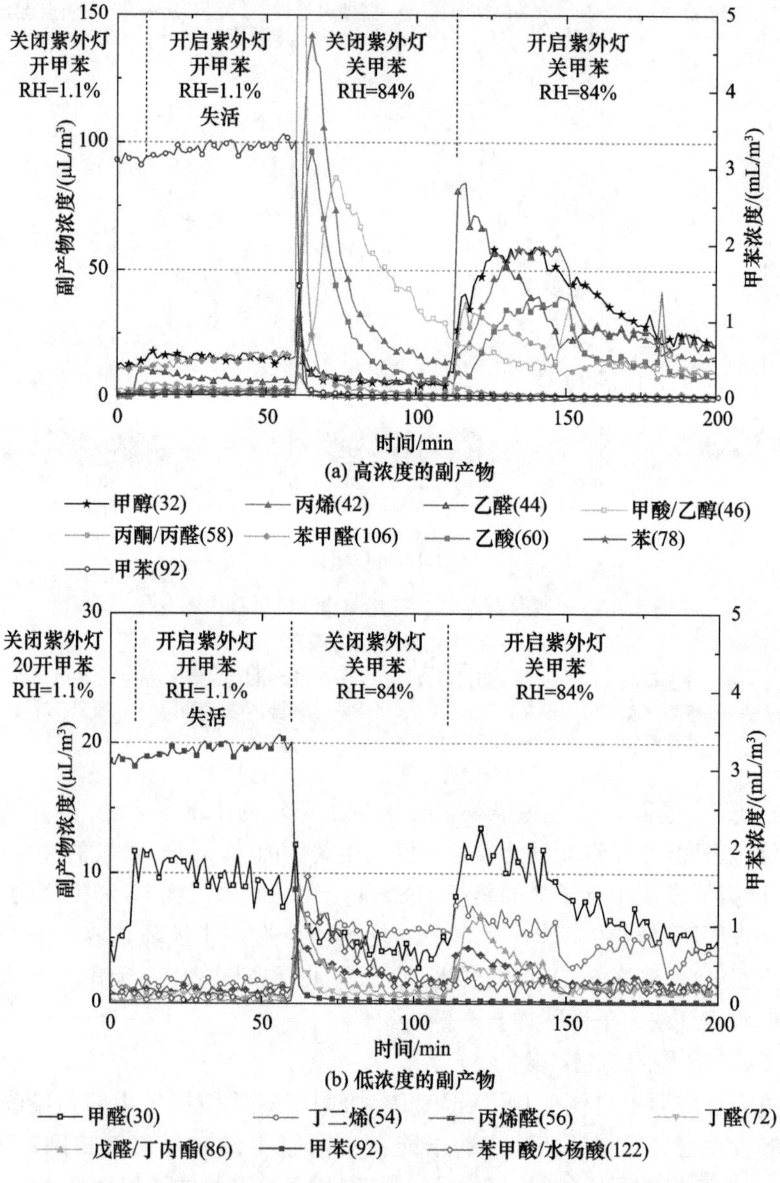

图 8.38　相对湿度从 1.1%至 84%变化时，甲苯副产物变化[28]

进口甲苯浓度 3200μL/m³，T=24～26℃，I=0.43mW/cm²(括号中数字表示质荷比)

H_2O的质子亲和能大的物质，因此副产物 30、副产物 32、副产物 42、副产物 44、副产物 54 和副产物 56 分别是甲醛、甲醇、丙烯、乙醛、丁二烯和丙烯醛。副产物 46 具有两种同分异构体，分别是甲酸和乙醇。PTR-MS 仅可区分不同分子量的物质，对于分子量相同的同分异构体不具备区分能力。但从图 8.38 可以看出，当水蒸气浓度较低时，副产物46并没有从光催化反应表面脱附出来。这表明副产物46是一种具有强吸附能力的物质。因为甲酸的吸附性能比乙醇要大，所以副产物46极有可能是甲酸而不是乙醇。另外，丙醛和丙酮同样具有质荷比58。因此，副产物58可能是这两者的混合。

表8.13 PTR-MS和GC-MS识别的主要副产物对比

检测的副产物			可能的副产物	NIOSH① REL /(mL/m³)	IARC②致癌分类
	PTR-MS(质荷比)	GC-MS			
气相副产物	30	—	甲醛	0.016	2A组，较大可能的人类致癌物
	32	—	甲醇	200	—
	42	—	丙烯	—	—
	44	—	乙醛	—	2B组，较小可能的人类致癌物
	46	—	甲酸	5	—
			乙醇	1000	—
	58	丙酮	丙酮	250	—
			丙醛	—	—
	60	乙酸	乙酸	10	—
	78	苯	苯	0.1	1组，人类致癌物
	106	苯甲醛	苯甲醛	—	—
	—	苯甲醇	苯甲醇	—	—
	—	苯酚,-甲基-	苯酚,-甲基-	—	—
材料表面副产物	54	—	丁二烯	—	—
	56	—	丙烯醛	0.1	3组，对人类致癌性未归类
	72	丁醛	丁醛	—	—
	86	戊醛	戊醛	50	—
		丁内酯	丁内酯	—	—
	122	苯甲酸	苯甲酸	—	—
		水杨醛	水杨醛	—	—
反应物	92	甲苯	—	100	—

① NIOSH：National Institute for Occupational Safety and Health (USA)，美国国家职业安全与健康研究所。

② IARC：International Agency for Research on Cancer，国际癌症研究署。

在光催化反应过程中，甲苯首先分解为苯甲醛，然后进一步转化成小分子量的产物[30]。在紫外灯开启前，光催化材料表面就吸附了大量甲苯和水蒸气，并达到了平衡。当开启紫外灯后，由于材料表面含有充足的H_2O，可产生大量羟基自由基(•OH)。充足的•OH与材料表面的甲苯进行反应，使得所产生的苯甲醛很快便被转化成小分子量副产物，如乙醛、丙酮/丙醛等（见图 8.37）。这便形成了图 8.37 所示的乙醛和丙酮/丙醛的浓度峰值。随着反应的进行，介于苯甲醛和乙醛等之间的副产物逐步占据表面的吸附位置，材料表面的甲苯浓度和水蒸气浓度降低，反应进一步放缓，导致出口甲苯浓度上升以及乙醛等小分子副产物减少。同时，表面•OH 减少，使得甲苯的反应趋于不完全，表现为苯甲醛浓度上升（见图 8.37(a)和(b)）。由表 8.13 可以看出，介于苯甲醛和乙醛之间的大分子副产物分别为苯甲酸、水杨醛、戊醛、丁醛、丙烯醛和乙酸，这些是造成光催化材料性能下降甚至失活的主要原因。然而，当甲苯进口浓度较低时，只有极少量副产物产生，因而并未造成光催化材料性能下降（见图 8.37(c)）。

4) 甲苯光催化反应路径分析

Guo 等[31]研究认为，光催化降解甲苯的初始步骤是氢攻击位于苯环的甲基，从而形成苯甲醛、苯甲酸和苯甲醇等。d'Hennezel 等[29]分析了甲苯转化为苯甲酸的详细反应路径，如图 8.39 所示。

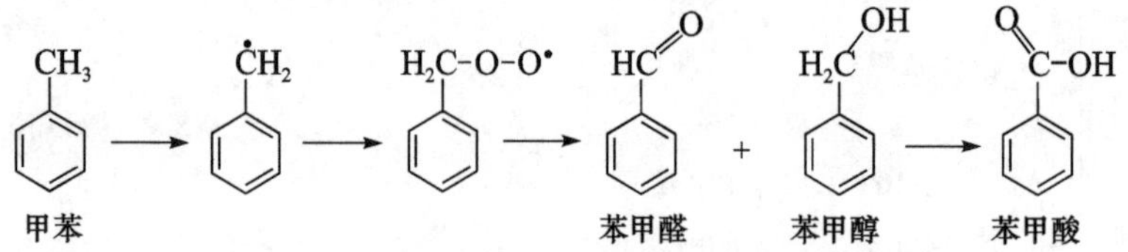

图 8.39 甲苯光催化降解的初始步骤[29]

Frankcombe 等[32]提出了另一种思路：甲苯被氧化的第一步是羟基攻击甲苯苯环，在苯环上结合一个 O_2，并形成相应的羟基异构体（苯酚，—甲基—）；然后苯环被打开，并在被攻击的位置分别形成两组羰基基团（O ═C—R—C ═O），如图 8.40 所示。

以上述两种路径为基础，结合试验结果可知：甲苯光催化反应的初始步骤符合 d'Hennezel 等[29]的分析，甲苯首先被氧化成苯甲醛、苯甲酸和苯甲醇。但所形成的这些物质，将进一步被羟基基团攻击苯环[32]，并形成多个羰基键（C ═O）和烯基（C ═C）。在试验中，甲苯的主要气相副产物均为小分子（相对分子质量小），这表明所生成的羰基和烯基同时或连续地被羟基基团和吸附氧所氧化。甲苯可能的反应路径为：甲苯→苯甲醛→苯甲酸→苯环打开→O ═C—R—C ═C—R′—C ═O→低碳链的醛或醇类产物。图 8.41 给出了甲苯光催化反应的可能路径[28]。

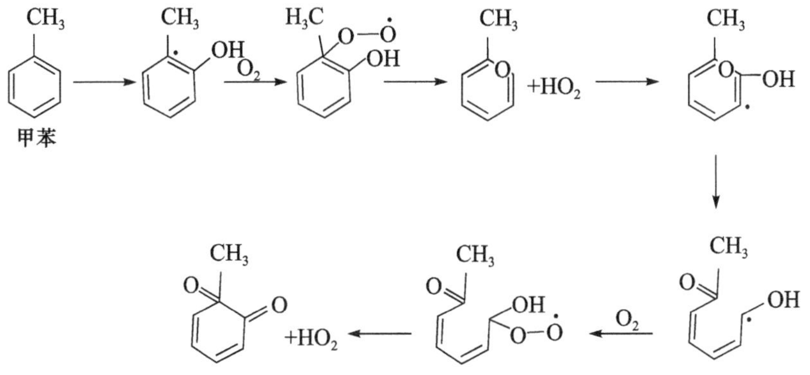

图 8.40 在 OH-O_2 体系下光催化降解苯环的步骤[32]

另外,水蒸气浓度对所生成的副产物种类和浓度均有重要影响。从图 8.38 可以看出,当水蒸气充足时,甲苯的降解速度较快,而且产生的主要是小相对分子质量的副产物,如乙醛和甲醇。

5）甲苯副产物对人体健康的影响

光催化降解甲苯会产生一些可能致癌的副产物(见表 8.13),因此需要评价所产生的副产物对人体健康的影响。借鉴德国室内材料物品污染释放标识体系 AgBB 中采用浓度与浓度阈值之比来表征健康危害程度的方法[33],采用健康相关因子(health-related index,HRI)来进行副产物的健康评价:

$$HRI_i = \frac{C_i}{REL_i} \tag{8.51}$$

式中,REL_i 为在现有标准/规范中污染物 i 的推荐长期暴露浓度。

如美国职业安全与卫生署公布了不同室内污染物的 REL 值[34]。表 8.13 给出了甲苯主要副产物的 REL 值以及它们的致癌可能性。由式(8.51)可知,当 $HRI_i > 1$ 时,表示所产生的副产物浓度过高。

由于光催化降解甲苯的过程中不只产生一种副产物(见图 8.37),因此不仅要求每种副产物须满足 $HRI_i < 1$,同时还须要求所有副产物的叠加 $HRI \leqslant 1$,即

$$HRI = \sum_{i=1}^{n} HRI_i \leqslant 1 \tag{8.52}$$

式中,n 为污染物种类。

表 8.14 给出了光催化降解甲苯前后的 HRI 变化(除去没有 REL 值的副产物,见表 8.13)。在进口甲苯浓度不同的情况下,出口的 HRI 均大于进口。致癌物质的总浓度也比光催化反应前要大。这表示在光催化降解甲苯的过程中产生了一些比甲苯危害更大的副产物,如甲醛、苯和乙醛等。特别是当甲苯进口浓度为 8000$\mu L/m^3$ 时,$HRI > 1$。

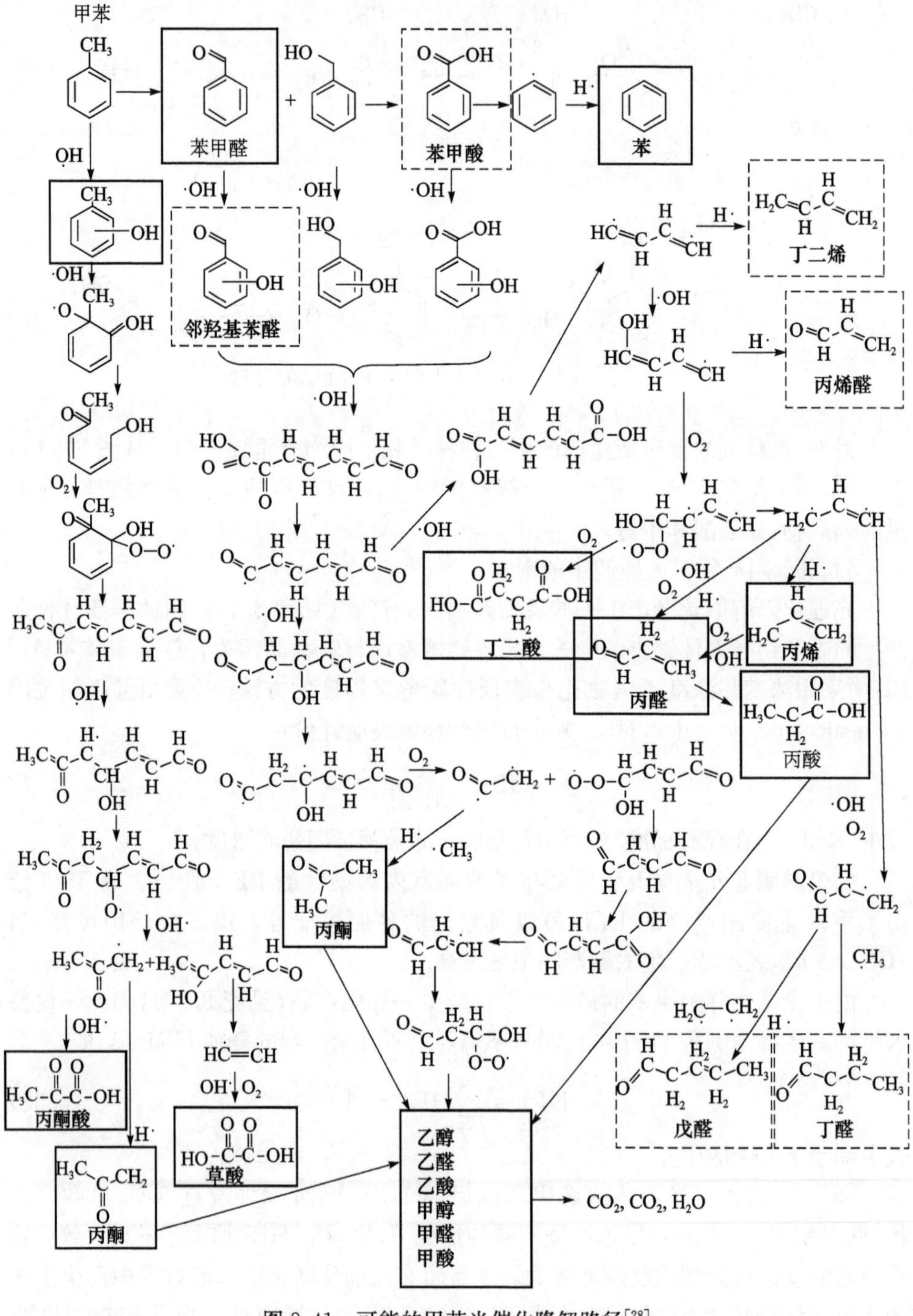

图 8.41　可能的甲苯光催化降解路径[28]

实线框、虚线框分别表示气相副产物、材料表面副产物

表 8.14 光催化降解甲苯前后的 HRI 变化

甲苯进口浓度/(μL/m³)	紫外光强/(mW/cm²)	HRI_{in}	进口致癌物质总和/(μL/m³)	HRI_{out}	出口致癌物质总和/(μL/m³)
8000	0.95	0.3	10.1	1.7	79.7
	0.78	0.3	6.8	1.4	63.4
	0.43	0.3	5.1	1.2	56.3
1200	0.95	0.1	4.3	0.7	28.6
	0.78	0.1	3.7	0.7	29.7
	0.43	0.1	4.6	0.8	29.5
450	0.95	0.1	4.8	0.6	26.2
	0.78	0.1	5.3	0.5	16.6
	0.43	0.1	4.9	0.3	10.8

这说明光催化降解甲苯副产物确实对人体健康具有负面影响。但并不能由此就判断光催化技术不能应用于室内空气处理。因为甲苯是一种危害性较小的物质(REL=100mL/m³),而副产物甲醛和苯则是一种危害性很大的物质(见表 8.13 中甲醛和苯的 REL),所以当光催化反应降解甲苯的过程中产生一些甲醛或苯时,将对 HRI 结果产生较大影响。从表 8.14 可以看出,当甲苯进口浓度较低时,尽管产生了一些不受欢迎的副产物,但大部分 HRI<1,这表明光催化反应产生的副产物对人体危害可忽略。

相反,如果目标污染物换成甲醛或苯,那么光催化将提供一个较小的 HRI。图 8.42 给出了当目标污染物为甲醛时,光催化反应副产物变化[13]。所检测到的

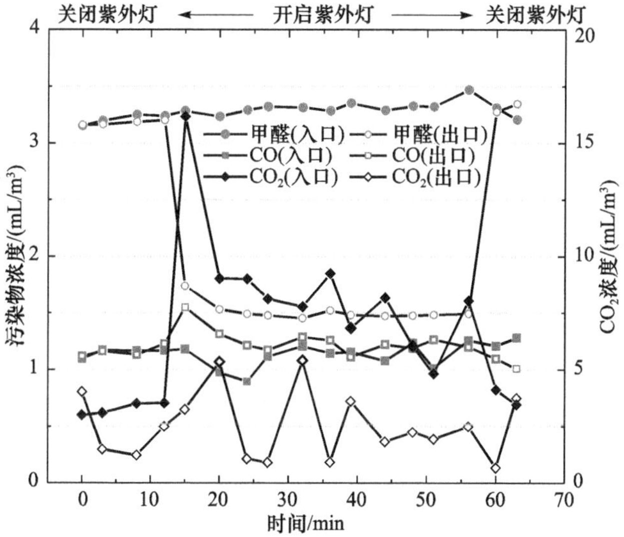

图 8.42 甲醛及其副产物在光催化反应过程中的变化[13]

T=24~26℃,RH=47%~50%,254nm,G=4L/min,I=1.64mW/cm²

甲醛副产物为CO,表8.15给出了甲醛和CO的REL值以及光催化降解甲醛前后的HRI变化。由此可知,光催化反应大大减少了甲醛的健康危害效应。

关于光催化降解其他污染物(如苯等)的副产物还需进一步研究。

表8.15 光催化降解甲醛前后的HRI变化

污染物	REL/(mL/m^3)	HRI_{in}	HRI_{out}
甲醛	0.016	3.28	1.49
CO	35	1.13	1.22
CO_2	5000	2.50	6.78
HRI	—	204	93

2. 水蒸气对甲苯副产物的影响

相对湿度(即水蒸气浓度)对甲苯副产物种类和浓度有显著影响。本节将重点研究不同水蒸气浓度对甲苯降解效率和副产物的影响。

在图8.36所示的试验台上进行试验研究,试验条件为:温度为24~26℃,紫外光强为0.43mW/cm^2,甲苯进口浓度为90~800μL/m^3,相对湿度控制范围为0%~80%。

图8.43给出了当甲苯初始浓度为400μL/m^3时,甲苯及其3种主要副产物随水蒸气浓度的变化情况[35]。可知,从高水蒸气浓度(62.1%)向低水蒸气浓度(3.1%)变化的过程中,甲苯的降解速率先增大(见图8.43(a)),但当水蒸气浓度过低时,便出现部分失活现象(见图8.43(b))。

在高水蒸气浓度下,所检测到的气相副产物浓度主要是小相对分子质量的物质,如乙醛和丙烯(见图8.43(a))。而且随着水蒸气浓度的下降,所能检测到的气相副产物浓度降低,但甲苯的降解速率却增加。这表明当水蒸气浓度较高时,水蒸气与在光催化材料表面的甲苯和副产物发生竞争吸附,水蒸气快速把反应中生成的副产物置换至空气中,导致气相副产物浓度较高;当水蒸气浓度较低时,彼此间的竞争吸附较弱,甲苯和所生成的副产物得以吸附在表面上,因而材料表面的甲苯浓度较高,根据式(8.47)可得甲苯的降解速率增加。但水蒸气的减少并不一定意味着副产物的产量减少,只是所产生的副产物被吸附在材料表面而没有逃逸到空气中,也就导致所检测的气相副产物浓度反而降低(见图8.43(a))。

图8.44汇总了在不同甲苯初始浓度下,光催化降解甲苯效率随水蒸气浓度的变化[35]。当甲苯初始浓度较低时(低于150μL/m^3),光催化降解甲苯的效率总是随着水蒸气浓度的增加而降低;当增加甲苯的初始浓度,降解效率就会在某一个水蒸气浓度值下获得最大值(见图8.44,250~800μL/m^3)。而且当初始浓度大于400μL/m^3时,在低水蒸气浓度下就出现明显的效率下降,甚至失活。

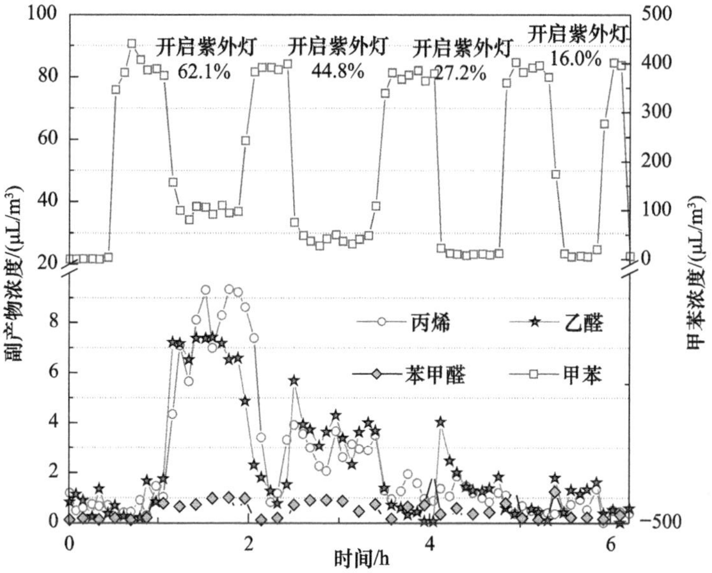

(a) 水蒸气浓度从62.1%向3.1%变化过程中的甲苯副产物浓度变化

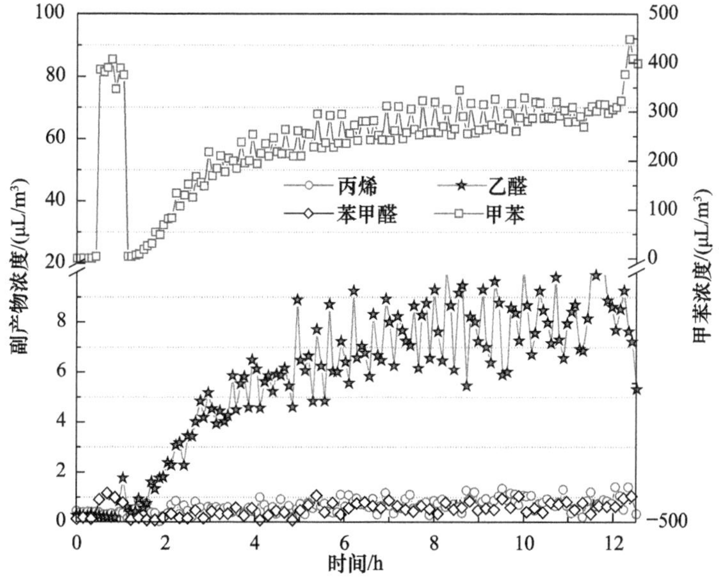

(b) 低水蒸气浓度下（RH=3.1%）的甲苯副产物浓度变化

图 8.43 甲苯的主要副产物随水蒸气浓度的变化[35]

$C_{in}=400\mu L/m^3$，$T=24\sim26$℃，254nm，$I=0.43mW/cm^2$

应用 8.3.4 节中关于副产物的健康评价方法，同样可得到光催化降解甲苯的效率、出口 HRI 以及出口可致癌副产物浓度随水蒸气浓度的变化情况，如图 8.45 所示。在低甲苯进口浓度情况下（$400\mu L/m^3$），随着水蒸气浓度的变化，效率越高，

HRI 和副产物浓度越小；但当甲苯进口浓度上升为 800μL/m^3 时，效率与 HRI、副产物浓度的关系就并不显著。当水蒸气相对湿度为 40%时，效率达到最大；而所产生的可致癌副产物浓度最小值却出现在水蒸气相对湿度为 30%的工况下；HRI 更是随水蒸气相对湿度的增加而一直单调增加。

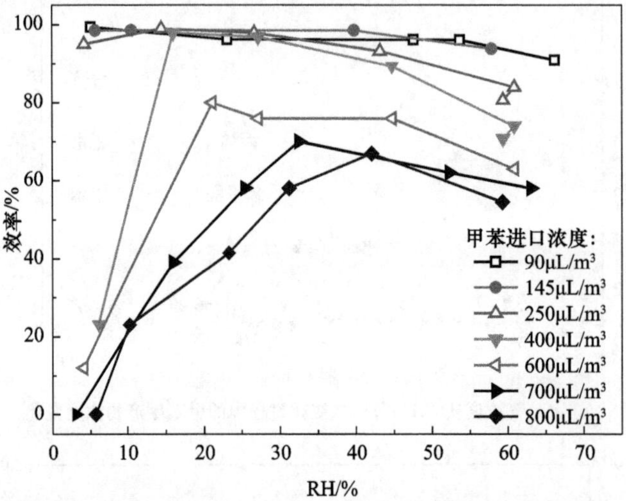

图 8.44　在各种甲苯初始浓度下，光催化降解甲苯效率随水蒸气浓度的变化[35]

$T=24\sim26℃$，254nm，$I=0.43mW/cm^2$

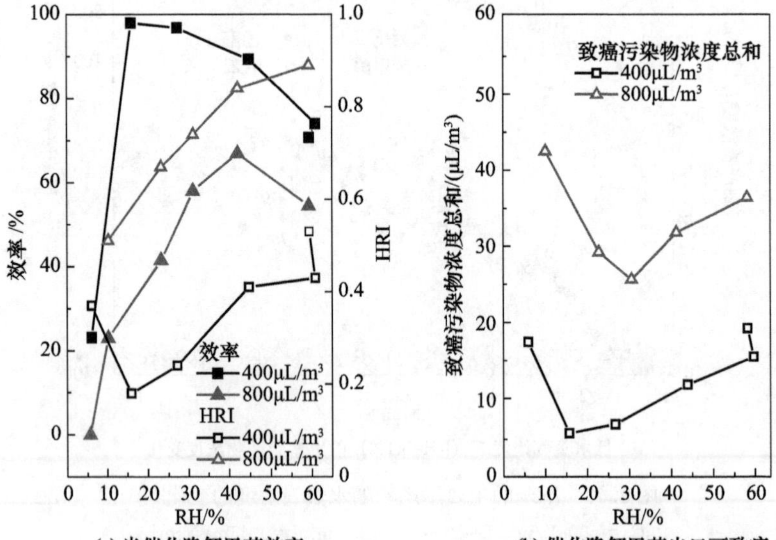

(a) 光催化降解甲苯效率、出口HRI随水蒸气浓度的变化　　(b) 催化降解甲苯出口可致癌副产物浓度随水蒸气浓度的变化

图 8.45　光催化降解甲苯效率、出口 HRI 以及出口可致癌副产物浓度随水蒸气浓度的变化[35]

$T=24\sim26℃$，254nm，$I=0.43mW/cm^2$

这表明在光催化反应过程中，效率最优、危害最小(HRI最小)和有害副产物总量最少并不是同时满足的。图8.46解释了水蒸气浓度对甲苯副产物的影响[35]：

(1) 当水蒸气相对湿度接近0%时，光催化反应所产生的副产物完全覆盖在材料表面，导致失活现象，因而未能检测到气相副产物。

(2) 当水蒸气从0%开始增加时，·OH的加入使得光催化反应得以进行，因而光催化效率提高，同时也产生了副产物。由于表面的水蒸气依然缺乏，光催化反应并不充分，只生成了一些大分子量副产物(见图8.38)。

(3) 当水蒸气浓度进一步增加时，光催化反应得以充分进行，效率进一步提高，所产生的大分子副产物也迅速被降解成小分子副产物，甚至完全降解，所以表现为副产物浓度下降。

(4) 当水蒸气浓度持续增加时，由于水蒸气与甲苯间的竞争吸附，光催化效率降低，同时所产生的副产物也快速脱附到空气中，形成高的副产物浓度，而且此时副产物以小分子量居多。但小分子量副产物中含有危害较大的污染物(如甲醛)，导致HRI反而变大(见图8.45)。

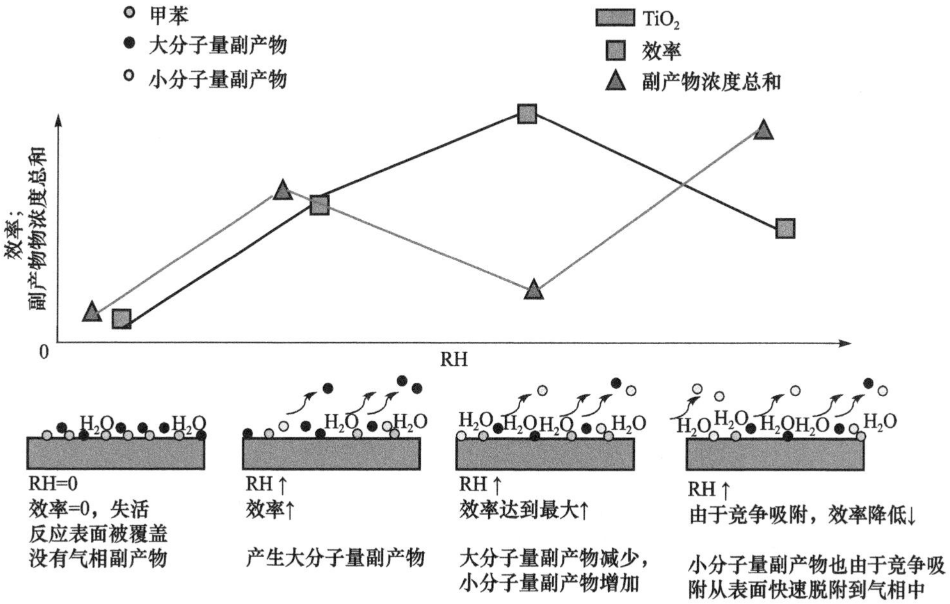

图8.46 水蒸气对光催化降解甲苯副产物的影响过程示意图[35]

因此，水蒸气对甲苯降解的影响主要作用在三个区域(见图8.47[35])：当水蒸气浓度较低时，所生成的副产物黏附在反应表面上，导致材料失活；当水蒸气浓度较高时，由于水蒸气与甲苯间的竞争吸附，导致甲苯难以吸附到反应表面上，从而导致反应效率低下。在此试验条件下，还发现当水蒸气相对湿度处于20%～30%时(温度为 24～26℃)，不仅效率较高，而且副产物产生较少，HRI 也较低(见图 8.44 和图 8.45)。

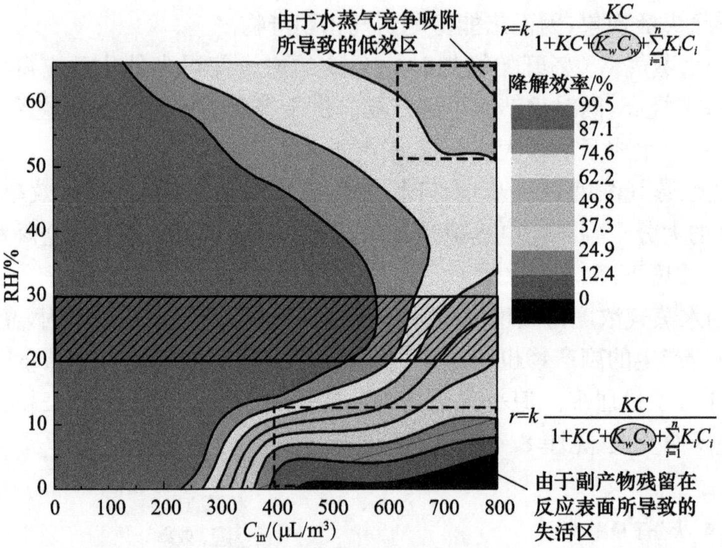

图 8.47　水蒸气影响光催化降解甲苯效率的关键区域示意图[35]

8.4　热催化空气净化

室温热催化技术作为一种去除甲醛的新方法正受到越来越多的关注。和光催化以及等离子放电催化相比，热催化不需要紫外灯或放电设备，且热催化反应可在整个材料内的活性中心上发生，而光催化只能发生在被紫外光激活的活性中心上，因此热催化技术在去除室内甲醛方面具有如下优势：①与光催化相比，单位体积中的反应面积可有若干数量级的提高；②运行能耗大大降低。目前，各种新的热催化材料层出不穷，为了选择合适的热催化材料，并用于设计室内空气净化产品，需要准确衡量各种热催化材料的反应性能，即通过定量研究热催化降解甲醛速率与其影响因素间的关系，揭示热催化反应动力学机理及关键参数。本节拟通过对一种热催化材料去除甲醛的试验研究，从反应动力学机理分析决定催化材料甲醛降解速率的关键因素，并针对其反应特性以及净化能效对热催化的应用条件进行优化。

8.4.1　试验材料及测试结果

试验以热催化材料 Pt/MnO_x-CeO_2 为研究对象。材料中 Mn 和 Ce 的质量比为 1∶1,Pt的含量为1%。通过筛分得到尺寸为40～60目的材料颗粒,如图8.48所示。材料的孔结构通过比表面积和孔径分析仪进行氮吸附试验表征,材料的颗粒密度由压汞仪 AutoPore Ⅳ 9500进行压汞试验获得。采用不锈钢填充柱作为装载热催化材料颗粒的催化反应装置。材料物理参数见表8.16。

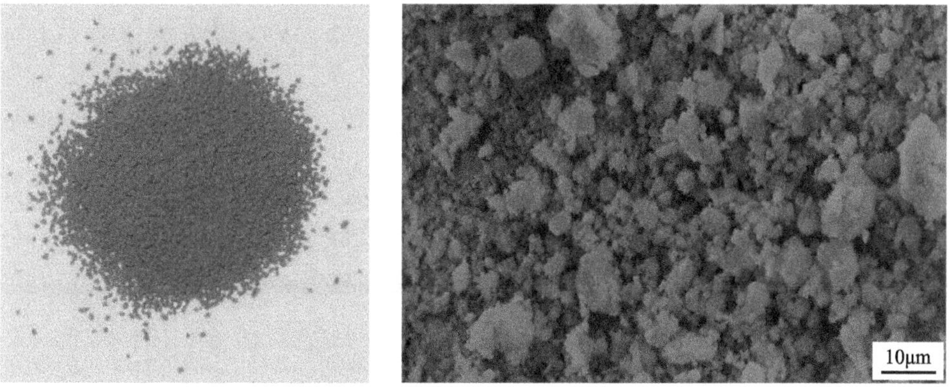

图8.48 热催化材料实物及SEM照片

表8.16 热催化材料物理参数

颗粒参数	数值	填充柱参数	数值
颗粒尺寸/目	40～60	材料质量/mg	26.2
平均孔径/nm①	24.6	填充厚度/mm	4.2
BET比表面积/(m^2/g)①	60.6	填充柱直径/mm	3.0
孔隙率①	0.48	堆积密度/(kg/m^3)	874.4
颗粒密度/(kg/m^3)②	1287	—	—

① 由氮吸附BET方法获得。
② 由压汞试验获得。

将不锈钢填充柱置于温度控制范围20～200℃的恒温柱箱内,用于控制催化反应温度。试验配气系统参见图8.29。甲醛通过溶液鼓泡法发生,流量由质量流量控制器控制。试验载气为合成空气,氧气体积含量占20%,平衡气为氮气,用于稀释发生的甲醛气体。通过反应器的总流量为0.15m^3/h,即对应体积空速为$4.43\times10^6h^{-1}$。

试验甲醛浓度范围280～3000μL/m^3;试验水蒸气浓度约7500mL/m^3,采用鼓泡法控制,对应25℃下相对湿度为50%。

甲醛浓度通过质子传递反应质谱仪PTR-MS在线检测。以测试质荷比

m/z 31 作为甲醛的响应信号，并采用酚试剂分光光度法进行五点线性校准。经校准后，甲醛在线测试浓度的误差约为 5%。为了监测反应过程的副产物情况，同时对质荷比 m/z 21、33、39、41、43、45、46、47、93 和 107 进行在线监测，并对反应器进出口的气体进行全谱扫描，扫描范围为 m/z 21～m/z 120。该方法在光催化降解甲苯试验中被证明可用于检测产生的低浓度副产物。由于 CO_2 的质子亲和力低于 H_2O，CO_2 无法被 PTR-MS 检测到，且由于试验浓度范围远低于其他检测仪器对 CO_2 的定量下限（INNOVA—1312 分析仪的 CO_2 检测限为 3mL/m^3），故未包括在本试验的产物测试中。

反应器的一次通过效率为

$$\varepsilon = \frac{C_{\text{in}} - C_{\text{out}}}{C_{\text{in}}} \tag{8.53}$$

式中，C_{in} 和 C_{out} 分别为稳定状态下反应器进出口的甲醛浓度，$\mu\text{L/m}^3$。

反应器的催化反应速率可由反应器内的质量平衡得到

$$r = \frac{G(C_{\text{in}} - C_{\text{out}})}{A_{\text{BET}}} \tag{8.54}$$

式中，r 为单位面积的催化反应速率，$\mu\text{L/(m}^2\cdot\text{s)}$；$G$ 为气体流速，m^3/s；A_{BET} 为颗粒 BET 比表面积之和，m^2。

将催化反应速率与表面气相甲醛平均浓度的比值记为表观反应系数 K_{app}。

$$K_{\text{app}} = \frac{r}{\overline{C}_{\text{s}}} \tag{8.55}$$

式中，$\overline{C}_{\text{s}}$ 为催化剂表面气相甲醛平均浓度，$\mu\text{L/m}^3$；K_{app} 为表观反应系数，m/s。

根据催化反应的传质过程，表面对流传质是发生整个反应传质过程的第一步，在稳态条件下，对流传质与反应降解存在质量平衡，即

$$K_{\text{app}} C_{\text{s}}(z) = \frac{h_{\text{m}} A_{\text{s}}}{A_{\text{BET}}} \Delta C(z) \tag{8.56}$$

式中，h_{m} 为对流传质系数，m/s；ΔC 为主流气体与催化剂表面的浓度差，$\mu\text{L/m}^3$；A_{s} 为材料颗粒外表面积之和，m^2；z 为沿轴线方向距离坐标，m。

在沿反应器方向，将 h_{m} 和 K_{app} 均看作集总参数。则由式(8.56)可得

$$\frac{\overline{C}_{\text{s}}}{\Delta\overline{C}} = \frac{C_{\text{s}}(0)}{C_{\text{in}} - C_{\text{s}}(0)} = \frac{C_{\text{s}}(L)}{C_{\text{out}} - C_{\text{s}}(L)} \tag{8.57}$$

式中，$\Delta\overline{C}$ 为主流区与表面间的对数平均浓度差，$\mu\text{L/m}^3$。

$$\Delta\overline{C} = \frac{(C_{\text{in}} - C_{\text{s}}(0)) - (C_{\text{out}} - C_{\text{s}}(L))}{\ln(C_{\text{in}} - C_{\text{s}}(0)) - \ln(C_{\text{out}} - C_{\text{s}}(L))} \tag{8.58}$$

由式(8.56)～式(8.58)可解得表面平均浓度的表达式，即

$$\overline{C}_s=\frac{C_{in}-C_{out}}{\ln C_{in}-\ln C_{out}}f_m \tag{8.59}$$

式中，f_m 为由外对流传质引起的表面浓度修正因子。

$$f_m=\frac{h_mA_s}{h_mA_s+K_{app}A_{BET}} \tag{8.60}$$

f_m 表示反应质阻在传质与反应的总质阻中所占的比例，若 f_m 趋近 1，则传质阻力主要由反应引起，外对流传质的影响可忽略。

由于 h_m 可直接由经验公式获得，将式(8.55)、式(8.59)和式(8.60)联立，即可求得三个未知量 K_{app}、f_m 和 $\overline{C}_s$。解得

$$K_{app}=r\left(\frac{C_{in}-C_{out}}{\ln C_{in}-\ln C_{out}}-\frac{rA_{BET}}{h_mA_s}\right)^{-1} \tag{8.61}$$

在试验中，为了减小外对流传质系数的影响，尽量采用较高的流速。当 $f_m>0.95$ 时，外对流传质的影响可忽略，此时反应速率与表面浓度的关系是催化剂本身性能特性的体现，由此可获得该催化反应的动力学机理及其表观特性。

甲醛一次通过降解率如图 8.49 所示[36]。当甲醛进口浓度为 280～500μL/m^3、空速 GHSV 为 $4.43\times10^6\text{h}^{-1}$时，在 25℃、40℃、60℃、100℃和 180℃五种反应温度下一次通过降解率 ε 分别为 35.4%、39.5%、55.4%、79.0%和 96.3%。随着浓度的升高和反应温度的降低，甲醛的降解率呈现较为明显的下降趋势。

图 8.50～图 8.52 分别为 25℃、100℃和 180℃下 PTR-MS 质谱扫描的结果及其他被测信号的强度变化[36]。可以看出，在反应过程中未见任何质荷比信号有明显增加，即未检出有害副产物。

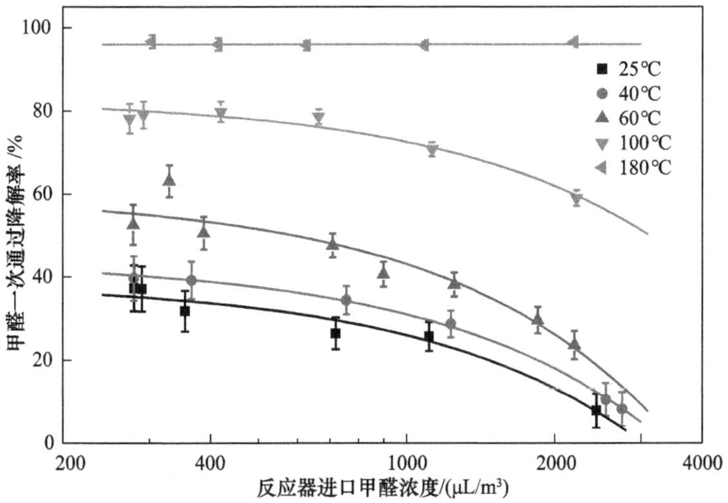

图 8.49 试验测得甲醛一次通过降解率[36]

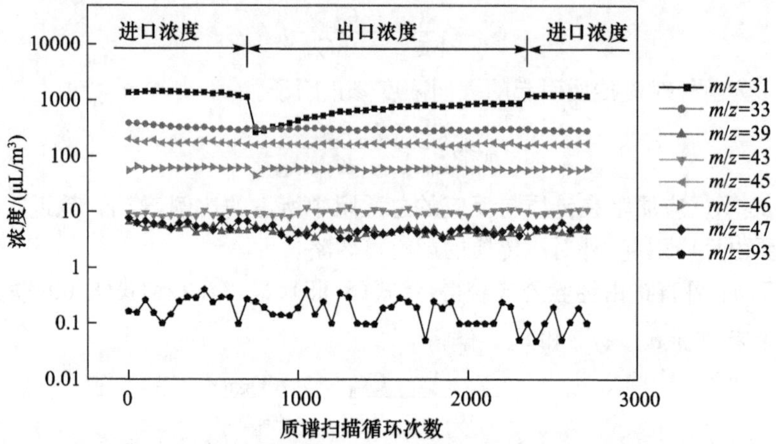

图 8.50　25℃降解甲醛的 PTR-MS 质谱扫描结果[36]

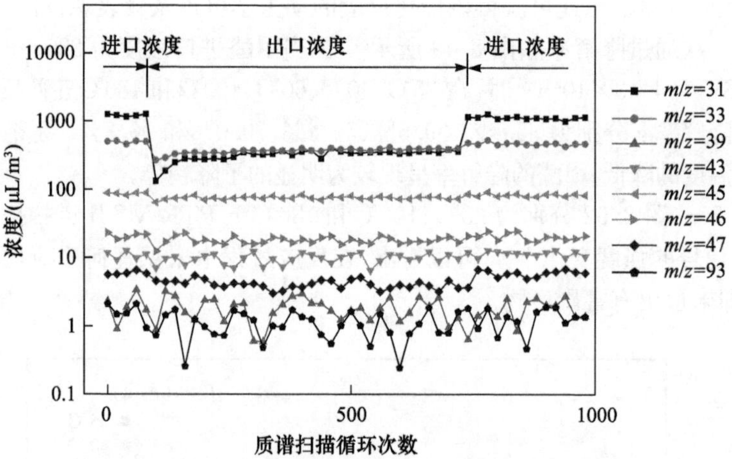

图 8.51　100℃降解甲醛的 PTR-MS 质谱扫描结果[36]

在试验中,催化反应速率由表面甲醛浓度和温度共同决定,其变化关系如图 8.53 所示[36]。当表面浓度较低时(10^{-6}级以下),催化反应速率随着温度的提高以及表面浓度的升高而增大。而当表面浓度继续升高时,反应速率将迎来拐点,即随着表面浓度的继续升高而减小。这种现象在较低温度(25～60℃)时较明显。且形成拐点的表面浓度随着温度的提高而升高。

为了得到气流中氧气浓度对催化反应速率的影响,采用试验氧气含量(体积分数)为原有 1/10 的合成空气进行试验,即氧气的体积分数为 2%。在温度为 25℃和 60℃时,两种氧气含量得到的催化反应速率如图 8.54 所示[36]。可以看出,氧气含量降低至 10%对应的催化反应速率降低至小于 40%,即氧气含量对催化反应速率的影响并不显著。

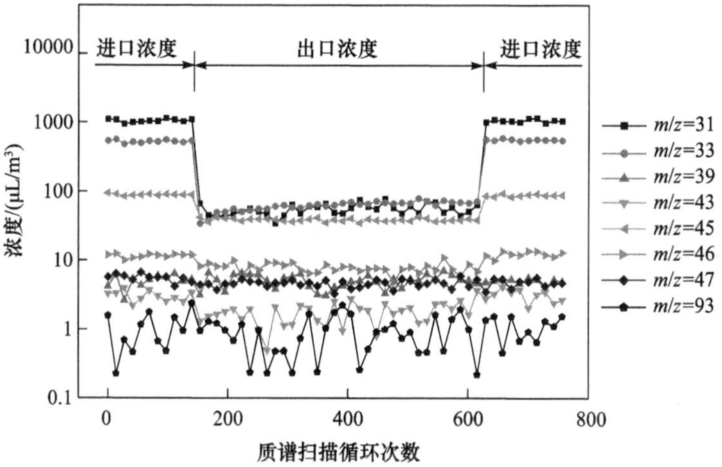

图 8.52 180℃降解甲醛的 PTR-MS 质谱扫描结果[36]

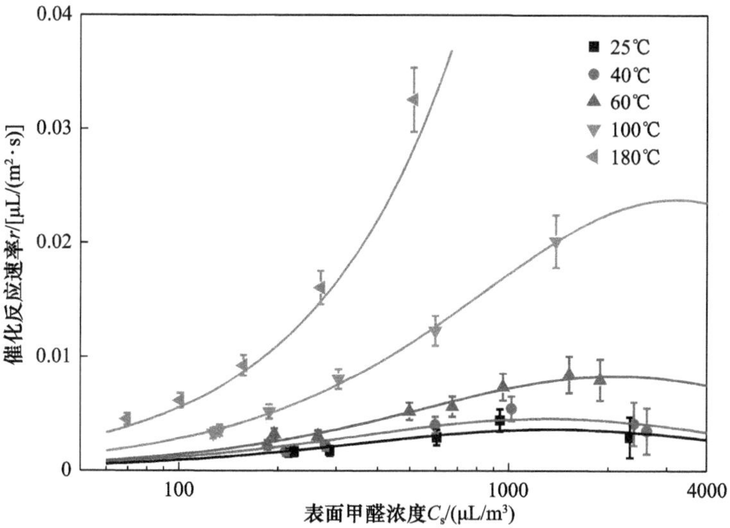

图 8.53 催化反应速率随表面甲醛浓度和温度的变化[36]

8.4.2 反应动力学机理分析

Ma 等[37]对甲醛在 Au/Co_3O_4-CeO_2材料上进行催化反应的研究提出一种甲醛催化反应路径，即甲酸是甲醛氧化为 CO_2过程中的中间产物，并在试验中(甲醛浓度 200mL/m³)得到证实。而根据试验结果，在出口气流中并未检出甲酸。这表

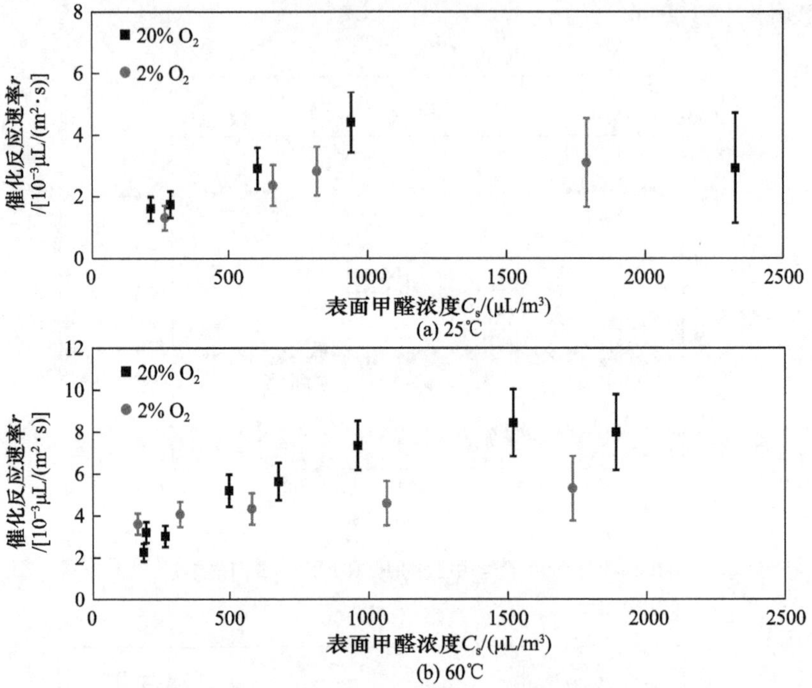

图 8.54　氧气含量对催化反应速率的影响[36]

明在这个研究使用的催化材料上，甲酸可能被进一步降解为 CO_2，且降解甲酸的反应速率阻力低于产生甲酸的反应速率阻力，即甲酸降解过程中的速率阻力可忽略。这种甲酸产生速率低的情况可能是由较低的试验浓度引起的。并且由于在低浓度下材料表面吸附位的覆盖度较低，由反应产物脱附速率形成的传质阻力也可忽略。通过以上分析，确定此催化反应的速率控制步骤只和甲醛的降解反应有关。图 8.53 中，催化反应速率随甲醛浓度变化较为明显，也证实了上述结论。

为了确定甲醛降解反应步骤中各反应组分物质的形态，可将试验数据代入代表多组分竞争吸附反应机理的双分子 L-H 方程，得到其反应动力学参数，如表 8.17 所示。

根据双分子 L-H 方程的反应动力学机理，速率控制步骤中的两种组分在表面有竞争吸附，且发生在两种组分吸附相中。由上面的分析可知，这两种组分应是甲醛和氧气。关于表面活性氧组分在甲醛催化反应中的作用，Tang 等[38]有过相关研究报道。Xu 等[36]对主流中氧气含量对催化反应速率影响的研究（见图 8.54），表明在速率控制步骤中，表面活性氧并不是从空气中吸附在材料表面的氧气，而存在吸附态氧气向表面活性氧转换的过程。即吸附态的氧气和金属氧化物发生了反应，转换为可氧化甲醛的表面活性氧，并储存在材料内。研究使用的催化材料中，

CeO_2是其中一种重要的组分。CeO_2的晶体结构对氧组分有很好的储存作用[39]，因此催化反应中的表面活性氧很可能是由CeO_2提供的。在甲醛浓度较高的情况下，吸附态的甲醛覆盖在催化材料表面阻止了氧气的传输，因此反应速率随甲醛浓度升高而下降。而在甲醛浓度较低的情况下，即正常室内甲醛浓度下（低于500μL/m^3），这种竞争吸附的现象并不明显，因此可对双分子L-H方程进行简化，即简化为单分子L-H方程的形式。

表8.17 各温度下双分子L-H方程的反应动力学参数

反应温度/℃	反应速率常数 $k/[\mu L/(m^2\cdot s)]$	吸附平衡常数 $K/(\mu L/m^3)^{-1}$
25	$(1.45\pm0.14)\times10^{-2}$	$(8.4\pm1.8)\times10^{-4}$
40	$(1.82\pm0.13)\times10^{-2}$	$(8.6\pm1.5)\times10^{-4}$
60	$(3.32\pm0.14)\times10^{-2}$	$(4.7\pm0.5)\times10^{-4}$
100	$(9.53\pm0.37)\times10^{-2}$	$(3.1\pm0.2)\times10^{-4}$
180	3.66 ± 14.58	$(2.0\pm7.0)\times10^{-5}$

8.4.3 温度对速率特性的影响

在催化反应速率研究中，温度对反应速率的影响关系常以阿伦尼乌斯Arrhenius公式表示，即对于一个需要活化的过程，其反应速率常数可表示为

$$\ln k_{Arr}=\ln A_{Arr}-\frac{E}{RT} \tag{8.62}$$

式中，k_{Arr}为反应速率常数；A_{Arr}为Arrhenius公式中的指前因子；E为反应活化能；T为热力学温度；R为气体常数。

将甲醛降解催化反应中的反应速率常数k和吸附平衡常数K分别用以上形式表示，则双分子L-H方程可表示为

$$r=\frac{k_0\exp\left(-\frac{E_1}{RT}\right)K_0\exp\left(-\frac{E_2}{RT}\right)C_s}{\left[1+K_0\exp\left(-\frac{E_2}{RT}\right)C_s\right]^2} \tag{8.63}$$

式中，k_0为反应速率常数，μL/($m^2\cdot$s)；K_0为吸附平衡常数的指前因子，$(\mu L/m^3)^{-1}$；E_1为催化反应表观活化能，kJ/mol；E_2为吸附表观活化能，kJ/mol。

利用式(8.63)对表8.17中不同温度的反应速率常数和吸附平衡常数进行拟合，得到的甲醛催化反应速率试验测试值与预测值的比较，如图8.55所示[36]。可以看出，采用含温度影响的双分子L-H方程可较好地反映甲醛的催化反应速率随甲醛浓度和反应温度的变化关系。试验测得此反应的表观反应活化能为25.8kJ/mol。

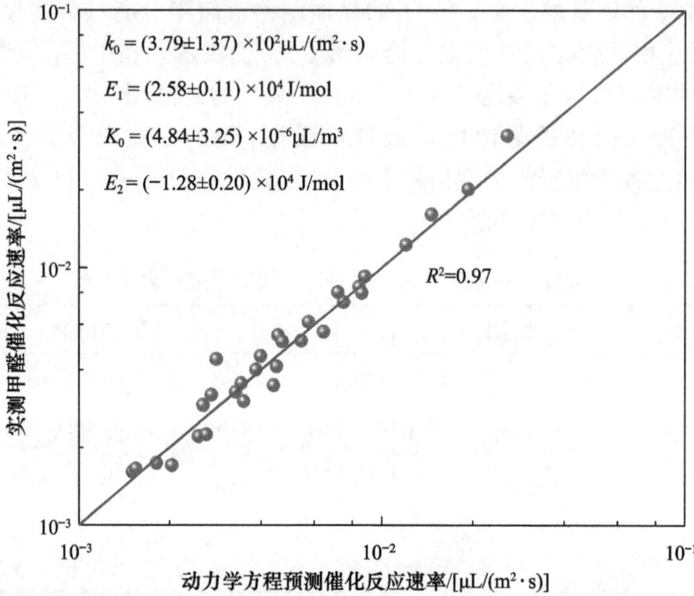

图 8.55　甲醛催化反应速率试验测试值与动力学方程预测值的比较[36]

表观活化能表示可反应的活化分子的平均能量与普通反应物分子的平均能量之差，活化能的大小反映了将反应物分子转化为活化分子需克服的能量壁垒。反应物分子的能量由动能和势能两部分组成，分子动能与温度相关，而分子势能则与材料表面活性位对分子的作用力相关。在热催化反应中，热催化材料表面对甲醛分子的引力随位置不同而变化，符合玻尔兹曼分布律，如图 8.56 所示。在材料活性中心附近的甲醛分子具有较大的能量。当甲醛分子的能量大于平均分子能量加反应表观活化能时，这部分分子就成为活化分子，可在材料表面参与热催化反应。当温度升高时，分子动能增加，活化分子增多，反应速率提高。当活化能低于 87.8kJ/mol 时反应可在室温下进行[40]。热催化降解甲醛的活化能仅不到该参考值的 1/3，因此该反应可在室温下以较快的速率进行。

表观反应活化能是评价热催化材料性能的关键参数。活化能较小的热催化材料表面活化分子的比例较大，反应速率较快，而活化能较大的热催化材料则需提高反应温度才能达到相同的反应速率。而降低活化能的方式主要有：①增强催化剂活性，提高对甲醛分子的吸引力，如含铂的催化剂活性高于含银的催化剂活性，活化能较低；②增加表面活性位的数量，提高甲醛活化分子的密度，如增加表面贵金属原子的总量。

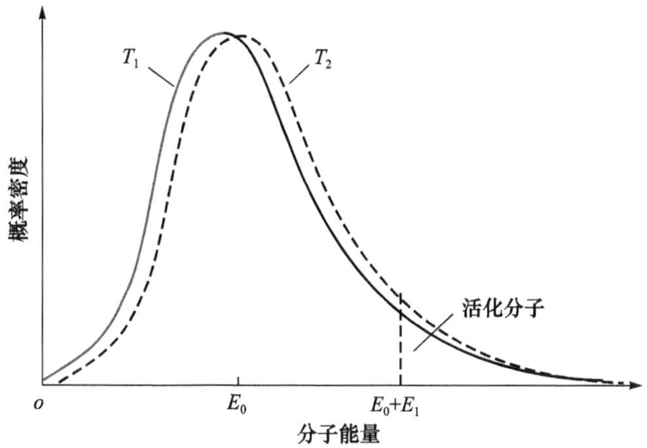

图 8.56　分子能量分布与活化能的关系[36]

8.5　热催化与光催化的性能特性比较

8.5.1　反应速率比较

由于光催化降解甲醛的反应特性也符合 L-H 方程，且在室内浓度下可简化为单分子 L-H 方程的形式，因此可以通过比较热催化和光催化的相同方程形式下参数的大小对两者的反应特性进行比较。在 25℃ 下，当表面紫外光强度为 330μW/cm^2 时，纳米 TiO_2 光催化材料降解甲醛的 k 和 K 分别为 138μL/(m^2·s)和 4.2×10^{-4}(μL/m^3)$^{-1}$[18]，而室温热催化降解甲醛的 k 和 K 分别为 1.45×10^{-2}μL/(m^2·s) 和 7.4×10^{-4}(μL/m^3)$^{-1}$。k 的值代表单位面积的反应速率，即光催化的 k 值为热催化的 10^4 倍。这是由于光催化材料表面经紫外光照射活化，每对电子和空穴的活化输入能量为 3.2eV，即 308.2kJ/mol，因此光催化的反应表面活性位具有较高的能量，即活化能较低。然而，这两种 k 所代表的反应面积不同，光催化反应受表面光强的影响，只有光强足够的表面能被活化，对应的比表面积约为 0.1m^2/g[8]；而热催化为体反应，反应在气体可接触的表面都能进行，对应的比表面积为 60.6m^2/g。当在合理范围内增加热催化材料的涂层厚度时，即增加单位反应器体积可负载的催化剂质量，其反应速率将大于光催化。

为了比较光催化和热催化材料相同面积表面的反应性能，Xu 等[36]使用一次通过式平板反应器对两种材料的甲醛降解反应速率进行比较。光催化材料为涂覆 TiO_2 材料(P25)的载玻片，表面紫外光强度为 83.2μW/cm^2；热催化材料为涂覆 Pt/MnO_x-CeO_2 的堇青石陶瓷片，如图 8.57 所示[36]。反应面积为 2.5cm×3cm，试验气体流速为 0.18m^3/h。

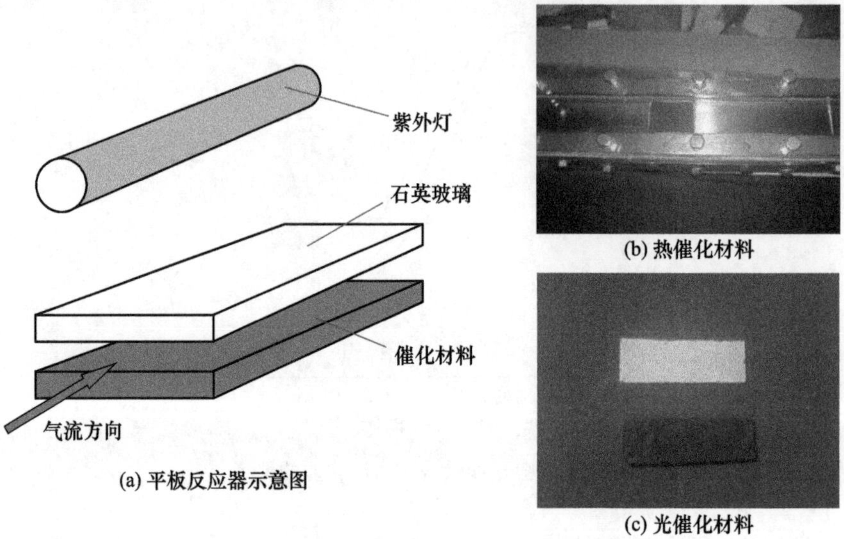

图 8.57 平板式反应器及光催化、热催化材料[36]

试验测得甲醛的反应速率随进口甲醛浓度的变化如图 8.58 所示[36]。可以看出，在此反应条件下，室温热催化降解甲醛的反应速率略高于光催化。

另外，由于受紫外光照射的光催化材料表面能量较高，容易与空气中的甲苯等大分子发生反应产生有害副产物，而室温热催化只能降解甲醛等极性较高的小分子，不会产生有害副产物。由于光催化反应发生在受紫外光照射的材料表面，在反应过程中产生的中间产物也在材料外表面形成，所以当反应不完全时很容易进入气态，形成气态的副产物。而热催化降解甲醛发生在材料内表面孔道中，反应过程产生的中间产物在材料内部孔道中有较长的停留时间，可以完全降解成 CO_2，因此不会形成副产物。

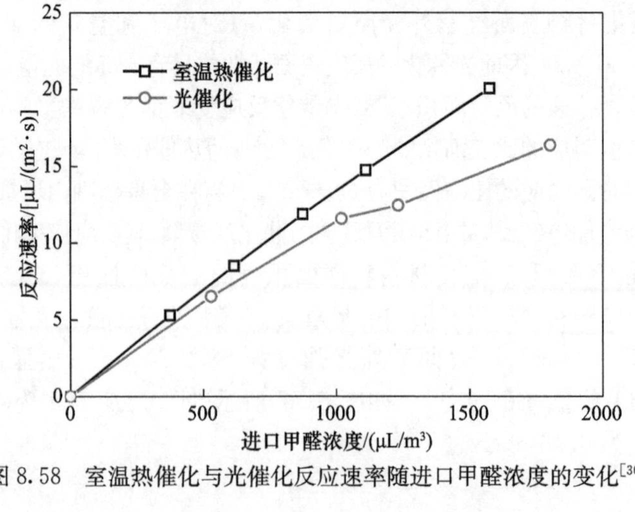

图 8.58 室温热催化与光催化反应速率随进口甲醛浓度的变化[36]

8.5.2 蜂窝反应器性能比较

热催化为体反应，在相同的反应器体积下，只需增加催化材料的用量即可提高其降解性能，因此采用蜂窝型反应器结构对增强反应效果较为有利。下面对蜂窝型结构的热催化和光催化降解甲醛的性能进行比较。Hossain 等[11]研究了蜂窝型光催化反应器降解甲醛的性能，对于相同体积的蜂窝材料，增加紫外灯的数量，可增大光催化表面的平均光强，提高其反应性能。使用 8 支或 12 支紫外灯布置于蜂窝材料的两端，如图 8.59 所示。在相同结构的试验工况下（蜂窝孔径为 1.0mm×1.0mm，截面积为 0.3m×0.3m，流速为 93.6m^3/h），热催化与光催化蜂窝降解甲醛的 CADR 及净化能效（CADR/P）比较见表 8.18。可以看出，对相同的蜂窝材料结构，热催化降解甲醛的 CADR 高于同等条件下的光催化材料。当热催化蜂窝长度为 2.54cm 时，CADR 可达 60m^3/h 以上，而光催化在 12 支紫外灯条件下达到相同的一次通过效率则需 3 倍以上的蜂窝体积，加上热催化不需要紫外灯，共可节省约 5 倍的净化器体积，且大大提高了净化能效。当蜂窝密度提高时，热催化的性能还可进一步增强，而光催化受光照条件限制，其反应性能反而受到抑制。如 4.3 节采用 40～60 目堆积颗粒进行试验，当填充尺寸为 0.0075m^2、厚度为 0.42cm 时，即可达到相同的 CADR，而体积仅相当于光催化净化模块体积的 1/435。

虽然贵金属在热催化材料中的使用增加了净化材料的成本，但净化材料成本在净化器价格中所占比例仅为 5%～20%，且热催化无须紫外灯，可节省大量的运行及维护成本。因此，室温热催化在降解低浓度甲醛方面具有较大的优势。

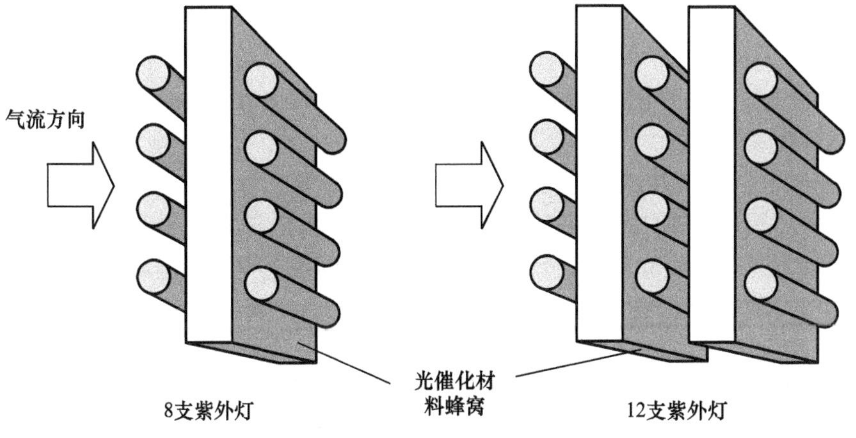

图 8.59 光催化蜂窝的紫外灯布置

表 8.18　热催化与光催化蜂窝降解甲醛性能及能效比较

反应器	块数×长度 /(块×cm)	紫外灯数	ε /%	A^*(蜂窝表面积/横截面积)	CADR /(m^3/h)	CADR/P /(m^3/J)
室温热催化	1×1.27	—	43.3	16	40.5	1.23×10^{-1}
	1×2.54	—	67.8	32	63.5	9.6×10^{-2}
	1×3.81	—	81.7	48	76.5	7.7×10^{-2}
	1×5.08	—	89.6	64	83.9	6.4×10^{-2}
	1×7.62	—	96.6	96	90.4	4.6×10^{-2}
光催化[19]	1×1.27	8	35.0	16	32.8	2.29×10^{-4}
	2×1.27	12	52.5	32	49.1	1.15×10^{-4}
	1×2.54	8	42.5	32	39.8	1.39×10^{-4}
	2×2.54	12	60.5	64	56.6	6.60×10^{-5}
	1×3.81	8	43.5	48	40.7	9.50×10^{-5}
	2×3.81	12	66.0	96	61.8	4.80×10^{-5}

8.6　静电增强过滤

8.6.1　静电增强过滤原理

静电增强过滤技术综合了静电除尘和纤维过滤的各自特点，是一种有效的颗粒物净化方法。其作用原理为：通过提升颗粒物和过滤纤维之间的静电效应来提升过滤器的除尘效率。首先，空气中颗粒物通过预荷电区，部分带上电荷；与此同时，作用在纤维层上的静电场将纤维极化。当颗粒物到达过滤段后，荷电颗粒物受到镜像力或库仑力作用，未荷电的颗粒物受到感应极化力作用，与过滤纤维材料相互吸引，然后被捕集。

静电增强过滤技术相比于一般过滤技术的最大优势是：在较低阻力的情况下可以达到很高的颗粒物的过滤效率。静电增强过滤技术具有低阻高效优势的原因可以由图 8.60 阐释[41]，即当不外加静电作用时，低阻过滤器由于纤维间空隙很大，颗粒物和纤维的作用效应（或概率，如惯性碰撞、扩散效应、截留作用和范德华力效应等）较小，颗粒物无法被有效捕集；但当外加静电增强作用时，静电效应成为造成颗粒物和纤维发生碰撞的主要原因，此时即使纤维间空隙很大，颗粒物也能较好地被纤维通过静电力捕集，从而实现低阻高效的性能。

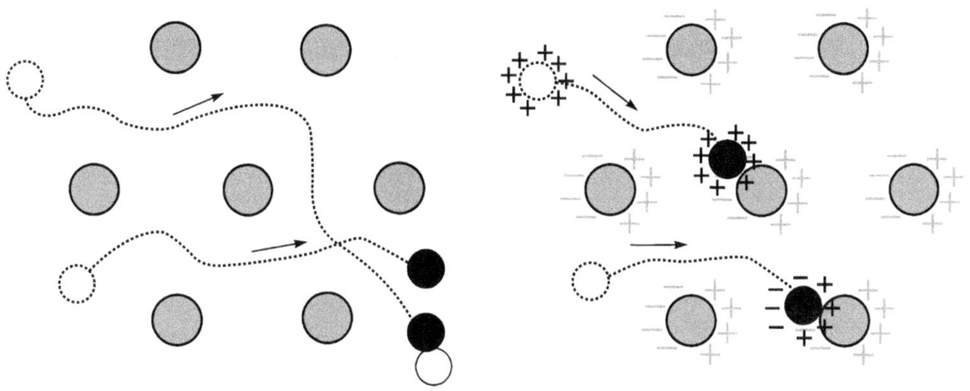

(a) 不加静电增强作用　　(b) 增加静电增强作用

图 8.60　静电增强过滤具备低阻高效优势的原因分析示意图[41]

○ 颗粒物(上游)；● 颗粒物(下游)；◎ 纤维截面

8.6.2　装置结构和性能

Tian 等[41]研制了一种紧凑型静电增强型空气过滤装置，如图 8.61 所示。通过将原装置的两个高压级(上游预荷电区的电晕放电电极和下游集尘区加载于滤网上的极化电极)合并为一个电极，使得装置结构更加简单紧凑。连接高压直流正极电源的金属丝(钼丝)与上游金属网发生电晕放电(见图 8.61 中深色电场线)，从而使部分颗粒物荷上正电；同时正极金属丝与下游金属网形成一个平行于气流方向的电场(见图 8.61 中浅色电场线)，从而使置于其间的纤维材料被感应极化。随后，荷电颗粒物受镜像力或库仑力作用被过滤纤维捕集，未荷电颗粒物在靠近极化后的纤维材料时受感应极化力作用被过滤纤维捕集。

通过对表 8.19 所示的六种 PET 粗效滤网的表征，发现滤网厚度、蓬松度、静电半衰期和纤维直径都会对静电增强过滤性能产生显著影响，如图 8.62 所示。采用六种阻力相当的(在 1.1m/s 迎面风速下阻力在 12～17Pa 范围内)PET 粗效滤网进行静电增强(放电电场 $E_c=5.0$kV/cm，极化场强 $E_p=8.4$kV/cm)，其一次通过过滤效率有很大差异。如对于 0.3～0.5μm 颗粒物，3＃滤网的一次通过过滤效率为 50.6%，而 4＃滤网的一次通过过滤效率为 91.3%。

将已有高压静电增强过滤装置各工况下的性能与文献[42]～[46]中的结果，以及市售过滤器[47]的性能进行对比，如图 8.63 所示，对比了一次通过过滤效率(纵坐标)和装置总能耗(包括装置阻力带来的风机能耗和装置本身的

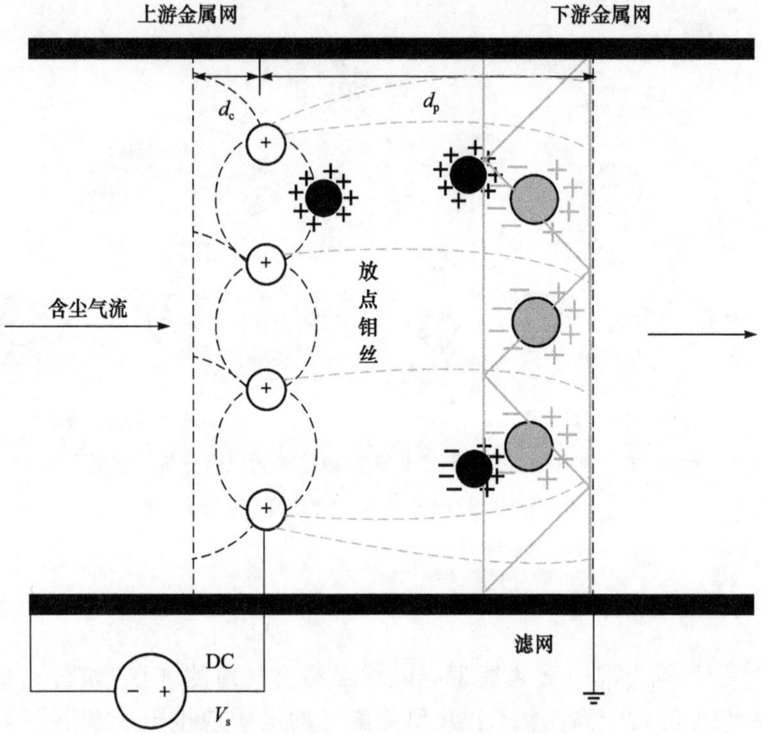

图 8.61　静电增强过滤装置结构示意图[41]

表 8.19　六种被测 PET 粗效滤网材料的特性

滤网材料	滤网厚度/mm	蓬松度/(cm³/g)	静电半衰期/s	平均纤维直径/μm
1#	20	79	1.9	31±4
2#	20	60	36.6	31±11
3#	10	54	0.0	33±10
4#	10	48	0.3	26±9
5#	10	48	28.0	36±29
6#	3	43	7.3	27±13

电耗)两项性能参数。试验结果表明：当要求对 0.3～0.5μm 颗粒物的一次通过效率大于 90%时，市售滤网至少需要 327W/m² 的总能耗以达到 91.0%的效率；文献中滤网至少需要 76W/m² 的总能耗以达到 94.1%的效率；而高压静电增强过滤装置则至少需要 39W/m² 的总能耗以达到 93.2%的效率。因此，此高压静电增强过滤装置可以实现高效低阻低能耗净化颗粒物。

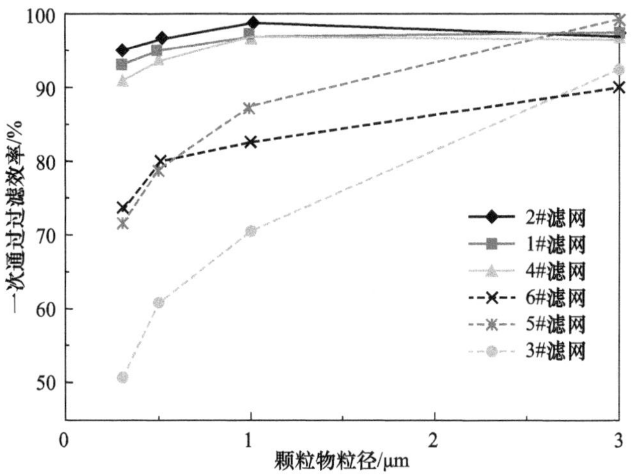

图 8.62　不同 PET 粗效滤网经过静电增强后的一次通过过滤效率[41]

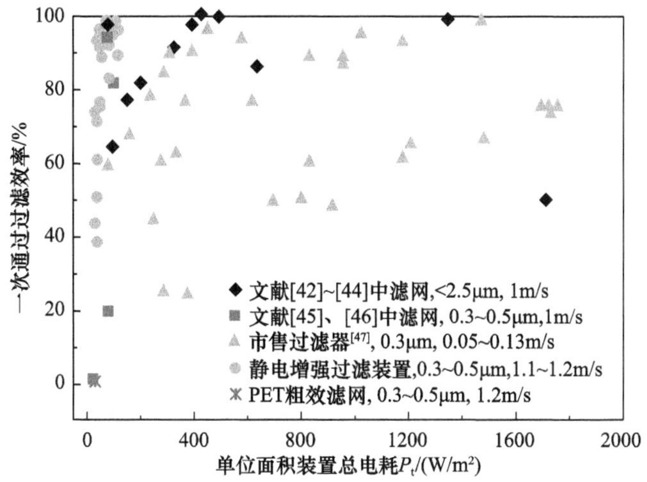

图 8.63　普通过滤和静电增强过滤技术的一次通过过滤效率及总电耗水平对比[41]

8.7　小　　结

空气净化是保障室内空气质量的重要途径，是室内空气污染控制的重要组成部分。本章重点介绍了传统室内空气 VOCs 和颗粒物污染净化中的问题以及相关研究成果，内容包括：①吸附材料的遴选原则；②吸附寿命的预测方法；③吸附能力和寿命的影响因素测定方法；④光催化和热催化去除 VOCs 效率的影响因素及改善方法；⑤光催化过程有害副产物的识别和产生机制；⑥静电增强过滤去除效果的影响因素和改善方法。

参考文献

[1] 李睦，卜钟鸣，莫金汉，等. 我国空气净化器标准存在的问题及相关思考. 暖通空调，2013，43(12)：59-63.

[2] 中华人民共和国国家标准. 通风系统用空气净化装置(GB/T 34012—2017). 北京：中国标准出版社，2017.

[3] 中华人民共和国国家标准. 空气净化器(GB/T 18801—2015). 北京：中国标准出版社，2015.

[4] Xu Q J, Zhang Y P, Mo J H, et al. How to select adsorption material for removing gas phase indoor air pollutants: A new parameter and approach. Indoor and Built Environment, 2013, 22(1): 30-38.

[5] Rosen J B. Kinetics of a fixed bed system for solid diffusion into spherical particles. The Journal of Chemical Physics, 1952, 20(3): 387-394.

[6] Rasmuson A, Neretnieks I. Exact solution of a model for diffusion in particles and longitudinal dispersion in packed beds. Aiche Journal, 1980, 26(4): 686-690.

[7] Fujishima A, Honda K. Electrochemical photolysis of water at a semiconductor electrode. Nature, 1972, 238(5358): 37-38.

[8] Mo J H, Zhang Y P, Xu Q J, et al. Photocatalytic purification of volatile organic compounds in indoor air: A literature review. Atmospheric Environment, 2009, 43(14): 2229-2246.

[9] 陈诵英，陈平，李永旺，等. 催化反应动力学. 北京：化学工业出版社，2006：92-93.

[10] Hall R J, Bendfeldt P, Obee T N, et al. Computational and experimental studies of UV/titania photocatalytic oxidation of VOCs in honeycomb monoliths. Journal of Advanced Oxidation Technologies, 1998, 3: 243-251.

[11] Hossain M M, Raupp G B, Hay S O, et al. Three-dimensional developing flow model for photocatalytic monolith reactors. Aiche Journal, 1999, 45(6): 1309-1321.

[12] Mohseni M, Taghipour F. Experimental and CFD analysis of photocatalytic gas phase vinyl chloride (VC) oxidation. Chemical Engineering Science, 2004, 59(7): 1601-1609.

[13] Zhang Y P, Yang R, Zhao R Y. A model for analyzing the performance of photocatalytic air cleaner in removing volatile organic compounds. Atmospheric Environment, 2003, 37(24): 3395-3399.

[14] Yang R, Zhang Y P, Zhao R Y. An improved model for analyzing the performance of photocatalytic oxidation reactors in removing volatile organic compounds and its application. Journal of The Air & Waste Management Association, 2004, 54(12): 1516-1524.

[15] Mo J H, Zhang Y P, Yang R. Novel insight into VOC removal performance of photocatalytic oxidation reactors. Indoor Air, 2005, 15(4): 291-300.

[16] Yang R, Zhang Y P, Xu Q J, et al. A mass transfer based method for measuring the reaction coefficients of a photocatalyst. Atmospheric Environment, 2007, 41(6): 1221-1229.

[17] Mo J H, Zhang Y P, Yang R, et al. Influence of fins on formaldehyde removal in annular photocatalytic reactors. Building and Environment, 2008, 43(3): 238-245.

[18] Obee T N. Photooxidation of sub-parts-per-million toluene and formaldehyde levels an titania using a glass-plate reactor. Environmental Science & Technology,1996,30(12):3578-3584.

[19] Wang W,Ku Y,Ma C M,et al. Modeling of the photocatalytic decomposition of gaseous benzene in a TiO_2 coated optical fiber photoreactor. Journal of Applied Electrochemistry, 2005,35(7-8):709-714.

[20] 杨瑞,莫金汉,张寅平,等. 面光源光催化空气净化杀菌装置:中国,CN 03128735.2.2006.

[21] Mo J H,Zhang Y P,Xu Q J,et al. Effect of TiO_2/adsorbent hybrid photocatalysts for toluene decomposition in gas phase. Journal of Hazardous Materials,2009,168(1):276-281.

[22] Takeda N,Iwata N,Torimoto T,et al. Influence of carbon black as an adsorbent used in TiO_2 photocatalyst films on photodegradation behaviors of propyzamide. Journal of Catalysis,1998,177(2):240-246.

[23] Yoneyama H,Torimoto T. Titanium dioxide/adsorbent hybrid photocatalysts for photodestruction of organic substances of dilute concentrations. Catalysis Today,2000,58(2-3):133-140.

[24] Sauer M L,Ollis D F. Acetone oxidation in a photocatalytic monolith reactor. Journal of Catalysis,1994,149(1):81-91.

[25] Sun Y,Fang L,Wyon D P,et al. Experimental research on photocatalytic oxidation air purification technology applied to aircraft cabins. Building and Environment,2008,43(3):258-268.

[26] Vorontsov A V,Dubovitskaya V P. Selectivity of photocatalytic oxidation of gaseous ethanol over pure and modified TiO_2. Journal of Catalysis,2004,221(1):102-109.

[27] 中华人民共和国国家标准. 室内空气质量标准(GB/T 18883—2002). 北京:中国标准出版社.

[28] Mo J H,Zhang Y P,Xu Q J,et al. Determination and risk assessment of by-products resulting from photocatalytic oxidation of toluene. Applied Catalysis B-Environmental, 2009, 89(3-4):570-576.

[29] d'Hennezel O,Pichat P,Ollis D F. Benzene and toluene gas-phase photocatalytic degradation over H_2O and HCl pretreated TiO_2:By-products and mechanisms. Journal of Photochemistry and Photobiology A:Chemistry,1998,118(3):197-204.

[30] van Durme J,Dewulf J,Sysmans W,et al. Abatement and degradation pathways of toluene in indoor air by positive corona discharge. Chemosphere,2007,68(10):1821-1829.

[31] Guo T,Bai Z P,Wu C,et al. Influence of relative humidity on the photocatalytic oxidation (PCO) of toluene by TiO_2 loaded on activated carbon fibers:PCO rate and intermediates accumulation. Applied Catalysis B:Environmental,2008,79(2):171-178.

[32] Frankcombe T J,Smith S C. OH-initiated oxidation of toluene. 1. Quantum chemistry investigation of the reaction path. Journal of Physical Chemistry A,2007,111(19):3686-3690.

[33] Daeumling C,Brenske K R,Wilke O,et al. Health-related evaluation procedure for volatile organic compounds emissions (VOC and SVOC) from building products—A contribution to

the european construction products directive. Gefahrstoffe Reinhaltung Der Luft, 2005, 65(3):90-92.

[34] U. S. Department of Health & Human Services. U. S. National Institute for Occupational Safety and Health (NIOSH). http://www. cdc. gov/niosh [2008-11-16].

[35] Mo J H, Zhang Y P, Xu Q J, Effect of water vapor on the by-products and decomposition rate of ppb-level toluene by photocatalytic oxidation. Applied Catalysis B-environmental, 2013, 132:212-218.

[36] Xu Q J, Zhang Y P, Mo J H, et al. Indoor formaldehyde removal by thermal catalyst: Kinetic characteristics, key parameters, and temperature influence. Environmental Science & Technology, 2011, 45(13):5754-5760.

[37] Ma C Y, Wang D H, Xue W J, et al. Investigation of formaldehyde oxidation over Co_3O_4-CeO_2 and Au/Co_3O_4-CeO_2 catalysts at room temperature: Effective removal and determination of reaction mechanism. Environmental Science & Technology, 2011, 45(8):3628-3634.

[38] Tang X F, Chen J L, Huang X M, et al. Pt/MnO_x-CeO_2 catalysts for the complete oxidation of formaldehyde at ambient temperature. Applied Catalysis B: Environmental, 2008, 81(1-2):115-121.

[39] Campbell C T, Peden C H F. Oxygen vacancies and catalysis on ceria surfaces. Science, 2005, 309(5735):713-714.

[40] Young D C. Computational Chemistry: A Practical Guide for Applying Techniques to Real World Problems. New York: John Wiley & Sons, 2001.

[41] Tian E, Mo J H, Long Z W, et al. Experimental study of a compact electrostatically assisted air coarse filter for efficient particle removal: Synergistic particle charging and filter polarizing. Building and Environment, 2018, 135:153-161.

[42] Yang A, Cai L, Zhang R, et al. Thermal management in nanofiber-based face mask. Nano Letters, 2017, 17:3506-3510.

[43] Walls H J, Kim J H, Yaga R W, et al. Long-term viable bioaerosol sampling using a temperature- and humidity-controlled filtration apparatus, a laboratory investigation using culturable *E. coli*. Aerosol Science and Technology, 2017, 51:576-586.

[44] Zhang R F, Liu C, Hsu P C, et al. Nanofiber air filters with high-temperature stability for efficient $PM_{2.5}$ removal from the pollution sources. Nano Letters, 2016, 16(6):3642-3649.

[45] Gu G Q, Han C B, Lu C X, et al. Triboelectric nanogenerator enhanced nanofiber air filters for efficient particulate matter removal. ACS Nano, 2017, 11:6211-6217.

[46] Hanley J T, Ensor D S, Smith D D, et al. Fractional aerosol filtration efficiency of in-duct ventilation air cleaners. Indoor Air, 1994, 4(3):169-178.

[47] Hollingsworth and Vose. HVAC: Technical Data. http://www. hollingsworth-vose. com/en/Products/Filtration-Media/Air-Filtration1/HVAC-filtration[2018-11-16].

附　　录

附录A　室内源散发工作评述及物理化学性质

附表A.1　室内源散发特性的代表性工作列表及简要述评

代表性工作	简要述评
1. 描述材料散发特性	
Little等[1]	(1)单层均质建材，单表面散发，环境舱空气混合均匀，初始时刻C_{in}、C_a为零，C_0、D和K为常数，h_m为无限大，一维传质，建材/空气界面处分配平衡； (2)利用变量分离法获得C、$\dot{m}$和C_a的完全解析解； (3)由于忽略对流传质阻力、假设h_m为无限大，高估了早期的散发速率； (4)为室内VOCs源/汇特性模拟的开创性工作
Yang等[2]	(1)除了h_m为非无限大外，其余与Little模型类似； (2)考虑材料相的一维传质和空气相的三维对流传质； (3)为数值解
Huang等[3]	(1)用关联式来计算h_m，其余与Little模型类似； (2)在$C_a \ll C(x=L)/K$条件下，可求得C、$\dot{m}$和C_a的完全解析解，但该解析解并不总是适用
Xu等[4]	(1)h_m为非无限大，C_{in}和$C_a(t=0)$可以不为0，其余与Little模型类似； (2)当C_{in}和$C_a(t=0)$为常数时，通过分离变量法可获得C、$\dot{m}$和C_a的非完全解析解； (3)当C_{in}与时间有关或$C_a(t=0)$不为0时，使用有限差分法可求得C、$\dot{m}$和C_a的非完全解析解
Murakami等[5]	(1)一维多孔材料，单表面散发或吸附； (2)CFD数值解
Deng等[6]	(1)除了$C_{in}(t=0)$和$C_a(t=0)$为0且为通风舱外，其余与Xu等模型[4]相同； (2)基于拉普拉斯变换获得$C(x,t)$、$\dot{m}(t)$和$C_a(t)$的完全解析解，方便简洁
Xu等[7]	(1)除$C_0(t=0)$不为常数而是x的函数外，其余与Xu等模型[4]相同； (2)为C、$\dot{m}$和C_a的非完全解析解，需要从初始条件等用有限差分法来计算
Zhang等[8]	(1)多层均质材料作为源或汇相互共存； (2)用单区域法数值求解
Lee等[9]	(1)多孔材料；单表面散发或吸附；考虑了一次/二次源和汇的影响； (2)为C、$\dot{m}$和C_a的非完全解析解，需要从初始条件利用有限差分法进行计算
Deng等[10]	(1)单层均质材料；单表面吸附VOCs； (2)C_{in}可随时间变化； (3)利用拉普拉斯变换得到C、$\dot{m}$和C_a的完全解析解

续表

代表性工作	简要述评
Hu 等[11]	(1)任意层均质材料，双面散发； (2)每一层的 C_0、D 和 K 为常数； (3)对每个表面，h_m 用对流传质关联式估计； (4)$C_0(t=0)$不是常数，而是 x 的函数； (5)对每一层，C 为非完全解析解；每个表面的 $\dot{m}$ 和 C_a 需要从初始条件利用有限差分法来计算
Deng 等[12]	(1)单层均质材料、单表面散发、$C_a=0(t=0)$； (2)空气混合不均匀，代表了韩国公寓不同通风方案的典型单元； (3)忽略其他建材对 VOCs 的吸附/脱附效应； (4)三维 CFD 模型数值求解
Yan 等[13]	(1)将状态空间法引入室内空气质量模拟； (2)其特点是将关于空间变量 x 和时间 t 的二元偏微分方程转化为按空间变量 x 离散、时间变量 t 连续的常微分方程，可获得各空间变量 x 离散点上浓度和时间变量 t 的解析解，从而既降低了解析复杂度，又体现了各离散点浓度随时间 t 变化的共性规律；实际上，江亿院士等最早将该方法引入建筑能耗模拟领域，并研发了建筑能耗模拟软件 DeST
Wang 等[14]	(1)基于 Hu 等[11]模型，进一步考虑材料内每层存在化学反应； (2)利用分离变量法和格林函数法得到各层的 C、各表面 $\dot{m}$ 和 C_a，为半显式解析解； (3)目前最普适、最复杂的解析解
Guo[15]	(1)利用改进的状态空间方法建立了室内 SVOCs 动态浓度模型； (2)可用于开发高性能的室内空气质量程序或软件
2. 获得通用散发关联式	
Zhang 等[16]	(1)首次使用无量纲分析来获得环境舱或房间内通用的建材 VOCs 散发关联式； (2)在模型条件下，材料 VOCs 的无量纲散发速率可表示为 Bi_m/K 和 Fo_m 的函数； (3)给出了 Little 模型的适用条件
Qian 等[17]	(1)导出了无量纲散发速率与 4 个无量纲参数之间的关联式； (2)根据环境舱(通风)试验条件的结果，可以方便地获得实际工况下的散发速率
Xiong 等[18]	(1)推导出适用于密闭条件的关联式； (2)根据环境舱(密闭)试验条件的结果，可以方便地获得实际工况下的散发速率
3. 快速准确测定散发特性参数	
Kirchner 等[19]	(1)湿杯法，用于测量参数 D； (2)使用纯 VOCs 液体，一次只能测量一种 VOCs； (3)杯内浓度过高可能会高估 D
Meininghaus 等[20]	(1)双室法，用于测量 D 和 K； (2)浓度水平可控； (3)一次试验中可以测量几种 VOCs； (4)忽略外部对流，当流速较低时会低估 D

续表

代表性工作	简要述评
Yang 等[2]	(1)非线性回归法，测量 C_0、D 和 K； (2)K 由经验关联式预先确定； (3)环境舱内峰值浓度难以捕捉，可能导致测量的 C_0 和 D 存在误差
Tiffonnet 等[21]	(1)顶空法，用于测量 K； (2)多次注入可提高测量精度
Cox 等[22]	(1)流化床解吸附法，用于测量 C_0； (2)试验时间短(7h 以内)； (3)试验系统复杂； (4)研磨过程改变了材料-VOCs 对的物理性质，可能导致不可预测的测量误差
Cox 等[23]	(1)微天平法，用于测量 D 和 K； (2)独立测量两个参数； (3)忽略外部对流
Li 等[24]	(1)非线性回归法，用于测量 D 和 K(反演法)； (2)当同时估计/拟合两个参数时，由于参数之间的非独立性，存在多解的可能
Xu 等[25]	(1)双室法，用于测量 D 和 K； (2)建立了 VOCs 与水蒸气输运的相似关系
Farajollahi 等[26]	(1)双室法，用于测量 D 和 K； (2)分析了温度和相对湿度的影响
Smith 等[27]	(1)研磨方法，用于测定参数 C_0； (2)试验系统简单； (3)试验时间长(约 4 周)； (4)研磨过程改变了材料-VOCs 对的物理性质，可能导致不可预测的测量误差
Wang 等[28]	(1)一种测量 C_0、D 和 K 的方法； (2)试验大约需要 7d； (3)注入 VOCs 后的峰值浓度难以检测，会影响测量精度
Ito 等[29]	非线性回归方法(并行法)，用于测量 C_0 和 K
Xiong 等[30]	(1)密闭舱 C-history 方法，用于测量 C_0、D 和 K； (2)试验时间短(1～3d)； (3)测量精度高(RSD<10%)； (4)在密闭条件下多次采样，如果环境舱体积较小，可能会导致 VOCs 质量损失，从而引起测试误差(大环境舱无此问题)
Xiong 等[31]	(1)多气固比法，用于测量 C_0 和 K； (2)并行测试可以缩短试验时间(24h 内)； (3)通过改进，该方法可以测量 D 和 h_m
Huang 等[32]	(1)直流舱 C-history 方法，用于测量 C_0、D 和 K； (2)试验时间小于 12h，R^2 为 0.96～0.99； (3)先在密闭条件下测试，再在通风条件下测试，可使用一些常用的测量仪器(如 GC-MS、HPLC)

续表

代表性工作	简要述评
Li[33]	(1)非拟合方法确定参数 C_0 和 D; (2)可以估计测试的标准差; (3)不能确定 K;必须满足 $Fo_m>0.1$ 的条件
4. 散发特性参数 C_0、D、K 与影响因素间的关系	
Blondeau 等[34]	(1)建立了平行孔模型,获得了 D 与孔隙结构的关系; (2)认为空隙由许多平行孔组成; (3)测定的 D 比环境舱试验结果大很多
Seo 等[35]	(1)建立了平均孔模型,获得了 D 与孔隙结构的关系; (2)把所有的孔简化处理成一个等效的孔; (3)测定的 D 比环境舱试验结果大很多
Xiong 等[36]	(1)提出了宏观-介观双尺度模型来建立 D 与孔隙结构之间的关系; (2)宏观孔和介观孔串联连接; (3)测定的 D 值与环境舱试验结果同一个量级
Zhang 等[37]	(1)从 Langmuir 动力学方程推导出 K 与温度的理论关系式; (2)K 随着温度的升高而降低
Deng 等[38]	(1)导出了 D 与温度的关系式; (2)认为分子扩散占主要地位; (3)D 随着温度的升高而增加
Huang 等[39]	(1)基于分子动力学理论,导出了可散发率(C_0/C_{total})与温度之间的关系; (2)C_0/C_{total}随着温度的升高而增加; (3)C_0 远小于室温下的总浓度(C_{total})
5. 降低室内材料的 VOCs 散发	
Yuan 等[40]	(1)研制了一种低扩散阻隔层来减少散发; (2)阻隔层中纳米颗粒的存在可以大大降低 D,从而减小散发速率
He 等[41]	(1)基于合适边界条件下的传质模型解析解,提出了一种动态-静态环境舱测试法,可用于同时测量阻隔层中的 D 和 K; (2)阻隔层可以大大降低室内 VOCs 的浓度,其在低散发建材的研制中具有广阔的应用前景
He 等[42]	(1)提出了在人造板中掺杂吸附剂控制甲醛散发的方法; (2)掺杂吸附剂增加了吸附性能,导致 K 值高,从而降低散发速率

附表 A.2　室内典型 VVOCs/VOCs 的物理化学性质

材料	VVOCs/VOCs	MW①/(g/mol)	P_s②/mmHg	$\lg K_{OA}$③	$C_0$④/(μg/m³)	D⑤/(m²/s)	K⑥	文献⑦
地毯衬底	甲苯	92	28.4	2.73	—	4.31×10^{-11}	6.17×10^{3}	Bodalal 等[43]
	壬烷	128	4.45	5.65	—	2.83×10^{-11}	6.22×10^{3}	
	癸烷	142	1.43	5.01	—	5.42×10^{-12}	1.46×10^{4}	
	十一烷	156	0.41	5.74	—	2.79×10^{-12}	2.43×10^{4}	
胶合板	环己烷	84	96.9	3.44	—	1.55×10^{-10}	3.48×10^{2}	
	乙苯	106	9.6	3.15	—	4.04×10^{-11}	1.64×10^{3}	
	癸烷	142	1.43	5.01	—	1.28×10^{-11}	6.95×10^{3}	
地板砖	乙苯	106	9.6	3.15	—	1.60×10^{-11}	1.92×10^{3}	
	壬烷	128	4.45	5.65	—	1.48×10^{-11}	2.14×10^{3}	
	癸烷	142	1.43	5.01	—	2.09×10^{-12}	1.30×10^{4}	
	十一烷	156	0.41	5.74	—	8.55×10^{-13}	2.66×10^{4}	
刨花板 1	TVOC	—	—	—	5.28×10^{7}	7.65×10^{-11}	3.29×10^{3}	Yang 等[2]
	己醛	100	11.3	1.78	1.15×10^{7}	7.65×10^{-11}	3.29×10^{3}	
	α-蒎烯	136	4.75	4.48	9.86×10^{6}	1.20×10^{-10}	5.60×10^{3}	
刨花板 2	TVOC	—	—	—	9.86×10^{6}	7.65×10^{-11}	3.29×10^{3}	
	己醛	100	11.3	1.78	2.96×10^{7}	7.65×10^{-11}	3.29×10^{3}	
	α-蒎烯	136	4.75	4.48	7.89×10^{6}	1.20×10^{-10}	5.60×10^{3}	
乙烯基地板	正丁醇	74	6.7	0.88	—	6.70×10^{-13}	8.10×10^{2}	Cox 等[23]
	甲苯	92	28.4	2.73	—	6.90×10^{-13}	9.80×10^{2}	
	苯酚	94	0.35	1.46	—	1.20×10^{-13}	1.20×10^{5}	
	正癸烷	142	1.43	5.01	—	4.50×10^{-13}	3.00×10^{3}	
	正十二烷	170	1.35	6.10	—	3.40×10^{-13}	1.70×10^{4}	
	正十四烷	198	1.16×10^{-2}	7.20	—	1.20×10^{-13}	1.20×10^{5}	
	正十五烷	212	3.43×10^{-3}	7.71	—	6.70×10^{-14}	4.20×10^{5}	

续表

材料	VVOCs/VOCs	MW①/(g/mol)	P_s②/mmHg	$\lg K_{OA}$③	$C_0$④/(μg/m³)	D⑤/(m²/s)	K⑥	文献⑦
石膏板	丙酮	58	232	-0.24	—	—	5.27×10^{3}	Tiffonnet 等[21]
天花板	己烷	86	151	3.90	—	1.95×10^{-6} (D_e⑧)	—	Farajollahi 等[26]
	环己烷	84	96.9	3.44	—	2.15×10^{-6} (D_e)	—	
	乙酸乙酯	88	93.2	0.73	—	2.01×10^{-6} (D_e)	—	
	辛烷	114	14.1	5.18	—	1.75×10^{-6} (D_e)	—	
刨花板	甲醛	30	3490	0.35	6.11×10^{7}	—	—	Smith 等[27]
	乙醛	44	902	2.22	1.76×10^{7}	—	—	
	己醛	100	11.3	1.78	4.02×10^{7}	—	—	
中密度板 1	甲醛	30	3490	0.35	3.60×10^{6}	1.04×10^{-10}	9.20×10^{2}	Wang 等[28]
中密度板 2	甲醛	30	3490	0.35	2.78×10^{7}	1.01×10^{-11}	3.90×10^{3}	
中密度板 3	甲醛	30	3490	0.35	1.18×10^{7}	4.14×10^{-12}	5.40×10^{3}	
中密度板 4	甲醛	30	3490	0.35	1.34×10^{7}	4.25×10^{-12}	5.00×10^{3}	
刨花板	α-蒎烯	136	4.75	4.48	5.37×10^{6}	—	2.66×10^{3}	Xiong 等[44]
	甲醛	30	3490	0.35	8.53×10^{6}	—	1.52×10^{4}	
	己醛	100	11.3	1.78	1.29×10^{7}	—	5.91×10^{3}	
	辛醛	128	1.18	2.78	2.16×10^{6}	—	1.17×10^{4}	
	戊醛	86	26	1.31	6.67×10^{6}	—	5.90×10^{3}	
	乙醛	44	902	2.22	4.81×10^{6}	—	1.18×10^{4}	
中密度板 1	甲醛	30	3490	0.35	1.91×10^{7}	5.58×10^{-11}	1.46×10^{3}	Xiong 等[30]
中密度板 2	甲醛	30	3490	0.35	4.01×10^{6}	2.72×10^{-11}	5.52×10^{3}	
中密度板 3	甲醛	30	3490	0.35	1.53×10^{7}	9.25×10^{-12}	5.94×10^{3}	
刨花板 1	甲醛	30	3490	0.35	2.68×10^{7}	5.52×10^{-10}	1.64×10^{3}	
刨花板 2	甲醛	30	3490	0.35	2.80×10^{7}	4.16×10^{-10}	4.23×10^{3}	
大芯板	甲醛	30	3490	0.35	4.19×10^{6}	3.38×10^{-10}	4.31×10^{2}	

续表

材料	VVOCs/VOCs	MW①/(g/mol)	P_s②/mmHg	$\lg K_{OA}$③	$C_0$④/(μg/m³)	D⑤/(m²/s)	K⑥	文献⑦
中密度板	甲醛	30	3490	0.35	1.98×10^{7}	—	5.92×10^{3}	Xiong 等[31]
	丙醛	58	317	3.11	2.19×10^{4}	—	1.08×10^{3}	
	己醛	44	902	2.22	6.06×10^{4}	—	7.70×10^{2}	
硅酸钙板	甲醛	30	3490	0.35	—	3.28×10^{-6} (D_e⑧)	2.60×10^{3}	Xu 等[45]
	甲苯	92	28.4	2.73	—	1.72×10^{-6} (D_e)	1.33×10^{2}	
	乙醛	44	902	2.22	—	2.67×10^{-6} (D_e)	2.21×10^{2}	
	己醛	100	11.3	1.78	—	1.55×10^{-6} (D_e)	7.81×10^{3}	
	苯甲醛	106	1.27	1.48	—	4.17×10^{-6} (D_e)	1.61×10^{4}	
	丁醇	210	325	—	—	3.09×10^{-6} (D_e)	1.81×10^{4}	
中密度板	甲醛	30	3490	0.35	2.45×10^{6}	2.08×10^{-10}	1.12×10^{3}	Huang 等[32]
	己醛	100	11.3	1.78	5.37×10^{5}	2.03×10^{-10}	2.55×10^{2}	
	丙醛	58	317	3.11	8.21×10^{4}	1.97×10^{-10}	9.72×10^{1}	
聚合物膜	甲苯	92	28.4	2.73	7.86×10^{4}	3.60×10^{-14}	—	Li[33]
脚垫	苯	78	94.8	2.77	7.68×10^{5}	3.83×10^{-13}	—	Yang 等[46]
	甲苯	92	28.4	2.73	1.62×10^{5}	6.39×10^{-13}	—	
	p-二甲苯	106	8.84	3.15	5.78×10^{4}	3.12×10^{-12}	—	
	乙苯	106	9.6	3.15	4.06×10^{4}	2.12×10^{-12}	—	
	苯乙烯	104	6.4	2.95	2.08×10^{5}	6.26×10^{-13}	—	

① MW 为分子摩尔质量。
② P_s 为饱和蒸气压（298K）。
③ K_{OA} 为辛醇/空气分配系数（298K）。
④ C_0 为初始浓度。
⑤ D 为扩散系数。
⑥ K 为材料/空气界面处分配系数。
⑦ 此处表示 C_C、D、K 值引用自该文献。
⑧ D_e 为有效扩散系数，$D_e = DK$。

附表 A.3　室内典型 SVOCs 的物理化学性质

材料	SVOCs	MW① /(g/mol)	P_s② /mmHg	$\lg K_{OA}$③	温度 /℃	$y_0$④ /(μg/m³)	文献⑤
PVC 地板	DEHP	390.6	2.03×10^{-5}	12.56	22	1.10	Xu 等[47]
PVC 地板	DEHP	391	2.03×10^{-5}	12.56	23	1.00	Clausen 等[48]
					35.3	10.0	
					47.4	38.0	
					55.3	91.0	
					61.1	198.0	
PVC 地板 1	DEHP	391	2.03×10^{-5}	12.56	25	2.22	Liang 等[49]
					36	13.6	
					45	36.9	
					55	146	
PVC 地板 2	DINP	419	2.30×10^{-7}	13.59	25	0.43	
					36	4.31	
					45	16.7	
					55	48.3	
	DEHP	391	2.03×10^{-5}	12.56	25	0.02	
					36	6.35	
					45	14.1	
					55	35.5	
PVC 地板 3	BBP	312	4.40×10^{-5}	9.02	25	12.0	
					36	14.7	
					45	31.7	
					55	136	
	iso-DEHP	391	1.39×10^{-6}	11.71	25	0.17	
					36	7.8	
					45	25.6	
					55	92.7	
PVC 地板 4	DnBP	278	2.28×10^{-4}	8.63	25	27.1	
					36	489	
					45	1052	
					55	4146	
	DEHP	391	2.03×10^{-5}	12.56	25	1.44	
					36	9.13	
					45	15.1	
					55	106	

续表

材料	SVOCs	MW①/(g/mol)	P_s②/mmHg	$\lg K_{OA}$③	温度/℃	$y_0$④/(μg/m³)	文献⑤
PVC 地板 1	DEHP	391	2.03×10^{-5}	12.56	25	2.1	Cao 等[50]
					32	6.0	
PVC 地板 2	DEHP	391	2.03×10^{-5}	12.56	25	0.77	
					32	2.1	
	DiBP	278	2.41×10^{-3}	8.41	25	68	
					32	270	
	DnBP	278	2.28×10^{-4}	8.63	25	36	
					32	150	
PVC 地板 1	DEHP	391	2.03×10^{-5}	12.56	15	0.43	Cao 等[51]
					20	1.0	
					25	1.9	
					30	3.8	
PVC 地板 2	DEHP	391	2.03×10^{-5}	12.56	15	0.16	
					20	0.35	
					25	0.70	
					30	1.4	

① MW 为分子摩尔质量。
② P_s为饱和蒸气压(298K)。
③ K_{OA}为辛醇-空气分配系数(298K)。
④ y_0为材料表面处气相 SVOCs 浓度。
⑤ 此处表示 y_0值引用自该文献。

附录B　传质分析

传质分析一般由以下几个步骤组成:①通过建立一系列具有边界条件/初始条件的控制方程来描述问题;②通过合理的假设,利用数学方式简化问题;③找到问题的解决方案;④通过将方程的解与试验结果进行比较来验证解的正确性,或者对先前步骤进行修正并再次推导和验证;⑤应用方程的解来解决类似的问题。

B.1　通过封闭方程描述问题

传质分析的第一步是获得联系未知参数、已知参数及确定条件的控制方程。这些方程的一般形式为

$$F_j(y_1,y_2,\cdots,y_m;x_1,x_2,\cdots,x_n)=0,\quad j=1,2,\cdots,m \tag{B.1}$$

式中,F_j 为第 j 个函数,与自变量 $x_1,x_2,\cdots,x_n$ 和未知参数 $y_j(j=1,2,\cdots,m)$ 相关。

与室内环境中的有机化学污染物直接相关的传质现象或传质过程通常表示为偏微分方程的形式。此外，室内还存在气相和表面化学反应[52]。基于这些考虑，描述某种介质中扩散过程的通用扩散控制方程为[53]

$$\nabla \cdot (D\nabla C) + \dot{N} = \frac{\partial C}{\partial t} \tag{B.2}$$

式中，D 和 C 为式(2.1)中使用的扩散系数和目标污染物浓度；$\dot{N}$ 为由于化学反应目标污染物在介质中的生成/消失速率，$\mathrm{mol/(m^3 \cdot s)}$ 或 $\mathrm{mg/(m^3 \cdot s)}$；$t$ 为时间，s。

对流传质控制方程可写为

$$\nabla \cdot (D\nabla C) + \dot{N} = \frac{\partial C}{\partial t} + \nabla \cdot (CU) \tag{B.3}$$

式中，U 为流体的速度，m/s；∇ 为标量的梯度；$\nabla \cdot$ 为向量的散度。

在式(B.3)中，$\nabla \cdot (D\nabla C)$一般称为扩散项，$\nabla \cdot (CU)$称为对流项，$\dot{N}$ 称为源项，$\frac{\partial C}{\partial t}$为非稳态项。

在直角坐标系中，如果 D 是常数，则式(B.3)可写为

$$D\left(\frac{\partial^2 C}{\partial x^2} + \frac{\partial^2 C}{\partial y^2} + \frac{\partial^2 C}{\partial z^2}\right) + \dot{N} = \frac{\partial C}{\partial t} + u\frac{\partial C}{\partial x} + v\frac{\partial C}{\partial y} + w\frac{\partial C}{\partial z} \tag{B.4}$$

式中，u、v、w 为 x、y、z 方向的速度，m/s。

对于建材内部的污染物输运过程，对流效应通常反映在外部边界条件中，而控制方程中的对流项通常被忽略。此时，式(B.4)可简化为(式(B.2)的扩展形式)

$$D\left(\frac{\partial^2 C}{\partial x^2} + \frac{\partial^2 C}{\partial y^2} + \frac{\partial^2 C}{\partial z^2}\right) + \dot{N} = \frac{\partial C}{\partial t} \tag{B.5}$$

在柱坐标系中，式(B.5)可表示为

$$D\left[\frac{1}{r}\frac{\partial}{\partial r}\left(r\frac{\partial C}{\partial r}\right) + \frac{1}{r^2}\frac{\partial^2 C}{\partial \theta^2} + \frac{\partial^2 C}{\partial z^2}\right] + \dot{N} = \frac{\partial C}{\partial t} \tag{B.6}$$

在球面坐标系中，有

$$D\left[\frac{1}{r^2}\frac{\partial}{\partial r}\left(r^2\frac{\partial C}{\partial r}\right) + \frac{1}{r^2 \sin\theta}\frac{\partial}{\partial \theta}\left(\sin\theta\frac{\partial C}{\partial \theta}\right) + \frac{1}{r^2 \sin\theta}\frac{\partial^2 C}{\partial \varphi^2}\right] + \dot{N} = \frac{\partial C}{\partial t} \tag{B.7}$$

对于偏微分控制方程，必须有相应的边界条件来封闭方程。如果传质过程为非稳态过程，则还需要初始条件，有三种边界条件。

1. 第一类边界条件(给定浓度)

第一类边界条件是在边界面处给出污染物浓度的条件，表示为

$$C\,|_{\mathrm{surface}} = C_{\mathrm{s}} \tag{B.8}$$

式中，C_{s} 为给定的浓度，根据位置和时间可以是常数或变量，$\mu\mathrm{g/m^3}$。

特殊情况下边界上的 $C_{\mathrm{s}}=0$。

2. 第二类边界条件(给定质量通量)

第二类边界条件是在边界面处给出污染物质量通量的条件,表示为

$$-D\frac{\partial C}{\partial n}\bigg|_{\text{surface}}=q_{\text{s}} \tag{B.9}$$

式中,q_{s} 为给定的质量通量。

特殊情况是边界上的 $q_{\text{s}}=0$。

3. 第三类边界条件(质量对流)

第三类边界条件是边界(界面)一侧的扩散通量等于边界另一侧的对流通量的条件,表示为

$$-D\frac{\partial C}{\partial n}\Big|_{\text{surface}}=h_{\text{m}}\left(\frac{C}{K}\bigg|_{\text{surface}}-C_{\text{a}}\right) \tag{B.10}$$

式中,C_{a} 为周围流体的浓度;K 为固体/空气界面处的分配系数,表示界面处的浓度不连续性。

非稳态传质问题的初始条件表示为

$$C\big|_{t=0}=C_0 \tag{B.11}$$

在许多情况下,散发或吸附过程发生在两层或多层材料中。对于多层散发过程,每层的控制方程与单层散发的控制方程相同,不同之处在于固/固分界面处[11]。分界面处的关系描述为

$$\frac{C_i}{K_i}=\frac{C_{i+1}}{K_{i+1}} \tag{B.12}$$

式中,C_i 和 C_{i+1} 分别为第 i 层和第 $i+1$ 层的材料表面的浓度;K_i 和 K_{i+1} 分别为第 i 层和第 $i+1$ 层的材料表面的分配系数。

B.2　通过数学分析简化问题

传质分析的第二步是通过合理的假设来简化问题。这些假设在开始阶段不一定成立,因此在将方程的解与试验数据或文献结果进行比较后,可以对其进行验证或修正。上述控制方程及边界/初始条件比较复杂,很难获得解析解,因此需要简化。

室内环境中常见的一种情况是化学污染物从建材中散发或吸附到环境空气中。对于这种情况,材料的厚度一般远小于材料的长度和宽度,因此可以视为垂直于材料表面的一维传质过程。此外,这种传质过程通常在没有化学反应的情况下发生。基于上述考虑,上述直角坐标系控制方程可简化为

$$D\frac{\partial^2 C}{\partial x^2}=\frac{\partial C}{\partial t} \tag{B.13}$$

结合边界条件(通常是第二、第三类边界条件)和初始条件,可以通过一些数学

方法来获得方程的解。

B.3 获得方程的解

求解上述方程的方法一般有两种:分析方法和数值方法。

1. 分析方法

分析解,又称精确解,可以清晰地用函数形式描述变量之间的关系,可用于获得任意感兴趣的位置/时间上的浓度分布,并可用于验证数值方法结果的正确性。解决偏微分方程最常用的分析方法是分离变量法和拉普拉斯变换法,详见文献[54]。

1) 分离变量法

分离变量法是解决线性偏微分方程最古老的方法。它将偏微分方程转换为几个常微分方程。以控制式(B.13)为例。可以通过假设将 C(或无量纲形式)分离为与空间相关的函数 $X(x)$和与时间相关的函数 $T(t)$来处理,即

$$C = X(x)T(t) \tag{B.14}$$

式中,$X(x)$和 $T(t)$分别为 x 和 t 的函数。

将式(B.14)代入式(B.13),可以得到

$$\frac{1}{X}\frac{\mathrm{d}^2 X}{\mathrm{d}x^2} = \frac{1}{DT}\frac{\mathrm{d}T}{\mathrm{d}t} = -\beta^2 \tag{B.15}$$

式中,β 为一个独立的常数,与 x 和 t 无关。

通过用上述边界和初始条件求解关于 $X(x)$和 $T(t)$的两个独立方程,可以确定 $X(x)$和 $T(t)$的形式,然后可获得 C 的函数形式。

2) 拉普拉斯变换法

拉普拉斯变换法已广泛用于解决瞬态热/质量传递问题(特别是一维问题),因为它可以从微分方程中消除时间变量的偏导数。拉普拉斯变换法的应用涉及两个过程:拉普拉斯正变换和反变换。函数 $G(t)$的拉普拉斯正变换和反变换定义为

正变换:

$$L(s) = \Gamma[G(t)] = \int_0^{\infty} \exp(-st)G(t)\mathrm{d}t \tag{B.16}$$

反变换:

$$G(t) = \Gamma^{-1}[L(s)] = \frac{1}{2\pi i}\int_{\xi - i\infty}^{\xi + i\infty} \exp(st)L(s)\mathrm{d}s \tag{B.17}$$

式中,s 为复数;$L(s)$为 $G(t)$的拉普拉斯变换。

一般来说,通过将微分方程从时域变化到频域(或拉普拉斯域)的正变换是非常简单的。然而,从频域到时域的反变换通常很复杂,这取决于拉普拉斯逆变换表或留数定理。这里,也以式(B.13)为例,通过应用拉普拉斯正变换,可以得到

$$D\frac{\partial^2 L(x,s)}{\partial x^2}=sL(x,s)-C_0 \tag{B.18}$$

式中，$L(x,s)$为频域中的浓度，为 C 的拉普拉斯变换，与时间无关；C_0 为初始浓度。

边界条件也需要转换到频域。利用变换后的控制方程和边界条件，可以求解 $L(x,s)$，它为 x 和 s 的函数。然后应用拉普拉斯反变换，就可以获得 C 的精确解。

3）其他方法

还有一些其他分析方法可用于求解偏微分方程，如积分变换法、杜哈美尔定理法、格林函数法。这些方法较少用于解决室内环境中的传质问题，因此这里不做介绍。

2. 数值方法

对于许多复杂的问题，如具有不规则几何形状、复杂边界条件或者可变热物性的问题，使用分析方法获得精确解是非常困难甚至不可能的。在这些情况下，可采用数值方法求解。与可以在任何位置或时间确定未知值的分析解不同，数值方法仅能在离散的空间/时间点确定未知值。解决传质问题最常用的数值方法是有限差分法、状态空间法和有限元法。

1）有限差分法

有限差分法是最容易使用的，因此广泛用于解决传热/传质问题。其本质是使用近似有限差分值来代替偏导数。准确度取决于给定节点的数量(包括空间和时间节点)。如果节点数目很大(细网格和足够短的时间间隔)，数值解可以获得比较满意的精度[54,55]。

2）状态空间法

与可能导致计算误差的有限差分法中的空间和时间的离散处理相比，状态空间法仅离散地处理空间变量，而时间变量保持连续。事实证明，这种数值方法对解决室内空气质量问题非常有用[13,15]。

3）有限元法

有限元法是解决建筑物中不规则形状输运过程具有挑战性的偏微分方程的有力工具[2,8,12]。

B.4　验证方程的解或进行修正

传质分析的第四步是使用试验结果或文献中的数据测试获得的解的准确性。此类测试并不能完全验证获得的解。如果此时与试验结果或普遍接受的结果不一致，那么应对前面步骤中的假设进行一些修正，然后再进行验证。就控制式(B.13)而言，如果材料的长度或宽度与材料的厚度相当，那么一维扩散是不合适的，就需要采用二维或三维扩散分析。此外，如果试验测试的环境条件(如温度、相对湿度)不保持恒定，这些条件对扩散系数、分配系数等散发或吸附参数产生影响，这时应考虑并修改方程的解。在某些极端情况下，若材料不是各向同性的，则需考虑沿不同方向的扩散系数。

B.5 应用获得的解来分析相似的问题

如果验证了方程解的正确性，就可以用它来分析实际遇到的多种同类问题。然而，利用上述解，很难获得具有共同特征的类似过程的一般特性。无量纲分析已广泛用于传热领域[54]，被认为是解决同类问题的有效方法。要进行无量纲分析，首先应定义一组无量纲参数：

$$C^* = \frac{C - KC_a}{C_0 - KC_a}, \quad X = \frac{x}{L}, \quad Lt = \frac{h_m L}{DK}, \quad Fo_m = \frac{Dt}{L^2} \tag{B.19}$$

式中，C^* 为无量纲浓度（如果 C_a 随时间变化，C^* 应定义为 C/C_0）；L 为材料的厚度；Lt 为传质 Little 数（$=Bi_m/K$，Bi_m 为传质毕奥数）[55]；Fo_m 为传质傅里叶数。

利用这些无量纲参数，控制方程（式(B.13)）、第二类边界条件（式(B.9)，q_s 在特殊情况下为零）、第三类边界条件（式(B.10)）以及初始条件（式(B.11)）可表示为

$$\frac{\partial C^*}{\partial Fo_m} = \frac{\partial^2 C^*}{\partial X^2}, \quad 0 < X < 1, \quad Fo_m > 0 \tag{B.20}$$

$$\frac{\partial C^*}{\partial X} = 0, \quad X = 0, \quad Fo_m > 0 \tag{B.21}$$

$$\frac{\partial C^*}{\partial X} = -LtC^*, \quad X = 1, \quad Fo_m > 0 \tag{B.22}$$

$$C^* = 1, \quad 0 \leqslant X \leqslant 1, \quad Fo_m = 0 \tag{B.23}$$

基于式(B.20)～式(B.23)的解代表了一类传质问题的通用解，它可以反映这类传质现象的共性特征，可以对实验室不同条件下得到的试验结果进行比对，并外推到实际使用环境条件，非常便于工程应用。

B.6 不同尺度的传质分析

宏观传质分析通常用于通过建模或试验来理解特定传质过程的特征，有助于理解和描述特定传质过程的特点。然而，通过宏观传质分析，模型中的扩散和分配系数只是宏观意义上的等效参数，难以深入理解这些参数的物理意义，无法阐明这些参数与多孔材料的微观结构（如孔隙度、曲折度）以及物理化学性质（如分子量、饱和蒸气压）之间的本质联系。介观尺度甚至微观尺度传质分析，可深入理解各种现象背后的介观和微观机制，进一步破解上述问题，预测或控制相关物性参数。

参考文献

[1] Little J C，Hodgson A T，Gadgil A J. Modeling emissions of volatile organic compounds from new carpets. Atmospheric Environment，1994，28(2)：227-234.

[2] Yang X, Chen Q, Zhang J, et al. Numerical simulation of VOC emissions from dry materials. Building and Environment, 2001, 36(10): 1099-1107.

[3] Huang H Y, Haghighat F. Modelling of volatile organic compounds emission from dry building materials. Building and Environment, 2002, 37(12): 1127-1138.

[4] Xu Y, Zhang Y P. An improved mass transfer based model for analyzing VOC emissions from building materials. Atmospheric Environment, 2003, 37(18): 2497-2505.

[5] Murakami S, Kato S, Ito K, et al. Modeling and CFD prediction for diffusion and adsorption within room with various adsorption isotherms. Indoor Air, 2003, 13(6): 20-27.

[6] Deng B Q, Kim C N. An analytical model for VOC emission from dry building materials. Atmospheric Environment, 2004, 38(8): 1173-1180.

[7] Xu Y, Zhang Y P. A general model for analyzing single surface VOC emission characteristics from building materials and its application. Atmospheric Environment, 2004, 38(1): 113-119.

[8] Zhang L, Niu J. Modeling VOCs emissions in a room with a single-zone multi-component multi-layer technique. Building and Environment, 2004, 39(5): 523-531.

[9] Lee C S, Haghighat F, Ghaly W S. A study on VOC source and sink behavior in porous building materials—Analytical model development and assessment. Indoor Air, 2005, 15(3): 183-196.

[10] Deng B, Tian R, Kim C N. An analytical solution for VOCs sorption on dry building materials. Heat and Mass Transfer, 2007, 43(4): 389-395.

[11] Hu H P, Zhang Y P, Wang X K, et al. An analytical mass transfer model for predicting VOC emissions from multi-layered building materials with convective surfaces on both sides. International Journal of Heat and Mass Transfer, 2007, 50(11-12): 2069-2077.

[12] Deng B Q, Kim C N. CFD simulation of VOCs concentrations in a resident building with new carpet under different ventilation strategies. Building and Environment, 2007, 42(1): 297-303.

[13] Yan W, Zhang Y, Wang X. Simulation of VOC emissions from building materials by using the state-space method. Building and Environment, 2009, 44(3): 471-478.

[14] Wang X K, Zhang Y P. General analytical mass transfer model for VOC emissions from multi-layer dry building materials with internal chemical reactions. Chinese Science Bulletin, 2011, 56(2): 222-228.

[15] Guo Z S. A framework for modelling non-steady-state concentrations of semivolatile organic compounds indoors—I: Emissions from diffusional sources and sorption by interior surfaces. Indoor and Built Environment, 2013, 22(4): 685-700.

[16] Zhang Y P, Xu Y. Characteristics and correlations of VOC emissions from building materials. International Journal of Heat and Mass Transfer, 2003, 46(25): 4877-4883.

[17] Qian K, Zhang Y P, Little J C, et al. Dimensionless correlations to predict VOC emissions from dry building materials. Atmospheric Environment, 2007, 41(2): 352-359.

[18] Xiong J Y, Zhang Y P, Yan W. Characterisation of VOC and formaldehyde emission from

building materials in a static chamber: Model development and application. Indoor and Built Environment, 2011, 20(2): 217-225.

[19] Kirchner S, Badey J R, Knudsen H N, et al. Sorption capacities and diffusion coefficients of indoor surface materials exposed to VOCs: Proposal of new test procedure// Proceedings of the 8th International Conference on Indoor Air Quality and Climate, Edinburgh, 1999, 1: 430-435.

[20] Meininghaus R, Gunnarsen L, Knudsen H N. Diffusion and sorption of volatile organic compounds in building materials—Impact on indoor air quality. Environmental Science & Technology, 2000, 34(15): 3101-3108.

[21] Tiffonnet A L, Blondeau P, Allard F, et al. Sorption isotherms of acetone on various building materials. Indoor and Built Environment, 2002, 11(2): 95-104.

[22] Cox S S, Little J C, Hodgson A T. Measuring concentrations of volatile organic compounds in vinyl flooring. Journal of the Air and Waste Management Association, 2001, 51(8): 1195-1201.

[23] Cox S S, Zhao D Y, Little J C. Measuring partition and diffusion coefficients for volatile organic compounds in vinyl flooring. Atmospheric Environment, 2001, 35(22): 3823-3830.

[24] Li F, Niu J L. Simultaneous estimation of VOCs diffusion and partition coefficients in building materials via inverse analysis. Building and Environment, 2005, 40(10): 1366-1374.

[25] Xu J, Zhang J, Grunewald J, et al. A study on the similarities between water vapor and VOC diffusion in porous media by a dual chamber method. CLEAN-Soil Air Water, 2009, 37(7): 444-453.

[26] Farajollahi Y, Chen Z, Haghighat F. An experimental study for examining the effects of environmental conditions on diffusion coefficient of VOCs in building materials. CLEAN-Soil Air Water, 2009, 37(6): 436-443.

[27] Smith J F, Gao Z, Zhang J S, et al. A new experimental method for the determination of emittable VOC concentrations in building materials and sorption isotherms for IVOCs. CLEAN-Soil Air Water, 2009, 37(6): 454-458.

[28] Wang X K, Zhang Y P. A new method for determining the initial mobile formaldehyde concentrations, partition coefficients, and diffusion coefficients of dry building materials. Journal of the Air and Waste Management Association, 2009, 59(7): 819-825.

[29] Ito K, Takigasaki K. Multi-target identification for emission parameters of building materials by unsteady concentration measurement in airtight micro-cell-type chamber. Building and Environment, 2011, 46(2): 518-526.

[30] Xiong J Y, Yao Y, Zhang Y P. C-history method: Rapid measurement of the initial emittable concentration, diffusion and partition coefficients for formaldehyde and VOCs in building materials. Environmental Science & Technology, 2011, 45(8): 3584-3590.

[31] Xiong J Y, Yan W, Zhang Y P. Variable volume loading method: a convenient and rapid method for measuring the initial emittable concentration and partition coefficient of formal-

dehyde and other aldehydes in building materials. Environmental Science & Technology, 2011,45(23):10111-10116.

[32] Huang S D, Xiong J Y, Zhang Y P. A rapid and accurate method, ventilated chamber C-history method of measuring the emission characteristic parameters of formaldehyde/VOCs in building materials. Journal of Hazardous Material, 2013, 261: 542-549.

[33] Li M. Robust nonfitting way to determine mass diffusivity and initial concentration for VOCs in building materials with accuracy estimation. Environmental Science & Technology, 2013, 47(16): 9086-9092.

[34] Blondeau P, Tiffonnet A L, Damian A, et al. Assessment of contaminant diffusivities in building materials from porosimetry tests. Indoor Air, 2013, 13(3): 302-310.

[35] Seo J, Kato S, Ataka Y, et al. Evaluation of effective diffusion coefficient in various building materials and absorbents by mercury intrusion porosimetry // Proceedings of Indoor Air, Beijing, 2005: 1854-1859.

[36] Xiong J Y, Zhang Y P, Wang X K, et al. Macro-meso two-scale model for predicting the VOC diffusion coefficients and emission characteristics of porous building materials. Atmospheric Environment, 2008, 42(21): 5278-5290.

[37] Zhang Y P, Luo X X, Wang X, et al. Influence of temperature on formaldehyde emission parameters of dry building materials. Atmospheric Environment, 2007, 41(15): 3203-3216.

[38] Deng Q Q, Yang X D, Zhang J S. Study on a new correlation between diffusion coefficient and temperature in porous building materials. Atmospheric Environment, 2009, 43(12): 2080-2083.

[39] Huang S D, Xiong J Y, Zhang Y P. Influence of temperature on the initial emittable concentration of formaldehyde in building materials: Interpretation from statistical physics theory and validation. Environmental Science & Technology, 2015, 49: 1537-1544.

[40] Yuan H L, Little J C, Marand E, et al. Using fugacity to predict volatile emissions from layered materials with a clay/polymer diffusion barrier. Atmospheric Environment, 2007, 41(40): 9300-9308.

[41] He Z K, Wei W J, Zhang Y P. Dynamic-static chamber method for simultaneous measurement of the diffusion and partition coefficients of VOCs in barrier layers of building materials. Indoor and Built Environment, 2010, 19(4): 465-475.

[42] He Z K, Zhang Y P. Control of formaldehyde emission from wood-based panels by doping adsorbents: optimization and application. Heat and Mass Transfer, 2013, 49(6): 879-886.

[43] Bodalal A, Zhang J S, Plett E G. A method for measuring internal diffusion and equilibrium partition coefficients of volatile organic compounds for building materials. Building and Environment, 2000, 35(2): 101-110.

[44] Xiong J Y, Chen W H, Smith J, et al. An improved extraction method to determine the initial emittable concentration and the partition coefficient of VOCs in dry building materials. Atmospheric Environment, 2009, 43(26): 4102-4107.

[45] Xu J, Zhang J S. An experimental study of relative humidity effect on VOCs' effective diffusion coefficient and partition coefficient in a porous medium. Building and Environment, 2011, 46(9): 1785-1796.

[46] Yang T, Zhang P P, Xu B P, et al. Predicting VOC emissions from materials in vehicle cabins: determination of the key parameters and the influence of environmental factors. International Journal of Heat and Mass Transfer, 2017, 110: 671-679.

[47] Xu Y, Little J C. Predicting emissions of SVOCs from polymeric materials and their interaction with airborne particles. Environmental Science & Technology, 2006, 40(2): 456-461.

[48] Clausen P A, Liu Z, Kofoed-Sørensen V, et al. Influence of temperature on the emission of di-(2-ethylhexyl) phthalate (DEHP) from PVC flooring in the emission cell FLEC. Environmental Science & Technology, 2012, 46(2): 909-915.

[49] Liang Y R, Xu Y. Emission of phthalates and phthalate alternatives from vinyl flooring and crib mattress covers: The influence of temperature. Environmental Science & Technology, 2014, 48(24): 14228-14237.

[50] Cao J P, Weschler CJ, Luo J J, et al. C_m-history method, a novel approach to simultaneously measure source and sink parameters important for estimating indoor exposures to phthalates. Environmental Science & Technology, 2016, 50(2): 825-834.

[51] Cao J P, Zhang X, Little J C, et al. A SPME-based method for rapidly and accurately measuring the characteristic parameter for DEHP emitted from PVC floorings. Indoor Air, 2017, 27(2): 417-426.

[52] Weschler C J. Chemistry in indoor environments: 20 years of research. Indoor Air, 2011, 21(3): 205-218.

[53] Bergman T L, Lavine A S, Incropera F P, et al. Fundamentals of Heat and Mass Transfer. 7th Edition. New York: John Wiley & Sons, 2011.

[54] Hahn D W, Özisik M N. Heat Conduction. New York: John Wiley & Sons, 1993.

[55] Zhang Y P, Xiong J Y, Mo J H, et al. Understanding and controlling indoor organic pollutants: Mass-transfer analysis and applications. Indoor Air, 2016, 26(1): 39-60.

后　　记

书稿付梓之际，回首过去 20 年来室内空气质量研究的历程，感受颇多：乐趣相伴，艰辛相随，更多的是感恩和感谢！

我 1997 年从中国科学技术大学调入清华大学工作，成为我国建筑环境领域领头团队的一名新成员，既兴奋，又忐忑：如何选择合适的研究方向，成为这个优秀团队中的一名合格成员？1998 年，江亿教授安排我上专业骨干课"热质交换原理和应用"并参加其负责的美国联合技术研究中心（United Technologies Research Center, UTRC）项目"透湿膜性能和应用研究"。1999 年，本研究所的赵荣义教授对我说："你应该关注室内空气质量领域，这在国际上才开展不久，在我国尚未很好开展，而你的专业特长传热传质在解决该领域问题时容易做出成绩。"他的话对我启发很大，从此，我将主要精力放在了室内空气质量研究上。赵荣义教授也一直关注和指导我们该方向的研究，直到 2019 年还一直参加我们研究组的学术活动。2001 年我去丹麦技术大学参加了 Roomvent（室内通风）会议，认识了室内空气科学领域的 Fanger 教授等，目睹了该领域顶级专家和研究所的风采，也充分感受到我们和他们研究水平及试验条件间的巨大差距，激发了我们的追赶意识。2005 年 4 月江亿院士注意到我国迅速增长的室内空气质量控制需求，申办了我国第 251 届香山科学会议"室内空气污染控制与改善"，我作为秘书长协助他组织了此次会议，结识了与会的国内外该领域专家，如中国科学院化学研究所的赵进才院士、香港大学的李玉国教授、美国雪城大学的张建舜教授、北京大学的田德祥教授、华中师范大学的杨旭教授，他们后来对我本人及课题组成员的研究和职业发展帮助颇多。2005 年 9 月，江亿院士、赵荣义教授、美国普渡大学陈清焰教授在北京主持召开了第 10 届室内空气国际会议，我参与了筹办工作。会议大大拓宽了我的学术眼界，也结识了不少国内外同行，如美国弗吉尼亚理工大学的 Little 教授、德国弗劳恩霍夫研究院的 Salthammer 教授，并在后来成为很好的合作伙伴和朋友。2002 年起，我们团队室内空气质量方面的研究论文在国际重要期刊不断发表，逐渐引起了国际权威学者的关注。应 Fanger 教授邀请，我在 2007～2008 年在丹麦技术大学做了为期 3 个月的 Otto Mønsted 访问教授，并在 2008 年丹麦技术大学主办的第 11 届室内空气国际会议上做大会主旨报告。这些经历提升了我在国际学术舞台的自信心和影响力。

室内空气质量试验研究需要大量仪器，我们起步时因经费缺乏难以购置。1999 年江亿老师陪我和杨瑞（我的第一位博士生）到清华同方人工环境公司范新总经理处，得到了这个方向的第一笔经费资助——20 万元研究费和仪器款 63 万元，购买了 INNOVA-1302 分析仪，这对我们的研究启动起了至关重要的作用。作为回报，我们协助同方公司研制了纳米光催化空气净化器产品，范新总经理还专门成立了北京同方洁净公司。此后，我们持续得到国家自然科学基金委员会的资助以及科技部的资助，研究范围也不断拓展。一些研究也实现了医工结合和跨行业合作。

为了更好地了解和服务社会，2006年我们创建了清华大学室内空气检测实验室，通过了国家CMA、CNAS资质认证，为奥运场馆鸟巢和水立方、国家博物馆、外交部大楼、北京新机场等重要建筑和数千户住宅空气质量进行了测评和科研服务，为我国几十个空气净化器厂家提供了检测或咨询服务；为我国载人空间站、核潜艇空气质量控制提供了技术方案并研制了试验平台，帮助他们解决了室内空气质量控制难题。2015年我主持申请的“室内空气质量评价与控制北京市重点实验室”获得批准，并在2018年的三年验收评估中被评为优(前15%)。

在研究过程中，我们注重和境外同行开展学术交流与合作，先后邀请10余位国际室内空气领域知名学者来访并开展合作研究，包括丹麦技术大学Fanger教授、Sundell教授、Wargocki副教授、房磊副教授；美国弗吉尼亚理工大学的Little教授、罗格斯大学的Weschler教授、克拉克森大学的Hopke教授、哈佛大学的Spengler教授、加州大学伯克利分校的Nazaroff教授、雪城大学的张建舜教授、杜克大学的张军锋教授；香港大学的李玉国教授；德国弗劳恩霍夫研究院的Salthammer教授和法国建筑科学研究院的Mandin研究员，合作发表了多篇国际期刊论文；Springer Nature出版社邀请我、Hopke教授和Mandin研究员作为*Handbook of Indoor Air Quality*的主编。同时我们也鼓励研究生出国做研究或参加重要国际学术会议，已毕业的博士研究生基本都有在国外工作半年到一年的经历和出国参加国际学术会议的经历。国际交流为他们拓宽了学术视野，增强了研究自信，也增进了我们和国际同行间的了解和友谊。

同时，我们也非常注重和国内同行间的交流与合作。多年来与中国建筑科学研究院王清勤副院长、建筑环境与能源研究院徐伟院长、路宾副院长和邹瑜副院长、孟冲主任等，中国家用电器研究院马德军副院长、朱焰高工等，全国家具标准化技术委员会秘书长罗菊芬高工，上海建筑科学研究院(集团)有限公司李景广高工，中国建筑材料科学研究总院冀志江高工、王静高工等合作编制了多项国家、行业或团体标准；与西安交通大学的陶文铨院士团队合作开展了SVOCs释放特性和室内控制研究；与华中师范大学杨旭教授与李睿教授合作，利用动物试验等开展了室内空气污染物致病机理研究；在中国儿童哮喘调研项目中，与重庆大学的李百战教授等我国10余所高校的研究者开展了合作研究，发表了多篇SCI国际期刊论文。在研究所中，我们也非常注重和同事间的合作研究，和江亿院士、朱颖心教授、杨旭东教授、石文星教授、赵彬教授、刘晓华教授、李晓锋副教授、许瑛副教授和曹彬副教授都有合作论文与论著。

《健康中国行动(2019—2030 年)》指出:“把健康融入城乡规划、建设、治理的全过程,建立国家环境与健康风险评估制度,推进健康城市和健康村镇建设,打造健康环境”。为此,我们需要不断学、思、悟、行,注重多学科交叉和多行业合作发展,应对我国室内环境和健康领域的重大挑战和难得机遇。

最后再一次衷心感谢多年来给予我们指导与帮助的专家和同仁、朋友以及曾经与现在的课题组所有成员。期待和你们一路前行,并能不断回馈你们的支持和帮助!

张寅平

2021 年 2 月 19 日

彩　　图

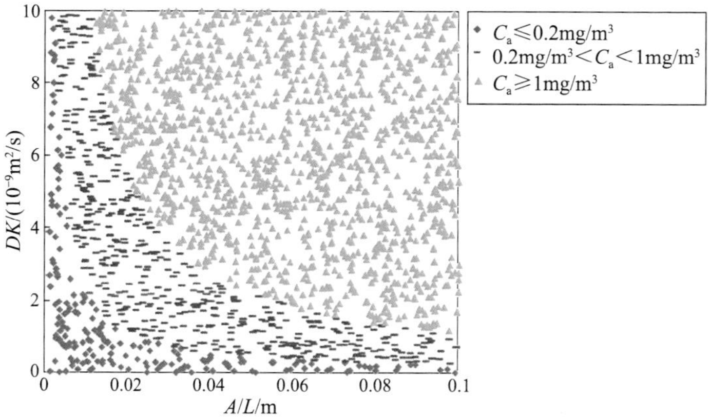

图 2.49　LIFE 标准散发样品阻隔膜尺寸和散发特性参数间的关系

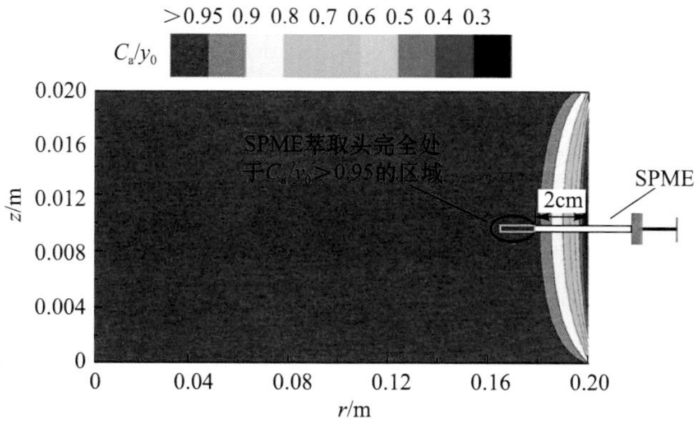

图 3.8　密闭 2h 后环境舱内 DEHP 的浓度分布[44]

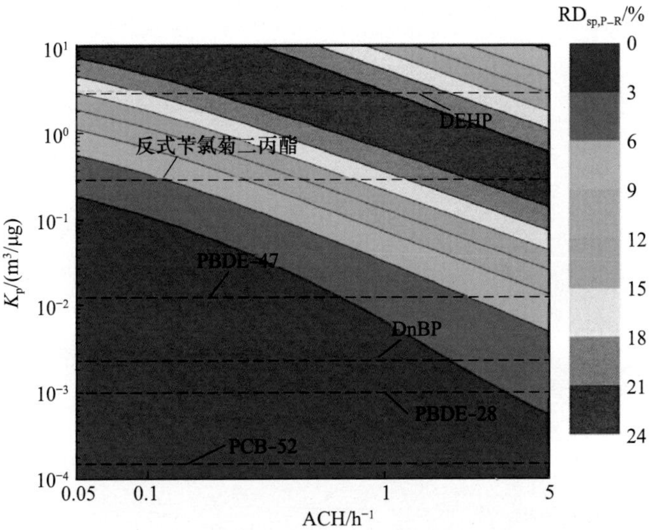

图 5.15　η-室内颗粒物龄模型与基于平均停留时间动态模型的预测结果间的相对偏差[15]

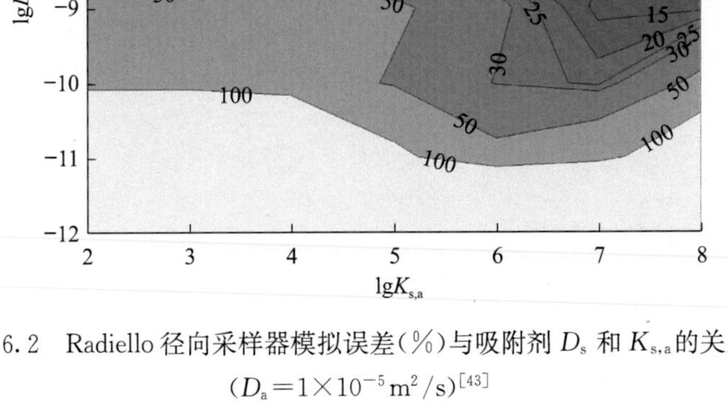

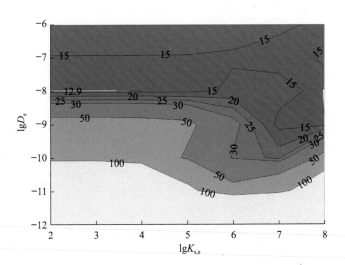

图 6.2　Radiello 径向采样器模拟误差(%)与吸附剂 D_s 和 $K_{s,a}$的关系($D_a=1\times10^{-5}\,m^2/s$)[43]

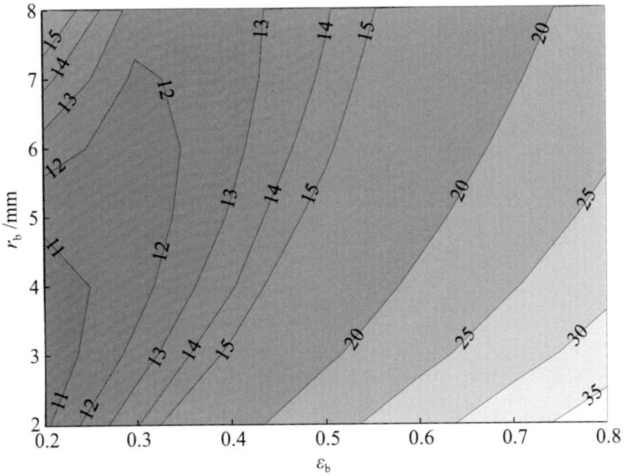

图 6.3　采样器模拟误差(%)与扩散阻隔层参数的关系[43]

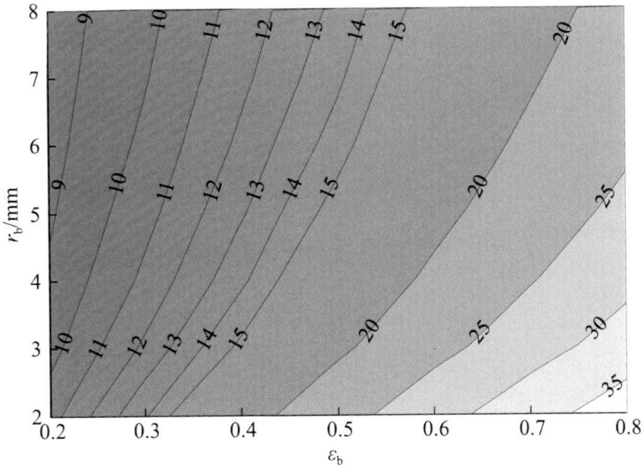

图 6.4　采样器模拟误差(%)与扩散阻隔层参数的关系[43]

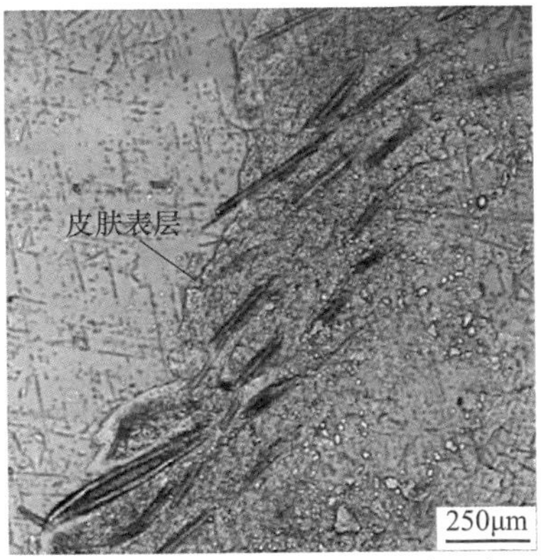

(a) 空白对照组的明场+荧光照片

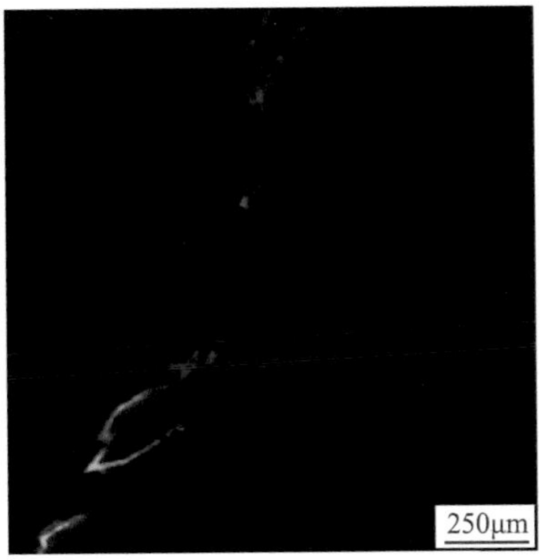

(b) 空白对照组的荧光照片

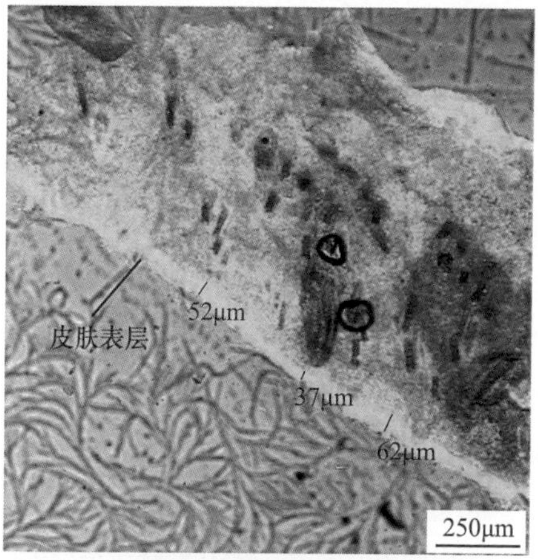

(c) 暴露1h组的明场+荧光照片

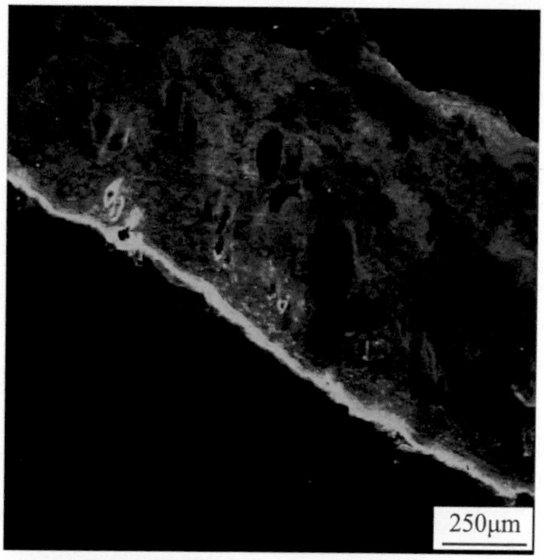

(d) 暴露1h组的荧光照片

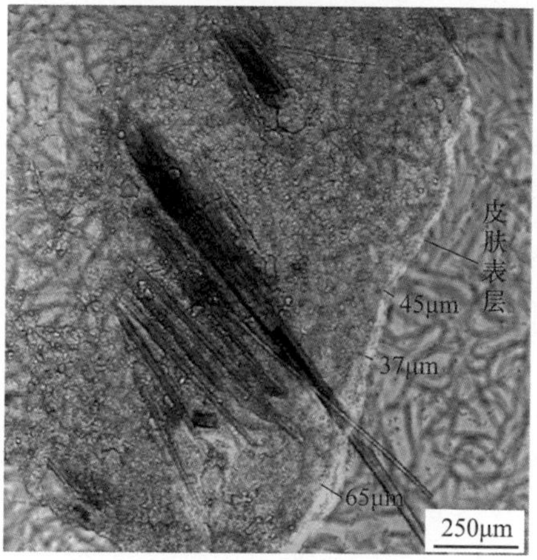

(e) 暴露3h组的明场+荧光照片

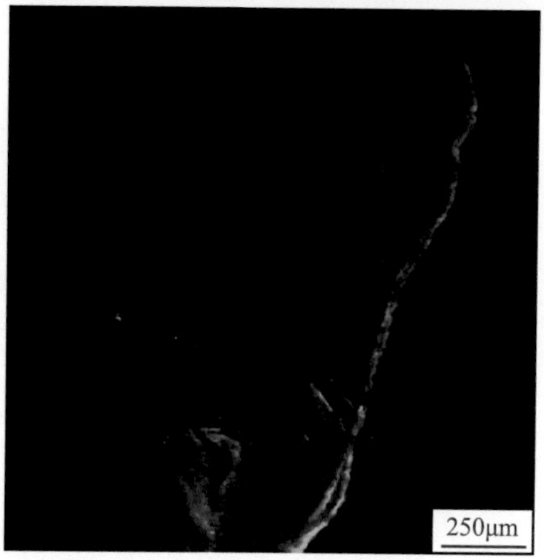

(f) 暴露3h组的荧光照片

图 6.10　激光共聚焦显微镜拍摄结果[64]

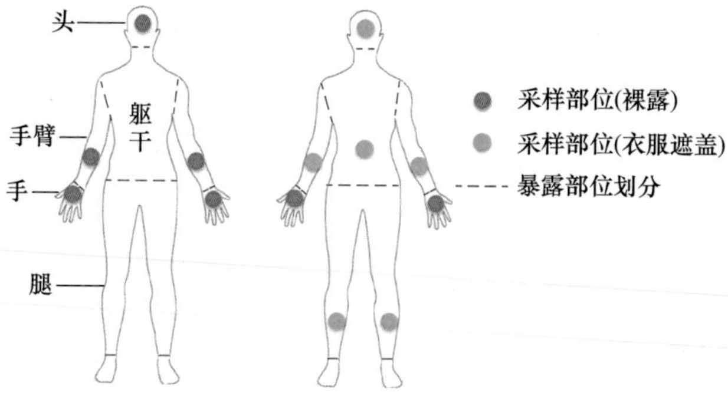

图 6.19　暴露部位划分及冬夏季采样部位[79]